I0044050

V

14643

TRAITÉ

DE LA

FABRICATION DES TISSUS.

IMPRIMERIE de J. P. RISLER , à MULHOUSE.

P. FALCOT.

Né à Lyon, le 22 Octobre 1804.

TRAITÉ

ENCYCLOPÉDIQUE ET MÉTHODIQUE

DE LA

FABRICATION DES TISSUS,

PAR

P. FALCOT,

DESSINATEUR, PROFESSEUR DE THÉORIE-PRATIQUE POUR LA FABRICATION DE
TOUS LES GENRES DE TISSUS,

MEMBRE DE LA SOCIÉTÉ D'ENCOURAGEMENT POUR L'INDUSTRIE NATIONALE.

DEUXIÈME ÉDITION,

Entièrement revue, corrigée, et augmentée de plus du double.

Ornée du portrait de Jacquard et de celui de l'auteur.

Accompagnée de 500 planches d'ustensiles, mécaniques, plans de machines,
montages divers, dessins en esquisses et en mises en carte, etc.,
ainsi que d'un album contenant environ 2000 dessins
brefs ou armures applicables à tous les
genres de nouveautés.

Publication honorée de la souscription du Gouvernement.

OUVRAGE INDISPENSABLE

à toutes les personnes qui se vouent à la fabrication des tissus-nouveautés.

Prix : broché 50 francs.

TEXTE.

A ELBEUF (sur Seine), chez l'AUTEUR.
A MULHOUSE, chez J. P. RISLER, LIBRAIRE.

1852.

DÉPÔT LÉGAL
Haut-Rhin
N° 142
1851

BIBLIOTHÈQUE IMPÉRIALE. IMPR.

Tout Exemplaire du présent Ouvrage, qui ne porterait pas, comme ci-dessous, la signature de l'Auteur, sera contrefait. Les mesures nécessaires seront prises pour atteindre, conformément à la Loi, les fabricants et les débitants de ces Exemplaires.

EXTRAITS DE CORRESPONDANCE
relatifs à la 1re Édition du Traité des Tissus.

Pour prouver l'accueil favorable qui a été fait à la première édition du *Traité des Tissus*, nous croyons devoir porter à la connaissance du public, seulement les deux pièces suivantes, et dont nous garantissons toute l'authenticité :

Paris, le 10 Mars 1846.

L'Agent de la Société d'Encouragement pour l'Industrie nationale,

à Monsieur **P. FALCOT**, *à la Saussaye, près Elbeuf (Seine inf.)*

MONSIEUR,

Vous savez que la *Société d'Encouragement* a décerné, dans sa séance générale du 18 février dernier, les médailles qu'elle a fondées pour MM. les contre-maîtres qui se distinguent par leur conduite, leur moralité et les services qu'ils rendent aux établissements industriels auxquels ils sont attachés.

Plusieurs contre-maîtres dirigent des ateliers de tissage, et la Société a dû consulter les chefs d'établissements sur les ouvrages les plus en rapports avec les études et les fonctions de leurs contre-maîtres.

Il résulte des renseignements fournis au secrétariat de la Société, que votre ouvrage se trouve dans les mains de quelques-uns d'entre eux, de sorte que le nombre d'exemplaires que nous aurons à vous demander n'est pas aussi grand que nous l'avions d'abord pensé.

Je crois aller au-devant de vos vœux, en vous faisant connaître, Monsieur, l'opinion d'un de nos manufacturiers les plus distingués sur votre œuvre, c'est celle de M. ZETTER-TESSIER à St-Dié (Vosges), membre de la Chambre consultative des arts et manufactures du département des Vosges, et membre correspondant de la Société industrielle de Mulhouse.

« Si à l'égard de cet encouragement (les ouvrages qui accompagnent la « médaille) la Société voulait me permettre d'émettre un vœu au sujet des « livres qu'elle ajoute, je lui indiquerais, pour récompense à donner aux « ouvriers de tissage en général le *Traité Encyclopédique et Méthodique de la* « *fabrication des tissus, par* **P. Falcot**, et qui vient de paraître récemment; j'ai « lu une partie de cet ouvrage, et si ma vieille expérience en fait de tis-

« sage peut avoir quelque autorité auprès de votre société, je peux assurer que
« notre littérature industrielle ne possède rien de mieux, et que cet ouvrage
« est le meilleur qui ait été publié depuis plus de vingt ans sur cette branche
« intéressante de notre industrie. La Société d'Encouragement ferait donc un
« acte éminemment utile en comprenant cet ouvrage dans ceux qu'elle dis-
« tribue avec ses médailles aux contre-maîtres de tissage.

« Je vous prierai donc, Monsieur, de m'envoyer, dans le plus bref dé-
« lai, etc . . . .

« Permettez-moi, Monsieur, de vous renouveller l'assurance de ma con-
« sidération bien distinguée.

Signé : Th. Delacroix.

Extrait du Rapport de M. **M. F. Malepeyre,** *directeur du* TECHNO-
LOGISTE *ou* Archives des progrès de l'industrie française et étrangère.
N° du mois d'Octobre 1845.

Bibliographie.

Traité Encyclopédique et Méthodique de la fabrication des Tissus,
par P. FALCOT

La fabrication des Tissus est en France une branche d'industrie d'une si
haute importance; elle occupe, fait vivre, enrichit un si grand nombre
d'individus, donne lieu à un commerce tant intérieur qu'extérieur d'une si
vaste étendue, qu'il n'est personne qui ne comprenne le vif intérêt que tous
les hommes amis de leur pays, les économistes, les hommes d'État, les publicistes, les négociants, etc., doivent attacher à sa splendeur, à ses succès
et à ses progrès. Ajoutons à cela que c'est principalement en France que
sont nés les principaux perfectionnements, les découvertes fondamentales qui
ont signalé, depuis le commencement de ce siècle, l'industrie de la fabrication
des tissus; que c'est à l'aide des magnifiques et excellentes étoffes qui sor-
tent journellement de nos ateliers, que nous imposons notre industrie, peut-
être même nos mœurs et notre influence à plusieurs nations étrangères, qui
sans cet élément précieux d'échange, n'auraient peut-être avec nous que de
faibles et insignifiantes relations internationales, et l'on pourra se faire une
idée précise du rôle important que joue cette fabrication dans l'économie
sociale de notre beau pays.

Dans son état actuel de grandeur et de puissance, l'industrie de la fabrication des tissus présente un si prodigieux développement, elle se compose de tant de parties diverses, s'applique à tant de matières variées, enfin compte tant de subdivisions de travail qui constituent à elles seules un grand nombre d'arts pour ainsi dire entièrement distincts, qu'il semble que pour décrire cette fabrication et embrasser un ensemble aussi vaste, il faudrait accumuler à l'infini les feuilles de texte, les descriptions, les planches, les figures, et faire un ouvrage composé d'un nombre énorme de volumes. Mais quand on se donne la peine de considérer cette industrie d'un point de vue élevé, on ne tarde pas à reconnaître qu'elle peut être ramenée à la description d'un certain nombre de pratiques, d'appareils et de machines, dont elle fait varier l'application suivant une foule de combinaisons, qui deviennent dès lors faciles à saisir, à imiter et à étendre.

C'est sans doute après avoir conçu un plan dans cet esprit que M. FALCOT s'est déterminé à publier son Traité sur la fabrication des tissus. Cet ouvrage nous a paru traité avec une connaissance parfaite et raisonnée des opérations qui y sont décrites et expliquées, et est le plus complet qui ait encore été publié sur ce sujet capital.

M. FALCOT avait d'autant plus de titres à entreprendre cette publication, qu'il a fondé et dirigé, à Paris, un établissement pour l'enseignement théorique et pratique de la fabrication des tissus, et que sous ce rapport il avait réuni une masse de matériaux considérables pour faire, riche qu'il est de sa propre expérience, un traité exact et complet dans lequel nous avons remarqué bon nombre d'inventions, de procédés et de perfectionnements récents et de haute importance, exposés avec clarté et avec des détails suffisants; chaque opération y est expliquée pratiquement; chaque machine, chaque mécanisme décrit, apprécié et jugé d'après les résultats de l'expérience et de la pratique, sans passion, sans jalousie et sans esprit de concurrence.

Nous pouvons donc dire hautement que l'ouvrage de M. FALCOT vient remplacer avantageusement ceux de PAULET et de ROLAND DE LA PLATIÈRE, qui ne sont plus au courant de la fabrication moderne; il est supérieur, à plus d'un titre, à ceux de DREVET, de LIONS, en France, à ceux de MURPHY, BAINES, BERNOULLY, GILROY, etc., à l'étranger, et par conséquent a droit à tous nos suffrages.

Pour récompenser l'auteur des efforts qu'il a dû faire pour traiter un sujet aussi difficile et aussi compliqué, nous croyons que les encouragements du public ne doivent pas lui manquer; c'est ce motif qui nous a engagé à le faire connaître et à le recommander aux fabricants, aux professeurs, aux ouvriers studieux, aux ingénieurs et aux hommes versés dans les arts mécaniques, afin d'en assurer, autant qu'il est en notre pouvoir, le loyal et légitime succès.

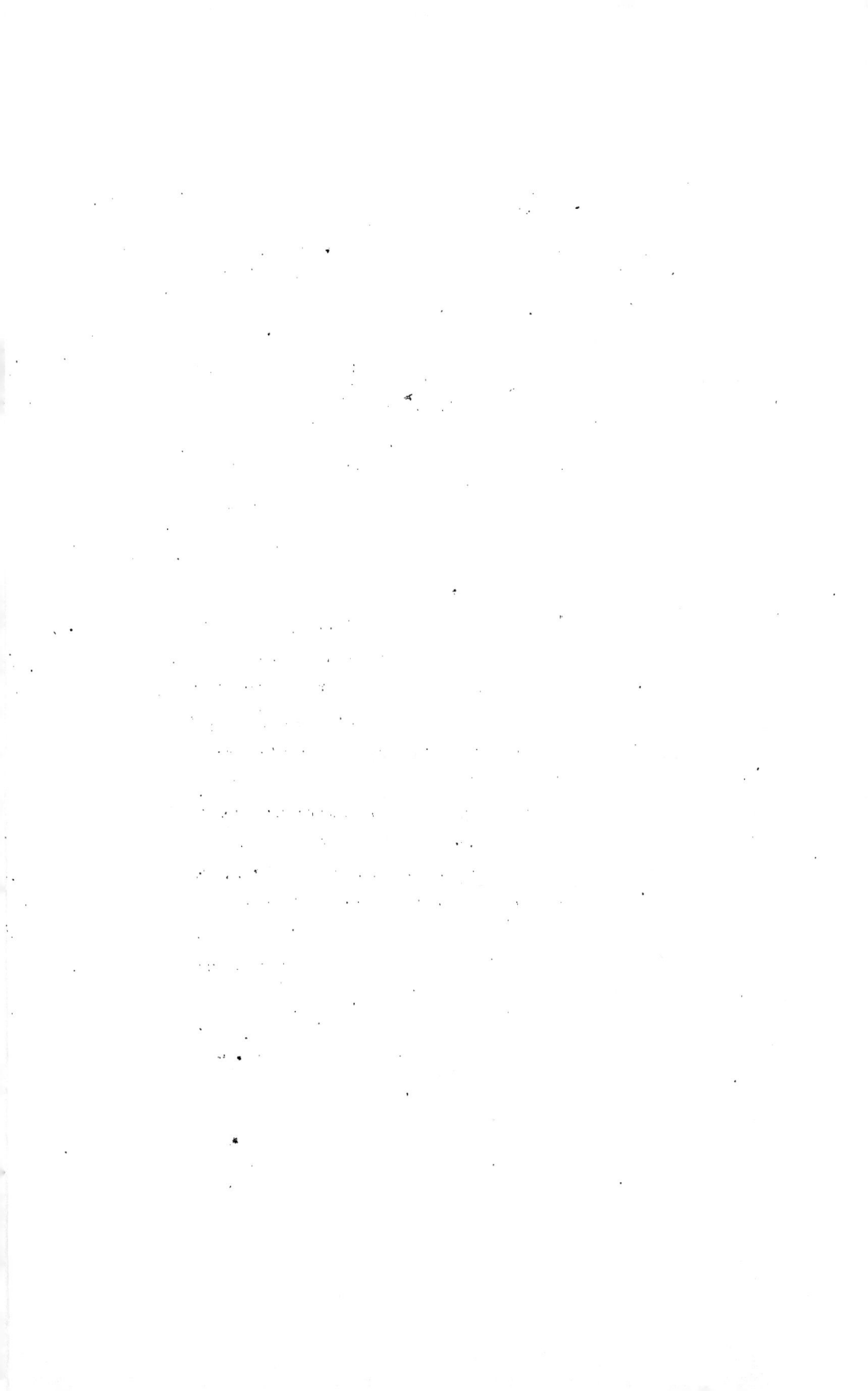

INTRODUCTION.

De toutes les professions industrielles, la fabrication des tissus unis ou façonnés, de toutes les nouveautés en général, est non-seulement des plus importantes, mais bien encore une de celles qui offrent le plus de variations par la multiplicité infinie des croisements, et surtout par la quantité et la diversité des dessins.

Outre ces inépuisables moyens de combinaisons, la fabrication des tissus comprend encore tant de variétés relatives aux mélanges des couleurs, à la grosseur des matières, ainsi qu'à la réduction de la chaîne et de la trame, que l'on en peut conclure que la vie de l'homme ne serait jamais assez longue pour apprendre, par la pratique seulement, à confectionner tous les tissus dont se compose le répertoire connu de la fabrication. Il faut que la théorie vienne en aide, pour faire comprendre le degré de perfection auquel on peut aspirer dans cette branche de l'industrie.

C'est ce qui explique le rapide écoulement qui s'est fait de la première édition de cet ouvrage. L'encouragement spécial que le Gouvernement a accordé à cette publication, les lettres de félicitation que les personnes les plus importantes ont adressées à l'auteur, les nombreuses demandes qui lui sont arrivées de toutes parts, l'ont déterminé à faire une seconde édition. Le lecteur appréciera les soins que l'auteur a pris pour rendre ce travail aussi complet que possible.

C'est en puisant aux sources les plus sûres et en s'adjoignant les manufacturiers et les praticiens les plus distingués, que l'ouvrage sur la fabrication des tissus a été retouché, développé, classé de manière à être un répertoire méthodique de tous les principes et de tous les faits qui composent la somme de toutes les connaissances acquises jusqu'à ce jour en cette matière.

Avant l'ouvrage dont nous avons l'honneur d'offrir au public une édition nouvelle, l'industriel studieux et persévérant, qui avait à cœur d'augmenter son instruction professionnelle, ne pouvait se procurer que des éléments épars, recueillis dans des ouvrages qui généralement avaient le défaut d'être trop peu détaillés, ou bien de présenter l'inconvénient contraire; c'était d'énormes in-folios à parcourir pour n'y trouver le plus souvent que de simples renseignements connus aujourd'hui de l'ouvrier le moins expérimenté.

Nous n'avons pas la prétention d'affirmer que notre publication soit complète. En fait d'ouvrages scientifiques, nul auteur ne peut avoir cette illusion ou cet orgueil; mais

nous croyons pouvoir prétendre que cette seconde édition
offre à l'industrie manufacturière ce qu'il y a de plus
complet sur la fabrication de tous les genres de tissus.
L'auteur s'est attaché à démontrer et à définir tous les
moyens et toutes les ressources que la théorie offre à la
pratique, car si la première n'est rien sans la seconde,
cette dernière est hérissée d'obstacles que la première seule
peut vaincre.

Par le mot *pratique*, nous n'entendons certainement pas
parler du simple passage de la navette, car ce travail, qui, pour toutes les personnes étrangères à la fabrication, paraît être TOUT, n'est autre chose qu'une m anipu-
lation routinière ; en effet, il n'est pas rare de voir des
étoffes d'un haut prix et d'un grand mérite, tissées par
des ouvriers qui ne comprennent absolument rien au montage du métier. Le but de l'auteur a été de donner des
explications claires, précises et surtout graduées, de manière à amener insensiblement les personnes qui liront cet
ouvrage avec attention, à pouvoir, seules et sans le secours
d'aucun maître, mettre à exécution des travaux qui, au
premier abord, pourraient leur paraître très-difficiles et
quelquefois impossibles.

Nous n'ignorons pas qu'une certaine partie des démonstrations contenues dans ce traité se trouve être à la connaissance de toutes les personnes déjà initiées dans les
principes de la fabrication, mais néanmoins nous avons
dû constater ces principes comme point de départ, attendu
que nous nous adressons tout aussi bien à ceux qui ne
savent rien qu'à ceux qui savent déjà quelque chose. Il suffira donc, pour les personnes qui trouveront peu d'attraits

dans les premières notions, de tourner le feuillet et de passer outre.

Nous devons aussi faire remarquer, que dans le cas où l'on trouverait que nous avons trop généralisé certaines opérations préliminaires ou préparatoires, sans avoir eu égard au genre de matières, il serait bon qu'on se rappelât que pour comprendre les principes fondamentaux de la fabrication, il importe peu que les matières soient en coton, en soie, en laine, etc., puisque les principes qui servent de base restent constamment les mêmes pour toutes les nouveautés adoptées par le caprice ou par la mode. Il serait donc inutile que cet ouvrage contînt des répétitions en texte comme en planches; ces répétitions seraient tout-à-fait superflues.

L'auteur s'est également appliqué à éviter le défaut contraire; il s'est étudié à s'abstenir de démonstrations trop laconiques, persuadé qu'il est que l'on ne saurait rendre trop facile l'abord des sciences et des arts. Nous avons aussi fait en sorte que non-seulement il fût possible de nous entendre, mais encore qu'il fût impossible de ne pas nous comprendre.

L'auteur a puisé ses renseignements dans ses propres observations qui datent de longues années, et dans les documents que lui ont fournis les établissements en activité des principales villes manufacturières. C'est surtout dans les manufactures de Lyon qu'il a recueilli les plus précieuses indications.

Si l'habileté des ouvriers de Lyon les a placés au premier rang de la fabrication des tissus, et s'il en est de même des dessinateurs, des contre-maîtres et des monteurs, c'est parce qu'ils ont, quels que soient leur rang et leur fortune, la facilité de recevoir, même dès leur jeunesse, l'instruction relative et nécessaire à leur profession ; c'est parce que, dans cette ville essentiellement manufacturière, il existe non-seulement de bons professeurs pour les personnes fortunées, mais encore pour des écoles gratuites de dessin, de théorie et de pratique, aussi bien pour les enfants d'ouvriers que pour les ouvriers eux-mêmes.

Il est à regretter que toutes les villes manufacturières n'aient pas suivi ce noble exemple. Une semblable mesure serait réellement un avantage général dont les patrons se ressentiraient tout aussi bien que les ouvriers, et la France industrielle y trouverait un surcroît de renommée et de richesse.

C'est par suite de l'adoption de cette mesure, aussi nationale que philantropique, que la fabrication anglaise s'est élevée à un certain degré de perfection. Pour lutter avec elle, ou plutôt pour conserver sur nos voisins d'outre-mer toute la supériorité qu'ils n'ont jamais pu nous contester, surtout pour la fabrication des tissus façonnés, employons les mêmes armes; ils instruisent leurs ouvriers, instruisons aussi les nôtres ; ce n'est pas le bon vouloir qui leur manque, mais bien l'enseignement spécial industriel que nous venons d'indiquer.

Puisse notre ouvrage sur les tissus suppléer à cette lacune! Notre expérience nous permet d'espérer que nos efforts ne seront pas sans résultats.

Un aperçu des matières que nous traitons dans notre

ouvrage fera connaître le profit qu'on en peut tirer, pour développer le progrès intellectuel des différentes classes qui se consacrent aux travaux de l'industrie.

Le premier chapitre est consacré aux notions principales sur les matières en général ; viennent ensuite les opérations préparatoires usitées pour tous les genres de tissus, quelles qu'en soient les matières. — La description et les plans des métiers ordinaires, ainsi que de tous les ustensiles et accessoires généraux. — Les remettages ou rentrages. — Les armures fondamentales et leurs dérivées en croisements unis. — Les différents effets produits par le sens de la torsion des matières. — Les étoffes à bandes. — Les tissus doubles et ceux à double face. — Les écossais ou étoffes à carreaux. — La décomposition ou analyse des étoffes et leur mise en carte. — La description complète des mécaniques-armures. — Les dispositions particulières et relatives aux différents montages. — La mécanique Jacquard et toutes les opérations qui s'y rattachent. — Les empoutages de tous genres qui, pour être bien compris, ont nécessité des planches en deux couleurs. — Les esquisses et la mise en carte des dessins. — Les machines qui constituent le grand lisage, ainsi que celles qui en dépendent. — Les étoffes damassées, lancées, brochées, chinées. — Les gazes, les rubans, les châles, les velours, les tapis, la passementerie, etc., etc. Enfin, tous les divers genres de métiers dont on fait usage pour la fabrication des tissus.

Pour rendre cet ouvrage aussi intéressant qu'utile, un chapitre particulier traite spécialement des métiers mécaniques, ainsi que des inventions récentes qui ont rapport aux améliorations du tissage.

Si les principes et les genres de fabrication diffèrent très-
peu d'un pays à l'autre, il n'en est pas de même pour les
noms employés dans la dénomination des ustensiles. Les
opérations et manipulations subissent également, selon divers pays, des changements de noms tellement tranchés que
lorsqu'un ouvrier change de ville, il se trouve en quelque
sorte assimilé à un étranger ; et comme chacun conserve
ordinairement les termes usités dans le pays où il a fait son
apprentissage, il en résulte une confusion dans le langage
et souvent des erreurs dans les opérations.

Nous n'avons certainement pas la prétention de réformer
le langage usité ; néanmoins les motifs que nous venons de
citer nous ont déterminé à donner, à la fin de cet ouvrage,
un **Dictionnaire technologique**, dans lequel sont dé-
finis tous les principaux noms et termes employés pour la
fabrication des tissus. Nous avons eu soin de désigner la
préférence que l'on doit accorder à certains termes, afin
d'éviter les confusions et les erreurs qui pourraient provenir
d'une double signification des mots. Ce dictionnaire, nous
en sommes certain, contribuera essentiellement à l'intelligence du texte.

Cependant, malgré tous les soins que nous avons mis à
la composition de cet appendice, nous n'avons pas la prétention de n'avoir rien omis ; mais si çà et là il se rencontre
quelques omissions aux yeux du lecteur, il ne faut pas qu'il
s'y trompe : elles auront souvent été volontaires, car nous
n'avons pas cru devoir nous assujétir d'une manière absolue
à cette nomenclature bizarre que le caprice ou la mode a
imposée. Nous ne devions tenir aucun compte de tous ces

noms qui naissent et meurent chaque année avec la fantaisie qui les produit. D'ailleurs, de ces complications de noms naissent souvent des contradictions qui dénaturent les tissus. En effet, telle étoffe, dénommée aujourd'hui satin turc, s'appellera demain satin anglais. Ces dénominations sont en grande partie dues à des combinaisons spéculatrices qui n'ont d'autre but que celui de donner plus d'attraits aux étoffes, et, à l'aide de ce stratagème, débarrasser les vendeurs de leurs vieilles étoffes, rajeunies sous de nouveaux noms. On comprend du reste que l'impossibilité dans laquelle nous sommes de nous mettre en relation avec tous ces nombreux parrains, nous a restreint à nous en tenir à la dénomination généralement adoptée, et à défaut, à celle du tissu qui se rapproche le plus de l'armure dont l'étoffe dérive.

Nous terminerons en priant le lecteur de nous pardonner l'étendue de ces explications préliminaires qui, à notre avis, n'étaient point inutiles.

Quel que soit le résultat de nos efforts, nous aurons du moins la satisfaction d'avoir entrepris et exécuté un travail, dont la complication aurait sans doute effrayé d'autres personnes moins persévérantes, et nous osons espérer qu'en vue de son incontestable utilité, les personnes qui se vouent à la fabrication des tissus, nous sauront gré de l'extension que nous avons donnée à cette publication, qui comble une grande lacune dans la science vraiment pratique de l'industrie.

J. M. JACQUARD

Né à Lyon le 7 Juillet 1752.

Mort le 7 Août 1834.

NOTICE SUR C. M. JACQUARD.

CHARLES-MARIE JACQUARD naquit à Lyon, le 7 Juillet 1752. Son père était maître-ouvrier en étoffes d'or, d'argent et de soie; sa mère était *Liseuse*(*) de dessins. Son père, qui le destinait à suivre la profession d'ouvrier en soie, dans laquelle il excellait, regardait comme inutile même l'instruction élémentaire : c'était l'idée de l'époque.

L'enfant, abandonné à lui-même, passait la majeure partie de son temps à construire en bois de petites maisons et de petits châteaux, qu'il ornait de leur mobilier plus ou moins complet. C'était ainsi qu'au sortir du berceau se décelait, dans cet homme providentiel, l'instinct sublime de l'invention dont les suites devaient, sans le secours des sciences, enfanter des prodiges et changer totalement la face de l'industrie du tissage.

Jacquard avait à peine dix ans lorsqu'il perdit sa mère . Ce fut en vain qu'il supplia son père de lui faire donner quelque instruction; celui-ci crut devoir le laisser dans l'oisiveté , jusqu'au moment où ses forces musculaires seraient assez développées pour entrer en apprentissage.

Le jeune Jacquard avait une répugnance invincible pour la profession de son père: le tissage ne pouvait entrer dans ses goûts, et cependant l'avenir l'appelait à en perfectionner les procédés. Cette répugnance provenait sans doute du dégoût qu'il éprouvait pour ces machines informes , grossières et fatigantes, et lui fit adopter celle de relieur de livres, qu'il apprit chez un de ses parents, M. Barret, imprimeur-libraire. Dans cette profession, bien plus avantageuse alors qu'elle ne l'est aujourd'hui, il gémissait en voyant l'auteur de ses jours gagner si péniblement son pain; aussi, tout en reliant les livres , son-

---

(*) Pour tous les mots techniques que nous mettons en caractères italiques, voir leur signification à notre Dictionnaire technologique , placé à la fin de l'ouvrage.

geait-il sans cesse à la possibilité de simplifier ces machines si lourdes et si compliquées du tissage, et d'alléger le sort si malheureux des ouvriers en soie.

Jacquard avait atteint sa vingtième année quand son père mourut; et, après avoir recueilli son modique héritage, il hésita entre l'achat d'une boutique de relieur de livres et l'achat d'un atelier de tissus façonnés. Le second parti prévalut, évidemment pour mettre ses idées à exécution; et bien que sa nouvelle entreprise ne fût pas heureuse, il n'eut du moins rien à se reprocher : aussi songeait-il bien moins à son inventaire qu'au perfectionnement de son art.

Jacquard avait épousé la fille d'un armurier nommé Boichon, qui passait pour riche; on promit une dot qu'on ne paya pas; des procès furent intentés, Jacquard les perdit. Loin de faire supporter à sa femme les injustices de la famille à laquelle il s'était allié, il n'en aima que davantage la compagne de sa vie. Elle le méritait à tous égards; car elle était réellement un modèle de douceur et de bonté.

La fortune accablait déjà de ses revers ce génie naissant, et Jacquard, dont la loyauté et la probité furent toujours incontestables, vendit, pour payer ses dettes, une petite maison, berceau de sa famille, sise à Couzon, village situé sur la rive droite de la Saône, à deux lieues de Lyon. Ses dettes payées, il ne lui restait plus, pour tout bien, qu'une épouse chérie et un aimable enfant, fruit de cette douce union. Jacquard alors, sans ressource aucune, eut recours à son esprit inventif: il chercha dans la mécanique, non des moyens de fortune et de célébrité, mais simplement d'existence; ses inventions ordinairement simples s'adressaient à des professions différentes : non seulement divers tisseurs en soie (dits *canuts*), utilisèrent ses inventions, mais encore des couteliers, des imprimeurs et d'autres industries profitèrent de ses services. Malgré tous les bienfaits que ses idées précoces rendaient déjà à l'humanité, Jacquard en retirait une si faible rétribution, qu'il n'en restait pas moins pauvre et ignoré; de telle sorte qu'il se vit réduit à accepter un chétif emploi dans une carrière de plâtre exploitée dans le Bugey; ce qui l'affligeait le plus, était de laisser sa femme à Lyon, où elle dirigeait une modique fabrique de chapeaux de paille.

On était au commencement de la révolution, Jacquard en adopta les principes avec enthousiasme. Bientôt il s'indigne de tant de crimes commis au nom de la liberté; il vole vers sa ville natale, sur les remparts de laquelle flottait le noble étendard de la résistance à la tyrannie; on le vit avec le grade de sous-officier aux postes avancés, ayant à côté de lui son fils âgé de quatorze ans.

La ville héroïque a succombé, les vainqueurs s'enivrent de sang, et Jacquard, voyant sa vie en danger, reste caché; mais son fils qui, à la faveur d'une extrême jeunesse, peut circuler sans danger dans les ruines de Lyon, vient retrouver son père au milieu de la nuit, et lui dit : *«Partons, mon père, partons sans délai, car on a découvert ton asile; pour le mettre à l'abri, je viens de m'enrôler, de t'enrôler aussi, et voici nos deux feuilles de route; allons rejoindre un régiment qui est en marche sur Toulon.»* Ils partirent tous deux, et firent bien; car dès le lendemain, à l'aube du jour, des sbires révolutionnaires pénétrèrent dans la retraite que Jacquard venait de quitter.

Il servit avec son fils dans le régiment de Rhône-et-Loire; on le nomma membre du conseil de discipline, et en cette qualité il avait la surveillance d'un certain nombre de disciplinaires, prisonniers dans un petit village près d'Haguenau. Tout-à-coup le canon tonne. *«Camarades,* dit Jacquard, *que ceux qui m'aiment, me suivent; je promets rémission à tous ceux qui iront demander des fusils pour se battre.* Tous le suivirent, se battirent et furent graciés.

Jacquard avait pris goût à la vie militaire; il était Français, et tout Français est soldat; néanmoins la fermeté de son caractère ne put résister au coup le plus terrible que le sort lui réservait : son fils, frappé d'une balle meurtrière, tombe à côté de lui; le malheureux père obtient de suivre son enfant à l'hôpital militaire, et là il le voit expirer dans ses bras.

Jacquard, dégoûté de la vie militaire, ne pouvait plus, d'ailleurs, en raison de son âge, servir que comme volontaire; il demanda à quitter les drapeaux. C'est en vain qu'on lui offrit des grades; il n'en accepta aucun et retourna tristement à Lyon.

La grande manufacture de cette ville cherchait alors péniblement à sortir de ses ruines; mais les désastres qui avaient frappé cette grande cité, ne pouvaient disparaître qu'avec le temps; car Vandermonde, chargé par la convention de relever l'industrie lyonnaise, déclara, d'après le recensement fait en 1794, que quarante mille Lyonnais avaient péri tragiquement, et qu'environ dix mille étaient fugitifs. Ce ne fut que lors du décret directorial, qui assimilait les fugitifs aux émigrés, qu'on vit renaître l'industrie dans la cité. A ce moment, Lyon vit rentrer dans son sein une foule de ses honorables industriels qui s'étaient, en désespoir de la fortune de la Patrie, établis en pays étranger. Jacquard reparut à la même époque, en songeant toujours au perfectionnement des métiers à tisser les étoffes façonnées; c'était surtout ce malheureux ouvrier subalterne, désigné sous le nom de *tireur de lacs*, espèce de machine humaine, qu'il avait le plus à cœur de soulager.

Le plan de son invention était bien tracé dans son cerveau, mais les ressources pécuniaires lui manquaient pour mettre son projet à exécution. Heureusement une cotisation vint le tirer d'embarras : quelques mains généreuses fournirent les fonds nécessaires pour confectionner la machine, ainsi que les moyens de la présenter à l'exposition des produits de l'industrie nationale, qui eut lieu en Septembre 1801. Puis, à la suite de cette grande solemnité de l'industrie, des médailles d'or furent prodiguées à des inventions qui depuis longtemps sont oubliées; et, le croirait-on, la mécanique Jacquard obtint, pour toute récompense honorifique, de la part du jury de l'exposition, *la dernière médaille de bronze.*

Tout autre homme que Jacquard eût considéré ce chétif honneur comme une mystification; mais pour lui, véritable philantrope, sa réussite était toute sa satisfaction, c'était là sa plus belle récompense.

Malgré l'espèce d'indifférence avec laquelle Jacquard fut traité en cette occasion, il ne persista pas moins à donner à son invention toute l'extension qui était en son pouvoir. Un brevet d'invention lui fut accordé le 2 Nivôse an IX (1802) pour dix ans; mais Jacquard, travaillant toujours plutôt pour le bien-être de ses semblables que pour la gloire et la fortune, négligea d'exploiter ce brevet, et s'occupa d'une manière toute spéciale du perfectionnement de sa machine.

Cette invention ne laissa pas que d'avoir quelque retentissement; aussi, peu de temps après, l'autorité municipale de Lyon accorda à Jacquard un logement au palais des Beaux-arts, sous la condition quelque peu exigeante d'instruire de jeunes ouvriers, sans exiger d'eux aucune rétribution. Il fit même quelques avances pour construction de modèles et achats de divers ustensiles, qui lui étaient indispensables pour ce genre d'enseignement. Ces avances ne lui ont jamais été remboursées. Tout entier à son école pratique, à son atelier-créateur, il semblait avoir oublié son brevet d'invention : jamais le mépris de l'or ne fut poussé si loin.

Après avoir logé deux ans au palais des arts, Jacquard fut appelé à Paris; voici à quelle occasion :

La Société des arts de Londres avait proposé une récompense à l'inventeur d'une machine propre à fabriquer les filets de pêche maritime, et la Société française d'Encouragement avait mis la même question au concours. Jacquard concourut, non pour le million britannique, mais bien pour l'honneur français; il mit aussitôt la main à l'œuvre, et après bien des essais infructueux, il parvint enfin à résoudre ce grand problème, et la machine qu'il établit exprès, quoique en petit, fut suffisante pour lui donner la preuve de son succès. Néanmoins il fut mécontent de ses efforts, en songeant à la possibilité d'un résultat plus parfait. En conséquence, il laissa dormir cette invention, en compagnie de tant d'autres reléguées dans un coin de son atelier.

Comme il n'entrait pas dans le caractère de Jacquard de tenir ses découvertes au secret, un de ses amis se saisit de l'invention, la porte au Préfet, qui, d'office, l'envoie à Paris, tout en invitant l'auteur à accompagner son œuvre. Mais Jacquard se souciait fort peu de suivre à Paris ce qu'il appelait un paquet de cordes; la difficulté principale était résolue : c'était, disait-il, assez pour lui d'avoir réussi, et il ne s'occupa pas autrement des résultats de la découverte, ni du prix proposé.

A quelque temps de là, Jacquard fut de nouveau mandé chez le Préfet; mais cette fois il ne put se soustraire à l'obligation de partir pour Paris, sans délai; l'ordre émanait du premier Consul. Un instant après, une chaise de poste emportait rapidement vers la capitale l'humble mécanicien, sous l'escorte d'un gendarme, qui devait lui servir de guide et ne pas le perdre de vue. A son arrivée à Paris, il fut présenté au général Bonaparte, qui le félicita sur sa nouvelle découverte, et l'encouragea à poursuivre ses recherches.

La Société d'Encouragement fut convoquée pour l'examen du produit et de la machine. Jacquard s'y rendit, au jour fixé, pour donner les explications et faire les expériences. On s'attendait à voir un mathématicien, un savant, et il n'eut pas plutôt proféré quelques paroles qu'on lui dit : «*Mon ami, allez chercher votre maître, il nous dira cela mieux que vous.*» — «*Mais, Messieurs, c'est moi qui suis Jacquard, l'auteur de cette mécanique.*» Alors on lui présente un fauteuil, on l'écoute, on est étonné de le comprendre; et la Société reconnaissante lui décerne pour prix la grande médaille d'or, accompagnée d'une somme de trois mille francs. Ceci se passait le 2 Février 1804. Dès ce moment, Jacquard fut installé au Conservatoire des arts et métiers; ce fut là l'origine de sa fortune et de sa gloire.

Voilà donc Jacquard échangeant son modeste atelier contre une immense galerie, musée industriel. Là il invente, il restaure, il perfectionne un grand nombre de machines, et spécialement celles qui ont rapport au tissage, telles que des métiers *à la barre* pour fabriquer des rubans-velours à deux faces, et aussi des métiers pour confectionner plusieurs étoffes à la fois, etc.

Ce fut dans ce grand arsenal de l'industrie que Jacquard vit, pour la première fois, les débris de la machine à tisser de Vaucanson. Le mécanicien célèbre avait répudié cette œuvre de ses mains, ayant dédaigné d'en tracer le plan et d'en écrire la description, comme il l'avait fait pour son canard, son flûteur et autres productions de son génie. On avait monté et démonté mille fois cette machine de tissage sans pouvoir jamais la faire fonctionner. Abandonnée définitivement, les pièces étaient éparpillées dans les greniers de rebut, et plusieurs étaient perdues.

Jacquard entreprit donc de recréer cette machine de Vaucanson, dont il avait confusément ouï parler. C'était en 1804, et cependant, dès 1801, il avait, pour la machine qui porte son nom, obtenu un prix et un brevet d'invention. Il n'est donc pas exact de dire que ce soit la vue de la machine Vaucanson qui ait inspiré Jacquard. Ce n'est pas la première fois que les idées de deux hommes supérieurs se rapprochent l'une de l'autre; d'ailleurs le système de Vaucanson n'eut jamais même un commencement d'exécution. C'est donc un fait incontestable que Jacquard, homme de génie bien qu'illettré, inventa sa machine, absolument comme Newton trouva le système du monde, *parce qu'il y avait beaucoup pensé.*

En reconstruisant la machine de Vaucanson, Jacquard prouva, à la Société d'encouragement, que pour établir un seul métier d'après ce système, il ne faudrait pas moins de dix mille francs; que d'ailleurs ce métier, fort élégant en apparence, ne pouvait fonctionner que lentement, à cause du nombre excessif de ses frottements, et qu'enfin, pour vice capital, il ne pourrait exécuter que des dessins fort courts.

Entouré des égards les plus attentifs et des témoignages de la plus haute estime, Jacquard coulait des jours heureux au Conservatoire des arts et métiers de Paris, lorsqu'il fut vivement réclamé par sa ville natale. Il délibéra longtemps et finit par céder ; toutefois il ne partit pas sur-le-champ, ayant besoin de puiser aux Gobelins des données pour l'établissement des ateliers de charité dont on voulait lui confier la direction. Il avait proposé la fabrication des tapis en laine, dont les nombreuses opérations pouvaient être exécutées par des mains novices et grossières ; car tout en étudiant les procédés des Gobelins, il avait trouvé moyen de les perfectionner.

Jacquard revit donc sa ville natale en 1804, et fut alors installé à l'hospice de l'Antiquaille. Cette fois, l'atelier national qui lui fut accordé était un hôpital-prison, réceptacle des vices hideux, des maladies honteuses. Il y avait quelque bien à faire ; Jacquard ne refusa pas cette triste résidence ; mais pour y monter des métiers à tapisserie, il lui fallut emprunter divers ustensiles et agrès dont il reconnut l'insuffisance. Jacquard était trop pauvre, et l'administration de l'Antiquaille n'était peut-être pas assez riche pour les acheter.

Le grand mécanicien était à la tête de son humble enseignement industriel, lorsque fut rendu le décret impérial qui devait fixer sa modeste destinée. Ce décret, daté de Berlin le 27 Octobre 1806, autorise l'administration municipale de Lyon à accorder à Jacquard une pension viagère de trois mille francs (*), dont la moitié réversible sur la tête de Claudine Boichon, son épouse. Au moyen de cette pension, Jacquard cédait à la ville toutes ses machines et toutes ses inventions ; il s'obligeait en outre à lui consacrer tout son temps et tous ses travaux ; enfin à la faire jouir de tous les perfectionnements qu'il pourrait y apporter. Ainsi, pour une pension

---

(*) On assure que Napoléon, en signant ce décret, dit: *En voilà un qui se contente de peu.*

de mille écus, la ville de Lyon acquérait tous les fruits des travaux passés, présents et futurs de Jacquard : elle devenait la propriétaire absolue de son génie.

Jacquard fut de nouveau logé dans les appartements exigus qu'il avait déjà occupés au palais St-Pierre ; mais quelques mois s'étaient à peine écoulés, que l'administration du musée lui fit signifier qu'elle avait besoin de ce logement ; il lui fallut déguerpir, et pour mettre fin à tous ces ballotages, il prit le parti d'aller s'installer dans un de ces quartiers éloignés du commerce et du bruit, où les loyers sont à bas prix ; c'était en 1307.

Après avoir perfectionné sa machine, Jacquard chercha à la faire adopter dans les ateliers ; il y réussit difficilement. L'empereur lui avait accordé une prime pour chacun de ces métiers mis en activité, et quelques centaines de francs furent le seul prix qu'il retira de la munificence impériale. Quelque temps après, il fut plus heureux au concours de la Société d'Encouragement pour l'industrie nationale, qui avait proposé un grand prix pour le tissage. Jacquard, sur l'honneur d'une invitation, se présenta au concours, et cette fois sa machine perfectionnée fonctionna sous les yeux d'un jury, au château impérial de St-Germain ; c'était en 1808. Il remporta le prix.

L'effet de cette juste récompense fut de consacrer enfin le mérite de son invention et d'encourager les manufacturiers à lui faire des offres. On fabriqua des échantillons qui réussirent parfaitement et tout portait à croire à l'adoption générale de cette mécanique. Vain espoir ! une déception s'en suivit ; car les négociants, par un intérêt mal entendu, retirèrent leur parole, et le métier fut mis sous clé.

Quelque temps après cette tracasserie calculée, un brevet d'invention est obtenu pour la fabrication de tapisseries ; on l'exploite avec grand profit ; Jacquard y reconnaît son système, ses procédés, il se plaint, mais il n'est pas écouté.

Ce ne fut pas la seule fois qu'on mit à profit sa bonhomie. On ébauchait des sociétés, on commençait des opérations, on en pressentait les succès et tous les avantages qu'on pouvait en retirer ; le génie de Jacquard, d'abord considéré comme la base du fonds social, venait se confondre avec l'argent des spéculateurs ; et ceux-ci, par un intérêt égoïste, finissaient par ne plus pouvoir s'entendre. Qu'arrivait-il alors? l'association était rompue, on éliminait Jacquard, et peu de temps après survenait un brevet d'invention en faveur des seuls hommes de l'argent. Plusieurs fois on persuada au bon Jacquard, ainsi dupé, de s'adresser aux tribunaux; il invoquait la justice, mais c'était toujours sans succès.

D'un autre côté, les ouvriers mécaniciens mettaient à exécution, pour leur propre compte, les modèles qu'il leur fournissait; ils faisaient de bonnes affaires. «*Tant mieux,* disait Jacquard, *s'ils deviennent riches; il me suffit d'avoir été utile à mes concitoyens et d'avoir mérité quelque part à leur estime.*»

Quelque part à leur estime! Combien d'autres, avec moins de titres, se seraient crus des droits à leur amour et à leur admiration.

Les persécutions et les injustices auxquelles cet homme providentiel était toujours en butte, prouvent combien les hommes sont quelquefois ingrats et méchants. Il est vrai que Jacquard n'était pas sans amis; mais ses amis étaient des amis sincères, et ceux-là sont toujours en petit nombre. Quant à ses admirateurs qui étaient nombreux, la plupart cachaient des sentiments de jalousie, et devenaient ensuite ostensiblement ses adversaires et ses détracteurs. Jacquard n'était cependant pas sans avoir quelque connaissance de toutes ces menées conspiratrices; mais son bon cœur se refusait à croire à tant de perversité. Il n'en fut que trop convaincu, car lorsqu'il voulut introduire en grand sa machine dans son pays, les manufacturiers de Lyon l'écoutèrent à peine, et s'obstinèrent à ne voir, dans sa machine originale, qu'un plagiat, une copie servile des métiers tantôt de Falcon, tantôt de Vaucanson; les uns la trouvaient inapplicable, les autres funeste. Des tisseurs, pour la discréditer, furent inhabiles et maladroits avec intention; ils gâtèrent des étoffes par calcul: un plus grand nombre d'ouvriers ne voulant ni ne pouvant dissimuler la puissance de cette invention, la représentèrent comme le fléau de la fabrique. Son acceptation, disait-on, supprimerait des bras, créerait des mendiants, annulerait l'habileté industrielle des ouvriers, fournirait à l'étranger les moyens de rivaliser avec notre belle industrie... Que ne disait-on pas? — En ce temps-là, le nom de Jacquard fut maudit, sa personne déclarée ennemie de la classe ouvrière; de toutes parts les fabricants, et surtout les ouvriers, s'ameutèrent contre

I.

lui, sa vie même fut menacée par un peuple brutal qui comprenait mal son intérêt, et dont la haine en vint à un tel degré d'exaspération, que le métier-modèle, véritable chef-d'œuvre, déposé au palais des beaux-arts de Lyon, en fut enlevé pour être brûlé sur la place des Terraux, en présence d'une foule considérable rassemblée tout exprès pour jouir de ce spectacle honteux.

La cabale ne s'arrêta pas à cet acte impie, véritable sacrilège, qui laisse à tout jamais une tâche dans l'histoire; elle vint encore à bout de mettre dans son parti la plupart des chefs d'ateliers auxquels on avait confié ces nouvelles machines; la cupidité de ceux-ci fut telle, qu'ils démontèrent les mécaniques Jacquard qu'ils avaient en leur possession, et en vendirent les matériaux comme vieux fers, vieux plombs, vieilles cordes et bois à brûler. Enfin, pour mettre le comble à l'infortune du pauvre Jacquard, l'administration communale de Lyon, au mépris du décret impérial, crut devoir faire disparaître de son budget la pension d'un industriel *devenu inutile*, et cette pension modique était le seul moyen d'existence de Jacquard.

Les ouvriers les plus acharnés contre cette sublime invention étaient naturellement les tisseurs en étoffes façonnées; petits tyrans d'ateliers qui commandaient despotiquement à un certain nombre de su balternes, et dont la fierté égalait l'ignorance. On les voyait, les dimanches et souvent les lundis, dans les promenades et autres lieux publics, en habit noir, l'épée au côté. Ces sots ouvriers en chef s'acharnaient à repousser une machine qui avait pour but de mettre fin à cette espèce d'aristocratie.

A ces tribulations vinrent encore se joindre les tracasseries du conseil des Prud'hommes : Jacquard fut cité devant ce tribunal pour s'entendre condamner à payer, à divers chefs d'ateliers, une certaine somme en indemnité de perte de temps et de matières qui avaient été gâtées pour fabriquer une étoffe façonnée qui, soi-disant, ne pouvait l'être avec sa mécanique. Ce tribunal, dont les membres étaient tous manufacturiers ou chefs d'ateliers, condamna Jacquard. Cependant, à force de prières et de supplications, l'illustre inventeur obtint la suspension de l'exécution du jugement jusqu'à ce qu'il eût fourni la preuve du contraire. Jacquard remonta une de ses machines, et ce fut de ses propres mains, au palais St-Pierre, toutes les portes ouvertes, et en présence d'un grand nombre de curieux, qu'il exécuta l'étoffe façonnée qu'on disait inexécutable par son métier. L'exécution ayant répondu à son attente, le conseil des Prud'hommes fut forcé de révoquer son jugement.

Tous ces reproches amers, autant qu'injustes, contre une machine que déjà les étrangers, surtout les Anglais (*), proclamaient comme le plus grand chef-d'œuvre industriel, ralentirent, il est vrai, l'adoption de cette invention; néanmoins ces aveugles résistances ne purent parvenir à en empêcher la pleine et entière réussite, car quelque temps après, l'œuvre immortelle de Jacquard, mécanique tout à la fois expéditive, puissante, économique, élégante et facile à manier, fut enfin adoptée par tout le monde industriel. Non-seulement l'industrie lyonnaise lui fit amende honorable en la recevant avec empressement dans ses ateliers, mais encore toutes les autres villes manufacturières, tant de la France que de l'étranger, voulurent à l'envi, les unes des autres, profiter des immenses avantages de cette création.

Si un malheur n'arrive jamais seul, il en est heureusement quelquefois de même du bonheur. La ville de Lyon s'empressa de rendre à Jacquard la pension annuelle qu'elle lui avait si injustement supprimée; elle fit plus, elle chargea le plus habile de ses peintres, M. Bonnefond, de tracer le portrait de ce grand homme : ce bel ouvrage, *tissé au moyen de la mécanique de l'auteur*, est déposé au musée lyonnais, et retracera à la postérité les traits de l'une de nos illustrations les plus vénérables. Enfin, à la satisfaction générale, la croix de la légion d'honneur vint payer la dette sacrée du Gouvernement envers le génie.

Sa machine adoptée, Jacquard se retira du monde et des affaires. Sa pension, quoique modique, était plus que suffisante pour des besoins plus modiques encore. Un arrangement de famille l'avait rendu usufruitier à Oullins, près Lyon, d'une maisonnette accompagnée d'un jardin agréable; il s'y retira en compagnie de sa femme

---

(*) Plusieurs fois des offres avantageuses furent faites à Jacquard par les Anglais ; mais son esprit national repoussa toujours énergiquement de semblables propositions.

seulement et y vécut tranquille. Là, quoique oublié par le plus grand nombre de ceux qui l'avaient connu, il recevait néanmoins de temps à autre des visites auxquelles il s'efforçait de faire honneur, sans avoir égard au but que les visiteurs pouvaient avoir. Dans la plupart de ces entrevues, la conversation tombait sur les tracasseries, les vexations et les injustices dont sa longue carrière avait été semée. Cet homme, dont la bonté était empreinte sur sa physionomie, racontait, sans la moindre amertume, toutes ses adversités passées, comme aussi il ne mettait point d'orgueil à faire le récit des circonstances dont à juste titre, son amour-propre aurait dû être flatté(*). Néanmoins cet homme, plus que naïf et presque trivial dans la conversation ordinaire, s'animait en parlant mécanique industrielle; ses yeux alors brillaient, l'accent de sa voix changeait, et il était capable d'une heureuse improvisation. Tel il s'est montré plus d'une fois dans les discussions de la Société royale d'agriculture et dans celles de la Société d'Encouragement pour l'industrie nationale.

Rien n'égalait son mépris pour la considération que donnent le luxe, la dépense, la représentation; et bien qu'il fût convaincu que tout autre, avec beaucoup moins de services rendus à l'industrie, eût pu arriver à une fortune millionnaire, il vécut content d'un viager de mille écus et de l'usufruit de sa petite propriété; encore trouva-t-il, après avoir survécu à sa femme, le moyen d'économiser sur ce faible revenu quelques milliers de francs, pour les laisser tant à un neveu qu'à sa vieille domestique; car sans cette considération, qu'il regardait comme un devoir, il n'eut pas même laissé de quoi se faire enterrer. De la vieille devise de Lyon : *Virtute duce, comite fortuna*, le plus noble de ses enfants n'adopta que la première moitié; mais il mit ses contemporains et ses successeurs à même de la réaliser dans toute son étendue.

(*) On sait qu'un jour un somptueux équipage s'arrêta devant la porte de sa maisonnette; sa modeste sonnette sonne avec fracas; lui-même accourt pour ouvrir. Une voix anglaise se fait entendre : «*Vas annoncer à monsir Jacquard lord...* — *C'est moi, Monsieur, qui suis Jacquard.* — *Vous, M. Jacquard?* — *Oui, Milord.* — Et le pair de la Grande-Bretagne, le chapeau jusqu'à terre, balbutie des excuses, s'indigne ensuite à grand bruit contre un pays qui laisse en un pareil état un homme tel que Jacquard. — *Eh! Milord, je suis content de mon sort, je n'en demande pas d'autre* fut sa réponse.

Jacquard était aussi fréquemment visité dans son modeste asile par ces colporteurs d'albums, qui suivent avec soin les traces de toutes les célébrités contemporaines. En les recevant, il ne pouvait revenir de son étonnement. En effet, tandis que tant de petits savants, de littérateurs légers, d'artistes obscurs, se croient arrivés à la gloire, celui qui avait agi si puissamment sur l'industrie de l'univers, se croyait presque inconnu; ses goûts, ne différant en rien de ceux d'un simple paysan, étaient en harmonie avec sa nouvelle position: on le trouvait tantôt béchant un petit coin de terre, tantôt arrosant ses potagers, ou écossant ses légumes, ou enfin assis à une modeste table, en face d'un mêts unique et grossier.

Dans ses derniers jours, la réminiscence des évènements passés troublait son sommeil: il voyait sans cesse des bûchers allumés consumant des monceaux de sa mécanique, il entendait les hurlements des ouvriers ameutés contre sa vie, il se réveillait en sursaut en prononçant des paroles de pardon pour les ennemis jaloux de sa gloire, et qui tant de fois avaient cherché à paralyser les efforts de son génie. Ce vénérable vieillard priait encore Dieu pour eux.

Enfin, voyant de jour en jour sa santé s'affaiblir, cet homme juste et bon mit ordre à ses affaires, et le 7 du mois d'Août 1834, il rendit le dernier soupir, entouré d'un petit nombre d'amis. Le lendemain un cortège très-modeste et une suite peu nombreuse déposèrent les restes mortels de Jacquard dans le cimetière de sa paroisse, et sa tombe n'eut d'autre marque distinctive qu'une simple croix de bois.

Cependant on se souvint que Jacquard avait centuplé l'industrie lyonnaise, et l'on songea à élever un monument à sa mémoire. La France qui en édifie à tant de héros auxquels elle doit des services incomparablement moins grands, aurait bien pu faire la dépense d'un modeste mausolée; il n'en fut point ainsi, et ce fut seulement quelques années plus tard que Lyon songea à lui ériger un monument; une souscription fut ouverte à cet effet. On eût pu croire qu'en peu de temps elle eût été couverte; on était en droit de penser que les riches offrandes des manufacturiers et les nombreuses oboles des ouvriers se cumuleraient pour l'érection de ce monument: prévision déçue, car, après plusieurs années d'attente, on n'a pu mettre la main à l'œuvre. Enfin, voyant que les dons se faisaient trop longtemps attendre, on crut devoir faire un nouvel appel à la générosité publique; et cette fois, grâce aux offrandes de l'étranger, la statue en pied de Jacquard, coulée en bronze, orne depuis 1840 l'entrée du jardin des plantes de la ville de Lyon. Le monument porte cette inscription :

A JACQUARD
LA VILLE DE LYON RECONNAISSANTE.
MDCCCXL.

Bienfaits de la mécanique Jacquard.

Avant de faire l'apologie d'une invention dont l'adoption est devenue universelle, nous devons dire ici quelques mots aux ennemis de toute machine nouvelle appliquée à l'industrie; pour ces esprits systématiquement chagrins, la haine pour la mécanique Jacquard est toute naturelle; mais prétendent-ils arrêter l'esprit humain? Diront-ils au génie de l'industrie : Tu n'iras pas plus loin, voilà la borne où doit s'arrêter l'orgueil de tes inventions; ce serait pour le malheur de l'humanité qu'elles franchiraient ces étroites limites? Ce stupide langage, on a dû le tenir après chaque invention.

En effet, quels cris de fureur ont dû pousser les copistes des livres, après la découverte de l'imprimerie? Que de gémissements parmi les tondeurs de draps et les filateurs, après l'invention des machines à tondre et à filer! Et Watt, qui a eu la gloire d'appliquer la vapeur à tant d'opérations industrielles, n'a-t-il pas encouru la haine des ouvriers dont il supprimait les bras impuissants. Cependant il existe de nos jours vingt fois plus d'imprimeurs qu'on ne voyait de copistes de livres avant Gutenberg; il n'y a pas moins d'ouvriers employés aux *tondeuses* et aux *filatures* que ces deux genres d'industrie en occupaient autrefois. Les nombreuses opérations dues aux machines à vapeur, occupent aujourd'hui bien plus de bras que les machines n'en avaient momentanément paralysés. On peut donc conclure que dans une cité manufacturière, le nombre des ouvriers augmente indubitablement au fur et à mesure que les machines se multiplient et se perfectionnent dans son sein.

En effet, les machines qui remplacent actuellement la main de

l'homme dans presque toutes les opérations de l'industrie manufacturière, ont opéré une si grande révolution dans les arts que depuis
leur application on ne peut plus calculer les produits par le nombre
de bras employés, puisqu'elles décuplent le travail; et qu'en un mot
l'étendue de l'industrie d'un pays est en raison du nombre de ses
machines et non de sa population. D'ailleurs, en remontant à l'origine des arts, pour en suivre les progrès jusqu'à nous, ne voit-on
pas que la main de l'homme s'est constamment armée de machines,
qu'on a perfectionnés peu à peu, et que la prospérité de l'industrie
a toujours été proportionnée à ces améliorations. Nous ajouterons même
qu'il n'est pas au pouvoir d'une nation qui veut avoir une industrie
manufacturière, de ne pas adopter les machines dont on se sert ailleurs : sans cela, elle ne pourrait faire ni aussi bien, ni vendre au
même prix, et, dès-lors, elle perdrait, sa fabrication. C'est donc
aujourd'hui un devoir, non-seulement d'inventer et d'adopter des
machines, mais encore de les perfectionner ; car l'avantage reste
toujours à celui qui a les meilleures.

Il serait donc absurde de dire que l'industrie, animée par des
machines, paralysant les bras, tend à diminuer les populations et
même à les faire disparaître; car il serait facile de prouver qu'il y
a plus de bras occupés à construire les nouvelles machines qu'il
n'y en avait à faire mouvoir les anciennes.

Nous sommes loin encore d'avoir en France cette profusion de
machines qu'on voit en Angleterre. Dans ce dernier pays on les emploie à tous les travaux, on y remplace partout la main de l'homme
par des mécaniques : celles-ci sont le mobile de toutes les opérations
dans les ateliers, il y en a pour coudre les draps, le linge, la peau,
faire des souliers, des fers à cheval, imprimer des journaux à dix
mille exemplaires par heure. Ces machines font l'ouvrage de cent
millions de bras; il en existe une dans le comté de Cornouailles, dont
la force égale celle de mille chevaux. Eh bien, malgré la force et
la rapidité de ces machines, la population de la Grande-Bretagne,
au lieu de diminuer, prend chaque jour un plus grand accroissement.

C'est donc un fait acquis, que plus les machines se multiplient
et se perfectionnent dans un pays, plus aussi s'accroît la population
ouvrière.

Ce qui est arrivé pour toutes les autres machines, devait nécessairement avoir lieu relativement à la mécanique Jacquard, cette machine appelée à primer sur toutes les précédentes, ayant éprouvé toutes les oppositions possibles, n'est pas moins arrivée au faîte de l'industrie du tissage, et les services immenses qu'elle lui a rendus, nous font un devoir d'en citer les bienfaits.

Qu'on se représente ces anciens ouvriers en étoffes façonnées au milieu de cet amas confus de pédales, de cordages, d'ustensiles de toutes formes et de toutes dimensions, se détraquant à chaque instant : l'ouvrier principal, mal assis sur une escabelle, agitant les pieds et les mains en tous sens, faisant entendre constamment une voix lugubre indiquant à un ou deux ouvriers subalternes, ou plutôt deux esclaves nommés *tireurs de lats*, le nombre de fils qu'ils devaient faire lever en tirant un certain nombre de cordes. Ces malheureux aux mains calleuses et quelquefois saignantes, étaient obligés de garder, pendant toute la journée, une attitude digne de pitié ; leurs membres se tordaient, se déformaient, se rabougrissaient ; et comme ce jeu purement mécanique n'exigeait pas une très-grande force, on y employait de pauvres filles, de malheureux vieillards des deux sexes ; ces derniers succombaient bientôt à ce métier barbare, et les adolescents traînaient une pénible existence, beaucoup trop la propageaient.

Les ouvriers sur l'*uni* (dénommés vulgairement par le nom de *canuts*), quoique moins torturés, travaillaient péniblement ; de là une génération chétive et presque hébétée, qui, grâce à Jacquard, a heureusement disparu pour faire place à une race de tisseurs robustes et intelligents.

A l'appui de ce que nous avançons, nous citerons un passage puisé dans un ouvrage du docteur Monfalcon, qui trace, ainsi qu'on va le voir, le portrait du canut.

« Un teint pâle, des jambes grêles, des chairs molles et frappées
» d'atonie, une stature généralement au-dessous de la moyenne,
» telle était, il y a trente ans, la constitution physique ordinaire aux
» ouvriers en soie lyonnais. Il y avait dans la physionomie de l'an-
» cien canut une expression remarquable de bonhomie et de sim-
» plicité ; l'accent de sa voix, dans la conversation, était singulière-

» ment lent et monotone; leur taille manquait le plus souvent de
» proportions régulières, leur allure les faisait aisément reconnaître
» lorsqu'aux jours de repos, l'habit de dimanche les confondait avec
» d'autres artisans; on les distinguait non-seulement à leur costume
» singulier, mais encore au développement inégal de leur corps,
» ainsi qu'à leur démarche incertaine et entièrement dépourvue
» d'aisance. »

Considéré sous les rapports moraux, l'ancien ouvrier en soie était
doux, docile, très attaché à ses préjugés; son intelligence paraissait
extrêmement bornée, et sauf quelques exceptions, un habitant de
l'Océanie possédait un nombre d'idées plus grand et savait les combiner avec plus d'habileté....

Quelle vie, grand Dieu! était celle de ces malheureux. Chaque
jour, abandonnant leur grabat long-temps avant l'aurore, pour prolonger leurs travaux bien avant dans la nuit; seul moyen de pouvoir,
par la longueur du temps, compenser la modicité des salaires insuffisants; cloués, pour ainsi dire, sur un métier dont l'exercice est
cent fois plus pénible, par la position du corps, que celle d'aucune
autre profession, ils ne parvenaient jamais à une vieillesse avancée;
on assure même que jamais *canut* n'a été fils et petit-fils d'ouvrier.
La plus modique subsistance les soutenait, et l'on peut dire qu'ils
mangeaient moins pour vivre que pour ne pas mourir, et comme
l'a dit le célèbre Bertholon, que nulle part on ne pourrait établir des
manufactures comme à Lyon; parce qu'il faudrait trouver ailleurs
des gens qui ne mangeassent ni ne dormissent comme à Lyon.

Cette race si triste et si chétive était généralement retirée dans
les quartiers les plus insalubres : la famille entière était logée, ou
pour mieux dire, resserrée dans une seule pièce étroite, espèce de
prison, dont l'air était constamment chargé des miasmes que fournit
la transpiration; et par suite, des maladies incurables forçaient ces
malheureux d'aller dans les hôpitaux pour y chercher, moins des
secours, qu'un moyen prompt d'être plutôt délivrés de leur triste et
pénible existence.

Enfin, grâce à Jacquard, ce mode d'existence des anciens ouvriers
en soie a presque entièrement disparu, et sous peu d'années il
ne sera connu que par la tradition; car ce n'est que bien rarement
que l'on rencontre, dans les rues les moins fréquentées du quartier

I.   3

St-Georges, de petits vieillards tout rabougris, à l'habit écourté et orné d'énormes boutons de métal, aux jambes frêles qu'entourent d'une enveloppe lâche et plissée, de gros bas à côtes, mal assujétis par la classique culotte courte en velours-coton; ajoutez à cet accoutrement le pyramidal bonnet de laine, et vous aurez le croquis parfait de l'ancien canut. Quelques années encore, et ce type, heureusement, aura cessé d'exister.

Le tableau qui précède prouve combien sont grands les services que Jacquard a rendus à la classe ouvrière. Les métiers surmontés de sa mécanique, exigeant des appartements plus spacieux et plus élevés, ont rendu les habitations plus salubres; le travail du tissage, jadis si fatigant et si monotone, est devenu facile et intéressant : de là des habitudes moins contraires à l'hygiène, plus de ressort dans le caractère et peut-être une meilleure nourriture.

La cause principale qui a donné une si grande extension à la mécanique Jacquard est, que cette machine peut indistinctement être appliquée à toutes les matières textiles; le plan en a été si bien conçu et si heureusement combiné, qu'elle se prête à toutes les exigences des divers tissus, depuis les plus étroits jusqu'aux plus larges, depuis les matières les plus grossières jusqu'aux plus riches; et, bien que cette machine ait depuis subi divers perfectionnements et qu'elle en subira peut-être encore, la base fondamentale de cette invention restera immuable, en dépit de tous les rectificateurs, puisqu'elle est réduite à l'*unité*, c'est-à-dire, au croisement partiel le plus minime, qui est celui d'*un seul fil de chaîne* : vouloir faire plus qu'a fait Jacquard, serait tenter l'impossible.

Ainsi que nous venons de le dire, le système de Jacquard pouvant s'appliquer, en grand comme en petit, à tous les genres de tissus, tous y ont trouvé des moyens d'amélioration. Néanmoins ce sont les tissus les plus compliqués qui en ont ressenti le plus d'avantages. En effet, il suffit d'augmenter le *compte* de la mécanique et le nombre des *cartons*, pour produire des tableaux entiers de grande dimension. C'est ce que prouvent les ouvrages de Genod, reproduits avec toutes leurs beautés dans la manufacture renommée de MM. Mathevon et Bouvard frères. Le testament de Louis XVI n'a-t-il pas été, dans les beaux ateliers de M. Maisiat, écrit, au moyen de la navette, avec une pureté, une correction, une élégance qui ne le cèdent en rien aux plus belles épreuves typographiques de Didot? N'avons-nous pas encore en tissu le magnifique tableau représentant la visite du duc d'Aumale dans les ateliers de M. Carquillat à la Croix-Rousse, faubourg de Lyon? Ce tableau, dessiné par M. Bonnefond, mis en carte par M. Manin et exécuté par M. Carquillat, est un véritable chef-d'œuvre, auquel chacun de ces trois artistes a sa large part. Ce précieux travail, qui ornait l'exposition de 1839, a fait l'admiration de tous les connaisseurs et amateurs du tissage : les personnages en pied qu'il représente, au nombre de douze, sont d'une netteté et d'une ressemblance si parfaites; les ombres sont si bien portées, les reflets sont si frappants, le fuyant est d'un si bel effet, qu'à un mètre de distance seulement l'illusion est si grande qu'on ne peut se défendre de l'assimiler à la plus belle lithographie.

La grande cité manufacturière n'a pas été la seule ville qui ait profité des bienfaits de la mécanique Jacquard; Paris aussi ne tarda pas d'adopter cette machine et même d'y apporter divers perfectionnements exigés pour la fabrication des châles compliqués. Nismes, Tours, ne restèrent pas non plus en arrière, et St-Étienne s'empressa de l'appliquer à ses métiers mécaniques pour rubans façonnés.

L'adoption de la mécanique Jacquard ne s'est pas arrêtée aux soieries et aux châles; les fabricants de draperie-nouveauté comprirent que leur industrie ne pourrait faire des progrès qu'avec le secours de cette machine : aussi Sédan, Elbeuf, Louviers, etc., garnirent bientôt leurs immenses ateliers de petites mécaniques Jacquard, dites *armures*, remplaçant avec de grands avantages les anciens métiers *à la marche*, et aujourd'hui la mécanique Jacquard, dans son grand complet, figure également dans tous les principaux ateliers de draperie-nouveauté. Enfin la tapisserie, la passementerie, la cotonnade, en un mot, tous les tissus en général, ont avec succès appliqué le métier Jacquard à leur genre d'industrie.

Par suite de l'adoption générale de la mécanique Jacquard, divers publicistes se sont emparés de ce progrès toujours constant, pour démontrer que cette invention profite également à l'étranger, et ce, au détriment des manufactures françaises. Nous répondrons d'abord, qu'en exportant une machine, on n'exporte pas l'industrie pour laquelle on l'a créée, et que, relativement aux soieries, on ne peut pas nous enlever les avantages de notre climat, sa douceur, sa température, la succession régulière des saisons, dont l'action ne produit jamais ces variations subites, ces effets impétueux qu'on remarque dans des contrées moins favorisées par la nature. Une autre cause, qui assure à jamais la prospérité du commerce des manufactures de Lyon, c'est qu'il est reconnu que l'influence du climat sur les esprits peut être comparée à celle qu'il a sur les corps : un climat fortuné, une heureuse température, des sites agréables, une terre féconde, seront toujours singulièrement propres à seconder l'industrie et à faire fleurir les arts. Le dessinateur puise à cette source du beau, ces formes heureuses, naturelles ou bizarres, ces couleurs variées, ces teintes brillantes et ces nuances admirables qu'il sait fondre sur nos étoffes avec un art presque divin. Il faut avoir parcouru les ateliers de cette belle industrie, visité les fabriques et tout ce qui y a rapport, pour sentir à quel point les manufactures de Lyon ont porté l'imitation de la belle nature.

Il est donc plus que probable que jamais les beaux-arts, ni les arts d'industrie ne pourront s'acclimater sous le ciel brûlant de la zône torride ou parmi les frimas du Nord : d'un côté les chaleurs accablantes qui énervent et anéantissent le corps et l'âme, de l'autre, les rigueurs du froid qui engourdissent, étouffent le génie et l'industrie. Non, l'industrie, mère des arts, ne pourra ni naître ni se conserver, pas plus dans ces contrées de feu, que dans ces régions hyperborées. En vain le Czar descend de son trône, parcourt l'Europe et ses manufactures, pour ramener à sa suite, comme en triomphe, les arts pour les transplanter dans ses états. Ces germes exotiques, destitués de la chaleur vivifiante d'un heureux climat, périssent bientôt inanimés au milieu des glaces de la Russie, sans pouvoir se reproduire; semblables à ces plantes étrangères ou à ces animaux que l'on ne conserve que pour annoncer le luxe des princes, et qui meurent sans donner une postérité même dégénérée, tant est grande l'influence du climat sur les productions de la nature et des arts.

Du principe dont nous venons de parler, il en résulte un qui n'est pas moins efficace : c'est le génie particulier des habitants de Lyon, soit qu'il dépende immédiatement du climat, soit qu'il soit le fruit de l'éducation, de l'exemple et d'une longue habitude des arts; ce génie existe, c'est un fait constant dont nos annales font foi. Lyon, par la nouveauté, la fraîcheur et l'élégance des dessins, sera toujours la dominatrice comme l'exécutrice des étoffes du grand genre et de celles de goût.

Le dessin, a dit Roland de la Platière, semble avoir pris naissance à Lyon; il semble s'y complaire, croître, varier, s'y multiplier, s'embellir comme dans son air natal : aussi tombe-t-il en langueur lorsqu'on veut le dépayser, et tout ce qu'on peut faire de mieux ailleurs, c'est d'abandonner la création des dessins à l'imagination riche et féconde des Lyonnais, et de copier leurs œuvres, soit en totalité, soit en partie. En un mot, si la suprématie leur reste pour les étoffes unies, ils la conserveront, à plus forte raison, pour celles façonnées.

Malgré la primauté que nous venons d'émettre en faveur de la soierie, nous ne prétendons pas, pour cela, nier que les manufactures étrangères qui se sont emparées de la mécanique Jacquard, ont aussi recueilli des avantages à se servir de cette machine. Londres, Manchester, St-Pétersbourg, Vienne, etc., ont bien, il est vrai, profité de cette heureuse découverte; néanmoins la France, par sa supériorité dans cette industrie, pourra toujours soutenir la concurrence, et au besoin la lutte, surtout en ce qui concerne les articles façonnés, aussi bien en soieries qu'en draperies.

O vous qui avez regardé comme un malheur l'invention industrielle de Jacquard, pourriez-vous dire aujourd'hui que l'adoption de sa machine ait diminué la population de nos tisseurs?[1] direz-vous encore que le façonné n'est adopté qu'au détriment de l'uni? Le nombre des métiers de ces derniers est-il moindre qu'à l'époque où la machine de Jacquard était inconnue? Le recensement de la population et les inventaires de nos habiles manufacturiers prouvent le contraire.

Heureusement que, pour la gloire de Jacquard et pour le bonheur de l'industrie, le temps a fait bonne justice.

Jacquard est mort, mais son nom restera immortel et vénéré.

TRAITÉ

ENCYCLOPÉDIQUE ET MÉTHODIQUE

DE LA

FABRICATION

DES TISSUS.

Des matières en général.

Les diverses matières susceptibles de former un tissu quelconque, peuvent être divisées en quatre catégories :

La première comprend celles qui exigent la filature; telles sont : le lin, le chanvre, le coton, la laine et la soie (*).

La seconde comprend les métaux susceptibles d'être transformés en fils, soit au moyen de la filière, soit par l'effet du laminage, tels sont l'or, l'argent, le cuivre, le fer, etc.

La troisième comprend celles qu'on réduit à l'état de fil, soit en les allongeant dans le sens de leur élasticité, soit en opérant sur eux des déchirures ou des divisions par des moyens autres que le filage au métier ou l'étirage à la filière, tels sont le caoutchouc, le verre, le bois filamenteux, certaines écorces, etc.

La quatrième comprend enfin celles qui, par leur propre nature, sont déjà disposées en fil, et qui par conséquent n'exigent aucun

---

(*) Bien que par sa production naturelle, la soie se trouve être filée par le ver qui nous la procure, nous croyons devoir la classer dans cette catégorie, attendu que le filage est indispensable pour l'emploi du déchet assez considérable que produit cette matière.

des procédés ci-devant décrits; tels sont : le crin, les cheveux, la paille, le jonc, l'osier, etc.

Toutes ces matières, et beaucoup d'autres encore, peuvent former des tissus, soit en les employant séparément, ou bien en les mélangeant entr'elles; néanmoins presque toutes doivent préalablement subir des opérations préparatoires appropriées à leur nature, et que nous indiquerons en parlant de chacune d'elles.

CHAPITRE Ier.

SOMMAIRE : Du Lin et du Chanvre. *Rouissage.* — *Broyage, nettoyage.* — *Peignage.* — *Cardage des étoupes.* — *Étalage.* — *Étirage.* — *Laminage.* — *Filage.*

Du Coton *et des opérations préparatoires qu'il nécessite.*

De la Laine. *Ses diverses qualités.* — *Choix.* — *Désuintage et lavage.* — *Dégraissage.* — *Battage.* — *Triage.* — *Louvetage.* — *Graissage.* — *Cardage.* — *Béliage.* — *Filature.* — *Laine peignée.* — *Laine cardée.* — *Titrage de la laine.* *Tableau synoptique des différents titres.* — *Nouveau mode de titrage en rapport avec le système décimal.*

De la Soie. *Naissance des vers-à-soie.* — *Époque de l'éclosion.* — *Incubation de la graine.* — *Différents âges du ver-à-soie.* — *Nourriture des vers.* — *Soins à donner aux vers.* — *Maladies des vers.* — *Délitement et dédoublement.* — *Montée des vers.* — *Boisement ou ramage.* — *Travail du ver, formation du cocon.* — *Déramage ou déboisement.* — *Choix des cocons pour la reproduction.* — *Du papillon.* — *Accouplement.* — *Ponte des œufs.* — *Conservation de la graine.* — *Étouffement de la chrysalide.* — *Choix des cocons relatif aux diverses qualités de la soie.* — *Longueur et poids du fil du cocon.* — *Étirage de la soie.* — *Moulinage.* — *Diverses dénominations de la soie.* — *Titrage.* — *Condition.* — *Mettage en main.* — *Teinture.*

Du Lin.

Le lin est originaire de la haute Asie. Cette plante annuelle, dont la connaissance et l'emploi remontent à des temps aussi reculés que ceux de la laine, croît et se propage par la culture.

Le lin est aussi cultivé sur plusieurs points de la France, mais plus particulièrement dans les départements du Nord, dont le climat en facilite la production. On attache surtout beaucoup de prix aux lins de la Flandre et à ceux de la Belgique.

Avant d'être réduit à l'état de fil, le lin subit diverses opérations, dont les principales sont : le rouissage, le broyage, le nettoyage, le peignage, le cardage des étoupes, l'étalage, l'étirage et le laminage ; vient ensuite le filage.

Le *rouissage* consiste à laisser le lin tremper dans l'eau jusqu'à parfaite dissolution de la matière gommeuse qu'il contient ; ce bain détache la chenevotte de la filasse. Cette opération terminée, on fait sécher les tiges au soleil ou dans un four.

Le *broyage* a pour but de briser le brin, afin d'en retirer facilement les fibres ou filaments. Cette opération a lieu au moyen d'une *broie*, instrument extrêmement simple, dont la forme représente une espèce de couteau à manche, garni ordinairement de deux lames en bois, faisant l'office d'une mâchoire par leur pression sur d'autres lames également en bois ; mais aujourd'hui où tout se perfectionne, cet instrument est presque entièrement remplacé par les *broyoirs* mécaniques : il est évident que ceux-ci ont un grand avantage sur les premiers, tant pour la célérité du travail que pour le perfectionnement de l'opération.

Le *nettoyage* consiste à trier et rejeter tous les brins pailleux et autres ingrédiens qui ont pu rester dans la filasse, lors de l'opération précédente.

Le *peignage* consiste à diviser tous les brins, autant que faire se peut, et sans en énerver les filaments. Cette opération adoucit le lin, le rend flexible et rassemble parallèlement les brins entr'eux. Le peignage se fait indistinctement ou à la main, au moyen de peignes fixes à dents métalliques, ou bien par des machines auxquelles on a donné

I.

4

le nom de *peigneuses*. Ce travail divise le lin en deux choix bien distincts : le premier ou *long brin* est celui qui subit parfaitement l'opération, et le second est celui qui, par suite de sa qualité inférieure, reste accroché et embrouillé dans les dents du peigne ; cette dernière qualité prend le nom d'*étoupe* et est soumise au *cardage*, travail qui s'exécute à la main ou à la mécanique.

L'*étalage* a lieu au moyen d'une machine spéciale qui a pour but de transformer le long brin en un ruban continu, d'une épaisseur et d'une longueur parfaitement régulières et uniformes. Ce mécanisme constitue en même temps l'*étirage* et le *laminage*.

Le *filage* comprend deux opérations analogues, qui sont le filage en gros et le filage en fin. Le filage en gros est établi pour imprimer une légère torsion aux rubans fournis par les opérations précédentes : il augmente leur cohésion, ainsi que leur résistance à l'étirage.

Le doublage a également lieu par l'intervention de mécaniques ; les rubans, alors enroulés sur des bobines, sont transportés aux métiers à finir le fil. Ces métiers, qu'on nomme tout simplement métiers à filer, sont établis sur deux systèmes, qui sont : les métiers *à sec* et les métiers *à eau chaude*. Les premiers servent à filer les fils communs, et les derniers sont spécialement destinés à la confection des fils de qualité supérieure.

Du Chanvre.

Ce que nous aurions à dire sur le chanvre a tellement d'analogie avec ce que nous avons dit sur le lin, que nous croyons inutile d'en parler.

Du Coton.

Le coton est un duvet végétal qui enveloppe les semences du cotonnier.

Il y a plusieurs espèces de coton, comme aussi chaque espèce en fournit de plusieurs qualités dont les filaments diffèrent en longueur, en flexibilité et en tenacité.

Le plus beau de tous les cotons est sans contredit celui qu'on nomme Georgie-long ou Sea-Island ; il est renommé non-seulement pour sa finesse, sa longueur et sa force, mais encore pour sa propreté et sa blancheur.

Le coton est originaire de la haute Égypte; mais il peut croître indistinctement dans tous les pays chauds. Le commerce qu'on en fait est si étendu et si considérable, qu'il peut, à juste titre, être mis au rang des productions principales; et si l'industrie cotonnière a pris une si grande extension, c'est à la filature qu'elle en est redevable, car sans la machine dite Mull-Jenny, inventée en 1775, les cotonnades seraient encore bien éloignées du progrès qu'elles ont atteint aujourd'hui.

Pour arriver au point d'être mis en fil, le coton subit diverses opérations mécaniques et manipulations subséquentes qui consistent à le nettoyer, le battre, l'éplucher, le carder, l'étirer, le filer, le doubler, le tordre et le retordre.

Chacune de ces opérations a sa machine particulière (*), et chacune d'elles ayant actuellement atteint un très haut degré de perfection, les fils que le coton livre aujourd'hui à la consommation, permettent d'obtenir des tissus de premier choix.

De la Laine.

Tout le monde sait que la laine est le poil fin et crépu dont la nature a recouvert le mouton.

On la récolte annuellement en Juin, alorsque la température permet de découvrir l'animal sans qu'il ait à souffrir du contact de l'atmosphère. Cependant, dans certains pays où la température est assez élevée, la tonte se fait deux fois par an, au printemps et en automne.

La qualité de la laine provenant de la tonte d'un seul mouton, prend la dénomination de toison, tandis que celle qu'on retire des animaux morts à la boucherie prend le nom d'*écouailles* ou de *pelures*; la laine provenant des bêtes mortes par suite de maladies conserve également ce nom, mais elle est néanmoins inférieure à la précédente.

On fait une grande distinction entre la première toison, fournie par

---

(*) Notre traité étant spécial à la fabrication des tissus, il n'entre pas dans le but que nous nous sommes proposé, de nous étendre sur les nombreuses machines, très-compliquées du reste, et dont on fait usage pour les matières premières. Nos lecteurs pourront, s'ils le désirent, en trouver les plans et les descriptions dans l'intéressant dictionnaire des arts et manufactures, ainsi que dans l'excellent ouvrage de M. ALCAN, sur les matières textiles.

l'animal à l'âge de six mois environ, et les toisons subséquentes qu'on en retire, après qu'il a dépassé l'âge d'un an. La première conserve le nom de laine d'agneau, que, par abréviation, on nomme simplement *agneau*, tandis que toutes les autres conservent le nom générique de toison.

La laine d'agneau étant très molle et très douce, on peut en obtenir un fil très fin; cette raison la fait rechercher de préférence pour la fabrication de la draperie nouveauté, à laquelle elle convient particulièrement.

La laine dite toison, est au contraire préférée pour la fabrication des tissus unis, dits *draps lisses*, parce qu'elle a plus de force, plus de corps, et qu'elle n'est pas susceptible de se plumer au lainage comme la précédente.

La laine, étant naturellement grasse, ne peut être mise en œuvre que lorsqu'elle est parfaitement dégraissée du suint qui la recouvre; tant qu'elle n'a pas subi cette opération, elle conserve le nom de *suint* ou *surge*.

Les qualités et les caractères de la laine diffèrent considérablement, suivant la race des animaux qui la produisent, et surtout selon les soins, la nourriture, le climat.

Mais indépendamment de ces considérations, il est certaines parties du corps du mouton qui fournissent une laine bien spérieure à d'autres parties, et dont la différence est très sensible en longueur, en douceur, en finesse et en ténacité. De là, la nécessité de choisir et de classer les qualités semblables pour les réunir en un seul lot.

Ici commence une série d'opérations, pour amener la laine à l'état de fil, et sur lesquelles nous nous contenterons de citer seulement les notions principales, attendu qu'elles sont en dehors de notre sujet.

Ces opérations sont : le choix, le désuintage et le lavage, le dégraissage, la teinture, le battage, le triage, le louvetage, le graissage, le cardage, le béliage et la filature.

Du choix. Quoiqu'il n'y ait point de règles bien précises à ce sujet, le triage qu'on opère pour la classification des diverses qualités de laine est généralement fait de la manière suivante : premier choix, les épaules, les flancs; 2°, les reins; 3°, les cuisses; 4°, les abats, les pailleux ou collets; 5°, le ventre, dans lequel on trouve des parties plus ou moins fines, pouvant être jointes au premier choix; 6°, le derrière; 7°, les pattes et les parties dites *crottins*.

Malgré ces indications, l'habitude et l'expérience peuvent seules faire de bons choisisseurs; il est même une remarque qui ne leur échappe pas, c'est que le côté sur lequel le mouton se couche habituellement ne fournit pas de la laine aussi bonne que le côté opposé. Ce travail, quoique grossier, au premier abord, ne comporte pas moins une opération très délicate, qui ne peut être confiée qu'à des personnes dont l'œil et la main sont parfaitement exercés à cette manipulation

Désuintage. Cette opération a pour but de débarrasser la laine des matières suinteuses dont elle est imprégnée par sa propre nature; elle se fait en lavant fortement le mouton à grande eau et au savon, c'est ce qu'on appelle *lavage à dos*; d'autres fois ce lavage se fait après la tonte et à chaud, alors il prend le nom de *lavage marchand*, comme il arrive aussi que le désuintage se fait en une seule fois et entièrement chez le fabricant. Mais comme qu'il en soit, cette opération, n'accomplissant qu'imparfaitement le nettoiement de la laine, on ne peut se dispenser du dégraissage proprement dit.

Dégraissage. Le dégraissage de la laine peut avoir lieu de plusieurs manières différentes et par divers moyens chimiques; néanmoins le procédé le plus en usage est celui que nous allons indiquer.

On met tremper, dans un bain légèrement alcalisé et chauffé de 30 à 35 degrés, une certaine quantité de laine surge, proportionnée à la grandeur de la cuve ou du bassin; cette quantité reçoit le nom de *mise*. On remue cette laine pour faciliter la composition du savon résultant de la combinaison des matières graisseuses, du suint et de l'alcali du bain; puis, lorsqu'on juge cette combinaison suffisamment opérée, on retire la laine, on la transporte dans une eau vive pour l'y laver, jusqu'à ce qu'elle la rende claire; on la fait ensuite sécher, soit en l'exposant à l'air libre ou au soleil, soit en l'étendant sur des gaulettes convenablement disposées dans des greniers. Souvent aussi, pour accélérer le séchage, qui, dans les saisons humides ou pluvieuses durerait trop long-temps, on les dispose, comme nous venons de le dire, dans des séchoirs à chaud établis exprès: grands locaux parfaitement clos et à courant d'air au besoin, chauffés à la vapeur. Quelquefois aussi on fait usage de séchoir à ventilateur mécanique.

Teinture. Cette opération a lieu immédiatement après le dégraissage; mais comme la teinture est un art spécial, entièrement en dehors de nos attributions, nous n'avons rien à voir dans cette partie chimique. Nous ferons seulement observer que les matières teintes en laine prennent parfaitement la teinture, tandis que, lorsque cette opération a lieu sur des matières réduites à l'état de fil et, ce qui est pire encore, à l'état de tissu, la teinture ne réussit qu'imparfaitement.

Battage. Le battage a pour but de diviser la laine, de la rendre souple et flexible, et en même temps de la débarrasser des corps étrangers que la teinture a pu y laisser. Cette opération se fait au moyen d'une machine rotative, espèce d'asple à six ou huit bras armés de dents de fer. Cet asple ou moulinet est encastré dans un tambour cylindrique, afin de concentrer la laine qui, sans cette disposition, échapperait à l'action des dents. L'ouvrier chargé de la direction du battage n'a qu'à s'occuper de distribuer, aussi régulièrement que possible, la laine sur une toile sans fin, qui, par un mouvement de rotation, vient la livrer entre deux cylindres, à la sortie desquels elle se trouve immédiatement accrochée par les dents. Le tambour est disposé de manière à ce que la laine, lorqu'elle est suffisamment battue, puisse facilement être enlevée de la *batterie*, nom que l'on donne à cette machine. Lorsqu'une première opération laisse à désirer, on procède à un second battage.

Triage. Le triage a pour but de nettoyer la laine, de la débarrasser de tous les corps durs et des impuretés que le battage n'aurait pas fait disparaître. Comme ce travail n'exige point de force et ne requiert que peu d'intelligence, il est ordinairement fait par des femmes, des enfants ou des vieillards.

Louvetage. Cette opération peut, en quelque sorte, être considérée comme un second battage; car la machine qu'on nomme *loup*, ne diffère de la *batterie* que par le grand nombre de dents dont le tambour est hérissé; ces dents sont ordinairement placées en quinconce et quelquefois disposées un peu obliquement, afin de mieux accrocher la laine.

Ainsi que pour le battage, la laine est préalablement disposée sur une toile sans fin dont la marche est très lente comparativement à la rotation rapide du tambour; deux cylindres, garnis de cardes, s'emparent de cette laine et la transmettent dans l'intérieur de la machine, où elle est immédiatement soumise à l'action des dents.

Afin qu'aucun brin de laine ne puisse échapper à cette opération, plusieurs rangées de dents sont assujetties dans le fond concentrique de la cage, et entre lesquelles la laine est obligée de passer. Ces dents sont disposées de manière qu'elles ne puissent éprouver aucun choc avec celles fixées au tambour.

Le fond de la cage est, ou percé de trous, ou garni d'un grillage dont les mailles sont d'une dimension telle que les corps étrangers à la laine puissent seuls s'échapper de l'enceinte, et le tambour tourne avec une telle rapidité que sa force centrifuge suffit pour chasser, par l'ouverture pratiquée sur le derrière de la cage, la laine suffisamment ouverte.

Graissage. Comme le premier louvetage ne peut qu'imparfaitement remplir le but qui le concerne, on renouvelle cette opération, mais cette fois on est obligé de lubrifier la laine avec une forte dose d'huile d'olive ; ce graissage a lieu par couches et aussi régulièrement que possible. A ce second louvetage, la matière grasse neutralise l'effet des aspérités et facilite le glissement des fibres, non seulement pour aider à l'action du loup, mais encore pour la généralité des opérations subséquentes.

Cardage. Le cardage est en quelque sorte une opération perfectionnée, faisant suite au battage et au louvetage ; il a pour but de disposer la laine de manière que la filature puisse s'exécuter avec la plus grande facilité.

Anciennement ce travail s'exécutait à la main et demandait beaucoup de temps et de bras ; encore n'était-il fait qu'imparfaitement ; mais aujourd'hui que la mécanique a fait une révolution complète dans tous les genres d'industrie, le cardage s'exécute avec une célérité et une perfection étonnantes, au moyen de trois machines qui ont beaucoup d'analogie entr'elles, mais dont le résultat du travail est essentiellement différent.

Bien que chacune de ces machines soit tout simplement nommée *carde*, chacune d'elles porte néanmoins un nom qui la distingue et qui lui est propre : la première, celle qui commence l'opération, porte la dénomination de *briseuse*, la seconde celle de *repasseuse* et la troisième celle de *finisseuse* ou *carde à loquettes*. L'ensemble de ces trois machines réunies prend le nom d'*assortiment*. La différence qui existe dans le travail de ces trois cardes provient surtout de la finesse et du rapprochement de leurs dents, qui augmente de la première à la seconde et de celle-ci à la troisième; cette réduction leur est naturellement nécessaire, puisqu'elles doivent successivement carder la laine au fur et à mesure que celle-ci est plus nettoyée et plus velue.

Ainsi, la première carde ou *briseuse* reçoit la laine éparse et la rend en nappe, la *repasseuse* reprend cette nappe pour la retravailler et la rendre à un degré de perfection bien supérieure à la première. Cette seconde nappe passe enfin à la *finisseuse* qui la transforme en *boudins* ou *loquettes*; ceux-ci sont ensuite transportés au métier mécanique, nommé *béli*, qui a pour but d'ajouter tous ces fragments bout à bout, en leur donnant une légère torsion et en les allongeant insensiblement. Pour contribuer à ce travail, des enfants qu'on nomme *rattacheurs*, rapprochent successivement, et par leur extrémité, une loquette à l'autre; la machine, conduite par un ouvrier, produit instantané-ment et à la fois, un grand nombre de *boudins continus* qui s'enrou-lent au fur et à mesure sur des bobines, pour de là, passer à la filature.

Il existe aujourd'hui, dans beaucoup de manufactures, un système de cardes fileuses, dit *américain*; c'est un perfectionnement apporté à la carde *finisseuse*. Par ce nouveau procédé, les loquettes se trans-forment en boudins continus, en même temps que ceux-ci s'évident régulièrement sur des bobines, ainsi qu'on l'obtient avec le *béli*.

—————

Avant de passer à la filature, nous devons dire ici quelques mots sur la *laine cardée* et sur la *laine peignée*; car les effets que ces deux caractères produisent sur les tissus sont sensiblement différents l'un de l'autre.

Nous dirons d'abord, qu'indépendamment de tous les choix préli-minaires qu'on fait de la laine, on en fait aussi, au besoin, et lorsque les matières le permettent, deux principaux qui ont entièrement rap-port à son caractère : ce sont les laines courtes et les laines longues.

Les laines courtes constituent celles qu'on nomme laines cardées; leur dénomination provient évidemment de ce que celles-ci passent aux cardes que nous venons de mentionner; elles sont spécialement destinées à la confection des tissus de tous genres et de toute condi-tion, dont le fini exige l'opération du *feutrage* ou *foulage*; aussi ces laines sont-elles, dès les premières opérations, travaillées de manière à leur donner une tendance qui contribue essentiellement à l'adhérence réciproque des brins et filaments.

Dans cette catégorie sont classées indistinctement toutes les laines dont la longueur des brins ne dépasse pas environ 0^m,12°, quel que soit leur qualité.

On comprend dans les laines longues toutes celles dont la longueur dépasse 0^m,12°; on en rencontre dont la longueur s'étend jusqu'à 0^m,25° ou 0^m,30°. Ces laines sont spécialement réservées pour la fabrication des étoffes qui ne subissent aucun foulage, tels sont les mérinos, stoffs, lastings, châles, écharpes, gilets, etc.

Si, dans la laine cardée, on emploie indifféremment des laines plus ou moins ondulées, vrillées ou frisées, il n'en est pas de même dans le choix des laines peignées; car, pour que celles-ci remplissent parfaitement le but qu'on se propose, on ne peut employer qu'imparfaitement celles dont le vrillage serait par trop rétif; attendu que pour obtenir un beau choix de laine peignée, les brins ou les filaments doivent être droits et parallèles et non ondulés. Cependant, malgré toutes les précautions qu'on peut apporter dans leur choix, et la laine, par sa propre nature, étant toujours disposée aux ondulations, ce n'est qu'au moyen d'un travail spécial qu'on parvient à les faire disparaître. Le peignage atteint parfaitement ce but, et remplace entièrement, pour ce genre, l'opération du cardage, indispensable pour les laines destinées à la confection des étoffes susceptibles d'être foulées.

Peignage. Le peignage se fait à la main ou à la mécanique; dans le premier cas, on se sert de deux peignes munis chacun de trois rangées de dents d'acier, coniques et pointues, formant angle droit avec le manche du peigne. La laine est peignée par mèches pesant environ 12 à 15 grammes, mais préalablement on l'humecte d'huile, de graisse ou de beurre, aussi régulièrement que possible, afin de donner à tous les filaments une égale onctuosité, et, par ce moyen, faciliter leur glissement entre les dents des peignes.

Ce travail exige que les peignes soient constamment chauffés, parce que l'influence de la chaleur est indispensable pour faire disparaître les ondulations empreintes sur les filaments.

La laine provenant des mèches qui ont subi l'entière opération du peignage, se nomme *cœur*, et les filaments qui s'en trouvent détachés, par suite de ce travail, prennent le nom de *blouses*. Cette

I.   5

laine ne peut être employée que pour la fabrication des draps communs, *lisses* ou *nouveautés*.

Immédiatement après le peignage, les mèches sont soumises à un défeutrage dont l'action mécanique, tout en perfectionnant l'opération précédente, transforme ces mèches de laine en rubans continus, qu'on soumet ensuite à une autre machine dite *laminage*, dont le but principal est d'étirer le ruban, tout en rectifiant son égalité. Cette opération est répétée selon l'exigence de la finesse qu'on veut atteindre ; vient ensuite le filage en gros, qui, ainsi que pour la laine cardée, est une préparation au filage en fin concernant la filature proprement dite.

Filature. La filature a pour objet de réduire en fils plus ou moins fins la laine cardée ou peignée qui a été mise en boudins ou rubans continus.

Cette opération se fait au moyen de machines très ingénieuses, nommées métiers à filer. Ces mécaniques sont garnies de plusieurs rangs de broches, sur chacune desquelles se forme un fuseau, en terme de filature, *fusée*.

Le genre et le système de ces machines sont très variés ; mais la préférence est à juste titre donnée au métier connu sous le nom de *Mull-Jenny*. A chaque métier est adapté un régulateur à timbre, indiquant le nombre de tours à donner à la roue de commande dont il est pourvu ; au moyen de cette ingénieuse combinaison, le fil reste constamment maintenu au degré de grosseur et de torsion demandée. C'est ce degré qui forme le numéro ou titre du fil.

Du Titre.

Le *titre* ou *numéro* des fils est un mode conventionnel et généralement adopté, au moyen duquel les fabricants et les filateurs désignent exactement la grosseur des divers fils de laine.

Ainsi, le titre peut avoir pour base, ou une longueur constante, ou un poids constant ; dans le premier cas, il indique un poids variable, pour une longueur fixe ; tandis que dans le second, il indique un poids fixe pour une longueur variable.

Malheureusement il en est encore aujourd'hui comme il en était anciennement des poids et mesures, c'est-à-dire que pour chaque matière, et dans chaque pays, on fait usage d'un différent système de

TABLEAU SYNOPTIQUE

Indiquant les différents titres de la filature des fils de laine, avec leurs longueurs comparatives en aunes et en mètres depuis un *son* jusqu'à trente *quarts*, avec leurs fractions.

TITRES		LONGUEURS.		TITRES.		LONGUEURS.		TITRES.		LONGUEURS.		TITRES.		LONGUEURS.		TITRES.		LONGUEURS.		TITRES.		LONGUEURS.	
QUARTS.	SONS.	AUNES.	MÈTRES.	QUARTS.	SONS.	AUNES.	MÈTRES.	QUARTS.	SONS.	AUNES.	MÈTRES.	QUARTS.	SONS.	AUNES.	MÈTRES.	QUARTS.	SONS.	AUNES.	MÈTRES.	QUARTS.	SONS.	AUNES.	MÈTRES.
«	1	75	90	5	1	3825	4590	10	1	7575	9090	15	1	11325	13590	20	1	15075	18090	25	1	18825	22590
«	2	150	180	5	2	3900	4680	10	2	7650	9180	15	2	11400	13680	20	2	15150	18180	25	2	18900	22680
«	3	225	270	5	3	3975	4770	10	3	7725	9270	15	3	11475	13770	20	3	15225	18270	25	3	18975	22770
«	4	300	360	5	4	4050	4860	10	4	7800	9360	15	4	11550	13860	20	4	15300	18360	25	4	19050	22860
«	5	375	450	5	5	4125	4950	10	5	7875	9450	15	5	11625	13950	20	5	15375	18450	25	5	19125	22950
«	6	450	540	5	6	4200	5040	10	6	7950	9540	15	6	11700	14040	20	6	15450	18540	25	6	19200	23040
«	7	525	630	5	7	4275	5130	10	7	8025	9630	15	7	11775	14130	20	7	15525	18630	25	7	19275	23130
«	8	600	720	5	8	4350	5220	10	8	8100	9720	15	8	11850	14220	20	8	15600	18720	25	8	19350	23220
«	9	675	810	5	9	4425	5310	10	9	8175	9810	15	9	11925	14310	20	9	15675	18810	25	9	19425	23310
1	«	750	900	6	«	4500	5400	11	«	8250	9900	16	«	12000	14400	21	«	15750	18900	26	«	19500	23400
1	1	825	990	6	1	4575	5490	11	1	8325	9990	16	1	12075	14490	21	1	15825	18990	26	1	19575	23490
1	2	900	1080	6	2	4650	5580	11	2	8400	10080	16	2	12150	14580	21	2	15900	19080	26	2	19650	23580
1	3	975	1170	6	3	4725	5670	11	3	8475	10170	16	3	12225	14670	21	3	15975	19170	26	3	19725	23670
1	4	1050	1260	6	4	4800	5760	11	4	8550	10260	16	4	12300	14760	21	4	16050	19260	26	4	19800	23760
1	5	1125	1350	6	5	4875	5850	11	5	8625	10350	16	5	12375	14850	21	5	16125	19350	26	5	19875	23850
1	6	1200	1440	6	6	4950	5940	11	6	8700	10440	16	6	12450	14940	21	6	16200	19440	26	6	19950	23940
1	7	1275	1530	6	7	5025	6030	11	7	8775	10530	16	7	12525	15030	21	7	16275	19530	26	7	20025	24030
1	8	1350	1620	6	8	5100	6120	11	8	8850	10620	16	8	12600	15120	21	8	16350	19620	26	8	20100	24120
1	9	1425	1710	6	9	5175	6210	11	9	8925	10710	16	9	12675	15210	21	9	16425	19710	26	9	20175	24210
2	«	1500	1800	7	«	5250	6300	12	«	9000	10800	17	«	12750	15300	22	«	16500	19800	27	«	20250	24300
2	1	1575	1890	7	1	5325	6390	12	1	9075	10890	17	1	12825	15390	22	1	16575	19890	27	1	20325	24390
2	2	1650	1980	7	2	5400	6480	12	2	9150	10980	17	2	12900	15480	22	2	16650	19980	27	2	20400	24480
2	3	1725	2070	7	3	5475	6570	12	3	9225	11070	17	3	12975	15570	22	3	16725	20070	27	3	20475	24570
2	4	1800	2160	7	4	5550	6660	12	4	9300	11160	17	4	13050	15660	22	4	16800	20160	27	4	20550	24660
2	5	1875	2250	7	5	5625	6750	12	5	9375	11250	17	5	13125	15750	22	5	16875	20250	27	5	20625	24750
2	6	1950	2340	7	6	5700	6840	12	6	9450	11340	17	6	13200	15840	22	6	16950	20340	27	6	20700	24840
2	7	2025	2430	7	7	5775	6930	12	7	9525	11430	17	7	13275	15930	22	7	17025	20430	27	7	20775	24930
2	8	2100	2520	7	8	5850	7020	12	8	9600	11520	17	8	13350	16020	22	8	17100	20520	27	8	20850	25020
2	9	2175	2610	7	9	5925	7110	12	9	9675	11610	17	9	13425	16110	22	9	17175	20610	27	9	20925	25110
3	«	2250	2700	8	«	6000	7200	13	«	9750	11700	18	«	13500	16200	23	«	17250	20700	28	«	21000	25200
3	1	2325	2790	8	1	6075	7290	13	1	9825	11790	18	1	13575	16290	23	1	17325	20790	28	1	21075	25290
3	2	2400	2880	8	2	6150	7380	13	2	9900	11880	18	2	13650	16380	23	2	17400	20880	28	2	21150	25380
3	3	2475	2970	8	3	6225	7470	13	3	9975	11970	18	3	13725	16470	23	3	17475	20970	28	3	21225	25470
3	4	2550	3060	8	4	6300	7560	13	4	10050	12060	18	4	13800	16560	23	4	17550	21060	28	4	21300	25560
3	5	2625	3150	8	5	6375	7650	13	5	10125	12150	18	5	13875	16650	23	5	17625	21150	28	5	21375	25650
3	6	2700	3240	8	6	6450	7740	13	6	10200	12240	18	6	13950	16740	23	6	17700	21240	28	6	21450	25740
3	7	2775	3330	8	7	6525	7830	13	7	10275	12330	18	7	14025	16830	23	7	17775	21330	28	7	21525	25830
3	8	2850	3420	8	8	6600	7920	13	8	10350	12420	18	8	14100	16920	23	8	17850	21420	28	8	21600	25920
3	9	2925	3510	8	9	6675	8010	13	9	10425	12510	18	9	14175	17010	23	9	17925	21510	28	9	21675	26010
4	«	3000	3600	9	«	6750	8100	14	«	10500	12600	19	«	14250	17100	24	«	18000	21600	29	«	21750	26100
4	1	3075	3690	9	1	6825	8190	14	1	10575	12690	19	1	14325	17190	24	1	18075	21690	29	1	21825	26190
4	2	3150	3780	9	2	6900	8280	14	2	10650	12780	19	2	14400	17280	24	2	18150	21780	29	2	21900	26280
4	3	3225	3870	9	3	6975	8370	14	3	10725	12870	19	3	14475	17370	24	3	18225	21870	29	3	21975	26370
4	4	3300	3960	9	4	7050	8460	14	4	10800	12960	19	4	14550	17460	24	4	18300	21960	29	4	22050	26460
4	5	3375	4050	9	5	7125	8550	14	5	10875	13050	19	5	14625	17550	24	5	18375	22050	29	5	22125	26550
4	6	3450	4140	9	6	7200	8640	14	6	10950	13140	19	6	14700	17640	24	6	18450	22140	29	6	22200	26640
4	7	3525	4230	9	7	7275	8730	14	7	11025	13230	19	7	14775	17730	24	7	18525	22230	29	7	22275	26730
4	8	3600	4320	9	8	7350	8820	14	8	11100	13320	19	8	14850	17820	24	8	18600	22320	29	8	22350	26820
4	9	3675	4410	9	9	7425	8910	14	9	11175	13410	19	9	14925	17910	24	9	18675	22410	29	9	22425	26910
5	«	3750	4500	10	«	7500	9000	15	«	11250	13500	20	«	15000	18000	25	«	18750	22500	30	«	22500	27000

titrage, dont l'énonciation, aussi bizarre que compliquée, exige une sorte d'étude pour être à même d'établir, entre diverses manufactures, la comparaison des titres dont chacune d'elles fait usage.

Dans l'espoir que nous touchons au terme de ces langages barbares, nous nous bornerons a mentionner le titre qui est le plus en vigueur, et dont on se sert généralement pour les laines cardées.

Ce titre est basé sur une longueur de 3000 aunes ou 3,600 mètres, pesant une livre ou 500 grammes.

On donne à ces 3,600 mètres le nom de *livre de longueur*. Cette livre est divisée en quatre parties égales qu'on appelle *quarts*, et chaque quart en dix autres parties qu'on nomme *sons*; d'où il résulte que la livre ou demi-kilogramme, étant composé de 3,600 mètres de fil, un quart en contient 900 et un son 90.

Nous donnons ci-joint un tableau synoptique, indiquant les titres de la filature, avec leur longueur comparative en aunes et en mètres, depuis 4 quarts jusqu'à 30, avec leurs fractions.

Ce tableau sert à reconnaître, au premier coup d'œil, ce qu'un demi-kilogramme ou 500 grammes de fils de laine doit produire de longueur à un titre quelconque demandé. Exemple : Quelle longueur doit donner un fil au titre de 6 quarts 5 sons? Rép. : 4,875 aunes ou 5,850 mètres.

Pour trouver cette réponse au premier coup d'œil, on n'a qu'à se porter à la 1re colonne, qui est celle des quarts, et s'arrêter au 6 qui se trouve en face et sur la même ligne horizontale du 5, placé dans la colonne suivante, qui est celle des sons. On trouve de suite et sur la même ligne, dans la 3e colonne, le nombre des aunes, qui, dans la 4e colonne, sont réduites en mètres. On opérerait de même pour tout autre nombre.

Mais comme cette méthode de compter, et cette division des livres en quarts et des quarts en sons, ne sont plus en harmonie avec le système des poids et mesures légaux, qui seuls doivent être usités en France, et que tôt ou tard il faudra entièrement abandonner toutes les anciennes dénominations de longueur, pour employer les nouvelles exclusivement, on ferait bien, dès-à-présent, d'arrêter un nouveau mode de *titrage*, qui soit en rapport avec le système métrique.

Ceci posé, nous en proposerons un en remplacement de l'ancien; il sera, comme toutes les combinaisons tirées du système décimal,

d'une simplicité si grande, que nous en croirions l'adoption généralement certaine, si nous ne savions combien les habitudes routi-
nières résistent longtemps contre l'établissement des choses nouvelles,
quelque bonnes qu'elles soient.

Nous commencerons par dire, qu'au lieu d'augmenter de 75 aunes
ou de 90 mètres chaque expression de titre, comme cela a toujours
lieu dans l'ancien mode, nous l'augmenterons de 100 mètres. Cette
différence est bien minime, puisqu'elle n'est que d'un dixième, et elle
ne peut gêner en rien le filateur ni le fabricant, puisque, comme on le
sait, dans la pratique, le filateur néglige presque toujours un ou deux sons
dans l'expression des titres ; nous disons dans l'*expression*, parce qu'en
effet il lui arrive souvent de livrer pour 4 quarts 5 sons, par exemple,
un fil qui a exactement 4 quarts et 4 sons, ou 4 quarts 6 et même
7 sons.

Nouveau mode de Titrage.

Dans notre nouveau système de titrage des fils, nous supprimons
les *quarts*, que nous remplaçons par des *numéros*; les *sons* auxquels
nous substituons des *degrés*; et les *aunes*, qui ne sont plus en usage,
que nous exprimons par des *mètres*. Ainsi, nous désignerons les titres
par les numéros 1ʳᵉ, 2ᵉ, 3ᵉ, etc., en prenant pour base un fil de 1000
mètres de longueur (1 kilomètre) au demi-kilogramme. Ce sera notre
point de départ, et nous l'appellerons le *premier titre*. Le deuxième
titre sera celui de la laine filée à 2000 mètres ou 2 kilomètres, et
ainsi de suite, en ajoutant toujours 1000 mètres pour avoir le titre suivant. Maintenant, comme la différence de grosseur d'un titre à l'autre
serait trop sensible, nous divisons chaque titre en dix parties que nous
désignons par le mot *degrés*, ayant chacun 100 mètres, ou 1 hectomètre.

Le tableau ci-joint fera facilement comprendre notre système; nous
y avons exprimé deux fois, à dessein, les longueurs des titres. Les
colonnes (a) donnent la quantité de mètres, et les colonnes (b) et (c)
qui n'en sont que la répétition, y ont été placées pour démontrer que
la quantité de mètres comprise dans chaque titre et fraction de titre,
étant toujours un nombre juste de centaines, on peut, dans la colonne
des mètres, faire abstraction des deux zéros de la droite, pour obtenir des hectomètres, et séparer ensuite le dernier chiffre des hectomètres de celui qui est placé à sa gauche, pour avoir des kilomètres
et des hectomètres.

TABLEAU SYNOPTIQUE

applicable au titre des fils de laine, de coton, etc. et conformément au système décimal.

TITRES		LONGUEUR			TITRES		LONGUEUR		
Numéros.	Degrés.	en Mètres.	en Kilom.	en Hectom.	Numéros	Degrés.	en Mètres.	en kilom.	en Hectom.
»	»	(A)	(B)	(C)	»	»	(A)	(B)	(C)
»	»				3	1	3100	3	1
»	1	100	»	1	3	2	3200	3	2
»	2	200	»	2	3	3	3300	3	3
»	3	300	»	3	3	4	3400	3	4
»	4	400	»	4	3	5	3500	3	5
»	5	500	»	5	3	6	3600	3	6
»	6	600	»	6	3	7	3700	3	7
»	7	700	»	7	3	8	3800	3	8
»	8	800	»	8	3	9	3900	3	9
»	9	900	»	9	4	»	4000	4	»
1	»	1000	1	»	4	1	4100	4	1
1	1	1100	1	1	4	2	4200	4	2
1	2	1200	1	2	4	3	4300	4	3
1	3	1300	1	3	4	4	4400	4	4
1	4	1400	1	4	4	5	4500	4	5
1	5	1500	1	5	4	6	4600	4	6
1	6	1600	1	6	4	7	4700	4	7
1	7	1700	1	7	4	8	4800	4	8
1	8	1800	1	8	4	9	4900	4	9
1	9	1900	1	9	5	»	5000	5	»
2	»	2000	2	»	5	1	5100	5	1
2	1	2100	2	1	5	2	5200	5	2
2	2	2200	2	2	5	3	5300	5	3
2	3	2300	2	3	5	4	5400	5	4
2	4	2400	2	4	5	5	5500	5	5
2	5	2500	2	5	5	6	5600	5	6
2	6	2600	2	6	5	7	5700	5	7
2	7	2700	2	7	5	8	5800	5	8
2	8	2800	2	8	5	9	5900	5	9
2	9	2900	2	9	6	»	6000	6	»
3	»	3000	3	»	6	1	6100	6	1

Ce tableau est si aisé à concevoir que nous croyons inutile de le pousser plus loin ; chacun pourra donc l'augmenter à sa guise.

Il serait donc très facile de s'exprimer explicitement dans ce nouveau langage, en ajoutant à chaque chiffre des deux colonnes du titre, leur dénomination de *numéro* ou de *degré*, et pour avoir 2500 mètres au demi-kilogramme, par exemple, de demander un fil au deuxième numéro et cinq degrés ; mais dans le langage ordinaire, on abrégera la formule, en disant simplement : du fil à *deux et cinq*, ou 2-5, ce qui aura absolument la même signification dans les trois cas.

Il est à remarquer que le numéro du titre a toujours pour chiffre celui précisément qui en exprime les kilomètres, et que celui du degré est aussi le même que le chiffre de ses hectomètres. Or, puisqu'on sait qu'un kilomètre vaut 1000 mètres et un hectomètre 100, il suffira, pour savoir quelle longueur doit donner un titre quelconque, de rapprocher les deux chiffres du titre exprimant le numéro et le degré, pour avoir le nombre d'hectomètres du titre, et d'y joindre ensuite deux zéros pour en avoir le nombre en mètres.

Exemple : Quelle est la longueur d'un fil à 4-5 (4ᵉ nᵒ et 5ᵉ degré)?

Je rapproche le chiffre 5 représentant les degrés, du 4 qui représente le numéro, ce qui me donne 45; mais 45 quoi? 45 hectomètres, ou 4 kilomètres et 5 hectomètres; enfin, si j'ajoute à ces chiffres rapprochés deux zéros, nous trouverons que ce titre donnera 4500 mètres. En suivant un raisonnement semblable, on trouvera que le titre 6-7 donne 6 kilomètres et 7 hectomètres, ou 67 hectomètres, ou enfin 6700 mètres au demi-kilogramme.

Ce nouveau mode de titrage ayant sur l'ancien un neuvième d'augmentation, les manufacturiers et les filateurs n'éprouveront pas de difficultés dans leurs réglements, puisqu'il suffira d'ajouter, pour le nouveau mode, un neuvième en sus du prix payé pour l'ancien.

De la Soie.

De toutes les matières employées pour la fabrication des tissus, la soie est la plus précieuse, la plus brillante et la plus riche; elle a encore de plus, sur toutes les autres matières, l'avantage de la consistance, jointe à la finesse du fil.

A ces considérations, déjà plus que suffisantes pour lui assigner le premier rang, viennent encore se joindre celles d'un intérêt puissant, nous voulons dire, celui de sa production.

Pour l'homme qui réfléchit, il y a, dans la production de la soie, les mêmes mystères, les mêmes causes d'admiration que dans la production du miel, et, par comparaison, on peut dire que la soie est au toucher ce qu'est le miel au goût. La nature est également incompréhensible dans les moyens qu'elle emploie pour nous faire don de ces deux substances, qu'elle paraît nous avoir données plutôt pour flatter nos sens que pour satisfaire nos besoins.

En effet, comment se rendre compte du travail intéressant de ces insectes qui semblent se cacher tout exprès pour dérober à nos regards les secrets de leur inimitable industrie. Aucun travail matériel n'offre un exemple plus remarquable de la puissance de l'industrie et des richesses considérables produites par les vers-à-soie. Quelques semaines à peine suffisent pour suivre et diriger le développement de ces milliers de graines, presque imperceptibles, dans les diverses et merveilleuses transformations qu'elles présentent du jour de leur éclosion au jour de leur mort, et pour faire, de leurs riches dépouilles, un des éléments les plus puissants de la fortune publique.

Selon divers auteurs, la soie aurait été découverte dans les contrées orientales de l'Empire Chinois, où elle fut connue bien longtemps avant le coton : c'est une preuve que son origine date de loin.

Heureusement, pour le bonheur des peuples, et particulièrement pour nous, les Chinois ne purent réussir à se conserver le monopole de cette matière. Cette précieuse graine vint plus tard éclore à Constantinople; ce fut dans cette ville où la soie reçut son nom, car on la nomma d'abord *sericum,* de la province Sérique, située au-delà du Gange, en Asie, d'où l'on tirait alors les soies manufacturées. Ces produits, dont le prix était en rapport avec leur rareté et la difficulté de s'en procurer, étaient d'autant plus recherchés que les Pontifes et les dames romaines, avides de porter des vêtements de soieries, ne pouvaient satisfaire leur vanité qu'en les payant au poids de l'or.

Ce fut du temps du Bas-Empire qu'on introduisit le ver-à-soie en Europe, ce qui apporta bientôt une grande diminution dans le prix des soieries.

D'après divers écrivains, voici comment eut lieu l'importation de cet intéressant et utile insecte :

Justinien, empereur d'Orient, qui était autant ami des arts et des lettres que de la religion, résolut, d'après l'avis qu'il avait reçu dans une assemblée de prélats où il était allé, selon son habitude, soutenir une discussion théologique, d'envoyer en Asie, sous le costume de pélerins, des hommes éclairés qui marchassent jusqu'à la rencontre du pays à la soie, pour en étudier l'origine, la nature et le travail. Ce furent des moines qu'il chargea de cette importante et délicate mission ; ces envoyés, à la faveur du manteau religieux, cachant adroitement leur desseins, parvinrent à tromper la surveillance active et jalouse des peuples chez lesquels ils passèrent, et après avoir observé la manière d'élever les vers-à-soie et d'utiliser leurs produits, ils rapportèrent à Constantinople des œufs qu'ils cachèrent dans des bâtons creux. Cette fraude eut lieu vers le milieu du sixième siècle de notre ère, et c'est de cette époque que datent les premiers essais de l'éducation des vers-à-soie et de la culture du mûrier blanc en Europe.

Les Arabes ne tardèrent pas à transporter cette heureuse découverte en Espagne et sur les côtes d'Afrique, d'où ils passèrent en Sicile, en Calabre et en Grèce, où l'on s'occupa simultanément de la culture de l'arbre et de l'éducation de l'insecte. L'industrie séricicole ne resta pas longtemps confinée dans cette Asie qui avait été le berceau du monde et celui des arts; elle traversa le Bosphore pour s'établir sur nos côtes, et bientôt on compta plusieurs manufactures de soieries en Italie et en France. Durant le septième siècle, les procédés de fabrication se perfectionnèrent, et il apparut quelques beaux tissus. Les papes, dont le luxe dépassait le luxe des rois, encouragèrent eux-mêmes cette industrie, en hâtèrent les progrès, et les arts manufacturiers atteignirent alors un assez haut degré de perfection ; mais ils rétrogradèrent ensuite : la misère, l'oppression, qui planèrent sur les peuples, abrutirent les facultés intellectuelles des artisans, et entraînèrent la décadence des arts comme celle des lettres.

Cette stagnation se fit sentir jusqu'au treizième siècle ; à cette époque ils se relevèrent de leur état d'abaissement. Les papes quittèrent la demeure patriarcale de Latran pour se retirer au Midi de la France, dans le comtat d'Avignon. Leur voisinage, la magnificence des gens de leur cour et de leur suite, éveillèrent chez nous le goût des vêtements somptueux. Ils encouragèrent l'industrie et aidèrent eux-mêmes au rétablissement des premières manufactures françaises : Louis XI et son fils Charles VIII firent, d'après les conseils du pape, la première plantation de mûriers dans les parcs de Plessis-les-Tours, et fondèrent une manufacture de soieries dans la capitale de l'ancienne Tourraine. Mais ce ne fut que sous le ministère de Colbert que s'établirent les belles manufactures de Lyon, Nismes, Tours, etc., qui placèrent la France à la tête des nations manufacturières.

Aujourd'hui les principales *magnaneries* qui existent en France, sont généralement établies dans les contrées où le climat favorise la culture du mûrier, qui est le seul arbuste inséparable de l'éducation du ver-à-soie, puisqu'il en constitue la nourriture exclusive.

Les départements qui fournissent actuellement le plus de soie, sont surtout ceux de l'Ardèche, de Vaucluse et de la Drôme; viennent ensuite les départements des Bouches-du-Rhône, de l'Hérault, du Var, de l'Isère, de la Loire, de l'Indre-et-Loire et de la Lozère.

Naissance des vers-à-soie.

Les vers-à-soie naissent des œufs du papillon femelle, appelé par les naturalistes *bombyce*, œufs que les *éleveurs* ou *éducateurs* nomment tout simplement *graines de vers-à-soie*; cette graine est conservée d'une année à l'autre, comme on le ferait d'une semence.

La nature de la soie varie non-seulement selon les diverses espèces de vers qui la produisent, mais bien encore selon les soins qu'on apporte à l'éducation de ces précieux insectes.

Époque de l'éclosion.

Il est urgent de ne procéder à l'éclosion des œufs que lorsque la saison est suffisamment avancée, et qu'elle laisse entrevoir la poussée des feuilles de mûrier; enfin, que la combinaison soit telle, que les progrès des vers concordent avec ceux de la feuille, de manière que le moment où les vers consomment le plus, corresponde à celui où la feuille aura atteint son plus haut degré de maturité. D'où il résulte, qu'on ne peut préciser l'époque la plus convenable pour l'éclosion, d'ailleurs cette opération ne peut être bien conduite que par une longue expérience.

Incubation de la graine.

Si, au moment décidé par la température, on laissait éclore la graine d'elle-même, par la chaleur naturelle, il en résulterait que l'éclosion totale exigerait un laps de temps trop prolongé, durant lequel les premiers vers éclos auraient atteint une force bien supérieure aux derniers, et, dans ce cas, il faudrait faire un choix ou triage qui entraînerait une grande perte de temps, et, malgré cela, ne produirait qu'une opération mal faite et incomplète.

Pour obvier à cet inconvénient, on a recours à une éclosion générale, déterminée, soit par une chaleur animale soit par une chaleur artificielle; dans le premier cas, on met une certaine quantité de graine dans un petit sachet de molleton qu'on se place sur l'estomac ou sous l'aiselle pendant le jour, et qu'on dépose sous l'oreiller pendant la nuit; ce moyen est encore quelque peu pratiqué dans le Midi, mais seulement pour opérer en petit; mais lorsqu'il s'agit d'éducations importantes, on a recours à l'incubation artificielle, qui a lieu soit au moyen d'une *couveuse*, soit par le procédé de la chambre à éclosion, soit enfin par l'emploi des étuves. Ce dernier moyen est généralement usité comme étant celui par lequel on obtient les résultats les plus prompts, les plus réguliers et les plus parfaits.

A cet effet, les graines sont préalablement déposées dans de petites boîtes en bois très minces, qu'on place sur des claies en osier, disposées en étagères contre les murs.

La durée de l'incubation est ordinairement de sept jours; la chaleur de l'étuve doit, dès le premier jour, être portée d'environ 18 à 20 degrés; on l'augmente ensuite à peu près de deux degrés par jour, sauf le quatrième, dont la chaleur doit rester la même que le jour précédent; d'après cette progression, l'éclosion aura lieu vers le septième jour et à la température d'environ 28 degrés.

Des différents âges des vers-à-soie.

L'existence des vers-à-soie est divisée en cinq périodes, que l'on nomme *âges* (voy. pl. 1re).

I.   6

le 1er âge dure 4 jours et comprend de l'éclosion à la 1re mue, fig.5, 6 et 7,
le 2e   »   » 4 id.   »   de la 1re mue à la 2e   »   fig. 8,
le 3e   »   » 6 id.   »   de la 2e   »   à la 3e   »   fig. 9,
le 4e   »   » 6 id.   »   de la 3e   »   à la 4e   »   fig. 10,
le 5e   »   » 7 id.   »   de la 4e   »   à la montée fig. 11,
y compris la formation du cocon (voy. fig. 12, 13 et 14), et termine à
la chrysalide (fig. 15 et 16).

A ces cinq âges beaucoup d'éducateurs en ajoutent deux, le sixième
et le septième.

Le sixième comprend depuis la chrysalide jusqu'à la formation
du papillon, et dure 10 à 15 jours.

Le septième comprend toute la vie du papillon, dont la durée
est d'environ 8 jours.

Les indications que nous venons d'émettre, ne sont qu'approxima-
tives, attendu que le nombre de jours que comporte chaque âge
peut éprouver une augmentation ou une diminution, selon que la
température ou le climat a plus ou moins d'influence, et par suite,
est plus ou moins favorable aux opérations.

Nourriture des vers.

Les vers, une fois éclos et encore à l'état de larves, sentent déjà
le besoin de prendre de la nourriture.

Pendant le 1er âge, le nombre de repas doit être de 24 ;
 »   le 2e   »   id.   id.   id.   de 16 ;
 »   le 3e   »   id.   id.   id.   de 12 ;
 »   le 4e   »   id.   id.   id.   de 10 ;
 »   le 5e   »   id.   id.   id.   de 8.

Pendant les trois premiers âges, la feuille doit être coupée très
menue et distribuée avec un tamis à mailles en fil de fer, d'environ
0^m,02^c carrés. Au quatrième âge, on coupe encore la feuille, mais
beaucoup moins menue, et ce n'est qu'au dernier âge qu'on la leur
distribue sans la couper.

La feuille doit toujours être distribuée sèche ; il convient donc de
la cueillir en plein soleil ; aux jours pluvieux, elle devra être séchée
par une ventilation, et non par une chaleur artificielle ; car ce
dernier moyen ne pourrait que la flétrir et en diminuer la saveur.

Soins à donner aux vers.

Les conditions de réussite, pour l'éducation des vers-à-soie, consistent principalement dans la plus grande simultanéité possible, pendant toutes les phases de leur existence, c'est-à-dire, qu'il faut que les divers changements qu'ils subissent, s'accomplissent dans le moins de temps possible. Pour cela on doit, dans l'atelier :

1° Maintenir une température convenablement graduée et suffisamment humide.

2° Une ventilation régulière et assez grande pour renouveler l'air, qui s'y vicie promptement.

3° Les alimenter régulièrement et selon leur âge.

4° Entretenir une propreté minutieuse.

5° Opérer avec précaution le délitement et le dédoublement.

6° Ne leur distribuer les feuilles que lorsqu'elles sont parfaitement sèches.

Maladie des vers.

Bien que l'on se conforme strictement aux indications que nous venons de donner, les vers-à-soie étant d'une constitution et d'une nature très délicates, sont sujets à de nombreuses maladies, sur lesquelles les éducateurs doivent être parfaitement instruits (*); car, faute à eux de connaître les remèdes et de savoir les appliquer en temps utile et à propos, la mortalité s'en suit et leur fait éprouver de grandes pertes.

Du délitement et du dédoublement.

Le délitement consiste à enlever de dessous les vers toute la litière, ainsi que les excréments, afin d'en éviter la fermentation. Ce travail, fait anciennement à la main, était long, difficile et dangereux pour les vers; aujourd'hui on fait généralement usage d'un moyen prompt et facile, qui consiste tout simplement à étendre sur les claies un filet à mailles, serrées convenablement; puis, faisant sur ce filet une distribution de feuilles, les vers abandonnent la litière, traversent les mailles et s'attachent aux nouvelles feuilles; il suffit

(*) Voir, pour les diverses maladies dont les vers-à-soie sont fréquemment attaqués, l'excellent manuel de la soierie, édité par Roret.

alors de soulever le filet pour enlever la litière; on repose ensuite
le filet tel qu'il se trouve, puis, lors du délitement suivant, on opèrera de la même manière, au moyen d'un second filet, qui viendra
dégager le premier, et ainsi de suite.

Dédoublement.

Le dédoublement a pour but d'espacer les vers au fur et à mesure
qu'ils grossissent. Cette opération se fait également au moyen de
filets; à cet effet, on plie deux filets en long, et, ainsi doublés, on
les pose l'un à côté de l'autre, puis on distribue la feuille, les vers
alors traversent les mailles comme pour le délitement. De cette manière
les vers de chaque claie se trouvent divisés en deux parties; puis,
ayant enlevé les deux filets, on dédouble la partie reployée en dessous, et la surface devient, pour les vers, le double de ce qu'elle
était précédemment.

Il est évident que chaque opération de ce genre emploie le double
de claies.

Montée des vers. — Boisement ou ramage.

Arrivés à la fin du cinquième âge, les vers ont acquis leur plus
haut degré de développement; ils perdent entièrement l'appétit, se
vident de tous leurs excréments et diminuent un peu de volume;
leur peau et leurs pattes prennent une teinte transparente qui parti-
cipe de la couleur du cocon qu'ils doivent former; ils errent çà et
là, avec une sorte d'inquiétude et d'agitation, et cherchent à grimper
sur tout ce qu'ils rencontrent, en traînant après eux de longs bouts
de bave de soie. Dès ce moment ils sont prêts et disposés à filer.
On doit donc aussitôt s'empresser de les faciliter dans leur travail; à
cet effet, on place sur les claies de petits rameaux de bruyères,
de bouleau, de genet ou de colza, disposés en forme d'éventail et
penchés un peu obliquement, de manière à leur rendre la montée
plus douce; il est même quelquefois nécessaire d'aider les vers qui,
par faiblesse ou par paresse, négligeraient de monter.

Travail du ver. — Formation du cocon.

Une fois que le ver est entièrement arrêté à l'emplacement qu'il
s'est choisi sur les rameaux, il semble réfléchir aux premières dis-

positions qu'il doit prendre pour assujettir les premiers fils qui devront soutenir sa future demeure; le grossier échaffaudage qu'il bâtit préalablement, peut, en quelque sorte, être comparé au travail préparatoire que fait l'araignée avant de commencer sa toile.

Le ver rapprochant de plus en plus tous les points d'appui destinés à supporter sa future demeure, finit par ne se réserver que l'emplacement qui lui est strictement nécessaire pour former son cocon.

C'est alors que ce précieux animal entreprend avec persévérance un travail dont il est tout à la fois l'architecte et l'ouvrier : constamment il applique et distribue ingénieusement sa matière soyeuse contre les parois intérieures de sa cellule; ce parcours se continue, non pas en forme de cercle, mais bien en zig-zags, ainsi qu'on le voit pl. 1re, fig. 13, et représenté en grand fig. 4, même planche.

Les fils qui forment le premier canevas ne font aucunement partie du cocon, et constituent ce que les magnaniers et les filateurs nomment *bourrette*.

Aussitôt son cocon achevé, le ver se transforme en chrysalide.

Influence du bruit sur les vers.

Les éducateurs soutiennent que le bruit, surtout celui du tonnerre, est funeste aux vers-à-soie, aussi bien durant leur éducation que pendant leur travail; d'autres affirment le contraire et confirment leur assertion par des expériences; mais ce qui est le plus rationnel de croire, c'est que le silence et la tranquillité ne peuvent être que favorables à leur existence et à leurs travaux.

Quant au bruit du tonnerre, on sait qu'il apporte indubitablement avec lui, un amas d'électricité dans l'atmosphère, dont les effets se font principalement sentir chez les personnes nerveuses. Il n'est donc pas étonnant que des êtres faibles et délicats, comme le sont les vers-à-soie, éprouvent plus que personne les commotions électriques, d'autant plus que la soie, dont ils sont remplis, est accessible à l'électricité : on peut donc conclure que le bruit du tonnerre n'est pas le mal, mais bien l'indicateur du mal.

Déramage ou Déboisement.

Bien que la plus grande partie des vers aient terminé leur cocon vers le sixième jour après leur montée, il est prudent de ne déramer qu'après le septième et même le huitième jour.

Cette précaution est essentiellement nécessaire; car, si l'on déramait trop tôt, on s'exposerait à détacher les cocons qui ne seraient pas entièrement formés, et dans lesquels le ver n'aurait pas eu le temps d'opérer sa métamorphose en chrysalide; cette contrariété occasionnerait leur mort, et la putréfaction gâterait non seulement la soie de leur cocon, mais bien encore celle des cocons avec lesquels ils seraient en contact. Quoique ce retard d'un ou de plusieurs jours occasionne une diminution dans le poids des cocons, il y a compensation, en ce que ce retard augmente la quantité de la soie.

Choix des cocons pour la reproduction.

Du moment où l'on procède au *déboisement* ou *déramage*, on doit tout d'abord mettre à part les cocons qui paraissent être les plus propres à la fécondation. On prend de préférence ceux qui sont de couleur paille pâle, et dont les extrémités ont beaucoup de consistance; on comprend également dans ce choix les cocons qui ont, vers leur milieu, une espèce d'anneau rentrant.

Dans certaines magnaneries on prend généralement, pour la reproduction de la graine, un nombre suffisant de cocons choisis dans ceux qui ont été formés les premiers; car tout porte à croire que les vers qui ont devancé les autres dans leur travail, avaient plus de force et plus de vigueur que ceux qui ont confectionné les derniers.

Un point important à connaître, est de savoir quel est le nombre nécessaire de cocons à conserver. Ce nombre doit être relatif à la quantité de graines qu'on veut obtenir; car si l'on en conserve trop, on s'expose à sacrifier de la soie inutilement, faute de pouvoir mener la ponte à bonne fin, soit par suite du manque de feuilles, ou par l'impossibilité dans laquelle on pourrait se trouver de ne pouvoir remplir les autres conditions qu'exigerait une trop forte éducation.

L'expérience a fait reconnaître que, terme moyen, une femelle bien constituée peut donner une ponte d'environ 350 à 400 œufs.

Un autre point non moins important reste encore à connaître, c'est celui de distinguer les cocons mâles des cocons femelles.

Bien qu'il soit difficile de ne pas faire d'erreurs dans ce choix, on peut néanmoins reconnaître chaque sexe aux indices suivants :

Les cocons petits, consistants, d'un ovale allongé et pointus d'un ou des deux côtés, resserrés vers le milieu, et d'une texture qui dénote un fil fin, contiennent ordinairement des mâles, tandis que les cocons plus grands, plus obtus à leurs extrémités, peu ou pas resserrés sur leur centre, et d'un poids presque double des précédents, renferment des papillons femelles. Quoique ces indications ne soient pas données comme infaillibles, en s'y conformant, on obtiendra toujours à peu près ce qu'on désire; en suivant ce principe, on peut admettre que sur cent cocons de chaque sexe, on obtiendra environ quatre-vingt-dix couples propres à donner une excellente graine.

Les cocons dont on a fait choix pour l'accouplement, sont immédiatement placés dans des boîtes disposées à cet effet et déposées en un lieu dont la température doit être de 16 à 18 degrés.

Du papillon. — Accouplement. — Ponte des œufs.

La chrysalide ne met ordinairement que 6 à 8 jours pour reprendre une nouvelle existence, dont la durée est encore plus courte que la première.

Aussitôt arrivé à sa transformation complète, le papillon emploie une partie de la substance liquide qui sort de sa bouche et s'en sert pour amollir, du côté de sa tête, l'extrémité du cocon qui le renferme. Quelquefois il ne peut même qu'avec peine se frayer un passage au travers de la cloison qui constitue son étroite prison; il faut alors lui venir en aide, en faisant, avec la plus grande précaution, une incision suffisante à la partie humectée.

Il est prudent de placer les cocons par couches de trois rangs d'épaisseur, afin que le papillon, ayant passé par le trou sa tête et les deux pattes de devant, rencontre des objets auxquels il puisse s'accrocher et sortir avec plus de facilité. Lorsque le papillon sort de cette enveloppe, dans laquelle il était renfermé comme s'il eût été mort, il apparaît sous la forme d'un petit papillon gris, très massif ayant quatre ailes, deux yeux et deux antennes noires qui ont toute l'apparence de plumes. (Voy. fig. 17 et 18, pl. 1re.)

Au fur et à mesure que les papillons éclosent, il faut retirer les cocons vides et resserrer les rangs de ceux qui restent.

La vie du papillon est relative à sa constitution, ainsi qu'à l'atmosphère dans laquelle il se trouve; et quoique cet insecte soit muni d'ailes, sa structure lourde et matérielle, jointe à une espece d'engourdissement constant, fait qu'il ne vole pas comme les autres papillons : c'est encore un bienfait de la nature, sans lequel on éprouverait de grandes difficultés pour la récolte des œufs ou graines.

On place ensuite, sur des chassis recouverts de toile, les papillons accouplés, ayant soin de les prendre par les ailes et très délicatement, afin de ne pas les séparer; si cela arrivait, on les replacerait. Il est encore plus prudent de les accoupler que d'attendre qu'ils s'accouplent d'eux-mêmes; d'autant plus que les sexes sont faciles à distinguer : la femelle est remarquable par la grosseur de son ventre, qui est presque le double de celui du mâle.

On doit surveiller minutieusement cette opération, afin de retirer en temps les mâles dont l'accouplement est fini, ce qu'il est facile de reconnaître par ses tremblements de corps et battements d'ailes. On s'empressera surtout d'accoupler les mâles dont le battement d'ailes a lieu, puisque ce signe annonce qu'ils consomment en pure perte leurs forces vitales.

La lumière étant contraire à l'accouplement, les chassis doivent être disposés dans une chambre obscure.

Lorsque, par suite d'erreur dans le choix des cocons, on se trouve avoir plus de mâles que de femelles, on répudiera le nombre des mâles qu'on aurait en trop; mais si, au contraire, on a plus de femelles que de mâles, on mettra celles-là en réserve dans des boîtes, puis on les accouplera plus tard avec les mâles qui ont déjà été accouplés.

Peu de temps après l'accouplement, la femelle pond ses œufs; cette ponte se fait en quatre ou cinq fois et demande un laps de temps d'environ trente ou quarante heures.

Environ quinze jours après la ponte, et lorsque les linges sur lesquels les œufs ont été déposés, sont entièrement secs, on les roule délicatement, puis on les conserve en un lieu dont la température ne dépasse pas douze degrés en été, et ne descend jamais au-dessous de zéro en hiver.

Pendant l'été, et environ deux fois par mois, il est urgent d'aérer les linges en les exposant à un air frais pendant quelques heures. On recueille avec soin les œufs qui se détachent des linges, on les conserve dans des petites boîtes, où elles sont placées par couches dont l'épaisseur ne dépasse pas 5 millimètres, et on remue ces graines de temps à autre, pour en empêcher la fermentation.

Quarante mille graines pèsent environ 30 grammes et peuvent, approximativement, produire 7 kilogr. de soie filée, dite *grège*.

Ces 40,000 vers consommeront, pendant leur éducation, environ 1,000 kilog. de feuilles; et ces 30 grammes d'œufs qui, lors de l'éclosion, étaient contenus dans un espace d'un mètre carré, exigeront, à leur pleine maturité, un emplacement d'environ 20 mètres carrés.

Conservation de la graine.

La conservation de la graine ne peut être de plus longue durée que celle d'une année à l'autre; cette graine exige surtout une précaution constante, qui consiste à la préserver du froid, aussi bien que de la chaleur, l'un et l'autre lui étant également funeste : car dans le premier cas, la graine périt, et dans le second, l'éclosion serait trop précipitée, et les vers, par suite du retard de la poussée des feuilles, seraient réduits à mourir de faim.

Étouffement de la Chrysalide.

Si le dévidage pouvait avoir lieu immédiatement après avoir *déramé*, la soie n'en serait que meilleure et plus brillante; mais comme cela ne peut être ainsi, surtout pour les grandes éducations, il faut, de toute nécessité, étouffer la chrysalide, afin de ne pas lui laisser le temps de se transformer en papillon, et par suite percer son cocon.

On emploie divers moyens pour étouffer la chrysalide, mais le plus rationnel est d'exposer les cocons, pendant cinq à six heures, aux plus forts rayons du soleil; puis on les enveloppe dans des draps chauffés de la même manière. Dans le cas où un temps pluvieux ou bien continuellement couvert ne permettrait pas cette opération, qui, sous aucun prétexte, ne peut être retardée plus de cinq à six jours, il faut nécessairement avoir recours aux méthodes artificielles, dont les principales sont : l'emploi des gaz ou celui de la vapeur de soufre ou de celle de camphre, ou bien encore de l'eau bouillante; mais le procédé considéré comme étant le plus efficace, et qui, du reste, se rapproche aussi le plus du moyen naturel que nous avons décrit en premier, consiste à mettre les cocons dans un four chauffé de 60 à 70 degrés.

I.   7

A cet effet, les cocons sont préalablement placés dans des corbeilles plates et par couches de trois rangées d'épaisseur; on recouvre tout d'abord chaque corbeille d'une feuille de papier, puis on étend un linge par dessus; après que les corbeilles ont séjourné environ une heure dans le four, on les retire, ayant soin de les envelopper dans des couvertures de laine chauffées à l'avance, afin d'éviter une transition trop subite du chaud au froid.

Choix des cocons, relatif aux diverses qualités de la soie.

Bien que, pendant leur éducation, tous les vers soient entourés des mêmes soins, les cocons qu'ils produisent ne sont pas tous d'égale valeur; c'est pour cette raison qu'il est nécessaire, et même indispensable de faire un triage complet, pour établir le classement général de la récolte obtenue.

On divise ordinairement les cocons en neuf choix principaux, qu'on désigne par les noms suivants :

1° Les cocons de première qualité; 2° les pointus; 3° les cocalons; 4° les duppions; 5° les soufflons; 6° les perforés; 7° les bonnes choquettes; 8° les mauvaises choquettes; 9° les calcinés.

Les cocons de première qualité sont les plus sains et les plus serrés, sans avoir égard à leur grosseur.

Les pointus sont ceux qui ont une extrémité plus pointue que l'autre; cette difformité occasionne au fil de fréquentes ruptures lors du dévidage.

Les cocalons sont généralement plus longs et plus gros que les autres; cet avantage n'est qu'apparent, car ils ne donnent pas plus de fil pour cela, et n'exigent un choix à part que parce que leur texture étant moins compacte, exige un dévidage séparé, et dans une eau dont la température est moins élevée que pour les autres qualités.

Les duppions ou *cocons doubles* qui, heureusement, sont en petit nombre, sont produits par le travail réuni de deux vers; cet amalgamage entrelace tellement les deux fils ensemble, que le dévidage en est très-difficile et souvent impossible.

Les soufflons sont d'une contexture tellement lâche qu'ils sont quelquefois transparents; le dévidage ne peut aussi en être fait qu'avec beaucoup de difficulté.

Les perforés, ainsi que leur nom l'indique, sont troués à une de leurs extrémités; cette défectuosité produit indubitablement au fil de nombreuses solutions de continuité.

Les bonnes choquettes proviennent des cocons dans lesquels les vers sont morts avant d'avoir achevé leur travail; il est facile de les reconnaître par l'adhésion du ver au cocon, qui ne rend aucun son lorsqu'on le secoue; la soie qu'on en retire manque de force et de brillant.

Les mauvaises choquettes sont des cocons défectueux, tachés ou gâtés, et qui ne produisent qu'une soie inférieure et noirâtre.

Les cocons calcinés sont ceux dans lesquels le ver, après avoir achevé son cocon, est attaqué d'une certaine maladie, qui ordinairement les pétrifie ou bien les réduit en poudre. Dans le premier cas, la soie ne perd ni en qualité ni en quantité; mais dans le second, elle perd l'une et l'autre.

Longueur et poids du fil d'un cocon.

Bien que la longueur totale du fil d'un cocon soit en général proportionnelle à la grosseur de ce cocon, on ne peut cependant pas en conclure que ce sont les plus gros qui donnent le plus de longueur de fil; car il peut bien arriver que le ver qui, après le filage, se transforme en chrysalide, n'ait pas toujours un volume en rapport avec celui de son cocon, et en outre la tissure de celui-ci peut aussi être plus ou moins serrée.

On ferait donc une fausse appréciation, si l'on prétendait juger de la longueur du fil par la grosseur du cocon. D'ailleurs, et d'après diverses expériences, on a reconnu que la longueur totale du fil d'un cocon peut varier de 250 à 350 mètres, et que le poids de soie brute qu'il peut rendre, peut varier de 7 à 9 grains.

Étirage de la soie.

L'étirage de la soie peut tout d'abord être considéré comme un premier dévidage, puisqu'il a pour but d'envider et de mettre en écheveau le fil continu que le ver-à-soie a formé en une multitude de zigs-zags, circulairement rapprochés par couches successives dans la construction de son cocon.

Avant de procéder à l'étirage, on commence par une opération préparatoire qu'on nomme *Battage*.

Le battage consiste à enlever la bourre provenant des fils qui formaient l'échafaudage grossier que le ver a été obligé d'établir pour assujétir son travail. A cet effet, on met, dans une bassine pleine d'eau bouillante, environ une poignée de cocons; puis avec un petit balai de chiendent, de bouleau ou de bruyère, on agite le tout; alors la bourre s'attache aux rameaux du balai, de manière qu'en le retirant de la bassine, toute la bourre se trouve enlevée et ne laisse, à chaque cocon, que le brin qui lui est spécial, et qui doit servir à son dévidage.

L'opération du battage constitue ce qu'on nomme *purge*, laquelle n'est complète que lorsque tous les brins ou partie de brins rompus et tortillés autour du cocon sont entièrement enlevés.

Immédiatement après la purge on commence l'étirage; mais pour cette opération l'eau n'exige pas d'être chauffée à un aussi haut degré que pour la précédente.

On donne le nom de *tours* à tous les dévidoirs établis pour l'étirage; ils sont tous disposés de manière à former deux écheveaux à la fois; cette disposition est nécessitée par l'obligation de la *croisure*.

Tous les brins ayant été, par suite de l'opération précédente, laissés sur le bord de la bassine, on prend sur ceux-ci le nombre nécessaire destiné à former un fil unique. Ce nombre est toujours subordonné à la grosseur ou au titre du fil qu'on désire obtenir, et varie de trois à dix-huit. L'ouvrière, assise devant le tour, entre la bassine et la manivelle de l'aspe, forme, avec la quantité de brins nécessaire, deux fils qu'elle fait passer dans deux trous qui prennent le nom de *filières*; puis elle les croise l'un avec l'autre, de manière à opérer plusieurs révolutions; chacun de ces fils passe ensuite par son guide spécial dirigé par un *va-et-vient*, et vont enfin s'enrouler sur l'aspe, qui les dévide en écheveaux aussitôt que l'ouvrière imprime à la manivelle un mouvement de rotation.

Les *filières*, la *croisure* et le *va-et-vient*, ont chacun une propriété spéciale à leur organisation.

Les filières ont pour but de lisser le fil, de donner une adhérence aux brins qui le composent, et d'en égaliser la grosseur totale.

La croisure perfectionne les propriétés des filières, et de plus arrondit les fils.

Le va-et-vient, dont le mouvement doit être combiné par rapport à celui de l'aspe, conduit les fils en les superposant d'une manière telle, que l'entrelacement qu'ils présentent dans les différentes couches de l'écheveau en facilite le dévidage subséquent.

Comme il est reconnu que le fil diminue de grosseur au fur et à mesure qu'il arrive vers la fin du cocon, il faut, pour obtenir un fil d'une grosseur régulière et constante, que l'ouvrière, après la mise en train de l'opération, dispose l'étirage de manière que sur huit cocons, par exemple, deux commencent à leur entier, deux aux trois quarts, deux à la moitié et deux au quart. On continuera toujours en échelonnant ainsi; c'est le seul moyen d'obtenir un fil d'une grosseur régulière.

L'attention de l'ouvrière doit être principalement concentrée sur les cocons qui se dévident, afin de réparer instantanément les ruptures qui peuvent survenir; car si elle n'y remédiait aussitôt le cas échéant, le fil perdrait de sa force et de son égalité.

Un autre point non moins important appelle aussi son attention : ce sont les *mariages* ou enchevêtrements des fils de deux écheveaux qui se réunissent en un seul par la rupture de l'autre; ce défaut produisant à un des deux fils le double de la grosseur qui lui est assignée, doit être réparé sur-le-champ.

La soie ainsi passée à l'étirage, porte le nom de *grège*.

Aujourd'hui on fait usage de tours mécaniques et d'appareils à vapeur, soit pour chauffer l'eau de la bassine, soit pour mettre le dévidoir en mouvement. La commande est disposée de manière à pouvoir, à volonté, accélérer ou ralentir la rotation de l'asple, comme aussi de la suspendre instantanément selon qu'il est besoin.

Diverses inventions ont aussi apporté des perfectionnements très-utiles aux filières, à la croisure, au va-et-vient et à l'asple. Leur application donne à la soie plus de propreté et de régularité.

Du moulinage.

Le moulinage est à la soie ce qu'est le retordage à la laine; c'est en quelque sorte la même opération, mais sous deux noms dissemblables, et aussi au moyen de machines bien différentes. En outre, les fils de soie qu'on réunit par le moulinage n'ont point encore été tordus, tandis que les fils de laine qu'on rassemble par le retordage, ont déjà séparément subi une première torsion. On ne peut donc assimiler le moulinage à la filature, à moins de considérer le moulinage comme un filage sans étirage· D'ailleurs il n'y a que la bourre de soie qui est susceptible du *filage* proprement dit et qui le nécessite.

La bourre de soie comprend tous les déchets que produisent les différentes et nombreuses manipulations exigées pour cette matière.

Le moulinage comprend les différentes opérations de dévidage, tordage, doublage et autres torsions ultérieures qu'on fait subir à la soie grège, et qui, par suite de ces diverses opérations, prend le nom de *soie ouvrée*.

Le moulinage consiste donc 1° à tordre séparément, pour leur donner une force unique, les fils qui ont été mis en écheveaux sur le tour à étirer. Ce premier dévidage transforme les écheveaux en bobines.

2° A doubler les deux fils précédents, en les réunissant d'abord ensemble par une nouvelle mise en écheveaux, puis en les retordant ensuite par un nouveau dévidage sur des bobines.

3° Enfin à réunir, par la torsion, deux ou un plus grand nombre de fils obtenus par l'opération précédente.

Par la première opération, qu'on nomme *premier tors* ou *premier apprêt*, on obtient un fil communément désigné sous le nom de *poil*. Le fil résultant de la seconde, prend le nom de *trame*, et celui que produit la troisième, est nommé *organsin;* celui-ci est le seul qu'on puisse employer pour chaîne.

Ces trois fils, vus au microscope, ont de la ressemblance avec les figures 1, 2 et 3, pl. 1*.

La figure 1re représente la forme ordinaire d'un fil grège; la figure 2 représente un fil de trame, et la fig. 3 représente la forme d'un fil organsin.

Ainsi qu'on le voit, le brin de la fig. 3, bien que monté dans le même sens que celui de la fig. 2, n'en représente pas moins un tors tout-à-fait contraire. Nous aurons à revenir là-dessus, lorsque nous traiterons l'article spécial des *tors* et de leurs effets sensibles.

Toutes les opérations de moulinage se faisant en grand et au moyen de machines très compliquées, qui sont entièrement en dehors de nos attributions, nos lecteurs pourront, s'ils le désirent, voir tous les plans et descriptions des divers tours servant à l'étirage de la soie, des moulins les plus usités et de ceux qui sont les plus avantageux, dans l'ouvrage de M. Alcan sur les matières textiles.

Le dernier apprêt terminé, la soie est mise en écheveau; on réunit un certain nombre de ceux-ci, qu'on tortille ensemble, et qui prend le nom de *matteau*, dont on forme immédiatement des *balles*, et qu'en terme de soierie, on nomme ballots.

Diverses dénominations de la soie.

Outre les noms de *grège*, de *poil*, de *trame* et d'*organsin*, déjà décrits, l'étirage et le moulinage produisent encore, mais en petite quantité, les soies désignées par les noms suivants :

L'*ovale*, qui est une soie peu torse, et dont on se sert spécialement pour faire de la broderie, des lacets et certaines coutures.

La *plate*, qui est une soie commune non moulinée, et produite par un tirage d'au moins vingt brins rassemblés et réunis; on s'en sert spécialement pour broder la tapisserie.

La *grenade* est un fil de soie formé de deux autres fils préalablement très tordus; elle est surtout employée pour la passementerie.

La *grenadine* est un fil de soie formé de deux bouts d'abord peu montés, mais réunis ensuite par une forte torsion; elle sert à faire des effilés et des dentelles; on l'emploie aussi pour chaîne dans certains châles.

La *fantaisie* provient de la bourre de soie cardée et filée; elle est généralement employée pour la bonneterie et pour la chaîne des châles.

Le *fleuret* est une *fantaisie* très commune, qui, par son infériorité, exige une forte torsion afin de lui donner une consistance suffisante. Le fleuret est presque en totalité employé pour la passementerie.

Titrage de la soie.

Comme chaque tissu de soie exige une grosseur de fil spéciale à sa confection, le fabricant doit donc, lorsqu'il fait l'achat de cette matière, s'assurer que le fil réunit les conditions exigées pour son genre d'industrie; à cet effet, il a recours à l'*essai*, opération qui constitue et indique le titre réel de la soie.

Titre. Le titre de la soie diffère de celui de la laine, en ce que ce dernier indique la longueur d'un fil par rapport à un poids déterminé; et le titre de la soie, au contraire, indique le poids de la matière par rapport à une longueur fixe, invariable. Dans le titrage de la laine, c'est le poids qui sert de base, et c'est à lui qu'on rapporte la longueur, tandis que dans le titrage de la soie, c'est une longueur déterminée qui sert de base, et c'est à elle que l'on compare le poids. Cette base est, à Lyon, une longueur de 400 aunes (480 mètres), et le *denier* est le poids qu'on y rapporte.

Voici comment cette opération a lieu.

On prend, dans plusieurs places différentes d'un ballot présumé être au titre recherché, divers matteaux, pour opérer séparément sur quelques écheveaux de chacun, afin d'avoir une moyenne; on en fait sur une asple dont le pourtour est d'une aune, plusieurs *flottes* de 400 tours chacune, en ayant soin de prendre à différents écheveaux chaque partie à essayer; on les pèse ensuite séparément, puis on cote immédiatement les divers poids au *denier* pour en faire le total et en extraire la moyenne, qui est le titre réel.

Exemple. Soit demandé le titre d'un ballot dont on a fait l'essai sur douze écheveaux différents ayant produit ce qui suit, savoir :

		Report....	143 deniers
le 1er essai.....	23 deniers	le 7e essai.....	25 «
le 2e id.	22 id.	le 8e id......	24 «
le 3e id.	25 id.	le 9e id......	26 «
le 4e id.	24 id.	le 10e id......	24 «
le 5e id.	23 id.	le 11e id......	24 «
le 6e id.	26 id.	le 12e id.	22 «
A reporter 143 deniers.		Total..	288 deniers

En divisant ces 288 deniers par 12 (nombre d'essais), on obtient 24 deniers pour titre du ballot; d'où l'on dira, par abréviation, que cette soie *est à 24 deniers*.

Pour que le titrage de la soie fut en rapport avec le système légal des poids et mesures, il suffirait de faire l'asple ou dévidoir d'une dimension telle que son pourtour eut *un mètre*, au lieu d'*une aune*; de donner aux écheveaux d'essai 500 tours, au lieu de 400, et de prendre pour unité de poids le gramme, au lieu du denier; ou enfin tout autre mode qui serait en rapport avec le système décimal. C'est encore une réforme que le progrès demande.

Condition.

La condition est un établissement public et unique, institué depuis 1805, par un décret spécial en faveur dés villes de Lyon et de St-Étienne. Cet établissement est régi par les administrations locales, dont le contrôle devient la garantie du vendeur, aussi bien que celle de l'acheteur, et met surtout ce dernier à l'abri de toute falsification d'humidité qui pourrait avoir lieu dans ces importantes transactions commerciales.

Le mode de dessiccation adopté à l'époque de l'institution de cet établissement, consistait à exposer la soie sur des grillages établis dans des salles chauffées à une température d'environ 20 degrés, produite par des poëles ou par des fourneaux. Tous les matteaux formant le ballot étaient ainsi exposés, pendant vingt-quatre heures si c'était de l'organsin, et pendant deux jours lorsque c'était de la trame; puis, après que la soie avait subi les épreuves jugées nécessaires, elle était remise en ballot, et son poids réel devenait celui reconnu par l'établissement de la condition, abstraction faite du déchet produit par la dessiccation.

Du premier abord cette mesure parut offrir tous les moyens de sécurité; mais insensiblement on y reconnut de nombreux inconvénients, provenant du mode d'opérer, et non de l'administration. Il s'en suivait que le vendeur ou bien l'acheteur n'était pas toujours satisfait; en un mot, qu'une des deux parties se trouvait quelquefois favorisée au détriment de l'autre.

Pour mettre fin aux fréquentes réclamations qui lui survinrent, la Chambre de commerce de Lyon s'empressa d'adopter un nouveau système de dessiccation, consistant dans l'emploi d'un appareil ingénieux, dont l'invention est due aux talents reconnus de M. Léon Talabot.

Une ordonnance royale, en date du mois d'Avril 1843, est venue confirmer l'autorisation de l'établissement et approuver le nouveau mode d'opération.

Ce nouveau système détermine la quantité absolue d'humidité que renferment les soies à conditionner, et ce, en opérant seulement sur quelques écheveaux et non sur la totalité du ballot, comme cela avait lieu par l'ancien mode.

I.   8

A cet effet, ayant préalablement pris le poids net du ballot et celui de son enveloppe, on extrait de la masse vingt-quatre à trente écheveaux, selon la grosseur du ballot, et pris en autant de places différentes, on les divise en trois parties à peu près égales, qu'on pèse chacune à part et avec le plus grand soin. On soumet ensuite deux de ces lots à une température de 108 degrés, et chacun dans un appareil différent, bien que construits semblablement, et la concordance parfaite que les deux résultats doivent offrir, devient un moyen de contrôler l'exactitude de l'opération. Quant au lot mis en réserve, il ne sert qu'autant que l'on retrouverait une différence de ½ pʳ %, dans le résultat de la dessication des deux premiers ; alors on renouvellerait l'opération avec le troisième.

Mais comme il est démontré que la soie, à une température de 108 degrés, ne contient plus aucune trace d'humidité, et sans pour cela avoir éprouvé aucun préjudice, on a jugé convenable de baser la vente de la soie, en admettant 11 pʳ % en plus du poids total reconnu par la condition. Cette tolérance est jugée équivalente à la moyenne quantité d'humidité que le commerce admet dans ses transactions.

Ce nouveau système a sur l'ancien le double avantage de célérité et de sécurité.

Mettage en main.

Malgré toute la surveillance et tous les soins que les mouliniers peuvent apporter dans leurs opérations, le classement qu'ils font pour les divers titres qu'ils réunissent et qui forment autant de parties ou ballots séparés, n'est pas toujours parfaitement exact.

En effet, on rencontre presque toujours, dans un même ballot et quelquefois dans un même matteau, diverses parties dont le brin du fil diffère sensiblement de grosseur.

On a vu, dans l'exemple que nous avons donné à l'article *Essai du titre des soies*, que sur des longueurs semblables (480 mètres), on a trouvé une différence de quatre deniers (celle de 22 à 26) ; il est évident que cette différence de poids provient de la différence de la grosseur des fils. C'est pour ce motif qu'on est obligé d'assortir les grosseurs semblables d'un même ballot, et c'est là ce qui fait l'objet du *mettage en main*.

Cette opération consiste à défaire successivement tous les matteaux et en visiter tous les écheveaux pour en faire trois choix, que l'on marque séparément par des nœuds faits à la *pantimure*, en nombre pareil à celui du numéro de la classification. Ainsi, on fait un seul nœud pour désigner le choix du fil le plus fin, deux nœuds pour le moyen, et trois nœuds pour le plus gros.

Par suite du mettage en main, les matteaux perdent leur nom et deviennent des *pantimes*, puis des *mains*.

Une pantime est formée de plusieurs flottes ou écheveaux réunis, et la main se compose de quatre pantimes.

Les mains sont ensuite, au nombre de vingt, réunies en paquets; puis on met à ceux-ci une étiquette indiquant le numéro du ballot, le poids du paquet et le nombre de mains y réunies, la nature de la soie (*trame* ou *organsin*) et le numéro de la classification.

Teinture.

La teinture étant un art tout-à-fait spécial et en dehors de notre cadre, nous n'entrerons dans aucun de ses détails, qui, du reste, sont très nombreux et purement chimiques; néanmoins nous devons dire ici quelques mots sur une opération préparatoire à la teinture, et que l'on nomme *décreusage*, *cuisson* ou *cuite*, attendu que le résultat entre dans notre sujet.

Tous les déchets que la soie grège a pu subir pour arriver à l'état de *soie ouvrée*, ne sont que peu de chose comparativement à celui qu'elle subit à la cuisson; car dans cette opération elle perd jusqu'à 30 p^r % de son poids primitif.

La cuisson dégage entièrement la soie de la matière gommeuse dont elle est naturellement imprégnée. Cette opération se fait ou par des procédés chimiques, ou par une simple ébullition d'environ quatre heures à grande eau, dans laquelle on a préalablement fait dissoudre une forte quantité de savon.

Afin que la soie ne puisse s'adhérer, ni même toucher aux parois de la chaudière dans laquelle on la fait cuire, elle doit être renfermée dans des enveloppes de toile, en forme de sacs; cette précaution est indispensable pour conserver à la soie tous les soins qu'elle exige.

CHAPITRE II.
Des opérations préparatoires.

Sommaire. *Dévidage ou bobinage des chaînes. — Rouet simple. Escaladou. Campane. Tournette. — Disposition. — Ourdissage. Pliage ou Montage des chaînes. — Encollage et Parage.*

Dévidage. Le dévidage est une opération exigée pour toutes les matières premières, aussi bien pour la chaîne que pour la trame. Il consiste à enrouler sur des *bobines* ou *roquets*, dont la forme est subordonnée à l'usage qu'on veut en faire, les fils précédemment mis en écheveaux.

Ce travail peut être exécuté ou par le *dévidage simple* ou par le *dévidage accéléré.*

Le dévidage simple n'a lieu que pour les grosses matières, telles que la laine, le fort coton, la fantaisie, etc., et, dans ce cas, on lui donne communément le nom de *bobinage*. Il se fait ordinairement au moyen du *rouet simple*, représenté pl. 17, fig. 6, et du *guindre* ou *tournette* horizontale, fig. 5, supportée par un *pied* ou *montant* A.

On peut également mettre au rang du dévidage simple, celui qu'on exécute au moyen d'un petit ustensile nommé *escaladou*, fig. 2, et de la tournette, fig. 5, ou bien de la *tournette verticale*, fig. 7, à laquelle on donne le nom de *campane*. Celle-ci n'exige qu'un petit emplacement et est surtout usitée pour les écheveaux, dont la forme est d'une grande dimension; mais l'escaladou, quoique très commode et très portatif, puisqu'on s'en sert en le plaçant sur ses genoux, n'en est pas moins actuellement que peu en usage, par la raison qu'il est moins expéditif que le rouet dont nous venons de parler.

La simplicité de ces deux ustensiles, que l'on comprend à la seule inspection des figures, nous dispense d'en faire l'explication.

Le *dévidage accéléré* a lieu pour les matières très fines, et spécialement pour la soie, dont l'enroulement long, délicat et très minutieux, exige d'être fait en grand; aussi n'a-t-il généralement lieu qu'au moyen de machines établies exprès, et qu'on nomme *mécaniques à dévider.*

Ces mécaniques, dont les formes et les systèmes sont très variés, diffèrent essentiellement les unes des autres ; il y en a de longitudinales et de circulaires.

Le nombre d'écheveaux que les premières peuvent dévider à la fois, dépend de la dimension longitudinale de la mécanique, tandis que les mécaniques circulaires n'en dévident que de 8 à 12.

Afin d'entrer plus promptement dans la fabrication proprement dite, nous renvoyons les plans et les descriptions de ces machines aux chapitres qui leur sont spéciaux, et dans lesquels il sera également fait mention des *ourdissoirs* et des *plioirs* mécaniques.

Disposition.

Le mot disposition, pris dans toutes ses acceptions, s'applique en général à toutes les séries d'opérations concernant le montage et les manipulations diverses ; c'est en quelque sorte un itinéraire qui guide l'ouvrier dans certains travaux préparatoires. Quant à-présent, nous n'avons à nous occuper que de la *disposition d'ourdissage*.

On distingue à ce sujet les dispositions simples et les dispositions composées ; les premières indiquent seulement :

1° Le nombre de fils qui doivent former la chaîne ;
2° Si ces fils doivent être ourdis simples, doubles ou triples ;
3° Le nombre des fils destinés à former les lisières ;
4° La longueur que devra avoir la chaîne.

Les dispositions composées indiquent, en sus de la précédente, le nombre partiel des fils que la chaîne pourrait avoir, eu égard aux couleurs et aux nombres exigés pour le raccord de chaque répétition, et dans le cas où plusieurs chaînes devront concourir à la formation d'une seule étoffe, la disposition indiquera la longueur que chacune d'elles doit avoir, par rapport au rôle qu'elles joueront dans le tissu, en ayant toujours soin de donner une longueur supplémentaire à celle dont le croisement est le plus répété.

Ourdissage.

Ourdir, c'est classer et assembler en une longueur égale, tous les fils dont l'ensemble reçoit le nom de *chaîne ;* en un mot, remplir toutes les conditions indiquées par la disposition.

L'ourdissoir ordinaire et le plus en usage, est l'*ourdissoir* vertical, représenté pl. 2, accompagné de sa *cantre* horizontale.

Soit à ourdir une chaîne d'après la disposition suivante (supposant que ce soit pour soierie).

50 portées simples (4000 fils) organsin noir, longueur 48^m,50.

Lisières ..
{ 12 fils triples org. noir.
16 » doubles id. blanc.
4 » triples id. noir.
16 » doubles id. blanc.
8 » triples id. noir.

Observation.—Les douze fils noirs en dehors.

Comme il est d'usage, en soierie, d'ourdir par quarante fils, ce qui constitue une *musette* ou *demi-portée*, on placera d'abord à la cantre, quarante *roquets*, dont vingt sur le rang A et autant sur le rang B, les fils se déroulant du premier rang, passeront un à un dans les anneaux en verre adhérents à la tringle C C, placée directement au-dessus de ces roquets ; il en sera de même des vingt autres roquets du rang B, dont les fils passeront dans les anneaux D D.

En admettant que le pourtour de l'ourdissoir soit de quatre mètres, l'ouvrière placera les traverses E, F, G, représentées en grand en H, I, J, où sont fixées les chevilles d'*encroix* et celles d'arrêt, de manière à ce que la quantité de tours qui devront être compris entre ces deux traverses concorde précisément avec la longueur demandée.

L'ouvrière rassemble alors les quarante fils, à l'extrémité desquels elle fait un nœud qu'elle accroche à la cheville d'arrêt H ; elle encroise immédiatement ces fils, un à un (n'importe qu'ils soient doubles ou triples, ils ne comptent toujours que pour un), et les place, ainsi qu'on le voit, en I, puis engageant aussitôt la musette entre les deux galets à gorge, placés verticalement sur le *plot* L (représenté en grand en M), elle met l'ourdissoir en mouvement au moyen de la manivelle N, dont l'axe produit, à la grande poulie à rainure O, un mouvement de rotation qui commande l'ourdissoir par une corde P, dont celle-ci en enveloppe tout le périmètre.

Les fils s'enroulent régulièrement en spire sur toute la hauteur de l'ourdissoir, et sont constamment conduits dans cette disposition par un long tourillon Q en fer, fixé au centre et à la partie supérieure de l'axe ; sur ce tourillon s'enroule une corde R, qui de cet axe passe sur une petite poulie et descend parallèlement au montant qui sert de guide au plot L; puis, passant dans une seconde poulie, qu'on voit en S, adhérente au plot, elle remonte pour s'arrêter définitivement à l'axe ou au tambour du régulateur V.

Il résulte de cette disposition, qu'à mesure que la corde R s'enroule dans un sens, le plot, et par conséquent la musette à laquelle il sert de guide, montent, tandis que lorsque l'ouvrière imprime à la manivelle N un mouvement dans une direction contraire à la précédente, le plot et la musette descendent.

En admettant qu'on ait commencé l'ourdissage, le plot étant en haut où se trouve l'enverjure fil à fil, représentée en I, il faudra, une fois arrivé au bas, former une seconde enverjure; mais celle-ci est formée tout simplement par la musette entière, ainsi qu'on le voit en J. On continue ainsi jusqu'à ce qu'on ait atteint le nombre de portées demandé.

L'ourdissage des lisières se fait ordinairement en dernier lieu, et bien que la disposition n'indique pas de répétition, on conçoit qu'elle est évidente, puisqu'il faut nécessairement une lisière de chaque côté.

A cet effet, on placera à la cantre tous les roquets nécessaires, puis on ourdira chaque lisière en une seule *branche* ou *musette*, en se conformant à ce qui est indiqué par la disposition. La descente du plot formera une lisière et sa montée formera l'autre. L'ouvrière les placera ensuite selon qu'il est désigné, en ayant soin toutefois de les séparer au talon.

L'enverjure par musette, et qu'on nomme *talon*, sert pour la mise en rateau lors du *pliage* ou *montage* de la chaîne, tandis que l'enverjure fil à fil sert à mettre chaque fil à sa place respective, lors du remettage ou bien du tordage; il est même obligatoire de conserver cette dernière pendant toute l'opération du tissage, puisqu'elle a encore pour but d'empêcher les fils de se mêler et de passer seulement l'un devant l'autre, elle aide aussi à remettre à leur place les fils qui viennent à se rompre, et facilite la recherche de ceux dont on aurait perdu la trace.

Le régulateur V est tout simplement un petit tambour, garni d'une roue à crans et d'un cliquet; ce tambour retient et en enroule au besoin une des extrémités de la corde R.

La disposition de ce régulateur a pour but de faire varier la superposition des musettes qui, après un certain nombre de tours sur elles-mêmes, donneraient un supplément de longueur qui nuirait considérablement au pliage de la chaîne, ainsi qu'à la fabrication du tissu.

Lorsque la chaîne est entièrement ourdie, on passe, à chaque encroix, un lien qui conserve l'enverjure, ainsi qu'on le voit en Y, Y, puis on enlève la chaîne de dessus l'ourdissoir, soit en la roulant en zigs-zags sur une cheville Z, ou bien en la pelotonnant, après l'avoir mise préalablement sous la forme d'une chaînette, représentée en Z, Z, fig. 7.

Encollage. — Parage.

Toutes les matières textiles, excepté la soie, exigent généralement d'être encollées ou parées avant le tissage. Cette opération a pour but de raffermir les fils, de les rendre glissans, et en un mot, de leur procurer une résistance nécessaire aux nombreux frottements qu'ils éprouvent dans leur passage aux lisses et surtout au peigne.

L'encollage convient spécialement aux fils de laine, et le parage aux fils de coton, de lin ou de chanvre.

Ces deux opérations, qui ont de l'analogie entre elles et un même but, peuvent être faites à la main ou mécaniquement. Quant à-présent, nous ne ferons mention que du premier cas, réservant l'encollage et le parage mécanique pour le chapitre des inventions récentes.

L'encollage et le parage peuvent être faits avant ou après l'ourdissage. Dans le premier cas, cette opération a lieu sur les matières en écheveaux; mais ce procédé offrant souvent des difficultés pour le dévidage qui doit suivre, on préfère généralement remettre cette opération après l'ourdissage, surtout lorsque celui-ci n'est pas exécuté mécaniquement.

Encollage. La méthode ordinaire d'encoller les chaînes en fil de laine consiste à tremper la chaîne par parties contiguës dans de la colle animale [1] chauffée, ayant soin de la presser également sur toute sa longueur, afin de n'y laisser que la quantité de colle nécessaire; et pour que l'humidité de la colle pénètre entièrement dans l'intérieur du fil, on laisse séjourner ainsi la chaîne, pendant quelques heures, à l'abri de la chaleur et du soleil; on la fait ensuite sécher, en l'étendant longitudinalement et dans toute sa longueur, au moyen de quatre pieux, dont deux sont placés à chaque extrémité de la chaîne, et d'un nombre de piquets et de traverses suffisants pour supporter la chaîne à distances convenables.

---

[1] Cette colle se fait ordinairement avec des rognures de peaux, qu'on fait cuire jusqu'à l'état gluant.

La manière la plus propice pour sécher une chaîne est de l'exposer à l'air libre et sec, et non au soleil, surtout en temps d'été ; car une sécheresse trop précipitée altèrerait la colle, donnerait de la raideur aux fils et les rendrait cassants.

On doit, lors du séchage, donner à la chaîne une tension suffisante, et refendre avec soin les musettes ou branches qui adhéreraient entre elles par l'effet de la colle. Il est même d'usage de se servir d'un rateau, au moyen duquel on refend, d'une seule menée, toutes les branches, à partir de l'enverjure du talon jusqu'à celle par fil : il est même urgent de faire faire au rateau, pendant le laps de temps qu'exige le séchage, plusieurs fois le parcours d'une extrémité à l'autre de la chaîne.

Il arrive quelquefois que, lors du tissage, on s'aperçoit que la colle est trop forte ou trop faible ; dans le premier cas, on humecte régulièrement tous les fils de la chaîne avec une brosse légèrement mouillée d'eau, et dans le second cas, on fait la même opération, mais en humectant les fils avec de la colle ; comme aussi on remédie à ces deux inconvénients, en semant une *brouée* d'huile sur tout le travers de la chaîne.

Parage. Cette opération, ainsi que nous l'avons dit, n'a lieu que sur les fils végétaux, tels que le coton, le lin, le chanvre, etc.

Le parage, dit à la main, se fait au fur et à mesure du tissage et par *étente* ou *longueur*. A cet effet, on se sert de deux brosses imbibées de colle (¹) qu'on fait glisser en même temps, une dessus la chaîne et l'autre dessous, et toujours en couchant le duvet du fil dans un même sens (partant du remisse au rouleau de derrière). Mais comme ce système de parage fait perdre beaucoup de temps à l'ouvrier, en l'obligeant à attendre que la colle soit séchée avant de reprendre son travail, le parage mécanique est généralement adopté, par les avantages qu'il présente sous tous les rapports, ainsi qu'on le verra dans la suite, à l'article ENCOLLAGE ET PARAGE MÉCANIQUE.

(¹) Cette colle est ordinairement faite avec un peu de fécule et une forte partie d'amidon grillé, dans lesquelles on ajoute une légère partie de sulfate de cuivre. Ou bien, on augmente la fécule et on met à la place de l'amidon grillé une petite partie de fécule grillée, comme aussi on peut mettre du sulfate de zinc au lieu de sulfate de cuivre, ou bien encore ces deux derniers, mais en très-petite quantité.

Pliage ou *montage*.

Cette opération a lieu immédiatement après l'ourdissage; elle a pour but de répartir également sur le *rouleau* , et dans la largeur voulue , la chaîne dont tous les fils sont rassemblés en masse.

Les machines dont on se sert le plus fréquemment, sont celles que nous représentons pl. 3.

On enroule d abord la chaîne A sur le tambour B, B , en commençant par l'extrémité où est située l'enverjure par fils; puis, arrivé au *talon*, on remplace le lien de cet encroix par une baguette *a a*, fig. 1ʳᵉ, munie d'une ficelle ; alors on procède à la *mise en rateau*. Ce travail, qui n'est en quelque sorte qu'une opération préparatoire au *pliage* proprement dit, exige souvent ou des combinaisons ou certains calculs que nous allons faire connaître.

Admettons que la chaîne à plier est composée de 50 portées, et que la largeur désignée pour l'étoffe qu'elle doit produire soit de $0^m,95^c$, il faudra, à cette largeur, ajouter pour les talus ou bords qui devront être pratiqués lors de l'enroulement de la chaîne sur le rouleau, quelques centimètres pour chaque côté, afin que la chaîne, lors des derniers tours superposés, ait au moins la largeur demandée.

Ce supplément de largeur dépend non seulement de la longueur de la chaîne, mais encore de sa réduction, de sorte que si la chaîne est, proportionnellement à sa largeur, peu fournie en fil et de peu de longueur, on n'ajoutera qu'un ou deux centimètres de chaque côté, tandis que dans le cas contraire on en ajoutera trois ou quatre.

Donc, en supposant que la chaîne dont s'agit soit d'une longueur et d'une réduction moyenne, et qu'on ajoute, pour les deux côtés, cinq centimètres à la largeur donnée, on aura une largeur totale d'un mètre.

Ainsi, pour que la mise en rateau puisse, du premier coup, atteindre exactement la largeur voulue, il faut être muni d'un rateau dont la division des dents soit en rapport exact avec le nombre des portées, c'est-à-dire à raison de 100 ou de 200 dents ou broches espacées sur une largeur d'un mètre.

Dans le premier cas, les 50 portées ou 100 musettes occuperont cent broches contigües, et dans le second cas, une broche restera vide entre chaque musette ([1]). Enfin, si faute d'un rateau de la ré-

_____

([1]) On donne également le nom de *dent* ou de *broches* à l'intervalle qui existe entre elles.

duction précitée, on n'en avait à sa disposition qu'un de 150
broches, et toujours sur la largeur d'un mètre, la répartition des
musettes aurait lieu par deux broches pleines et une vide. Mais bien
qu'au moyen de cette combinaison, ce dernier rateau satisfasse à la
largeur demandée, le pliage exécuté par une telle mise en rateau,
serait susceptible de produire un mauvais effet, surtout si la chaîne
est destinée à la confection d'un article délicat. Il est donc de toute
nécessité, et principalement pour la soierie, d'avoir une série de
rateaux suffisante pour satisfaire avec précision à tous les nombres, de
largeurs et de réductions, qui peuvent survenir. Enfin, on doit prendre
pour règle générale, que pour obtenir un beau tissu, il ne faut pas
qu'aucun vide régulier ou irrégulier se fasse sentir sur le rouleau;
c'est pour cette raison que, pour les articles très délicats ou peu
fournis en chaîne, il est urgent qu'à l'ourdissage, l'enverjure du talon
soit établie par branches ou par musettes de vingt fils au lieu de
quarante, cette disposition procure une mise en rateau plus régulière,
en laissant moins de vide d'une dent à l'autre.

Lorsque, malgré diverses combinaisons, on ne peut obtenir qu'une
largeur approximative, il vaut mieux que la différence soit en plus
qu'en moins, attendu qu'on peut toujours réduire ce supplément de
largeur, en conduisant le rateau plus ou moins obliquement, lors de
l'enroulement de la chaîne.

Pour mettre en rateau, on enlève d'abord le recouvrement ou chapeau A B, fig. 7; puis on place l'autre partie C D dans la position
indiquée fig. 1re, et lorsque la répartition des portées, branches ou
musettes est entièrement terminée, on replace le chapeau qu'on assujettit au moyen de deux petites chevilles. On pose alors le rouleau G
sur les cabres E F, dont la position est arrêtée en H H, selon qu'il
est nécessaire; puis on fixe la baguette a a dans la rainure pratiquée
au rouleau. Alors une personne enroule la chaîne en faisant tourner
le rouleau au moyen d'un bâton ou d'une broche de fer I J, tandis
qu'une autre personne conduit le rateau K, avec beaucoup de précaution, afin de dégager instantanément les tenues ou adhérences qui
pourraient exister d'une musette à l'autre; et par ce moyen prévenir
la rupture d'un grand nombre de fils.

La tension de la chaîne est maintenue et réglée par l'effet de deux
courroies L L, qui opèrent sur les bras du tambour un frottement

plus ou moins sensible, dépendant des poids ou charges M N , placés sur la planche à bascule O , assemblée à charnière à la traverse placée au bas des montants P Q du tambour.

Lorsque l'opération touche à sa fin , on déboîte le rateau, puis on achève d'enrouler la chaîne , qui est maintenue tirante jusqu'à sa fin au moyen d'un petit bâton tourné, retenu par deux cordes qui lui servent de prolongement.

L'enroulement terminé, on arrête le bout de la chaîne autour de l'ensouple.

Les figures 2 et 3 représentent un procédé mécanique dont l'application donne à l'enroulement, douceur, régularité et célérité. A l'inspection de ces figures, on comprendra facilement que si la manivelle T reste placée à la roue U, l'enroulement sera très doux , mais aussi très lent, tandis que le contraire aura lieu si on place la manivelle à l'axe de la roue V, et la machoire X à l'axe de la roue U; enfin, si la machoire et la manivelle sont placées à l'axe de la roue V, l'enroulement deviendra le même que celui qui a lieu par le procédé du bâton fig. 5 ; néanmoins il sera plus régulier.

La fig. 4 représente en grand une espèce de bobine à rainure, qu'on place sur les broches pour supporter provisoirement les musettes, et qu'on fait glisser à droite, au fur et à mesure de la mise en rateau , ce qui facilite beaucoup cette opération.

La fig. 8 représente la cheville, espèce de bâton tourné et renflé par le milieu, sur lequel était précédemment la chaîne; mais lorsque celle-ci a été levée en chaînette de dessus l'ourdissoir, on la dépose sur le plateau tournant, fig. 6 , pour la mettre plus facilement sur le tambour du pliage.

Lorsque les chaînes sont formées de grosses matières, telles que celles en laine, pour draperie, on ajuste sur l'ensouple deux grandes *rondelles* en bois, dites *collets*, en ne laissant entre eux que l'exacte distance nécessitée pour la largeur de la chaîne. Par suite de cette disposition, la mise en rateau n'a besoin d'aucun supplément de largeur, attendu que les collets dispensent d'établir les bords de la chaîne en forme de talus, puisqu'ils maintiennent une superposition constante et régulière dans toute sa largeur.

On ferait bien d'adopter l'application du système des collets, au pliage ou montage de toutes les chaînes qui exigent des *talus* trop prononcés.

Portée. On appelle *portée de chaîne* une réunion de fils servant de base à l'établissement de la chaîne . La portée se compose, à Paris et dans quelques autres villes manufacturières, où l'on emploie de grosses matières, de 40 fils;   elle est de 80 à Lyon et dans les pays où l'on ne travaille que la soie. Ainsi, quand on dit qu'une chaîne a 95 portées, cela signifie qu'elle est formée de 95 fois 80 fils; tandis que la même expression , dans d'autres villes, signifie que la chaîne est composée de 95 fois 40 fils. Dans quelques villes aussi , comme à Sedan , à Elbeuf , à Louviers, les fils de chaîne se comptent , non pas par portées, mais par mille ; en sorte que pour désigner une chaîne de 100 portées de 40 fils , on dit que cette chaîne est *à quatre mille.* Nous ne pouvons qu'approuver cette méthode , et il est à désirer que tous les fabricants suivent ce principe. Ce qui a donné lieu à cette inégalité de nombres par portées, c'est sans doute la différence de grosseur des matières employées dans la confection des étoffes.

CHAPITRE III.
Du métier ordinaire et des ustensiles généraux.

SOMMAIRE : *Du métier ordinaire et des accessoires principaux. — Dimension du métier. — Description du bâti. — Des rouleaux ou ensouples. —Des oreillons. — De la banquette ou siège. — De la poitrinière. — Du battant. —Du remisse et de ses subdivisions en lisses ou lames. — Divers genres de lisses et de mailles. Du peigne ou ros. — Des navettes. — Des marches et des leviers. — Du carrète. — Du tempia ou templet. — Des menus accessoires. — Nœuds divers.*

MÉTIER A TISSER.

Sous la dénomination de *métier à tisser* , nous ne comprendrons dans ce chapitre que les métiers ordinaires.

Bien que la *charpente* ou *carcasse,* que l'on nomme également *cage, bâti* ou *bois de métier,* soit à peu de chose près la même , quelles qu'en soient d'ailleurs les dimensions, il n'en est pas de même des accessoires et des ustensiles particuliers, ceux-ci étant entièrement subordonnés à la diversité des tissus qu'ils sont destinés à confectionner.

C'est l'arrangement et l'organisation de ces accessoires, ainsi que les effets qui en résultent, qui constituent le métier *proprement dit*, de même qu'ils en modifient le nom.

C'est aussi de la disposition du bâti et de ses accessoires que sont venus les noms de *métiers à marches, métiers à ligature, — à la tire, — à semple, — à basses-lisses, — à hautes-lisses, — à l'armure, à la Jacquard, à la barre,* etc.

Sur les diverses formes dont les bâtis de métiers sont établis, deux sont généralement adoptées. Nous allons donner les plans et la description de ces deux genres, abstraction faite des accessoires susceptibles de recevoir des changements ou des modifications, et dont l'usage est réservé à des articles spéciaux, que nous traiterons dans des chapitres particuliers.

Dimension du métier.

Le bâti d'un métier étant de la forme d'un parallélipipède, sa dimension peut être désignée exactement par les trois énonciations numériques, de sa hauteur, de sa largeur et de sa longueur.

Sa hauteur est ordinairement d'environ un mètre 85 centimètres; sa largeur dépend de celle de l'étoffe pour laquelle il est destiné, et sa longueur est subordonnée au genre du tissu à confectionner.

Ce n'est pas qu'on soit tenu de n'établir le métier que sur une largeur strictement nécessaire, car on sait : qui peut le plus, peut le moins; cependant tout est mieux lorsque la largeur du métier est proportionnée à celle de la chaîne. Quant à la longueur, il est indispensable de l'établir selon l'exigence du tissu; c'est ainsi que, pour certains articles de soieries, tels que pour les satins, par exemple, les métiers ont une longueur d'environ 2^m,50^c, tandisque pour ceux pour draperie, cotonnade, etc., la longueur n'est à peu près que de 1^m,30^c.

La force des pièces dont se compose le bâti, laisse beaucoup à l'arbitraire, comme aussi la nature des bois employés pour leur construction, dépend du plus ou moins de luxe qu'on veut y mettre; néanmoins, quelle que soit la qualité du bois qu'on y destine, il doit toujours être très sec, et surtout de fil, parce qu'alors il est moins susceptible de se gauchir, d'autant plus que l'équerre parfait est la première condition que doit avoir un métier pour tisser une étoffe convenablement.

Cependant, et malgré toute la latitude que laisse la construction des métiers, l'équarrissage de leurs bois doit, autant que possible, être proportionné à leur dimension et à la résistance que ces pièces doivent opposer aux forces qui agissent sur elles; c'est pour satisfaire à cette dernière condition que les pièces principales du bâti sont généralement plus larges dans un sens que dans l'autre, et qu'elles sont toujours placées *sur champ*, cette position étant la meilleure pour résister à la tension de la chaîne, ainsi qu'aux charges à supporter.

On faisait autrefois des métiers lourds, informes, dont les pièces, à peine ébauchées, avaient plus du double de l'équarrissage qui leur était nécessaire. Actuellement on les construit de manière à leur donner un aspect plus élégant et plus gracieux, tout en leur conservant cependant une solidité suffisante. Il n'est même pas rare de voir aujourd'hui des métiers construits en première qualité de bois de chêne, au lieu de sapin ou chêne très inférieur qu'on employait anciennement; on en fait même en bois de noyer poli et passé à l'huile de lin cuite ou bien à la cire, quelquefois au vernis. Aussi, ces sortes de métiers, dont les assemblages, fixés par des vis et des clés en fer, ne nécessitent pas d'*étaies*, peuvent, avec juste comparaison, être assimilés à des meubles meublants. Un tel luxe ne se rencontre guère que chez certains ouvriers, ou plutôt ouvrières en soieries, qui considèrent leur métier comme l'ornement principal de la seule pièce élégante qu'elles habitent; c'est d'ailleurs une preuve de propreté et de bon goût qui mérite plus d'éloges que de critique.

Description du Bâti.

Le bâti d'un métier se compose de quatre pieds ou montants A, B, C, D, pl. 5, assemblés latéralement deux à deux par un chapeau E ou F, nommé *estase*, qui en maintient l'écartement longitudinal; leur partie inférieure est également maintenue par les *socles* ou patins G, H, de même longueur que les estases et placés dans le même sens.

Ces huit pièces constituent d'abord deux assemblages bien distincts, formant le côté droit et le côté gauche; ces deux parties sont ensuite liées entre elles par les trois traverses I, J, K; celles-ci déterminent la largeur du métier, comme les estases et les patins en déterminent la longueur.

Les traverses I et J sont placées intérieurement d'une estase à l'autre, tout près de l'assemblage des montants; et la traverse K est placée à environ 20 centimètres de la partie inférieure des montants C, D (ce côté est le derrière du métier).

Tous ces assemblages sont ou à tenons et mortaises traversant d'outre en outre et chevillés , ou bien à demi-tenons et à demi-mortaises ; dans ce cas, tous les tenons des trois traverses et des parties supérieures des quatre montants ou *pieds de métier*, sont fixés, au moyen de vis ou clavettes en fer, traversant les parties mortaisées, pour aller se loger dans l'écrou qui leur correspond ; ceux-ci sont entièrement noyés dans l'intérieur des traverses et des montants, et à une distance qui doit concorder à-peu-près vers le milieu du filet ou *pas* de vis.

Cette méthode est plus élégante et aussi plus solide que si les mortaises, et par conséquent les tenons traversaient entièrement, les vis ayant sur les chevilles l'avantage de pouvoir au besoin resserrer les assemblages qui prennent souvent du jeu dans les temps secs. Il est vrai que ces vis et la pose de leurs écrous augmentent le prix du métier ; mais cette dépense est bien compensée par les divers avantages qu'on en retire, et surtout par la facilité de pouvoir monter et démonter le bâti promptement et sans rupture.

Quelquefois on pose les traverses I et J aux montants mêmes et près de leur partie supérieure ; mais si cette méthode a l'avantage de ne pas affaiblir les estases, la position surbaissée de ces deux traverses a l'inconvénient d'être nuisible à l'ouvrier, inconvénient qu'on ne peut éviter qu'en donnant au bâti une élévation supplémentaire.

De même qu'on met une traverse K sur le derrière du métier pour en maintenir l'écartement, il serait également utile d'en mettre une sur le devant ; mais comme celle-ci, placée dans une position analogue à celle de derrière, contrarierait le mouvement de la *marche*, ou des *marches* et, de plus, gênerait l'ouvrier. Il conviendrait, pour obvier à ces inconvénients, de placer cette traverse aux patins, en la fixant sur le côté plat, au moyen d'un assemblage *à queue d'aronde*, entaillé seulement à demi-bois, et placée à environ 40 centimètres de distance des pieds de devant. Dans cette position elle ne nuirait en rien, ni à l'ouvrier, ni à la marchure.

La pièce M est une tablette nommée *banque*, existant semblablement de chaque côté du métier, et dans lesquelles traversent un montant A ou B et un support N ; ces deux pièces, quoique assemblées par le bas dans les patins, sont encore consolidées au moyen d'une petite traverse O. Sur la saillie de derrière de chaque banque est établi un petit coffret P à recouvrement, nommé *caissetin*, dont l'un, celui de droite, sert à renfermer les *canettes*, et l'autre reçoit les tuyaux.

Les pièces que nous venons de décrire restant immobiles, composent la partie fixe du bâti.

Le bâti doit être établi parfaitement d'équerre et d'aplomb; il reste maintenu, dans cette position, soit au moyen de huit étaies ou *ponteaux*, soit par huit jambes de forces en fer L L, assujetties avec des vis aux angles supérieurs du métier, ainsi qu'on le voit pl. 6, fig. 2; mais si cette dernière méthode de consolider un métier est plus élégante que celle des ponteaux, elle est aussi plus coûteuse et moins solide; du reste, elle n'est guère en usage que pour les articles légers, et surtout lorsque le métier est seul et placé dans une pièce plafonnée, où souvent la disposition des murs ne permet pas l'adoption des ponteaux, dont la méthode est généralement adoptée.

Toutes ces pièces fixes supportent des pièces mobiles, qui font en quelque sorte partie du bâti. Nous allons donner successivement, et le plus succinctement possible, la description et les plans de celles qui en sont les attributs principaux.

Des rouleaux ou ensouples.

Les rouleaux sont des cylindres en bois arrondis au tour, dont l'un, celui de derrière, sert à envider la chaîne, et l'autre, celui de devant, sert à enrouler l'étoffe. Quoique cet ustensile soit d'une extrême simplicité, il n'offre pas moins diverses variétés, ainsi que le représente la pl. 10.

Ces variations sont subordonnées aux divers genres de tissus, et c'est pour satisfaire aux exigences qui en dérivent, que les uns tournent sur des gorges *a*, pratiquées près de leurs extrémités; tels sont ceux indiqués fig. 2 et 6. Les autres tournent sur des tourillons *b*, ménagés aux parties extrêmes du rouleau, fig. 3 et 9. D'autres, enfin, tournent sur des *boulons* ou *tourillons* en fer, solidement fixés au centre de leurs extrémités; ces tourillons, une fois assujettis, doivent être arrondis sur le tour, en même temps que le rouleau, d'autant plus qu'ils ne font, avec celui-ci, qu'un seul et même corps; et pour éviter que les boulons fassent fendre le cylindre, il est urgent que les deux bouts soient garnis d'un cercle de fer.

Indépendamment des gorges précitées, tous les rouleaux de derrière doivent avoir deux gorges supplémentaires c, dont la largeur et la profondeur varient selon la dimension du diamètre. Ces gorges sont destinées à recevoir la corde ou les *cordes de bascule*.

Lorsque le rouleau de devant tourne sur des tourillons, les gorges deviennent inutiles : mais quelqu'en soit le genre, l'extrémité de droite est garnie d'un *rochet b* en fer, ainsi qu'on le voit fig. 16, contre lequel vient s'appliquer un cliquet a, vulgairement nommé *chien*, servant à fixer la tension de la chaîne. De ce même côté, et à 20 centimètres environ du rochet, sont percés, d'outre en outre et sur la même circonférence, deux trous qui, se croisant au centre, en reproduisent quatre sur le pourtour; ces trous servent à recevoir le bâton, nommé *cheville*, dont l'ouvrier se sert pour enrouler l'étoffe.

Lorsque les chaînes exigent une tension extraordinaire, on fait usage d'une cheville de fer; dans ce cas, le pourtour des trous pratiqués au rouleau doit être recouvert d'une bande de fer, semblablement percée; sans cette précaution les trous seraient bientôt avariés.

A chaque rouleau est pratiquée une rainure longitudinale d'environ 12 millimètres de largeur sur 15 de profondeur; cette rainure est destinée à recevoir une tringle ou baguette, de même forme, dont le but est d'arrêter, d'un côté, l'extrémité de la chaîne, et de l'autre le commencement du tissu, ce qu'en terme de fabrique on nomme *entâquer*.

Lorsque les baguettes sont cylindriques, soit en fer, soit en bois, on en emploie deux au lieu d'une; dans ce cas, la baguette libre doit être enveloppée d'un tour de la chaîne ou du tissu, et doit entrer la première dans la rainure; cette disposition, aussi simple qu'ingénieuse, remplit le même but que les tringles ou baguettes *carrées*.

L'entâquage au moyen de baguettes, étant le plus prompt, le plus facile et aussi le plus commode, devrait être généralement adopté.

Nous ferons remarquer, qu'en principe, il est reconnu que les rouleaux supportés par des tourillons se prêtent toujours mieux que ceux à gorges, aux effets que la chaîne est obligée de subir lors du tissage; ce système est même de rigueur pour certains articles en soieries.

Oreillons.

Tous les rouleaux de derrière sont supportés par des oreillons, dont les trous ou *encoches* sont en rapport avec la forme des gorges ou des tourillons qu'ils sont destinés à recevoir.

Mais comme l'épaisseur de la chaîne, ainsi que celle de l'étoffe, procure une variation constante aux diamètres des rouleaux, puisque au fur et à mesure de la fabrication, celui de devant grossit au détriment de celui de derrière; il faut, pour maintenir le niveau primitif de l'*étente*, se servir d'oreillons mobiles, qui puissent graduellement être élevés ou abaissés, selon la nécessité.

C'est pour atteindre ce but et éviter l'embarras de changer fréquemment la hauteur du *battant* et des *lisses*, qu'on a imaginé divers genres d'oreillons. Les plus usités sont ceux à coulisses, ceux à câles, et ceux à vis. Voy. pl. 10.

Oreillons de derrière. La fig. 1ᵉ représente la coulisse isolée, qu'on fixe, au moyen de deux vis à tête plate, contre les montants de derrière; ses deux rebords ou épaulements *a b* sont percés semblablement, et à distances égales, d'un certain nombre de trous; cette pièce reçoit l'oreillon *c* ou *d*, fig. 4, qui s'y adapte à la hauteur nécessaire et y demeure fixé au moyen de deux petites broches ou goupilles en fer qui traversent ces pièces réunies.

Lorsque la longueur d'un rouleau de derrière n'est que juste de la largeur intérieure du métier, on se sert d'un genre d'oreillons représentés de deux manières différentes par les fig. 8 et 18, qu'on place contre les faces intérieures des montants.

A cet effet, on se sert de petites câles d'égale épaisseur qu'on introduit de chaque côté, et en nombre égal, dans l'enfourchement et au-dessous des tourillons du rouleau, n'importe que ces tourillons soient en fer ou en bois. On comprend que le placement successif de ces petites câles, mises à propos, fait compensation à la diminution du diamètre.

Ce système est avantageusement remplacé par les vis *a b*, fig. 18.

On fait également des oreillons de derrière, disposés exprès pour recevoir plusieurs rouleaux à la fois; leur simplicité, ainsi que le représente la fig. 12, nous dispense de toute explication.

Oreillons de devant. Lorsque les rouleaux de devant sont supportés par des tourillons en fer, les oreillons les plus convenables sont ceux représentés fig. 15.

A l'inspection de cette figure, on voit qu'il suffit de tourner également, et de chaque côté, la vis V, pour élever ou abaisser le rouleau. Quelquefois aussi ce genre d'oreillon est surmonté d'une seconde vis X, adaptée à un recouvrement à charnière ; celle-ci a pour but d'éviter que la secousse produite par le travail fasse remonter les oreillons, et par conséquent le rouleau.

Ce genre d'oreillons, à coulisses et à vis, est spécial pour les rouleaux à tourillons, car lorsqu'ils sont supportés par des gorges, celles-ci s'appuient sur des tasseaux adaptés sur chaque banque ou sur la traverse qui en tient lieu. Dans ce cas, on fait usage de câles ou tasseaux supplémentaires, qu'on rapporte préalablement sur les tasseaux fixes ; puis on les enlève au fur et à mesure que le rouleau prend un développement trop sensible.

Les rouleaux à gorges sont généralement maintenus par la pression d'une espèce de coin en bois C, fig. 10, auquel on a donné le nom de *taque*. Un semblable coin est placé de chaque côté, et est emboîté entre le montant du métier et le rouleau, à l'emplacement même des gorges ; et pour que ces coins ne puissent remonter par suite de l'ébranlement que produit le tissage, ils sont arrêtés au moyen d'un tourniquet *g*, fig. 7, ou bien par une petite goupille, qui passe dans un des trous pratiqués à deux épaulements rapportés contre la face interne du montant ; mais la meilleure méthode est de maintenir les taques au moyen d'une vis fig. 10, dont l'écrou à tige fait *avant corps*, et est fixé au montant.

Banquette.

La banquette est une tablette transversale qui sert de siége à l'ouvrier, si toutefois le genre de tissu qu'il confectionne lui permet de travailler assis ; cette tablette, dont la position doit pouvoir, au besoin, subir toutes les variations nécessaires, est supportée par deux oreillons spéciaux qui remplissent parfaitement ce but.

Ces oreillons se composent chacun d'une pièce fixe A et d'une pièce mobile B, fig. 14 et 17. La pièce A, dont les rebords sont saillants et à biseau extérieur, est fixée aux montants internes du métier ; la pièce B est entaillée en *a*, de manière à s'emboîter à coulisse avec la partie A; elle a également une entaille en *b*, servant de point d'appui à la banquette. Au moyen de cette combinaison, qui du reste est bien simple, il suffit de placer les chevilles *m* et *n* dans les trous convenables, pratiqués aux parties A et B, pour faire subir à la banquette toutes les variations nécessaires.

Autre genre de bâti. Il y a une seconde manière de construire une partie du bâti d'un métier : elle consiste dans la transposition des deux montants de devant, ainsi que le représente la fig. 1re, pl. 17.

Par suite de cette disposition, aussi commode qu'élégante, la banque est remplacée par une traverse à chapeau, sur laquelle sont adaptés les oreillons. La traverse K est alors fixée aux montants A B, à une hauteur convenable, de manière à ne pas gêner les mouvements des *lisses*, ni ceux de la *marchure*; dans ce cas, les estases font avant-corps sur le devant du métier.

Métier à poitrinière.

La différence de ce métier consiste tout simplement en ce que l'étoffe, au lieu de s'enrouler directement sur le rouleau, passe d'abord sur une forte pièce transversale en bois, nommée *poitrinière* ou *encouloire*, fixée à la place du rouleau de devant dans les métiers précédemment décrits, et va s'enrouler sur une ensouple à laquelle on donne le nom de *déchargeoir*.

Le déchargeoir est supporté par des boulons qui reposent dans des entailles pratiquées aux supports établis à droite et à gauche du métier, ainsi que le représente les fig. 1re et 2, pl. 7.

L'extrémité de droite de ce rouleau est munie d'un *rochet* d'assez grande dimension, qui reçoit l'opposition de deux cliquets M et N, fig. 11 et 13; le premier est fixé au montant, et ne fait que maintenir la tension, tandis que le second a pour but d'opérer l'enroulement, qui a lieu au moyen du levier L, fig. 11 et 13, auquel il est adapté.

Cette disposition est généralement adoptée pour la confection des tissus, dont les matières produisent une épaisseur très sensible, tels que les draperies, les tapis, etc.

On pourrait également remplacer la poitrinière par un cylindre; ce moyen affranchirait l'étoffe du frottement qu'elle est obligée de subir, quoique ce frottement contribue à donner un certain degré de perfection à divers tissus, tels que les *satinés*, par exemple, il en est aussi d'autres qui s'en trouvent contrariés, tels que les articles à côtes. Il est donc essentiel de savoir faire le choix et l'application de ces deux moyens.

Du battant.

Le battant est un assemblage de plusieurs pièces en bois, servant à supporter et à contenir le *peigne*. Il a aussi pour but de faciliter le passage de la navette dans la chaîne et de resserrer plus ou moins chaque *duite* l'une contre l'autre : ce résultat dépend beaucoup de la pesanteur du battant, dont le poids principal est la pièce ou traverse inférieure qu'on nomme *masse*.

Nous devons entrer dans quelques détails sur les différentes pièces qui le composent.

Le peigne A, fig. 10, pl. 8, est placé entre la *poignée* B B, fig. 9, et la pièce inférieure C C, fig. 11, nommée *masse* ou *sommier*, dans des rainures suffisamment profondes, pratiquées en dessous pour la poignée, et en dessus pour la masse. Ces rainures ont un double but : elles maintiennent le peigne, et cachent l'extrémité des dents, afin que la chaîne ne puisse y atteindre lors de son ouverture.

Le peigne doit être librement placé aussi bien entre les lames D D qu'entre les rainures, et de telle sorte que sa face se trouve exactement sur la ligne de l'effleurement des *lames* ou *épées* qui sont elles-mêmes chevillées à la masse.

La poignée, placée ensuite au-dessus du peigne, est maintenue et traversée dans ses mortaises *a a*, par le prolongement des lames; mais les mortaises doivent être assez libres, pour que le placement et le déplacement du peigne soit facile.

On fait aussi des poignées sans mortaises, telles que B, fig. 4; leurs extrémités forment alors un enfourchement, au moyen duquel elles sont abaissées ou élevées à volonté; puis, lorsqu'elles sont placées de manière à ce que le peigne conserve tout le jeu qui lui est nécessaire, les enfourchements sont assujettis par une petite cheville ou par une ficelle, ou mieux encore par un petit *tourniquet*.

Les deux lames déjà fixées dans la masse sont encore consolidées par une traverse supérieure E; fig. 4, même planche, ou quelquefois, mais rarement, par la seule corde K.

Pour laisser au battant toute la mobilité possible, on lui donne toute la hauteur que comporte l'élévation des estases.

L'usage le plus généralement adopté est de le suspendre au moyen de deux ficelles jetées par-dessus une traverse F F, fig. 4, nommée *porte-battant*; ces deux ficelles forment chacune deux boucles qui s'accrochent aux crémaillères I J, adaptées sur le devant des lames et à une égale hauteur.

D'après ces dispositions, toutes les fois que l'on veut élever ou abaisser le battant, il suffit d'accrocher les boucles un ou plusieurs crans plus haut ou plus bas. Si l'on ne veut obtenir cette variation que d'une manière presqu'insensible, on change de cran une seule des deux boucles, soit en montant, soit en descendant; on peut obtenir ainsi un degré d'élévation ou d'abaissement égal à la moitié ou même au quart de la distance qui existe entre deux crans des crémaillères.

Dans diverses fabriques on se contente de suspendre le battant au moyen d'une corde doublée *a*, fig. 8, passant sur le porte-battant *b*, et de là, à travers un trou *c*, pratiqué au centre de chaque *lame* ou *épée*. Par suite de cette disposition, le degré d'élévation du battant est réglé par la torsion de cette double corde *a*, qui se raccourcit ou s'allonge à la portée nécessaire, et est arrêtée dans cette position, au moyen d'une petite cheville retenue par un nœud, disposé de manière à pouvoir varier au besoin.

Comme on vient de le voir, tout le poids du battant repose sur le porte-battant F, dont les extrémités, terminées par des tourillons, reçoivent les douilles G, fig. 2; ces douilles, ordinairement faites en bois, reposent sur des *accocats*, fig. 1ʳᵉ, ou suite d'entailles à angles égaux, pratiquées sur de forts liteaux que l'on fixe à la face intérieure de chaque estase. Au moyen de ces accocats, on a la facilité de reculer ou d'avancer le battant, selon qu'il est nécessaire; les douilles servent à adoucir les mouvements d'oscillation et de déplacement.

Les accocats sont également faits en fonte ou en fer, fig. 5; ce mode est même préférable, parce qu'il permet de rapprocher davantage les entailles ou crans; mais lorsqu'on en fait usage, il est nécessaire que le porte-battant soit garni à ses extrémités de tourillons métalliques, et, dans ce cas, les douilles sont supprimées.

Ce mode de suspendre le battant, quoique très usité, est remplacé avec avantage par un autre système, représenté pl. 9, où l'on voit que les lames **K** glissent au moyen de mortaises pratiquées dans la traverse **C**, à mesure que les vis **A** et **B** montent ou descendent dans les écrous pratiqués au porte-battant **C**. Ce mécanisme supprime l'emploi des ficelles et des crémaillères, et offre toute la facilité désirable pour hausser ou abaisser le battant.

Quelquefois aussi, et surtout pour la draperie, on suspend les battants par une des méthodes indiquées fig. 3 et 7.

La fig. 3 indique en *b* le porte-battant, en *a* la vis de support et en *c* une petite plaque de métal, fixée sur l'estase, et dont quelques trous, également espacés et à demi percés en forme de crapaudine, reçoivent la pointe de la vis.

La fig. 7 indique en *a* la vis de support, dont la pointe a son point d'appui sur une plaque semblable à celle précédemment décrite; *b* est le porte-battant, *c* est l'estase, et *d* représente une des *lames* du battant, découpée à *enfourchement*.

Parmi les diverses variétés que présentent les battants, on distingue principalement le battant *à poignée sèche*, le battant *à claquette* et le battant *à boîtes simples*.

Tous ces battants diffèrent entre eux par une ou plusieurs de leurs parties, soit dans la forme de la poignée, de la masse ou des lames; soit dans la manière de placer les boîtes; soit enfin dans le système à employer pour opérer, avec ces dernières, le passage de la navette, tel que le *taquet*, le *bouton*, le *fouet* le *calibari*, etc.

Outre ces trois sortes de battants, il y en a encore d'autres genres, tels que le battant *double* ou *triple boîte*, le battant *brisé*, le battant *lanceur*, le battant *brocheur*, etc. Ces sortes de battants étant compliqués, sont destinés à des articles spéciaux dont nous traiterons en temps et lieu.

Battant à poignée sèche. Ce battant, dont la poignée contient, dans sa rainure, la partie supérieure du peigne, a été ainsi nommé, sans doute, parce que, en raison de sa disposition particulière, il sert à frapper des coups forts, et vulgairement dits *secs*.

Les lames de ce battant sont ordinairement bandées à leur sommet à la manière d'une scie, comme on le voit, en **K**, fig. 5, pl. 8.

Ce bandage, que l'on peut supprimer pour la confection de certains genres d'étoffes, est de toute rigueur pour les articles soieries qui exigent, comme on le dit en termes techniques, de la *carte* ou *qualité*, tels que gros de naples, draps de soie, etc.

Battants à claquette. Ce genre de battant, dont on fait usage pour les articles très légers, tels que les satins, gazes, etc., diffère du précédent, en ce qu'au lieu de présenter toujours une résistance invariable, il fléchit chaque fois que le peigne frappe contre le tissu. Pour obtenir cette flexibilité, une légère traverse, contre laquelle le peigne s'appuie, est placée sur le derrière de la poignée ; cette traverse est supportée, à chacune de ses extrémités, par deux lamettes flexibles, fixées contre le derrière des lames au moyen de deux coulants, qui, tout en assujettissant les *claquettes*, permettent de frapper contre le tissu des coups d'une même force, comme aussi d'en varier la réduction.

On conçoit que plus les coulants seront élevés, plus le ressort formé par les claquettes sera faible, et que, par conséquent, le peigne éprouvant moins de résistance, cédera d'autant plus en arrière et serrera moins le tissu ; tandis que le contraire a lieu lorsqu'on abaisse les coulants, car, lorsqu'ils sont serrés à fond, le jeu de la claquette devient pour ainsi dire nul et sans effet.

Battants à boîtes simples.. C'est lorsqu'on travaille avec ce battant, pl. 9, que l'on fait usage de la navette droite, dite *volante*, et montée sur deux roulettes.

Les *boîtes simples* sont deux petites cases M N, placées à droite et à gauche du battant, et en dehors des lames.

Le fond de ces boîtes doit être sur le même niveau que la *verguette* V, que l'on nomme également *seuil*, et dont les boîtes ne sont qu'un prolongement. Les boîtes ont pour objet de recevoir la navette à sa sortie de l'ouverture de la chaîne.

Le *chassement* de la navette, c'est-à-dire l'action de la faire sortir d'une boîte, pour qu'elle passe dans l'autre, a lieu au moyen de deux *taquets* ou *rats,* Q R ou P, qui glissent dans les rainures pratiquées à l'intérieur des parties latérales des boîtes. A chacun de ces taquets est attachée une ficelle G, qui, passant par les poulies I J, fixées à droite et à gauche de la poignée H, viennent encore passer sur les poulies placées en E, dans l'intérieur et au milieu de la traverse D, pour retomber ensuite à la portée de la main de l'ouvrier, où elles sont terminées ordinairement par une espèce de bouton F.

C'est en tirant ce bouton F avec une force seulement suffisante

I.   11

et avec souplesse, que l'on imprime aux taquets le mouvement qui fait alternativement passer la navette de droite à gauche, et réciproquement.

Pour les articles de draperie, on se contente d'attacher tout simplement une ficelle à chaque *taquet*, et de la faire correspondre directement à la portée de l'ouvrier qui en tient une de chaque main, et les fait agir alternativement.

Ce système de faire passer la navette mécaniquement a sur celui de la lancer *à la main*, l'avantage de la faire glisser directement et avec beaucoup plus de rapidité; il est donc employé de préférence, surtout pour la généralité des tissus en grande largeur, ainsi que pour tous les articles qui, par la modicité de leur prix de vente, exigent un prompt tissage, tels que les crêpes ordinaires, les gazes, les mousselines, la rouennerie, etc.

Observations générales relatives aux battants.

Tous les battants, quelle que soit leur forme, doivent toujours être d'une pesanteur parfaitement en rapport avec le genre d'étoffe qu'ils sont destinés à confectionner, car il serait imprudent de se servir d'un battant de dix livres, par exemple, pour fabriquer un tissu qui en exigerait un de vingt ou plus

Il n'est pas rare de voir des ouvriers enfreindre cette règle, en donnant de la force à l'étoffe aux dépens de leurs bras, c'est-à-dire, qu'au lieu d'un ou de deux coups de battant, même modérés, qu'il leur suffirait de donner, s'ils avaient un battant convenable, ils en donnent quelquefois le double; de cette fausse combinaison il résulte un excédant de fatigue, une plus grande rupture de fils, et en un mot, une fabrication imparfaite. De même, on ne doit pas se hasarder à tisser une étoffe légère avec un battant dont le poids serait trop fort.

Lorsqu'un battant est trop léger, on lui donne ordinairement du poids, en y adaptant une barre de fer, de fonte ou de plomb; cette barre est fixée par des vis au-dessous de la masse; et sa longueur doit, autant que possible, être au moins égale à la largeur de l'étoffe qui est sur le métier.

Si l'on ne veut pas faire usage de cette barre, on a recours à des poids divers, de forme courte et platte, qu'on place de chaque côté du battant en les fixant derrière les lames, près de la poignée, ayant soin de diviser la charge en deux parties parfaitement égales.

Néanmoins, malgré cette précaution ce moyen est loin d'être préférable au premier, car il a l'inconvénient de former une épaisseur sur le derrière du battant, et d'être aussi nuisible que désagréable à l'œil.

Il est à remarquer que l'angle formé au point de jonction du *seuil* ou *verguette* avec les lames du battant, doit être plus ou moins prononcé, selon que le battant doit être plus ou moins tenu d'aplomb, lors du tissage. Car, si l'angle était trop obtus, la chaîne porterait trop sur le derrière de la masse; et si l'angle était trop aigu, elle porterait trop sur le devant, ce qui, dans les deux cas, occasionnerait des *lardures*. Pour éviter cet inconvénient, le pas de chaîne qui reste en fond, lors de l'ouverture de la chaîne, doit donc toujours bien porter à plat sur la verguette.

En d'autres termes, plus la position du battant doit être oblique, plus la pente de la verguette doit être sensible, et plus, par conséquent, l'angle dont s'agit doit être aigu.

La verguette n'est indispensable que pour les battants destinés au service des navettes à roulettes, dont on ne pourrait faire usage sans leur donner un point d'appui; or, la verguette étant une partie avancée de la masse, devient précisément ce point d'appui, comme aussi la verguette peut également être rapportée sur la masse; c'est ce qui a ordinairement lieu pour les articles délicats, surtout en soieries, où il est nécessaire que cette pièce soit en bois bien poli et très dur, parce qu'elle s'use promptement, surtout aux extrémités, par suite du frottement occasionné par la navette.

Quelquefois, et dans le même but, on place, également à la masse mais derrière le peigne et dans toute sa longueur, une tringle ou baguette de fer poli, ou, ce qui vaut infiniment mieux, en verre.

Du remisse et de ses subdivisions en lisses ou lames.

On donne le nom de remisse à la réunion des *lisses* nécessaires pour la confection d'un tissu quelconque, n'importe leur nombre.

Les *lisses* sont des subdivisions du remisse, et sont formées de mailles dont la forme varie selon que l'exige le genre du tissu auquel elles sont destinées. Chaque lisse est maintenue par deux *lisserons*, *lamettes* ou *liais* en bois, A B, C D, pl. 4.

Une *maille* est formée de fils bouclés, ainsi que le représente I N.

Il y a plusieurs sortes de mailles qui prennent aussi divers noms, tirés en principe de la forme de leurs boucles; ce sont elles qui servent à faire hausser ou baisser les fils de chaîne *a b, c d, e f*, qu'on voit passés dans les dites boucles. On distingue les mailles *simples* ou *à crochets*, les mailles *à coulisse*, les mailles *à grande coulisse* et les mailles *à culotte*, qu'on nomme également *lisses anglaises*.

Comme il n'est pas sans importance d'avoir une connaissance exacte des différentes sortes de lisses et des avantages que présente tel système de maille sur tel autre, cette raison nous engage à entrer dans quelques détails à ce sujet.

Maille simple ou à crochet. Le fil I N représente une maille dite *simple* ou *à crochet;* le fil de chaîne est passé sous la boucle de la demi-maille d'en bas et sur celle de la demi-maille d'en haut. Ces deux demi-mailles se tiennent crochées ensemble par le demi-anneau qu'elles forment l'une et l'autre. Ce genre de mailles offre une grande économie de fil dans sa confection, et procure ce qu'on appelle une *marchure* très égale; mais par suite de la pression que les deux mailles exercent l'une contre l'autre, il a l'inconvénient de faire souvent rompre les fils de chaîne qui ont quelque défectuosité.

Maille à coulisse ordinaire. J O indiquent une *maille à coulisse ordinaire*. Ainsi qu'on le voit à l'inspection de la figure, elle exige dans sa confection une longueur de fil double de la première, puisque les boucles Y et Y ne produisent à elles deux sur le fil *c d* que l'effet de la boucle unique de la maille précédente. Les mailles à coulisses ordinaires sont cependant plus usitées que les premières, parce qu'elles s'usent moins vite, et que le fil *c d*, passant au-dessus de la boucle basse et au-dessous de la boucle haute, y glisse facilement, sans y être fatigué par la pression, comme dans la boucle de la maille à crochet.

Mailles à grande coulisse. Ainsi qu'on le voit en K P, L Q et M R, ces mailles peuvent être formées de diverses manières; bien qu'elles diffèrent dans la forme, elles n'en produisent pas moins de semblables résultats.

Au moyen de ce genre de mailles, on peut, indistinctement et à volonté, faire *lever* ou *rabattre* les fils de chaîne qui y sont contenus, comme aussi ces mêmes mailles peuvent rester neutres momentanément, selon le besoin.

Maille à culotte. V S indique ce qu'on appelle une *maille à culotte.* On voit que c'est simplement une demi-maille attachée à la lamette du bas de la lisse; son emploi a lieu principalement pour les *tissus à jour*, dans lesquels elle joue des rôles très importants.

Chaque lisse à culotte est formée d'un nombre de mailles proportionné à la quantité des fils de chaîne qu'elle doit contenir.

Pour ne pas compliquer nos planches, nous avons attaché aux mêmes lamettes **A B**, **C D**, toutes les espèces de mailles que nous venons d'indiquer; mais une lisse, ou lame, ne contient toujours qu'une espèce de mailles dont elle prend le nom; ainsi on appelle *lisse à crochet*, celle qui est formée de mailles à crochet, *lisse à coulisse* celle qui est composée de mailles à coulisse, et ainsi des autres. Les ficelles **U U**, **T T**, auxquelles les mailles sont arrêtées, se nomment *cristelles*, et servent à maintenir l'écartement des mailles.

Les *becs* EF, G H des lisserons **A B**, **C D** servent à maintenir les cristelles dans des positions différentes. Cette variation, qu'on exécute de temps en temps, fait que les mailles s'usent successivement sur plusieurs points, et par ce moyen, peuvent travailler long-temps avant d'être mises hors de service. On donne à ce changement le nom de *retourner le remisse.* Ce procédé est surtout relatif à la soierie.

Pour la draperie les mailles ont un autre genre d'assemblage à la cristelle; et celle-ci reste invariablement fixée par chaque bout sur le dos du *lisseron.* Les lisses formées par ce genre de mailles ne peuvent être *retournées.*

Les lisserons qui n'ont pas de becs sont ordinairement nommés *lamettes* ou *liais ;* on en fait usage pour les articles qui n'exigent pas que les lisses soient *retournées.*

Du peigne.

Le *peigne* est l'ustensile qui exige le plus de délicatesse et de fini, car la moindre de ses imperfections serait susceptible de laisser sur l'étoffe un défaut souvent ineffaçable.

La propriété du peigne est de maintenir les fils de chaîne régulièrement espacés, et de resserrer chaque *coup de trame* l'un contre l'autre.

Tous les fils composant la chaîne sont successivement répartis en nombre égal dans chaque intervalle ou vide qui existe d'une dent à l'autre, soit seul à seul, soit par plusieurs ensemble, selon la *réduction* du peigne, réduction qui elle-même est subordonnée au genre du tissu à confectionner.

Anciennement, les *dents* ou *broches* des peignes étaient généralement en *canne*, espèce de jonc nommé *Rotin*, que l'on refendait avec précision. C'est sans doute de la matière dont ils étaient formés que leur est venu le nom de *ros* ou *rot*, terme encore usité dans beaucoup de manufactures.

Il appartenait à notre siècle de perfectionner cet ustensile, qui est un des plus importants dans la fabrication des tissus, et de supprimer entièrement les peignes de canne, qui avaient pour vice capital de ne pouvoir réunir un assez grand nombre de dents dans une largeur limitée, et de plus, n'offraient que peu de solidité.

Aujourd'hui il n'est plus question que de peignes à dents métalliques; on en distingue de plusieurs sortes, dont les principales sont : les peignes ordinaires, les peignes d'acier et les peignes superfins.

Les deux derniers genres prennent également le nom de peignes *demi-anglais* et peignes *anglais*. Nous croyons que cette dénomination leur est faussement appliquée; car tout porte à croire que ces perfectionnements ont été faits à Lyon, d'autant plus que c'est la spécialité des articles de cette ville qui exige, plus que toute autre, l'emploi de peignes supérieurs. D'ailleurs, on ne voit que trop d'exemples chez nous, où la spéculation l'emporte sur la nationalité, et que, pour donner plus de mérite à nos inventions, nous avons la faiblesse de les attribuer à quelque nation étrangère. Il faut que les inventeurs, qui ont recours à de tels moyens, aient bien peu de confiance en eux-mêmes, puisque pour faire valoir leurs inventions, ils n'osent se les attribuer. C'est du reste un défaut malheureusement trop commun.

Revenons à notre sujet.

Le *peigne ordinaire*, fig. 2, pl. 4, est communément formé de petites broches ou dents en fer, préalablement applaties, au moyen de cylindres disposés en forme de laminoir; mais ces dents, quoique régulières en largeur et en épaisseur, ne sont nullement évidées, et la *liure* dite *mollier*, qui forme les intervalles et fixe les dents, en tournant autour des deux *jumelles*, qui pour ce genre de peigne sont en bois, est tout simplement en fil poissé, dont la grosseur est en rapport avec la réduction que le peigne doit avoir. Ce procédé, quoique vicieux sous le rapport des espaces inégaux, est néanmoins beaucoup en usage, surtout pour les tissus qui n'exigent que peu de délicatesse de la part de cet ustensile ; d'ailleurs ce genre se recommande par la modicité de son prix, et nous pensons qu'il restera longtemps admis.

Les peignes, ainsi confectionnés, permettent de pouvoir, au besoin, changer les dents qui, par suite d'avaries, exigeraient d'être remplacées ; ces accidents sont du reste assez fréquents ; surtout dans la confection des articles grossiers, pour lesquels la plupart des ouvriers n'ont souvent fait un apprentissage que de quelques jours, et dont le travail brusque, joint à la manœuvre d'une grosse navette, souvent mal faite, mal entretenue et mal dirigée, sont autant de causes qui contribuent à ces sortes d'avaries.

Nous ferons remarquer que, pour les tissus qui exigent un mouillage ou seulement une humidité constante de trame ou de chaîne, on se sert de peignes à dents en cuivre, celles-ci ayant sur celles en fer ou en acier l'avantage de ne pas s'oxider.

Le *peigne d'acier*, dit *demi-anglais*, diffère du précédent en ce que, pour celui-ci, les jumelles en bois sont remplacées par de petites tringles en fer qui en tiennent lieu, et les dents sont en acier, applaties sous des cylindres de même métal, et de plus, sont ensuite travaillées de manière à leur rendre les bords coniques.

Le *mollier*, au lieu d'être en fil poissé, est remplacé par un fil métallique qui rend les dents très solides, et leurs espaces parfaitement réguliers ; en outre, les extrémités des dents sont toutes soudées les unes aux autres, et les jumelles sont recouvertes d'un encadrement en bois poli, qui évite aux fils de *s'écorcher*.

Ce genre de peigne est généralement employé pour la plus grande partie de la confection des étoffes de soie.

Le *peigne superfin*, dit *anglais*, est encore supérieur au précédent ; il est monté d'une manière toute particulière, dans une espèce de moule ; les intervalles, au lieu d'être garnis en fil de fer, sont remplis de la même matière dont on se sert pour souder les extrémités des dents ; cette opération se faisant simultanément, toutes les dents se trouvent ainsi fortement enchassées ; elles ne fléchissent jamais, et conservent constamment leur régularité primitive ; en outre, les dents sont toujours du meilleur acier, parfaitement évidées et polies au moyen d'un mécanisme très ingénieux; enfin, la soudure, la monture et les dents du peigne ne font plus ensemble qu'un seul et même corps.

Par suite de ces dispositions si heureusement combinées, les dents sont sonores et restent invariablement tendues; tous ces perfectionnements contribuent essentiellement à ce que le peigne frappe contre l'étoffe un coup sec, qui donne à celle-ci deux qualités, qu'en termes de fabrique on nomme de la *carte* et de la *couverture*.

Il est évident que ce genre de peignes est plus coûteux que les autres; aussi ne s'en sert-on que pour les étoffes très délicates et de première qualité.

Ces deux genres de peignes, et surtout le peigne dit anglais, ne sont bien fabriqués qu'à Lyon (¹).

Quel que soit le genre des peignes, les uns et les autres ont à leurs extrémités une large plaque en bois ou en métal, dite *garde*, de la hauteur et de l'épaisseur des dents; cette plaque a pour but de consolider le peigne et de le préserver de certaines avaries; immédiatement et près de la garde, sont placées quelques dents plus fortes et plus espacées que celles constituant le peigne. Ces dents supplémentaires sont spécialement établies pour recevoir les fils destinés à former les *cordons* ou *lisières* de l'étoffe, qui d'ordinaire sont composés de fils plus gros que ceux de la chaîne proprement dite.

Nous terminerons cet article, en faisant observer que, par extension, on donne également le nom de *dent* au nombre de fils réunis dans un seul intervalle, lors même qu'il n'y en aurait qu'un seul; et nous ajouterons que le nombre de fils en dent ne doit être ni trop fort, ni trop faible, comparativement à la réduction de la chaîne; car s'il est trop fort, la dent (nombre de fils) forme rayure sur l'étoffe et l'empêche de *couvrir*; si, au contraire, le nombre de fils est trop faible, il exigera, pour obtenir la réduction voulue, un trop grand nombre de dents, qui donneront infailliblement de la raideur au battage, et de plus contribueront à la rupture des fils.

(¹) C'est à la fabrication de ce genre de peigne que la maison CHATELARD et PERRIN, de Lyon, doit la haute réputation qu'elle s'est acquise.

De la navette.

La navette sert à introduire la trame entre les fils de la chaîne, et sauf quelques rares exceptions, dont il sera fait mention dans la suite de cet ouvrage, cet ustensile est indispensable pour le tissage d'une étoffe quelconque.

Tout bois sec, dur, lourd et formé de fibres très courtes, est propre à faire des navettes. Le buis est de préférence généralement adopté pour cet usage, parce qu'il est susceptible d'un beau poli, et qu'il réunit toutes les propriétés stipulées ci-dessus.

On distingue deux sortes de navettes : la navette cintrée, dite à main, et la navette droite, dite *volante*, voy. pl. 11.

Les unes et les autres sont, selon qu'il en est besoin, montées avec ou sans roulettes. Leur forme, ainsi que leur dimension, varient non-seulement d'après les différents systèmes employés pour les lancer, mais encore selon la nature des tissus que l'on fabrique.

Toute navette présente, vers son centre, une cavité longitudinale *a*, fig. 2, qu'on nomme *châsse*; les extrémités *b b* sont généralement armées d'une espèce de lance en fer poli, fig. 15 et 18, ou bien d'un petit cône du même métal, fig. 22. Quel que soit d'ailleurs le genre de ferrure qu'on y emploie, celle-ci doit être ajustée solidement et de manière à effleurer parfaitement le tout, de telle sorte qu'aucun fil ne puisse être accroché, soit par le fer, soit par le bois.

Navette à main. Toutes les navettes plus ou moins cintrées appartiennent au genre dit à main. Cette dénomination provient de ce qu'elle est lancée directement, à la main, et sans le secours d'aucun mécanisme.

Une des conditions importantes pour la fabrication, est qu'on doit éviter, autant que faire se peut, les frottements que les ustensiles peuvent faire contre les fils de la chaîne; et comme la navette, surtout celle à main, est un de ceux qui en occasionnent le plus, il est urgent qu'elle soit construite de manière à ne produire que le frottement le plus minime possible. Cette condition est de rigueur pour qu'elle exécute la traversée de la chaîne avec promptitude et facilité.

C'est pour atteindre ce double but qu'on donne à ses faces latérales une courbe saillante et rentrante, et c'est aussi pour diminuer le frottement qui a lieu sur les fils inférieurs qu'on évide longitudinalement la navette en dessous, de manière qu'elle ne porte que sur les deux

I.   12

arètes d'avant et d'arrière. On fait même des navettes dont la châsse est percée à jour, c'est-à-dire, d'outre en outre.

Toutes les navettes à main exigent que leurs extrémités soient cintrées, afin que, par suite de la courbe que la main fait décrire à la navette pour la lancer, la pointe de celle-ci ne puisse heurter contre les dents du peigne, et que le choc, bien que peu sensible, ait toujours lieu alternativement contre la partie convexe de la navette.

Pour être bien lancée, la navette doit être soutenue par le médium et le pouce; alors l'index, placé contre l'extrémité du fer et faisant l'effet d'un ressort, conjointement avec un mouvement souple de l'avant-bras, lance la navette horizontalement, en lui imprimant une impulsion suffisante, pour qu'elle puisse traverser dans l'ouverture de la chaîne avec toute la rapidité voulue et sans aucune déviation; la main opposée doit recevoir la navette, en l'arrêtant entre l'index et le médium, puis, plaçant immédiatement le pouce par dessus, elle la lance à son tour, de la même manière qu'il a été dit précédemment. Cette méthode est la meilleure pour recevoir la navette et la renvoyer spontanément.

Les navettes à main, et surtout celles sans roulettes, ne peuvent guère être employées que pour les étoffes de soie, et encore faut-il que celles-ci ne soient que d'une étroite largeur; mais lorsqu'il s'agit de confectionner des tissus dont les matières sont peu glissantes, telles que celles de laine ou de coton, les navettes sont supportées par deux petites roulettes *m n*, fig. 8, représentées en détail fig. 26.

Il est à remarquer que les navettes à main, destinées à la confection des étoffes larges, ont ordinairement leurs bouts plus cintrés que pour les étoffes étroites; il doit en être ainsi, parce que leur traversée exige nécessairement un élan très prononcé qui produit une courbe plus grande, et par conséquent plus sensible que si la navette n'avait qu'un court espace à parcourir. Dans cette circonstance, et pour mettre le peigne à l'abri de tout accident fâcheux et le préserver de toute atteinte, il faut que les bouts de la navette soient fortement recourbés, ainsi qu'on le voit fig. 5 et 8.

Navette volante. Ces navettes, fig. 11, 14 et 17, ne peuvent être que droites, et comme elles sont toujours lancées par un moteur mécanique (voy. *Battant à boîtes*), elles ne fonctionnent jamais sans roulettes; aussi les navettes de ce genre traversent-elles la chaîne avec une rapidité bien plus grande que les navettes à main; elles ont donc sur ces dernières l'avantage incontestable d'accélérer la main d'œuvre.

Pour que ces navettes ne dévient pas dans leur course, il est urgent qu'elles soient assez pesantes; c'est pour ce motif que les navettes en cuivre sont préférables à celles en bois; mais alors l'emplacement de la châsse, ainsi que celui des roulettes, est évidé d'outre en outre, ainsi que le représente la fig. 17.

Des accessoires de la navette.

La diversité des étoffes, et surtout celle des matières, exige différentes manières d'y introduire la trame, c'est-à-dire diverses méthodes de placer la *cannette* dans la châsse de la navette.

Les cannettes elles-mêmes sont de formes différentes.

Ainsi la trame soie, par exemple, veut être *déroulée* lors du tissage, tandis que d'autres matières, telles que la laine, exigent d'être *défilées*.

Or, la disposition de la châsse et de ses accessoires n'étant pas la même dans les deux cas, on a dû distinguer la *navette à dérouler* et la *navette à défiler*, bien que l'une et l'autre puissent indistinctement être ou *à main* ou *volante*. Nous allons successivement donner la description de ces deux genres.

Navette à dérouler. La cannette devant servir à cet usage, est établie sur un *tuyau,* espèce de petit tube percé d'outre en outre, voy. fig. 1, 3 et 4.

Les tuyaux représentés fig. 1 et 4 sont en bois, préalablement percés et ensuite tournés sur le tour, de manière que le trou se trouve exactement percé dans la direction de l'axe; l'un et l'autre ont un petit rebord circulaire ménagé à leurs extrémités, ces rebords ont pour but d'éviter l'éboulement de la cannette.

La forme concave du tuyau, fig. 4, fait qu'il est spécialement destiné aux trames susceptibles d'*éboulage* fréquent, telles que les soies *crues*; mais pour les trames *cuites*, on se sert généralement de tuyaux en carton, sur lesquels est formée la cannette fig. 6. Ce genre de tuyau a l'avantage d'être de longue durée, et de plus, il n'a pas, comme le tuyau de roseau fig. 3, l'inconvénient de se fendre et d'être formé de tubes d'un diamètre irrégulier. Ce vice capital, occasionnant une inégalité dans la tension de la trame, a été plus que suffisant pour donner la préférence aux tuyaux en carton, les seuls qui réunissent toutes les conditions nécessaires pour obtenir une belle fabrication.

Quel que soit d'ailleurs le genre des canettes à dérouler, elles sont supportées dans la châsse de la navette, au moyen d'un axe disposé tout exprès, et auquel on a donné le nom de pointicelle.

La *pointicelle*, fig. 25, devant être souvent déplacée et replacée, est faite d'un petit morceau de baleine arrondi, cette matière étant plus que toute autre susceptible de se ployer et de se redresser d'elle-même, selon l'exigence du placement ou du déplacement de la canette.

Le déroulement de la trame est réglé par deux petites tiges de fer ou de cuivre *a c* et *a d*, nommées *arquiets*, dont une partie est solidement attachée à l'axe, au moyen d'un fil ciré, tandis que les parties *c d* forment ressort par leur écartement de la tige *b*. Ces deux arquiets dépassent un peu l'axe, et produisent l'enfourchement que l'on voit en *a*; cette espèce de petite fourchette à deux branches, a pour but d'éviter à la pointicelle tout mouvement de rotation.

C'est de l'écartement plus ou moins sensible des arquiets que dépend la résistance du déroulement, et par conséquent, la tension de la trame. On ne doit pas non plus oublier que cette tension est elle-même subordonnée au genre du tissu que l'on confectionne.

La pointicelle traversant la canette fig. 6, est placée dans la châsse de la navette, fig. 5, où elle est supportée au moyen de deux trous pratiqués exprès contre les parois intérieures de la châsse; le trou de gauche *a*, de plus que celui de droite, une petite goupille *a* qui le traverse par le milieu; ce trou reçoit le côté de l'enfourchement, et le trou de droite reçoit l'autre extrémité. La pointicelle ainsi placée ne peut tourner avec la canette, puisqu'elle est contrainte à conserver une position fixe.

On fait aujourd'hui des pointicelles entièrement métalliques, dont la tige est formée d'un petit tube à coulisse renfermant un ressort, qui cède facilement à une pression de deux centimètres. Ces pointicelles ont sur celles en baleine l'avantage de rester constamment très droites, et de s'appliquer indistinctement à des navettes différentes, dont la largeur des châsses ne serait pas exactement d'une semblable dimension. Le seul défaut que nous leur attribuons, c'est qu'elles coûtent dix fois plus que les pointicelles eu baleine; à part cela, leur mérite est incontestable sous tous les rapports.

Le *brin* ou *bout* de la trame doit se dérouler en dessous en traversant par le trou *x*, pratiqué sur le devant et au centre de la navette; ce trou est garni d'un petit œil de verre, nommé *annelet*, qui a pour objet de résister au frottement constamment répété que la trame occasionne alternativement à droite et à gauche; sans cette précaution, le bois éprouverait bientôt une détérioration sensible qui mettrait la navette hors de service.

Navette à défiler. Ce système, représenté fig. 17, est spécialement en usage pour toutes les trames qui ne peuvent être tissées par le *déroulement*, telles que les laines, par exemple; alors on fait les canettes sur des tuyaux de forme conique allongée, fig. 7 et 19. Ces tuyaux s'adaptent et se fixent dans la châsse de la navette où se trouve placée soit une vis, fig. 13, soit un ressort d'arrêt, fig. 15, soit enfin un ressort fendu dit *bec de canne*, fig. 10. Celui-ci est préférable aux deux précédents.

Les tuyaux ainsi fixés, la trame se défile pour le tissage, en passant d'abord sur un crochet, fig. 12, assujetti dans la châsse, du côté opposé au fuseau; puis, par un trou pratiqué à la navette, en face du crochet. Ce trou est garni d'un petit tube en verre, placé dans le même but que l'annelet dont nous avons précédemment parlé.

Navette double Cette navette diffère des autres en ce sens que la châsse étant double, il est possible d'y placer deux canettes à la fois. Cette disposition est utile pour les étoffes tissées à deux trames de couleur différente, et sans que l'un des brins tourne autour de l'autre. Cette navette peut indistinctement être disposée pour trame à dérouler, aussi bien que pour trame à défiler.

Navette à tension rétrograde. Cette navette est disposée de manière à ce que la pointicelle, en tournant avec la canette, se trouve constamment sous l'action d'un ressort qui, cédant au déroulement, se replie sur lui-même, de manière à pouvoir réagir sur la pointicelle et lui faire faire un certain nombre de tours rétrogrades, toutes les fois que la trame ne fait pas résistance.

Ce système est excellent; il empêche le *rebouclage* que l'ouvrier ne peut éviter que par de constantes précautions, et il contribue essentiellement à rendre parfaites les lisières d'une étoffe. Malheureusement il occasionne trop de frais, et il n'est que rarement mis en usage.

Nous ferons remarquer que pour les tissus dont la *marchure* ou *foule* est peu prononcée, la navette doit être mince et étroite; dans ce cas, ses faces latérales ne sont contournées qu'autant qu'il est nécessaire pour éviter le frottement qu'on ne doit jamais laisser porter que sur le moins de points possible; dans ce cas aussi, la châsse doit être beaucoup plus allongée que pour les navettes ordinaires, car si elle ne l'était pas, l'ouvrier, par le renouvellement trop fréquent des cannettes, perdrait un temps précieux qui deviendrait d'autant plus sensible que l'emploi des trames serait en grosses matières.

Toutes les fois que la chaîne est d'une largeur seulement au-dessus de 60 centimètres, il faut que la navette soit d'un certain poids, afin que malgré le retard occasionné par le frottement inévitable qu'elle éprouve dans son passage, elle soutienne et conserve le mouvement qu'on lui a imprimé en la lançant. Pour obtenir cette augmentation de poids, on perce la navette transversalement, à distances égales, et on remplit ces vides avec du plomb. Il est très important que ces trous plombés soient pratiqués à égale distance et en nombre égal vers chaque extrémité, afin de conserver l'équilibre. Ce poids supplémentaire doit être plus ou moins lourd, selon que la chaîne est plus ou moins large.

Pour la fabrication des étoffes étroites, les navettes sont au contraire moins longues, moins pesantes; les courbes de leurs contours sont moins saillantes; elles peuvent aussi être plus larges et plus évasées, selon la nature du tissu qui est sur le métier.

Enfin, quel que soit le genre des navettes, elles doivent être faites de manière à ce que, étant lancées soit à la main, soit par tout autre moteur, elles tendent toujours à suivre le prolongement du peigne, et à s'appuyer légèrement contre lui pendant toute leur traversée. C'est pour obtenir ce résultat que les navettes sans roulettes ont la partie de derrière plus basse que celle de devant; c'est aussi dans le même but que, pour les navettes à roulettes, la ligne parcourue, sans considérer le point d'appui de derrière ou peigne, décrit toujours une courbe dont la partie convexe est en avant; l'inégalité du diamètre des roulettes et la manière de les poser suffisent pour assurer cette direction à la navette. C'est pour cette raison que les roulettes sans gorge, fig. 24, ou à gorge, fig. 25, doivent avoir leur plus petit diamètre du côté du peigne. Les roulettes à gorge sont les plus usitées, parce qu'elles occasionnent le moins de frottement.

On ne doit pas oublier que, pour les articles délicats en soierie, les navettes à roulettes exigent beaucoup de précautions de la part de l'ouvrier ; de temps en temps, les pivots ont besoin d'être huilés ; l'huile, mise en petite quantité, doit être clarifiée, et, si l'on n'a un soin extrême d'essuyer le cambouis qu'elle y forme, on s'expose à faire une infinité de petites taches au tissu.

On ne peut trop recommander à l'ouvrier inexpérimenté de régler avec beaucoup d'attention les vis *a a* supportant les pivots qui servent de points d'appui aux axes des roulettes; car s'il les serrait trop, la rotation n'étant pas libre, augmenterait considérablement le frottement, et s'il ne les serrait pas assez, les pivots vacilleraient et s'useraient inégalement, ainsi que les vis qui les supportent. Ces vis ne doivent jamais dépasser le niveau de la navette, si l'on ne veut pas craindre d'*érailler* le peigne ou de rompre des fils de la chaîne, lorsque la navette vient à tourner, inconvénient qui se présente quelquefois.

Des marches et des leviers.

On donne le nom de *marches* aux pédales qui servent à faire mouvoir les fils de la chaîne, par la correspondance qu'elles ont avec d'autres leviers auxquels on assigne des noms différents ; tels sont les *contremarches*, les *tire-lisses*, les *carquerons*, les *ailerons*, les *bricoteaux*, etc.

Les ailerons et les bricoteaux sont quelquefois, en tout ou en partie, remplacés par des poulies, comme aussi les tire-lisses peuvent également être remplacés par des *charges* ou *contrepoids*.

La longueur et la force des marches doit être proportionnée à la dimension du métier ; quant à leur nombre, il dépend entièrement du mode de croisement exigé pour la confection de l'étoffe à exécuter ; mais quel que soit leur nombre, elles doivent être toutes d'une longueur et d'un équarrissage semblable.

Les *marches* sont maintenues, par une de leurs extrémités B ou D, pl. 12, au moyen d'une broche de fer *c d*, qui les traverse toutes régulièrement, et qui est elle-même supportée par deux petits pendants X, solidement fixés en-dessous de la traverse inférieure du derrière du métier.

Comme les ouvriers exécutent généralement la *marchure* avec le pied droit, il est convenable que les marches soient placées, non pas au milieu du métier, mais bien un peu vers la droite.

Les *contre-marches*, qu'on nomme également *carquerons*, sont des leviers *e e*, placés au-dessus des marches, et perpendiculairement à ces dernières; leur but principal est de faciliter la correspondance des mouvements et de raccourcir la *foule* ou *marchure*, puisqu'au moyen de ce système, les marches exigent moins d'élévation que si elles correspondaient directement aux ailerons G, H, ainsi que le représente la fig. 1re.

Les *tire-lisses* sont des leviers du même genre, mais plus courts que les *carquerons*; leur nom est du reste très analogue à leur emploi qui est, ou d'attirer constamment les lisses qui doivent *rabattre*, ou bien de les retenir seulement lorsqu'elles doivent rester en fond; leur correspondance avec les lisses a lieu au moyen des ficelles *n* et *o*. A défaut de tire-lisse, la tension et le *rabat* des lisses peuvent être exécutés au moyen des contrepoids U V de fer ou de fonte, qu'on suspend à l'extrémité des *lisserons* ou *liais* inférieurs, observant que pour les tissus en grande largeur, on place, en outre des précédentes, d'autres charges intermédiaires, également distancées les unes des autres.

Les contre-marches et les tire-lisses sont toujours placés au-dessous des lisses, leur arrangement est tel qu'il y en a toujours autant de l'un que de l'autre et intercallés alternativement; ces deux sortes de leviers sont maintenus ensemble par leur talon, au moyen d'une seule broche de fer *a b*, qui les traverse et qui est fixée au côté gauche du métier.

Lorsque les ailerons correspondent directement à la marche, tel que le représente la fig. 1re, la broche de fer, placée en *m* et qui leur sert d'axe, est ordinairement supportée par deux *pendants* I, invariablement fixés au plancher, verticalement au-dessus du centre du métier; mais lorsqu'on fait usage du système représenté fig. 2, les ailerons ou bricoteaux K L sont disposés dans le même sens que les carquerons et les tire-lisses M N, et dans ce cas, au lieu d'être fixés au plancher, ils sont supportés par des *chatelets* ou *carrètes*, dont nous traiterons dans l'article suivant.

A l'inspection de la fig. 2, on voit qu'au moyen des ficelles *m*, nommées *étrivières*, les marches A B correspondent aux carquerons M N, et que ceux-ci, par les cordes O P, produisent aux ailerons K L le mouvement nécessaire pour exécuter la levée des lisses Q, soutenues par les ficelles R S.

Quel que soit d'ailleurs le système adopté, l'extrémité H ou K des ailerons, près de laquelle les lisses sont suspendues, doit être supportée par une traverse TT.

Du carette.

Le carette, également nommé *chatelet*, est un bâti mobile, placé transversalement sur les *estases* du métier, et organisé de manière à supporter les ailerons. Voy. pl. 13.

Cet ustensile est, selon le besoin, disposé pour recevoir une simple ou une double *batterie*. Dans le premier cas, il ne supporte qu'une seule rangée d'ailerons, placée à droite, tel serait GH, fig. 1re, tandis que dans le second, la même garniture existe à gauche, ainsi que le représente EF.

Lorsque le nombre de lisses à suspendre est très compliqué, les carettes sont garnis d'un double étage de leviers, tels que AB, CD, EF, GH.

La fig. 1re représente la coupe d'élévation du carette, et la fig. 2 le plan.

Quel que soit le genre des leviers, ils doivent avoir le moins de frottement possible; c'est pour ce motif qu'on place entre chacun d'eux une petite épaisseur de bois, espèce de *rondelles*, lesquelles sont également enfilées par la même broche qui sert d'axe et de point d'appui aux leviers.

Afin de maintenir les lisses à une hauteur égale et constante, l'extrémité intérieure des ailerons doit être soutenue par une traverse adhérente à deux montants, placés tout exprès vers le milieu du carette.

La fig. 3 représente le plan d'un carette où les ailerons sont remplacés par des poulies. Ce système est en quelque sorte préférable au précédent, par la raison que la *tirée* des lisses s'exécute verticalement, tandis que lorsque la levée a lieu par des ailerons, ceux-ci décrivent inévitablement une courbe à leur extrémité. Les carettes à poulies ont encore de plus l'avantage d'exiger moins de hauteur que ceux à levier.

Quant à la correspondance des mouvements, la première marche, qui est celle de droite, correspond par une corde double, dite *étrivière*, au premier carqueron qui est celui de derrière; celui-ci, au moyen d'une corde *v*, communique au premier aileron, où est suspendue la première lisse. Il est évident que la correspondance des autres leviers, n'importe leur nombre, a lieu dans le même ordre.

I.

La correspondance, par poulies, est établie d'après les mêmes principes ; mais lorsqu'on fait usage de ce procédé, la hauteur des lisses est maintenue régulière, au moyen d'une traverse percée d'autant de trous qu'il est nécessaire, dans lesquels passent les cordes de support; à chacune de ces cordes est arrêtée une petite cheville *c b*, fig. 6, ou bien une petite rondelle de bois *e f*, dite *patère*, qui repose sur la traverse précitée.

Du tempia ou templet.

Le *tempia* est un ustensile qui a pour but de maintenir l'étoffe dans une largeur identique à celle que la chaîne occupe dans son passage au peigne; et, sauf quelques rares exceptions, tous les tissus exigent l'emploi d'un *templet*, seul moyen d'obtenir une largeur régulière et constante.

On distingue généralement trois sortes de *tempias*, qui sont : le tempia à cordes, le tempia à coulisse et le tempia à vis. Voy. pl. 14.

Le *tempia à cordes*, fig. 1re, est formé de deux pièces A B semblables l'une à l'autre, mais avec cette différence que les encoches *a a* de la partie B sont pratiquées à son extrémité, tandis que celles *b b* de la partie A sont faites vers le milieu de cette pièce. Ces deux parties se joignent naturellement l'une à l'autre, et restent maintenues dans cette position par le secours de la ficelle *c*, remplissant l'office d'une charnière, et du petit tourniquet *d*.

On comprend que pour élargir ou rétrécir ce genre de tempia, il suffit de placer la ficelle *c* dans les entailles qui se rapportent à la largeur désignée par le peigne.

Les encoches *a a* et *b b*, ou bien une d'elles seulement, sont quelquefois remplacées par des trous; cette disposition revient à peu près au même.

Le *tempia à coulisse* fig. 2, se compose de deux pièces E F, arrêtées en un point déterminé *e* au moyen d'une petite broche ou goupille de fer qui leur sert d'axe, le tempia reste fixé dans sa position par un petit bouton *f* ou *op* glissant à coulisse, dans des rainures pratiquées aux deux joues intérieures de la partie constituant l'enfourchement, et qui vient se placer sur la languette *g*, ménagée à l'extrémité de la tige faisant partie de la pièce E. Cette tige est percée d'un certain nombre de trous, afin de pouvoir, au besoin, varier la longueur du du tempia; il suffit, pour cela, de placer l'axe au point le plus convenable à la largeur de l'étoffe.

Le *tempia à vis*, fig. 4 et 5, est infiniment supérieur aux deux genres que nous venons de décrire, et son principal avantage est celui de la précision.

Ce tempia est composé de deux pièces de bois G H, dont la forme est à peu près la même que celle E F, fig. 2, mais avec cette différence que la partie G est garnie d'une pièce de fer I qui sert d'écrou à la vis *v*, pratiquée à l'extrémité de la tige de fer J. Il est évident que lorsque le tempia est une fois monté, la tige J, l'écrou I et la partie G ne forment plus qu'une seule et même pièce qui se rassemble ensuite à la partie H, au moyen de la goupille *x* formant charnière.

On comprend facilement que la tige à vis *v* a pour but d'allonger ou de raccourcir la longueur du tempia.

Quelle que soit la forme des tempias, la finesse et le nombre de pointes qui en garnissent les extrémités, sont subordonnés au genre du tissu à confectionner.

Afin de se garantir des piqûres que les pointes du tempia pourraient occasionner, on les recouvre d'un morceau de peau *k*, fig. 6, ou bien d'un rebord mobile en fil de fer ou de laiton *a'a* ou *b'b*, fig. 7.

On fait aussi des tempias dont les extrémités sont découpées à demi entaille *l*, fig. 6; alors la languette ou épaulement ménagé en-dessus sert à recouvrir les pointes. Cette forme de garantie étant plus solide que les deux précédentes, est aujourd'hui généralement adoptée.

Le tempia étant définitivement arrêté dans toutes ses parties, sa longueur totale doit être égale à la largeur que la chaîne occupe dans le peigne, et plutôt plus que moins; il faut aussi avoir soin de renouveler sa position, c'est-à-dire, son déplacement et son replacement, aussitôt qu'on s'aperçoit que le battant éprouve de la raideur dans ses fonctions.

Malgré la latitude qu'on laisse aux tempias, afin de pouvoir les allonger ou les raccourcir au besoin, on ne peut guère utiliser cet avantage au-delà de 15 à 20 centimètres; mais pour économiser les frais d'un tempia complet, on pourrait n'ajouter qu'un seul côté, d'une longueur convenable, en remplacement de la partie à supprimer; comme aussi on pourrait encore faire usage du *tempia brisé*, fig. 9, où l'on voit que la tige U, qui est celle qui nécessite le moins de frais, est la seule partie de rechange pouvant, au moyen de deux goupilles *x x*, s'adapter facilement aux deux autres pièces Q R. La fig. 8 représente un autre genre de tempia brisé.

Avant de passer aux menus accessoires du métier, nous dirons que le genre et la dimension des métiers sont tellement variables, qu'il n'est guère possible d'assigner aucune précision aux divers ustensiles qui en font partie; aussi n'y a-t-il qu'un ouvrier intelligent, instruit à l'école de la pratique et de l'expérience, qui puisse faire concorder exactement toutes les pièces nécessaires au mécanisme du métier.

Tous ces mouvements, dont le pied de l'ouvrier est le moteur principal, sont en outre subordonnés à la largeur, à la longueur et à la hauteur du métier, en comprenant, dans cette dernière, la hauteur supplémentaire qui existe à partir des estases jusqu'au plancher supérieur, et ce sont de ces différences, souvent par trop irrégulières, que proviennent une foule d'obstacles dans le *montage des métiers.*

En effet, il n'est pas rare de voir des métiers établis dans des emplacements trop restreints, et d'être forcé alors d'enfreindre certaines règles auxquelles on devrait strictement se conformer. Il en résulte que les mouvements du métier sont tellement contractés, qu'ils sont quelquefois d'une raideur à exiger plutôt la force d'un cheval que celle d'un homme. Dans ce cas, l'ouvrier éprouve dans son travail une fatigue supplémentaire, dont le fabricant ne peut, en quelque sorte, lui tenir aucun compte ; ses ustensiles se détériorant promptement, de fréquentes réparations surviennent et lui occasionnent une surcharge de frais et de temps perdu ; enfin, avec de tels montages, un ouvrier ne peut confectionner qu'une étoffe imparfaite, dont le résultat finit souvent par l'intervention du conseil des Prud'hommes.

Puissent ces quelques observations contribuer à l'amélioration du montage des métiers : la santé et le salaire de l'ouvrier s'en ressentiront même dans l'intérêt du fabricant.

DES MENUS ACCESSOIRES.

Passette. — Forces. — Pincettes. — Polissoir.

Les *passettes* sont de petits ustensiles dont on se sert pour passer les fils de chaîne soit dans les mailles, soit dans les maillons, soit enfin dans le peigne. Voy. fig. 3, 5 et 6, pl. 16.

La passette fig. 5 est tout simplement un crochet en fil de fer, au moyen duquel on passe les fils dans les *mailles*, lorsque celles-ci sont disposées en forme d'anneau; elle n'est pas en usage pour les articles en soieries, attendu que pour ces étoffes, les mailles sont généralement formées par le système à coulisse ou maille double, parce qu'il permet de passer les fils avec les doigts seulement et sans le secours d'aucun ustensile.

La passette fig. 6, quoique du même genre que la précédente, es͏ ͏ i rend plus fine; on s'en sert pour passer les fils de chaîne dans les *maillons*; elle n'est en usage que pour les articles façonnés.

La passette fig. 3 est une petite bande de métal quelconque, dont on se sert pour passer les fils dans le peigne; cette passette doit être très mince, et les encoches *a b* qui tiennent lieu de crochets, doivent être parfaitement polies.

Les *forces*, représentées fig. 12, sont formées de deux lames d'acier bien tranchantes, ne formant qu'une seule et même pièce, dont le *talon* fait ressort.

Cet outil est indispensable pour les étoffes délicates, et surtout pour la soierie; il est sous tous les rapports bien préférable aux ciseaux ordinaires, car il a sur ceux-ci l'avantage de rester constamment ouvert et de couper par l'effet d'une simple pression; en outre, les forces pouvant être tenues par la paume de la main et les deux derniers doigts seulement, permettent aux trois autres doigts restés disponibles, de pouvoir concourir au triage des parties de matières à couper ou des fils à changer.

Les *pincettes*, fig. 10 et 11, servent à retirer de l'étoffe les inégalités de matières qui s'y trouvent intercallées, telles que *costes*, *bouchons*, *bourillons*, et généralement toute ordure quelconque.

Cette opération, qu'on nomme *pincetage*, exige beaucoup de précaution et de ménagement, sans quoi on s'exposerait à faire des trous ou bien des arrachures; c'est pour se mettre à l'abri de ces avaries, que les parties défectueuses ne doivent pas toujours être entièrement supprimées; car lorsque les *bouchons* ou *bourillons* à extraire sont par trop recouverts, on se sert de la pointe des pincettes pour les dégager et leur donner prise. Les pincettes servent aussi à défaire les *tenues*, qui se forment par le frottement des fils lors du tissage, soit par des *bavures*, soit par du *ploque* ou toute autre *groupure*.

Pour les étoffes en draperie on fait usage de pincettes très fortes, dont les branches sont terminées en pointe.

Le *Polissoir* est un ustensile en fer blanc, fig. 8, ou bien en corne, fig. 9; il n'est guère en usage que pour certains tissus en soie, où il sert à faire disparaître la trace que les dents du peigne laissent à l'étoffe. Le *polissage*, aussi bien que le *pincetage*, a lieu par *fassure*, à l'envers du tissu; le frottement produit par le polissoir a d'abord lieu longitudinalement, ayant préalablement détendu l'étoffe de quelques crans, puis ramenant le tissu presque à sa tension primitive, le polissage se répète transversalement; quelquefois aussi on passe le polissoir sur l'étoffe enroulée, mais dans ce cas la tension doit être entièrement rétablie.

Le polissage est surtout indispensable pour les tissus de soie dont la trame est *crue* ou *demi-crue*, principalement quand la chaîne est peu fournie; mais si ce frottement donne du brillant, du moëlleux et de la couverture à l'étoffe, il en altère aussi la qualité, relativement à sa durée.

Des Nœuds.

La bonne méthode de faire les nœuds contribue essentiellement, non-seulement à la belle confection d'une étoffe, mais elle est encore d'un grand secours pour la solidité des cordages, agrès, et en un mot, pour toutes les correspondances dépendantes d'un métier; car il suffit d'un seul nœud mal fait pour désorganiser certains mouvements qui, malgré un vice positif, mais inaperçu, n'en continueraient pas moins leurs fonctions quoique mauvaises, et par suite, exigeraient un *détissage* plus ou moins onéreux.

Comme la formation des nœuds présente beaucoup de variétés, on n'a admis, en principe, que ceux qui offrent la plus grande solidité, et qui prennent aussi le moins de développement possible.

Les nœuds principaux et généralement en usage sont : le nœud simple ou ordinaire, nommé techniquement nœud rond ou nœud à queue; le nœud plat; le nœud à l'ongle; le nœud coulant, le nœud d'arrêt; le nœud à boucle; le nœud à collet; le nœud tirant; enfin, le nœud à crémaillère.

Nœud rond ou *à queue*. Ce nœud, représenté fig. 1, 2 et 3, pl. 18, est le plus prompt et aussi le plus facile à faire; on l'emploie indistinc-

tement ou comme nœud simple, fig. 1ᵉʳ, ou comme nœud double,
fig. 2. Dans le premier cas, il n'est en usage que pour préparer la
formation d'une boucle, tandis que dans le second, il sert à ajouter
deux brins l'un à l'autre; mais nous ferons remarquer que lorsque
ces brins, ainsi noués, doivent être soumis à une tension, en s'écartant par opposition directe à droite et à gauche, ainsi que le représente la fig. 3; ce nœud est d'abord peu solide; puis son épaisseur
trop sensible ne peut être que nuisible : néanmoins, dans ce même
nœud, ces deux inconvénients disparaissent si, au lieu de nouer les
deux brins sur leurs extrémités confondues, on les place de manière
à ce que l'extrémité du brin qui doit servir d'*appond* fasse *doublage*
avec une partie de l'extrémité du brin à *appondre*; puis, sur cette
partie doublée, on exécute ce même nœud, qui par suite de la disposition des brins, n'est, pour ainsi dire, plus le même, puisqu'alors
il peut être soumis à une forte tension, sans se lâcher, ni même
glisser, et de plus, il diminue de volume.

D'après cette nouvelle formation, les deux bouts extrêmes, au lieu
d'être réunis, comme dans la fig. 3, reviendraient à former le nœud
représenté fig. 2, en admettant qu'un des deux bouts de droite ait
été ménagé assez long pour servir de prolongement.

Nœud plat. Dans la formation de ce nœud, fig. 4, les extrémités
des deux brins sont d'abord croisées et enlacées une fois, puis
croisées de nouveau, en se repliant chacune sur son brin respectif,
de manière que chaque bout sorte du nœud tout en joignant son brin;
on serre ensuite ce nœud, en tirant à la fois chacun des brins et
leurs bouts, ou bien en tirant seulement soit les deux bouts, soit
les deux brins.

Nœud à l'ongle. Pour former ce nœud, représenté fig. 5, on tient,
près de son extrémité, un brin dans chaque main, puis on place le
bout de droite sous celui de gauche, en les maintenant tous deux
entre le pouce et l'index; on fait ensuite tourner, sur l'ongle du
pouce, le brin de droite, pour qu'il puisse, en passant sous son propre
bout, être placé immédiatement sur le bout du brin de gauche; alors
et tout en maintenant ce brin avec les deux derniers doigts de la main
droite, on se sert du pouce de cette main pour replier en-dessus le
bout qui appartient au brin de gauche. Au même instant, cette extrémité est saisie par le pouce de la main gauche qui la recouvre et la

maintient, ainsi que tout le reste du nœud, pendant que la main droite le serre définitivement, en tirant le brin qui appartient à ce même côté.

Le nœud plat et le nœud à l'ongle offrent également beaucoup de solidité et peu d'épaisseur; mais ce dernier a sur le premier l'avantage de pouvoir être formé tout-à-fait aux extrémités des brins. Outre l'emploi fréquent qu'on en fait, le nœud à l'ongle est spécialement usité pour la confection des mailles simples, destinées à la formation des *corps* dont on fait usage pour les articles *façonnés*.

Nœud coulant. Le nœud coulant n'est autre chose que le nœud simple, fig. 1re, fait sur un seul brin et formant la boucle représentée fig. 6; mais pour que ce nœud soit très solide, il est nécessaire de passer deux fois le bout dans l'anneau qui forme le nœud.

La fig. 8 représente une boucle formée au moyen du nœud coulant, arrêté par un demi-nœud supplémentaire; il en est de même de la fig. 9, qui ne diffère de la précédente qu'en ce que le demi-nœud forme une boucle qui permet de le dénouer plus facilement.

Nœud d'arrêt. Ce nœud qu'on voit en C, fig. 12, est également nommé *nœud de réglage*; il est fréquemment en usage pour attacher et soutenir divers accessoires du métier, dont la position peut ou doit être variable.

Ce nœud est formé par les deux bouts d'une ficelle A, préalablement doublée, qui en supporte une autre également double; on remarquera que cette dernière, au moyen d'un retour représenté en grand fig. 17, comprime déjà la précédente, et celle-ci est définitivement arrêtée à sa position nécessaire par l'effet du seul demi-nœud C.

On comprend que plus on serre, ou que plus on lâche le demi-nœud, plus aussi on élève ou on abaisse la corde B.

Il est évident que ce nœud renversé, c'est-à-dire le haut en bas, remplit le même but; c'est ce qu'on est obligé de faire assez souvent, selon les positions et les circonstances.

Nœud à boucle. Les nœuds dont sont formées les boucles, fig. 10 et 11, mais dont un côté est à corde simple, remplissent le même but que le nœud précédent.

Nœud-Collet. Ce nœud, représenté en A, fig. 12, étant suffisamment compréhensible à la seule inspection de la figure, nous croyons devoir nous dispenser de toute explication. Nous dirons seulement qu'il est beaucoup en usage pour le montage des métiers à marches, attendu que sa disposition est telle qu'il se maintient toujours serré, et n'en est pas moins très facile à défaire.

La fig. 17 représente aussi un nœud à collet, mais la simplicité de sa formation ne lui permet pas de se maintenir fixé comme le précédent; aussi n'est-il que peu en usage, et ne peut-il en quelque sorte être considéré que comme nœud accessoire ou provisoire.

Nœud tirant, fig. 18. Ce nœud est généralement usité pour servir à rejoindre deux brins rompus, devant reprendre une tension primitive et régulière, relative à d'autres brins tendus. C'est ce qui arrive journellement en un point quelconque de l'*étente* d'une chaîne.

A cet effet, on allonge d'abord un des deux côtés au moyen d'un simple nœud, si la matière est d'un fil fin, tel que la soie, par exemple, ou bien par un nœud plat, si la matière est grosse; puis, croisant les brins, en tenant celui de droite avec la main gauche, et celui de gauche avec la main droite, on forme avec cette dernière et autour du brin de gauche, le demi-nœud représenté fig. 18, qu'on fait glisser jusqu'au point où l'on juge que la tension est suffisante; alors maintenant les deux brins dans cette position avec la main droite, on complète le nœud en formant, avec la main gauche, et avec le bout du brin de droite, l'enlacement représenté en A; ce second demi-nœud est immédiatement serré contre le premier.

Par suite de mauvaise habitude, ou par ignorance, il n'est pas rare de voir beaucoup d'ouvriers faire le second demi-nœud par dessus le premier, au lieu de l'établir contre; de tels nœuds produisent inévitablement une double épaisseur qui a non-seulement l'inconvénient de nuire à la beauté du tissu, mais qui peut encore causer de nouveau la rupture du brin lors de son passage dans le peigne.

Nœud à crémaillère, fig. 20. Ce nœud, aussi ingénieux qu'utile, est formé de la réunion de plusieurs; il est sans contredit le plus compliqué de tous ceux dont on se sert pour le *montage* des métiers, le surnom qu'on lui donne désigne parfaitement sa propriété spéciale.

En suivant attentivement, dans tous ses contours, la corde ou ficelle qui le forme, on voit qu'au-dessous de l'extrémité A est formée une boucle C, arrêtée par un nœud B, duquel s'échappe la partie D; celle-ci descend pour passer d'abord dans une boucle E, préalablement formée à l'extrémité de la corde, remonte ensuite pour passer dans la

I.   14

boucle C, et de là redescend en F, en formant une sorte de boucle G; enfin, tous ces contours se terminent par la boucle E.

Il est facile de comprendre que c'est en raccourcissant ou en allongeant le repliement de la corde, qu'on allonge ou qu'on raccourcit la totalité du nœud. En effet, si on élève la boucle E, la partie G s'allonge et baisse en proportion du raccourcissement de la partie D, tandis que le contraire aura lieu, si on abaisse la boucle E. Ceci est évident, parce qu'alors la partie triple D prenant un plus grand développement, le poids G montera d'autant et toujours proportionnellement. Il suffit donc de faire glisser la partie FD dans les boucles C et E, et sans rien défaire, pour élever ou abaisser, même d'une différence très sensible, la hauteur de l'ustensile supporté à la place occupée, dans cette figure, par le contrepoids ou la charge G.

Nous terminerons, en faisant observer que le *nœud à crémaillère* ne peut et ne doit être employé que lorsqu'il s'agit d'une tension constante; car, dans le cas contraire, les zigs-zags formés par la corde seraient susceptibles de varier d'eux-mêmes; en un mot, que toute la solidité de ce nœud repose sur une tension constante, parce que, dans cette position, il est tellement solide que la corde se romprait plutôt que de glisser dans les contours qu'elle forme.

CHAPITRE IV.

Sommaire : *Du Remettage ou Rentrage. — Piquage en peigne. — Egancettes. — Mise en corde. — Tension des chaînes; divers genres de bascules. — Remondage. — Canettes ou trames. — Cordons ou lisières. — Chef ou jarretier. — Entâquage.*

Du remettage ou passage des fils de la chaîne dans les lisses.

Le remettage peut en quelque sorte être considéré comme étant la première opération qui appartienne à la fabrication proprement dite; il consiste à passer un à un, soit avec les doigts, soit au moyen d'un petit crochet appelé *passette*, chaque fil de la chaîne dans les mailles qui composent les lisses, aussi bien que dans les *maillons*, si le métier est monté à *corps*.

Bien que chaque ouvrier soit ordinairement capable de faire lui-même cette opération, il est néanmoins d'usage d'employer, pour ce travail, des personnes qui en font leur profession spéciale; car l'ouvrier, sauf quelques rares exceptions, ferait une fausse spéculation en s'obstinant à faire cette besogne lui-même, d'autant plus que le prix qu'il paie, pour cette opération, est bien compensé par la célérité du *montage*. D'ailleurs, la personne chargée du remettage doit toujours être aidée dans son travail par un·aide qui choisit les fils à l'enverjure, et qui les lui transmet selon l'ordre exigé.

Le remettage, surtout pour les étoffes ordinaires, exige plus d'habitude que de talent; le plus essentiel est une attention minutieuse et constante, parce que la moindre distraction peut donner lieu à des erreurs qui bien souvent ne peuvent être réparées, qu'en faisant une seconde fois une grande partie de ce travail, surtout si le remettage est *composé*, attendu que celui-ci ne permet pas qu'un seul fil soit déplacé du rang qui lui est rigoureusement assigné par la *disposition*.

On distingue plusieurs sortes de remettages, savoir :

Le remettage *suivi*, dit à la course. Le remettage *à retour*. Le remettage *interrompu* ou *à la sauteuse*. Le remettage sur plusieurs remisses. Enfin le remettage dit *figuré*.

Tous les remettages, le suivi excepté, doivent être guidés par une disposition qui en indique exactement la marche.

Avant de commencer le remettage, il est essentiel que l'on s'assure si les lisses sont placées convenablement, et conformément à la disposition donnée : En ce qui concerne les lisses dont les mailles sont faites à crochet, il est indifférent de placer en haut ou en bas tel ou tel côté. Mais il n'en est pas de même des lisses dont les mailles sont à coulisse ou à nœud : pour les premières, il faut, en assemblant les lisses, avoir soin de placer les mailles de manière que la *maille haute* passe la première, en partant de droite à gauche; pour les secondes, la demi-maille à laquelle le nœud est formé doit toujours occuper l'étage supérieur. Ce dernier genre de lisses, qui est généralement usité pour l'article draperie, exige, pour la facilité du remettage, qu'un fil ait été préalablement passé dans tous les anneaux des mailles formant chaque lisse. Cette précaution est indispensable pour maintenir toutes les mailles à leur place respective, et, de plus, pour les empêcher de se tordre sur leur hauteur.

Sur la planche 16, nous avons indiqué le remettage suivi. Pour cela nous avons choisi de préférence un remisse composé de lisses formées de mailles simples, dites à crochet, parce que le tracé de l'opération en est plus net et plus compréhensible. Les fig. 1 et 2 représentent chacune un remisse de quatre lisses.

Quel que soit le genre de remettage qu'on ait à exécuter, on doit toujours commencer cette opération du côté de la gauche de l'ouvrier, la considérer comme première lisse, celle de derrière qui, dans la généralité des remettages, reçoit toujours le premier fil.

Remettage suivi dit *à la course.* Dans ce remettage, fig. 1ʳᵉ pl. 19, le premier fil *a* est passé dans la première maille *m* de la première lisse A; le second fil est passé dans la première maille *n* de la deuxième lisse B, et ainsi de suite, en faisant passer les quatre premiers fils dans la première maille de chacune des quatre lisses. Ces quatre fils ainsi passés forment ce qu'on nomme une *course de remettage.* La deuxième course, ainsi que toutes celles qui suivent, sont passées de la même manière que la première, en continuant ainsi jusqu'au complet remettage de la chaîne [1].

Donc, tous les fils 1, 5, 9, 13, et ainsi de suite de quatre en quatre, seront passés dans les mailles de la 1ʳᵉ lisse; les fils 2, 6, 10, 14... seront passés dans les mailles de la deuxième lisse; les fils 3, 7, 11, 15. . dans les mailles de la 3ᵉ; enfin les fils 4, 8, 12, 16... dans les mailles de la 4ᵉ lisse

La fig. 2 est une répétition de la fig. 1ʳᵉ, mais vue dans une position différente.

Par suite de cette classification, il résulte que tous les fils d'une course sont passés dans les mailles dont le rang est semblable, par rapport aux lisses auxquelles elles appartiennent; et l'ordre de ces mailles est toujours le même que celui de la course dont font partie les fils qui les traversent. Ainsi, tous les fils de première course passent dans des premières mailles; tous les fils de seconde course passent dans des secondes mailles, et ainsi de suite.

Au fur et à mesure que les fils sont passés dans les mailles, on les

---

[1] Dans le remettage suivi, la *course* est toujours composée d'un nombre de fils égal à celui des lisses qui composent le remisse adopté pour le genre d'étoffe que l'on veut exécuter; mais il n'en est pas toujours ainsi dans les autres genres de remettage.

accroche à une sorte de *pince* également nommée *valet*, qui les maintient provisoirement; puis, lorsque le valet se trouve suffisamment chargé de fils, on les en dégage; en les réunissant tous ensemble au moyen d'un seul nœud provisoire.

La fig. 1re pl. 16 représente un valet formé d'un léger montant en bois, auquel est attaché une navette placée à une hauteur convenable. Ce montant est maintenu à l'emplacement nécessaire à la position exigée par le remettage, au moyen d'une corde *a* passant sur une traverse *b* appuyée sur les estases, et supportant un contrepoids *c*.

Le valet représenté fig. 2 est plus commode que le précédent; il suffit qu'il soit de la hauteur du remisse, ce qui le rend très portatif; pour le fixer, on l'accroche tout simplement au lisseron ou liais de la lisse de devant; l'entaille *b* pratiquée dans son épaisseur ou bien rapportée supplémentairement lui tient lieu de pince, et pour le maintenir dans la position voulue, on suspend un contre-poids *c* au crochet pratiqué à sa partie inférieure.

Le remettage s'exécutant toujours de gauche à droite, le valet doit être placé à gauche.

Pour les articles en draperie, le secours du valet devient inutile, parce que dès que les fils de la laine sont passés dans les lisses, ils se maintiennent d'eux-mêmes.

Voici comment on indique, sur le papier, la *disposition* du remettage, c'est-à-dire la manière dont on veut qu'il soit fait : On tire autant de lignes horizontales également distantes les unes des autres, que le genre de tissu que l'on veut produire exige de lisses; ensuite on mène à ces parallèles des lignes perpendiculaires en nombre égal à celui des fils de chaîne que contient la course, et, au moyen de signes conventionnels, qu'on pose sur les points de jonction, on indique l'ordre dans lequel les fils de la chaîne traversent les lisses. Prenons un exemple dans le remettage suivi que nous venons de citer.

Soit demandé de faire la disposition du dit remettage, tel que nous l'avons décrit, on tire quatre horizontales A, B, C, D, fig. 1re, pl. 22, lignes qui représentent les lisses; ensuite on mène les perpendiculaires E, F, G, H, qui représentent les fils de chaîne formant la *course de remettage*, et l'on marque par ce signe (o) ou (•) ou bien encore par d'autres signes conventionnels posés sur les points de jonction, les lisses dont les mailles doivent être traversées par les fils. Ainsi, les signes ou points placés sur la ligne A, indiquent que tous ces fils, qui sont les premiers de chaque course, seront passés dans les mailles formant la première lisse. Les points placés sur la ligne B indiquent de même que tous ces fils, qui sont les seconds de chaque course, seront passés dans la seconde lisse, et ainsi de suite.

Remettage à retour. Ce genre de remettage est indiqué fig. 2, 3 et 4, pl. 22. A l'inspection de la fig. 2, il est facile de reconnaître que là encore, nous avons pris un remisse à quatre lisses, et que la course comprend huit fils de chaîne. Les quatre premiers sont passés de la même manière et suivant le même ordre que dans le *remettage suivi*; mais les quatre derniers en diffèrent, puisque le cinquième doit être passé comme le troisième sur la troisième lisse C, le sixième sur la seconde lisse B, et le septième sur la première lisse A, tandis que le huitième revient sur la quatrième lisse D, comme le quatrième fil. Après le passage de cette première course, on procède de la même manière au remettage de la seconde course et des suivantes. Ce genre de remettage est usité pour produire dans l'étoffe de petits dessins en forme de *chevrons*, dessins dont la pointe est terminée par l'effet que produit le croisement d'un seul fil de chaîne. On remarquera que, dans les deux remettages que nous venons de décrire, les lisses sont également *chargées*, c'est-à-dire qu'elles ont toutes un nombre égal de fils de chaîne à lever ou à baisser, au moment de leur action; en effet, dans la fig. 1re, chaque course charge les lisses d'un fil, et dans la fig. 2 chaque course les charge de deux.

La fig. 3 représente un autre genre de *remettage à retour*, dans lequel la première et la dernière lisse sont, dans chaque course, chargées d'un fil en moins que chacune des lisses intermédiaires, puisque sur les six lisses composant chaque course, la première et la dernière lisse ne reçoivent qu'un fil, tandis que chacune des deux autres en reçoit deux.

Quoique, dans le tracé de la fig. 2, le zig-zag du dessin ne paraisse pas aussi régulier que dans celui de la fig. 3, il ne le rend pas moins aussi net et aussi exact sur l'étoffe; néanmoins on doit donner la préférence au tracé de la fig. 2, attendu que celui-ci répartit tous les fils également sur chaque lisse.

Si, au lieu de terminer la pointe des chevrons par un seul fil de chaîne, on la terminait par deux, on aurait les lisses également chargées, ainsi que le démontre la fig. 4; mais dans ce cas, les deux fils contigus de chaque pointe exécuteraient un même croisement. Ce genre s'appelle *remettage à retour par inversion*.

Remettage interrompu ou *à la sauteuse*. On donne ce nom à tous les remettages qui ne suivent pas graduellement l'ordre des lisses, soit en avançant, soit en rétrogradant, en un mot, à tous ceux dont les fils de la course ne suivent pas, comme dans les exemples précédents, une direction régulièrement ascendante ou descendante, mais dont la marche au contraire interrompt l'ordre que semble indiquer déjà le passage de quelques fils; les fig. 5, 6, 7 et 8 en sont divers exemples. Par suite de leur marche irrégulière, ces sortes de remettages peuvent être variés à l'infini.

On remarquera que dans le cinquième et le septième exemple, les fils de chaîne sont également répartis dans chaque lisse, tandis que dans le sixième et le huitième, les lisses sont inégalement chargées.

Remettage sur deux remisses. Précédemment nous avons défini le remisse : « l'ensemble des lisses nécessaires pour la confection d'une étoffe » ; mais cette définition, qui vraie dans la plupart des cas, ne doit pourtant pas s'entendre d'une manière absolue ; car il est certaines étoffes dont la complication exige deux, trois et même quatre remisses. Dans ces circonstances les remisses sont des assemblages de lisses qui jouent, dans la confection d'un même tissu, des rôles différents.

Devant nous étendre plus loin sur l'application de ces divers remisses, nous dirons seulement ici, que, lorsqu'il y a nécessité d'employer deux remisses ou plus, le remettage de chacun peut avoir lieu indistinctement, soit ensemble, soit séparément ; ce choix dépend entièrement du plus ou moins de facilité qu'on rencontre dans la *disposition* du remettage.

L'ordre qu'on assigne pour ces divers remisses est le même que celui que nous avons indiqué pour les lisses, c'est-à-dire qu'on désigne comme premier remisse, celui qui est le plus éloigné de l'ouvrier, et comme dernier, celui qui en est le plus rapproché. Le remettage sur plusieurs remisses peut être également *suivi*, *à retour*, *interrompu*, etc.

Toutes les figures que nous donnons pl. 23, offrent des exemples différents de remettage sur deux remisses. Dans la fig. 1re, le premier fil de chaîne est passé dans la première maille de la première lisse du premier remisse, le deuxième fil est passé dans la première maille de la première lisse du deuxième remisse, le troisième fil est passé dans la première maille de la seconde lisse du premier remisse, le quatrième fil est passé dans la première maille de la seconde lisse du deuxième remisse, etc., de manière que tous les fils impairs sont passés dans les lisses du premier remisse, et tous les fils pairs dans les lisses du second.

Dans l'exemple donné fig. 2, le premier remisse est composé de huit lisses et le second de quatre seulement. Ici, comme dans l'exemple précédent, le remettage est simple et alternativement suivi; il n'en diffère qu'en ce que sur trois fils il en est passé régulièrement deux sur le premier remisse et un seulement sur le second. Le premier fil de chaîne est passé dans la première maille de la première lisse du premier remisse; le second fil dans la première maille de la seconde lisse du premier remisse; le troisième dans la première maille de la première lisse du second remisse; le quatrième dans la première maillé de la troisième lisse du premier remisse, et ainsi de suite.

Dans le remettage sur deux remisses, chacun d'eux a sa course particulière, et l'ensemble de ces courses particulières formant une *disposition* complète, c'est-à-dire le raccord du remettage, prend le nom de *course générale*. Dans les deux premières fig. de la planche 23, la course particulière d'un remisse finit en même temps que celle ddf l'autre; mais on verra bientôt qu'il peut en être autrement.

En effet, la fig. 3 en donne la preuve; on y remarque que la course générale est composée de deux courses particulières du deuxième remisse, et d'une seulement du premier; dans ce cas, pour compléter la disposition du remettage sur ces deux remisses, il faut répéter une fois la course du deuxième remisse sans répéter celle du premier, pour avoir ce qu'on nomme le *raccord*, qui n'est autre chose que la disposition complète du remettage.

A l'inspection de la fig. 4, on voit qu'il faut quelquefois plus de deux courses d'un remisse pour atteindre celle de l'autre. Dans cet exemple, il faut quatre courses particulières du second remisse pour former, avec celle du premier, la course générale, ou le *raccord*, qui ne se trouve qu'après avoir passé successivement vingt fils de chaîne sur chaque remisse.

Dans le remettage sur plusieurs remisses, il arrive souvent que le raccord général ne peut avoir lieu qu'après plusieurs courses particulières successives, soit de l'un des remisses, soit de plusieurs. Ceci a lieu dans les cas suivants :

1° Quand les remisses sur lesquels on fait le remettage sont formés de lisses inégales en nombre;

2° Quand le nombre des lisses étant le même sur chaque remisse, le genre de remettage y est différent;

3° Enfin, quand, avec le même nombre de lisses pour chaque remisse et le même genre de remettage, l'une des courses particulières n'est point composée d'un nombre de fils semblable à l'autre, ce troisième cas ne peut avoir lieu que dans le remettage interrompu. Dans ces trois cas, comme nous l'avons dit, le raccord général n'a lieu qu'après plusieurs raccords partiels, comme on vient de le voir fig. 4.

Il y a, pour trouver le nombre de fils après lequel s'opère ce raccord, des moyens sûrs, qui se déduisent des combinaisons de la disposition du remettage.

Ces moyens, nous les devons à notre propre expérience, et les ayant formulés tout exprès, pour en enrichir notre ouvrage, nous avons la certitude d'offrir à nos lecteurs une méthode neuve et certaine, dont ils n'ont trouvé la clé nulle part.

Cette méthode diffère dans son application, suivant les genres de remettage pour lesquels on l'emploie. Il en est dont le raccord général ne peut être déterminé que par des calculs assez compliqués; mais beaucoup d'autres se trouvent par de simples opérations arithmétiques. Nous donnerons d'abord la manière d'opérer pour ces derniers.

Voici comment on procède pour le remettage suivi sur deux remisses :

On multiplie les fils de la course particulière du premier remisse par ceux de la course du second, et le nombre qui en résulte est celui des fils de chaîne qui doivent passer sur chaque remisse, avant de produire le raccord général.

Si, dans l'exemple donné fig. 5, pl. 23, on multiplie les cinq fils de la course du premier remisse par les quatre de la course du deuxième remisse, on trouvera au produit de la multiplication le nombre 20, qui indique que le raccord général ne viendra qu'après le passage de vingt fils de chaîne dans chaque remisse. C'est en effet ce qui a lieu dans cet exemple.

Dès l'instant qu'on peut, par un moyen semblable, se rendre compte

I.

de l'endroit où se termineront en même temps les courses particulières de chaque remisse, on peut se dispenser de tracer sur le papier la disposition entière d'un remettage suivi sur deux remisses; il suffira de connaître une seule course particulière de chacun des deux, pour y appliquer le calcul que nous venons d'indiquer. Mais on remarquera que cette méthode n'est relative qu'au remettage suivi, dans lequel chaque remisse reçoit alternativement un même nombre de fils, comme un et un, deux et deux, trois et trois, etc.

Remettage interrompu sur deux remisses. Nous avons précédemment fait connaître le remettage interrompu en en donnant plusieurs exemples différents sur un seul remisse, et si, dans ce cas, ce remettage peut déjà prendre des formes bien variées, on peut donc conclure que lorsqu'il a lieu sur plusieurs remisses, il peut, à plus forte raison être différencié de mille manières. Nous nous bornerons à en indiquer ici deux exemples qui suffiront pour en donner une idée exacte.

A l'inspection de la fig. 4, pl. 23, on reconnaîtra que le premier remisse a huit lisses et sa course huit fils; que le second remisse n'a que trois lisses et que sa course est composée de six fils; qu'enfin, quoique le premier remisse contienne un nombre de lisses plus que double du second, il ne faut cependant que deux courses de ce dernier remisse pour avoir le raccord général.

Dans cette disposition de remettage, il n'est pas besoin de calcul pour trouver le raccord général, puisqu'il arrive immédiatement après la première course de l'un des deux remisses, et qu'on est toujours obligé d'en poursuivre le tracé jusqu'à la fin d'une course particulière de chacun pour avoir les chiffres, qui sont les éléments de ce calcul.

Mais le plus souvent, dans ce genre de remettage, on ne peut en obtenir le raccord général, qu'après un certain nombre de courses particulières. C'est ce qu'on voit fig. 6, même planche. On y remarquera trois choses :

1° Que la course particulière du premier remisse, composée de six fils, n'est passée qu'une fois sur ce remisse et qu'elle se termine en B;

2° Que la course particulière du second remisse, qui ne comporte que cinq fils, se répète durant le trajet de la première, quatre fois inexactement.

3° Qu'à l'endroit où se termine la course du premier remisse, celui-ci a reçu douze fils seulement et le second vingt-quatre, précisément un de moins que cinq courses entières. Après cette remarque, nous déduirons la conséquence que voici : Puisque dans le trajet d'une course particulière du premier remisse il entre cinq courses particulières du second, moins un fil, dans le trajet de deux courses du premier il entrera dix courses du second, moins deux fils ; dans trois du premier il entrera quinze du second, moins trois fils, et dans quatre du premier vingt du second, moins quatre fils ; c'est-à-dire qu'à chaque répétition de la course du premier remisse il entre cinq courses du second, moins un cinquième ; donc au bout de cinq courses du premier on aura vingt-cinq courses du second, moins cinq fils, ou vingt-quatre exactement, puisque ces cinq fils qui restent forment une course en moins. C'est donc après cinq courses du premier remisse et vingt-quatre du second, que se trouve le raccord général ; par conséquent, perdant cette fois encore un fil, comme aux précédentes répétitions, on arrive à terminer au même endroit les courses particulières de chaque remisse.

Si l'on multiplie maintenant les deux nombres de courses qui se trouvent sur chaque remisse, au point du raccord, par la quantité de fils qui les composent, on saura tout à la fois au bout de quel nombre a lieu le raccord général, et combien il entrera de fils sur chaque remisse dans ce raccord.

La marche que nous venons d'indiquer est celle du raisonnement ; elle peut s'appliquer à tous les genres de remettage pour trouver l'endroit du raccord ; mais elle serait trop lente dans la pratique, et nous allons formuler ici une méthode qui en découle.

PROBLÈME.

Étant donnés les nombres qui forment chaque course particulière d'un remettage quelconque sur deux remisses, et la quantité des fils passés sur l'un des deux remisses, à l'endroit où se termine la course particulière la plus longue ;

Dire :

1° Quel nombre total de fils passeront sur les deux remisses avant d'obtenir le raccord ;

2° Combien il en passera sur chaque remisse en particulier ;

3° Combien il y aura de courses particulières et fractions de courses à l'endroit du raccord général.

Multipliez d'abord les fils de la course particulière, la moins lon-

gue par la quantité de fils passés sur son remisse, jusqu'à l'endroit
où se termine sur l'autre la course la plus longue; le produit indiquera
le nombre total des fils qui entreront sur celui-là, avant le raccord
général. Multipliez ensuite les fils de la course la plus longue par le
nombre de fils contenus dans la course la plus courte; le produit de
cette seconde opération indiquera la quantité des fils qui entreront dans
celui-ci, avant le raccord général. Or, sachant de quel nombre de fils
chaque remisse est chargé dans le raccord, il suffira d'en faire l'addition, pour avoir le nombre total passant sur les deux; de même,
il est facile, en divisant le nombre total appartenant à chacun par la
quantité dont se compose sa course particulière, de déterminer quel
nombre de courses comportera chaque remisse avant le raccord.

Appliquons cette règle à deux exemples :

Pour trouver dans le remettage indiqué fig. 6, pl. 23, le lieu du
raccord général sur les deux remisses, et déterminer, par le calcul,
la quantité de fils et le nombre de courses dont chacun sera chargé,
on multipliera d'abord les 5 fils de la course particulière du second
remisse (qui est la moins longue) [1] par le nombre de fils 24 qui sont
passés sur ce remisse, depuis le commencement D jusqu'à l'endroit C,
qui est le point où se termine la course du premier remisse, et l'on
aura $5 \times 24 = 120$; ce premier produit, 120, indique qu'il sera passé
sur le second remisse 120 fils, avant que le raccord général ait lieu.
Si l'on veut ensuite savoir combien ces 120 fils formeront de courses
particulières, on les divisera par le nombre 5, dont se compose la course
complète et l'on aura 24; donc le second remisse sera chargé de 120
fils formant 24 courses, avant d'arriver au raccord. Puis, multipliant
les 12 fils de la course du premier remisse, par les 5 fils de la course
du second, qui est la moins longue, on aura 60; ce second produit
indique que le premier remisse recevra 60 fils avant que le raccord
ait lieu, et pour savoir combien ces 60 fils formeront de courses particulières, on les divisera par le nombre 12, dont l'une d'elles est composée, et l'on aura 5; ce qui signifie que le premier remisse sera chargé
de 60 fils formant 5 courses, avant d'arriver au raccord.

---

[1] On n'entend pas par la course la moins longue celle qui comprend le moins
de fils, mais bien celle qui se termine la première, n'importe le nombre de fils
qu'elle comporte.

En additionnant ces deux nombres 120 et 60, on trouvera que le raccord de ce remettage comprend 180 fils, ce qui revient à dire :

1° Que le nombre total des fils passant sur les deux remisses avant le raccord, est de 180 ;

2° Que chaque remisse en particulier en recevra : le premier 60 et le second 120 ;

3° Qu'à l'endroit du raccord, le premier rémisse aura reçu 5 courses et le second 24, ce qu'il fallait trouver pour répondre au problème posé.

Pour opérer de la même manière sur le remettage indiqué fig. 1re, on observera que la course la plus courte se trouve sur le premier remisse, et la plus longue sur le second, ce qui oblige à renverser le calcul. Ainsi, on procédera comme il suit :

On multipliera donc les 10 fils de la course particulière du premier remisse, qui est la moins longue (quoiqu'elle contienne plus de fils que celle du second) par les 25 fils qui sont passés sur ce premier jusqu'à l'endroit où se termine la course du second, qui est la plus longue, et l'o aura 250.

On multipliera ensuite les 10 fils de la course la plus longue, celle du second remisse, par les dix fils que comporte aussi la moins longue, celle du premier, et l'on aura 100.

Le premier produit, 250, indique qu'il sera passé 250 fils sur le premier remisse avant le raccord ; et le second produit indique que le second remisse en recevra 100. En additionnant ces deux produits, on trouvera que le nombre total des fils que recevront les deux remisses sera de 350 pour avoir le raccord. Il suffirait également de diviser 10 et 250 par 10, dont se compose la course particulière de chacun, pour trouver que sur le premier il y aura 25 courses, et 10 sur le second.

Remarque. Il est des genres de remettage interrompu sur un remisse, avec intercallation de plusieurs fils de remettage suivi appartenant à un autre remisse, tel que le représente la fig. 2, pl. 24, dans lesquels, au premier coup-d'œil, on pourrait se tromper sur le lieu où finit la course particulière du premier. En effet, à la premire inspection de cette figure, on serait tenté de croire que la course particulière du premier remisse se termine à l'endroit A, parce que les fils qui viennent ensuite sont placés sur les lisses de ce remisse dans le

même ordre que les quatre précédents; mais si l'on y fait bien attention, on y remarque que les fils du remettage suivi du second remisse,
qui sont intercallés entre eux, ne se représentent pas avec la même
symétrie, la même périodicité. Or, puisque la course particulière du
premier remisse a commencé par trois fils passés de suite sur les 1re,
3e et 2e lisses; elle ne doit se terminer qu'en B, puisque ce n'est
que là qu'elle recommence par trois fils successifs, passés sur les
mêmes lisses et dans le même ordre; c'est en effet ce qui a lieu. La
course particulière du second remisse n'est composée, elle, que de
trois fils, parce que le remettage est *suivi* sur ce remisse, et ainsi que
nous avons dit précédemment que, dans le remettage suivi, la course est
toujours composée d'un nombre de fils égal à celui des lisses qui forment le remisse. Si l'on fait au remettage indiqué dans cette figure
l'application de notre méthode de calcul, en prenant pour terminaison
de la course du premier remisse l'endroit B, et en considérant la course
du second comme composée de trois fils, on verra par le résultat du
calcul que notre remarque est juste et notre règle applicable.

Au surplus, voici, pour quiconque se contenterait d'une méthode
routinière, le moyen de déterminer, au premier coup-d'œil et sans
calcul pour ainsi dire, le lieu où arrivera le raccord.

Il suffit de compter, sur le remisse dont la course particulière est
la moins longue, combien il est passé de fils pour atteindre sur l'autre remisse l'endroit où se termine la course la plus longue; le raccord
général arrivera toujours après que cette course aura été répétée un
nombre de fois égal à celui des fils que l'on a comptés. Ainsi, dans la
fig. 6, pl. 23, si l'on compte les fils passés sur le second remisse,
depuis D jusqu'à B, on trouvera qu'ils sont au nombre de 24; ceci
indique, d'après ce que nous venons de dire, que le raccord général
du remettage de ces deux remisses arrivera après la 4e répétition de
la course AB, en tout 5 fois 12 ou 60.

Remettage sur trois remisses. Il est certaines étoffes dont la confection exige plus de deux remisses. Dans ce cas, le remettage peut être
varié d'une infinité de manières : il nous serait facile de démontrer,
par des chiffres, que ses combinaisons peuvent aller à l'infini, quand
on opère sur trois et même sur quatre remisses, et c'est en cela que
consiste l'avantage que l'on peut retirer de leur emploi. Mais comme
nous avons assez longuement parlé du remettage sur deux remisses,

et que le genre dont nous allons nous occuper maintenant a beaucoup de rapport avec le précédent, nous nous bornerons à un seul exemple.

On voit, fig. 3, pl. 24, que le premier remisse est formé de cinq lisses, le second de quatre et le troisième de trois; sur ces trois remisses le remettage est *suivi*, et par conséquent leurs courses particulières respectives se composent d'un nombre de fils égal à celui de leurs lisses.

Pour trouver, dans cet exemple, jusqu'à quel point il faudra pousser les courses particulières pour atteindre le raccord général, il suffira de multiplier les nombres de fils, composant chacune des courses particulières, les uns par les autres; ces nombres sont 3, 4 et 5, donc on aura $5 \times 4 \times 3 = 60$, la réponse sera 60 fils qui devront être passés sur chaque remisse pour arriver au raccord général. Ce nombre 60, divisé par 5, donnera 12 courses particulières pour le premier remisse; divisé par 4, donnera 15 courses particulières pour le second; et enfin, divisé par 3, donnera 20 courses particulières pour le troisième.

Dans le cas où il y aurait des nombres sous-multiples, on pourrait en faire l'abandon.

Du piquage en peigne.

Le piquage en peigne consiste à passer tous les fils de la chaîne dans cet ustensile, également nommé *ros*. Cette opération a lieu immédiatement après le remettage.

À cet effet, le peigne étant préalablement suspendu devant le remisse, et à une hauteur convenable, une personne, munie d'une *passette* représentée fig. 3, pl. 16, passe les fils, tandis qu'une autre personne placée à côté d'elle et à sa droite, donne ces fils en nombre déterminé, en les accrochant à ce petit ustensile.

Le piquage en peigne doit toujours être commencé à gauche, ayant soin de placer les lisières dans les dents qui leur sont destinées; mais comme il arrive souvent que le *compte* ou la *réduction* de la chaîne ne concorde pas exactement avec le *compte* du peigne, ce faux raccord exige alors que les lisières soient aussi passées dans les dents fines, et dans ce cas, on remédie à cet inconvénient, soit en laissant une *dent vide* entre chaque *dent pleine*, soit en passant les fils des lisières en nombre moindre que s'ils étaient passés dans les grosses dents qui leur sont spécialement destinées.

Le *piqueur* doit toujours introduire sa passette le plus directement possible dans le peigne et la maintenir ainsi; car, s'il l'obliquait, il risquerait, en la retirant, d'en accrocher les dents, comme aussi il pourrait accrocher également les fils déjà passés. Il doit, en outre, porter la plus grande attention à ne pas introduire sa passette deux fois de suite dans une même dent, comme aussi à ne pas en sauter. Dans le premier cas, le défaut qui en résulte prend le nom de *dent forte* ou *double*, et dans le second, *dent vide*. Ces deux défauts doivent être évités avec d'autant plus de soin, que l'un et l'autre entraînent presque toujours l'obligation de refaire le travail; c'est pour cette raison que de temps en temps on doit s'assurer si ces irrégularités ont eu lieu, et les rectifier immédiatement avant de passer outre.

De son côté, le *donneur* doit compter attentivement les fils qui doivent être réunis dans une même dent; et afin de ne pas commettre d'erreurs, il peut, de temps à autre, s'assurer par la concordance du nombre de fils composant la course, s'il n'en a pas donné en plus ou en moins.

Mais lorsque les lisses dont se compose le remisse sont en nombre pair, ainsi que les fils contenus dans chaque dent, il est une règle sûre, au moyen de laquelle le donneur peut s'éviter l'attention fatigante de compter les fils, et mettre à l'abri de toute erreur le travail qui le concerne. Cette règle consiste à passer entre les lisses des baguettes de séparation d'une dent à l'autre; c'est ce que l'on comprendra facilement par les deux exemples qui vont suivre :

Supposons que le remisse soit composé de quatre lisses, et que les fils de la chaîne soient passés au peigne par deux fils en dent: on placera une baguette au milieu du remisse, c'est-à-dire entre la seconde et la troisième lisse; alors, il suffira de prendre une fois le fil de la seconde lisse, lequel amènera avec lui le premier fil, et tous deux seront passés dans une même dent; la dent suivante sera fournie par la prise du 4° fil pris sur la quatrième lisse, lequel amènera avec lui le 3° fil; d'où il résulte qu'une course de remettage fournira deux dents. On suivrait le même principe s'il s'agissait d'un remisse de huit lisses dont le piquage en peigne aurait lieu par quatre fils.

Si le remisse a douze lisses, et que le passage au peigne ait lieu par quatre fils, la course complètera trois dents; à cet effet, on placera deux baguettes, la première entre la 4° et la 5° lisse, et la se-

conde entre la 8° et la 9°; et si, pour ce même remisse, le piquage
en peigne avait lieu à trois fils par dent, on placerait trois baguettes
au lieu de deux; la première serait placée entre la 3° et la 4° lisse,
la seconde entre la 6° et la 7°, et la troisième entre la 9° et la 10°;
dans ce cas, la course du remisse fournira quatre dents.

Il est évident que si le passage en peigne comprend, pour chaque
dent, le nombre total des fils composant la course du remisse, il ne
sera pas question de baguette, car alors il suffira, pour fournir chaque
dent, de prendre le fil appartenant à la lisse de devant, puisque celui-ci
amènera avec lui tous ceux qui le précèdent.

Mais si, par exemple, le remisse était composé de neuf lisses et
que le piquage en peigne soit à cinq fils par dent, il faudrait que
le donneur comptât constamment les fils de cinq en cinq; dans cette
hypothèse, le raccord qui pourra servir de guide certain, ne se trouvera qu'après avoir passé neuf dents ou cinq coursés formant 45 fils.

Nous pensons que ces exemples sont suffisants pour comprendre ces
sortes de divisions et de guides.

Après avoir passé une certaine quantité de dents, on égalise les fils,
soit avec un peigne s'ils sont en grosses matières, soit avec une brosse
s'ils sont en soie; puis on s'assure de la régularité de l'opération, en
plaçant la passette à plat sur le peigne et au-dessous des fils, qu'on fait
tous également supporter sur les bords de la passette. Dans cette position, on voit facilement s'il y a des *dents vides*; quant aux *dents doubles*, il n'est pas aussi facile de les reconnaître; cependant, en y portant
beaucoup d'attention, on parvient à les découvrir. Après cet examen,
on fait à tous ces fils réunis un nœud provisoire, pour éviter qu'ils
ne puissent se dépasser; puis on procède au piquage du *berlin* suivant, et ainsi de suite jusqu'à la fin du passage de tous les fils de
la chaîne dans le peigne.

ÉGANCETTES.

Les *égancettes*, également nommées *gancettes*, ont pour but de servir
de prolongement à la chaîne, pour en commencer le tissage.

Quoique la forme des égancettes varie selon les habitudes des ouvriers, l'usage des pays, ou bien encore d'après la nature des matières, il suffira de donner ici le plan et la description de celle
reconnue pour être la plus commode et la plus expéditive.

I.   16

L'égancette que nous représentons, pl. 20, est composée de deux baguettes carrées B C, percées de distance en distance, et traversées par une ficelle A, qui passe alternativement de l'une à l'autre; à la baguette C sont fixés, de place en place et aussi à égales distances, des pitons à vis, dont les anneaux reçoivent une tringle ronde D, en fer, qui sert à maintenir la baguette E. Pour ce fait, il suffit seulement d'approcher cette dernière contre la tringle C, de manière que les *berlins* soient tous également placés et espacés entre les pitons; alors faisant g̶l̶i̶s̶s̶e̶r̶ ̶l̶a̶ ̶t̶r̶i̶n̶g̶l̶e̶ ̶D̶,̶ ̶l̶a̶ ̶c̶h̶a̶î̶n̶e̶ ̶s̶e̶ ̶t̶r̶o̶u̶v̶e̶ ̶e̶n̶ ̶u̶n̶ instant fixée à l'égancette.

Dans divers ateliers, on remplace la corde A par une forte toile, solidement fixée aux baguettes B, C; ce système est préférable, surtout pour les articles fins et délicats, dont le commencement se trouverait déformé par l'empreinte des ficelles, dans le cas où elles feraient un tour entier sur le rouleau.

Pour placer l'égancette, on fixe d'abord la baguette B en l'emboîtant dans la rainure du rouleau; puis on fait tourner celui-ci jusqu'à ce que la baguette C soit arrivée un peu en avant du point où l'ouvrier peut commencer à tisser; alors le peigne, dont la place est indiquée par F F, peut, dans cette position, faire avancer les premières *duites* ou *coups de trame*, jusqu'auprès des nœuds.

Nous ferons remarquer que pour se servir avec avantage de cette égancette, il faut nécessairement que tous les nœuds des berlins soient établis parfaitement égaux, car sans cette précaution il serait impossible d'obtenir une tension régulière, condition indispensable et principale de la *mise en train.*

On peut également se servir de cette égancette, en supprimant la baguette E, et en faisant les nœuds des berlins sur la baguette D enfilée préalablement aux pitons qui la maintiennent; comme aussi on peut remplacer les pitons par des petits crochets qui retiennent la baguette sur laquelle les nœuds sont établis; enfin, si l'on ne veut pas être astreint à faire tous les nœuds des berlins parfaitement égaux, on se sert d'une longue ficelle qu'on fait passer alternativement des nœuds à la tringle D, en forme de lacet. Au moyen de cette méthode, la ficelle obéit aisément au tirage inégal des berlins, et rectifie facilement la différence qui pourrait exister dans leur tension.

Malgré la commodité que procure l'emploi de l'égancette que nous

venons de décrire, beaucoup d'ouvriers s'en trouvent privés, et se
servent tout simplement de plusieurs ficelles doublées d'une égale
longueur; ces ficelles prennent également le nom de *gancettes*, et sont
arrêtées d'un côté, à la baguette d'entâquage placée dans la rainure
du rouleau de devant, tandis que l'autre côté retient la baguette qui
reçoit les ficelles dont il est question.

Mise en corde.

Bien que la *mise en corde* n'ait lieu que vers la fin du tissage de la
chaîne, nous ferons immédiatement passer cet article, afin de ne pas
revenir sur ces préambules.

Si au moyen de l'égancette on peut économiser un bout de la chaîne
en commençant à la tisser, le même cas se reproduit en la terminant; car il y aurait une perte trop grande, si on laissait au bout de
l'*étente* toute la longueur qui lui est nécessaire pour se tenir *entâquée*
directement sur l'ensouple de derrière. Pour éviter cette perte, on
donne à la chaîne un prolongement additionnel, qui en conduit l'extrémité aussi près que possible du remisse. Ce prolongement figuré en
H H, pl. 20, prend généralement le nom de *mise en corde;* en Picardie,
et dans quelques autres pays, on désigne cette opération par l'expression *mettre à cheval*.

On voit, à l'inspection de cette planche, que ce prolongement a
lieu au moyen d'une assez forte corde fixée par le milieu au rouleau
de derrière, et enroulée en deux parties G G, de manière à ce que
les deux branches bouclées en H H puissent servir d'arrêt à la chaîne
et lui donner une tension suffisante.

Les deux longues boucles qui terminent les bouts de cette corde
reçoivent un fort bâton rond ou carré I I, garni d'une quantité de
crochets nécessaires pour prendre en plusieurs endroits la baguette
J J, passée dans la chaîne. Si la distance entre ces crochets était trop
grande, la baguette J J pourrait ployer, et il en résulterait une tension inégale, défaut qu'il faut éviter avec soin. Ce bâton ainsi garni
de crochets est désigné dans les ateliers par le nom collectif *crochet*.

La mise en corde, quoique bien simple, doit être faite avec soin; aussi
doit-on, avant d'engager la corde sur le rouleau, s'assurer exactement
de son milieu, afin que les deux côtés donnent des longueurs égales;
condition essentielle pour que la chaîne ne soit pas plus tendue vers

une rive que vers l'autre. Il faut encore espacer convenablement les deux bouts de la corde sur le *crochet*, pour éviter le même inconvénient.

Un peu avant d'arriver à la fin de la chaîne, on enlève les *verges d'encroix* K K, afin de continuer le tissage aussi près qu'il se peut. Le chef étant terminé, on repasse ces mêmes baguettes en formant un nouvel encroix, en *taffetas*, pour reproduire l'enverjure qui doit servir au nouage ou au tordage, et par conséquent à faire suivre, sur le même montage, la chaîne subséquente, s'il y a lieu.

TENSION DES CHAINES.

La tension des chaînes est un point très important qui mérite essentiellement de fixer l'attention des ouvriers, car une étoffe est d'autant plus parfaite et plus régulière, qu'elle a été tissée dans un état de tension convenable à sa nature.

En effet, certaines étoffes exigent que, lors du tissage, la chaîne soit fortement tendue, tandis que d'autres la veulent presque lâche, comme il en est aussi qui demandent une tension moyenne; mais dans tous les cas, la tension doit être uniformément constante et régulière; aussi ne craignons-nous pas de dire, que savoir donner à une chaîne la tension que réclame le genre d'étoffe qu'elle est appelée à produire, est en quelque sorte une science qu'on ne rencontre que chez peu d'ouvriers, et cette science (si toutefois on peut s'énoncer ainsi) s'étend non-seulement sur la manière d'organiser les leviers, les cordages, les poulies et les charges qui procurent les diverses tensions collectives ou particulières, elle embrasse encore la connaissance de la tenacité, de la ductilité et de la flexibilité des matières, ainsi que celle des divers croisements qui, par leur enlacement particulier, exigent des tensions spéciales.

Les bascules dont on se sert pour tendre les chaînes, sont en grande partie composées de leviers dont la force est déterminée au moyen de contre-poids ou charges. Ces leviers, aussi bien que tous autres accessoires mis en usage pour opérer la tension, peuvent être de diverses natures et être aussi organisés et agir de différentes manières. Ce sont ces diverses organisations qui ont donné lieu à des expressions particulières, qui servent à désigner l'espèce d'action à laquelle les chaînes doivent leur tension. C'est ainsi qu'on distingue la *tension fixe*, la *tension mobile* et la *tension rétrograde.*

Tension fixe.

La tension fixe est celle que procurent des accessoires immobiles par eux-mêmes, et qui contraignent la chaîne à ne se dérouler que par longueur plus ou moins grande, selon la nécessité. Pour cela, il suffit de détruire momentanément la résistance qui s'oppose au déroulement de la chaîne; et comme plusieurs moyens peuvent indistinctement être employés pour obtenir la tension fixe, nous donnons ici les plans et la description de ceux qni sont le plus en usage.

Les principaux sont : la *cheville d'arrêt* et la *roue dentée.* Lorsqu'on fait usage de la cheville d'arrêt, représentée en A B, fig. 1ʳᵉ, pl. 15, la partie cintrée B de cette cheville est introduite dans un des trous pratiqués vers l'extrémité du rouleau, et la partie A est munie d'une corde C qui, passant sur une poulie D dont la chappe peut être fixée à l'estase, vient aboutir, soit à un crochet, soit à une cheville placée au montant ou pied du métier, pour y être définitivement arrêtée au moyen d'un nœud à boucle.

On peut également supprimer la poulie D et arrêter directement la corde C, soit à l'estase, soit à la partie supérieure du montant.

Par suite de cette disposition, il peut arriver que la cheville ne puisse pas toujours être placée dans une direction horisontale, ainsi que le représente la fig. B, puisque la position de la cheville est subordonnée au point d'arrêt nécessité à chaque *ployée*, d'où il résulte que la partie A peut être tantôt plus haute et tantôt plus basse que la partie B, comme aussi la courbure peut indistinctement se trouver en dessus ou en dessous, selon que le permet la direction des trous, lesquels sont au nombre de quatre sur le pourtour du rouleau.

Il est à remarquer que ces trous sont de forme carrée, ainsi que l'extrémité de la cheville, ce qui contraint cette dernière à rester dans sa position normale.

Lorsqu'on emploie la *roue dentée* A, fig. 2, celle-ci doit être solidement fixée à une des extrémités du rouleau: alors la tension de la chaîne reste maintenue au point nécessaire par le moyen d'un cliquet B en fer, qui fait arrêt par son opposition en forme d'arc-boutant, s'appliquant contre une des dents quelconques de la roue.

On peut également placer le cliquet ou *clanche d'arrêt* comme le représente la fig. 3.

Cette dernière méthode donne plus exactement encore la tension fixe, parce qu'elle exclut toute flexibilité, tandis que la corde de la cheville, fig. 1re, se prête et s'allonge toujours un peu.

La tension fixe est loin de remplir les meilleures conditions; aussi ne l'emploie-t-on que pour la confection des articles auxquels ce genre de tension est tout-à-fait spécial, tels que les taffetas dits *florence*, les velours, la draperie, les tapis, etc. On doit donc se garder d'en faire une application générale; car elle ne peut procurer une tension uniformément constante et régulière, puisqu'il est évident que par suite des sinuosités que la chaîne forme, en passant alternativement en-dessus et en-dessous de la trame, elle se raccourcit sans cesse au fur et à mesure du tissage, et ce raccourcissement est d'autant plus sensible que la trame est plus grosse et que le croisement se rapproche davantage de l'armure *taffetas* : d'où il résulte que la tension est moins forte au commencement d'une *fassure*, et qu'elle augmente insensiblement jusqu'à la fin de chaque *ployée*. Cet inconvénient peut occasionner la rupture d'un grand nombre de fils, surtout si la chaîne est formée de matières fines et délicates.

Un autre inconvénient qu'on rencontre encore dans la tension fixe, consiste dans la difficulté de reproduire, à chaque ployée, une tension égale à la précédente. En effet, il est impossible que l'ouvrier puisse chaque fois enrouler une longueur mathématiquement égale à celle qu'il déroule; un seul cran tiré en plus ou en moins sur le devant ou sur le derrière, une fraction quelconque de circonférence opérée inégalement par l'un des deux rouleaux, suffit pour produire une irrégularité de tension, préjudiciable à la beauté du tissu; il est vrai que moyennant beaucoup de précautions et de soins, ces imperfections, qu'on ne peut entièrement éviter, peuvent n'être sensibles qu'à l'examen le plus rigoureux et même qu'au raisonnement physique; mais elles n'en existent pas moins.

Quoique l'on ne puisse faire qu'un mauvais choix entre deux procédés défectueux, on préfère ordinairement la roue dentée à la cheville, parce que ce dernier moyen fait éprouver à l'ouvrier une certaine perte de temps, par l'obligation où il se trouve de quitter son siège et d'aller à l'extrémité de son métier, pour changer la position de la cheville toutes les fois qu'il veut enrouler le tissu, tandis qu'avec la roue dentée il peut, sans se déranger de sa place, au moyen d'une ficelle C, qui, passant sur des poulies de renvoi, vient correspondre à la portée de sa main, enlever le cliquet B, dérouler la chaîne, tout en enroulant la fassure qu'il vient de terminer, et laisser retomber immédiatement le cliquet au point nécessaire.

En principe, on ne doit faire que de très courtes fassures, quand on emploie la tension fixe; cette condition est de rigueur, car faute de s'y conformer, on aperçoit dans l'étoffe des défectuosités progressives à chaque ployée, de quelque nature que soient les matières. Aussi, on a tellement senti l'utilité de donner à la chaîne une certaine élasticité et de la rendre flexible au point de résister, sans se rompre même partiellement, aux secousses réitérées du travail que, surtout pour la soierie, on donne aux métiers beaucoup plus de longueur qu'il n'en est rigoureusement besoin; ce supplément de longueur a encore l'avantage d'adoucir les mouvements du travail.

Lorsqu'il arrive que cette disposition toute précautionneuse est insuffisante, on est obligé d'y suppléer par d'autres moyens qui ont amené la *tension mobile* et la *tension rétrograde*.

TENSION MOBILE.

La tension mobile repose sur divers systèmes, dont les résultats sont à-peu-près semblables; les plus généralement adoptés sont connus sous les noms de cheville à balancier, cheville à contrepoids, valet à frottement, et bascule à rouleau.

Cheville à balancier.

Pour ce genre de tension, on conserve l'usage de la cheville concernant la tension fixe dont nous avons ci-devant parlé; mais au lieu de fixer définitivement la cheville, en l'arrêtant par un nœud fait à la corde C, ainsi qu'il est représenté fig. 1re, cette même corde correspond à un levier D F, fig. 4, suspendu à l'estase, soit au moyen d'une corde qui le soutient par le milieu, soit par un boulon qui lui sert d'axe et de point d'appui; l'extrémité F de ce levier est munie d'une corde G, qui soutient un contrepoids H.

On doit avoir soin de disposer les cordes C et G de manière que

le balancier, ainsi que la cheville, soient autant que possible maintenus dans une position à-peu-près horisontale, car sans cette précaution les leviers perdraient de leur force.

Au moyen de ce système on peut au besoin varier la tension, sans
pour cela changer la charge ; il suffit de rapprocher plus ou moins les
cordes C et G du point qui supporte le balancier. Il est même convenable que ses extrémités soient garnies d'entailles, afin de pouvoir
y adapter et y fixer les cordes avec précision et promptitude.

Cheville à contrepoids.

Ce système ne diffère du précédent que par la suppression du balancier, lequel est remplacé par une poulie D, fig. 5, dont le diamètre doit être au moins de 15 à 18 centimètres ; et comme cette
poulie opère une oscillation constante lors du tissage, il est de toute
nécessité que son trou soit garni d'un tube fixe, en métal, et qu'elle
soit supportée par un boulon parfaitement rond et de même diamètre
que le trou. Ce boulon, dont une extrémité est à vis et l'autre à tête
carrée, permet de démonter la poulie facilement ou d'en changer
la position selon le besoin.

Cette poulie peut indistinctement être placée soit au montant du
métier, soit à l'estase, soit enfin dans une chappe fixée en un point
quelconque.

Lorsque la poulie est bien ajustée et son axe maintenu graissé,
elle procure à-peu-près autant de jeu qu'un balancier dont la longueur
serait d'un mètre, et elle a, de plus que ce dernier, l'avantage de
ne tenir que très peu d'emplacement.

Valet à frottement.

Ce système, représenté fig. 6, 7 et 8, est un levier auquel est
pratiquée une entaille circulaire A, qui s'applique avec concordance
à la circonférence d'une gorge ménagée exprès au rouleau. Ce levier
peut indistinctement opérer l'enraiement aussi bien en dessus, fig. 6
et 8, qu'en dessous, fig. 7, et être, à volonté, placé en dedans ou
en dehors du métier.

Pour que le valet à frottement produise une tension assez sensible,
il ne suffit pas d'arrêter tout simplement son talon B par une corde,
car dans ce cas, il ne serait qu'un enrayoir imparfait, malgré la charge

considérable qu'on pourrait suspendre à son extrémité D, parce qu'a-
lors le frottement n'opèrerait que sur une partie de la circonférence;
mais si à ce genre de levier on ajoute une corde de bascule, qui,
après avoir fait plusieurs tours au rouleau, vient s'arrêter au talon
du valet, ainsi que le représente la fig. 8, on obtiendra une tension
forte et régulière, qu'on pourra maintenir au moyen d'une faible charge.

Bascule simple ou ordinaire.

Ce système, représenté fig. 9, se compose d'un levier dont le point
d'appui est en A, la résistance en R et la force en F; la corde D,
qu'on nomme *talon* et qui tient lieu de point d'appui, est attachée
à un avant-bras adhérent au bas de l'un des montants de derrière du
métier; la boucle R, formant la résistance, fait partie d'une corde qui
s'enroule de plusieurs tours autour du rouleau, ayant préalablement
attaché une de ses extrémités en H à la traverse inférieure du métier.
Cette corde opère sur le rouleau un frottement plus ou moins prononcé, selon que le poids P est plus ou moins lourd, et qu'il est
plus ou moins éloigné de la résistance, eu égard à la distance qui
le sépare du point d'appui.

On observera que la corde de la bascule doit être enroulée en sens
contraire de la chaîne, afin que la partie F de cette corde puisse
vaincre la force du levier et céder, selon le besoin, toutes les fois
qu'on veut dérouler une partie de la chaîne. En effet, si on plaçait
la corde dans le sens opposé à celui que nous venons d'indiquer, il
serait impossible que la chaîne puisse céder, à moins de lâcher la
corde de bascule, en soulevant la partie R qui soutient toute la charge.

On doit également observer que plus la corde fait de tours au rouleau, plus le frottement est considérable, bien que la charge placée
à l'extrémité du levier reste la même.

Il est à remarquer que le frottement qui produit la résistance, est
susceptible d'augmenter ou de diminuer, par suite du changement d'état
que les variations de l'atmosphère font éprouver à la corde; aussi
l'attention de l'ouvrier doit-elle principalement se porter à régulariser,
par le rapprochement ou par l'éloignement de la charge, les différences de tension qui naîtraient du passage des temps humides aux
temps secs, et réciproquement.

I.   17

Bien que l'usage soit de ne mettre de bascule qu'à l'une des extrémités du rouleau, il serait utile d'en placer une à chaque bout;
car, lorsque le métier fonctionne sur une grande largeur, il est prouvé
que, lors d'une *tirée* en devant, les fibres du bois se prêtent un peu
vers l'extrémité restée libre; il s'ensuit que la tension est inégale à
chaque *rive*, et que la chaîne s'*emboit* plus vers un bord que vers
l'autre, ce qui constitue une défectuosité facile à éviter, par l'emploi
de deux bascules.

Lorsque le rouleau de derrière est supporté par des tourillons en
fer, qui ne présentent pas une grande solidité, et que la tension de
la chaîne exige une forte charge à la bascule, on doit changer le point
fixe de la corde et l'attacher, non pas à la traverse du bas, mais
bien à celle supérieure, et cela de chaque côté du métier, ainsi qu'on
le voit en A B F T, fig. 9. De cette manière, le frottement reste le
même, et le rouleau se trouve soulagé de toute la charge qu'il aurait
à supporter.

Pour les tissus dont la chaîne ne demande qu'une faible tension,
on peut supprimer la bascule et employer le système représenté fig. 10,
où l'on voit qu'un des bouts de la corde est attaché à la traverse
inférieure, et que l'autre bout suspend un poids flottant P, et si l'on
veut faire usage de deux cordes, on les dispose comme dans la fig. 11,
en suspendant un ou plusieurs poids placés à un bâton M N, soutenu
horisontalement par les boucles qui terminent chacune des deux cordes.

Bascule à rouleau.

Ce genre de bascule est le plus moderne et aussi le plus commode
de tous les systèmes en usage pour la tension mobile, et s'il n'est
pas généralement adopté, c'est qu'il est encore inconnu en beaucoup
d'endroits. On l'emploie souvent à Lyon, surtout pour les métiers
auxquels on veut donner une certaine élégance.

Cette bascule se compose d'un petit rouleau A B C, fig. 12 et 13,
et d'un levier B H, muni de son poids P. La partie renflée du
rouleau est percée en B de plusieurs trous qui servent à changer le
levier de place, afin de lui donner une hauteur convenable, et empêcher ainsi que le contre-poids nuise aux fonctions de la marche ou
des marches.

Les deux cordes E I et E J sont d'abord attachées à la traverse inférieure K., par un de leurs bouts; puis, après avoir fait autour du rouleau M un nombre de tours suffisants, l'autre extrémité vient s'accrocher à une goupille fixée au rouleau de bascule en A, et en C, où elles s'enroulent en opérant sur le rouleau supérieur un frottement proportionné à la longueur du levier B H et à la charge qu'il supporte.

Afin que la disposition de ce genre de bascule ne puisse nuire en ~~aucune manière à la marchure~~, ~~on pourrait~~ remplacer le levier unique R par deux leviers semblables qui laisseraient entr'eux l'espace nécessité pour la marche ou les marches.

Une précaution très importante est d'employer deux cordes, de longueur parfaitement égale.

Pour adoucir les mouvements d'oscillation du rouleau de bascule, il doit être supporté par des tourillons en fer, reposant sur des coussinets en bois légèrement graissés.

Au moyen de ce système on peut, avec un léger poids suspendu au levier, obtenir un frottement considérable, et par conséquent une tension forte et régulière.

TENSION RÉTROGRADE.

La tension rétrograde a pour but de *réenrouler* la chaîne sur l'ensouple de derrière, d'une longueur égale à celle de l'étoffe qu'on est obligé, par fois, de dérouler de l'ensouple de devant, pour exécuter diverses opérations pendant lesquelles la tension doit rester constamment la même. Ce système est d'une utile application pour le *pincetage* et le *polissage* de certaines étoffes en soie.

La tension rétrograde s'obtient par une combinaison de poids ou charges, improprement désignée dans les ateliers par l'expression de *bascule à besace*. A cet effet, on fait usage de deux cordes de bascule, dont les extrémités supportent des charges, ainsi que le représente la fig. 44, observant de placer les poids les plus légers, A et B, sur le devant, et les plus lourds, C et D, sur le derrière.

Par suite de cette disposition, il est évident que toutes les fois qu'on enroule une partie de l'étoffe, la chaîne, en se déroulant, fait remonter les poids C D, en même temps qu'elle fait descendre ceux A B; et lorsque ces derniers finissent par porter sur le sol, la tension de la chaîne n'en reste pas moins la même, attendu que les mouvements d'oscillation, ainsi que les secousses occasionnées par le tissage, tendent toujours à laisser agir les poids C D, avec une force supérieure à ceux A B. Mais lorsqu'il s'agit d'obtenir une très forte tension, on ne peut l'obtenir qu'en plaçant en C D des charges considérables; néanmoins on peut éviter l'acquisition de ces poids, en plaçant tout simplement des cailloux, de la terre ou du sable, dans une caisse allongée qu'on suspend par ses extrémités, en remplacement des poids C D, ainsi que le représente la fig. 15.

Lorsque la chaîne n'exige qu'une très faible tension, la bascule rétrograde peut s'obtenir au moyen d'un simple poids suspendu à une ficelle qui s'enroule naturellement autour du rouleau, d'une longueur semblable au déroulement de la chaîne; et si l'on veut que cette ficelle donne davantage d'étendue, on la fait passer sur une poulie placée au plancher supérieur; puis, lorsque le poids a atteint son plus haut degré d'élévation, on défait la partie enroulée, afin de replacer la charge près du sol et arrêter de nouveau la ficelle à la petite cheville d'arrêt fixée au rouleau. Il va sans dire, qu'on peut, à volonté, placer cette bascule aussi bien d'un côté que de l'autre du rouleau, ou bien en mettre une semblable de chaque côté, s'il en est besoin.

Ce système est employé avec succès pour les *poils de velours*; alors, au lieu qu'il soit pratiqué une gorge à l'extrémité du rouleau, il y est fixé une poulie d'un assez grand diamètre, sur laquelle s'enroule la corde de suspension. Cette disposition donne un surcroît de force au poids suspendu.

Il y a encore un genre de bascule qui n'est pas sans mérite, c'est celui représenté fig. 16. On voit que le mécanisme de cette combinaison consiste tout simplement à faire concorder la résistance A de deux petits leviers B et C, conjointement à un grand levier E F, dont l'extrémité G, tend à opérer une pression constante sur les deux petits leviers B C, auxquels sont arrêtées les deux cordes J K, au moyen de la corde H, qui vient s'enrouler sur un petit tambour à cliquet placé sur le devant du métier et à la portée de l'ouvrier, de manière qu'il puisse régler la tension sans se déranger de sa place; pour cela, il suffit d'enrouler ou de dérouler de quelques crans, la corde de communication H, placée sur le tambour à cliquet.

Il est donc facile à concevoir que c'est de la tension plus ou moins forte de la corde H, que dépend la pression plus ou moins sensible des deux leviers B C, qui déterminent la tension de la chaîne.

Au moyen de ce genre de bascule, on supprime toutes charges ou contre-poids nécessités dans les tensions précédentes.

Observations relatives à la tension des chaînes.

Comme il est, pour ainsi dire, impossible de désigner exactement le degré de tension convenable aux chaînes, puisqu'il dépend :

1° de la nature et de la finesse des matières ;

2° du genre de croisement, d'après lequel l'étoffe doit être tissée ;

3° de l'effet de trame qu'on veut obtenir par rapport à la chaîne ;

4° de la qualité relative qu'on veut donner au tissu ;

5° enfin, de divers obstacles qui peuvent se rencontrer,

nous ferons remarquer que si la chaîne est trop tendue, elle ne permet pas à la trame de la pénétrer, de se serrer, en un mot, de s'y loger aussi avant qu'il convient, surtout si les coups du battant ne sont pas donnés avec une force suffisante pour vaincre la résistance de la chaîne, de manière à ce que la trame atteigne, à chaque *duite,* le sommet de l'angle d'ouverture.

L'ouvrier doit en outre apporter la plus grande attention à ce que les coups du battant soient proportionnés à la tension de la chaîne ; cette condition est de rigueur pour obtenir un tissu régulier.

Il est à remarquer que si une trop forte tension contribue à la rupture des fils, inconvénient qui d'abord retarde le travail, garnit l'étoffe de *bouts* et de nœuds, et par suite enlève au tissu une partie de sa beauté et de sa solidité, on ne doit pas non plus tomber dans le défaut contraire ; car si la chaîne n'était pas assez tendue, les *duites* ou *coups de trame* se joindraient trop facilement ; la *réduction* deviendrait irrégulière et dépasserait ses limites, la chaîne s'emboirait plus qu'il ne faut, des *tenues* ou *groupures* s'ensuivraient, enfin, le tissu qui en résulterait serait mou et de mauvaise qualité.

Il faut donc que la pratique et l'intelligence de l'ouvrier le guident et lui fassent saisir, entre ces extrêmes, un terme moyen, convenable à l'espèce d'étoffe qu'il veut produire ; car la plupart des ouvriers mettent généralement trop peu d'attention dans la recherche de la tension la plus favorable à la bonne confection d'un tissu. On voit souvent deux pièces d'étoffe obtenues avec le même fil et la même trame, mais tissées par deux ouvriers différents, avoir plus de main et plus de coup-d'œil l'une que l'autre, sans trop se rendre compte de cette différence, dont la cause est dans le degré de tension qui a été mieux approprié à sa nature par l'un des deux.

Quelques étoffes se font avec deux, trois, quatre chaînes etc., montées sur autant de rouleaux particuliers. La tension de ces chaînes peut être différente, forte pour les unes, moyenne ou faible pour les autres. Elle doit être basée sur le genre de croisement à opérer par chacune d'elles. En conséquence, chaque rouleau doit avoir son arrêt, ou sa bascule particulière, reposant sur celui des systèmes qui est le plus en rapport avec le degré de tension qu'on veut obtenir. Dans ces complications de rouleaux et de bascules, on doit éviter avec soin que les leviers se gênent par un frottement réciproque et que les poids se heurtent ou s'accrochent dans leur suspension.

Du Remondage.

Le *remondage* a lieu pour tous les articles délicats, et surtout pour la soierie. Cette opération se fait par *étente* ou *longueur*, au moyen de *forces* représentées fig. 12, pl. 16. Elle consiste à enlever de la chaîne tout ce que les fils peuvent avoir d'imparfait et de défectueux, tels que la queue des nœuds, les *bouchons* ou *bourillons*, les *costes*, les *écorchures* et même changer les *gros fils*.

Avant le remondage, les verges maintenant l'encroisure doivent être reculées jusqu'auprès du rouleau de derrière, afin que les fils qui pourraient être coupés par mégarde, puissent conserver leur place respective.

Lorsque les chaînes sont très fournies en compte, ou autrement dire, d'une forte *réduction*, il est urgent de passer provisoirement une baguette, dite *contre-verge*, dans le même *pas* que la dernière baguette d'encroix. Cette contre-verge, qui doit être remontée jusqu'auprès du remisse ou bien du *corps*, a pour but de refendre en deux parties égales toute la longueur de l'étente, cette précaution facilite beaucoup le remondage.

La meilleure méthode à adopter pour bien exécuter le remondage, est de placer sur le pouce de la main gauche les parties à couper, et de tenir les forces avec la main droite.

Pour les cotonnades, la draperie, et en général pour tous les articles où l'on emploie des grosses matières, le remondage est une opération à laquelle on ne porte, pour ainsi dire, aucune attention.

Des Cannettes.

Les *cannettes*, que dans beaucoup de villes manufacturières on nomme improprement *trames*, sont de petits tubes, dits tuyaux, en carton ou en bois, de forme droite ou conique (ainsi que nous les avons décrits dans l'article NAVETTES), et recouverts de la matière destinée à servir de trame.

C'est de la perfection des cannettes que dépend en grande partie la bonne confection d'une étoffe; et comme il y a deux méthodes de placer les cannettes dans les navettes, ainsi que nous l'avons dit, page 69, il y a aussi deux manières de les confectionner : ainsi les cannettes à *défiler*, fig. 9, pl. 11, doivent toujours être construites de manière que la trame, qui se dévide du tuyau à chaque coup de navette, provienne constamment du côté de la pointe du cône; tandis que pour les cannettes à dérouler, fig. 6, même planche, la cannette doit être commencée sur les bords du tuyau et terminée au milieu. Ces principes sont de rigueur, car faute de s'y conformer, il arrive que le brin, en se défilant ou en se déroulant, produit à la trame un tirage inégal, qui bien souvent lui occasionne une rupture.

Le *bout* ou *brin* de la trame devant sans cesse vaciller lors de la formation des cannettes, il faut donc, pour ce travail, que la main qui conduit le bout fasse l'office d'un *va-et-vient*. Cette manière d'enrouler le fil est indispensable pour éviter les *bosses* ou *bourrelets*, et lorsque les cannettes sont formées par la réunion de plusieurs bouts, la trame doit être maintenue serrée, et les doigts très rapprochés de la cannette.

Pour les grosses matières on fait usage du rouet simple, représenté fig. 6, pl. 17; mais pour la soierie on a adopté le rouet double, fig. 9. Celui-ci a sur le premier l'avantage de multiplier infiniment la rotation du tuyau.

On fait actuellement des mécaniques dites *cannetières*, qui font à la fois une certaine quantité de cannettes. Ces machines, qui accélèrent considérablement ce travail, sont décrites dans la suite de cet ouvrage.

Du chef ou jarretier.

Le *chef* est, pour les étoffes soieries, ce qu'est le *jarretier* pour la draperie. C'est une bande de quelques centimètres de large, qu'on tisse au commencement et à la fin de chaque chaîne et même de chaque *coupe.*

Cette bande est ordinairement tissée en croisement *uni,* soit en taffe-tas, en batavia ou en sergé, et c'est lors de ce tissage que l'ouvrier doit examiner, avec la plus scrupuleuse attention, s'il n'existe point de fautes ou d'erreurs dans le *montage;* dans ce cas, il doit y porter remède immédiatement.

Comme le chef ou jarretier a aussi pour but de clore définitive-ment le commencement, ainsi que la fin de la chaîne (n'importe qu'elle soit tissée en totalité ou en partie), il est toujours commencé et ter-miné par un ou plusieurs *filets* de couleur saillante.

En draperie, le jarretier est d'une largeur suffisante pour que le fabricant puisse y faire établir en toutes lettres son nom, ainsi que le lieu de sa fabrique et le numéro d'ordre de la *pièce* ou de la *coupe* du drap.

Ces lettres et ces chiffres sont très apparents et formés dans toute la longueur de la bande; mais comme cette opération, qu'on nomme *marquage,* n'a lieu qu'après le tissage, elle est tout simplement prati-quée à l'aiguille (espèce de broderie en point de chaînette) et toujours avec de la laine d'une couleur différente de celle dont la bande est formée; puis, lorsque le drap a reçu tous les apprêts dont il est sus-ceptible, cette marque devient tellement adhérente au tissu, qu'elle a toute l'apparence d'avoir été tissée.

Des Lisières.

Les *lisières, cordons* ou *cordelières* sont formés de quelques fils sup-plémentaires, placés à droite et à gauche de la chaîne, symétrique-ment et en nombre égal.

Ces fils sont ordinairement d'une matière plus forte et d'un prix moins élevé que celle qui constitue la chaîne.

Il n'est pas nécessaire que le tissage des lisières produise le même croisement que celui adopté pour le tissu; on peut donc les disposer selon le besoin et suivant les circonstances; c'est pour cette raison qu'elles doivent toujours être placées de manière à pouvoir agir indépendamment des *lisses* ou du *corps*.

Les lisières ont pour but principal de recevoir les pointes du *tempia*, qui, dans sa tension, laisse toujours au tissu quelques traces défectueuses; et si ces défectuosités sont sensibles pour les articles délicats, elles sont encore pires pour la draperie, attendu que ces sortes de tissus subissent une opération dite *râmage*, dont la fatigue est entièrement portée sur les lisières ; c'est pour cette raison que celles-ci sont indispensables.

De l'Entâquage.

L'entâquage consiste à fixer, soit le commencement de la chaîne dans la rainure du rouleau de derrière, soit le commencement du tissu dans la rainure du rouleau de devant.

La meilleure méthode d'opérer, pour obtenir un entâquage parfaitement régulier, est l'entâquage dit à la Lyonnaise, lequel a lieu de la manière suivante :

Après avoir tissé quelques centimètres d'étoffe, on passe, dans l'ouverture de la chaîne, une petite baguette ou tringle ronde, en fer ou en bois, dont la longueur excède un peu la largeur de l'étoffe, et lorsqu'on a confectionné une partie suffisante du tissu, on coupe tous les nœuds des *berlins*, ce qui dégage entièrement les égancettes; alors, on place une seconde baguette en dessous de celle passée dans l'étoffe, puis on fait faire un tour au moins à ces deux baguettes réunies, ayant soin que la baguette tissée se trouve placée en dessus de la baguette indépendante; c'est dans cette position qu'on les assujettit dans la rainure pratiquée au rouleau.

Cette rainure doit toujours être de forme carrée; cependant il vaut mieux que sa profondeur excède sa largeur.

L'entâquage relatif à l'arrêt du commencement de la chaîne a lieu d'après les mêmes principes.

Lorsque, par oubli ou par suite de circonstances imprévues, on se trouve obligé de procéder à l'*entâquage*, sans avoir au préalable tissé la baguette de fer dont nous avons précédemment parlé, il faut alors *larder* cette même baguette dans tout le travers de l'étoffe et le plus près possible de l'extrémité du tissage, ayant soin de ne laisser que très

I. 18

peu de distance entre chaque passage alternatif de la baguette , surtout
s'il n'y a que peu d'étoffe de tissée; mais si, au contraire, on a de
l'étoffe une longueur suffisante pour recouvrir le rouleau au-delà d'un
tour seulement, on peut ne larder la baguette que de loin en loin ;
on pourrait même se dispenser de ce *lardage*, en plaçant tout simplement le tissu , soit entre deux baguettes rondes, soit en le contenant au moyen d'une seule baguette carrée, mais toujours en
observant scrupuleusement de disposer cette opération parallèlement
au tissage. Il suffirait pour cela d'emboîter dans la rainure du rouleau,
ou les deux baguettes rondes, ou l'unique baguette carrée, pour retenir
immédiatement l'étoffe et procurer la tension.

Il est certain que, par sa simplicité, sa commodité et sa précision,
cette méthode d'entâquer devrait avoir la préférence sur toutes les
autres ; aussi n'est-ce qu'avec peine que nous avons remarqué que
dans la généralité des fabriques en draperie, les maîtres, aussi bien
que les ouvriers, ignorent complètement le système d'entâquage que
nous venons d'émettre, et sans avoir ici l'intention de faire loi, nous
leur dirons que le procédé dont ils font usage et qui leur tient lieu
de cette opération , est tellement arriéré, vicieux et contraire au bon
sens ; que, dans leur propre intérêt, ils feront bien de l'abandonner
pour adopter entièrement le principe que nous émettons.

A l'appui de notre raisonnement, nous leur dirons encore que
les rainures pratiquées à leurs rouleaux ou ensouples peuvent être considérées comme nulles, et cela pour deux raisons principales.

La première, est que ces rainures étant d'habitude faites demi-
circulaires et pas assez profondes, la baguette d'entâquage ne peut
s'y emboîter qu'à moitié ; et lors même que cette rainure serait d'une
profondeur suffisante, pour recevoir complètement la baguette, celle-
ci ne pourrait y être solidement retenue, à moins que le rouleau ne
soit recouvert d'un tour de chaîne ou d'étoffe.

La seconde, c'est la mauvaise habitude que les ouvriers ont de
fixer, au moyen de trous pratiqués à l'angle de la rainure du rouleau , plusieurs ficelles servant à maintenir la baguette d'arrêt, soit de
devant soit de derrière; il résulte que ces ficelles faisant plusieurs
tours sur le rouleau, empêchent naturellement la baguette de s'emboîter dans la rainure; enfin, que lors même que la baguette ne rencontrerait pas l'obstacle que nous venons de citer, elle ne pourrait

pas non plus s'y emboîter; car cette baguette étant ordinairement arrêtée en un point quelconque, non-seulement ne coïncide pas avec la rainure, mais le plus souvent encore ne lui est même pas parallèle.

Un troisième inconvénient qui existe dans l'entâquage de la draperie, vient encore à l'appui de ceux précités.

On n'ignore pas que c'est toujours à la première *fassure* qu'il est nécessaire de visiter fréquemment le dessous de l'étoffe, qui est généralement le côté de l'endroit, afin de reconnaître si le tissu se fait convenablement; c'est alors qu'on reconnaît l'inconvénient d'un mauvais procédé d'entâquage. En effet, comment faire pour voir au grand jour, et dans toute sa largeur, le dessous de l'étoffe? Il n'y a pas d'autres moyens que de défaire toutes les ficelles (espèces d'égancettes), ce qui occasionne d'abord une perte de temps assez sensible; d'ailleurs quel serait l'ouvrier assez adroit pour replacer ces ficelles dans leur position normale; précision cependant indispensable pour éviter un *entrebat* partiel ou *claircière*; enfin, que dans le cas où l'ouvrier réussirait à *réentâquer* parfaitement, ce ne pourrait être que par hasard, et le hasard ne doit jamais entrer dans la main-d'œuvre; tandis qu'avec l'entâquage à la Lyonnaise, l'ouvrier peut toujours être assuré d'entâquer avec précision et promptitude, pourvu qu'il y ait seulement une fassure de tissée. Cet entâquage offre encore l'avantage qu'aussitôt exécuté, il permet de supprimer immédiatement les égancettes, qui ne font que nuire à la fabrication pendant tout le temps qu'elles restent en place.

Il est vrai que par suite des apprêts que les articles en draperie subissent ultérieurement après leur confection, les difformités provenant de l'entâquage disparaissent; malgré cela, le commencement du tissage n'en laisse pas moins toujours quelque chose à désirer; enfin, comme qu'il en soit, le coup d'œil n'en est aussi pas moins désagréable quand il s'agit de voir des chaînes ou des étoffes enroulées d'une manière aussi difforme.

Nous engageons donc tous les manufacturiers et ouvriers en draperie d'adopter non-seulement le système d'entâquage concernant l'étoffe, mais encore celui relatif à la chaîne, c'est-à-dire que pour ce dernier ils devront, pour la même raison, supprimer les ficelles placées à demeure pour y substituer, en temps et lieu, la *mise en corde* dont nous avons parlé ci-devant page 101.

CHAPITRE V.
Des croisements simples dits unis.

Du métier à marches.

Le métier à marches est sans doute le plus ancien de tous les métiers à tisser; il est ainsi nommé, parce que, pour le mettre en mouvement, l'ouvrier pose un ou quelquefois les deux pieds sur les *marches,* suivant les circonstances, et, par ce moyen, fait *élever* ou *abaisser* les lisses qui leur correspondent selon l'ordre tracé par la *disposition du montage.*

L'emploi des métiers à marches se perd chaque jour de plus en plus; il est même probable que dans peu d'années il ne sera guère en usage que pour les articles taffetas, ainsi que les toiles, les cotonnades, les draps lisses et généralement toutes les étoffes de soie, dont la confection dérive de cette armure, attendu que ce genre de croisement, pour être bien exécuté, exige d'être confectionné *à la lève* et *à la baisse,* c'est-à-dire que la moitié des lisses, et par conséquent des fils de la chaîne, lève en même temps que l'autre moitié baisse, ce qui a lieu alternativement une fois par les fils pairs et une fois par les fils impairs.

Pour obtenir ce mouvement simultané de *lève* et *baisse,* on se sert indistinctement de rouleaux, de poulies, ou bien encore de leviers connus sous le nom de *bricotteaux,* et disposés en conséquence, voy. pl. 5 et pl. 12; mais lorsque le nombre de lisses à faire mouvoir est au-dessus de deux, le meilleur procédé dont on puisse faire choix, est le carrète à rouleau et à leviers, représenté en *f, g, h, i, j,* pl. 5.

Malgré la restriction des articles qu'on exécute actuellement sur le métier à marches, nous allons néanmoins y faire l'application des quatre armures fondamentales, afin de faire comprendre tout le parti qu'on peut, au besoin, tirer de ce genre de métier, ou pour mieux dire, de ses agencements; mais avant de passer au tissage, nous allons expliquer et donner le tracé de la méthode générale, au moyen de laquelle on indique sur le papier les divers croisements appliqués aux tissus *unis*, ainsi qu'à ceux connus sous le nom d'*armures*.

Armures fondamentales. Tracé des croisements.

Tous les tissus, quel que soit leur genre, proviennent d'un des quatre croisements principaux, auxquels on a donné le nom d'*armures fondamentales*.

Ces quatre armures sont : le taffetas, le batavia, le sergé et le satin ; expressions abréviatives qui font suffisamment comprendre qu'il s'agit uniquement du mode de croisement des tissus ainsi nommés, bien que certains tissus portent cependant le nom de l'armure dont on s'est servi pour les confectionner.

Les deux premières de ces armures sont invariables, c'est-à-dire que le croisement du taffetas et du batavia est toujours le même, tandis que le sergé et le satin peuvent varier, tout en conservant le principe qui leur sert de base.

Pour figurer les armures sur le papier, on emploie un moyen analogue à celui que nous avons décrit pour représenter le remettage, c'est-à-dire qu'on se sert aussi de signes conventionnels, que l'on place, suivant les circonstances, sur la jonction de deux sortes de lignes tracées perpendiculairement les unes aux autres, et autant que possible à distances égales.

On peut également tracer l'armure sur le prolongement des lignes horizontales, représentant les lisses pour le tracé du remettage, en y ajoutant toutefois le nombre nécessaire de lignes verticales; mais lorsqu'il s'agit d'un remettage *suivi*, on le considère comme tel, et l'on abrège le tracé, en indiquant l'armure seulement.

Ainsi, en adoptant que les lignes horizontales A, B, fig. 1ʳᵉ, pl. 26, représentent les lisses et les lignes verticales C, D, les marches, les signes (°) placés sur les points de jonction formés par ces deux sortes de lignes, indiquent à la fois l'ordre et le nombre des lisses que chaque

marche doit faire lever; quant au nombre de fils, il dépend entièrement des répétitions de chaque course du remettage. Donc, si une
chaîne est composée de 4000 fils, répartis sur quatre lisses, tel serait,
par exemple, le sergé de quatre, représenté fig. 10, le remettage
complet comprendra 1000 courses, et par conséquent chaque lisse
lèvera mille fils. Cette observation est applicable à tous les remettages
suivis.

Du Taffetas.

L'armure taffetas est la plus simple de toutes les armures; on peut
même dire que, depuis un temps immémorial, elle est connue et pratiquée par un grand nombre d'ouvriers qui n'ont réellement aucune
notion du tissage. Les ouvrages de jonc, d'osier, etc., viennent à
l'appui de cette assertion.

D'après la figure 1re, on voit que deux lisses A B et deux marches C D
suffisent pour exécuter le taffetas, et que le tissu qui en résulte est sans
envers. On voit encore que la première marche D fait lever la 1re lisse A,
sur laquelle sont passés tous les fils impairs, 1, 3, 5, etc., et que la
seconde marche C fait lever la 2e lisse, sur laquelle sont passés tous
les fils pairs 2, 4, 6, etc.

Bien que deux lisses suffisent pour exécuter cette armure, on est
quelquefois obligé d'en employer davantage. Ce supplément a pour
but de répartir la chaîne sur les lisses, et cette division contribue
essentiellement à la facilité du travail et à la perfection du tissu;
c'est pour cette raison que les taffetas formés de grosses matières et
peu fournis en chaîne, ne sont montés que sur deux lisses, tandis
que d'autres, formés de matières plus fines et en plus grand nombre
de fils, sont disposés sur quatre; il est même certains articles en soierie, où l'on en emploie six et quelquefois huit.

Quel que soit le nombre de lisses formant un taffetas, deux marches
suffisent toujours pour l'exécuter : il suffit, dans le tracé, de répéter sur
la jonction des 3e et 4e lisses, les mêmes pointes qu'on a placées sur
la première et sur la 2e, et ainsi de suite de] deux en deux, ainsi
qu'on le voit fig. 2, 3 et 4, pl. 26.

Quoique le taffetas se fasse ordinairement sur des nombres de lisses pairs, on peut également l'exécuter sur des nombres impairs;
mais lorsqu'on fait usage de semblables dispositions, ce n'est unique-

ment que pour tirer parti de certaines lisses dont le nombre de mailles ne peut s'accorder que par le secours de cette méthode.

Exemple. Supposons qu'on ait à confectionner un taffetas sur une réduction de 4000 fils, et qu'on ne puisse disposer que de trois lisses, néanmoins de même largeur, dont une comporterait 2000 mailles, tandis que les deux autres n'en comprendraient que 1000 chacune.

On utilisera ce remisse, en se conformant à la disposition donnée par la fig. 5, et le tissu qui en résultera ne différera aucunement du taffetas monté sur des lisses pairs.

A cet effet, le remettage aura lieu par *pointe et retour*, ainsi que l'indique la fig. 5, et toutes les mailles des lisses seront régulièrement employées. Quant à l'armure, on y remarque que la première marche fait lever la 1re et la 3e lisse, tandis que la seconde marche fait lever seulement la 2e, qui est celle du milieu.

Cette méthode est applicable à tous les nombres impairs, mais quels que soient ces nombres, il est évident que la lisse de devant et celle de derrière n'exigent que la moitié du nombre de mailles contenues dans chacune des lisses intermédiaires. Voy. fig. 6.

Du Batavia.

L'armure *Batavia*, que dans beaucoup de manufactures on ne connaît que sous le nom de *casimir*, est formée au moyen de quatre lisses et quatre marches, ainsi que le représente la fig. 7, pl. 26.

Quoique le tracé produit par cette armure fasse, à chaque marche, lever la moitié des fils de la chaîne, le croisement qui en résulte est bien différent du taffetas; le seul rapport qu'il a avec ce dernier, c'est que, comme lui, la croisure en est invariable, et n'a pas d'envers quant au croisement.

A l'inspection de cette figure, on voit que le batavia forme un sillon oblique *décochant* régulièrement d'un fil à chaque passage de la trame, et que la combinaison est telle que tous les fils lèvent alternativement deux fois de suite, d'après l'ordre 1, 2; 2, 3; 3, 4; 4, 1.: comme aussi cet ordre peut être pris à retour ou autrement dire, par inversion, en établissant la *levée* par les lisses 1,4; 4,3; 3,2; 2,1 : mais dans ce cas, l'obliquité du sillon formé par cette armure, se dirigera dans le sens opposé à la direction produite par l'ordre primitivement mentionné.

Du Sergé.

Cette armure, quoique fixe dans son principe, est variable par le nombre des fils dont elle est susceptible d'être composée, et le nombre le plus minime ne peut être au-dessous de trois, c'est-à-dire, trois lisses et trois marches, ainsi que le représente la fig. 8, pl. 26.

Quel que soit d'ailleurs le nombre de fils formant la course d'une armure sergé, le croisement qui en résulte a régulièrement lieu en *décochant* d'un seul fil par chaque duite, et ce décochement produit toujours un sillon oblique, dont la direction gauche ou droite dépend du point de départ; quant à la largeur du sillon, elle est relative au nombre de fils contenus dans la course complète.

Ainsi que le représentent les fig. 8, 9 et 10, on voit que dans la confection de tous les sergés, on fait lever successivement chaque lisse les unes après les autres, en suivant constamment leur rang d'ordre; d'où il résulte que la *coupure* ou séparation d'un sillon à l'autre est régulièrement d'un fil. On remarque en outre, que le sillon formé par la chaîne sur une des deux faces du tissu, produit sur l'autre face un sillon de même dimension, mais d'obliquité contraire et par effet de trame; de là vient le choix d'endroit et d'envers, et c'est le côté où se produit l'effet de chaîne qui est généralement pris pour endroit.

Les sergés les plus usités sont ceux de trois, fig. 8, et de quatre, fig. 9; on en fait aussi quelquefois de cinq, fig. 10; mais au-dessus de ce nombre on ne les emploie guère que pour des *liages*, ainsi que nous le démontrerons dans la suite de cet ouvrage.

Du Satin.

L'armure satin est celle qui produit le tissu le plus uni et le plus doux, et l'on peut ajouter, le plus recherché.

De même que pour le sergé, dont nous venons de parler, le satin, quoique basé sur un principe unique, est également variable dans le nombre des fils dont il peut être composé. Les satins les plus en usage sont celui de cinq, fig. 11 et 12 et celui de huit, fig. 13 et 14.

De même aussi que pour le batavia et le sergé, le nombre de marches nécessaire pour la confection des satins est toujours égal à celui des lisses, ou pour mieux dire, à celui des fils composant la course de l'armure, abstraction faite des répétitions de lisses.

Satin de cinq. Ce genre de satin, fig. 11 et 12, est particulièrement adopté pour les articles de laine peignée ou cardée, ainsi que pour la généralité des autres grosses matières. D'après le tracé de son croisement, on voit que la chaîne est toujours d'un fil pris sur cinq, et qu'au lieu de *décocher* régulièrement fil à fil, comme cela existe pour le batavia et le sergé, chaque marche abandonne successivement deux fils, autrement dire deux lisses, pour venir prendre celle qui suit.

En effet, en suivant la *marchure* telle qu'elle est indiquée par la fig. 11, on voit que la levée des lisses a lieu de la manière suivante :

La première marche fait lever la première lisse ou le 1er fil ;

La seconde marche fait lever la quatrième lisse ou le 4e fil;

La troisième marche fait lever la deuxième lisse ou le 2e fil;

La quatrième marche fait lever la cinquième lisse ou le 5e fil;

Enfin, la cinquième marche fait lever la troisième lisse ou le 3e fil.

Ces cinq marches forment la course complète de cette armure; d'où il résulte que chaque fil de chaîne fait son évolution dans les cinq passées de la trame, et qu'il reste en fond pendant quatre duites pour être croisé à la cinquième seulement.

Satin de huit. Ce satin, fig. 13, est en quelque sorte le seul employé pour les étoffes de soie, ainsi que pour les autres matières fines; et bien que la manière de l'exécuter soit, dans un sens, la même que celle du satin de cinq, le tissu qui en résulte offre beaucoup plus d'éclat, d'abord par la raison que dans le satin de huit, les brides formées par les fils de chaîne sont de sept, tandis que dans le satin de cinq elles ne sont que de quatre; ensuite, comme on peut s'en convaincre par la comparaison des deux fig. 11 et 13, on voit que le satin de huit doit évidemment mieux satiner que celui de cinq, parce que, pour le satin de huit, chaque fil, lors de sa *prise* par la trame, est avoisiné par une bride qui reste dans l'inaction pendant deux duites d'un côté et quatre de l'autre, et cela réciproquement en avant et en arrière de la prise, cette prise ajoutée aux deux et aux quatre duites que nous venons de mentionner, complète bien la bride de sept produite par un satin de huit. La même analyse, appliquée au satin de cinq, ne laisse que des brides de un et de deux.

I.   19

Le raisonnement que nous venons d'établir démontre mathématiquement que l'éclat du satin de huit, bien qu'il n'ait réellement que trois cinquièmes en plus, est cependant le double de celui produit par le satin de cinq.

Il va sans dire que le batavia, les sergés et les satins peuvent, aussi bien que nous l'avons dit pour le taffetas, être confectionnés par un nombre de lisses doubles ou triples que celui qui leur est strictement nécessaire, et sans que pour cela on soit obligé d'augmenter en même proportion le nombre des marches; les fonctions de ces dernières étant invariables.

D'après les signes indicatifs, représentés sur les armures sergés et satins que nous venons de mentionner, on remarquera qu'ils sont placés de manière que l'effet de chaîne, considéré comme étant l'endroit de l'étoffe, se forme en-dessous lors du tissage, et conséquemment l'effet de trame en-dessus. Donc, pour obtenir l'endroit en-dessus, il suffira de faire le contraire, c'est-à-dire, de faire lever à chaque marche les lisses qui, primitivement, étaient destinées à rester en fond; mais alors la charge deviendra bien plus sensible, à moins que le montage du métier ne soit établi d'après une organisation toute spéciale. D'ailleurs, la méthode de faire l'endroit en dessus n'est bien appliquée que lorsqu'il s'agit de confectionner des tissus dont l'endroit est, en plus forte partie, formé par un effet de trame, parce qu'alors le travail n'en devient que plus léger, et l'ouvrier peut aussi s'apercevoir plus facilement des défauts qui peuvent survenir dans la confection.

Malgré ces deux avantages, nous sommes loin de conseiller ce principe pour les tissus dont l'endroit est formé par effet de chaîne, parce qu'alors, non-seulement le travail en devient lourd et fatigant, mais encore parce que le tissu ainsi confectionné perd beaucoup de son éclat, par suite de ce que, durant le tissage, l'ouvrier retire toujours en-dessus les *apponses* et généralement toutes les irrégularités des matières; enfin, parce que c'est aussi le dessus de l'étoffe qui éprouve tous les frottements dont le dessous est à l'abri. Ces motifs sont plus que suffisants pour éviter, autant que possible, de faire l'endroit en-dessus.

La méthode la plus rationnelle pour exécuter le tracé des armures fondamentales, est de commencer par faire lever la première lisse;

cependant cette méthode n'est généralement suivie que pour les trois premières armures; car, pour les satins, elle est encore aujourd'hui combattue par certains ouvriers et même des fabricants, qui, encore sous l'influence d'une vieille routine, se figurent qu'en commençant l'armure satin par la seconde lisse, fig. 14, le tissu est plus beau qu'en commençant la course par la première lisse, selon que nous l'indiquons fig. 13, et prétendent même que, dans ce dernier cas, toutes les *courses* laissent entr'elles un effet apparent qui nuit d'autant à la perfection du tissu.

Pour démontrer l'erreur dans laquelle se trouvent les partisans de cette routine, il nous suffira de mettre en évidence que, s'il en était ainsi, la séparation de chaque course se ferait aussi bien sentir dans le batavia et dans les sergés, pour lesquels ils font cependant, selon notre méthode, commencer la course par la première lisse, qui est celle de derrière, et pourtant la répétition des courses ne laisse sur le tissu aucune trace défectueuse.

Nous ajouterons même qu'ayant tout exprès fait l'épreuve de ces deux points de départ; en les intercallant alternativement dans une même *coupe*, les deux méthodes fig. 13 et 14 ont reproduit un tissu identiquement semblable l'un à l'autre.

Partisans du progrès, c'est dans le but de faire disparaître la vieille routine que nous venons de signaler, que nous engageons ceux qui ne voudront pas se rapporter à nos démonstrations, de faire comme nous l'expérience de ces deux points de départ, et comme nous aussi, nous en avons l'entière conviction, ils n'y trouveront aucune différence.

Tissus dérivés de l'armure taffetas.

Quoique tissées d'après la même armure, toutes les étoffes qui dérivent du taffetas ne sont pas toujours semblables entre elles, car le plus souvent elles ont des qualités particulières qu'elles tirent de leur mode de confection, qui produisent à l'œil ou à la main des effets qui servent à les différencier, et qui leur ont fait assigner des noms spéciaux.

Du Crêpe. Ce tissu, lors de sa confection, peut être considéré comme une gaze unie ou taffetas très léger, puisqu'il n'est passé au peigne que par un fil en *dent*, la chaîne, ainsi que la trame, est en soie *grège*, qui a reçu un premier apprêt sans être cependant trop fortement montée.

Le nom de crèpe qu'on donne à ce tissu provient sans doute de ce que la plus forte partie de ce tissu subit, immédiatement après sa confection, un *crèpage*, une teinture et un apprêt, avant que d'être mis en vente; dans ce cas, ils prennent le nom de *crèpe crèpé*, tandis que les crèpes qui ne subissent que la teinture seulement, ainsi que l'apprêt, se nomment *crèpes lisses*. Les premiers, teints en noir, sont spéciaux pour les articles de deuil, les seconds sont uniquement destinés à la toilette et aux ornements.

Marabout. La confection du marabout a beaucoup de rapport avec celle du crèpe, mais la *réduction* en est cependant plus forte en chaîne comme en trame; aussi la matière qu'on emploie pour ce tissu, et qui d'ailleurs en porte le nom, est-elle bien supérieure en qualité, en blancheur, en finesse et en torsion, à celle qu'on emploie pour le crèpe.

Mousseline. On distingue deux sortes de mousseline : la mousseline-laine et la mousseline-coton; l'une et l'autre sont également tissées en taffetas, et varient de réduction suivant la qualité des matières. Tarare et St-Quentin sont les villes principales où l'on fabrique la plus grande partie de ces genres de tissus.

Florence. On donne ce nom à une sorte de taffetas en soie, très léger en chaîne comme en trame; cet article est spécialement confectionné dans la ville d'Avignon.

Marceline. Ce tissu est ordinairement formé par une chaîne double et une trame simple; on en fait quelquefois aussi avec chaîne simple et trame double; cette étoffe a sur beaucoup d'autres dérivées de la même armure, l'avantage de ne pas craindre le froissement.

Gros de Naples. Le gros de Naples est un taffetas dont la chaîne est à fils doubles; quant à la trame, elle est au moins à deux *bouts* et souvent à trois.

Poult de soie. Cette étoffe ne diffère de la précédente qu'en ce qu'elle est beaucoup plus fournie en trame; celle-ci est ordinairement tissée de quatre à six bouts.

Drap de soie. Dans la variété des croisements que peut comprendre ce tissu, se trouve aussi compris le taffetas; mais pour la confection de cet article, la chaîne est triple, et la trame y est employée par huit ou dix brins pour une seule duite.

Gros Grain. Ce tissu est une imitation très inférieure aux deux étoffes précédentes, en ce que la trame, au lieu d'être en soie, consiste tout simplement en un gros fil de coton retors. Cette étoffe est d'ailleurs très facile à reconnaître, en ce qu'elle est privée du brillant et du moëlleux; qualités principales qui font le mérite du Pouli et du Drap de soie.

Gros des Indes. Ce taffetas est formé au moyen de deux chaînes de soie, dont l'une est simple et l'autre double ou triple, ainsi que de deux trames, dont l'une est très fine et d'un seul bout, tandis que l'autre comprend huit ou dix brins pour un seul.

Pour ce genre de tissu, les deux chaînes sont passées au remettage de manière que toutes les lisses, pairs par exemple, lèvent ensemble, et à la fois, la chaîne ourdie à double ou triple fil, et que les lisses impairs lèvent la chaîne simple, ou réciproquement.

Les deux navettes, ce qui revient à dire, les deux trames, sont passées alternativement, de manière que du côté pris pour l'endroit de l'étoffe, la chaîne simple recouvre la trame fine, tandis que la chaîne la plus fournie recouvre la grosse trame. Par suite de cette combinaison, ce genre de tissu forme de petites côtes transversales produisant un effet velouté.

Lorsque, pour ce même tissu, on remplace le coup de trame à plusieurs brins par une seule duite de gros coton retors, il prend alors le nom de *velours simulé.*

Pour éviter au tissu le moirage, dont le croisement taffetas le rend susceptible, et lui conserver tout l'éclat nécessaire, il est essentiellement utile d'enrouler, sans interruption, en même temps que l'étoffe, et dans toute sa largeur, des feuilles de papier lisse, qui interdisent tout contact à la superposition du tissu.

La grande variété des *comptes* adoptés aujourd'hui pour les tissus que nous venons d'énumérer, ainsi que pour beaucoup d'autres dont il sera question dans la suite, est un motif assez puissant pour que nous ne puissions préciser, même approximativement, les *réductions* communément employées aussi bien pour chaîne que pour trame.

Du Cannelé. On reconnaît trois sortes de cannelé; ce sont : le cannelé ordinaire, le cannelé contresamplé et le cannelé ondulé. Les uns et les autres prennent la base de leur croisement dans l'armure taffetas, et peuvent être produits ou par effets de chaîne ou par effets de trame; mais pour ne pas anticiper sur les croisements composés, il ne sera ici question que du cannelé ordinaire, sans envers, et de ses subdivisions.

Le cannelé ordinaire, par effet de chaîne, n'est autre chose qu'un taffetas à répétition, et c'est du nombre de duites passées dans une même foule que proviennent les subdivisions formant la catégorie de ce genre de croisement. Ainsi, on nomme *cannelé de deux*, ou *gros de Tours*, fig. 1re, pl. 27, celui dans lequel deux duites successives sont passées dans une même foule. Le *cannelé de trois* diffère du précédent en ce qu'au lieu de deux duites passées sur un même *pas*, il y en a trois (voy. fig. 2). Il en est de même pour les cannelés de quatre, de cinq etc., fig. 3 et 4.

Ces divers cannelés n'exigent chacun que deux lisses, puisque les uns et les autres dérivent du taffetas; et la variation n'existe que dans le nombre de duites composant la course. D'où il résulte que le cannelé de deux, fig. 1re, exige quatre duites, et par conséquent quatre marches, pour former la course complète, tandis que le cannelé de trois, fig. 2, en exige six. D'après ce principe, il est évident qu'il faut toujours le double de duites que porte le nom du cannelé.

Pour obtenir le cannelé par effet de trame, il suffit de prendre ou de tracer l'armure dans le sens inverse. Prenons pour exemple le cannelé de trois, par effet de chaîne, que nous avons représenté fig. 2, pour être maintenant exécuté par effet de trame, fig. 5.

Par la comparaison de ces deux figures, on voit au premier coup d'œil que les rôles sont changés, et que, dans la fig. 5, la chaîne, remplaçant la trame, exige six lisses, tandis que la trame ne demande que deux marches.

La différence que produisent sur le tissu ces deux sortes de croisements est très sensible, car dans le cannelé par effet de chaîne, fig. 2, l'étoffe produit de petits sillons réguliers sur le travers de l'étoffe où la chaîne joue, sur chaque face, le principal rôle, tandis qu'avec le cannelé par effet de trame, fig. 5, c'est la trame seule qui est apparente de chaque côté du tissu, parce qu'alors elle recouvre la chaîne alternativement dessus et dessous, et cache, pour ainsi dire, cette dernière, en formant les sillons ou *cannelures* dans le sens longitudinal de l'étoffe.

Si, pour un cannelé par effet de chaîne, fig. 2 par exemple, on ourdit en deux couleurs par *un* et *un*, soit un fil blanc et un fil noir, on obtiendra transversalement des sillons alternatifs, dont l'un sera blanc et l'autre noir, bien que pour cela on n'emploie qu'une seule couleur de trame. Cependant il est à remarquer que si la trame est noire, elle risquera de transpirer au travers du sillon formé par la chaîne blanche, et que, par la même raison, si la trame est blanche, elle transpirera dans le sillon formé par la chaîne noire. Il faudrait donc, pour obtenir des sillons d'une couleur pure (ce qui d'ailleurs ne peut avoir lieu que d'un seul côté du tissu) employer alternativement par trois duites successives, une trame blanche et une trame noire. On reproduirait le contraire, c'est-à-dire longitudinalement, des sillons de deux couleurs, si l'on tissait au moyen de deux navettes garnies de couleurs différentes et passées alternativement.

Dans le cannelé par effet de chaîne, où l'apparence du sillon transversal provient du nombre de duites passées dans une même foule, on serait dans l'erreur de croire, qu'en passant à la fois le nombre de brins indiqué par le tracé de l'armure, on obtiendrait le même résultat qu'en les passant successivement. Il n'en pourrait être ainsi, attendu qu'en passant les duites les unes après les autres, chacune d'elles subit l'influence du coup de battant qui les dispose l'une à côté de l'autre, tandis qu'en passant d'un seul *coup de trame* tous les brins composant un sillon transversal, ceux-ci se trouvent plus ou moins superposés dans la *foule*; alors le sillon qui en résulte n'est que partiellement rond et mathématiquement inégal.

Il va sans dire, que pour exécuter un cannelé uni, c'est-à-dire comprenant toute la largeur de l'étoffe, il faut nécessairement que la trame soit, à chaque duite, retenue par des lisières dont les répétitions du croisement ne peuvent excéder deux fois de suite; c'est ce qu'on nomme *gros de Tours*.

Tissus dérivés de l'armure batavia.

Nous venons de démontrer que le taffetas, quoique invariable dans son principe, produit néanmoins des tissus d'un aspect différent. De même, les tissus produits par l'armure batavia peuvent changer d'aspect par suite des diverses matières susceptibles d'être employées en chaîne ou en trame.

Quoique le croisement positif du batavia ne puisse subir aucune modification, il a cependant donné naissance à quelques armures, qui, tout en s'écartant du croisement fondamental, produisent néanmoins tout l'aspect du batavia.

On voit par la fig. 7, pl. 26, que cette armure, au lieu de lever par moitié, le croisement ne se produit que par deux fils de chaîne sur cinq; dans ce cas, le tissu qui en résulte prend le nom abréviatif de croisé $^2/_5$ (ou deux cinquièmes), et que, pour la même raison, l'armure fig. 9 prend le nom de croisé $^3/_5$.

Ces deux armures suffisent pour faire comprendre que tous les croisements, disposés d'après le genre indiqué par la fig. 7, ont toujours un côté où l'effet de chaîne domine sur l'effet de trame, et que les armures analogues à la fig. 9 forment une sorte de batavia, dont les sillons, en chaîne comme en trame, sont d'autant plus apparents qu'ils comportent plus de fils entre les *pris* et les *sautés*.

Tissus dérivés de l'armure sergé.

Les armures dérivées du sergé peuvent varier en bien plus grand nombre que les précédentes; les fig, 10, 11, 12, 13 et 14 en sont des exemples, en faisant remarquer toutefois que les premières fig. 10 et 11 appartiennent au sergé ordinaire, tandis que les fig. 12, 13 et 14 font partie des sergés composés.

Ces sortes de tissus, confectionnés en soieries, sont spécialement employées pour doublure.

Tissus dérivés de l'armure satin.

Outre les satins de cinq et de huit dont nous avons fait mention dans la description des armures fondamentales, on peut encore en former sur d'autres nombres, ainsi que le représente la pl. 27.

Satin de quatre, fig. 15. On donne également à cette armure, et l'on ne sait trop pourquoi, le nom de *satin anglais*; l'étoffe qu'elle procure ayant un croisé très court et régulier à droite comme à gauche, ne produit aucun sillon.

Ce genre de satin n'a que très peu d'éclat et n'est guère usité que pour la draperie-nouveauté, où l'on tire souvent bon parti de l'effet de trame que produit cette armure.

Satin de cinq, fig. 16. Nous l'avons décrit au Chapitre V, en traitant des armures fondamentales.

Satin de six, fig. 17. Ce genre de satin est spécialement employé pour les rubans.

Satin de sept, fig. 18. Quoique l'étoffe produite par ce satin diffère peu du satin de huit, il s'en faut de beaucoup qu'il ait le brillant de ce dernier; aussi ne l'emploie-t-on que pour le *fond* de certaines étoffes façonnées, pour lesquelles le nombre que donne son raccord se trouve être de quelque utilité.

Satin de huit, fig. 19. Bien que nous en ayons parlé en même temps que du satin de cinq page 122, nous ajouterons ici quelques observations qui lui sont relatives dans son application à la soierie.

Le satin de huit est ordinairement divisé en trois classes, qui sont comprises sous la dénomination de satins légers, satins ordinaires et satins forts.

Satin léger. Ce genre de satin est peu fourni en chaîne comme en trame; c'est pour cette raison qu'il est soumis à une opération qu'on nomme *tirage d'oreille,* laquelle consiste à étirer l'étoffe en sens oblique, d'environ trente à quarante centimètres d'une lisière à l'autre, et par petites secousses saccadées qui la fouettent et lui donnent de la *couverture.* Cette opération a lieu par chaque longueur ou étente d'étoffe, immédiatement après sa confection.

Outre le tirage d'oreille, ces sortes de satins reçoivent aussi, après chaque *fassure,* un *brossage* et un *polissage,* qui ont pour but d'égaliser la trame et de faire disparaître les traces que les dents du peigne pourraient laisser sur l'étoffe.

La brosse doit être formée d'un poil doux, long et flexible, et ne doit aussi être passée que longitudinalement. Le *polissoir* dont nous avons parlé page 80, est, selon l'exigence du tissu, passé sur les deux sens.

Satin ordinaire. On classe dans cette catégorie tous les satins confectionnés par une réduction moyenne en chaîne comme en trame. Ces sortes de satins ne nécessitent que peu ou pas du tout le tirage d'oreille et le brossage; mais le polissage leur est indispensable.

Satin forts. On qualifie de ce nom tous les satins dont la chaîne est double et qui sont tramés à plusieurs bouts. Les satins au-dessus de huit ne sont guère employés que pour *liages.*

I.   20

Des Insurgins.

Les *insurgins* sont des *cordons* ou *lisières* spécialement adoptés pour les satins de huit en soie. (Voy. fig. 4 et 5, pl. 24.)

Bien que la fig. 4 ne représente que le remettage d'un seul *chevron*, chaque lisière en comporte deux, de manière que le tissu de chacune reproduit l'effet représenté par la fig. 5.

Les seize fils formant chaque chevron **H** et **J**, fig. 5, sont passés au *remisse*, comme l'indique la fig. 4, et les fils dont ils sont composés sont ordinairement d'une couleur saillante qui produit à l'œil deux petits filets *façonnés*.

Chaque chevron est séparé et rebordé intérieurement et extérieurement de quelques fils ourdis doubles ou triples, ordinairement de la même couleur que celle de la chaîne et formant *gros de Tours*. Ces fils doivent être placés à part sur quatre *lissettes* **C D E F**, fig. 4, de manière que tous les fils appartenant à la lisière de gauche **A**, sont passés sur les lissettes **C D**, tandis que tous ceux de la lisière de droite **B** sont passés sur les lissettes **E F**. Il est d'usage que si la partie intermédiaire **I**, fig. 5, formant l'entre-deux des chevrons, est de quatre fils, la partie extérieure **G** sera de huit fils, et la partie intérieure **K**, qui sépare les chevrons de l'étoffe, ne sera que de six.

Il est à remarquer que le gros de Tours ne peut être tissé aux deux extrémités d'une étoffe à moins d'une disposition toute particulière; car, sans cela, il arriverait que d'un côté du tissu, la trame, à son retour, rentrerait sur elle-même jusqu'à la rencontre du premier croisement qui en intercepterait la rentrée. C'est pour cette raison que le pointage de l'armure en gros de Tours relatif aux lissettes **C D E F**, fig. 4, commence et finit la course, en levant alternativement deux fois de suite les lissettes **E F**, sur lesquelles sont passés les fils appartenant à la lisière de droite **B**, tandis que la lisière de gauche **A**, occupant les lissettes **C D**, commence et finit la course, en ne levant qu'une fois seulement, et sans pour cela enfreindre la règle du croisement *gros de Tours*, puisque la seule différence que les deux lisières ont entr'elles n'existe que dans le point de départ, pour continuer chacune à lever deux fois de suite.

Pour les articles en Draperie-nouveautés, les lisières font ordinairement taffetas.

CHAPITRE VI.

Des Tors et de leurs effets.

Sommaire : *Du retordage. — Du tors droit et du tors gauche. — Effets sensibles des tors. — Mélange des tors.*

Du retordage.

Le retordage est spécialement destiné aux fils de chaîne, et peut s'entendre de deux manières. La première consiste à retordre, sur lui-même, un fil simple dans le sens de sa torsion primitive; ce genre constitue le *retors simple*. La seconde consiste à retordre ensemble deux fils simples préalablement doublés, celle-ci est dite *retors double* et a lieu dans le sens opposé à la première torsion donnée par la filature. Dans cette dernière opération il résulte que le fil formé par un *tors droit* devient *tors gauche* et réciproquement.

Par le retordage simple, le fil acquiert une force supplémentaire; mais s'il est par trop inférieur, ses parties faibles ou *pointes* ne restent pas moins susceptibles de se rompre fréquemment, tandis que le *retors double* a pour but principal de rendre les fils plus unis, et de leur donner une force infiniment supérieure, qui leur permet de recevoir l'application des armures les plus compliquées quant au genre de croisement. C'est pour cette raison que les articles draperies-nouveautés, en premier choix, sont généralement confectionnés avec des fils *retors double*.

Le retordage ne s'applique pas seulement aux fils d'une même matière, il est également mis en usage pour réunir des matières différentes, telles que soie et laine, laine et coton, coton et lin, etc.; soit en faisant dominer une matière sur l'autre, soit en les retordant en parties égales.

Comme le retordage est en quelque sorte en dehors de notre sujet, nous n'entrerons pas en ce moment dans les longs et minutieux détails qu'exigerait la description des grandes machines à retordre; cependant, pour faire concevoir le mécanisme principal de ce travail, nous allons donner, le plus succinctement possible, les plans et la description d'un rouet aussi simple qu'ingénieux, remplissant en petit, les mêmes conditions que les machines dites *retordeuses*, exécutent en grand. Cette description sera d'ailleurs suffisante pour comprendre le retordage dans tous ses principes.

La planche 28 représente ce rouet, dit *rouet retordeur*, garni de tous ses accessoires.

A est une forte tablette supportée par quatre pieds *a a a a*.

B, roue de commande, dont un côté *b* du *moyeu* forme un cône, auquel sont pratiquées plusieurs gorges évidées en *grain d'orge*. Cette roue est montée sur un axe en fer *c d*, dont une extrémité reçoit la manivelle *e*.

C, C, supports de la dite roue, fixés à la tablette et consolidés par les jambes de force *f, g*.

D, cylindre creux, en bois, formé par des douves montées sur deux rondelles, dont le centre de chacune est garni d'un tourillon en fer, qui lui tient lieu d'axe.

E, E, supports du cylindre, également fixés à la tablette A.

F, dévidoir muni de quatre chevilles *h, i, j, k*, fixées près des extrémités des traverses de la dite roue.

G, poulie en forme de cône, ayant de même que la roue B, trois gorges ou plus, pratiquées à son moyeu.

H, montant solidement fixé à la tablette A, au moyen de deux jambes de force *ll*; à ce montant sont fixés deux tourillons en fer *m, n*, servant d'axe et de support au dévidoir F, ainsi qu'à la poulie G. Chaque tourillon reçoit à son extrémité, un écrou à vis, ou bien une petite broche qui sert à maintenir les deux pièces F et G.

I, traverse garnie de quatre crapaudines *o, p, q, r*, établies en forme d'entonnoir et placées en quinconce.

J, traverse garnie de quatre rondelles, placées de la même manière que la précédente, et perpendiculairement au-dessus des crapaudines.

K, traverse supérieure ou chapeau garni de quatre barbins *s, t, u, v*.

L, broches en fer, garnies chacune d'une petite poulie *s*.

M, bobines ou fuseaux garnis de fil pour retordre.

N, colonnes fixées à la tablette A, servant à supporter et à maintenir les deux traverses I, J, ainsi que le chapeau K.

O, P, Q, R, cordes sans fin, établies pour la communication des mouvements.

Mouvement général du rouet.

Les fils à retordre étant disposés sur des bobines à une seule tête ou *ogive* et supportées chacune verticalement par une des broches L, avec lesquelles elles ne font plus qu'un seul et même corps; il suffit, au moyen de la manivelle *e*, d'imprimer à la roue de commande B un mouvement de rotation, pour qu'il se transmette immédiatement à toutes les parties circulaires.

En effet, on conçoit aisément qu'au moyen de la corde O, la poulie G transmet au dévidoir F, l'action qu'elle reçoit de la corde P, commandée par le moyeu *b*, et qu'en même temps les cordes Q transmettent aux broches L une rotation rapide, due à la communication de la corde R.

De ces combinaisons, qui d'ailleurs sont très simples, il résulte que le fil, tout en se tordant, se déroule régulièrement des bobines pour aller s'enrouler sur le dévidoir F.

Réglage de la torsion. Le mouvement des broches étant invariable, le réglage de la torsion a lieu par le plus ou le moins de vitesse que la corde R imprime au dévidoir F; ainsi, la corde R étant placée dans les gorges indiquées par les numéros 2 et 2', qui occupent le milieu des cônes, on obtiendra une torsion moyenne; la torsion augmentera si la corde R, au lieu d'occuper la gorge 2', occupe celle 3' enfin, la torsion augmentera encore si on déplace la corde de la gorge 2, pour la placer à la gorge 1.

En résumé, plus la marche du dévidoir sera lente, plus aussi la torsion sera forte. Donc, pour diminuer la torsion, il suffira de faire le contraire de ce que nous venons de dire.

Les quatre chevilles du dévidoir étant établies à 25 centimètres d'écartement de l'une à l'autre, l'écheveau qu'il forme donne un mètre de pourtour.

Il est évident que ce rouet ne pouvant produire que peu de fils à la fois, serait insuffisant pour fournir à une grande manufacture les fils retors qu'elle pourrait employer; néanmoins sa commodité et surtout la modicité de son prix de revient, l'a fait adopter dans beaucoup d'ateliers de draperie-nouveautés, où l'on emploie fréquemment des fils retors, et principalement chez les fabricants qui occupent constamment un ou plusieurs métiers à échantillonner.

Il va sans dire que le retordage raccourcit la longueur du fil,
et que ce raccourcissement est d'autant plus sensible que le tors est
plus prononcé.

En principe, un fil simple filé aux 9 quarts, par exemple, donne
en *retors double*, torsion moyenne, 4 quarts seulement; d'où il résulte
qu'un retors en faible torsion donnera, à peu de chose près, la longueur primitive, tandis qu'un retors très prononcé la diminuera sensiblement; du reste la perte approximative est considérée de 5 %.

Du tors droit et du tors gauche.

Il y a deux sortes de *tors;* l'un est appelé *tors droit* et l'autre *tors
gauche.* Souvent on applique mal ces deux expressions en les confon-
dant l'une pour l'autre, car il arrive que les uns appellent tors droit
ce que les autres appellent tors gauche et réciproquement, selon l'u-
sage adopté par les établissements qu'ils ont fréquentés; de là, embarras pour les employés qui changent de maison, confusion dans le
langage, erreur dans les opérations.

La nécessité d'assigner aux expressions techniques un sens absolu,
basé sur des principes raisonnés, nous fait une loi de nous prononcer en faveur de l'acception la plus rationnelle, pour ne désigner que
par leur véritable mot propre, les *tors* dont nous aurons souvent occasion de parler dans cet ouvrage.

Ainsi, pour tous les fils en général nous nommerons *tors droit* celui
dont la torsion s'opère de gauche à droite, fig. 1re, pl. 25, et *tors
gauche* celui dont la torsion va de droite à gauche, fig. 2, même pl.

Cette distinction des tors est d'une très grande importance, parce
que de leur emploi réciproque il résulte des effets essentiellement
différents, en outre, dans la généralité des tissus unis (le taffetas et
le satin de quatre exceptés), où l'on n'emploie que des fils d'un seul
tors, droit ou gauche, l'effet du croisement produit des cordons ou
sillons, dont la direction suit un sens diagonal; cette obliquité peut,
selon les circonstances, n'être apparente que d'un seul côté du tissu,
tels que les satins par exemple, ou bien des deux côtés à la fois,
tel serait le batavia; dans ce dernier cas, il est à remarquer qu'un
côté du tissu produit des sillons dont l'obliquité va de gauche à droite,
tandis que de l'autre côté ces mêmes sillons vont de droite à gauche.

Afin de rendre nos démonstrations plus sensibles et plus précises, nous considérerons le dessous de l'étoffe comme étant l'endroit du tissu; c'est d'ailleurs le principe généralement adopté dans le tissage, sauf quelques cas exceptionnels, dont nous n'avons pas à nous occuper en ce moment.

En principe, une étoffe est dite, tissée *sur son tors* ou *sur son sens*, toutes les fois que le croisement produit des sillons qui, du côté de l'endroit, se dirigent dans le sens opposé à la torsion des fils, et dans ce cas, les sillons sont très apparents; elle est dite, au contraire, tissée à *contre-tors* ou *sens renversé*, toutes les fois que les sillons prennent une direction analogue à la torsion des fils; dans le second cas les sillons sont beaucoup moins apparents que dans le premier, parce que le sens du tors des fils leur procure un applatissement qui les fait satiner. Donc l'apparence plus ou moins prononcée des sillons dépend entièrement de la combinaison réciproque du mode de croisement avec le sens du tors.

Éclaircissons tout ceci par des exemples : Supposons qu'avec du fil tors gauche on veuille obtenir un tissu batavia, *sur son tors*, l'endroit en dessous, le remettage étant considéré *suivi*, autrement dire *à la course*. Pour atteindre ce but sans tâtonnements, il suffira d'exécuter le tissage tel que le représente la fig. 3; alors le dessous de l'étoffe produira le croisement indiqué par la fig. 4, tandis que le dessus formera des sillons qui se dirigeront en sens contraire, tel que le démontre la fig. 5. pl. 25.

De ce principe, il résulte que pour obtenir avec le même fil et le même remettage, un tissu à *contre-sens* ou *renversé*, on n'aura qu'à exécuter le tissage en sens contraire, ce qui peut avoir lieu ou par le *démarchement* ou par le *retour*, c'est-à-dire, en prenant la quatrième marche pour la première, la troisième pour la seconde et ainsi de suite jusqu'à la première, qui alors devient la dernière.

Cette disposition rétrograde revient à pointer l'armure par inversion, ainsi que le représente la fig. 5, où l'on voit, qu'au lieu de faire lever les lisses suivant l'ordre 1, 2; 2, 3; 3, 4; et 4, 1, fig. 3, on les fera lever par ordre rétroactif 1, 4; 4, 3; 3, 2; 2, 1, fig. 6.

Si, dans l'exemple que nous venons de donner relativement au fil tors gauche, il s'agissait du fil tors droit, il en résulterait que les deux armures fig. 3 et 5 produiraient chacune le contraire de ce que nous venons de dire. On serait donc dans une erreur complète de croire que le batavia n'a point d'envers, car si les deux côtés de ce tissu sont identiquement semblables quant au croisement, ils ne le sont pas en ce qui concerne les *tors*.

Cet exemple est également applicable aux sergés, en observant toutefois que cette armure ayant toujours un côté (celui de dessous) pris pour l'endroit, et par effet de chaîne, il n'est point ici question de l'envers, puisque ce côté a lieu par effet de trame.

Ce que nous venons de dire concernant le batavia et le sergé est également applicable aux satins, ainsi qu'à tous les croisements soumis aux mêmes principes.

Ces démonstrations suffisent pour faire comprendre que pour exécuter un tissu, fig. 9 et 10, dont les sillons se trouvant interrompus, formeraient par leur jonction, des chevrons composés de quatre fils, en sergé de quatre, par exemple, et que ces sillons fussent tous exécutés semblablement les uns aux autres, ou sur leurs tors ou bien à contre-tors, il faudrait, de toute nécessité, employer des fils de tors différents ; donc, si les quatre premiers fils sont du tors droit, il faut que les cinq fils qui suivent soient du tors gauche, et ainsi de suite de quatre en quatre.

Nous ferons remarquer que pour former le chevron dont s'agit, il faut, ou quatre lisses ou huit lisses; dans le premier cas, la course du remettage aura lieu par quatre fils passés *suivis*, et quatre fils passés *à retour*, fig. 7, tandis que dans le second, les huit fils pourront être rentrés à la course, fig. 8; mais alors les deux armures différeront entr'elles en ce que l'une ne sera pas pointée de la même manière que l'autre, ainsi qu'on peut s'en rendre compte par la comparaison des deux armures précitées.

Nous terminerons cet article, en faisant observer qu'en draperie-nouveauté les fils unis ou retors simples sont ordinairement employés pour la confection des articles qui exigent beaucoup de *feutrage*, ainsi que pour les nouveautés communes, tandis que les fils *retors doubles* sont spécialement destinés à la confection des nouveautés de premier choix, comme aussi on emploie conjointement l'un et l'autre à la confection d'un même tissu. C'est ce que nous démontrerons dans l'article suivant :

Mélange des tors.

Le mélange des tors offre des effets très variés pour la confection de certains tissus, puisque chaque genre de tors joue sur l'étoffe le rôle qui lui est spécial.

C'est surtout dans les articles Draperie-nouveauté que se présente souvent la nécessité d'employer de concert le tors droit et le tors gauche, observant que leur emploi peut avoir lieu, soit en les réunissant partiellement en un nombre quelconque de fils d'un même tors, soit en les *amalgamant par un ourdissage alternatif d'un fil tors* droit et d'un fil tors gauche.

On a recours au premier cas toutes les fois qu'il s'agit d'obtenir des effets identiquement semblables, mais dans une direction contraire; tels seraient, par exemple, les chevrons dont nous avons parlé dans l'article précédent, ou bien encore des filets dits *torsades*, arbitrairement espacés, mais dont le remettage serait établi par le principe du *retour*.

Dans le second cas, l'effet du tors est considéré nul, parce qu'alors le résultat de la torsion produit un même *grain* dans chaque direction, droite ou gauche, c'est-à-dire, que l'étoffe qui en résulte est *mixte*, puisqu'elle est également établie aussi bien sur son tors qu'à contre-tors. Cet amalgamage est employé avec succès pour produire des effets alternatifs allant obliquement à droite ou à gauche; mais lorsqu'on fait usage de ce procédé, il ne faut pas s'attendre à obtenir des effets aussi prononcés qu'on obtiendrait en n'employant qu'un seul tors.

L'application des différents tors n'est point en usage pour la soierie, cependant tous les avantages qu'on peut obtenir par l'emploi réciproque des deux tors, sont indistinctement applicables à toutes les matières en général.

Si au moyen du mélange des tors, on a la facilité de produire des effets réguliers sur chaque sens de l'obliquité des sillons ou des ondulations, ce procédé entraîne avec lui une attention très minutieuse, qui consiste à remplacer immédiatement, au cas de rupture, chaque fil selon le tors qui lui est propre, car si on négligeait cette précaution, il en résulterait des défauts très apparents, formés par le rapprochement de deux fils d'un même tors, défauts que l'ouvrier doit scrupuleusement éviter.

I.   24

CHAPITRE VII.
Des étoffes à bandes unies.

SOMMAIRE : *Raccord des armures et rapports de leurs croisements.* — *Étoffes à bandes formées par les mêmes lisses.* — *Étoffes à bandes formées par des lisses différentes.*

Les étoffes à bandes, quoique unies, entrent dans la catégorie des étoffes composées, parce que ces sortes de tissus n'ont plus en effet la simplicité des premiers, puisqu'ils exigent déjà, dans le montage du métier, des complications et des combinaisons parfois très étendues.

Les bandes formées par des croisements unis peuvent s'obtenir de trois manières :

1° Par la variété des couleurs ou bien encore par la grosseur des matières et au moyen d'un croisement unique :

2° Par la variété des armures et des couleurs ;

3° Par la variété des armures exécutées sur une seule couleur.

Dans le premier cas, les moyens d'exécution sont nombreux et dépendent entièrement de l'ourdissage, dont la disposition est relative à l'ordre et à l'indication numérique des fils de couleur différente. Ce genre ne présente aucune difficulté dans le montage du métier, puisqu'il conserve la même simplicité que pour les articles unis dont nous avons parlé dans le chapitre V.

Dans le second et le troisième cas, les moyens d'exécution exigent une connaissance complète des différents remettages et armures et de la concordance que ces deux parties ont entr'elles.

Étoffes à bandes formées sur les mêmes lisses.

La méthode unique pour confectionner un tissu à bandes, formées par des armures différentes et sur les mêmes lisses, est de n'employer que des armures égales ; telles seraient, par exemple, un sergé de quatre avec un satin de quatre, un sergé de cinq avec un satin de cinq, etc.

D'après les figures représentées sur la pl. 30, on voit que toute la combinaison repose entièrement sur le remettage, et que chaque lisse lève régulièrement un fil de chaque course et de chaque armure. C'est pour ce motif qu'on ne pourrait exécuter, sur les mêmes lisses, des bandes en satin de quatre ou bien en sergé de quatre en même temps que des bandes en batavia (bien que cette dernière armure soit également sur quatre lisses), par la raison que les lisses des deux premiers tissus doivent lever une à une, tandis que pour le batavia elles doivent lever deux à deux.

Pour donner une idée exacte de ces remettages, nous supposerons une étoffe dont les bandes alternatives seraient, la première en sergé de quatre composée de quarante fils, et la seconde en satin de quatre formée de vingt fils. On disposera les remettages ou les armures, ainsi que le représente la fig. 1ʳᵉ, pl. 30, en traçant seulement une course du remettage A et une course du remettage B. A cet effet, lors du remettage, on répètera dix fois la première course A et cinq fois la course B. Alors, le tissage ayant lieu d'après l'armure C, on obtiendra exactement un sergé à la bande A et un satin à la bande B.

On pourrait, sans rien changer à ces deux remettages, mais en changeant l'armure C en armure D, obtenir le contraire; c'est-à-dire, que si le tissage est fait d'après l'armure D au lieu de l'armure C, la bande satin se formera en A et la bande sergé en B.

Nous allons prouver ce que nous venons d'avancer. Mais d'abord rappelons ici que lorsqu'il n'est question que du remettage, les lignes horisontales représentent des lisses, et les verticales des fils de chaîne; tandis que pour l'armure, les lignes qui représentaient des fils de chaîne, deviennent l'indication des marches; et celles qui dans le remettage figuraient des lisses, représentent indifféremment ou des lisses ou des fils de chaîne.

Maintenant si on examine l'armure C, on verra que la première marche lève le 1ᵉʳ fil de chaque course A et B, qui tous deux sont passés sur la première lisse; que la seconde marche lève le 2ᵉ fil de chaque bande A et B; que la troisième marche lève le 3ᵉ fil de la bande A, et le quatrième de la bande B; qu'enfin la quatrième marche lève le dernier fil de la course A, et le 3ᵉ de la bande B. D'où il suit que tous les fils de la course ou bande A ont levé successivement dans l'ordre de leur rang, de manière à produire un sergé, et que les fils de la course ou bande B ont levé, dans un ordre interrompu, qui est celui du satin de quatre, également connu sous le nom de *satin anglais*.

En analysant de la même manière les fonctions de chaque marche de l'armure D, on remarquera que la première et la seconde marche lèvent les mêmes lisses et par conséquent les mêmes fils que dans l'armure C, mais que la troisième marche lève le 4° fil du remettage A; en même temps que le 3° fil du remettage B; enfin, que la quatrième marche lève le 3° fil de l'armure A, en même temps que le 4° fil de l'armure B.

En résumant ces explications, on trouve que l'armure D a fait lever, dans un ordre successif et régulier, tous les fils de la bande B, et dans un ordre interrompu, tous ceux du remettage suivi A. D'où il faut conclure que l'emploi de l'armure D a produit, à l'égard des deux bandes A et B, un effet contraire à celui de l'armure C, puisqu'elle a donné un satin en A et un satin en B; ce qui prouve que par l'emploi de telle ou telle armure, on peut à volonté produire, en A aussi bien qu'en B, la bande satin ou la bande sergé.

La fig. 2, même planche, représente le tracé d'une étoffe à bandes satin de cinq et sergé de cinq. Toutes les observations que nous avons faites au sujet des deux armures et des deux remettages précédents lui sont applicables, ainsi qu'à toutes les autres figures représentées sur cette planche.

Ces explications sont également applicables pour l'emploi de trois armures sur les mêmes lisses, tels seraient, par exemple, un sergé, un satin et un chevron sur huit.

Etoffes à bandes formées par des armures diverses et sur des lisses différentes.

On a vu dans l'article précédent qu'on ne peut exécuter sur les mêmes bandes formant un croisement différent, qu'autant que les armures dont les bandes sont composées n'exigent chacune qu'un même nombre de lisses, et que les *levées* s'exécutent par une seule lisse à la fois. C'est pour cette raison que lorsque le nombre de lisses exigées pour la confection de chaque bande n'est pas égal en nombre, ou bien, que si étant sur même nombre, les levées devaient avoir lieu par nombre différent pour chaque bande, on dispose le montage du métier sur deux remisses ou plus, en se conformant à ce qui a été dit dans le chapitre IV, relativement aux remettages sur plusieurs remisses. A cet effet, chacun d'eux est chargé de tous les fils com-

Posant les bandes qui se trouvent formées, ou d'armures semblables, ou bien encore d'armures différentes mais sur un même nombre de lisses et de levées à chaque duite.

Les exemples fournis par les planches 31 et 32 feront facilement comprendre comment s'exécute la confection de ces sortes de tissus.

Observations relatives à l'ourdissage des chaînes pour étoffes à bandes formées de couleurs et d'armures différentes.

Comme il est très rare qu'une disposition d'ourdissage à bandes diverses, se termine de la même manière qu'elle est commencée, il est prudent que l'*ourdisseuse* mette une marque (1) à la première musette ou branche, afin d'indiquer le commencement de la disposition, qui est toujours le côté adopté pour être placé à la gauche de l'ouvrier où se commence le remettage; car si l'on négligeait cette précaution, il pourrait arriver que l'ouvrier prît par mégarde la gauche de la chaîne pour la droite, et ne s'aperçût de cette erreur qu'au moment du tissage. Il n'y aurait alors d'autre remède que de replacer une seconde enverjure pour couper la chaîne entre les deux encroix, et transporter la droite à la place de la gauche.

Il est évident que cette opération, outre la perte de matière qu'elle occasionne, entraîne encore une perte de temps nécessitée pour le *nouage* ou le *tordage* subséquent; et dans le cas où l'on ferait cette rectification sans *remonter* ou *replier* la chaîne, le rouleau ou ensouple se trouverait forcément tourné *sens dessus dessous*, et dans ce cas, la bascule devra de même être placée à contre-sens.

CHAPITRE VIII.

Étoffes à double face, dites sans envers. — Étoffes doubles.

SOMMAIRE : *Étoffes à double face, formées par une armure semblable et sur un seul remisse. — Idem sur deux remisses. — Étoffes à double face, formées par des armures différentes. — Étoffes doubles, régulières. — Idem irrégulières.*

Nous avons précédemment démontré que, le taffetas et le batavia

---

(1) Cette marque est tout simplement un petit lieu de quelques centimètres de longueur, placée à chaque extrémité de la chaîne, et du même côté.

exceptés, la chaîne et la trame d'un tissu produisent ordinairement des effets opposés par chaque côté, et par suite, caractérisent différentiellement l'endroit d'avec l'envers, selon le mode de croisement adopté.

Nous allons maintenant démontrer que par des combinaisons particulières, on peut obtenir accidentellement ou entièrement des étoffes dont les deux faces présentent le même aspect, soit en chaîne, soit en trame. Les deux faces de ces sortes d'étoffes peuvent en outre être formées ou par une même armure ou bien par des armures différentes, comme aussi chaque face peut être produite par une couleur dissemblable.

Ce genre de tissu est spécialement employé pour les rubans, ainsi que pour les étoffes à usage de draperie-tentures, rideaux, écharpes etc., où les deux côtés de l'étoffe sont susceptibles d'être vus.

D'après les principes que nous avons jusqu'à présent minutieusement expliqués, nous devons supposer à nos lecteurs les connaissances premières relatives aux différents remettages et aux armures principales qui nous occupent; aussi ne nous étendrons-nous actuellement que sur les démonstrations strictement nécessaires pour l'intelligence des articles que nous aurons à traiter.

Étoffes à double face, formées par une armure semblable et sur un seul remisse.

Pour comprendre clairement toutes les figures représentées sur la planche 33, il suffira de se pénétrer que tous les points blancs, aussi bien dans le remettage que dans l'armure, appartiennent aux fils qui forment le dessous de l'étoffe, tandis que les points noirs appartiennent aux fils qui forment le dessus.

Étoffes à double face, formées par une même armure et sur deux remisses.

On voit que les armures représentées sur la planche 34 ne diffèrent de celles de la pl. 33 qu'en ce que, le remettage étant établi sur deux remisses, chacun d'eux confectionne du tissu la face qui lui est spéciale. Quoique cette dernière méthode exige un remettage interrompu, au lieu d'un remettage suivi, elle a néanmoins la préférence sur la précédente, en ce qu'elle occasionne moins de frottement, et

de plus, à encore l'avantage de supprimer l'*amalgamage* des deux armures nécessaires à la formation des étoffes sans envers.

Si dans toutes ces figures on suit attentivement la levée des lisses
à chaque marche, on remarquera que chaque duite passe dessous la
plus forte partie de la chaîne, qui forme le dessin de l'étoffe, tandis
que cette même duite ne lie que la plus faible partie de l'étoffe de
dessous. Cet examen explique bien comment chaque côté du tissu
produit un semblable effet de chaîne, et, au moyen de l'ourdissage par *un et un*, peuvent aussi être formés de couleur différente,
bien que l'un et l'autre soient tissés par une seule et même
trame; mais nous ferons remarquer qu'en faisant l'ourdissage sus-men-
tionné soit, par exemple, noir dessus et blanc dessous, et que le
tissage ait lieu par une trame noire, le côté de dessus sera d'un noir
parfait, tandis que le dessous ne sera pas d'un blanc proportionnellement aussi pur; le cas contraire arriverait si le tissage avait lieu par
une trame blanche. Il est donc de toute nécessité, que lorsqu'on fait
l'application de deux couleurs de chaîne, il ne faut employer que des
armures et des réductions capables de donner de la *couverture* à l'é-
toffe; seul moyen d'éviter au tissu la transpiration qu'une nuance contraire pourrait produire sur la face opposée.

Étoffes à double face, formées par des armures différentes.

Quoique ces sortes de *dispositions* exigent plus de difficultés que
les précédentes, on y arrive néanmoins encore facilement, en ayant
soin de n'employer que des armures dont les nombres de fils composant chaque course soient ou semblables ou bien sous-multiples l'une
de l'autre. Dans le premier cas, elles peuvent être formées par un
seul remisse, et dans le second, on en emploie deux ou plus, selon la nécessité et les circonstances.

Un point essentiel est de disposer le pointage de l'armure de ces
sortes d'étoffes, de manière que la *prise* ou le *liage* d'un côté quelconque corresponde le plus près possible au milieu des brides adjacentes qui appartiennent à l'autre côté du tissu. Cette condition est
principalement de rigueur toutes les fois que les deux côtés de
l'étoffe sont formés d'une couleur différente.

Il va sans dire que les tissus à double face exigent une réduction
de chaîne double de celle nécessitée pour les tissus ordinaires.

Ce que nous venons de dire pour les tissus à double face par effet de chaîne est également applicable aux tissus à double face par effet de trame ; mais dans ce dernier cas, c'est la réduction de la trame qui augmente et non pas celle de la chaîne ; et lorsqu'on veut obtenir deux faces par effet de couleur différente, il suffit de passer alternativement une duite d'une couleur et une duite de l'autre.

ÉTOFFES DOUBLES.

Quoique les dispositions pour le montage d'un métier destiné à la fabrication des étoffes doubles aient beaucoup d'analogie avec celles des tissus sans envers, l'étoffe qui en résulte en diffère cependant d'une manière très sensible.

Les étoffes doubles peuvent être confectionnées aussi bien dans toute leur largeur qu'accidentellement. Dans le premier cas, elles produisent l'effet d'un fourreau ou manchon continu, tandis que dans le second, elles procurent des effets convexes, unis ou façonnés, réguliers ou irréguliers.

Dans l'un et dans l'autre cas, on peut indistinctement faire l'application d'une armure semblable ou différente pour chaque étoffe, en observant toutefois de combiner les dispositions d'armure et de remettage, de telle sorte que les deux envers soient toujours placés l'un contre l'autre, c'est-à-dire, renfermés dans l'intérieur des deux étoffes.

Il est à remarquer que les étoffes doubles exigent indubitablement le double des marches employées pour les tissus ordinaires, puisque d'après le principe qui sert de base pour ce genre de fabrication, chaque étoffe a ses marches spéciales. D'où il résulte que si les marches paires forment l'étoffe de dessus, les marches impaires forment celle de dessous, ainsi qu'on peut s'en rendre compte à l'inspection des pl. 38 et 39.

Dans toutes les figures représentées sur ces deux planches, on remarquera aussi que la chaîne supérieure lève entièrement lors du passage de la navette dans la chaîne inférieure, et que celle-ci reste entièrement en fond lors du coup de trame dans la chaîne supérieure.

Comme pour ce genre de tissu l'ourdissage a ordinairement lieu par un fil d'une couleur et un fil de l'autre, le tissage alors est aussi exécuté par l'emploi de deux trames de couleurs différentes passées alternativement.

CHAPITRE IX.
Des Écossais ou Étoffes à carreaux.

SOMMAIRE : *Carreaux par effets de couleurs différentes. — Idem formés d'une seule couleur. — Idem dits Damier. — Idem à filets composés. — Egalisation des chaînes et des filets.*

Les écossais, par la variété infinie dont ils sont susceptibles jouent un grand rôle dans la fabrication des tissus, d'autant plus qu'on peut les appliquer à toutes les matières indistinctement.

Les écossais, par effets de couleurs différentes, sont les plus usités dans tous les genres de fabrication, puisque, pour les obtenir, il suffit d'une simple et facile disposition d'ourdissage; tel serait, par exemple, vingt fils d'une couleur quelconque, que nous indiquons par A, fig. 1ʳᵉ, pl. 38, puis cent fils d'une autre couleur indiquée par B. Mais comme cette disposition n'est relative qu'à la chaîne, le carreau proprement dit ne peut être complété que par le tissage. A cet effet, on passera un nombre suffisant de duites de la couleur A, qui formera une bande transversale C, d'une largeur équivalente à la bande A; on tissera de même la bande D, selon la largeur exigée pour former le carreau.

Les bandes qui établissent les carreaux peuvent aussi être accompagnées de filets, soit d'un côté seulement, tel serait F, F, G, H, fig. 2, soit des deux côtés, ainsi que le représente I, J, K, fig. 3. Ces trois figures suffisent pour comprendre ces sortes de dispositions, qui d'ailleurs peuvent, à volonté, être régulières ou irrégulières.

Lorsque les écossais sont formés d'une seule couleur, les bandes formant la distinction des carreaux sont produites par une armure particulière, qui fonctionne aussi bien par effet de trame que par effet de chaîne.

La fig. 4 représente un écossais, vulgairement connu sous le nom de *Damier*. Les carreaux qui forment ce tissu peuvent être ou de couleur semblable ou de couleur différente. Dans le premier cas, les carreaux M P sont formés par une même armure, et les carreaux N O sont de même semblables entr'eux; néanmoins l'armure qui les produit diffère de celle formant les carreaux M P.

Dans le second cas, c'est-à-dire formés de couleurs différentes, tel serait, par exemple, blanc et noir, on peut avoir recours à plu-

I.   22

sieurs moyens, dont les principaux sont l'effet de chaîne et de trame, et celui de la double étoffe.

Pour obtenir ces sortes de carreaux en couleurs différentes, par effet de chaîne et de trame, il suffit d'ourdir la chaîne d'une seule couleur et de disposer les armures en conséquence. Ainsi, en admettant que la chaîne soit blanche, et que le tissage ait lieu par une trame noire, on pourra appliquer aux carreaux N O une armure satin par effet de chaîne, tandis que les carreaux M P feront effet de trame.

Si nous faisons à ce tissu l'application du satin, c'est par la raison que cette armure est celle qui laisse le moins de transpiration dans un tissage à deux couleurs; mais malgré toute la *couverture* que le satin a seul l'avantage de produire, il n'est tel, pour obtenir des *écossais-damier* parfaitement purs et en deux couleurs, que d'avoir recours aux combinaisons des *tissus doubles* dont nous avons parlé dans le chapitre précédent.

Si, pour ce même tissu on employait une chaîne ourdie blanc pour la partie M O, et noir pour la partie N P, et que le tissage ait lieu en batavia par une trame noire pour les carreaux M N, et blanche pour les carreaux O P, alors sur les quatre carreaux deux seulement seraient d'une couleur pure, N noir et O blanc, tandis que M P seraient gris. Cette diversité de couleurs et de nuances provient du mélange occasionné par une chaîne blanche et une trame noire. C'est ce que représente la fig. 5.

La fig. 6 est une disposition toute particulière aux écossais dont les filets sont enlacés entr'eux. On y remarque que chaque filet, soit par effet de chaîne, soit par effet de trame, passe alternativement une fois dessus et une fois dessous.

Ce genre de disposition produit un très-bon effet, surtout quand les couleurs sont parfaitement assorties.

La fig. 7 est encore une complication de la fig. précédente.

Les fig. 8 et 9 appartiennent aux écossais façonnés dont il sera parlé dans la suite.

Égalisation des chaînes et des filets.

La diversité des croisements dont on fait usage pour les écossais, ainsi que pour tous les tissus à bandes formés d'armures différentes, exige l'emploi de plusieurs chaînes enroulées, chacune à part, sur un ensouple qui leur est particulier, seul moyen de pouvoir régulariser convenablement les différents degrés de tension auxquels on est obligé d'avoir recours pour la confection de ces sortes de tissus.

Lorsqu'on emploie plusieurs chaînes, un point très-important est de savoir, avant l'ourdissage, se rendre compte de la longueur que devra avoir chaque chaîne; car trois circonstances peuvent se présenter pour que le tissage en fasse un emploi inégal; savoir : les tensions différentes, l'inégalité de grosseur dans les matières; enfin, le genre de croisement résultant de l'application d'armures diverses. Ces causes d'ailleurs sont tellement variables elles-mêmes, qu'il est bien difficile de prévoir au juste et à l'avance quelle doit être la longueur proportionnelle qu'il convient de donner à chaque chaîne, pour qu'elles se terminent en même temps les unes que les autres, ou du moins à peu près. Toutefois, et afin d'éviter des pertes de matières auxquelles on s'expose, lorsqu'on n'agit que d'après des inspirations incertaines, on pourra, avant que d'exécuter en grand, confectionner, sur un métier à échantillonner, une épreuve du tissu projeté.

En conséquence, à partir d'un même point, on marquera sur chaque chaîne une longueur égale, comme par exemple un mètre cinquante centimètres, puis on tissera, soit un mètre d'étoffe; ce travail fait, on mesure exactement ce qui reste de chaque chaîne entre le tissu et la marque, on le retranche de la première mesure prise, et le reste indique la quantité précise de chaque chaîne employée dans un mètre de tissu, après quoi on trouve, par une simple multiplication, la longueur exacte qu'il faut donner à chacune d'elles, pour obtenir du tissu une quantité de mètres déterminée.

CHAPITRE X.

Analyse des Étoffes. — Principes de mise en carte.

SOMMAIRE : *Décomposition des tissus. — Papier de mise en carte. — Mise en carte d'après l'échantillon. — Réduction des armures.*

Nous avons indiqué jusqu'à-présent les étoffes les plus en usage dans tous les genres de fabrication, et nous ne pouvons entrer dans la description de toutes les modifications dont elles sont susceptibles, ainsi que de tous les dérivés qu'on en peut obtenir par un changement quelconque dans les matières ou dans le mode de croisement, sans avoir, au préalable, expliqué les moyens auxquels on a recours pour reproduire un tissu conforme ou tout au moins identique à celui d'un échantillon.

L'analyse des tissus offre au producteur intelligent une source féconde de prospérité, surtout s'il sait la fixer sur les produits de son ressort, pour s'emparer promptement de ceux dont la mode a fait choix.

Mais pour profiter d'une vogue inconstante due à la mode, et qui passera aussi rapidement qu'elle, il faut, dès son apparition, étudier sur des échantillons les étoffes nouvelles qui fixent le caprice du goût; en un mot, il faut les analyser, en indiquant sur le papier toutes les dispositions relatives à leur confection ; et comme la connaissance des armures fondamentales, ainsi que de celles qui en sont principalement dérivées, ne peut pas toujours suffire pour reconnaître, au premier abord, la composition réelle d'un échantillon, il faut nécessairement avoir recours à la *décomposition*.

La décomposition est donc considérée comme étant la clef de l'imitation, de la reproduction, et l'on peut ajouter : de la contrefaçon, dont beaucoup de fabricans tirent aujourd'hui un parti si avantageux.

Comme la décomposition comprend deux parties bien distinctes, qui sont les tissus unis et les tissus façonnés, nous devons, pour suivre une marche régulière et méthodique, ne parler ici que de l'analyse des tissus unis, nous réservant de traiter la seconde partie, dès que nous aurons donné les principes concernant les étoffes façonnées.

Analyser une étoffe, c'est examiner et se rendre compte de l'ordre dans lequel les fils qui la composent sont croisés entr'eux, et reproduire sur le papier, au moyen de signes conventionnels, l'ordre général du croisement dont s'agit. Cette reproduction peut avoir lieu de deux manières :

La première est celle dont nous avons fait usage jusqu'à présent pour indiquer les armures ou croisements, en plaçant les signes sur la jonction formée par les lignes horizontales et les lignes verticales, tracées préalablement à la main sur du papier ordinaire. Mais comme il arrive souvent que certaines dispositions exigent un grand nombre de lignes, on a recours à une seconde méthode, qui consiste à employer le *papier réglé*, dit *papier de mise en carte*, dont les réductions principales sont représentées pl. 40.

Cette seconde méthode a. sur la première, l'avantage d'éviter le tracé et d'offrir des carreaux parfaitement réguliers, contenus en grand nombre dans un petit espace; mais pour faire usage de ce papier, les signes conventionnels, au lieu d'être placés sur les points de jonction ainsi que cela se pratique pour l'emploi du papier tracé à la main, sont placés dans les interlignes. Une seule explication suffira pour faire parfaitement comprendre la différence des deux méthodes.

Supposons qu'on veuille, sur chaque genre de papier, représenter une armure sur dix fils de chaîne et dix duites ou coups de trame.

Dix lignes tracées dans chaque sens suffiront à la représentation de cette armure sur du papier ordinaire tracé à la main, tandis que pour représenter ce même nombre sur le papier de mise·en carte, en plaçant les signes conventionnels dans les interlignes, (tel qu'on pose les pions sur un jeu de damier), il faut nécessairement, dans chaque sens, onze lignes au lieu de dix. Il suffira donc de se pénétrer, que dans l'emploi du papier tracé à la main, ce sont les lignes elles-mêmes qui représentent, soit les fils de chaîne, les lisses, la trame, ou les marches, et que dans l'emploi du papier réglé, ce sont les interlignes qui remplissent toutes ces conditions; ce dont on peut facilement se rendre compte par la comparaison des deux méthodes.

Le papier réglé a encore sur le papier tracé à la main d'autres avantages spéciaux aux articles façonnés. Nous en donnerons tous les détails au chapitre concernant la composition et la mise en carte des dessins.

Maintenant revenons à l'analyse qui fait notre sujet.

Lorsque le tissu à reproduire est formé de grosses matières, l'analyse peut en être faite à l'œil nu; mais lorsqu'il s'agit de matières très-fines, on ne peut guère y parvenir qu'au moyen d'une *loupe*.

Deux cas peuvent se présenter pour cette opération : le premier, c'est lorsqu'on possède, de l'étoffe à analyser, un fragment sans valeur, dit *échantillon*, et dont on peut disposer à son gré. Le second, c'est lorsqu'on a sous les yeux, soit une pièce entière, soit une fraction quelconque dont on ne peut détacher aucun morceau.

Dans le premier cas, l'opération peut être faite avec une précision mathématique, parce qu'alors on peut réellement décomposer l'échantillon, autrement dire le *détisser* fil à fil, en examinant, à l'aide d'une petite pince, l'ordre dans lequel les fils de chaîne ont dû lever ou rabattre pour livrer passage à la trame.

Dans le deuxième cas, le travail en est non-seulement plus long et plus difficile, mais encore la reproduction court le risque de ne pas être parfaite, surtout si le croisement de l'étoffe offre quelques complications.

En général, pour faire exactement l'analyse d'un tissu difficile, il faut, de la part des personnes qui s'en occupent, beaucoup de pratique et de connaissances dans la fabrication, une patience à toute épreuve, et principalement une bonne vue.

Pour les étoffes unies et surtout à poil ras, il n'est pas rare qu'à la première vue une personne exercée dans cette partie reconnaisse, ou tout au moins soupçonne l'armure d'après laquelle elle est formée, surtout si le croisement entre dans la catégorie des armures fondamentales; néanmoins l'œil le plus habile peut s'y méprendre; car l'analyse a souvent démontré aux praticiens les plus exercés qu'on ne doit pas trop préjuger à la seule inspection.

Il ne faut pas non plus porter son jugement trop vite, lorsqu'on détisse un échantillon; de telles précipitations peuvent conduire à de graves erreurs, attendu qu'un certain nombre de fils détissés les premiers, peuvent indiquer parfois une armure, tandis que les suivants en indiquent une autre. Ce n'est donc qu'après avoir retrouvé plusieurs fois le même ordre de croisement, qu'on peut se prononcer sûrement.

Pour détisser une étoffe il n'est pas de règle générale, car on peut indistinctement défiler la chaîne ou la trame; ce choix dépend entièrement de la qualité des matières et du plus ou moins de facilité que présente l'un ou l'autre sens pour le détissage. Il en est de même relativement à la position de l'endroit ou de l'envers de l'étoffe.

Lors de la reproduction sur le papier, un point essentiel est de se bien pénétrer quel est le sens qui représente la chaîne, afin de faire, dans le *pointage*, la distinction que nécessite le placement de l'envers ou de l'endroit du tissu. Nous expliquerons, sur la fin de ce chapitre, toute l'importance de cette remarque.

Analyse du taffetas. La fig. 1re, pl. 25, représente un morceau de taffetas vu au microscope, et comme ce tissu n'a point d'envers, il importe peu de prendre l'un ou l'autre côté pour en faire l'analyse.

Admettons que les lignes verticales A B C D représentent les fils de chaîne et les horizontales 1,2,3,4, les duites ou coups de trame. En examinant cette figure et en effilant avec attention, à l'aide d'une pincette, les fils d'un semblable morceau de taffetas, on remarquera que le premier et le troisième coup de trame, et en général tous les coups impairs, passent dessous les fils de chaîne A et C et dessus les fils B et D; tandis que les deuxième et quatrième coups de trame font le contraire; ces quatre fils de chaîne et de trame formant une répétition complète, suffisent pour faire comprendre les premiers principes du *détissage*.

Lorsqu'on détisse à l'envers, par la trame, tous les fils qu'on reconnaît pour être levés lors du passage de la duite prennent le nom de *pris*; de même le nom de *sauté* leur est assigné toutes les fois qu'ils *restent en fond*. Donc, dans le détissage actuel, on aura pour première duite (en commençant par la gauche où se trouve placé le fil A) un pris, un sauté, un pris, un sauté, un pris, et ainsi de suite. La seconde duite produira le contraire, c'est-à-dire, qu'au lieu de commencer par un pris, elle commencera par un sauté, puis un pris, et continuera de même en maintenant, pendant toute la duite, les alternatives de pris et de sauté dans l'ordre opposé à la première duite.

Si l'on continue l'opération, on trouvera que la troisième duite est semblable à la première, et la quatrième à la seconde.

Mais comme cette simplicité de croisement ne règne que dans l'armure taffetas, et que dans la plupart des étoffes ou des échantillons, on ne retrouve exactement le même croisement qu'après avoir détissé un certain nombre de fils de chaîne ou de trame, la mémoire pourrait faire défaut, il est urgent de reproduire sur le papier, au fur et à mesure qu'on détisse chaque fil, le mode de croisement qu'il exécute; c'est là ce qui fait l'objet de la mise en carte d'après l'échantillon.

En conséquence, pour la mise en carte dont s'agit, le pointage sur le papier aura lieu selon que l'indique la fig. 2 ou la fig. 3.

Il est certain que si on détissait cet échantillon dans le sens opposé, c'est-à-dire, en prenant la chaîne pour la trame, on obtiendrait le même résultat, puisque l'analyse donnerait également et alternativement un sauté, un pris, ou bien un pris, un sauté, ce qui revient au même.

Batavia. L'analyse et la mise en carte du batavia, fig. 4, 5 et 6,

pl. 25, a lieu de la même manière que pour le taffetas, puisque, comme
ce dernier, il n'a pas d'envers; néanmoins le mode de croisement qui
constitue ce tissu nous oblige à faire une remarque qui lui est applicable, ainsi qu'à toutes les armures produisant un sillon ou une ligne
diagonale.

On observera, qu'en détissant l'échantillon par le haut, fig. 4, il faut
aussi exécuter de la même manière le pointage de la carte; c'est ce
que représente la fig. 5, tandis que la fig. 6 est pointée en sens contraire. En examinant ces deux figures, on reconnaît que la première
duite détissée est pointée en haut de la fig. 5, et que dans la fig. 6
elle est en bas. C'est donc du point de départ placé en haut ou en
bas de la mise en carte, que dépend la reproduction précise de l'échantillon à détisser.

Sergé. Quoique l'on fasse du sergé sur plusieurs nombres de lisses,
il suffira que nous en donnions un seul exemple, attendu que tous les
sergés sont établis sur un principe unique, ainsi que nous l'avons démontré dans le chapitre des armures fondamentales.

L'analyse du sergé de quatre, fig. 7, représentée par les fig. 8 et 9,
est établie d'après le même raisonnement et les mêmes principes que
pour le batavia. Mais comme cette armure, ainsi que la généralité de tous
les croisemens, produisent un endroit et un envers aux tissus qu'elles
forment, nous allons expliquer comment on produit le pointage de la
mise en carte lorsque le détissage a lieu par l'endroit de l'étoffe.

D'après les fig. 7, 8 et 9, on voit que le sergé de quatre a été
détissé par l'envers, puisqu'il est, pour chaque duite, pointé par un
pris et trois sautés. Si on analyse ce même tissu en le détissant par
l'endroit, et toujours en défilant la trame, le détissage alors, au lieu
d'indiquer un pris et trois sautés, désignera le contraire, c'est-à-dire,
trois pris et un sauté. Mais lorsque, pour plus de facilité, on détisse
l'échantillon par l'endroit, rien ne s'oppose à ce que le pointage soit
établi de la même manière que si le détissage avait lieu par l'envers;
à cet effet, il suffira de prendre les *sautés* pour des *pris* et réciproquement.

Il arrive quelquefois que la trame, manquant de consistance, fait
qu'on est obligé de détisser par la chaîne; dans ce cas, on opère
le pointage de la mise en carte de la même manière que si le détissage avait lieu par effet de trame; seulement il ne faut pas oublier de
prendre le contre-sens de la mise en carte.

Satin. Les figures 10, 11 et 12 représentent l'analyse d'un satin de cinq, et les fig. 13 et 14 celle d'un satin de 8.

Les détails que nous venons de donner étant applicables à toutes les armures en général, nous ne croyons pas devoir pousser plus loin des démonstrations que nos lecteurs ont déjà sans doute parfaitement comprises, et dont les répétitions ne pourraient être que fastidieuses ou inutiles, puisqu'elles ne seraient, pour ainsi dire, que la répétition de ce que nous avons dit. D'ailleurs ce chapitre n'étant spécialement consacré qu'à l'analyse des tissus unis, nous y reviendrons plus amplement lorsqu'il sera question des tissus façonnés.

Réduction des armures.

La réduction des armures peut avoir lieu de deux manières : la première concerne la chaîne ou les *lisses*; la seconde concerne la trame, ou pour mieux dire, les *marches*. Une armure ayant subi ces diverses transformations, prend le nom d'*armure réduite*.

Ces deux sortes de réductions, et surtout la dernière, se présentent souvent dans les métiers à marches, principalement quand il s'agit de la confection de certains tissus-nouveautés. L'application du principe que nous allons émettre est toujours avantageuse, aussi bien pour ceux qui exécutent que pour ceux qui font exécuter.

Réduction des lisses. Pour réduire à sa plus simple expression un nombre de lisses qui, au premier abord, paraîtrait nécessaire pour la formation d'un tissu composé, tel que, par exemple, celui produit par l'armure représentée fig. 1re, pl. 41, il suffira d'examiner attentivement, et dans tous les détails, les divers mouvements qu'exécutent les vingt-quatre fils composant la totalité du croisement, autrement dire la course, constituant le raccord du dessin. Par suite de cet examen, on reconnaîtra facilement que ces vingt-quatre fils peuvent être divisés et classés en six catégories différentes, placées chacune sur une même lisse, puisque tous les fils appartenant à une même catégorie exécutent chacun un même croisement.

Les fils composant la première catégorie sont ceux 1, 3, 10, 12, 14, 16, 21, 23. La seconde catégorie comprend les fils 2, 4, 9, 11, 13, 15, 22, 24. Les fils 5 et 19 forment la troisième; 6 et 20 la quatrième; 7 et 17 la cinquième; enfin les fils 8 et 18 forment la sixième.

I.   23

A cet effet, le remettage aura lieu ainsi que le représente la fig. 2, où l'on voit qu'il s'agit d'un remettage *interrompu* sur six lisses, dont la première et la deuxième reçoivent chacune huit fils, tandis que les quatre lisses de devant n'en reçoivent chacune que deux.

Si maintenant on veut se rendre compte de l'exactitude de cette méthode, en y appliquant l'armure fig. 3, on reconnaîtra que chaque marche fait lever exactement les fils d'après l'ordre et le rang indiqués par la fig. 1ʳᵉ; c'est ce que démontre l'analyse suivante :

```
1ʳᵉduite 1 « 3 « 6 « 8 « 10 « 12 « 14 « 16 « 18 « 20 « 21 « 23 «
  2ᵉ  «  1 « 3 « 5 « 8 « 10 « 12 « 14 « 16 « 18 « 19 « 21 « 23 «
  3ᵉ  «  1 « 3 « 5 « 7 « 10 « 12 « 14 « 16 « 17 « 19 « 21 « 23 «
  4ᵉ  «  1 « 3 « 5 « 8 « 10 « 12 « 14 « 16 « 18 « 19 « 21 « 23 «
  5ᵉ  «  1 « 3 « 6 « 8 « 10 « 12 « 14 « 16 « 18 « 20 « 21 « 23 «
  6ᵉ  «  « 2 « 4 « 6 « 8 « 9 « 11 » 13 « 15 « 18 « 20 « 22 « 24
  7ᵉ  «  « 2 « 4 « 6 « 7 « 9 « 11 » 13 « 15 « 17 « 20 « 22 « 24
  8ᵉ  «  « 2 « 4 « 5 « 7 « 9 « 11 » 13 « 15 « 17 « 19 « 22 « 24
  9ᵉ  «  « 2 « 4 « 6 « 7 « 9 « 11 « 13 « 15 « 17 « 20 « 22 « 24
 10ᵉ  «  « 2 « 4 « 6 « 8 « 9 « 11 » 13 « 15 « 18 « 20 « 22 « 24
```

En principe, toutes les fois que dans une même course plusieurs fils, contigus ou non, forment un même croisement, ils peuvent, sans autre inconvénient que celui nécessité par le remettage *interrompu*, être placés sur les mêmes lisses.

Ce que nous venons de dire concernant les fig. 1, 2 et 3, est applicable à toutes les figures dont se compose la pl. 41.

Réduction des marches. La connaissance de ces sortes de réductions est essentiellement utile aux personnes qui n'emploient pas la *mécanique armure*. Un seul exemple suffira pour faire comprendre toutes les applications et tout le parti qu'on peut tirer de cette méthode.

Supposons que sur un métier à marches on ait à exécuter un tissu formant plusieurs bandes transversales composées de divers croisements, tel serait la fig. 1ʳᵉ, pl. 42, et que l'exécution de cette figure ait lieu par une *marchure suivie*; il faudrait alors nécessairement 115 duites et par conséquent 115 marches; nombre qu'il serait impossible d'atteindre, puisque dix à douze marches sont le maximum que l'on puisse admettre pour ce genre de métier. On ne pourra donc arriver au but qu'on se propose, qu'en faisant l'application du *démarchement*.

A cet effet, on fera d'abord abstraction des coups compris dans les répétitions, c'est-à-dire que pour les bandes *suivies*, chaque coup ou marche opère en temps utile sur toutes les bandes, quel que soit le nombre de duites dont elles sont formées, puisque, avec les mêmes marches, on peut, à volonté, passer un nombre de *courses*, selon que le nécessite la largeur de la bande à exécuter. Voilà pour les bandes A, B, C, D, E, G, I, K, L, dont le croisement est suivi. Les bandes F, H, J étant établies par *retour*, on ne peut en augmenter la largeur qu'en doublant, triplant, etc., le nombre de duites formant la course. Quant au nombre des lisses, il est de 16 ; ce nombre est le plus élevé par rapport au genre de croisement indiqué par la bande H. On remarquera que les deux bandes A et C peuvent être exécutées par deux marches seulement, de même que les quatre bandes E, G, I, K, qui sont en tous points semblables entr'elles.

Comme les divers croisements dont sont formées les bandes B, D L, et F J, sont tous exécutés par la levée d'un fil sur quatre, il résulte que ces cinq bandes, qui exigeraient chacune quatre marches, peuvent, au moyen du *démarchement* et du *remettage*, être exécutées avec quatre marches seulement ; mais pour que le chevron de la bande F soit reproduit en sens contraire à celui formé par la bande J, le remettage de l'une des deux doit être fait à retour.

Il reste à examiner la bande H. Elle est formée de treize coups ; les six derniers ne sont autre chose que la répétition des six premiers, mais à retour ; il n'y a donc, dans cette bande, que le septième coup, qui n'a pas de répétition. Par l'analyse du croisement de cette bande, on trouve des *coups* produits par des *levées* exactement semblables à celles qui sont figurées dans les bandes B, D, F, J, L. On peut donc encore, pour celle-ci, réduire le nombre des marches de moitié au-dessous de ce qui paraît exigé d'abord.

Par la fig. 2, on reconnaît que les deux premières marches *a*, *b*, feront les deux bandes A, C ; les quatre bandes E, G, I, K, seront formées par les marches *c*, *d*, les bandes B, D, F, J, L, seront formées par les marches *e*, *f*, *g*, *h*, enfin la bande H, qui est la plus compliquée, sera faite par les trois marches *i*, *j*, *k*, et avec le concours des marches *f* et *h*.

Les numéros placés au-dessous des lignes, qui représentent les marches, indiquent l'ordre de la marchure ainsi que les répétitions qu'il serait nécessaire de faire pour obtenir le nombre de coups désignés par la *mise en carte* représentée figure 1re. Voici donc les

115 marches réduites à onze seulement, au moyen du *démarchement*.

Le *démarchement* présente assurément plus de difficultés que la marchure suivie, bien qu'on l'exécute le plus souvent au moyen des deux pieds; mais il est évident que pour jouir des avantages de ce procédé, il faut une grande habitude, surtout pour fonctionner avec célérité.

Cette même armure, fig. 1ᵉ, étant prise dans le sens contraire, c'est-à-dire par bandes longitudinales, peut également, par le procédé ci-devant décrit, subir une réduction pour les lisses, qui alors de 115 peuvent être réduites au nombre de 13 seulement. Quant au nombre de marches, qui est de 16, il ne pourrait être réduit à quatre, qu'en faisant abstraction de la bande H.

CHAPITRE XI.
Des Mécaniques, dites armures.

SOMMAIRE : *Petite mécanique Jacquard, dite armure. — Des cartons. — Lisage des dessins et perçage des cartons, à la main. — Amalgamage des cartons. — Laçage. — Mécanique armure, dite à tambour. — Idem dite Ratière.*

DES MÉCANIQUES DITES ARMURES.

L'usage de ces mécaniques s'applique spécialement aux tissus connus sous le nom d'*armures* ou petits façonnés, dont la confection peut avoir lieu au moyen de lisses seulement.

Le nom d'*armures* qu'on donne aux machines dont nous allons nous occuper, leur vient de ce qu'elles sont impropres à exécuter de grands effets, et que dans l'usage auquel on les emploie, elles ne produisent que des dessins très restreints et généralement connus sous le nom d'*armures*.

Il y a plusieurs sortes de mécaniques pour exécuter le tissage à l'armure; mais les diverses modifications qui les distinguent, découlent de la même idée, du même système, qui est celui de la mécanique Jacquard, le seul en usage aujourd'hui dans toutes les villes manufacturières.

De la mécanique armure ou petite Jacquard.

Cette mécanique a la priorité sur toutes celles employées pour confectionner les étoffes appelées armures, au nom desquelles elle a emprunté sa dénomination.

Quoique la mécanique-armure soit véritablement une mécanique Jacquard , puisque en réalité elle n'en est qu'un diminutif, nous croyons néanmoins utile de la considérer seule, à cause de son application aux tissus qui ne sont confectionnés qu'avec des lisses seulement. C'est pour en faire mieux ressortir les avantages qu'elle présente, que nous allons en donner une description complète avant d'en indiquer l'emploi.

Les mécaniques-armures reçoivent des dénominations relatives aux nombres de crochets qu'elles contiennent. Ces nombres sont de 80 ou de 104. Le premier est même plus que suffisant dans la plupart des cas, puisque ordinairement les dessins qu'elles produisent ne peuvent être exécutés au-delà de 40 ou 50 lisses au plus. Mais comme le prix d'une mécanique de 80 crochets n'est guère inférieur à celui d'une mécanique 104 , on se procure de préférence cette dernière, parce qu'on peut s'en servir au besoin pour confectionner quelques petits articles façonnés, sur lesquels nous aurons à revenir.

Nous prendrons donc la mécanique 104 pour base de nos démonstrations.

Les planches 45, 46, 47 et 48 représentent une mécanique-armure vue sur toutes ses faces et ses coupes, et la pl. 49 en offre le plan complet par pièces détachées. On la voit latéralement et par son côté gauche (¹) dans la pl. 45 , et de la même manière par son côté droit, pl. 46. La pl. 47 la représente vue par devant et par derrière, et la pl. 48 en démontre la coupe transversale.

Toutes les pièces composant la carcasse ou corps du bâti sont réduites au nombre de six; ce sont : les jumelles A et B, le chapeau C , la planchette D , la grille de l'étui E , l'étui F et la planche à collet G ; toutes ces pièces sont fixes.

(¹) Le côté du cylindre est considéré comme étant le côté gauche de la mécanique, c'est aussi celui qui est à la gauche de l'ouvrier ; cependant, et ainsi que nous le démontrerons dans la suite, on peut enfreindre cette règle sans pour cela nuire à la fabrication du tissu.

La fig. 1re, pl. 49, représente cette mécanique vue en perspective. La fig. 2, même planche, la démontre nue, du côté de la planchette. La fig. 3 est une répétition de la figure précédente, mais vue du côté de l'étui.

Jumelles. Les jumelles sont deux montants A et B, fig. 1, 2, 3, 4 et 6, identiquement semblables l'un à l'autre. Aux faces intérieures de ces deux pièces, est pratiquée une rainure *a* servant à recevoir les coulisseaux adaptés aux deux côtés de la *griffe*. Ces deux rainures sont garnies en cuivre pour éviter la détérioration qu'occasionnerait le frottement continuel des coulisseaux qui sont en fer. Au bas de chaque rainure il existe un trou carré *d* dans lequel on introduit un ou plusieurs morceaux de cuir, qui ont pour but de régler la hauteur de la *griffe* et en adoucir le *rabat*. La fig. 4 représente la vue intérieure d'une jumelle et la fig. 6 une vue extérieure.

Chapeau. Le chapeau C, fig. 15, consolide les jumelles auxquelles il est fixé d'abord par deux mortaises *b b* pratiquées près de ses extrémités ; ces mortaises reçoivent les tenons *c c* des jumelles, puis entre chaque mortaise est placé un boulon *d*, fig. 6, vissé dans l'intérieur des jumelles où un écrou est encastré : au centre de cette pièce est percée d'outre en outre une mortaise *e*, au travers de laquelle on fait passer la courroie de tirage *f*, fig 2. Sur la face supérieure du chapeau sont placés deux coussinets *g g*, servant à supporter l'arbre de couche H. Au côté gauche sont adaptés deux tenons *h h* destinés à supporter le battant, fig 5 et 7, au moyen de deux vis de réglage *i i* ; le tenon de devant est fixe, mais celui de derrière peut avancer ou reculer, selon qu'il est nécessaire pour l'ajustement du battant. C'est pour ce motif que le tenon mobile traverse et dépasse le chapeau, dans lequel il est serré de manière à ne pouvoir être déplacé qu'à coups de marteau, afin qu'il ne soit pas susceptible de varier trop facilement du point qui lui est assigné.

Planchettes. La planchette D, fig. 2 et 13, est fixée horizontalement par ses extrémités, et posée à plat, contre le côté gauche de la mécanique, au moyen de vis à tête plate vissées dans l'épaisseur des jumelles. Cette planchette est percée de cent quatre trous, disposés longitudinalement sur quatre rangs et régulièrement espacés ; ces trous sont destinés à supporter et à maintenir les aiguilles de la mécanique, il est urgent qu'ils soient un peu évasés à l'intérieur, afin de faciliter l'entrée de ces dernières lors du *garnissage*. Deux trous plus grands que les précédents servent à recevoir les pedonnes du cylindre lors de sa pression contre la planchette.

Grille de l'étui. Cette grille E, fig. 3 et 9, est composée de deux barreaux E E, entre lesquels sont placées cinq broches de fer parfaitement droites et polies; l'intervalle d'une broche à l'autre ne doit être que de l'épaisseur d'une aiguille posée à plat sur son *talon*, et sans que celles-ci se trouvent gênées dans leur mouvement. Quant à la distance du premier au dernier intervalle, elle doit être exactement la même que celle du premier au quatrième rang des trous horizontaux de la planchette D. L'extrémité de chacune de ces cinq broches est emboîtée et fixée dans l'intérieur des jumelles, et les deux barreaux y sont fixés par leurs extrémités au moyen de vis, et sont tous deux percés semblablement de vingt-six trous sur une seule rangée. Chacun de ces trous reçoit une petite broche *j*, nommée *épinglette*, qui maintient uniformément quatre aiguilles superposées en les traversant par leur talon.

La fig. 10 représente une grille complète vue par bout.

Étui. L'étui F, fig. 3, 11 et 12 s'emboîte entre les deux barreaux E E, et s'applique contre les broches de la grille; il est percé d'un même nombre de trous que la planchette D, et à des distances exactement semblables. Chacun de ces trous reçoit un petit élastique formé en fil de laiton, contre lequel vient s'appuyer le talon des aiguilles, qui par ce moyen font ressort. A l'intérieur de cette pièce et dans le sens horizontal de chaque rangée de trous, est pratiquée une petite rainure d'environ un centimètre de profondeur, afin de faciliter l'emboîtement du talon des aiguilles contre leurs élastiques respectifs, et ceux-ci doivent correspondre directement en face du talon de l'aiguille qui leur est relative.

Chaque rang vertical d'élastiques est maintenu extérieurement par une épinglette *k*, qui est assujettie aux épaulements extérieurs de l'étui. Cette disposition procure la facilité de changer, au besoin, un ou plusieurs élastiques, sans pour cela être obligé de déplacer l'étui, qui est une des pièces les plus délicates de la mécanique.

L'étui, quoique faisant partie des pièces fixes, est néanmoins disposé de manière à pouvoir être déplacé à volonté. C'est dans ce but qu'on le fixe aux jumelles par deux boulons à vis qui le traversent à chaque extrémité, et le maintiennent ainsi fixé au moyen de deux écrous à oreilles *l l*.

Planche à collet. La planche à collet G, fig. 14, est terminée à chaque extrémité par une queue d'aronde, qui s'emboîte à coulisse dans une rainure *m m*, fig. 4, pratiquée à la partie inférieure et interne de chaque jumelle. Cette planche est aussi percée de 104 trous, alignés longitudinalement sur quatre rangs, et transversalement sur vingt-six. L'espace d'un rang longitudinal à l'autre est le même que l'écartement donné aux lames de la griffe.

La planche à collet ayant à supporter tout le poids des lisses, il est urgent qu'elle soit soutenue par une tringle de fer, fig 30, qui traverse chaque jumelle en *n n*, fig. 4 et 6. Cette tringle, que l'on nomme support, est à épaulement d'un côté et à écrou de l'autre. C'est en vissant cet écrou qu'on maintient la planche à collet dans la position qui lui est assignée; ce même écrou doit être desserré toutes les fois qu'il s'agit de régler la prise des crochets aux lames de la griffe.

Au nombre des pièces mobiles se trouvent les suivantes : la griffe, le battant, le cylindre, les loquets ou clanches, les aiguilles, les crochets et l'arbre de couche.

Griffe. La griffe, dans son entier, fig 19 et 20, se compose d'un morceau de bois massif, que l'on nomme *plot* ou *mouton*; mais cette pièce est plus commode lorsqu'elle est formée de quatre morceaux assemblés, emboîtés solidement à queue d'aronde, en forme de petite caisse allongée, qui n'aurait ni fond ni dessus; et c'est par rapport à cette ressemblance qu'on a donné à cette partie le nom de *caisse*, dont les deux extrémités H H descendent un peu au-dessous de ses parties latérales I J. C'est au milieu et à l'extérieur des parties extrêmes de la caisse que sont fixés verticalement les coulisseaux *o o*, servant à diriger d'aplomb le mouvement ascensionnel de cette pièce. Ce sont encore ces mêmes parties de la caisse qui maintiennent les quatre lames en fer 1, 2, 3, 4, constituant la griffe proprement dite.

Ces lames sont placées longitudinalement et obliquement à une distance semblable les unes des autres; l'inclinaison que l'on y remarque, fig. 29, est indispensable, non seulement pour que le rabat de la griffe puisse repousser convenablement les crochets qui ne se trouveraient pas sous l'impulsion d'un mouvement de retraite, mais encore pour que les lames ne puissent retomber sur la tête des crochets, qui, dans ce cas, les courberaient infailliblement.

La vis de pression, fig. 31, traverse les deux parties latérales de la caisse et est disposée de manière qu'on puisse, selon qu'il est nécessaire, la reculer ou l'avancer au moyen des deux écrous pp, entre lesquels le côté droit de la caisse se trouve serré. La partie L de la tige est carrée, et traverse juste dans un trou du même genre pratiqué au côté gauche de la caisse, et renforcé par une plaque de fer, qui y est adaptée en q, fig. 2. L'extrémité M, fig. 31, forme une fourchette coudée, à deux branches, entre lesquelles est placé un galet K, maintenu par une goupille à vis. Le galet a pour mission d'écarter et de rapprocher alternativement le ressort de presse N N, fig. 18, qui lui-même étant fixé aux traverses du battant, met celui-ci en mouvement. La vis de presse fait également partie de la caisse, ainsi que les boulons à écrous rr, auxquelles on arrête les courroies de tirage lorsqu'on en emploie deux, ainsi que le représente la fig. 3. Dans ce cas, la levée s'exécute avec bien plus d'aplomb que lorsqu'on ne fait usage que d'une seule courroie, qui d'ordinaire est arrêtée à la vis de presse, au moyen d'une agraffe représentée fig. 31.

Les bâtis des griffes qu'on fait aujourd'hui sont presque tous en fonte de fer; ils ont sur ceux en bois l'avantage d'être plus solides et plus lourds, et par ce dernier moyen, évitent les surcharges qu'on est quelquefois obligé d'y ajouter.

Battant. Le battant de la mécanique est un châssis formé de quatre pièces assemblées O, P, Q, R, fig. 5 et 7. Les fig. 25 et 27 représentent la partie intérieure des montants O, P; à chacun de ces montants est pratiquée une entaille, où l'on fait monter et descendre à volonté par une vis dite de réglage s, un coussinet en cuivre, échancré pour recevoir l'un des tourillons qui se voient à l'extrémité du cylindre, fig. 7.

On remarque au montant P, fig. 27, une échancrure t, par où l'on fait entrer le second tourillon du cylindre sur le coussinet, lorsque le premier est posé sur le coussinet de l'autre montant, fig. 25.

Le *ressort de presse*, fig. 18, appartient exclusivement au battant, où il est fixé extérieurement par des vis aux deux traverses Q, R (voy. fig. 5). La forme ou courbure de cette pièce est disposée de manière à recevoir le galet K, dont la montée et la descente impriment au battant le mouvement qui lui est nécessaire. Le ressort de presse, pour être bien conditionné, doit être en acier.

La pièce représentée fig. 26 est appelée *valet*. Elle se compose d'une

I.   21

embase en bois, de peu d'épaisseur, garnie d'une plaque de cuivre
en dessous; à cette embase est adaptée une tige carrée *u*, surmontée
d'une broche de fer *v*, entourée d'une spirale métallique faisant ressort. Le valet est maintenu par son passage dans les deux traverses du
battant, comme on le voit en *uv*, fig. 5; la traverse inférieure est percée d'un trou carré dans lequel passe la tige *u*, et l'embase repose sur
deux des quatre boulons qui forment la lanterne du cylindre. A la tige
carrée *u* est pratiquée une légère entaille dans laquelle on fait entrer
une petite ~~clavette tournante, adaptée sur la traverse~~ R, toutes les fois
qu'il est nécessaire de maintenir le valet suspendu pour opérer le déplacement du cylindre. Le valet a pour but de servir de ressort au
cylindre et de le maintenir d'aplomb sur toutes ses faces.

Les premières mécaniques d'armures n'étaient munies que d'un seul
valet; mais on a reconnu l'urgence d'en mettre deux; dans ce cas, le
valet de derrière, dont le point d'appui porte sur le bois, n'a pas besoin
d'être garni d'une bandelette de cuivre à sa partie inférieure.

Cylindre. Cette pièce, fig. 7, fait encore partie du battant, elle est
de forme quadrangulaire, en bois, dont chaque face est percée d'un
nombre de trous semblable à celui de la planchette. On voit en *x x x x*
de petites chevilles coniques en buis, nommées *pedonnes*, qui sont fixées
au cylindre. A l'une des extrémités *o* est attachée une lanterne faite de
deux plaques de fer, unies par quatre boulons à leurs angles, fig. 8.

La fig. 5 représente un battant garni de son ressort de presse, de
son cylindre et de son valet.

Le battant, ainsi garni de toutes ses pièces, est suspendu aux deux
tenons *hh* du chapeau, fig. 15, par les deux vis de réglage *ii* qui traversent ces tenons à vis, et dont les pointes arrivent dans des crapaudines encastrées dans la partie supérieure et intérieure des montants
O P, de manière que le battant puisse agir comme s'il était suspendu
par des charnières.

Loquets. Les loquets S T, fig. 6, sont deux espèces de mentonnets à
crochet, qui sont fixés à l'extérieur de la jumelle de devant, par une vis
à tête ronde, qui leur laisse la facilité de mouvoir en montant ou en descendant. Ils sont destinés à faire faire au cylindre un quart de tour,
chaque fois que le battant s'éloigne de la mécanique, en accrochant l'un
des boulons de la lanterne. Le loquet supérieur S fait tourner le cylindre
en avant, et celui inférieur T le fait tourner en sens opposé; ils ne
peuvent par conséquent agir tous les deux en même temps.

Ces deux loquets sont attachés l'un à l'autre à leur extrémité, de manière que l'effet du loquet supérieur puisse subitement, et à volonté, être remplacé par l'effet du loquet inférieur, et réciproquement, ce qui a lieu au moyen d'une ficelle qui passe sur une petite poulie à *chappe*, placée au-dessus des loquets contre la traverse supérieure du battant, et qui vient s'attacher au loquet S; d'où il résulte qu'en tirant cette ficelle, le loquet de dessous remplace dans sa fonction celui de dessus, qui alors se trouve instantanément élevé de manière à ne pas accrocher la lanterne.

Lorsque l'on veut faire marcher constamment le cylindre en arrière, autrement dire à *retour*, il suffit d'attacher un petit contre-poids au bout de la ficelle qui descend à la portée de la main de l'ouvrier.

Aiguilles. Les aiguilles 1re, 2e, 3e, 4e, fig. 21, sont des fils de fer cru, de la force d'aiguilles à tricoter, qui en un endroit A, B, C, D, sont contournés en anneau, et recourbés en boucles à l'une de leurs extrémités.

L'œil ou anneau de chaque aiguille est destiné à recevoir un crochet et à lui communiquer le mouvement d'avant et d'arrière, leurs boucles ou *talons* sont arrêtés dans la grille de l'étui par une *épinglette*.

Crochets. Les crochets sont formés de fil de fer un peu plus gros que celui des aiguilles. Ils sont recourbés par les deux bouts; la courbure du bas est plus longue que celle du haut, comme on le voit dans cette même figure. Les crochets sont passés dans les œils ou anneaux des aiguilles qui en maintiennent l'écartement, dans les proportions du perçage de la planche à collet G, sur laquelle ils reposent. Ce sont les crochets qui transmettent aux lisses le mouvement ascendant qu'ils reçoivent des lames de la griffe.

On remarquera que tous les crochets sont semblables, et qu'il n'en est pas de même des aiguilles; car si ces dernières sont toutes de même longueur, elles diffèrent entr'elles en ce que leurs anneaux sont placés à quatre distances différentes, qui leur font donner des dénominations de numéros 1, 2, 3, 4, selon le rang horizontal auquel elles sont destinées. Les aiguilles et les crochets, doivent être parfaitement dressés, et tous les anneaux d'un même numéro doivent être exactement à une égale distance.

Garnissage. Le garnissage a pour objet le placement, dans l'intérieur de la mécanique, du nombre d'aiguilles et de crochets qu'elle comporte, ou seulement du nombre nécessaire au tissu qu'on veut exécuter.

Admettons qu'il s'agisse de garnir la mécanique dans son entier.

Pour cela, on place ou l'on suspend préalablement la mécanique à une hauteur convenable; puis, se plaçant en face du côté de l'étui, que pour cette opération on enlève de sa place, on suspend aussi la griffe au moyen d'une ficelle attachée au chapeau. Ces préparatifs terminés, on prend l'aiguille N° 1, et on introduit un crochet dans son œil ou anneau A; ensuite on passe la pointe de cette première aiguille dans le trou inférieur du premier rang vertical de la planchette D; puis on retire un peu l'aiguille, de manière à en appuyer le talon sur la première broche de la grille. Dans cette position, on passe l'épinglette jj dans le premier trou des deux barreaux en bois E E, et dans le talon de l'aiguille. On prend un second crochet, qu'on passe de la même manière dans l'œil de la deuxième aiguille; l'on introduit celle-ci dans le second trou du même rang vertical de la planchette; puis on appuie son talon sur la deuxième broche, après avoir soulevé l'épinglette j, qui doit également le traverser, tout comme celui de la première aiguille. On passe de la même manière le troisième et le quatrième crochet avec la troisième et la quatrième aiguille à leurs places respectives, pour former et compléter le premier rang vertical.

On commence de la même manière et dans le même ordre un second rang à côté du premier, et l'on emploie alors une seconde épinglette, dont la pointe traverse les talons des aiguilles N°° 5, 6, 7, 8, qui constituent le second rang. Enfin, on place un troisième, un quatrième rang, etc., jusqu'à la fin du garnissage complet.

Lorsqu'on garnit une mécanique, on doit toujours tourner les becs des crochets du côté de la planchette, et les anneaux des aiguilles doivent être dirigés vers le devant de la mécanique.

La fig. 21, pl. 49, représente la coupe intérieure d'une mécanique garnie de ses quatre numéros d'aiguilles, et de leurs crochets.

Le garnissage étant terminé, on replace l'étui, et l'on examine si chaque aiguille exécute librement son mouvement d'élasticité; puis on délie la caisse qu'on laisse doucement descendre, afin de s'assurer si les lames de la griffe tombent régulièrement sur le devant et contre les becs de chaque rang de crochets; ensuite on procède au colletage.

Arbre de couche. L'arbre de couche, comme on le voit en U, V, X, fig. 1, 2 et 3, est une barre de fer d'environ deux centimètres carrés, placée sur le chapeau de la mécanique; cet arbre est posé sur deux coussinets métalliques *g g*, où il tourne librement, garni d'un manchon V, sur lequel s'enroule une courroie qui sert à lever la griffe, et par conséquent à opérer la *foule*, c'est-à-dire l'ouverture nécessaire au passage de la navette, entre les fils de chaîne qui lèvent et ceux qui restent en fond. Près de l'extrémité de devant se trouve une poulie X à double gorge, fig. 1, formée de deux diamètres différents, sur laquelle s'enroule, en sens contraire à la courroie du manchon U, une corde correspondant à la marche. C'est du diamètre de cette poulie, e celui du manchon U et de la distance de la marche au sol, que dépend la grandeur de l'ouverture qu'on opère dans la chaîne. Il y a donc des proportions à garder, des relations à établir entre ces différentes causes, pour que la marchure ou foule soit facile et régulière, enfin des combinaisons telles que le travail en soit le moins fatiguant possible.

Supposons que le diamètre de la grande gorge soit de 30 centimètres, celui de la petite gorge de 20 centimètres, et celui du manchon V de 10 centimètres.

Supposons aussi que la marche soit élevée de 30 centimètres au-dessus du sol.

Nous dirons que, si la corde de marche s'enroule sur la grande gorge, le manchon V procurera à la chaîne une ouverture égale au tiers de la hauteur de la marche ou 10 centimètres, parce que le diamètre du manchon n'étant que le tiers de celui de la grande gorge, la rotation de cette dernière ne peut enrouler et dérouler qu'un tiers de tour.

Mais si l'on fait enrouler la corde de marche sur le diamètre de la petite gorge, le manchon V procurera à la chaîne une ouverture égale à la moitié de la hauteur de la marche ou 15 centimètres, parce que le diamètre du manchon se trouve être de la moitié du diamètre de la grande gorge et que l'arbre de couche ne fait qu'un demi-tour. Ceci est évident, puisque cette gorge opère un déroulement de 30 centimètres, tandis que le manchon n'étant que la moitié du diamètre de la petite gorge de la poulie X, ne peut donner qu'une foule de 15 centimètres.

Donc, plus le diamètre qui reçoit la corde de la marche est petit, plus l'ouverture de la chaîne est grande et *vice versa*.

On peut en conséquence, par la combinaison des diamètres, donner plus ou moins de foule ou marchure sans rien changer à la hauteur de la marche, de même qu'on peut aussi augmenter ou diminuer cette foule en changeant la hauteur de la marche, sans avoir égard aux diamètres. On pourrait également faire subir tous ces changements, en augmentant ou en diminuant seulement le diamètre du manchon V, sans rien changer aux diamètres des gorges, ni à la marche.

Nous devons néanmoins faire observer que plus le diamètre qui reçoit la corde de marche est grand, plus la marche doit être élevée et plus aussi la foule en devient légère, et que, par conséquent, plus ce même diamètre est petit, moins aussi la marche exige d'élévation. Mais la compensation des diamètres par la hauteur de la marche, ou de la hauteur de la marche par la différence des diamètres n'est pas toujours avantageuse pour l'ouvrier; car lorsque le diamètre de la gorge qui reçoit la corde est trop petit, le travail en devient pénible; d'ailleurs, en mécanique, il est reconnu que dans la combinaison des mouvements on perd en force ce que l'on gagne en vitesse, et réciproquement.

Le *colletage* consiste à placer à chaque crochet le *collet* (1) ou la boucle de la corde qui soutient la lisse qui doit lui correspondre, c'est-à-dire, que la boucle qui appartient à la première lisse, doit être passée dans le premier trou de la planche à collet, puisque c'est sur ce même trou que repose le premier crochet; le second collet est passé au second trou; il en est de même de tous les autres.

On voit que cette corrélation de numéros d'ordre existe intimement entre les aiguilles, les crochets et les collets; et que cette mécanique, complètement garnie, peut faire mouvoir, toutes d'une manière différente, cent quatre lisses; nombre auquel on n'aurait d'ailleurs aucun intérêt à atteindre, car au-dessus de quarante lisses environ, la nouveauté, quelles qu'en soient les matières, est réservée à la mécanique Jacquard proprement dite, dont nous parlerons bientôt.

La meilleure méthode pour disposer le montage de ces sortes de métiers, est de n'exécuter le garnissage de la mécanique que sur un seul rang longitudinal et en nombre égal à celui des lisses à employer. Dans ce cas, il ne peut être que de vingt-six, y compris les lisières; car au-dessus de ce nombre, il faudrait nécessairement disposer le garnissage sur deux rangs, soit en totalité, soit en partie. C'est ce que nous finirons de démontrer, vers la fin de ce chapitre, dans l'article : *Perçage des cartons pour mécanique-armure.*

---

(1) Le *collet* proprement dit appartient à la mécanique Jacquard; ce qui le remplace dans la mécanique-armure est une boucle dépendant de la corde qui suspend les lisses, boucle à laquelle on donne aussi improprement le nom de collet.

Chaque boucle est passée tout simplement à cheval sur la partie inférieure de son crochet respectif.

Pour passer plus facilement ces collets ou boucles dans leur planche, on se sert ordinairement d'un petit outil, espèce de crochet, que l'on appelle *passe-collet*, fig. 22.

La fig. 25 représente une autre espèce de double crochet que l'on nomme *tire-pousse*. Celui-ci sert à redresser les crochets de la mécanique lorsqu'ils se trouvent courbés par accident.

La fig. 28 est encore une autre sorte de crochet, que l'on nomme *fourchette*; on s'en sert également pour redresser les crochets.

La fig. 17 représente une grille mobile dont chacun des barreaux est passé sur la partie inférieure de tous les crochets qui sont placés sur un même rang longitudinal. Cette grille a pour but d'empêcher les crochets de se tourner, et peut indifféremment être placée avant ou après le garnissage.

DES CARTONS.

Dans la mécanique armure, comme dans la mécanique Jacquard, on fait usage de cartons, dont l'effet remplace les marches du métier ordinaire, en sorte que chaque carton tient lieu d'une marche. C'est surtout en cela que le système de ces mécaniques offre le plus grand avantage, puisque le nombre de cartons est illimité.

Les cartons sont coupés par bandes de la largeur d'une des faces du cylindre, et d'une longueur un peu moindre. Ils sont percés d'un nombre de trous variable, suivant le dessin auquel ils sont propres, mais ils ont tous, vers leurs extrémités, un trou plus grand $a\,b$, fig. 5, pl. 50, qu'on nomme trou de *repères*. Ces trous sont destinés à recevoir les *pedonnes*, dont l'effet est de maintenir le carton sur le cylindre, afin qu'il ne puisse glisser sur la face où il se trouve appliqué.

Lisage des dessins. — *Perçage des cartons, à la main.*

Le lisage dont il est ici question n'a rapport qu'au *perçage à la main* des cartons de la mécanique-armure, pour laquelle on n'emploie que fort rarement les grands lisages mécaniques, dont nous nous occuperons plus tard.

Le piquage ou perçage des cartons est une opération importante, qui nécessite beaucoup d'attention, parce qu'elle est entièrement destinée à la reproduction, sur l'étoffe, des effets combinés sur le papier de la mise en carte. C'est donc d'après le dessin donné, et en suivant exactement ses indications, que le *piqueur, perceur* ou *liseur* exécute son travail, puisque le dessin qui lui est fourni est le plan réel de l'opération dont s'agit.

Ainsi, *lire un dessin*, c'est percer, dans un ordre convenable, la quantité de cartons nécessaires pour produire en tissu, les effets indiqués sur ce même dessin.

Dans leur marche autour du cylindre, les cartons ont pour mission de repousser, par numéros d'ordre, les aiguilles de la mécanique, et par suite du mouvement que celles-ci impriment aux crochets, produire les *sautés* et les *pris*, indiqués sur le papier de mise en carte.

Pour le perçage des cartons, on se sert d'un petit maillet en bois, fig. 2, pl. 50, de deux poinçons, fig. 3 et 4, et d'une matrice en fer, composée de deux plaques, fig. 6, 7 et 8, percées chacune semblablement et d'un nombre de trous égal à celui de l'une des faces du cylindre.

La plaque inférieure A B est encastrée et fixée à un petit billot portatif E F, vu en dessus, fig. 7, et par côté fig. 8. La plaque supérieure C D est recourbée à ses extrémités, afin de pouvoir être enlevée et replacée avec facilité, et comme cette plaque doit se superposer exactement sur celle inférieure et satisfaire à la concordance des trous, cette dernière est garnie de deux guides coniques *a b*, espèces de pedonnes en fer, ainsi que de quatre arrêts *c d e f*. Ces guides et ces arrêts servent non seulement à diriger la superposition de la plaque supérieure sur celle inférieure, mais bien encore à maintenir chaque carton durant le perçage.

Il est essentiel que les cartons soient coupés d'une dimension conforme à l'emplacement qui leur est réservé, afin que les extrémités touchent les guides *a b*, et les côtés les chevilles *c d e f*. Cette précaution est indispensable pour que les cartons ne puissent ni vaciller dans la matrice, ni s'y trouver par trop gênés.

Le poinçon, fig. 2, sert à percer les trous de *repères*, et le poinçon, fig. 3, les trous ordinaires et ceux de la cage.

Il arrive souvent qu'on a besoin de plusieurs cartons semblablement percés; dans ce cas, on peut en percer deux à la fois et même plus, surtout si les cartons sont de peu d'épaisseur.

Pour lire un dessin, on place d'abord le carton sur la plaque inférieure, puis on le recouvre de la plaque supérieure; alors on perce avec le gros poinçon fig. 2 les deux trous des repères; puis, avec le petit poinçon fig. 3, on perce les trous de laçage et généralement tous ceux du carton, là où le commande le dessin, en observant de percer pour obtenir des pris, et de laisser le carton intact pour obtenir des *sautés* ou *laissés*.

On ne saurait trop recommander aux personnes chargées du perçage des cartons à la main, d'apporter la plus grande attention à tenir le poinçon parfaitement d'aplomb; cette précaution est indispensable à la conservation de la matrice et des poinçons.

La marche à suivre, généralement adoptée pour le lisage d'un dessin *à la main*, est d'aller de droite à gauche de la carte.

Quant à la concordance de chaque trou avec les points de la carte, on peut la considérer et la prendre de deux manières différentes, puisqu'on peut, selon la nécessité, l'établir par rang longitudinal ou bien par rang transversal.

Le perçage par rang longitudinal a lieu toutes les fois que le nombre de lisses ne dépasse pas le nombre de trous, c'est-à-dire, vingt-cinq, plus un pour les lisières. Dans cette circonstance, la mécanique peut être garnie ou sur un seul rang fig. 9, ou sur deux rangs fig. 10 ou 11. Observant que si le garnissage n'a lieu que sur un rang, on doit, pour maintenir l'aplomb du cylindre contre la planchette, garnir sur un des deux rangs du milieu, tandis que lorsqu'on garnit la mécanique sur deux rangs, on peut indistinctement faire choix, ou des deux rangs du milieu, ou bien des deux rangs des bords.

Lorsqu'on garnit la mécanique sur deux rangs, soit ceux du milieu, soit ceux des bords, les deux crochets, pris sur le même numéro d'ordre, c'est-à-dire sur un même rang transversal, ne comptent que pour un. Cette méthode a, sur celle d'un rang, l'avantage d'offrir plus d'assurance pour la levée des lisses, puisque chacune d'elles correspond à deux crochets; seulement le perçage des cartons exige deux trous pour un.

Dans le perçage par rang longitudinal, le premier trou de gauche correspond à la première lisse, qui est celle de derrière, et conséquemment le premier trou de droite correspond à la lisse de devant.

Le garnissage, ainsi que le perçage des cartons par rang transversal, peut être complet ou partiel, selon que le nombre de lisses l'exige. On en fait usage toutes les fois que le nombre de lisses dépasse vingt-cinq, et ne s'étend pas au-dessus de cent.

I.   25

Donc, à cinquante lisses, par exemple, et à raison d'un seul crochet par lisse, on disposera le garnissage conformément à une des fig.
10 ou 11, pl. 50; et si l'on veut faire usage de deux crochets pour un
garnissage ainsi que le représente la fig. 5, même planche.

Si le nombre de lisses dépasse vingt-cinq, et qu'il n'atteigne pas
cinquante; tel serait par exemple quarante-deux, on laissera des *jours*
ou *vides*, ainsi qu'on le voit fig. 3 ou 4, pl. 51.

Ces deux figures, quoique disposées d'une manière différente, remplissent le même but, et sont toutes deux susceptibles de changements.

Par la même raison, si le nombre de lisses est de cinquante-un à
soixante-quinze, le garnissage occupera trois rangs, fig. 9 ou 10, mais
à crochet simple, et si le nombre de lisses atteint soixante-seize à cent,
le garnissage sera complet. Les vides, s'il en est besoin, auront toujours lieu par le même principe.

Exemples de perçage.

Afin de faire parfaitement comprendre les explications qui précèdent,
nous allons procéder au perçage des cartons employés pour la confection des tissus appartenant aux armures fondamentales. Mais avant que
de nous suivre dans les démonstrations où nous allons entrer, voici
quelques principes dont le lecteur doit bien se pénétrer; principes déjà
émis en partie, mais que nous croyons devoir rappeler ici, à cause
de leur importance.

Nous rappellerons d'abord : Que chaque carton remplace une marche
du métier ordinaire, puisquils sont disposés de manière à faire lever la
quantité de lisses nécessaires;

Que les trous pratiqués à chaque carton livrent passage aux aiguilles
qui font mouvoir les crochets correspondant aux lisses qui doivent
lever. Que l'emplacement des trous restés pleins repousse les aiguilles
et laisse dans l'inaction les crochets dont les lisses qui leur correspondent doivent rester en fond.

En conséquence, les trous percés sur le carton doivent exactement
correspondre aux points indiqués sur la ligne qui leur est relative dans
la mise en carte.

Le nombre de cartons nécessaire pour la production d'une armure
ou d'un dessin quelconque est illimité, puisqu'il dépend de sa complication, c'est-à-dire, de la quantité des coups de trame qui entrent
dans son raccord.

Dans la totalité des cartons composant un *manchon*, *jeu de cartons* ou *dessin*, chaque lisse doit au moins lever une fois; car sans cela, tous les fils appartenant à la lisse qui n'aurait pas fonctionné, resteraient en fond et formeraient une *bride* constante en dessous de l'étoffe. De même, tous les fils d'une lisse qui leverait constamment formeraient une bride continue en dessus du tissu.

Ainsi que nous l'avons expliqué aux armures fondamentales, on sait que pour exécuter l'armure taffetas, deux marches suffisent au métier ordinaire, et par conséquent deux cartons à la mécanique. Or, le cylindre ayant quatre faces, toutes percées d'un nombre de trous égal à celui des aiguilles, crochets et collets de la mécanique, il en résulterait que si l'on ne faisait usage que de deux cartons, deux des faces du cylindre seraient sans action, puisque, lorsqu'elles se présenteraient aux aiguilles, aucune de celles-ci ne se trouvant repoussées, tous les fils de la chaîne leveraient ensemble et rendraient, pendant le passage de ces deux faces contre les aiguilles, le coup de trame impossible, attendu qu'il n'y aurait pas d'ouverture pour le passage de la navette.

De cette disposition il résulterait une perte de temps qu'on évite en employant quatre cartons, dont le troisième est la répétition du premier, et le quatrième la répétition du second.

Pour faciliter le lisage et le perçage d'un dessin quelque peu étendu, on place sur la carte une règle à biseau, très-mince, ou à défaut, deux cartons liés ensemble par les extrémités, entre lesquels la carte se trouve suffisamment resserrée, de manière à ne pas dépasser sur le devant que tout juste du nombre de coups déja lus, ou du dernier coup à lire. Voy. fig. 1re. pl. 50.

Perçage par rang longitudinal.

Taffetas. Le perçage des cartons pour taffetas, devant produire deux répétitions de cette armure, ou quatre cartons, on en placera deux à la fois dans la *matrice*; puis on procédera au perçage soit sur un seul rang, fig. 5 et 6, pl. 52, soit sur deux rangs, fig. 7 et 8, même planche, par un *pris* et un *sauté*, en commençant par la droite.

Ces deux cartons étant percés, soit d'après la fig. 7, on les sort de la matrice; et comme ils ne doivent pas être placés à la suite l'un de l'autre, lors du tissage, on inscrit à leur extrémité de droite les numéros 1 et 3, attendu qu'ils sont tous deux percés semblablement. Voilà pour la première ligne, représentée au bas de la carte, fig. 1ʳ.

Pour passer au perçage de la seconde ligne, on fera glisser la carte de manière que la règle qui la recouvre, laisse apercevoir la seconde ligne, fig. 2. Alors on remettra de nouveau, dans la matrice, deux autres cartons, que l'on percera suivant le même garnissage, en commençant cette fois par un *sauté* et un *pris*, ainsi que l'indique la fig. 8. Ces deux cartons porteront les numéros 2 et 4, ainsi que le représente leur développement, fig. 9.

Le perçage que nous venons d'exécuter comprend treize répétitions de taffetas, c'est-à-dire, qu'il peut faire manœuvrer vingt-six lisses. Ce nombre n'est pas de rigueur, puisqu'il suffit de ne percer que le nombre de trous nécessité par le nombre de lisses qu'on aurait à employer.

Nous avons tout lieu de croire que les explications précédentes, relatives au perçage ou garnissage par double crochet, ont été parfaitement comprises. C'est pour cette raison et pour ne pas compliquer nos planches inutilement, que les exemples qui vont suivre ne seront établis que sur crochets simples.

Batavia. Pour percer les cartons qui doivent produire cette armure, on suivra la marche indiquée par la fig. 5, pl. 53, où l'on voit : que le carton N° 1 est la reproduction de la première ligne représentée au bas de la fig. 1ʳ; que le second carton, N° 2, correspond à la 2ᵉ ligne de la carte, fig. 2, et ainsi de suite jusqu'au carton N° 4.

Le batavia exigeant quatre lisses au moins, le perçage des cartons ne peut avoir lieu que par 4, 8, 12, 16, 20 ou 24 trous. C'est sur ce dernier nombre que nous l'avons établi. D'ailleurs, il suffit de savoir que le nombre quatre peut satisfaire.

Sergé. Comme le sergé peut avoir lieu sur divers nombres de lisses, il suffira que nous en donnions un seul exemple.

La fig. 10, pl. 53, représente le perçage d'un sergé de quatre établi sur vingt-quatre lisses. Les fig. 6, 7, 8 et 9 en sont la mise en carte, sur lesquelles on a figuré six répétitions.

Le perçage des cartons, pour le sergé de trois aussi bien que pour celui de cinq, de 6, etc., a lieu d'après les mêmes principes.

Satin de cinq. Bien que cette armure n'exige que cinq cartons, on est obligé d'en piquer au moins dix, attendu que le nombre cinq ne peut donner assez d'étendue pour qu'on puisse y placer une *lanterne,* et que sans cet ustensile les cartons ne peuvent parfaitement plaquer sur le cylindre.

A cet effet, et pour abréger le perçage, on piquera deux cartons à la fois, puisque le premier et le sixième sont semblables, et qu'il en est de même du deuxième et du septième, du troisième et du huitième, et ainsi de suite de cinq en cinq.

Un second motif qui oblige à piquer, pour cette armure aussi bien que pour toutes celles qui sont formées sur des nombres impairs, le double des cartons strictement exigés, est, que les trous des lisières se trouvant aussi percés sur les cartons, nécessitent que ceux-ci soient en nombres pairs, n'importe que les lisières soient en *gros de tour* ou en taffetas.

La planche 54 représente le perçage d'un satin de cinq, établi sur vingt lisses et dix cartons.

On y remarque que les lisières que nous avons placées sur les aiguilles B C n'ont pu être percées en même temps que les trous du satin, pour lesquels les cartons ont été percés par deux à la fois, dont l'un appartient aux nombres pairs et l'autre aux nombres impairs; tandis que les lisières ne peuvent être percées par plusieurs à la fois, qu'en réunissant des cartons dont la classification appartient soit aux numéros pairs, soit aux numéros impairs. Voilà pourquoi le satin de cinq, y compris le raccord des lisières, ne peut se rencontrer qu'à dix.

Bien que le placement des lisières soit arbitraire, on doit, de préférence, les établir sur le devant de la mécanique, en occupant deux des crochets pris sur les quatre qui forment le premier rang transversal A, B, C, D; et quoiqu'il n'y ait pas de règle établie à ce sujet, un principe unique vaudrait cependant beaucoup mieux. Quant à nous, nous conseillons de placer les lisières sur les crochets B C, afin de laisser les crochets A D libres, pour, au cas de besoin, faire manœuvrer les boîtes du battant, dont on fait usage pour les articles à deux navettes confectionnés sur une grande largeur.

Satin de huit. Le perçage des cartons, pour ce satin, est représenté pl. 55. Cette armure n'a pas besoin d'être percée en double, attendu que les huit cartons qu'elle exige laissent un espace suffisant pour y introduire une *lanterne*; en outre, ce nombre étant pair a l'avantage de s'accorder avec les lisières.

Le perçage de ces cartons étant fait sur vingt-quatre trous, donne trois répétitions.

Il est évident que les répétitions ne sont nécessaires au perçage qu'autant qu'elles existent pour les lisses; car, dans le cas contraire, les répétitions de perçage sont entièrement inutiles.

Lorsque le nombre des lisses n'exige qu'une partie des trous pris longitudinalement, il faut espacer ces derniers, de manière à ce qu'ils contiennent une longueur proportionnée à l'emplacement qu'occupe la réunion des lisses. A cet effet, on considérera comme nuls un, deux ou trois rangs de trous, selon le besoin, entre ceux susceptibles d'être percés; en un mot, la ligne des collets doit tenir, autant que possible, un emplacement égal à celui des lisses.

Perçage par rang transversal.

Le perçage par rang transversal peut être pris en totalité ou en partie, puisqu'on peut, selon les circonstances, occuper deux, trois ou quatre rangs.

La fig. 10, pl. 55, représente l'ordre dans lequel on dispose le perçage, toutes les fois que le nombre de lisses se compose de cinquante et au-dessous, par crochet simple, et pris sur les deux rangs intérieurs.

La fig. 11, même planche, représente ce même perçage pris sur les deux rangs extérieurs.

La fig. 12 représente encore ce même perçage, mais par crochets doubles, autrement dire deux crochets pour un; c'est pour cette raison que, dans ce cas, les cent crochets ne produisent que l'effet de cinquante.

Au-dessus de cinquante, le garnissage ne peut plus avoir lieu que par crochets simples; ainsi, de cinquante-un à soixante-quinze, on emploiera trois rangs seulement, n'importe lesquels; cependant on laissera de préférence le rang vide à un des deux bords, comme aussi on pourrait disposer le garnissage de manière, que chacun des quatre rangs fournisse son contingent de crochets.

De 76 à 100, les quatre rangs seront occupés entièrement ou en partie.

Nous allons maintenant reproduire transversalement le perçage des mêmes armures que nous avons précédemment établies par rang longitudinal.

À cet effet, nous admettons que le garnissage de la mécanique est au complet; alors on aura 100 crochets, en faisant toutefois abstraction des quatre crochets A B C D, qui ont des attributions spéciales.

La carte étant placée ainsi que nous l'avons démontré dans les planches précédentes, on en fera le lisage d'après les principes ci-devant décrits, c'est-à-dire, en allant de droite à gauche.

Si nous donnons pour méthode d'exécuter le lisage et le perçage, en allant de droite à gauche, c'est afin que les trous faits soient constamment sous la vue du *perceur*, tandis que si le perçage avait lieu de gauche à droite, la main gauche, qui tient le poinçon, porterait ombrage sur les trous déjà faits. Ce n'est donc uniquement que pour rendre cette opération plus facile, que l'on doit de préférence commencer le perçage à droite plutôt qu'à gauche.

Au résumé, on doit toujours commencer le perçage du côté de la main qui tient le maillet; d'où il résulte que le droitier commence à droite et le gaucher à gauche; d'ailleurs, les deux méthodes produisent absolument le même résultat.

D'après le garnissage de la mécanique, l'aiguille qui se trouve placée en haut de la *planchette* et sur le devant, correspond à la dernière lisse, qui est aussi celle de devant, de sorte que l'aiguille qui est placée au bas de la planchette et sur le derrière de la mécanique, correspond à la première lisse, qui se trouve également placée sur le derrière.

Pour faire sur la matrice l'application de la disposition du garnissage de la mécanique, il résulte que le premier trou, à droite, sur le devant de la matrice, correspond à l'aiguille placée en haut du premier rang transversal de la planchette, et que le trou placé sur le derrière du dernier rang transversal, à gauche de la matrice, correspond à l'aiguille qui occupe le dernier rang du bas de la planchette. Donc, si l'on perce un dessin en allant de gauche à droite, on exécutera le *piquage* en allant du derrière sur le devant, tandis que si le perçage a lieu de droite à gauche, on exécutera le piquage en allant d'avant en arrière, et toujours de quatre en quatre, par rang transversal.

Taffetas. Cette armure étant régulièrement établie par un pris et un sauté pour le premier coup, et un sauté et un pris pour le second, on percera, ainsi que nous l'avons déjà dit, deux cartons à la fois;

mais maintenant ce sera (pour le premier et le troisième cartons qui sont percés ensemble) le 1" et le 3° rang, fig. 1", pl. 56. Pour le deuxième et le quatrième carton, qui sont également percés ensemble, ce sera le deuxième et le quatrième rang, fig. 2, même planche.

Ces quatre cartons, dédoublés et classés suivant leurs numéros d'ordre, produisent le manchon représenté fig. 3.

On remarquera que, pour le perçage du taffetas, chaque rang transversal produit deux fois cette armure, et par conséquant les 25 rangs forment 50 répétitions.

Batavia. Pour cette armure et généralement pour toutes celles qui n'exigent que quatre crochets, chaque rang transversal devient une répétition. La fig. 4, pl. 56, reproduit le développement des quatre cartons percés pour batavia.

Sergé de quatre. Le perçage des cartons de cette armure est représenté par les quatre cartons de la fig. 1", pl. 57.

Satin de quatre. Avec les quatre cartons de la figure précédente, on pourrait obtenir un satin de quatre; pour cela, il suffirait de mettre le quatrième carton à la place du troisième, et réciproquement, ainsi qu'on le voit fig. 2; mais dans ce cas, si les lisières faisaient *taffetas*, par les cartons disposés en sergé, elles feront alors *gros de tours* en disposant ces mêmes cartons en satin de quatre.

Satin de cinq. On sait que cette armure n'est pas établie par un *décochement* régulier, puisque la levée des lisses a lieu par les numéros 1, 4, 2, 5, 3. En conséquence, le perçage aura lieu de la manière suivante :

Le premier carton sera percé des trous 1, 6, 11, 16, et ainsi de suite de cinq en cinq, jusqu'à 96; le deuxième carton aura les trous 4, 9, 14, 19, ... 99; le troisième carton, les trous 2, 7, 12, 17...97; le quatrième carton, les trous 5, 10, 15, 20...100; enfin le cinquième carton aura les trous 3, 8, 13, 18...98. La totalité de ce perçage produit vingt répétitions.

Ainsi que nous l'avons dit dans le perçage par rang longitudinal, il faudra de même pour celui-ci, percer deux cartons à la fois, afin d'obtenir le raccord des lisières, ainsi que l'espace nécessaire pour pouvoir placer une *lanterne* dans le *manchon*.

Satin de huit. Les principes que nous venons d'émettre pour le perçage des cartons du satin de cinq, sont également applicables au satin de huit; mais pour celui-ci, il n'est pas nécessaire de percer le double des cartons, puisque huit produisent un manchon dont l'espace est suffisant pour y introduire une *lanterne*, et que le nombre huit étant pair, les lisières se trouvent en raccord avec l'armure; c'est ce que confirme la fig. 1re, pl. 58.

Comme le nombre huit n'est pas un sous-multiple exact de cent, nous n'avons dû pousser les répétitions de cette armure que jusqu'à 96 crochets, ce qui produit douze répétitions. Les cartons doivent toujours être numérotés du côté des lisières, qui est la droite lors du perçage; c'est aussi ce même côté que l'ouvrier doit placer sur le devant de la mécanique.

Amalgamage des cartons.

Lorsque dans un dessin il se trouve plusieurs *coups* qui exigent un semblable perçage, on abrège cette opération en en perçant plusieurs à la fois, seulement il faut avoir soin de les numéroter tous à l'avance, afin que chacun d'eux soit remis ensuite à sa place respective. C'est ce qu'on nomme *amalgamer*; mais quand on fait usage de ce procédé, en perçant ensemble des cartons pairs avec des cartons impairs, il faut percer les lisières séparément du dessin.

Laçage des cartons.

Comme le cylindre a quatre faces, il est évident qu'on ne peut exécuter le tissage à moins de quatre cartons. Donc, pour un taffetas, par exemple, au lieu de se servir de deux cartons, il faut nécessairement en employer quatre. Quand on ne fait usage que de quatre cartons, il suffit de les plaquer sur le cylindre et les maintenir ainsi fixés, au moyen d'un fil quelconque formant quelques tours à leurs extrémités; au-dessus de ce nombre, ils doivent être *lacés* ensemble en forme de chapelet, de manière que le dernier carton vienne se lier au premier. Le laçage a lieu au moyen de deux ficelles passant alternativement dessus et dessous dans les trous percés exprès à chaque carton, ainsi que le représente la fig. 2, pl. 58.

Pour que cette opération soit bien faite, il est urgent que les deux lacets tournent constamment l'un autour de l'autre, comme il en serait d'une corde à deux brins. C'est pour faire plus facilement comprendre la manière de lacer que nous avons dépeint ces deux lacets B N par un blanc et un noir. Faute de se conformer à ce principe, les cartons

I.   26

cintrent un par un , en sens contraire , et par suite risquent de plaquer à faux sur le cylindre: c'est ce qui arriverait, si le laçage avait lieu selon la fig. 3 , même planche.

L'assemblage de tous les cartons nécessaires à la formation d'un dessin prend lui-même le nom de *dessin* ; mais lorsque le nombre de cartons est peu élevé , on leur donne ordinairement le nom de manchon.

Mécanique-armure dite à tambour.

Ce genre de mécanique fonctionne également au moyen d'une seule marche ; mais il diffère de la précédente en ce que les cartons sont remplacés par un cylindre en bois, qui, à chaque *marchure* ou *foule,* présente une de ses faces contre l'unique rangée de crochets dont cette mécanique est garnie.

Par suite de leur forme, les crochets font d'eux-mêmes ressort , et de plus n'ont pas l'inconvénient de pouvoir se retourner, attendu qu'ils sont maintenus par une grille H , fixée longitudinalement dans l'intérieur de la mécanique, voy. fig. 1 et 5, pl. 59.

A chaque face du tambour ou cylindre sont pratiqués, sur un seul rang, autant de trous que la mécanique comporte de crochets, et sur chacun de ces rangs, un certain nombre de trous reçoit de petites chevilles, espèces de *touchettes*, qui se présentent tour à tour contre leur crochet correspondant , et impriment à ces derniers le mouvement qui leur est nécessaire.

Dans ce système, c'est le placement des chevilles qui constitue le lisage , avec la différence que chacune d'elles, au lieu de représenter un *point pris* sur la *carte*, reproduit l'effet d'un *point sauté* ; par conséquent, chaque trou resté vide sur une des faces du cylindre représente un point pris.

Quelques explications seulement suffiront pour faire comprendre le lisage du dessin sur ce tambour, ainsi que le mouvement général de cette mécanique.

Supposons que l'on veuille exécuter un sergé de quatre , par effet de chaîne, l'endroit en-dessous.

Pour cette armure, il faudra nécessairement faire usage d'un cylindre ayant au moins quatre faces (1), et chacune d'elles recevra

_____

(1) Nous croyons devoir rappeler ici qu'une armure peut être établie sur tous les nombres, qui sont exactement multiples d'un croisement quelconque.

trois chevilles qui, par conséquent, repousseront trois crochets; le quatrième restant dans sa position normale, sera enlevé par la griffe.

Quant au lisage, ou autrement dire, à l'ordre du placement des chevilles, il a préalablement lieu d'après les mêmes principes établis pour le perçage des cartons relatifs à la mécanique-armure, en observant toutefois que pour la mécanique à tambour, les trous privés de chevilles remplacent les trous faits aux cartons.

Si ce sergé était établi sur huit lisses au lieu de quatre, les crochets, et par conséquent les trous de chaque face du cylindre formeraient deux séries de cette armure; chaque série serait identiquement semblable l'une à l'autre, et toujours dans l'ordre exigé pour la confection d'un sergé de quatre. Il en est de même pour toute autre armure.

D'après ce que nous venons de dire, on conçoit que, pour confectionner ce même tissu, mais par effet de chaîne en-dessus, il faudrait alors, au lieu de trois chevilles sur quatre, n'en mettre qu'une.

S'il s'agissait d'exécuter un satin de cinq, ce tissu ne pourrait avoir lieu qu'au moyen d'un cylindre à cinq ou dix faces; mais quel que soit d'ailleurs le nombre de duites nécessaires pour la course, il est urgent que, par rapport aux lisières, les faces du cylindre soient en nombre pair.

Le mouvement général de cette armure a tellement de rapport avec celle ARMURE ci-devant décrite, qu'on le comprendra facilement à la seule inspection des figures détaillées sur la planche 59.

On y remarquera surtout que chacune des extrémités du tambour A est munie d'une roue à crans B, C, en bois, disposées en sens opposé l'une de l'autre, et qui ne font plus qu'un seul et même corps avec le cylindre. Ces crans doivent être en nombre égal aux faces du tambour, puisque ce sont eux qui, par l'impulsion des cliquets D et E, communiquent au cylindre son mouvement de rotation.

Le cliquet D étant fixé sur le derrière et au côté gauche de la griffe, est en rapport avec les crans B, et communique au cylindre le mouvement d'*avant*, toutes les fois qu'il retombe sur cette roue. De même le cliquet E, disposé à charnière et adapté à la jumelle de devant, donne au cylindre le mouvement d'*arrière* ou de *rappel*.

Par suite de cette disposition, il s'en suit que toutes les fois qu'on veut *rappeler*, il faut que la griffe soit élevée, afin que le cliquet qui en fait partie ne puisse contrarier l'effet du *retour*, pour lequel il suffit de tirer la ficelle G attachée au levier F.

Comme il arrive souvent que le raccord de certains croisements ne peut avoir lieu par un même nombre de duites, il en résulte qu'un même cylindre ne peut exécuter que les armures dont le raccord concorde avec le nombre de faces dont le tambour est formé. Ces sortes de mécaniques ne peuvent donc être employées avantageusement, que pour la confection des tissus dont les combinaisons de croisements sont très restreintes, à moins qu'on ne puisse disposer d'une certaine quantité de cylindres de rechange; mais ce moyen a le double inconvénient d'être très dispendieux, et de ne pouvoir satisfaire à tous les nombres qui pourraient se présenter. On devra donc, pour tirer bon parti de ce système, n'appliquer ces sortes de mécaniques qu'à des articles peu compliqués.

Ainsi qu'on peut s'en rendre compte par la description précédente, on voit que cette mécanique peut être établie à peu de frais, puisqu'elle n'a que peu de crochets, point d'aiguilles ni d'étui, et que le cylindre tournant sur place supprime le battant, la presse ainsi que son ressort, et de plus économise les cartons.

Mécanique à planchette, dite ratière.

Cette mécanique ne diffère de la précédente qu'en ce que le *cylindre-tambour* est remplacé par un cylindre carré, qui n'a tout simplement qu'une rainure longitudinale sur chaque face, ainsi que le représentent les fig. 6 et 7, pl. 59.

Avec cette mécanique les cartons sont remplacés par de petites planchettes en bois, très minces, percées sur un seul rang, d'un nombre suffisant de trous, dans lesquels on introduit de petites chevilles à tête plate, remplissant le même but que les touchettes dont nous avons parlé dans la mécanique précédente. Ces chevilles, pour être solides, doivent être entrées avec force dans les trous des planchettes, fig. 8 et 9, et leur queue ou tige se trouve noyée dans la rainure pratiquée au cylindre.

Le cylindre de cette mécanique étant carré, les rondelles qui sont fixées à chaque extrémité ne sont composées que de quatre crans, et par conséquent la rotation a constamment lieu par quart de tour.

Le lisage ou placement des chevilles, ainsi que le mouvement de rotation du cylindre en *avant* ou au *rappel*, ont lieu de la même manière que nous l'avons expliqué pour la mécanique à tambour.

Les planchettes sont liées les unes aux autres par le même procédé du laçage des cartons, seulement, au lieu de deux trous pour les lacets, chaque planchette n'en a qu'un.

Les lanternes dont on fait usage pour soutenir le *manchon* ou *jeu de planchettes*, doivent être à jour ou bien à rainure comme le cylindre.

Cette mécanique a sur celle à tambour l'avantage de pouvoir exécuter une assez grande quantité d'armures différentes, sans autre dépense que le nombre des planchettes; du reste, cette dépense une fois faite tient constamment lieu de cartons, en variant toutefois l'emplacement des chevilles conformément à l'ordre déterminé par le dessin.

Si la mécanique à planchette est sous plusieurs points préférable à celle à tambour, elle est bien loin de réunir tous les avantages de la mécanique-armure; car les planchettes, par suite de l'épaisseur que leur occasionne la saillie des chevilles, ont pour inconvénient principal celui de ne pouvoir être employées en grand nombre, d'abord parce qu'elles ne peuvent se reployer les unes sur les autres, ainsi que cela a lieu pour les cartons; ensuite, parce que la quantité de chevilles adaptées à chaque planchette vient encore augmenter la charge de ces dernières déjà trop pesante par leur propre matière. C'est pour cette raison qu'il ne faut pas que le nombre de planchettes soit trop compliqué, car au-dessus de quarante, le manchon devient par trop lourd et tourne difficilement.

CHAPITRE XII.
Des Dispositions.

SOMMAIRE. *Importance des dispositions.—Dispositions pour métiers à marches. — Idem pour métiers à l'armure, Lisses figurées.— Observations relatives aux dispositions.*

Ainsi que nous l'avons dit page 39, le mot *disposition* pris dans toutes ses acceptions, s'applique à toutes les opérations préparatoires, mais comme jusqu'ici il n'a été question que des dispositions d'ourdissage, et de remettage, nous compléterons ce sujet, en deux parties.

La première partie, qui fait le sujet de ce chapitre, comprend tout ce qui est relatif aux tissus confectionnés avec les métiers *à marches,* ainsi qu'avec ceux dits *à l'armure.*

La seconde partie, qui fera le sujet d'un chapitre particulier, comprendra les dispositions relatives aux tissus confectionnés par des métiers montés *à la Jacquard.* Quant aux dispositions qui demandent des développements très compliqués, ainsi que des combinaisons particulières, elles seront, selon le besoin, placées dans les articles auxquels elles se rattachent spécialement.

La théorie des dispositions, dans ses variations infinies, embrasse tant de spécialités, qu'elle suppose la connaissance de tous les rapports qui existent et qui doivent concorder entre eux dans toutes les opérations préparatoires. Cette mission, qui est une des plus importantes, ne peut être bien remplie que par des personnes dont les capacités en fabrication sont réellement reconnues : trop souvent cependant on remet ces sortes d'opérations en des mains inhabiles, qui font éprouver au fabricant des pertes dont il ne connaît jamais toute la valeur. C'est pour ce motif que le manufacturier qui entend bien ses intérêts ne doit pas reculer devant un sacrifice d'argent, pour s'attacher des hommes capables, auxquels il puisse confier avec sécurité le soin des dispositions ; il retrouvera certainement dans leur travail une large compensation de ce sacrifice.

N° 1. DISPOSITION POUR DRAPERIE. (*Article uni.*)

Ourdissage. — Chaîne 3651 (¹).

T¹ 2847 (²) Bronze, fil uni ⁹/₄, 5 sons (³), 4800 fils, long. 60 mètres. Lisières, 16 fils chacune.

---

(1) Ce numéro indique le numéro d'ordre de la chaîne, et doit toujours être mis en tête de la disposition. Dans le cas où la longueur de la chaîne formerait plusieurs coupes, chacune d'elles prend le nom de demi-pièce et porte un numéro spécial.

(2) Ce numéro est celui du teint, et l'on doit bien se garder de réunir dans une même chaîne unie, des numéros de teints différents, quoique d'une même couleur ; car il est presque impossible que deux teints puissent reproduire une nuance identiquement semblable.

(5) Voyez notre tableau synoptique des différents titres des fils de laine.

Lisses et peigne. Largeur 1ᵐ,65 (¹).

6 lisses de 800 mailles chacune;

Remettage suivi. Peigne de 1200 broches passées à 4 fils.

Tissage.

Sergé de trois, tissé sur le sens du tors (²).

Réduction de trame, 6 livres ½ à la *marque*.

Nᵒ 2. DISPOSITION POUR DRAPERIE-NOUVEAUTÉ, ARTICLE UNI, A BANDES.

Ourdissage. — Chaîne 3652.

4000 fils; longueur 45ᵐ,50 ᶜ

Tᵗ 726. 160 fils ... gris perle uni.

420. 10 « ... ourika   retors.

825. 20 « ... vert   uni.

937. 10 « ... ourika   retors.

200 fils par figure; 20 répétitions = 6000 fils.

Lisières. 14 fils chacune.

Lisses, peigne et montage.

10 lisses de 400 mailles chacune, largeur 1ᵐ, 62 ᶜ.

Remettage suivi pour les 160 fils gris perle et les 20 fils vert.

idem   à retour pour les 20 fils ourika.

Peigne de 800 broches, passé à 5 fils par dent.

Réduction — 7 livres à la marque. Satin de cinq.

Nᵒ 3.   DISPOSITION POUR SOIERIE, ARTICLE UNI.

Ourdissage. Chaîne 842 (³).

Bᵗ 728 (4) Organsin cuit 80 portées simples (⁵) = 6400 fils; long. 125ᵐ.

---

(1) Il est bien entendu que les lisières ne sont pas comprises dans la largeur désignée.

(2) Dans tous les croisements qui caractérisent un sillon oblique sur l'étoffe, le sens du tors doit toujours être indiqué sur la disposition.

(3) Numéro d'ordre de la chaine.

(4) Ce numéro est celui de la balle ou ballot de soie.

(5) La désignation de simple, double ou triple est de rigueur. Dans le premier cas, l'enverjure a lieu fil à fil, et dans le 2ᵒ et le 3ᵉ cas, deux ou trois fils sont réunis et n'en forment qu'un.

Cordons ou lisières. {
12 fils triples, blancs pour gros de tours.
16 » doubles, rose, pour chevron, dits insurgins.
8 » triples, blancs, pour gros de tours.
16 » doubles, rose, pour insurgins.
8 » triples, blancs, pour gros de tours.
}
60 fils pour chaque cordon, les 12 fils en dehors.
Lisières, 18 fils chacune.

Lisses et peigne, largeur 60 centimètres.
8 lisses en soie, à coulisse, de 10 portées chacune.
Peigne de 1067 dents, non compris les lisières, passé à 6 fils.

Tissage.

Armure satin de huit, trame souple à deux bouts.
Réduction — 32 courses à la carte (1).
Les cordons passés par 4 fils en dent.

N° 4. DISPOSITION POUR SOIERIE, ARTICLE UNI, ECOSSAIS-NOUVEAUTÉ.

Ourdissage. Chaîne 843.
Organsin cuit 45 portées 72 fils, doubles = 3672 fils, long 60 m.
B 926. 80 fils amaranthe.
814. 8 » blanc azuré.
275. 12 » bouton d'or.
814. 8 » blanc azuré.
108 fils par figure. 34 répétitions. = 3672 fils.

Lisières {
8 fils doubles, blancs.
4 » triples, vert d'eau.
8 » doubles, blancs.
}

Lisses et peignes. Largeur, 58 centimètres.
4 lisses en soie, à coulisse de 668 mailles chacune.
Peigne de 612 dents, passé à 6 fils, les cordons à 3 fils.

Tissage.

Armure batavia, trame cuite à deux bouts.
Réduction 200 duites aux cinq centimètres.

(1) La *course* étant comptée de huit coups de trame, quel que soit le genre de croisement, et la *carte*, d'une largeur d'environ cinq centimètres, il en résulte que cette désignation de réduction correspond à environ 256 duites par cinq centimètres d'étoffe.

N° 5.   Disposition pour draperie-nouveauté, a l'armure.

Ourdissage. Chaîne 3653.

T^t 712. Bleu, 5000 fils; longueur 40 mètres.

Lisses et peigne; largeur 1^m,58 c.

A   8 lisses pour fond de 500 mailles chacune ...... = 4000
B   10 »   pour filet de 50   »   » ...... = 500
C   4 »   pour id. de 25   »   » ...... = 100
D   2 »   pour id. de 200   »   » ...... = 400
   ‾‾‾‾‾‾‾
   24 lisses.   5000

Lisières, 12 fils chacune.

Peigne de 1250 broches, passé à 4 fils.

Remettage.

80 fils remis suivi sur les 1, 2, 3, 4, 5, 6, 7 et 8° lisses ...... A
 4 »   »   »   19, 20, 21 et 22° lisses C
80 »   »   »   1, 2, 3, 4, 5, 6, 7 et 8° lisses ...... A
 8 »   »   »   23 et 24° lisses .... B
20 »   »   »   9, 10, 11, 12, 13, 14, 15, 16, 17 et 18° l. B
 8 »   »   »   23 et 24° lisses C
‾‾‾
200 fils par fig.; 25 répétitions = 5000 fils.

Montage et perçage des cartons.

A, Batavia tissé sur son sens. B, filet façonné. C, Torsade en sergé de quatre avec *doublure*. D, cannelé de deux.

Observation. Les deux crochets des lisières, sur le devant de la mécanique et occupant les N°s 2 et 3.

N° 6.   Disposition pour draperie-nouveauté, a l'armure.

Ourdissage. Chaîne 3654. — 4928 fils. Longueur, 25 mètres.

T^t   918. 3 fils, marron, retors, tors droit.
   814.745. 8 »   dont un violet et un bleu.
     918. 3 »   marron, retors, tors droit.
     740. 30 »   gris d'argent, uni, tors gauche.
       » 14 »   (répétition des 14 premiers fils.)
     740. 30 »   gris d'argent, uni, tors droit.
     ‾‾‾
     88 fils par fig., répétés 56 fois = 4928.

Lisières, 20 fils chacune.

I.   27

Lisses et peigne. Largeur 1^m,72 c

5 lisses pour satin de 5, de 336 mailles chacune ..	=	1680
5 » pour sergé de 5, de 336 » » ..	=	1680
2 » pour cannelé de 4, de 448 » » ..	=	896
2 » pour taffetas, de 336 » » ..	=	672
14 lisses		4928

Peigne de 1232 broches, passé à 4 fils.

Remettage et montage.

3 fils taffetas sur les 13° et 14° lisses.

8 » cannelé sur les 11 et 12° lisses.

3 » taffetas sur les 13 et 14° lisses.

30 » satin de 5 sur les 1, 2, 3, 4 et 5° lisses.

14 » répétition des quatorze premiers fils.

30 » sergé de 5 sur les 6, 7, 8, 9 et 10° lisses.

88 fils.

D'après ce dernier exemple, on voit que certaines dispositions sont quelquefois susceptibles d'abréviations. C'est ce qui vient d'avoir lieu relativement aux quatorze premiers fils qui se reproduisent semblablement après une séparation de trente fils. Il suffit donc seulement de les énoncer et de les indiquer en temps et lieu.

Bien que pour l'exécution de la disposition N° 6, nous ayons indiqué cinq lisses pour le satin et cinq pour le sergé, on se rappellera ce que nous avons dit, à l'article *Réduction des lisses*, « qu'au moyen du remettage combiné on peut, en certaines circonstances, exécuter sur les mêmes lisses, plusieurs croisements différents». Ainsi, dans le cas présent, les quatorze lisses peuvent être réduites à neuf.

Les six exemples de *dispositions* qui précèdent seront sans doute suffisants pour comprendre les modifications, changements et abréviations qui peuvent se présenter; et quoique ces exemples soient appliqués à la draperie et à la soierie, il suffira de suivre une marche analogue pour établir une disposition complète en quelque genre de matière que ce soit.

Dispositions relatives à la confection des lisses.

La confection des lisses constitue une profession spéciale et ordinairement indépendante des fabriques.

Pour la soierie, ce sont généralement des femmes qui sont chargées de ce travail; elles prennent le nom de *lisseuses*.

Pour la draperie, les lisses, que dans cette partie de tissage on nomme *lames*, sont toujours établies sous la direction d'un chef d'atelier qu'on appelle *lamier*, et comme ce genre de lisses est très-peu délicat à confectionner, ce ne sont en partie que des enfants de 8 à 15 ans qu'on occupe dans ces sortes d'ateliers.

Pour la confection des lisses pleines dont on fait usage pour les articles unis, il suffit seulement d'indiquer par écrit : 1° le compte total de la réduction de la chaîne ; 2° le nombre de lisses sur lequel la réduction doit être répartie; 3° plus la largeur demandée.

Il n'en est pas de même pour les nouveautés, car pour celles-ci il arrive souvent que les divers croisements qu'on y applique, exigent que les lisses soient disposées tout comme s'il s'agissait de l'emploi de plusieurs remisses placés successivement les uns devant les autres, et dont la distribution des mailles pour chaque série de lisses peut varier en nombre et en distance.

La méthode dont beaucoup de personnes se servent encore aujourd'hui, pour donner aux lisseuses ou au lamier la *disposition* des lisses à confectionner, a deux inconvénients que nous allons démontrer : Le premier est que leur reproduction sur du papier ordinaire nécessite la formation d'une grande quantité de lignes et de points.

Le second inconvénient est pire que le premier; car, dans l'intérêt du fabricant, les résultats d'une disposition, qui doivent rester inconnus aux lamiers, risquent d'être divulgués soit en tout soit en partie.

La méthode que nous avons mise en usage dans la ville d'Elbeuf où la nouveauté en draperie est portée au plus haut degré de perfection, est à l'abri des deux inconvénients que nous venons de signaler; elle a même le double avantage d'être aussi prompte que facile, et de laisser un voile sur les suites du *montage*; opérations auxquelles le lamier n'a pas besoin d'être initié :

Ainsi, pour reproduire, par notre méthode, la disposition indiquée par le N° 5, voici la marche qu'il faut suivre :

On prendra un morceau de papier de mise en carte, n'importe la réduction; néanmoins on donnera la préférence au 10 en 10. Sur ce papier on disposera, comme il va être dit, une figure complète de la disposition dont s'agit.

Cette disposition exigeant 24 lisses et 200 fils par figure, on emploiera vingt-quatre lignes transversales, ainsi qu'on le voit sur le papier de mise en carte, fig. 1re pl. 39, lesquelles représenteront les vingt-quatre lisses, nécessitées pour la formation de ce tissu.

Sur les huit premières lignes, prises sur le derrière, on figurera les 80 fils de fond A; à cet effet, on peindra, avec de la couleur quelconque, dix lignes verticales, ce qui formera un total de 80 petits carreaux provenant de 8×10.

En suivant le remettage de cette même disposition indiquée page 187, on rencontre 4 fils C, destinés à former une torsade; on indiquera ces quatre fils au moyen de quatre points placés sur les lignes 9, 10, 11 et 12; ce qui fait clairement comprendre que ces quatre fils occupent quatre lisses; puis, continuant le dépouillement du remettage, on retrouve une répétition des 80 fils A, que l'on peint sur les mêmes signes que les quatre-vingts fils précédents, ayant soin de laisser vide l'espace d'un rang vertical occupé par les quatre fils C. Viennent ensuite les 8 fils D, destinés à produire un cannelé de deux, et comme on sait que ce croisement n'exige que deux lisses, on les placera à la suite, c'est-à-dire sur les 13e et 14e lignes, en remplissant huit petits carreaux dont quatre sur chacune de ces deux lignes.

Après ces huit fils viennent les vingt fils B, destinés à la formation d'un filet façonné; mais si l'on admet que la disposition offre un remettage suivi, ou bien à retour sur dix fils, le croisement de ces vingt fils peut être établi sur dix lisses, que l'on figurera sur dix lignes portant les numéros 15, 16, 17, 18, 19, 20, 21, 22, 23 et 24. Chacune de ces dix lignes portant deux points, elles représenteront les 20 fils A.

La disposition à dépouiller se termine par huit fils semblables à ceux précédemment indiqués en C, et constituent par conséquent une répétition que l'on reproduit sur les mêmes lignes de la précédente C.

Maintenant si l'on récapitule tous les petits carreaux peints, on trouvera $80 + 4 + 80 + 8 + 20 + 8 = 200$, nombre de fils contenus dans la figure complète.

Bien que dans la disposition que nous venons de donner, nous ayons placé les lisses de fond sur le derrière. Ce genre de placement n'est pas de rigueur, car on pourrait tout aussi bien les placer plus en avant. D'ailleurs l'emplacement qu'on leur assigne dépend non-seulement du genre de croisement, mais bien encore de l'habitude qu'ont certains ouvriers en nouveautés de préférer que les lisses de fond soient établies selon leur choix, c'est-à-dire, sur le devant ou sur le derrière. Du reste, quelle que soit la classification qu'on puisse adopter pour le placement des lisses, la disposition à établir d'après notre méthode n'en devient ni plus ni moins difficile; on peut en juger par la comparaison des fig. 2 et 3, qui ne sont autre chose que des transpositions relatives à la fig. 1re.

En examinant les fig. 4 et 5, on reconnaîtra qu'elles proviennent toutes deux du dépouillement de la disposition N° 6.

Il va sans dire qu'il suffit d'établir le tracé d'une seule figure, ayant soin seulement d'indiquer combien de fois elle devra être répétée; et, dans le cas où la dernière figure ne devrait pas être complète, il faudrait l'indiquer exactement.

Il arrive quelquefois que par suite d'un nombre déterminé de fils, la distribution des mailles n'est pas également répartie par figure. Lorsqu'il en est ainsi, on peut indistinctement ou les considérer comme complètes, ou bien les établir d'après le nombre strictement nécessaire. Dans le premier cas, et lors du remettage, on laissera vides les mailles supplémentaires.

D'après cette méthode, il n'est pas à craindre que les personnes chargées de la confection des lisses ou lames, puissent reconnaître sur ces sortes de dispositions quel devra être le genre de remettage ou rentrage adopté par le fabricant, comme aussi le genre de croisement n'ayant pas besoin d'y être indiqué en aucune manière, il ne pourra être divulgué.

Il est donc dans l'intérêt des fabricants d'adopter notre méthode, d'autant plus que les personnes chargées de la confection des lisses, peuvent, avec l'ancien système (et sans pour cela avoir l'intention de nuire), porter à la connaissance d'un concurrent de fabrique les dispositions spécialement établies par un manufacturier, qui seul a le droit d'en revendiquer la propriété; pourvu toutefois qu'il en ait fait la déclaration, ainsi que le dépôt exigé par la loi.

CHAPITRE XIII.

Étoffes façonnées — Métier Jacquard.

OPÉRATIONS PRÉPARATOIRES.

SOMMAIRE : *Mécanique Jacquard. — Description. — Des maillons et des arcades. — Principes d'empoutage. — Empoutages divers. — Colletage. — Pendage, — Appareillage ou Égalisage. — Enverjure et remettage des corps. — Cerceaux. — Ajustement de la mécanique et des accessoires qui en dépendent.*

MÉCANIQUE JACQUARD.

Si quelqu'un avait prédit, il y a seulement un demi-siècle, les admirables effets de la vapeur dans toutes ses applications; s'il avait annoncé aux ouvriers tisserands qui pâlissaient alors dans des ateliers humides et ténébreux, qu'un simple ouvrier, même privé de l'instruction la plus élémentaire, tirerait de son cerveau le plan d'une machine ingénieuse qui opèrerait une révolution complète dans l'art de la fabrication des tissus, et que cette machine joindrait à la légèreté, à l'élégance, à la promptitude d'exécution, au fini du travail, une diminution considérable de force humaine et une immense économie de main-d'œuvre, oh! à coup sûr on l'aurait traité de fou. . de visionnaire... Et si l'élévation de son esprit, la gravité de son caractère et l'étendue de ses connaissances avaient donné quelque crédit à ses paroles, des milliers de bras se seraient armés pour sa perte; des mercenaires ignorants, esclaves de la routine que leur avait léguée le passé, fanatisés par la croyance absurde que le perfectionnement des arts enlève à l'artisan son travail, ses moyens d'existence, auraient certainement sacrifié le prophète. C'est cependant ce qui a failli arriver à l'immortel JACQUARD, quand il eut terminé sa sublime invention, et qu'avec le plus grand désintéressement il en voulut doter l'industrie lyonnaise, dans l'unique but d'être utile à ses concitoyens.

A cette époque, il se passa à ce sujet des faits bien tristes et bien malheureux, qui laissent à tout jamais une page tachée dans l'histoire de l'industrie française (1).

Aujourd'hui les choses sont bien changées ; car, ainsi que Jacquard lui-même l'avait prédit, sa mécanique figure au premier rang dans tous les ateliers français et étrangers, dans lesquels on fabrique des tissus façonnés. Ce qui prouve combien les manufacturiers et les ouvriers, qui ont fait à cette invention de l'opposition *quand même*, étaient imbus des faux principes qui les induisaient en erreur et par suite les rendaient, peut-être malgré eux, ennemis de tout progrès. C'est une leçon pour l'avenir.

Avant l'adoption de la mécanique Jacquard, tous les articles fa-çonnés s'exécutaient lentement et avec beaucoup de frais et de peines, au moyen du *métier à la tire*, dont nous parlerons au chapitre **XXVIII**, malgré que l'usage en soit presque entièrement abandonné.

On appelle étoffes façonnées tous les tissus dont la confection offre à l'œil des effets variés, provenant de combinaisons diverses relatives au croisement.

Le façonné se divise d'abord en deux catégories bien distinctes.

La première comprend tous les petits façonnés que l'on peut faire avec des lisses, soit au moyen de divers remettages, soit avec le secours de la mécanique *armure* que nous avons décrite dans le cha-pitre précédent.

La seconde comprend tous les tissus dont la confection nécessite l'emploi de la mécanique Jacquard et du *corps* qui en est l'accessoire principal.

Description de la mécanique Jacquard.

Tous les détails que, par anticipation, nous avons été obligés de donner, pour l'intelligence de la mécanique *armure* ou *petite Jacquard*, sont relatifs et applicables à la mécanique Jacquard proprement dite ; mais, pour ne pas reproduire des explications qui seraient en quelque sorte semblables aux précédentes et par conséquent inutiles, nous nous bornerons, dans cette nouvelle description, à signaler seulement les quelques différences et les divers avantages que les grandes mécani-ques ont sur la petite.

(1) Voir la Biographie de Jacquard, placée au commencement de cet ouvrage.

Les diverses réductions ou si l'on veut, pour s'exprimer autrement, les divers comptes de mécaniques Jacquard les plus usités sont les suivants:

1° La mécanique dite *armure* de 100 et au-dessous, dont nous avons déjà parlé; 2° celles de 200; 3° de 400; 4° de 600; 5° de 900 et 6° de 1200.

Chacune de ces mécaniques a ordinairement un rang supplémentaire, dont on ne tient aucun compte dans sa dénomination. C'est ainsi qu'une mécanique de 100 porte réellement 104; celle de 200-208; de 400-416, parce que, à partir de ce nombre, le rang supplémentaire a lieu de chaque côté, c'est-à-dire aux deux extrémités.

Quoiqu'on ne construise pas des mécaniques au-dessus de 1200, pour des raisons que nous expliquerons dans le courant de ce chapitre, rien n'empêche d'atteindre un chiffre plus élevé, puisqu'on peut, selon le besoin, réunir et placer sur le même métier, et pour la confection d'un même tissu, plusieurs mécaniques à la suite les unes des autres, de manière que leur réunion n'en forme qu'une seule.

Nous avons démontré que le perçage des mécaniques-armures, de 100 crochets, était établi sur quatre rangs de hauteur répétés 25 fois. Les mécaniques 200 sont établies sur huit rangs de hauteur et répétés aussi 25 fois. Le perçage des 400 est formé de la réunion de deux 200, qui laissent entre eux la séparation d'un rang. Cet espace sert à placer, au milieu des cartons, un lacet en tout semblable à ceux qu'on place à leurs extrémités. Le perçage des 600 diffère de celui des 400, en ce que les 600 sont disposés sur douze trous de hauteur, au lieu de huit, ce qui fait qu'un 600 porte 624. Les 900 sont formés d'un 600 et demi, c'est-à-dire de trois répétitions de vingt-cinq rangs sur 12 trous de hauteur, en y ajoutant toutefois le rang supplémentaire à chaque partie de 300, d'où il résulte que les 900 donnent 936. Les 1200 sont formés de la réunion de deux 600, et par conséquent produisent 1248.

Notre expérience nous engage à faire remarquer ici qu'il n'est pas prudent de faire construire des mécaniques en 1200, attendu que le nombre de rangs, qui dans cette réduction s'élève jusqu'à cent et même plus, produit une dimension tellement étendue, que les pièces longitudinales de la mécanique, et surtout le cylindre, risquent de se gauchir par l'influence de la température; et l'on n'ignore pas que pour qu'une mécanique Jacquard fonctionne parfaitement, il faut

que toutes les pièces, et surtout celles relatives au perçage, concordent exactement sur tous les points. D'ailleurs, puisque deux 600
équivalent à un 1200, mieux vaut réunir deux 600 que de se servir
d'un 1200 en une seule pièce.

Quel que soit le compte des mécaniques, on ajoute parfois, et toujours sur le devant, quelques rangs supplémentaires, dont on tire
parti suivant les circonstances; mais les constructeurs ont pour habitude de n'établir ces sortes de suppléments que d'après les commandes De là vient que l'on confectionne des mécaniques de divers
comptes, en dehors de ceux généralement usités.

Le perçage de toutes les pièces ne diffère donc que dans le nombre
de trous, et non dans le système.

En ce qui concerne la griffe, il suffit de savoir que le nombre des
lames qui la composent est égal au nombre de trous du perçage transversal; d'où il résulte que les griffes pour 400 ont huit lames, et
celles pour 600 et au-dessus en ont douze.

Quant à la pression du cylindre contre la planchette d'aiguilles,
elle a lieu par deux presses au lieu d'une, ce qui contribue essentiellement à une pression régulière.

Le garnissage des aiguilles est disposé de la même manière et
d'après les mêmes principes que nous avons décrits pour la mécanique-armure, et toujours de conformité aux rangs verticaux.

On construit aussi des mécaniques doubles, dites *brisées*, dont nous
traiterons à l'article *Châles*.

Quant aux mécaniques Jacquard, construites en fonte de fer, elles
seront traitées dans le chapitre des *Inventions et Perfectionnements*.

Du Corps.

Pour les étoffes façonnées, montées au métier à la Jacquard, le
corps tient lieu de remisse; néanmoins, par économie ou par nécessité, il est certains articles où l'on emploie également des lisses que
l'on fait fonctionner conjointement avec le corps.

On donne le nom de *corps* à la réunion de tous les *maillons garnis*,
y compris les arcades ou cordes qui les supportent, A B, pl. 81 et 82.

Toutes les arcades sont faites en fil de lin ou de chanvre, retors à
trois ou quatre brins, et sont toutes, sans exception, passées une à
une dans une tablette en bois de noyer, très mince, régulièrement

I.   28

percée de trous et encadrée dans un châssis à rainures; cette planche porte le nom technique de *planche d'arcade*, A B, fig. 1ʳᵉ, pl. 61.

Les maillons sont de petits ovales en verre ou en métal, ayant trois trous au moins A, B, C, fig. 1ʳᵉ, pl. 77, et douze au plus.

Le trou supérieur A sert à recevoir un fil simple ou double D, qui prend le nom de maille, laquelle étant nouée, reste d'une longueur d'environ 20 centimètres. Le trou inférieur B reçoit une maille semblable à la précédente.

Afin de maintenir une tension convenable aux maillons et aux arcades qui les soutiennent, la maille inférieure supporte un plomb circulaire C, allongé en forme d'aiguille, mais régulier dans toute sa longueur. Le poids de ces plombs varie de 5 à 30 grammes, suivant le genre d'étoffes auxquelles ils sont destinés.

Pour les articles très délicats, tels que la soierie, les mailles sont en soie blanche très torse, dite *cordonnet*, et les maillons sont très petits.

Bien que le nom de maillon ne doive en quelque sorte s'appliquer qu'à l'ovale *nu*, isolé, on appelle aussi, par extension, de ce même nom, l'ensemble des deux mailles, de leur maillon et de leur plomb. Néanmoins, dans ce dernier cas, on dit aussi un *maillon garni*, si l'on tient à s'énoncer plus explicitement.

Quel que soit le nombre des trous dont un maillon est formé, les trous des extrémités servent à recevoir les mailles. Les maillons à quatre trous sont destinés à recevoir deux fils séparés, et lorsqu'on emploie des maillons qui ont plus de trous qu'ils ne doivent recevoir de fils, il est urgent, pour maintenir l'aplomb du maillon et suivre une marche uniforme, que tous les fils de la chaîne soient passés semblablement, et de préférence, dans le centre du maillon.

On ne doit pas oublier que la grosseur des maillons doit être en rapport avec celle du fil de la chaîne, car s'ils étaient trop gros, ils risqueraient, lors de la foule, d'élever sans nécessité les fils des autres maillons qui les avoisinent; et que, si les maillons étaient trop petits, il pourrait arriver que leurs trous ne seraient pas assez spacieux pour laisser passer certaines inégalités du fil qui se trouvent fréquemment dans les matières textiles.

Si les maillons en verre ont l'inconvénient de se rompre, ils ont sur ceux en métal l'avantage de ne pas s'oxider et de ne pas salir la chaîne sur l'emplacement où ils restent longtemps stagnants.

Il y a trois manières différentes de faire les nœuds pour le garnissage des maillons : 1° quand la maille est double, on doit le faire d'après le genre représenté fig. 15, pl. 18; 2° quand la maille est simple, le nœud peut être fait ou par un nœud à l'ongle, fig. 5, ou par un nœud à queue, fig. 3. Dans ce dernier cas, on gagne environ deux centimètres sur la hauteur de l'empoutage, ainsi que nous l'expliquerons dans la suite de ce chapitre, à l'article *Pendage*.

Principes d'empoutage.

La première opération qui a lieu pour le montage d'un métier à la Jacquard est l'*empoutage*. Elle consiste à passer une à une, dans les trous de la planche d'arcade, toutes les cordes destinées à la formation du corps.

Lorsque le montage d'un métier est seulement quelque peu compliqué, il a lieu d'après une *disposition* expresse; mais quant à-présent, nous n'avons à nous occuper que des dispositions d'empoutage.

Une disposition de ce genre doit donner les conclusions suivantes : 1° le compte de la mécanique; 2° la réduction de la chaîne; 3° le nombre de chemins; 4° la largeur désignée par le tissu.

Il est d'usage d'exprimer les réductions par le nombre de fils qui devront être contenus dans un pouce de largeur, mais il convient de substituer actuellement les expressions métriques à celle du pouce, prohibée par la loi.

Le pouce équivaut à 17 millimètres $^7/_9$; il est vrai qu'un tel chiffre n'est guère commode dans l'énoncé d'une disposition; mais rien n'empêche de prendre le centimètre ou le décimètre pour base; et comme tout est relatif, la comparaison aurait bientôt appris à juger la valeur de ces nouvelles expressions. Il faudra bien tôt ou tard en venir partout aux mesures décimales : cette raison nous engage à les employer dans les empoutages comme ailleurs, malgré la crainte que nous avons d'être compris plus difficilement, dans des données où l'usage et la routine, nous ne le dissimulons pas, feront encore subsister longtemps, chez la plupart des fabricants et des ouvriers, des dénominations qui sont en contradiction avec la loi.

Néanmoins, pour ne pas heurter trop fort contre l'usage établi, et pour faciliter l'intelligence de nos premières démonstrations, nous donnerons quelques exemples de dispositions d'empoutage, d'après l'ancien système.

Empoutage suivi.

Soit demandée la disposition d'un métier monté en 400 sur 4 chemins *suivis* formant une largeur totale de 16 pouces. Voici comment on trace cette disposition sur le papier, pour la donner à la personne qui est chargée de l'opération du montage des métiers.

On figure le cadre de la planche d'arcades A B , fig. 1re, pl. 63, en lui donnant une longueur proportionnée au nombre des chemins. On le divise ensuite par des lignes transversales *a b c*, en autant de parties que la disposition le réclame , c'est-à-dire en autant de chemins qu'il y a de fois quatre cent dans la largeur du tissu. Ces chemins se numérotent par premier, second, troisième, etc.

Ce premier tracé étant fait , on marque par des points , sur le papier, dans chaque chemin, le premier et le dernier trou du raccord, comme on le voit aux quatre chemins de la figure ci-dessus indiquée. Le premier trou est en haut à gauche, et le dernier en bas à droite de chaque chemin. Ces deux indications suffisent au monteur, qui sait d'ailleurs l'ordre dans lequel se comptent les trous. La disposition ici demandée étant de 400 cordes, le dernier trou, dans cet exemple est le *quatre-centième* du chemin. Dans les quatre chemins de cette disposition, ou a pointé plusieurs trous du premier rang vertical, pour en faciliter l'intelligence ; mais on ne le fait pas habituellement(1).

Le premier trou du premier rang vertical, pris à la gauche de chaque chemin, est destiné aux arcades qui fournissent la première corde; le second, en descendant, est destiné aux arcades de la seconde corde; le troisième à celles de la corde suivante, et ainsi de suite jusqu'au dernier trou du dernier rang à droite. Le rang placé immédiatement à la droite d'un autre s'empoute à la suite de ce dernier , en continuant de même jusqu'à la fin , et en observant toujours de placer la première corde de chaque rang sur le derrière de la planche.

(1) Toutes les planches d'arcades sont percées en quinconce régulier, généralement établis à raison de trente-cinq trous , en ligne droite, sur une longueur de dix centimètres. La largeur d'une planche entière contient ordinairement trente-deux trous.

Au lieu de se servir d'une planche entière , on emploie quelquefois , surtout dans les fabriques où sa largeur totale n'est jamais utilisée, une demi-planche ou un tiers de planche. Il est clair que, dans ce cas, la fraction de planche employée ne contient que la moitié ou le tiers des trous que comporte la planche entière.

Voici maintenant comment il faut s'y prendre pour procéder à l'empoutage d'après la disposition ci-dessus mentionnée.

On suspend à une ficelle H F, pl. 65, toutes les arcades à empouter, en faisant passer la dite ficelle dans les *boucles* qui les terminent à leur extrémité supérieure, et on les glisse toutes vers la droite F G; ensuite on place devant soi, horizontalement et sur deux supports auxquels on la fixe, la planche d'arcades. Puis, au moyen d'un compas dont on ouvre les branches, d'un écartement arbitraire, on divise en quatre chemins la totalité de la largeur demandée. Dans cet exemple, on prévoit de suite que la largeur totale étant de seize pouces, doit donner une division de quatre pouces pour chaque chemin; on écarte de cette largeur les deux pointes du compas, puis on appuie l'une d'elles en arrière du premier trou de la planche, à l'endroit où l'empoutage doit être commencé, et l'on dirige l'autre pointe vers la droite. On prend alors la première boucle ou arcade, et des deux cordes dont elle est formée, on passe la première dans le premier trou du premier rang vertical, près la première pointe du compas, et la seconde corde qui appartient à la même arcade, est passée dans le trou qui suit immédiatement la seconde pointe. On porte ensuite, vers la droite, une semblable ouverture de compas; on fait glisser une seconde boucle vers la gauche de la ficelle qui suspend les arcades, et l'on passe la troisième corde dans le trou qui vient après cette seconde ouverture de compas, et toujours, bien entendu, dans le premier trou d'un rang vertical; enfin on passe la quatrième corde dans le trou qui se présente après la troisième ouverture. Cette première opération étant finie, la première corde de chaque chemin est empoutée.

On pourrait également tracer au crayon ou pointer d'une manière quelconque les emplacements déterminés par les pointes du compas, et procéder ensuite au passage des premières cordes de chaque chemin.

La première corde de chaque chemin étant passée, on compte combien chacun d'eux contient de rangs de trous verticaux, en y comprenant toujours le trou dans lequel la première corde est passée, puisque ce trou fait partie du premier rang de chaque chemin; on prend note du nombre de ces rangs, pour établir le calcul d'après lequel doit s'achever l'opération à faire pour la distribution des cordes, ainsi que pour la régularité et la facilité de l'empoutage.

On pourrait passer des arcades dans tous les trous de chaque rang, et l'on est obligé de le faire en effet, quand les trous de la planche ne sont pas plus nombreux que les arcades indiquées par la disposition. Ces cas ne sont pas rares dans les articles de soieries, pour lesquels on emploie des fils très fins; mais pour tous les articles où les trous de la planche d'arcade sont plus nombreux que les cordes à empouter, on ne passe pas les arcades dans tous les trous successifs, d'abord parce qu'il resterait une partie du chemin vide, qui formerait un trop grand écart, et surtout parce que les plombs attachés au bas des arcades pour leur donner une tension convenable, étant d'une forte dimension, frotteraient les uns contre les autres; c'est ce qu'on doit éviter autant que possible.

Quand un empoutage n'exige pas tous les trous de la planche, c'est sur la *hauteur* et non sur la *largeur* des chemins qu'on laisse des trous vides, attendu que tous les chemins doivent, autant que possible, être empoutés sans solution de continuité; en d'autres termes, il ne doit pas régner entre le dernier rang qui termine l'empoutage d'un chemin, et le premier qui commence l'empoutage du suivant, plus d'intervalle qu'il n'en existe entre les rangs d'un même chemin; néanmoins, si par suite du calcul fait, il se trouve qu'un rang de séparation, laissé entre chaque chemin, facilite la disposition de l'empoutage, il sera convenable de le faire; et dans le cas où un seul rang vide laissé à la fin du chemin, serait insuffisant pour la classification régulière des rangs, et que plusieurs deviendraient nécessaires, on les espacerait convenablement et semblablement dans le cours de chaque chemin. Ceci posé, voici comment on opère :

Au lieu d'empouter sur tous les rangs verticaux, on ne le fait alors que de deux en deux, soit sur les rangs pairs, soit sur les rangs impairs; comme aussi, pour répartir également les arcades sur toutes les lignes d'empoutage, on prend telle *hauteur* qui convient, pour que la totalité des trous à empouter sur chaque chemin corresponde, s'il se peut, avec précision et sans reste, au nombre de cordes de la disposition.

Ainsi, dans l'exemple d'empoutage que nous donnons ici, il convient d'empouter de deux en deux rangs et sur 20 trous de hauteur, pour arriver juste à 400 arcades par chemin, puisqu'en effet 20 rangs, de chacun 20 trous, font un nombre précisément égal à celui des cordes de la disposition qui en comporte 400. Dans ce cas, il est utile de laisser un trou vide, de cinq en cinq, ou au moins entre la 10ᵉ et la 11ᵉ arcade de chaque rang vertical. Cette précaution a pour but de faciliter l'entrée des lamettes de l'*appareillage*, et de contribuer au dégagement du corps.

. On conçoit que tous les trous laissés vides élargissent d'autant l'empoutage, et que si l'on en laisse un de cinq en cinq, la 20ᵉ arcade de chaque rang se termine non pas au 20ᵉ trou de hauteur, mais bien dans le 23ᵉ, tandis qu'elle s'arrête dans le 21ᵉ, si on ne laisse qu'un trou vide entre la 10ᵉ et la 11ᵉ arcade. Quand un empoutage de ce genre est terminé, toutes les arcades d'un chemin forment un faisceau de fils, dont la forme ressemble assez à une aile de moulin à vent, comme A B, A C, A D et A E, pl. 68 et 69.

Cet empoutage est le plus simple et en même temps le plus usité. On l'appelle empoutage *suivi ordinaire*, parce qu'il se fait sans interruption et dans l'ordre même des crochets de la mécanique. On doit encore considérer comme empoutage simple diverses combinaisons peu compliquées, dans lesquelles l'ordre se trouve cependant interverti par des répétitions partielles et accidentées, qui font qu'on ne suit pas, sur la planche d'arcades, l'ordre des trous de chaque chemin. Au nombre de ces derniers, on peut comprendre divers empoutages à pointe et pointe et retour.

Afin de faire mieux comprendre l'application des empoutages, nous avons figuré, au bas de chaque planche, des dessins complets et exécutables par le genre d'empoutage dont ils sont surmontés.

Empoutage suivi et composé.

Il arrive souvent qu'au premier abord un dessin paraît exiger un nombre de crochets plus considérable que n'en comporte la mécanique dont on peut disposer, et que cependant avec un peu de réflexion il peut y être exécuté; c'est quand il contient des répétitions qui peuvent être reproduites par l'augmentation des cordes seulement. Supposons en effet qu'on n'ait à sa disposition qu'une mécanique 400, on pourrait très bien y exécuter un dessin 440, s'il était composé de manière qu'un grand sujet exigeant 360 cordes fut accompagné de deux autres petits sujets semblables, sur 40 cordes chacun. L'exemple d'empoutage suivant le prouvera suffisamment.

Exemple: Soit demandée la disposition d'un empoutage suivi, composé de 440, sur quatre chemins, dont les 360 premières cordes sont à deux fils en dent (1) et forment le grand sujet du dessin, tandis que les 80 autres, qui sont à quatre fils en dent, forment deux petits sujets pareils, qui sont la répétition l'un de l'autre; on indiquera cette disposition sur le papier, comme nous l'avons fait fig. 2, pl. 63.

On voit, par le tracé de cette figure, ainsi que par celui de la planche 66, que pour les parties A B C D, composées chacune de 360 cordes, chaque collet sera formé de deux arcades ou quatre cordes, tandis que pour les quatre parties de 80 fils, provenant chacune d'une répétition de 40, les quarante derniers crochets seront garnis du double d'arcades des 360 premiers, puisqu'ils en auront chacun quatre, autrement dire, huit cordes.

La planche 66, pointée en deux couleurs, démontre sensiblement le but de ce genre d'empoutage. On y remarque que les cordes peintes en noir sont destinées à la formation des parties de dessin de même couleur, et que les cordes peintes en rouge sont de même utilisées spécialement pour les petites palmettes rouges.

Bien que sur les planches 65, 66, 67, etc., il n'y ait qu'un seul rang de cordes tracé dans chaque chemin, on comprendra aisément que dans l'empoutage, tous les rangs subséquents sont empoutés d'une manière semblable. D'ailleurs, dans un tracé, il serait impossible de représenter toutes les cordes de chaque chemin, sans occasionner une confusion telle que l'on n'y pourrait plus rien reconnaître.

Dans le cas où l'on voudrait obtenir sur le tissu deux effets de couleur, ainsi que le représente la planche 66, il suffirait d'ourdir chaque chemin par 360 fils d'une couleur et 80 fils d'une autre.

Par suite de cette manière d'empouter, on peut donc exécuter beaucoup de dessins, qui, au premier abord, semblent exiger un nombre de cordes au-delà du compte de la mécanique; néanmoins, il faut toujours admettre que les dessins dont il s'agit, contiennent des répétitions analogues à celles contenues dans cet exemple.

---

(1) On ne devra pas perdre de vue que lorsque le passage des fils au peigne subit des variations, lesquelles doivent toujours être indiquées sur la disposition écrite, l'emplacement des cordes doit, dans l'empoutage, tenir une largeur égale à celle qu'occuperont, dans le peigne, les fils qui seront passés dans ces mêmes cordes. Cette condition est de rigueur.

Les deux espèces d'empoutages que nous venons de décrire conviennent principalement aux étoffes pour robes, dans lesquelles on fait le plus souvent des sujets répétés ou des sujets à bandes.

Empoutage à pointe.

Ce genre est généralement employé en fabrique pour les articles de meubles et autres dessins à grands sujets. Cependant il est peu de cas où il soit appliqué seul, sans être combiné avec d'autres empoutages de genres différents, excepté dans les articles ci-dessus désignés.

La fig. 3 de la pl. 63 est une disposition d'empoutage à pointe sur deux chemins de 400 cordes. On voit que cette disposition diffère essentiellement des précédentes, en ce que les arcades ne s'empoutent pas de la même manière, car au lieu de commencer par la gauche, comme on le fait dans les empoutages ordinaires, on commence ici par le milieu. Les deux cordes de la première arcade se passent l'une sur le devant de la planche et l'autre sur le derrière : la première sur le premier chemin, dans le premier trou qui se trouve à l'extrémité A de la diagonale A B, et la seconde de la même arcade dans le premier trou du deuxième chemin, à l'extrémité gauche de la diagonale C D; toutes les arcades suivantes s'empoutent par une corde, en remontant dans le premier chemin, et en descendant dans le deuxième. Il résulte de cette disposition la conséquence toute naturelle que la quatre-centième arcade du premier chemin se trouve en B, à gauche et en haut de la planche, tandis que celle du second se trouve en D, à droite et au bas de cette planche. Si nous avons indiqué sur la figure la partie B C comme premier chemin, et la partie A D comme second, parce que la seconde n'est autre qu'une répétition de la première, néanmoins on doit considérer B C et A D comme formant un seul chemin, attendu que les deux parties d'étoffe qui en résultent ont leurs effets tournés à l'opposé l'une de l'autre, et ne forment en réalité qu'un dessin unique sans répétition de sujet, puisque, si l'on en supprimait la moindre parcelle, le dessin ne serait pas complet.

Pour que la jonction des chemins ne soit pas trop apparente, et afin que la pointe du sujet se dessine nettement, on doit, à la rencontre des deux chemins, supprimer la première corde de l'un ou de l'autre.

Lorsqu'on ajoute des lisses pour fonctionner conjointement avec le corps, elles ont pour but d'exécuter le fond du tissu et de réserver au

I.   29

corps, l'exécution des sujets qui se dessinent sur le fond ; c'est ce qui a lieu quand les arcades sont chargées de lever plusieurs fils ensemble, car pour la production de certains dessins on fait lever jusqu'à six, huit et même dix fils de chaîne par le même maillon. On conçoit qu'en de telles circonstances, il est avantageux d'avoir un autre moyen de lever ou de rabattre ces mêmes fils seuls à seuls, ou deux à deux, pour le tissage du fond. A cet égard, nous devons faire observer que plus on met de fils à la charge d'une même corde, moins les découpures sont nettes, et moins aussi les contours sont gracieux.

On voit sur la planche 67 un empoutage à pointe, établi d'après la disposition de la fig. 3, pl. 63 ; en supposant que dans cet empoutage, chaque corde ne fasse lever qu'un seul maillon, et que chaque maillon ne soit garni que d'un seul fil, il faut nécessairement que la mécanique soit d'un compte très élevé, toutes les fois qu'il s'agit de produire un dessin d'une grande dimension. C'est pour mieux atteindre ce but, qu'on fait usage de lisses concurremment avec le corps.

Empoutage à pointe et retour.

La fig. 4, pl. 63, est une disposition d'empoutage à pointe et retour, répété deux fois, pour une mécanique 400. Les distances A C et B E forment ensemble le dessin complet y compris le retour. La seconde partie D I et F K est une répétition de la première. Les chiffres 1, 2, 3... jusqu'à 400 font connaître l'ordre dans lequel on doit passer les arcades dans la planche ; les numéros semblables doivent se joindre à l'empoutage, ainsi que le démontre la fig. 4, pl. 63.

Dans cet exemple, comme dans le précédent, on doit observer qu'il est indispensable, pour une étoffe *découpée au fil*, de supprimer, dans chaque partie, une des deux premières cordes de la pointe ou du retour. Il suit de là que sur les quatre chemins, il y en a trois qui ne reçoivent que 399 arcades, au lieu de 400.

L'empoutage à pointe et retour s'utilise avantageusement dans les bordures, talons, filets, etc. On l'emploie souvent pour châles, meubles, articles de tenture ; quelquefois aussi on le combine avec d'autres empoutages ; néanmoins les sujets auxquels il convient d'être employé seul, ne peuvent être très variés, ni présenter à l'œil un ensemble assez agréable pour qu'il soit d'une fréquente application. Le dessin de la planche 68, exécuté avec un empoutage à pointe et retour, en est une preuve. Il peut donner lieu à la représentation des rosaces, des médaillons, des corbeilles de fruits ou de fleurs, etc., et en général à tous les dessins dont la moitié de gauche est semblable à celle de la droite.

Empoutage combiné, formé de la réunion des genres précédents.

La fig. 5, pl 63, représente une disposition d'empoutage combiné, sur deux chemins, pour une mécanique de 600. Cette disposition contient :

1° Un fond suivi sur 300 cordes, indiqué par les n°' 2 et 5 ;

2° Des filets à pointe, au milieu, sur 100, n°' 3 et 4 ;

3° Une bordure à retour, sur 200, indiqué par les n°' 1 et 6 ;

4° Et une bande satin sur huit lisses, à chaque bord, n°' 7 et 7 bis.

Quoique nous ne figurions que deux chemins, on pourrait établir cette disposition sur trois, sur quatre, ou sur un nombre de chemins plus considérable, pour donner au tissu une plus grande largeur. La même remarque s'applique à tous les exemples d'empoutages qui précèdent et à la plupart de ceux qui suivent.

Toutes les fois qu'on trace ainsi une disposition combinée, on doit avoir le plus grand soin de bien indiquer toutes les désignations, soit sur le tracé même de la disposition, soit dans les détails écrits qui l'accompagnent, afin d'éviter que le monteur commette des erreurs qui s'y produisent plus fréquemment que dans les empoutages qui appartiennent à un seul genre.

Les parties marquées par les chiffres 2 et 5 sont celles qui doivent être empoutées suivi, sur 300 cordes; les chiffres placés en regard des petits points représentant les trous de la planche, de 1 à 300, indiquent l'ordre de l'empoutage, qui est le même que celui des chemins de la fig. 1re.

Les parties 3 et 4 sont celles des effets à pointe, sur 100 cordes; leur première arcade est la 301° de son chemin; dans la partie DG, elle est placée à droite, au bas de cette distance, qui s'empoute en remontant, comme les parties B E et F K de la figure précédente; dans celle FK, elle est placée à gauche, en haut, parce que cette dernière s'empoute d'une manière opposée à la première.

Les parties 1 et 6 sont celles des bordures à retour sur 200 cordes; leur première arcade est la 401° de leur chemin respectif, qui s'empoute comme A C et D I de la figure précédente, ainsi que le démontre l'ordre numérique des trous.

Enfin, la petite distance marquée 7, et sa semblable placée en avant de la partie A C sont destinées aux deux bandes satin, qui s'exécutent à volonté, soit par des arcades, soit par des *lissettes*. Il importe peu de désigner le nombre de leurs fils, puisqu'ils sont tout-à-fait indépendants de l'empoutage, et placés à part sur des crochets supplémentaires.

Nous rappellerons ici que les mécaniques dites 600 comportent toujours 612 crochets; or les différentes parties de cet empoutage n'ayant ensemble que 608 cordes, il en résulte que 4 cordes ou crochets restent vides sur le devant de la mécanique. ~~Ces quatre crochets peuvent~~ être utilisés pour les lisières, doubles-boîtes, sonnette, etc.

La pl. 74, imprimée en deux couleurs, représente un empoutage combiné d'après la disposition de la fig. 5. Au-dessous, nous avons figuré idéalement des dessins exécutables par cette combinaison. Les arcades qui aboutissent en A sont celles du fond suivi, et donnent les parties du dessin I J et M N; celles qui aboutissent en B appartiennent aux filets à pointe, et correspondent au dessin K L; les arcades C font les bordures à retour GH et O P; enfin celles qui partent de D sont destinées aux deux bandes satin E F et Q R. En résumé, les arcades rouges correspondent aux effets rouges du dessin, et les arcades noires correspondent aux effets noirs.

Empoutage bâtard.

Ce genre d'empoutage ne comprend qu'un seul chemin empouté suivi; il est employé toutes les fois qu'on veut produire sur tout le travers du tissu, des effets ou dessins quelconques qui n'ont aucune répétition sur toute la ligne transversale : tel serait, par exemple, un nom, pl. 72, ou bien encore la disposition fig. 1ᵐ, pl. 64, dont l'exécution est représentée pl. 73, laquelle contient un fond B E, sur 600 cordes, accompagné de deux autres parties A C et D E, considérées comme bordures et empoutées à regard sur 300. Total 900.

Pour exécuter cette disposition, on observera que les 600 premières arcades destinées au chemin B E n'ont qu'une corde chacune, et que les 300 autres en ont deux, puisque la première arcade des chemins A C et D F appartient aux deux cordes qui correspondent aux deux numéros 601.

On voit par l'ordre et par la pose des chiffres 1, 2, 3,...600; et 601, 602, 604...900, que l'unique chemin de fond B E s'empoute en allant de gauche à droite en descendant les rangs de trous verticaux, tandis que les parties A C et D F s'empoutent, la première, comme la précédente B E, et la seconde dans le sens contraire, c'est-à-dire, de droite à gauche, en remontant.

Il est à remarquer aussi que les deux parties A C et D F qui sont à retour ou à regard, formeraient ensemble une pointe, si l'on faisait abstraction du chemin suivi qui les sépare.

On comprend que par l'emploi de l'empoutage bâtard, chaque crochet ne supporte qu'une seule arcade, et par conséquent un seul maillon, et que si chaque maillon n'était chargé que d'un seul fil, on ne pourrait obtenir qu'un tissu très peu fourni en chaîne; mais en augmente la réduction de cette dernière, en mettant plusieurs fils dans un même maillon et en ajoutant des lisses de fond, ainsi que nous le démontrerons à l'article *Étoffes à corps et à lisses*.

La pl. 73 représente un empoutage complet d'après la disposition fig. 1re, pl. 64. Les arcades simples qui partent de A sont celles du fond suivi; elles peuvent donner lieu à la partie C D du dessin qui est au-dessous; et les arcades doubles qui partent de B sont celles des retours, correspondant aux parties E F et G H de ce dessin.

Empoutage sur deux corps.

La fig. 2, pl. 64, représente une disposition d'empoutage sur deux corps, à quatre chemins suivis, de chacun 200 cordes.

Le tracé de cette figure indique clairement que cette disposition ne diffère de celle qui est en tête de la pl. 63, qu'en ce qu'il y a ici deux empoutages au lieu d'un. On peut en effet considérer les deux corps A B et C D comme appartenant à deux planches d'arcades séparées et rapprochées l'une de l'autre, de manière à former ensemble un seul corps de quatre chemins à 400 cordes.

La manière de faire cet empoutage est très simple, puisque les arcades du second corps C D, font immédiatement suite à celles du premier A B, comme le démontrent les chiffres inscrits à côté du premier trou de chacun des chemins; car si l'on empoutait en deux fois la fig. 1re de la pl. 63, au lieu de descendre les rangées de trous entièrement avant de passer aux suivantes, il n'y aurait absolument aucune différence avec celui-ci.

Dans l'empoutage sur deux corps, on commence donc, après avoir divisé la planche comme il convient, par empouter le premier corps, sur le derrière de la planche, comme si on n'avait à s'occuper que de quatre chemins suivis, sur 200 cordes, en laissant sur le devant de cette planche la place nécessaire pour empouter le second corps, dont la hauteur, dans cet exemple, est égale à celle du premier. Après avoir terminé le passage des arcades dans les trous du premier corps, on opère, en suivant l'ordre indiqué, le passage de celles du second, en observant d'empouter ce second corps dans les rangées de trous correspondant à celles qui sont garnies de fils sur le corps précédent, et en ayant soin de laisser deux trous vides sur chaque rang, pour séparer les deux corps.

Si les deux corps d'un empoutage de ce genre ne devaient pas avoir la même hauteur, comme cela arrive souvent, on tracerait la planche en conséquence, de façon que s'ils étaient, par exemple, l'un sur 300 cordes et l'autre sur 100, ce dernier n'occupât sur la planche d'arcades que le quart de la hauteur, et le premier les trois quarts, soit en empoutant sur 22 trous de hauteur, 15 pour le premier et 5 pour le second, eu égard aux deux trous qui restent vides pour la séparation des deux corps.

On peut varier considérablement un empoutage sur deux corps, en y faisant entrer des chemins suivis, des pointes, des retours, etc., suivant le genre de l'article qu'on veut faire fabriquer. Ces empoutages sont souvent employés dans les articles de fantaisie pour robes, fichus, écharpes, velours, gazes, etc., et pour une infinité de nouveautés de tous genres.

On voit sur la pl. 69 un empoutage sur deux corps, commencé d'après la disposition de la fig. 2, pl. 64. Les cordes ou arcades noires partant de A sont celles du premier corps qui produit les effets noirs du dessin C D; et les arcades rouges partant de B sont celles du second corps, qui produit les effets rouges du même dessin.

Empoutage sur deux corps dont l'un est interrompu.

La fig. 3 de la pl. 64 est une disposition d'empoutage, également sur deux corps, mais qui diffère de la précédente en ce que le premier corps A B est seul continu, et que le second C D est interrompu, c'est-à-dire que ce dernier ne reçoit d'arcades que partiellement. Les distances numérotées au-dessus du premier corps de 1 à 4, et qui sont traversées par des diagonales allant de gauche à droite en descendant, sont des chemins empoutés suivi sur 300 cordes; les espaces marqués 6, 8, 10, 12, au-dessous du second corps, sont de petits chemins aussi empoutés suivi sur 100 cordes, vers le milieu des chemins du premier corps; enfin les distances 5, 7, 9, 11, 13, sont des espaces qui restent vides : cette disposition nécessite donc une mécanique 100.

On voit par les chiffres qui indiquent l'ordre de cet empoutage, que chaque chemin du second corps s'empoute immédiatement, à la suite de celui du premier corps sous lequel il se trouve placé, puisque sa première arcade est marquée comme appartenant à la 301ᵉ corde, qui est précisément celle qui fait suite à la dernière du premier chemin.

Il résulte de cette disposition que les fils de chaîne dépendant des cordes du dernier cent, ou pour nous exprimer autrement, que les fils correspondant aux arcades des chemins du second corps forment, vis-à-vis le deuxième cent des chemins supérieurs, ce qu'en terme technique on nomme un *doubleté*, ce qui signifie qu'en cet endroit la chaîne est plus serrée du double, attendu que les fils de ce second corps sont intercallés entre ceux du premier, de manière qu'il y ait en dent le double de fils au peigne; soit par exemple quatre fils en dent dans les parties *g h* de chaque chemin, s'il y en a deux en dent dans les espaces *e f* et *i j*.

Chaque chemin supplémentaire du second corps est destiné, ordinairement, à produire un effet dénommé *poil traînant*, nom qui lui vient de ce que la chaîne qui produit ces effets n'opère des croisements que partiellement, et *traîne* en dessous dans toutes les parties qui ne doivent former aucun effet de dessin.

La pl. 70 représente un empoutage d'après cette disposition. Elle a été, comme la précédente, imprimée en deux couleurs, pour rendre plus sensibles à l'œil les fonctions des arcades de chaque corps, et les effets qui résultent de ces fonctions.

Ce genre d'empoutage est employé à peu près dans les mêmes conditions que le précédent et pour des étoffes semblables, il est également susceptible de beaucoup de variations et de modifications.

Les triples corps ne s'emploient guère que pour bordures de mouchoirs ou autres, où l'on veut faire jouer trois effets de couleurs; l'empoutage a lieu de la même manière que pour les doubles corps.

Autre exemple d'empoutage combiné, sur deux ou trois corps.

Nous donnons fig. 4, pl. 64, un dernier exemple d'empoutage combiné, formé de la réunion des précédents, et sur deux ou trois corps à volonté; il contient :

1° Deux chemins suivis A, empoutés sur 200 cordes pour fond;

2° Deux chemins à regard ou retour B, de 200 cordes, empoutées sur le premier corps;

3° Quatre chemins C, de la même nature que les précédents, ayant 100 cordes seulement, destinées à faire des bandes ou bordures;

4° Et enfin deux autres chemins suivis DD, aussi sur 100 cordes, empoutées sur le deuxième corps, pour *doubleté*.

L'ordre des chiffres de cette disposition indique que l'empoutage des deux chemins AA doit être fait le premier; puis, celui des parties BB en second lieu; celui des quatre chemins marqués par la lettre C ensuite, et qu'enfin l'empoutage des *doubletés* DD se fait le dernier. Les espaces EEEE, où il n'est point marqué de trous, restent vides.

Sur la planche 71, correspondant à cette disposition, on voit en A le lieu où aboutissent les arcades des deux chemins du fond; en B, l'endroit où arrivent celles des deux chemins du premier corps; en C, la place où se terminent celles des quatre chemins à regard sur 100 cordes, et enfin en D sont marquées par des lignes rouges les arcades des deux chemins du second corps. Au bas de cette planche on voit un dessin exécuté d'après cet empoutage; les effets rouges provenant du doubleté résultent de l'emploi du second corps.

Ce genre de disposition est d'un usage fréquent, parce qu'il est facile de le varier par des transpositions de chemins et mutations de nombres de cordes, pour l'approprier à l'espèce de tissu qu'on veut exécuter, suivant les exigences du dessin qui lui sert de base. Pour en donner un exemple, nous supposerons que l'on veuille augmenter la longueur du fond aux dépens de celle des bandes, dans le but d'en agrandir le sujet: rien n'empêche, dans ce cas, de supprimer 50 cordes à chacun des quatre chemins C, ce qui donne un total de 200 cordes, qu'on peut reporter sur les deux chemins suivis AA, pour leur en fournir 300 à chacun. On conçoit que toute autre mutation pourrait être faite pour modifier cet empoutage selon que les circonstances l'exigeraient, sans rien changer au nombre des cordes de cette disposition qui est de 600.

Pour les bordures B D, on pourrait, au moyen de lissettes adaptées aux arcades, faire figurer trois couleurs au dessin. Dans ce cas, il faudrait faire exécuter le fond par les lissettes et réserver l'action des arcades pour les effets qui devraient se détacher sur le fond; alors, en considérant les lisses comme formant un premier corps, la partie B serait un *doubleté*, et la partie D deviendrait un *tripleté*.

Empoutages sur quatre corps

Cet empoutage, fig. 5, pl. 64, se substitue le plus souvent à l'empoutage ordinaire ou suivi, toutes les fois que l'étoffe est trop serrée en compte, et qu'elle est susceptible de *rayures;* on en fait usage principalement pour les tissus nommés *courants* (articles pour robes), ainsi que pour les gilets en soie. Dans ces diverses circonstances, cet empoutage n'a pas de rapport avec ceux à plusieurs corps exigés pour certaines étoffes.

Nous envisageons ici l'empoutage sur quatre corps sous le point de vue de sa substitution dans les chaînes trop *réduites*. Supposons qu'on en ait une de 1000 fils au décimètre, il s'ensuivrait que l'on serait obligé d'empouter à planche pleine, dans tous les rangs et dans tous les trous de chaque rang, ce qui formerait des rayons suivis de 32 arcades, sans lacune ni interruption. Dans cet état de choses, il est très rare, pour ne pas dire impossible, que l'étoffe fabriquée sous l'action d'un empoutage suivi ne forme pas autant de rayures, plus ou moins apparentes, qu'il y a de rangs de hauteur dans l'empoutage compris sur toute la largeur de l'étoffe.

Pour remédier à cet inconvénient, il convient de se servir d'un empoutage tel que celui qui fait l'objet de cet article; mais il n'est cependant pas indispensable qu'il soit toujours sur quatre corps; cela dépend du genre de tissu que l'on se propose de fabriquer. Ces empoutages se font sur deux, trois, quatre, cinq et même six corps: ceux dont la hauteur donne un nombre impair, doivent être employés préférablement pour les fonds taffetas, par la raison qu'ils répartissent plus également les fils de chaîne, et, par conséquent, forment une étoffe plus régulière.

Pour cet empoutage, les dessins se lisent sur un seul corps, comme pour tout autre empoutage suivi, dont il ne diffère que par la configuration en plusieurs corps répartis sur la totalité des arcades, puis-

I.   30

que ces divers corps s'empoutent en même temps, en laissant un, deux ou trois trous vides entre eux, pour les séparer.

Voici comment il faut s'y prendre, pour faire cet empoutage suivant l'ordre des chiffres inscrits en regard des trous de la disposition :

Les quatre premières cordes, dont la réunion forme le premier collet, occupent le trou N° 1, du premier corps et dans les quatre chemins ; les deuxièmes cordes formant le second collet, sont passées dans le premier trou du second corps ; les troisièmes cordes dans le premier trou du troisième corps, et les quatrièmes cordes dans le premier trou du quatrième corps. Puis, recommençant de la même manière, la cinquième corde est passée sur le premier corps, à la suite de la première corde ; la sixième corde est passée sur le second corps aussi à la suite de la première corde de ce corps, la septième corde se passe sur le troisième corps et la huitième sur le quatrième. On recommence et l'on continue de la même manière jusqu'à la dernière corde de chaque chemin, lesquels se terminent tous au même collet sur le quatrième corps et à la quatre-centième corde.

En même temps que l'on fait l'empoutage, il est prudent de tordre ensemble (ce qui a lieu au moyen d'un seul coup de pouce) toutes les boucles qui appartiennent à un même collet. Par suite de cette précaution, qui du reste ne prend que très peu de temps, le colletage en devient sensiblement plus prompt, plus facile et plus régulier.

Il va sans dire, que par concordance le remettage doit avoir lieu d'après le même principe que l'empoutage.

L'empoutage terminé, on débrouille toutes les arcades en les peignant tout simplement avec les doigts tendus et écartés ; puis on les réunit par parties d'environ trois ou quatre cents, auxquelles on fait un seul nœud provisoire, afin que les arcades ne puissent se dépasser de la planche.

On lie ensuite, à la tête des arcades, la ficelle H F, pl. 65, qui maintient toutes les arcades par la boucle formée à l'extrémité de chacune d'elles ; on transporte ensuite la planche au métier, ayant soin de la placer aussi élevée que possible, afin de faciliter l'opération qui va suivre et que l'on nomme *Colletage.*

Colletage.

Le colletage a lieu immédiatement après l'empoutage ; il **consiste** à réunir partiellement toutes les arcades qui doivent faire partie d'un même *collet*, et à les accrocher à ce collet.

Un *collet* est une ficelle doublée qui, traversant la planche à collet GG, fig. 21, pl. 49, est supportée par le crochet qui lui correspond; d'où il résulte qu'il y a toujours autant de collets que la mécanique comporte de crochets. On voit, fig. 21, que chaque crochet s'appuie sur un trou de la planche à collet, et que le trou sur lequel il repose est destiné au passage de la boucle du collet. Tous les collets sont terminés à leur partie inférieure par un petit crochet en fil de fer, à ressort, représenté fig. 33.

Le colletage (sauf un ordre contraire émané de la *disposition*) se fait toujours d'une manière *suivie*, c'est-à-dire, d'après l'ordre même des crochets de la mécanique, en commençant sur le derrière par le collet le plus près de l'étui, et en poursuivant la rangée jusque vers le cylindre, pour recommencer de la même manière à chaque rang qui suit. A cet effet, la corde H F, qui maintient toutes les boucles à leur place respective, doit être attachée peu tirante et en dessous de la planche à collet, de manière que les arcades destinées aux collets de derrière soient placées de ce même côté.

Lorsqu'on procède au colletage, et que par précaution on a eu soin, lors de l'empoutage, de *tortiller* ensemble les boucles d'arcades destinées à la formation d'un collet, il faut, à l'instant même du colletage, avoir soin de *détortiller* ces mêmes boucles, sans quoi l'appareillage pourrait en souffrir.

Quoique de toutes les opérations relatives au montage du métier, celle du colletage soit considérée comme étant une des plus simples, il arrive néanmoins que l'on commet parfois des erreurs en l'exécuant, surtout si les boucles qui doivent appartenir à chaque collet n'ont pas été provisoirement réunies par le tortillage dont nous venons de parler; car alors, outre les *collets nus* qu'on pourrait *sauter*, on risquerait plus souvent encore (à moins de compter sans cesse avec une attention minutieuse et fatiguante les boucles formant chaque collet) de transporter ou de faire courir des arcades d'un collet à un autre, erreur de laquelle il peut résulter les deux inconvénients suivants :

Le premier est que l'erreur d'une corde ou d'une arcade peut se propager plus ou moins avant, et que la rectification exige parfois plus de temps qu'il n'en faut pour établir un colletage complet.

Le second est que les transports d'arcades d'un collet a un autre, peuvent bien ne pas être apparents, pendant le cours du colletage, et qu'alors, la rectification n'ayant lieu que lors du tissage, l'appareillage du corps courrait le risque d'être sensiblement dérangé.

Quant aux erreurs provenant de l'oubli d'un *collet de boucles*, on ne peut s'en apercevoir facilement qu'au dernier collet, qui, dans l'un et l'autre cas, se trouve nécessairement être en plus ou en moins. Mais pour éviter les embarras et la perte de temps auxquels les erreurs peuvent donner lieu, il est divers moyens dont on peut profiter avec avantage; ces moyens dépendent d'un calcul très simple, et à la portée de toutes les intelligences.

Ce calcul consiste à comparer le nombre de cordes que produisent un ou plusieurs rangs du colletage. A cet effet, nous donnons ci-après trois exemples qui feront parfaitement comprendre l'application de notre méthode.

Le premier exemple est applicable aux mécaniques établies sur quatre rangs de hauteur, telles que les 104 et au-dessous, et généralement pour toutes les mécaniques qui comportent le nombre quatre, relativement à la confection particulière de la mécanique ou de son garnissage.

Le second exemple est applicable à toutes les mécaniques sur huit rangs, et le troisième à toutes celles sur 12 rangs.

1ᵉʳ *Exemple. (Mécanique sur quatre rangs).*

Si l'empoutage est formé sur huit rangs de hauteur, la corde qui termine chaque rang de l'empoutage, devra s'accorder avec le dernier collet de tous les rangs pairs du colletage.

Par l'empoutage sur 10 cordes, deux rangs en comprendront 5 du collet⁰
    »   sur 12 » deux »   »   6   »
    »   sur 14 » deux »   »   7   »

2ᵉ *Exemple. (Mécanique sur huit rangs.)*

L'empout. étant sur 8 cordes, chaque rang comprendra 1 rang du collet⁰
    »   sur 10 » quatre rangs comprendront 5 rangs »
    »   sur 12 » quatre »   »   6 »   »

3ᵉ *Exemple. (Mécanique sur douze rangs.)*

L'empout. étant sur 10 cordes, six rangs comprendront 5 rangs du collet⁰
    »   sur 12 » un rang comprendra 1 rang   »
    »   sur 16 » trois rangs comprendr. 4 rangs   »
    »   sur 20 » trois rangs   »   5 »   »

Il est évident qu'en établissant des guides de ce genre, les erreurs qu'on pourrait commettre lors du colletage ne peuvent se propager au-delà du raccord déterminé par le calcul.

Quand le colletage est terminé, toutes les arcades sont suspendues aux collets. Alors on défait le nœud qui les tient réunies; puis on peigne de nouveau les arcades, afin de pouvoir descendre la planche jusqu'à sa position naturelle.

Nous démontrerons plus loin que le colletage peut quelquefois être combiné de manière à servir, soit à la confection des articles compliqués, soit à la rectification d'erreurs graves, commises dans le montage du métier; erreurs qui entraînent ordinairement des frais considérables et une grande perte de temps pour leur rectification, surtout quand on ne possède pas les connaissances nécessaires au *colletage rectificatif*.

Pendage.

Le pendage a pour but de suspendre, un à un, au bout de chaque corde ou arcade constituant le corps, tous les maillons qui en font également partie. Mais comme, par suite de la direction plus ou moins oblique dans laquelle les arcades se trouvent après le colletage, toutes les cordes deviennent d'inégales longueurs, ainsi qu'on le voit fig. 3, pl. 77; alors, pour faciliter le pendage et rendre l'opération plus régulière, il faut couper, dans la direction de la ligne horizontale C D, tous les bouts qui descendent et dépassent cette ligne. Cette rectification dans le pendage est surtout nécessaire, toutes les fois qu'il s'agit du montage des métiers en grande largeur; car si on négligeait d'égaliser ainsi la longueur des arcades, il en résulterait que tous les maillons, devant être pendus à une hauteur à peu près pareille, les boucles et les bouts des arcades qui forment les nœuds de suspension, seraient d'autant plus longs qu'ils se rapprocheraient davantage du centre de l'empoutage.

Pour procéder au pendage, on saisit, de la main gauche, trente à quarante maillons garnis, selon que le permet le poids des plombs, pour ne pas trop fatiguer le bras, et l'on prend de la main droite les arcades, une à une, puis on les boucle comme on le voit en D, fig. 1, pl. 77, le plomb reste ainsi suspendu par un nœud à boucle E, qui n'est que provisoire.

On doit également viser à ce que tous les plombs soient suspendus à la même hauteur à peu près. Mais comme on fait exécuter le pendage, la plupart du temps, par des enfants, des apprentis ou des personnes dont le temps et la main-d'œuvre sont d'un prix peu élevé, en raison de leur moindre intelligence, voici comment on peut leur faciliter la régularité de ce travail :

On fixe à une hauteur approximative une baguette en fer ou en bois, A B, fig. 5, qui traverse toute la largeur du métier, et qu'on fait supporter par une ficelle attachée à la planche d'arcades ; cette baguette indique l'élévation que doivent avoir les maillons proprement dits. L'ouvrier, alors, dégage l'un des bouts de la baguette A, le passe dans les mailles supérieures comme en C, et il les relève ensuite comme en D pour boucler les arcades ; la baguette l'empêche nécessairement d'élever des maillons plus qu'il ne convient. Quand le pendage est terminé, on retire la baguette, et tous les plombs prennent immédiatement leur direction perpendiculaire.

Appareillage ou Égalisage.

L'appareillage a pour objet d'égaliser tous les maillons en hauteur, de manière que leur ensemble soit coupé par un plan horizontal.

Avant de commencer l'égalisage, on doit, par précaution, faire lever en masse par la griffe de la mécanique, tous les maillons du corps et les laisser retomber plusieurs fois de suite avec une légère secousse. Cette précaution a pour but de remettre à leur place les crochets qui s'en trouvent écartés ; elle contribue aussi à ce que chaque collet soit exactement posé à cheval sur son crochet. Ensuite on s'assure, au moyen d'un niveau, si la planche d'arcade est placée bien horizontalement dans ses deux sens, en ayant soin de fixer cette planche dans cette position aux cordes ou aux pendants qui la soutiennent, et qui doivent être attachés au brancard de la mécanique, plutôt qu'au bâti du métier, afin que cette planche puisse au besoin suivre le mouvement de la mécanique, sans rien perdre de son niveau. Ces dispositions étant prises, on appareille, c'est-à-dire, on fixe les maillons aux arcades d'une manière définitive, en transformant la boucle provisoire faite lors du pendage, en un nœud uniforme fait à demeure.

L'appareillage se fait à l'aide d'un petit métier qui sert à fixer exactement tous les maillons à la même hauteur, et qu'on nomme *métier d'appareillage* ou simplement *appareillage*. Il se compose de deux pièces principales, comme A B, fig. 8, pl. 77, ou comme C E, fig. 9, même planche. Nous indiquons ces deux systèmes, attendu qu'on les emploie également; mais le système C D est plus commode, parce que les vis inférieures E F passant dans la traverse fixe I J, donnent la facilité de hausser ou de baisser, à volonté, le devant ou le derrière du corps, tandis que la partie A G du système A B, soutenue par la vis de pression H, lève ou baisse également le derrière et le devant, à mesure qu'elle glisse dans son étui B G, et qu'on est obligé d'employer de petits coins en bois, inégaux en épaisseur, quand on veut élever un côté plus que l'autre. Quel que soit d'ailleurs le système qu'on adopte, ces deux parties principales qui servent de support, doivent être semblables dans le même métier, et avec de l'attention on peut obtenir le même résultat, avec l'un comme avec l'autre. Entre les montants du support D C, fig. 9, se trouve en K L une pièce à entailles et à coulisses, destinée à recevoir les lamettes M; cette pièce n'existant pas dans le système A B, fig. 8, on pratique des entailles dans la tête même du support, pour y placer ces mêmes lamettes.

Les lamettes dont nous parlons sont des règles plates et minces en bois; le nombre en varie suivant la hauteur des rangs d'empoutage, et selon aussi que l'appareilleur veut obtenir une plus ou moins grande exactitude dans son opération. Il n'y a point de règle générale à cet égard; cependant il convient d'employer les lamettes en nombre suffisant pour ne laisser que cinq cordes (cinq rangs d'arcades ou de maillons) entre elles. Ainsi, en supposant un empoutage sur dix rangs de hauteur, on devrait, pour l'égalisage, passer une lamette au milieu, de manière qu'il se trouvât cinq rangs en avant et cinq rangs en arrière, qu'on recouvrirait de part et d'autre par une autre lamette. D'après cette base, un empoutage sur dix rangs de hauteur exigerait trois lamettes; il en aurait quatre sur quinze rangs, cinq sur vingt, etc. En général, plus les rangs des cordes qu'on laisse entre les lamettes sont nombreux, en d'autres termes, plus l'intervalle qui reste entre elles est grand, moins on parvient à égaliser juste. Ceci est évident, car chaque maillon devant être présenté contre la lamette, il en résulte que les arcades qui soutiennent les maillons de derrière, éprouvant une obliquité plus grande, conservent une longueur proportionnée, et que le maillon, après son ajustement définitif, retombe un peu plus bas que ceux qui étaient dans une position tout-à-fait verticale.

Pour rendre le tissage plus facile, il est de principe de mettre les lamettes un peu au-dessous du niveau de l'ensouple. Mais ce rouleau augmentant d'épaisseur à mesure que l'étoffe s'y enroule, cette différence de niveau doit être d'autant plus sensible que le tissu est plus gros; le terme moyen est de 1 à 2 centimètres. Les lamettes étant placées sur leur support à une hauteur approximative, on pose dessus une cale d'une épaisseur semblable à la différence du niveau qu'on veut établir, et l'on place une règle NO, fig. 10, dont un bout porte sur le rouleau de devant CD, et l'autre bout sur les lamettes MM, en dessus de cette cale; puis on élève ou l'on abaisse les lamettes, au moyen des vis inférieures EF, jusqu'à ce que le niveau P, posé sur la règle, indique sa position horizontale. Ce nivellement étant fait, la règle et la cale enlevées, il reste juste cette différence de niveau, appelée, en termes de fabrique, *contre-bas*.

Le tout étant dans cette position, on serre la vis de pression Q, du système CD, fig. 9, ou bien l'on passe, à travers les lamettes percées à cet effet, la broche R du système AB, fig. 8, pour les assujettir toutes à la fois.

Ensuite on lie provisoirement toutes les arcades au-dessus des boucles, par paquets de cent environ, en ayant soin de ne rassembler, dans un même paquet, que les arcades dont les maillons descendent entre les mêmes lamettes. Les liens qu'on emploie sont des rognures d'arcades, qu'on serre fortement autour de chaque paquet. Le but de ces ligatures est d'assujettir l'extrémité de chaque arcade simple à un poids assez considérable, pour qu'au moment de faire le nœud de suspension définitif au bout d'une arcade, le plomb attaché à l'arcade correspondante ne soit pas soulevé, et le collet entraîné hors sa position naturelle, par le tirage qu'on opère sur l'arcade à nouer, tirage qui rompt naturellement l'équilibre, et qui, sans la précaution du liage en paquets, occasionnerait des inégalités de longueur bien sensibles, et empêcherait la régularité de l'égalisage.

Quand tous ces paquets sont faits, on délie le premier à gauche, et l'on reprend, un à un, tous les maillons de ce paquet, pour les présenter successivement contre la face interne de l'une des lamettes entre lesquelles ils sont pendants, et les fixer à demeure aux arcades, en transformant la boucle provisoire en nœud définitif, comme le représente la fig. 6, ayant soin de les arrêter de manière que la parla partie inférieure du maillon proprement dit se trouve exactement à fleur de l'arrête supérieure des lamettes.

Au moment de former le nœud, on doit faire attention à ce que les arcades conservent toujours leur position verticale; car, s'il arrivait le contraire, l'obliquité leur ferait donner une longueur supplémentaire qui, lorsqu'elles reprendraient leur aplomb, ferait descendre le maillon au-dessous de la hauteur convenable.

Ce paquet étant égalisé, on coupe tous les bouts d'arcades, de manière à ne leur laisser qu'un ou deux centimètres au-delà du nœud, puis on relie le paquet. On délie ensuite le paquet suivant qu'on appareille de la même manière que l'on a fait pour le premier, et ainsi de suite pour tous les autres paquets.

Dès que l'épaisseur du corps contient seulement deux paquets, et par conséquent trois lamettes, l'appareillage est toujours plus facile et mieux fait, en appareillant un rang par devant et un rang par derrière, que si on faisait l'opération totale par un seul côté.

Observations relatives à l'appareillage.

Lorsque les maillons sont garnis en mailles doubles, autrement dire, avec du fil doublé, le nœud de la maille supérieure doit être placé à environ deux centimètres de distance en dessous du nœud de l'égalissage; tandis que si le maillon est garni à mailles simples, et que le nœud de la maille supérieure soit à queue, il faut que le nœud de cette dernière soit placé à cheval et en dessus du nœud même de l'arcade. Mais lorsque ces mêmes mailles (simples) sont nouées au moyen du nœud plat, il faut également placer leur nœud sur le côté, ainsi que nous venons de le démontrer pour les mailles doubles. Faute de se conformer à ces principes, les nœuds de l'appareillage n'ont aucune solidité: ils se relâchent fréquemment, et par suite, les maillons tombent quelquefois d'eux-mêmes lors du tissage.

Outre l'avantage que le nœud à queue a sur les autres, de faire gagner environ deux centimètres sur la hauteur, il a encore celui de rendre le *dépendage* beaucoup plus facile qu'on ne pourrait le faire avec les autres genres de nœuds. Cette méthode n'établit qu'un seul rang de nœuds, qui sont évidemment plus gros que s'ils étaient divisés et établis sur deux rangs.

I.   34

La pose du nœud des mailles a dû être placée, autant approximativement que possible, lors du pendage.

Le dépendage a lieu toutes les fois qu'il s'agit de procéder au *remontage*, au changement ou à l'anéantissement du corps complet d'un métier.

Lorsqu'on procède au dépendage, et que l'économie des arcades n'exige pas qu'on défasse les nœuds, on peut, pour aller plus vîte, couper la queue du nœud de la corde d'arcade tout contre le nœud de la maille, si celle-ci est formée par un nœud à queue, ou bien tout près de la boucle de cette même maille, si elle est formée à fil double, ou simple ou à nœud plat; alors il suffit d'ouvrir la maille supérieure et de tirer les deux parties, par chaque côté, pour que le restant du nœud saute entièrement.

Enverjure des corps. — Remettage.

Enverjure. D'après l'idée que nous avons donnée de l'*enverjure*, page 26, on doit entendre par là un croisement accidentel, opéré sur des fils quelconques, par des obstacles placés exprès, comme les deux baguettes qu'on voit en I, fig. 1, pl. 8, qui font passer du dessus au dessous et réciproquement les fils de chaîne de cette figure.

L'enverjure des corps est la même absolument que l'enverjure des chaînes qu'on fait à l'ourdissage : il n'y a de différence que dans la position des croisures qui sont horizontales, à peu près, dans les chaînes, tandis qu'elles sont presque verticales dans les corps. Les principes d'enverjure sont semblables dans les deux cas; les arcades des corps s'envergent une à une, ainsi que les fils de chaîne, mais en suivant l'ordre direct de l'empoutage.

L'enverjure des corps est une opération préparatoire, qui a pour but de faciliter le remettage par la classification des maillons. Voici comment on procède :

On prend de la main droite les maillons garnis, un à un, et croisant le pouce de la main gauche par dessus l'index, fig. 6, on les enverge (on les croise) d'après l'ordre de leur empoutage, ainsi qu'on le voit dans cette figure, de manière que le premier maillon passe devant le pouce et derrière l'index, le second derrière le pouce et devant l'index, le troisième comme le premier, le quatrième comme le second, et ainsi de suite, en faisant passer tous les fils impairs devant le pouce et derrière l'index, et tous les fils pairs de la manière opposée. On

enverge de cette sorte tous les chemins successivement, s'il y en a
plusieurs, en suivant toujours l'ordre de l'empoutage rang par rang.

Lorsque les maillons ainsi envergés dans la main gauche, deviennent
trop nombreux, on passe à la place des doigts les deux bouts d'une
ficelle doublée, pour en conserver l'enverjure; puis on recommence de
nouveau, en suivant le même procédé jusqu'à la fin de l'opération.

L'enverjure étant terminée, on remplace cette ficelle double par
deux baguettes en bois, absolument comme cela se pratique pour l'enverjure des chaînes; le corps est alors disposé au remettage.

Observations. L'enverjure que nous venons de décrire est dite suivie, parce qu'elle se fait sans interruption, en ayant soin de placer
à gauche de la ficelle les premières cordes envergées, ce qui a lieu
en introduisant les bouts de cette ficelle du côté de la main, pour que
sa boucle remplace les deux doigts. L'enverjure suivie est non seulement applicable aux empoutages suivis, mais elle l'est encore à
d'autres dispositions, telles que celles des retours, des regards, des
pointes, etc., quand les premières cordes de ces retours ou regards
sont placées comme le démontre la fig. 3 de la pl. 63, dont les explications sont insérées pages 203 et suivantes.

Mais il n'en est pas ainsi lorsque les premières cordes de deux
chemins d'un empoutage à pointe, ou autre, se trouvent sur le devant ou sur le derrière de la planche d'arcades, à côté l'une de
l'autre. On est obligé, dans ce cas, d'avoir recours à une autre
méthode d'enverjure, pour laquelle on dit, en mots techniques,
tourner la main, méthode moins prompte, plus difficultueuse, quelquefois indispensable, mais qu'on peut souvent éviter en combinant
différemment la disposition d'empoutage, sans rien changer à son
effet. C'est à la personne chargée de donner les dispositions d'empoutage à prévoir ces difficultés et à faire ses combinaisons de façon
à les éviter. C'est encore ce que nous avons démontré dans les exemples d'empoutages, expliqués au chapitre XIII.

L'enverjure dite à *tourner la main* ne doit être employée, d'après
ce que nous venons d'en dire, qu'autant qu'elle est inévitable. Cette
enverjure diffère de celle dite *suivie*, en ce qu'il faut retourner les
cordes envergées après avoir placé chaque rang d'arcades entre le
pouce et l'index de la main gauche, et avant de remplacer les doigts

par la ficelle , afin que les dernières cordes envergées de chaque
rang soient placées les premières , à gauche de l'enverjure , tandis
que dans la méthode précédente , il arrive le contraire. On est donc
obligé, dans l'enverjure qui nous occupe, de porter à la ficelle toutes
les cordes d'un rang , aussitôt qu'elles sont envergées, sans attendre
que les doigts soient pleins , ce qu'on pourrait cependant éviter en
commençant l'enverjure de chaque rang par la corde qui le termine.

Remettage.

Le remettage des corps est différent du remettage que nous avons
décrit, pages 31 et suivantes , en ce que les fils de chaîne ne passent point dans les mailles , mais bien dans des maillons en verre ,
et sans avoir égard au raccord du croisement ; en sorte que le remettage
des corps n'est pas divisé par *courses*. C'est qu'en effet la course, dans
le remettage des lisses , est toujours subordonnée au nombre des lisses
qu'on emploie, ou, pour mieux dire , à la répétition de l'ordre dans
lequel ces lisses reçoivent les fils; tandis que dans le remettage de
corps il n'y a point de répétitions de courses en rapport avec le nombre d'arcades qui forment la hauteur de l'empoutage, puisque, sans
rien changer au montage ni au remettage, on peut, sur un compte 400,
par exemple, exécuter également un satin de cinq ou un satin de huit,
ou toute autre armure dont le raccord aurait pour nombre un diviseur
exact du nombre des cordes formant un seul chemin.

Le remettage des corps n'est subordonné qu'à l'enverjure , dont, en
général , on suit exactement l'ordre , sauf des cas exceptionnels que
nous ferons connaître en parlant des tissus qui les exigent. Dans le
remettage des corps , tous les fils de la chaîne sont passés un à un , à
l'aide d'un petit crochet que l'on nomme *passette* (voy. fig. 21, pl. 16),
dans les trous des maillons en verre ou en cuivre, comme dans le remettage des lisses , ils sont passés un à un dans les mailles.

Lorsque le genre d'étoffe à confectionner exige deux ou plusieurs
fils au maillon , on doit passer le premier fil dans le trou inférieur , le
second dans le trou qui est immédiatement au-dessus, et ainsi de
suite, toujours en remontant.

Quand il s'agit d'un remettage sur plusieurs corps , et que le tissu
est formé au moyen de plusieurs chaînes, on pourrait faire séparément et successivement le remettage de chaque corps; mais le tra-

vail se fait beaucoup plus vîte et plus commodément en *remettant* les divers corps simultanément, mais par intercallation.

Lorsque des lisses sont adjointes au corps, leur remettage n'a lieu qu'après celui du corps ou des corps, puisque ces lisses sont toujours placées sur le devant.

Le remettage des corps est une opération quelque peu délicate, et qui exige une certaine habileté qu'on n'acquiert que par la pratique. Ce motif en fait une sorte de spécialité qui constitue, pour ainsi dire, une profession exclusive aux personnes qui ont acquis, par une longue expérience, la dextérité nécessaire pour cette opération, dont la marche est d'ailleurs indiquée sur la disposition. Ce sont ordinairement des femmes qui se livrent à ce travail; on les nomme *remetteuses*.

Le passage des fils au peigne a lieu d'après le principe ordinaire, tel que nous l'avons indiqué, pages 97 et suivantes.

Des Cerceaux.

On donne le nom de *cerceaux* aux cintres dont on fait usage toutes les fois que le nombre de cartons dépasse une quantité qui ne peut être contenue dans l'étendue qu'on peut leur donner, soit directement, au moyen d'un ressort de tension R T, fig. 1re, pl. 80, soit en ayant recours au procédé de descente, représenté fig. 2, où l'on remarque que les lanternes A et B soutiennent les cartons, tandis que la lanterne C leur donne une tension suffisante par l'effet du contre-poids D.

Les cerceaux peuvent être faits de plusieurs manières différentes. Les uns sont cintrés, les autres sont droits, d'autres enfin réunissent les deux genres.

Les premiers consistent simplement en deux tringles de fil de fer, ou bien encore en deux lamettes plates, en bois, que l'on cintre d'une courbe suffisante, pour que les cartons puissent se reployer sur eux-mêmes autant uniformément que possible et les uns contre les autres.

Les seconds sont formés de deux forts liteaux en bois posés sur champ, et d'après une pente assez oblique pour que les cartons y puissent glisser d'eux-mêmes par leur propre poids. C'est pour atteindre ce but que le dessus de ces liteaux est ordinairement disposé à biseau central, ou bien, ils sont recouverts d'une tringle de fer parfaitement droite et bien polie.

Le troisième genre est formé de la réunion des deux précédents, et la partie cintrée est placée à l'extrémité inférieure des liteaux.

Il arrive quelquefois que l'étendue d'un dessin exige des cartons en nombre tellement élevé que les cerceaux ordinaires que nous venons de décrire, deviennent insuffisants pour les contenir; dans ce cas, on a recours à un des deux moyens suivants.

Le premier consiste à faire ployer les cartons de manière qu'au lieu de se joindre par un ou par deux, ils se joignent par huit, dix ou douze, et même plus, s'il est nécessaire.

A cet effet, on place, lors du *laçage*, soit tous les dix cartons par exemple, une toute petite tringle bien étroite, en fil de fer cru, dont la longueur dépasse de quelques centimètres celle du carton, et toujours un peu moins longue que le cylindre; alors, cette tringle ne faisant plus qu'un seul et même corps avec les cartons, passe avec ceux-ci sur le cylindre dont elle occupe toujours un des angles, et ses deux extrémités dépassant le carton viennent s'appuyer sur chaque partie d'un cerceau longitudinal A, B, fig. 4, qui, dans ce cas, est exhaussé de manière à ce que le demi-développement de dix cartons, qui se réduit à cinq, ne puisse toucher la partie inférieure du cerceau, et, en un mot, ne rencontrer aucun obstacle à leur dégagement.

On conçoit que toutes ces petites tringles ayant leurs deux points d'appui sur les deux tasseaux qui tiennent lieu de cerceau, il en résulte que les cartons, qui, dans ce système, forment des catégories de dix, sont reployés cinq par cinq, ce qui fait que dix cartons ne tiennent pas plus de place que deux cartons ployés l'un contre l'autre par le système ordinaire.

Bien qu'avec la méthode à tringles on puisse réunir et faire manœuvrer, en un seul *manchon*, de six à huit mille cartons, ce nombre n'est quelquefois pas suffisant pour atteindre la hauteur d'un dessin très compliqué ou très étendu; car s'il s'agissait de faire manœuvrer, en un seul manchon, un dessin de trente mille cartons, par exemple, (ce qui n'est pas extraordinaire, surtout pour les châles), cela serait matériellement impossible. Il faut donc nécessairement avoir recours aux cerceaux mobiles, spécialement réservés pour les grands dessins. Ces sortes de cerceaux sont tout simplement formés, à la partie inférieure, de caisses en bois, établies à *claire-voie* et munies d'une séparation intérieure, ainsi que le représente le plan coupé, fig. 5.

On y remarque que cette séparation n'atteint pas le fond de la caisse, afin de laisser aux cartons un passage suffisant pour qu'ils puissent, étant ployés les uns sur les autres lors de leur descente, couler sur le cerceau, et par suite remonter avec facilité sans rencontrer aucun obstacle.

Comme ces caisses sont très élevées, et que le nombre de cartons qu'elles peuvent contenir est très considérable, et par conséquent d'un poids très lourd, elles sont supportées par quatre roues, espèces de forts galets, afin de pouvoir retirer facilement une caisse pour la remplacer immédiatement par une autre, car un dessin peut exiger un nombre assez élevé de cartons pour qu'ils occupent plusieurs caisses. Tels sont les principes généraux relatifs aux cerceaux, mais pour les bien réussir, on ne peut guère y parvenir que par la pratique.

Quels que soient les genres de cerceaux dont on puisse faire usage, on est toujours obligé d'avoir recours aux lanternes nécessitées pour le *ploiement* et le *déploiement* des cartons. Quelquefois aussi on est obligé d'employer des petits rouleaux de conduite.

Ajustement de la mécanique.

Les mécaniques Jacquard, telles qu'on les reçoit des mains du mécanicien, ne sont pas toujours ajustées avec une précision parfaite. C'est donc à l'ouvrier, ou à défaut, au chef d'atelier ou au contremaître de s'assurer, au commencement du tissage, si la mécanique fonctionne exactement dans toutes ses parties.

Les personnes chargées du montage doivent surtout porter leur attention sur les pièces qui ont rapport aux observations suivantes :

1° Que l'arbre de couche porte parfaitement d'aplomb et en ligne droite, sur les coussinets de la mécanique et sur celui du support.

2° Que la pression du cylindre contre les aiguilles ne soit ni trop forte, ni trop faible, et que de plus elle soit égale sur le devant comme sur le derrière de la mécanique.

3° Que les lames de la griffe ne retombent contre la tête des crochets, que du frottement qui leur est strictement nécessaire.

4° Que chaque pointe d'aiguille vienne toujours frapper contre le centre du trou qui lui correspond au cylindre.

Pour exécuter les rectifications nécessaires à ces quatre observations, voici ce qu'il faut faire.

Dans le premier cas, on repousse à droite ou à gauche, selon qu'il est besoin, le *pendant* ou support de l'arbre de couche, comme aussi on peut, selon la nécessité, monter ou descendre le coussinet de cette pièce, puisqu'il est à coulisse, et l'arrêter dans la position exigée par la direction de l'arbre.

Dans le second cas, on a recours aux écrous des vis de la presse, ainsi qu'au tenon à coulisse qui supporte un des côtés du battant.

Dans le troisième cas, on desserre l'écrou du support de la planche à collet, puis à petits coups de marteau, on fait avancer ou reculer cette planche, jusqu'au point où la tête des crochets reçoit la griffe de la manière la plus convenable.

Enfin, dans le quatrième cas, on frotte les pointes des aiguilles avec un peu de noir liquide; alors, faisant frapper le cylindre, la plus grande partie des aiguilles reproduisent sur le carton divers petits points noirs qui indiquent exactement si le cylindre doit être monté ou descendu, ou bien encore s'il doit être poussé sur le devant ou sur le derrière; ces deux sortes de rectifications ont lieu au moyen des vis de support du battant et de ceux des coussinets du cylindre.

Lorsqu'on est obligé d'avoir recours à cette épreuve, il faut toujours la répéter plusieurs fois de suite, et sur des cartons différents.

CHAPITRE XIV.

Mise en carte des dessins.

SOMMAIRE : *Composition des dessins. — Esquisses — Mise en carte. — Papiers divers pour la mise en carte. — Du quadrille. — Régulateur pour le quadrille. — Des répétitions et des raccords. — Contre-semplage ou quinconce. — Moyens divers pour éviter le barrage. — Transposition. — Translatage.*

Composition.

La composition est à la fabrique ce qu'est le dessin à la peinture, on peut dire que c'est la poésie de l'art.

La composition est le travail intellectuel, artistique; la fabrication proprement dite n'est que l'exécution matérielle de ses conceptions.

Dans la composition tout est création, invention; elle demande du goût, de l'intelligence, du génie. Tel qui n'est pas doué de cet esprit créateur qui fait le musicien, le poète, l'artiste, n'est point apte à la composition, vaste champ qu'une haute intelligence peut seule explorer avec succès.

La composition exige non-seulement du goût, mais encore des connaissances assez profondes en géométrie, en architecture, en histoire naturelle, etc. Il faut avoir bien observé, pour tirer parti de toutes les ressources qu'offrent à l'imitation du dessinateur les chefs-d'œuvre de l'art dans leurs mille variétés, et surtout la nature de ses innombrables harmonies dans ses contrastes non moins frappants et non moins admirables.

La composition s'étend nécessairement à deux choses : à la création du dessin et à la production de l'esquisse.

Dans la conception du dessin, le dessinateur s'abandonne à ses seules inspirations. Son talent consiste à rapporter sur le papier ces gracieux contours que revêtent les formes harmonieuses des corps, ces nuances délicates, ces doux reflets qui naissent du mélange des couleurs que la nature marie avec un si rare bonheur, pour le charme des yeux. Mais ce n'est pas assez pour lui que de surprendre, pour ainsi dire, la nature dans ses secrets, et d'en fixer les accidents les plus séducteurs; l'idéal, le bel idéal lui fournit aussi des conceptions heureuses; puis, il emprunte à la mythologie de poétiques fictions, à l'histoire des scènes vivantes de souvenirs ou d'actualité. Sa mémoire aussi vient souvent en aide à son génie; il s'emprunte à lui-même ou il puise à d'autres sources artistiques; mais si la stérilité de son imagination le force quelquefois à devenir plagiaire, il étudie alors ses modèles, il en combine les idées, il en change les éléments, il en dénature les formes, en un mot, il en métamorphose l'ensemble de manière à en former un TOUT nouveau.

Il est d'ailleurs d'excellents sujets passés, vieillis, oubliés, qu'on peut rajeunir et revivifier avec avantage en les modifiant. Ici, comme dans le langage, la pensée est susceptible d'une foule de modifications qui s'expriment par des traits de dessin, ou par des nuances de couleur; et quoiqu'il y ait toujours une expression plus convenable, plus pure ou plus sublime, il est mille variations qui lui conviennent à des degrés différents.

Enfin, le dessinateur met à profit tous les enseignements du présent et du passé, pour la création de genres nouveaux, rassemblant, analysant, classant et combinant tous ses matériaux pour en obtenir de bons effets, tant par le mélange des couleurs, que par la forme régulière et harmonieuse des lignes et des contours.

I.   32

La composition est divisée en deux parties bien distinctes. La première comprend la conception spontanée ou réfléchie, et le tracé du dessin, d'après l'idée primitive, sans régularité, mais dans ses dimensions, sans assujettissement aux règles imposées par la pratique de la reproduction. Le crayon de l'artiste n'est alors soumis à nulle condition, à nulle contrainte; il trace hardiment, sauf à les modifier ensuite, une figure géométrique, une fleur idéale, un être fantastique, en un mot, tout ce que l'imagination ardente du dessinateur produit de conceptions régulières, élevées ou bizarres.

La seconde partie est relative à l'*esquisse*, et contient des règles précises dont le dessinateur ne doit pas s'écarter. C'est ce que nous développerons amplement dans ce chapitre essentiel.

De l'Esquisse.

L'esquisse est le premier dessin régularisé, ramené à des dimensions telles que l'étoffe doit les produire, et répété autant de fois qu'il doit entrer dans le raccord, si toutefois c'est un sujet qui doive se répéter en des points différents. Là, le dessinateur est limité; il est obligé à des combinaisons qui présentent certaines difficultés, soit pour l'arrangement des parties que doit contenir l'esquisse, soit que le dessin s'y trouve répété plusieurs fois entièrement, soit que certaines fractions d'un dessin unique d'une certaine dimension, soient rapportées en un lieu quelconque de l'esquisse, pour en diminuer la grandeur et pour éviter la répétition de deux ou de plusieurs fractions semblables et pareillement placées.

Ainsi, il faut éviter avec soin les rayures et les barrages que produisent quelquefois les sujets du dessin lorsqu'ils sont mal combinés, qu'ils sont placés trop haut ou trop bas, ou enfin, quand certaines parties sont plus chargées que d'autres. Les combinaisons relatives à la juste concordance des raccords, dans leur rapprochement, ne sont pas d'une moindre importance et n'offrent pas moins de difficultés. Sous ce point de vue, le travail de l'esquisse réclame toute l'attention du dessinateur.

Comme nous l'avons dit, l'esquisse doit présenter le dessin dans sa grandeur naturelle, tel qu'on veut l'obtenir sur l'étoffe. Elle doit offrir, en outre, tous les accidents de couleurs et de nuances convenables aux sujets qu'elle représente, et même la teinte du fond, afin que le fabricant juge plus aisément de l'effet qu'elle produira, et qu'il puisse prendre une détermination précise ; les changements subséquents étant toujours onéreux.

Ainsi donc, toutes les fois qu'il ne s'agit pas de tissus d'une seule couleur, comme les damassés, par exemple, l'emploi du coloris ne doit jamais être négligé ; car c'est risquer beaucoup que de s'en rapporter à autrui du choix des couleurs, pour des sujets dont personne ne peut comprendre les effets aussi bien que celui qui les a créés. D'ailleurs, il peut arriver que telle esquisse, coloriée d'une certaine façon, n'offre à l'œil qu'un ensemble peu flatteur, tandis que le même dessin, nuancé différemment, produira l'effet le plus agréable.

Il en est de l'emploi des couleurs comme de celui des ornements d'architecture, ou bien encore comme de la composition des corps par les affinités : on y trouve certaines incompatibilités qui ne produisent que des contrastes durs et discordants ; comme on y trouve des convenances de tons qui s'harmonisent parfaitement. C'est au dessinateur à rechercher, dans le secret de son cabinet, les meilleurs effets des nuances, eu égard aux formes et à la nature de ses sujets. Là, il expérimente en silence, comme le chimiste dans son laboratoire, et n'offre ses esquisses que quand il se les est représentées à lui-même sous divers aspects.

La mode, souvent capricieuse, doit guider le dessinateur en même temps que son goût, car elle fait quelquefois le succès des dessins les plus étranges et les plus bizarres ; mais, à part ces anomalies du goût, qui passent aussi vite qu'elles se produisent, le vrai beau seul attire constamment l'admiration, et réunit toutes les chances d'un succès durable.

Hâtons-nous de dire ici qu'un grand nombre de fabricants opposent aux créations d'un dessinateur *habile*, une force d'inertie déplorable, et que l'insouciance qu'ils mettent à faire exécuter des échantillons, bien peu coûteux cependant, ou la crainte de ne point écouler un produit d'un genre nouveau, condamnent souvent à l'obscurité les plans les plus beaux, les combinaisons les plus heureuses. L'artiste a besoin d'encouragements : plus on protège ses conceptions, plus on accorde de créance à ses idées, plus il travaille à la recherche du beau. N'admettre qu'une faible partie de ses productions, c'est le décourager, c'est l'anéantir ; les admettre toutes, ou du moins la plus grande partie, c'est grandir son génie, c'est le forcer, en quelque sorte, à ne présenter que de bons modèles.

Ces considérations paraîtront peut-être un peu hasardées aux manufacturiers dont le sentiment diffère du nôtre en ce point ; mais nous pouvons affirmer que l'expérience nous en a constamment prouvé l'exactitude, à l'égard des hommes de mérite, et nous n'entendons pas faire cette application à toutes les personnes sans connaissances, sans talents, qui se gratifient bénévolement du titre pompeux de DESSINATEUR. Or, il faut reconnaître, à la honte de l'espèce humaine, que l'homme, placé entre son intérêt et sa conscience, fait rarement preuve d'assez de franchise pour avouer son incapacité quand on l'interroge sur sa science. De là, ces méprises qui causent souvent de graves préjudices aux intérêts des manufacturiers, et les obligent à n'accorder qu'une confiance bornée à leur dessinateur.

Un dessinateur vraiment capable doit contribuer puissamment à la prospérité de l'établissement à la tête duquel il est placé ; mais s'il est incapable, il peut aussi causer sa ruine ou activer sa perte. Il est donc de la plus haute importance pour le fabricant d'exiger d'un dessinateur des garanties non équivoques de son intelligence et de sa capacité, avant de lui confier, en quelque sorte, l'avenir d'une manufacture de tissus *nouveautés-façonnées*.

Revenons à l'esquisse, dont nous n'avons émis encore que des principes généraux, et pour laquelle nous devons entrer dans des détails plus circonstanciés.

La dimension de l'esquisse est arbitraire ou limitée ; elle est arbitraire quand le montage du métier lui est subordonné, et limitée quand c'est elle, au contraire, qui est subordonnée au montage du métier. Dans le premier cas, aucune considération n'arrête le dessinateur, tout est dépendant de sa volonté. Dans le second cas, il tire ses bases de la disposition d'empoutage d'après laquelle le métier est monté.

Nous ne devons nous occuper de l'esquisse que sous ce dernier point de vue, puisque c'est alors seulement qu'elle est assujettie à des règles, les réductions d'étoffes pouvant être variées à l'infini.

Supposons que l'on veuille une esquisse exécutable sur un métier monté d'avance ; on donnera au dessinateur toutes les indications qui lui sont nécessaires, et dont les principales sont : 1° le genre d'empoutage ; 2° le nombre de cardes contenues dans un chemin.

Supposons que l'empoutage soit suivi, sur 400 cordes, et que la largeur d'un chemin soit de 0^m,14 centimètres.

Ces indications serviront à déterminer la largeur de l'esquisse.

On tracera d'abord, au crayon, deux lignes verticales, parallèles et indéfinies A B, C D, fig. 1re, pl. 88, à une distance égale à la largeur d'un chemin, soit 14 centimètres; on divisera ensuite l'espace compris entre elles en deux parties égales, par une troisième parallèle EF; voilà pour la largeur. Quant à la hauteur, c'est la grandeur du sujet, ou la convenance du raccord, qui la détermine; d'où il suit que l'esquisse peut être égale en hauteur et en largeur, de même qu'elle peut être plus haute que large, ou plus large que haute.

Ces trois lignes étant tracées, il s'agit de rapporter le dessin primitif, fait au crayon, comme nous l'avons dit précédemment, sans assujettissement aux règles imposées par la pratique de la reproduction, en le ramenant à ces conditions et à sa grandeur naturelle. Si ce dessin est un sujet régulier et détaché, tel que celui représenté dans la figure précitée, dont les deux côtés sont semblables, on dessine seulement la moitié M au trait, d'un côté de la ligne EF, puis, pour reproduire exactement le dessin complet, on calque fidèlement cette première partie que l'on renverse en N, de l'autre côté de la ligne de séparation EF, ce qui donne l'autre moitié exactement semblable.

Si ce sujet doit être répété en tout ou en partie, on calque de nouveau pour le reporter aux endroits convenables, après avoir traversé le plan par des horizontales équidistantes GH, IJ, KL, qui servent de guides. Cette méthode donne des répétitions bien plus régulières que si on les dessinait de nouveau.

On voit dans cette figure que la partie M est semblable à la partie N retournée, et que ces deux fractions, qui sont le complément l'une de l'autre, forment, étant réunies, le sujet tout entier. On remarquera que les quatre carrés ou parallélogrammes MNOP forment le raccord de ce dessin; car, en rapprochant plusieurs esquisses semblables, on obtiendrait toujours des sujets entiers et régulièrement espacés.

La même remarque est à faire sur les figures 2 et 3 de cette planche. En comparant ces deux figures l'une à l'autre, on reconnaît aisément que ces deux esquisses forment un même sujet, quoique le raccord de chaque dessin y soit coupé d'une manière toute différente. En effet, dans la fig. 2, le dessin se trouve partagé en quatre moitiés par le raccord , ce qui équivaut à deux sujets entiers ; et dans la fig. 3 , un sujet se trouve entier au milieu de l'esquisse , tandis que le second se trouve partagé en quatre quarts aux angles du raccord. Cette disposition , quoique différente , donne exactement les mêmes résultats.

Quoiqu'il suffise , pour produire une esquisse , d'y former le complément du dessin , c'est-à-dire les parties qui amènent le raccord , il est d'usage de faire une ou plusieurs répétitions entières , soit en hauteur, soit en largeur , afin d'en mieux faire comprendre les effets, et de pouvoir *arrêter* plus avantageusement le même raccord , qui doit, autant que possible , être placé sur des parties dont la coupure ne détruise pas l'effet de l'esquisse. Si donc on voulait offrir comme esquisses les fig. 2 et 3 , on dessinerait le sujet tout entier à chaque endroit où il s'en trouve une fraction , sauf à en agrandir le cadre.

Quand les deux côtés du sujet ne sont pas semblables , ce qui arrive le plus souvent, on est obligé de le dessiner tout entier sur la ligne du milieu E F , comme on le voit fig. 4. Mais alors rien ne s'oppose à ce qu'on emploie le papier à calquer , pour en reproduire ailleurs les parties que doit comprendre le raccord.

Lorsque les sujets sont détachés, qu'ils soient semblables ou non , on doit établir le dessin en quinconce ou contre-semplé, fig. 1, 2, 3, 4 et 5 , parce que ce genre de distribution produit toujours un coup-d'œil plus agréable que les barrages et les rayures qui résultent en général de la disposition des sujets en lignes , ainsi que le représentent les fig. 6, 7, 8 et 9. Mais lorsque les dessins ne sont pas contre-semplés, on peut se dispenser de couper le sujet pour arrêter le raccord , et dans ce cas, au lieu d'établir le dessin en le divisant par quatre quarts ou parties, fig. 6 et 7 , il suffit de le dessiner tout entier, une seule fois , au milieu de l'esquisse , comme on le voit fig. 9.

Lorsque les sujets sont de forme irrégulière, tels que les fig. 4 et 5 , il est urgent que le contre-semplage soit établi d'après le *renversement* du sujet.

On remarquera, dans les fig. 4 et 5 , une différence dans la pose des sujets. En effet, sur l'esquisse, fig. 4 , tous les sujets , quoique contre-semplés, sont tournés dans le même sens et placés de la même manière, qu'on les considère par rangs horizontaux, verticaux ou obliques; tandis que sur l'esquisse fig. 5 , cette disposition ne se rencontre que sur les lignes horizontales et verticales, puisque les sujets sont tournés alternativement à droite et à gauche; mais considérés sur leurs directions obliques, chaque répétition de dessin se trouve successivement établie en sens opposé. Ce genre de distribution est celui qui produit les effets les plus agréables.

La dimension des dessins détachés laissant beaucoup à l'arbitraire, ils peuvent indistinctement occuper plus ou moins d'espace, et par conséquent laisser *au fond* plus ou moins d'apparence. C'est ainsi que le fond domine dans les neuf premières figures, pl. 84, et que dans les trois dernières, c'est le façonné.

Les dessins, dits *continus*, exigent beaucoup plus de soins et de connaissances dans la partie, parce qu'ils sont généralement établis d'après certaines combinaisons, dont l'application n'est pas nécessaire aux dessins détachés.

En effet, si l'on examine attentivement la formation du dessin, fig. 1", pl. 85, on remarque que le même dessin est répété deux fois pour obtenir le raccord complet, mais que cette répétition est *retournée* en même temps que les sujets sont élevés ou abaissés d'environ la moitié de leur hauteur. Cette transposition a lieu par le *décalque* au moyen du papier végétal.

Il importe peu sur quel papier on fasse l'esquisse définitive; mais quand elle contient des parties semblables, qui n'ont besoin que d'être retournées, on fait usage, pour abréger le travail, de papier végétal ou de papier à la sanguine ou bien encore à la mine de plomb, pour faciliter le décalque qui sert à la reproduction de ces parties.

Supposons qu'une esquisse doive, dans la grandeur totale ou raccord parfait, contenir plusieurs fois les formes d'un même sujet; il suffit de dessiner ce sujet une seule fois, en employant le décalque, pour le reproduire partout où il sera nécessaire, soit qu'il doive conserver sa position directe, soit qu'il prenne une forme oblique ou renversée. Cette méthode expéditive réunit, en outre, les avantages de la régularité, puisque c'est le même modèle qui se trouve répété plusieurs fois.

On a vu, par le tracé du cadre de l'esquisse, le rapport qui doit exister entre la largeur d'un chemin et le raccord du dessin.

Nous allons dire maintenant pourquoi il est nécessaire de faire connaître le genre d'empoutage ainsi que le nombre de cordes sur lequel le métier est monté.

Pour un empoutage suivi, il faut une esquisse disposée de manière à ce que le dessin soit, pour chaque chemin, répété dans le même sens, fig. 10, pl, 83.

Pour un empoutage à pointe, l'esquisse doit être double de la largeur d'un chemin, et être disposée de telle sorte que la seconde moitié de droite soit semblable à celle de gauche, et à regard, mais il n'est pas nécessaire que la moitié du bas soit semblable à la moitié du haut.

Pour l'empoutage bâtard, et lorsqu'il y a des bordures, celles-ci sont représentées sur l'esquisse conformément à la disposition du montage du métier. Cette esquisse doit avoir la grandeur naturelle du fond suivi et d'une bordure au moins.

On doit avoir égard au nombre de cordes d'un chemin pour le tracé des sujets de l'esquisse; car, si ce nombre est tellement élevé qu'il doive donner un dessin trop grand, il convient de répéter ce dessin plusieurs fois dans le même chemin, pour en diminuer la grandeur. Supposons un empoutage bâtard, composé d'un chemin suivi sur 600 cordes, et de deux bordures à regard sur 100 cordes chacune. La largeur des deux chemins à regard ne permettant que des dessins d'une petite dimension, le résultat produirait un mauvais effet, si l'on n'avait le soin de le rendre plus agréable à l'œil, en répétant dans le fond plusieurs fois le raccord du dessin, lequel doit toujours être établi sur un nombre sous-multiple des cordes totales. Ainsi, on pourrait le faire sur 200 cordes, pour le répéter trois fois dans le fond suivi, ou sur 300 pour le produire deux fois seulement.

En général, quand le nombre de cordes est trop élevé, et que le dessin serait trop grand si on les y employait toutes, on divise ce nombre en parties égales, pour les affecter à la reproduction du même sujet, seul et isolé, ou accompagné d'effets accessoires. Pour un métier monté sur 400, par exemple, on peut tirer une esquisse dont le dessin comporte 40, 80, 100 ou 200 cordes, parce que tous ces nombres sont des quotients exacts de 400.

Les esquisses simples, relatives aux étoffes d'une seule couleur, ne réclament point impérieusement l'application de la teinte du fond; cependant il est quelquefois convenable et même urgent de le faire, parce qu'alors les effets détachés n'en ressortent que mieux. Cette raison est bien suffisante pour ne pas négliger de remplir cette condition toutes les fois qu'il s'agit d'esquisser à plusieurs couleurs, car il est reconnu que la teinte du fond, surtout quand elle est bien assortie, contribue essentiellement à la beauté de l'esquisse.

Pour établir une esquisse, on se sert indistinctement de trois sortes de papiers : 1° le papier blanc, dit *à dessin*; 2° le papier végétal, et 3° le papier verni.

Le papier blanc convient à toutes les esquisses qui doivent donner des teintes *mattes*, soit d'une ou de plusieurs couleurs; néanmoins, l'esquisse terminée, on peut à volonté lui donner du brillant, en y passant une légère couche de verni.

Le papier végétal a, sur le papier blanc, l'avantage de la transparence; c'est pour ce motif qu'il est généralement employé toutes les fois que l'esquisse est dépendante du calque.

Le papier verni réunit plusieurs avantages dont les deux autres sont privés; d'abord sa transparence est infiniment supérieure à celle du papier végétal, ensuite son brillant donne un reflet très avantageux au coloris, par la raison que l'on pose les couleurs sur le derrière, autrement dire, à l'envers de l'esquisse.

En outre de ces divers avantages, le papier verni a encore celui d'accélérer sensiblement le travail de la distribution des couleurs, surtout lorsque les dessins à esquisser sont formés de sujets rebordés par des petits déliés, auxquels on donne le nom de *liseré*.

A cet effet, après avoir passé d'un côté du papier toutes les couleurs principales, on place de l'autre côté toutes celles qui constituent les liserés et petits sujets de détails.

MISE EN CARTE.

La mise en carte est une profession spéciale qui appartient de concert à l'industrie et aux beaux-arts. Elle est, en un mot, la plus importante opération préliminaire de la fabrication des étoffes façonnées; car c'est réellement à elle que doit se rapporter l'aplanissement de toutes les difficultés principales que l'on rencontre à chaque pas dans la fabrication des tissus compliqués.

La mise en carte a pour but principal de reproduire et de représenter les effets de croisements que doivent produire tous les fils de chaîne et de trame contenus dans le raccord complet d'un dessin empouté suivi, ou seulement des parties nécessitées selon les divers empoutages. Nous rappellerons ici que pour les armures, les lignes

I. 33

horizontales établies sur du papier ordinaire, d'après un tracé fait à la main, représentent des lisses, ou, ce qui revient au même, des fils de chaîne; et les lignes verticales, les cartons, duites ou coups de trame. Dans la mise en carte, ces deux sortes de lignes sont remplacées, non pas par des lignes, mais bien par des *interlignes*, avec cette différence, que dans la mise en carte, proprement dite, les fils de chaîne sont représentés par des interlignes prises sur la hauteur du papier en sens longitudinal, et la trame, par les interlignes prises sur le sens transversal.

Ainsi qu'on le voit, pl. 40, il y a diverses réductions de papier qui facilitent le travail de la mise en carte, comme nous l'expliquerons dans la suite de ce chapitre. Quant à présent, nous ferons l'application de l'esquisse à la mise en carte, en nous servant du papier réglé le plus usité, connu sous la dénomination de 10 en dix. Voy. fig. 1, 2 et 3, pl. 40.

Dans la pratique, on colorie les carreaux indiquant le passage de la trame sous la chaîne; ce qui revient à dire que les carreaux pleins indiquent les fils de chaîne qui doivent lever lors du passage de la trame, ou, en d'autres termes encore, que, dans la mise en carte ordinaire, on peint les effets de trame seulement.

Il est d'usage que, dans la mise en carte, on pointe généralement le dessin par l'envers, parce que cette méthode donne moins de travail au lisage, et que les effets de trame, à l'endroit, sont toujours moins nombreux. Il est pourtant beaucoup de cas contraires que nous indiquerons dans la suite.

La mise en carte d'un dessin est dépendante ou d'un échantillon, ou bien d'une esquisse.

Dans le premier cas, elle est entièrement subordonnée à l'analyse de l'échantillon, ainsi que nous l'avons démontré au chapitre X.

Dans le second cas, elle laisse beaucoup à l'arbitraire, parce qu'un même dessin peut être mis en carte de différentes manières; et c'est encore du goût du metteur en carte, de son intelligence, de ses connaissances spéciales, que dépend le succès de l'esquisse, quelque bien réussie qu'elle soit d'ailleurs. C'est qu'en effet la meilleure esquisse, sortie des mains du plus habile dessinateur, ne produira que de mauvais effets sur l'étoffe, si la mise en carte n'en est pas faite avec beaucoup de goût, et surtout d'après les règles imposées par la pratique.

Dans beaucoup de villes manufacturières, il y a des dessinateurs qui s'occupent des esquisses seulement; ce sont d'autres personnes qui sont chargées de les mettre en carte. Par suite de cette division du travail, il en résulte quelquefois qu'un très bon dessin est manqué, faute d'avoir été bien compris, ce qui n'arriverait pas, si l'auteur du dessin le rapportait lui-même sur la carte.

Il est donc toujours avantageux de choisir pour dessinateur une personne qui joigne à une entente parfaite de la composition et de l'esquisse les connaissances particulières de la mise en carte, au moins pour la spécialité des produits auxquels on s'attache.

Nous disons la spécialité, parce que le travail de la mise en carte est soumis à tant de règles particulières, que, pour les indiquer toutes, eu égard à l'immense variété des tissus, il faudrait écrire un gros volume sur cette matière, qui constitue un art à part, se divisant en spécialités. Vouloir embrasser la généralité des règles qui président à la mise en carte, ce serait entreprendre un travail considérable, qui ne laisserait guère de chance d'arriver à un degré d'habileté suffisant. En effet, ce n'est qu'à force de pratique dans un même genre qu'on finit par y exceller. Ceci explique comment il se fait que tel qui acquiert de la célébrité pour la mise en carte des châles, par exemple, reste, pour ainsi dire, étranger à celle d'autres articles. Ces raisons nous obligent à ne traiter cette partie que sous un point de vue général.

Pour mettre l'esquisse en carte, il faut d'abord tracer sur elle-même des horizontales et des verticales, qui en divisent la surface en une certaine quantité de petits carreaux, dont le nombre doit être en rapport avec les grands carreaux contenus dans l'espace nécessaire pour la reproduction sur le papier de mise en carte. Ces petits carreaux, qu'il suffit de faire au crayon, ou mieux encore à la *pointe sèche*, si toutefois l'esquisse est faite sur du papier verni, ne se tracent que dans le raccord du dessin, sans avoir égard aux répétitions que peut contenir l'esquisse; ils prennent le nom de *quadrille*.

Le quadrille résulte donc du tracé de lignes perpendiculaires les unes aux autres, formant, dans les deux sens, des carrés parfaits, sauf à laisser sur une de ces dimensions ou sur ses deux, une fraction de carreau, si le nombre de cordes l'exige, ou si le raccord de l'esquisse ne réunit pas les conditions nécessaires à sa division.

Trois circonstances interviennent pour que la dimension et la quantité des carreaux du quadrille soient variables : 1° Parce que le raccord d'un dessin n'a point de limites absolues. 2° Parce que le nombre de cordes des empoutages est arbitraire. 3° Parce que ces carreaux, avons-nous dit, doivent être en rapport avec les cordes du métier sur lequel le tissu doit être exécuté.

En effet, chaque interligne de la carte représentant un fil du tissu, en chaîne comme en trame, le dessin qu'on y reporte doit conséquemment comporter autant de petits carreaux en hauteur et en largeur que l'effet du raccord complet comprendra de fils de chaîne et de coups de trame, ou *duites*.

Nous avons dit que l'esquisse présente les sujets dans leur grandeur naturelle; mais la carte, dont les interlignes tiennent beaucoup plus de place que les fils tissés, les grandit nécessairement d'une manière considérable; de sorte que la comparaison d'un même dessin, vu sur l'esquisse et sur la carte, offre la différence d'un sujet naturel avec celui qui serait grossi à l'aide d'une forte loupe.

Les carreaux que l'on trace sur l'esquisse servent à faciliter le transport du dessin sur le papier de mise en carte, comme les degrés et les parallèles servent à copier, sur une carte géographique, les contours des mers, les délimitations des pays, dans leur longitude et dans leur latitude respectives.

Il n'est pas nécessaire que les carreaux du quadrille soient aussi nombreux que les grands carreaux de la carte où l'on doit reproduire l'esquisse; mais il est indispensable qu'ils en soient un rapport par quotient, c'est-à-dire, que le quadrille doit contenir une certaine quantité de carreaux, dont le nombre total soit un sous-multiple des cordes de l'empoutage, relatives au dessin ou seulement à la partie du dessin faisant le sujet de l'esquisse.

Ainsi, pour mettre en carte une esquisse destinée pour une mécanique 400, par exemple, on pourrait tracer dans le quadrille 5, 10, 20, 25, 40, 50, 80, 100, ou 200 carreaux, parce que ces nombres sont tous des sous-multiples de 400. Néanmoins l'usage est de tracer le quadrille de manière qu'il contienne une quantité de carreaux égale au quart du nombre total des grands carreaux de la carte, sur laquelle quatre grands carreaux, dont deux en hauteur et deux en largeur, en représentent *un* de l'esquisse. Mais lorsqu'il y a nécessité d'augmenter sur la carte, le nombre de carreaux, il faut le faire dans les proportions géométriques ; alors, au lieu de prendre sur la carte quatre grands carreaux pour un, on pourrait en prendre, suivant une progression croissante 9, 16, 25, etc., pour un, dans le but de grandir davantage le dessin.

On conçoit qu'il serait bien plus facile de reproduire exactement, en carte, un dessin, si l'esquisse contenait régulièrement autant de carreaux que sa carte, au lieu d'en avoir le quart, le neuvième, le seizième, etc. Mais comme les carreaux seraient d'autant plus petits qu'ils seraient plus nombreux, et qu'une petitesse extrême deviendrait incommode, en même temps qu'elle exigerait une grande précision dans l'opération et qu'elle compliquerait le travail, on prendra de préférence le nombre 10 comme diviseur de chaque côté de l'esquisse, ce qui produira, d'après les règles du toisé géométrique, 100 carreaux dans le cadre de l'esquisse, qui ne contient que le raccord du dessin, lequel doit toujours être *arrêté* parfaitement d'équerre.

Régulateur du quadrille.

Pour tracer promptement les lignes du quadrille sur l'esquisse, on se sert d'une sorte d'échelle de réduction appelée *régulateur*, pl. 87, à laquelle on donne une réduction arbitraire. Le régulateur est composé de deux lignes obliques A B et C D, qu'on prolonge indéfiniment, et qu'on joint par deux autres lignes transversales A C et B D ; ces quatre lignes sont divisées en parties égales par d'autres lignes équi-distantes allant dans le même sens, ce qui produit des trapèzes d'autant plus petits qu'ils se rapprochent davantage du sommet A C. Il est vrai que pour diviser des lignes en un nombre quelconque de parties égales, la géométrie fournit des moyens que l'on pourrait employer ici ; mais l'usage du régulateur est beaucoup plus expéditif.

Pour mieux faire comprendre l'usage du régulateur, nous en ferons l'application au tracé du quadrille de l'esquisse représentée fig. 2, pl. 88, en admettant qu'elle doive être exécutée sur une mécanique 400.

Sachant que le nombre des carreaux à faire dans ce quadrille doit être un sous-multiple de 400, et que, dans ce cas, on peut en prendre 10, 20, 40, etc., on prendra de préférence le nombre 10.

A cet effet, on ouvre les pointes d'un compas, d'une largeur égale à celle du raccord ; on porte cette mesure sur le régulateur, en le faisant glisser, du haut vers le bas, les deux pointes sur les mêmes lignes transversales, jusqu'à ce qu'on ait rencontré une jonction qui donne dix carreaux entr'elles, opération qui demande fort peu de temps. Cette ligne est la mesure qui sert à diviser les deux bases de l'esquisse, au moyen d'une bande de papier qu'on applique dessus pour en pointer toutes les divisions et les reporter ensuite à l'esquisse sur le haut et sur le bas du cadre A B et C D. Ces deux bases étant ainsi marquées, on opère de la même manière pour trouver les divisions des deux autres côtés de l'esquisse. Si l'esquisse est un carré parfait, les points établis sur la même bande de papier suffisent pour diviser les côtés de droite et de gauche; mais s'il en est autrement, on augmente ou l'on diminue cette bande de papier, sans rien changer à la distance des points; de cette manière on obtient plus de divisions dans un sens que dans l'autre, quitte à laisser une fraction au besoin. Les divisions étant ainsi marquées, on les joint par des lignes aboutissant sur les côtés opposés.

Il pourrait advenir que l'ouverture de compas, prise sur la largeur de l'esquisse, ne tombât exactement sur aucune des divisions du régulateur, mais entre deux; ceci ne changerait rien à la manière d'opérer. Car, supposons que la grandeur de l'esquisse soit telle que, pour contenir dix carreaux pris sur le régulateur, les deux pointes du compas dussent s'arrêter entre les transversales 15 et 16, sur la ligne pointée S S; on n'en obtiendrait pas une division moins exacte que si le compas s'arrêtait sur l'une des transversales existantes. Il suffit donc que les deux pointes du compas soient maintenues réciproquement et toujours à égale distance des transversales entre lesquelles elles se trouvent.

Le nombre des cordes pour lesquelles est faite une esquisse, oblige quelquefois à laisser sur la gauche ou sur le haut, ou enfin sur les deux dimensions à la fois, une fraction de carreaux, ainsi que nous l'avons expliqué plus haut : c'est ce qui arrive toutes les fois que la réduction du papier de mise en carte n'est pas en rapport avec le nombre des cordes. Ceci sera bientôt éclairci par des exemples.

Les lignes formant le quadrille sur l'esquisse ayant un rapport direct avec les lignes de *démarcation* ou *lignes de compte* établies sur le papier de mise en carte, doivent toujours aussi former des carrés réguliers, que l'esquisse soit ou non égale en hauteur et en largeur. D'où il résulte que si l'esquisse est plus large que haute ou réciproquement, la division des côtés en parties égales donne conséquemment plus de carreaux sur un sens que sur l'autre, puisqu'on se sert de la même bande de papier pour en marquer toutes les divisions.

Il importe donc, pour ne pas dénaturer les formes du dessin, que le papier de mise en carte contienne des carreaux de même nature que ceux de l'esquisse; car, s'il en était autrement, la hauteur ou la largeur du dessin se trouverait nécessairement rapetissée ou agrandie sur la carte. Cette raison oblige donc à tracer les lignes du quadrille à des distances égales sur l'esquisse, puisque les grands carreaux du papier de mise en carte, auxquels ils correspondent, sont tous des carreaux parfaits, quel que soit l'échantillon de ce papier.

Papiers divers pour la mise en carte.

Nous avons déjà fait connaître qu'il existe divers modèles de papier réglé pour la mise en carte : les plus usités pour les tissus ordinaires sont représentés pl. 40. On y remarque, à des distances égales sur le même échantillon, mais différentes sur des échantillons différents, des lignes fortes, qu'on appelle *lignes de démarcation* ou *lignes de compte*, parce qu'elles servent à compter plus rapidement les petites divisions de la carte. Elles sont, dans les deux sens, perpendiculaires les unes aux autres; leurs jonctions sont disposées en carré, et les intervalles qu'elles renferment, et qu'on appelle *dizaines*, sont les grands carreaux de la carte.

Dans ces intervalles sont tracées d'autres lignes plus fines, en nombres égaux ou inégaux sur chaque sens. Ce sont ces petites lignes qui assignent au papier sa dénomination. Ainsi, on nomme papier *dix en dix* celui dont les grands carreaux ont leur base et leur hauteur divisées en dix; ils renferment 100 petits carreaux. Le papier *huit en douze*, fig. 14, est celui dont la base est divisée en huit et la hauteur en douze; il contient 96 rectangles, etc.

Les papiers les plus usités sont les suivants :

10 en 10 grand modèle.	8 en 7.	8 en 15.
10—10 N° 1.	8 — 8.	8 — 16.
10—10 N° 2.	8 — 9.	8 — 18.
10—10 N° 3.	8 — 10.	8 — 20.
10—10 N° 4.	8 — 11.	10 — 12.
10—10 N° 7.	8 — 12.	10 — 14.

Mais ces nombres ne sont pas les seuls qui soient employés. Il est des circonstances qui obligent à en faire régler exprès sur d'autres bases.

Le 10 en 10 n° 3, représenté fig. 4, est le plus en usage de tous. Le 10 en 10 grand modèle, et les 10 en 10 n°ˢ 1 et 2, étant réglés plus large, ne servent guère que pour la mise en carte des tapis, ou d'autres tissus pour lesquels on fait usage de gros fils. La mise en carte sur le 10 en 10, n° 7 est celle qui se rapproche le plus de la réalité de l'exécution, par la proximité des lignes. Cet avantage, cependant, ne lui donne pas la priorité sur les n°ˢ 3 et 4, parce que ces derniers fatiguent moins la vue à la lecture du dessin.

Les papiers 8 en 8, ou 10 en 10, et, en général, tous ceux dont la base et la hauteur des grands carreaux sont divisés en un même nombre de parties, sont employés dans la mise en carte des tissus qui doivent être exécutés sur des comptes de réduction égaux pour la chaîne et pour la trame, c'est-à-dire, pour des étoffes dont un centimètre carré, par exemple, contient autant de fils de chaîne que de coups de trame.

Quoique tous les papiers s'emploient souvent dans des cas analogues, et qu'ils puissent se remplacer les uns par les autres, il peut y avoir, pour certaines opérations, avantage à accorder la préférence à telle ou telle division.

En effet, le perçage des cartons étant de quatre trous de hauteur pour la mécanique armure, de huit pour la mécanique Jacquard, dite 400, et de douze pour la mécanique 600 et au-dessus. Il en résulte qu'une mise en carte faite sur un papier dont les interlignes verticaux, qui représentent la chaîne, sont, dans un grand carreau, au nombre de huit ou douze, offre une grande facilité pour rectifier promptement les erreurs qui peuvent être faites au lisage, parce que chaque rang de trous, sur un carton, se trouve comprendre un demi-carreau de la carte, un carreau entier on un carreau et demi.

Le huit en huit et le dix en dix sont des papiers réguliers dont on fait l'application aux étoffes de même nature, ainsi que nous l'avons indiqué plus haut. Mais comme tous les tissus ne comportent pas exactement, dans un espace donné, autant de fils de chaîne que de coups de trame, soit à cause de la nature même du tissu, soit à cause des matières qui y sont employées, il a fallu nécessairement créer d'autres papiers, dont le *carreautage* concordât avec les diverses réductions d'étoffes en usage ; de là dérivent les différents modèles de papier, dont nous avons ci-devant donné le tableau.

Dans l'énoncé des divisions qui servent à dénommer le papier, il est d'usage d'exprimer d'abord la division de la base des grands carreaux et ensuite celle de leur hauteur ; le premier terme énoncé se rapporte toujours à la chaîne et le second à la trame. Ainsi, quand on dit du *huit en douze*, cela signifie que l'étoffe mise en carte sur ce papier, doit avoir, dans une même grandeur prise sur les deux sens, huit cordes ou fils de chaîne, et douze duites ou coups de trame.

Les deux paragraphes précédents nous conduisent naturellement à faire ici l'application d'une méthode certaine pour déterminer quel papier on doit employer d'après le nombre de cordes et de *coups* contenus dans un carré parfait du tissu à mettre en carte.

A cet effet, il suffit d'établir une proportion arithmétique, dans laquelle on place pour premier terme le nombre de cordes, pour second le nombre de coups, et pour troisième la division de la base des grands carreaux, l'opération donne pour résultat, ou quatrième terme, la division de la hauteur de ces grands carreaux.

Supposons que dans un carré de trois centimètres de côté, on veuille faire entrer 108 cordes et 190 coups de trame, on fera la proportion suivante :

$$108 : 190 :: 8 : x.$$

On trouvera que le produit des moyens 190 et 8, divisé par l'extrême 108, donne 14. C'est donc du papier de 8 en 14 qu'il conviendrait d'employer pour la mise en carte de ce tissu.

Pour quiconque n'est pas initié aux proportions, voici le mode d'opérer.

Soit demandé de déterminer quel est le papier le plus convenable pour la mise en carte d'un dessin à exécuter sur 135 cordes et 90 coups, dans un espace donné. On multiplie les cordes 135 par la division de la base des grands carreaux la plus avantageuse, soit 8 ; et l'on divise le produit de l'opération 1080 par les coups de trame 90 ; il vient au quotient le nombre 12, qui indique le second terme de la dénomination du papier demandé. Dans cet exemple, c'est du papier de 8 en 12 qui est indiqué pour réponse.

Si, dans la recherche du second terme de la dénomination du pa-

I.   34

pier de mise en carte, il venait au quotient une fraction après les nombres entiers, on prendrait le papier dont la réduction se rapprocherait le plus du quotient exact, attendu qu'il n'en existe pas où il y ait des fractions de petits carreaux ; et si deux proportions différentes donnaient pour résultat, l'une 12 1/3 et l'autre 12 3/4, le multiplicateur ayant été 8, on prendrait, dans le premier cas, du papier de 8 en 12, et dans le second, du papier de 8 en 13, parce que ces deux nombres 12 et 13 sont ceux qui se rapprochent le plus du quotient exact, l'un du premier et l'autre du second.

Dans l'hypothèse où l'on manquerait de papier de 8 en chaîne, ou si l'on voulait y en substituer un de 10, il suffirait de remplacer dans l'opération le multiplicateur 8 par le nombre 10, et de poser, d'après le premier exemple que nous avons donné, la proportion suivante :

$$108 \; \vdots \; 190 \; \vdots \vdots \; 10 \; \vdots \; x.$$

Le résultat indiquerait un papier de 10 en 16 1/2, qu'on remplacerait à volonté par du papier de 10 en 16, ou de 10 en 17, l'une et l'autre de ces réductions se rapprochant également du quotient exact.

Il existe des papiers réglés qui sont pointés d'avance selon les armures fondamentales ; celui dont le pointage représente l'armure taffetas, fig. 9, pl. 40, se désigne simplement par les mots *papier pointé* ; et ceux dont les points représentent les armures batavia, sergés ou satin, fig. 8, 11, 12, 21, même planche, conservent, avec cette qualification, la désignation de l'armure qu'ils portent. Ainsi on dit du *papier pointé batavia, pointé sergé de quatre, pointé satin de cinq, de huit,* etc.

Les papiers réglés dont les divisions de la base et de la hauteur sont inégales, peuvent changer de dénomination selon qu'on les prend sur l'un ou sur l'autre sens, pour plus de commodité. En effet, le 8 en 12 devient du 12 en 8 ; de même, le 8 en 6 devient du 6 en 8, etc., quand on les retourne de manière à ce que la base soit prise pour la hauteur et réciproquement.

Nous ferons encore observer ici que plusieurs réductions de papier sont dans un même rapport, quoiqu'ils aient des dénominations différentes. C'est ainsi que le 8 en 10 équivaut à un 12 en 15, parce que la division de la base de chacun de ces papiers forme, avec le chiffre représentant les divisions de la hauteur, deux fractions égales, réductibles à une expression semblable 4/5 et 4/5. Il en est de même du

4 en 12 relativement au 5 en 15; du 5 en 8 comparativement au 10 en 16, etc.

La mise en carte ne regarde, à proprement parler, que les tissus façonnés; car les étoffes unies, telles que le taffetas, le sergé, le batavia, s'exécutent suivant leurs armures, qui du reste sont toujours invariables.

Les effets façonnés produisent généralement des nuances et des aspects différents, dus au changement qui s'opère dans le croisement des fils, en sorte que le mélange des couleurs n'est pas la seule cause de la diversité des reflets; car alors même que ces effets façonnés sont obtenus par des fils de semblable nature et d'une même teinte, la lumière, en s'y réfléchissant, y subit des modifications dont la cause réside dans la différence du mode de croisement.

Les *damas*, ou damassés, fournissent des exemples à l'appui de ce que nous avançons. Ce sont les étoffes façonnées les plus simples; elles sont faites le plus ordinairement avec des fils d'une même nuance, et elles offrent des aspects différents, dus au changement des armures. Ces étoffes étant peu compliquées, c'est par elles que l'on doit commencer la mise en carte, pour suivre une marche méthodique. Tout le monde connaît les linges de table damassés, dont on fabrique de notables quantités dans la Basse-Normandie. Les effets qu'on y remarque sont dus au changement des armures qu'on alterne, en les faisant passer successivement d'un côté par l'autre, autrement dire, de l'endroit à l'envers. Le genre damassé est applicable aussi bien aux étoffes de soie, de laine, etc., qu'aux tissus de lin et de chanvre.

Exemple : Supposons qu'on veuille mettre en carte l'esquisse d'un tissu dont la chaîne et la trame seraient d'une même couleur, et dont les seuls effets des armures représenteraient un damier. L'esquisse serait composée de quatre carreaux que nous désignerons par A, B, C, D, fig. 1re, pl. 83, dont deux auraient une teinte légèrement plus foncée; on pourrait, sur la carte, employer à volonté diverses armures, ce qui revient à dire que la mise en carte de cette esquisse pourrait être faite de plusieurs manières différentes.

En effet, on pourrait faire, dans les carreaux A et D, par exemple, un *satin de cinq* à l'envers, et dans les carreaux B et C, un satin de cinq à l'endroit. L'armure serait la même dans les quatre carreaux, mais par un côté différent. Ou bien, on pourrait employer dans deux carreaux une armure satin, et dans deux autres une armure sergé; de même qu'il serait facile d'appliquer d'autres armures que celles que nous venons de nommer, puisque chacune d'elles, avons-nous dit, donne à l'étoffe des reflets différents.

Nous ferons observer ici que moins la chaîne est croisée par la trame, plus elle prend de convexité du côté de l'endroit, par où elle domine presque toujours. On peut donc en déduire cette conséquence : que si l'on veut obtenir des effets convexes de chaîne, il faut, dans la mise en carte, faire dominer les points blancs ou *sautés* sur le papier réglé, puisque ce sont eux qui, ordinairement, représentent la chaîne, et que, pour obtenir de semblables effets de trame, il faut faire dominer les *pris* ou pointés.

Le dessin, genre damier ou écossais, que nous venons d'indiquer, est en réalité celui qui laisse le plus de latitude dans le choix des armures ; car on peut lui assigner un nombre quelconque de cordes ou fils de chaîne et de coups de trame, puisqu'il y a changement total d'un carreau à l'autre. Dans la mise en carte des dessins de ce genre, on ne peut éprouver aucune difficulté relativement aux raccords ; car, à proprement parler, il n'y en a point à chercher, puisqu'ils sont indiqués naturellement par la répétition des carreaux semblables, dont les limites sont arbitraires et rectilignes.

Mais, au lieu d'effets directs, si l'on avait à mettre en carte un dessin dont quelques parties façonnées s'étendissent dans le fond, d'une manière continue, et suivant des directions courbes ou brisées, comme seraient, par exemple, les effets d'un *labyrinthe*, il se rencontrerait alors certaines difficultés pour arriver juste au raccord de l'armure du fond, de celle des effets continus, et de celle du dessin tout entier, qui, sur la carte, doivent toujours se trouver au même endroit. Il faudrait, dans ce cas, pour rendre l'esquisse exécutable, en établir la carte de telle sorte que les armures fussent en rapport avec le nombre de cordes sur lequel serait monté le métier destiné au tissage de l'étoffe ; car, outre le raccord du dessin qu'il faut toujours conserver sur la carte, on doit, en même temps, s'assurer du raccord des armures. Sans cette précaution, il arriverait souvent qu'il y aurait raccord comparativement à l'esquisse, mais que les armures étant coupées, et par conséquent interrompues dans leurs effets, la droite ne se raccorderait pas avec la gauche, ni le bas avec le haut, ce dont il est facile de s'assurer en pliant la carte sur les deux sens (l'un après l'autre) de manière à rapprocher les extrémités opposées et à superposer les raccords.

Il résulte de ce que nous venons de dire, que plus il y a d'armures différentes et d'effets continus dans un dessin, plus aussi il y a de difficultés pour le faire raccorder.

On peut cependant, par un petit calcul préparatoire, trouver, sans tâtonnements, les nombres qui peuvent être employés à chaque armure, pour la concordance des cordes du métier. Nous pouvons poser comme principe fondamental que si l'on fait exécuter en même temps, et par des armures diverses, plusieurs effets continus en longueur et en largeur, tel serait, par exemple, l'esquisse représentée fig. 1re, pl. 88, on doit en établir la carte sur des nombres tels que toutes ces armures soient des diviseurs exacts des nombres qui servent de base dans les deux sens.

Pour l'intelligence de ce principe, nous l'appuierons de deux exemples.

Nous supposerons avoir à notre disposition deux métiers, dont l'un serait monté sur 120 cordes et l'autre sur 200, alors qu'on nous demanderait trois effets continus sur un fond uni. Nous chercherions d'abord trois nombres d'armures qui fussent des diviseurs exacts de 120, et trois autres qui le fussent de 200; c'est l'objet de bien simples études en arithmétique. Nous trouverions bientôt que, sur le premier métier, on pourrait faire exécuter des effets façonnés sergé de 3, satin de 5 et satin de 8, parce que ces trois nombres 3, 5, 8, sont tous des diviseurs exacts de 120, et que ce dernier nombre est le total de $3 \times 5 \times 8$. De même nous trouverions que, sur le second métier, il serait facile d'obtenir un satin de 5, un satin de 8 et un sergé de 10; parce que 200 est divisible, sans reste, par 5, par 8 et par 10.

Ces trois dernières armures pourraient également être appliquées à tous métiers montés sur 40 cordes au moins, et par conséquent sur tout autre nombre qui serait divisible par 10, par 8 et par 5; il suffirait de les répéter toutes autant de fois que la quantité de cordes comporterait de répétitions. La même observation est applicable à la réunion des trois premières armures appliquées à un métier monté sur 120, qui de même ne seraient exécutables que sur des nombres multiples de ce dernier.

Nous ferons remarquer ici , que lorsque trois armures doivent marcher de concert, et que l'effet produit par l'une d'elles se trouve
interrompu, tel serait l'esquisse fig. 1re, pl. 86 , l'armure qui produit
cet effet devient neutre. Donc, en rappelant l'exemple précédent,
appliqué à une mécanique 120 , et en admettant que ce soit le satin de 8
qui produise l'effet interrompu, la concordance de cette armure avec
les deux autres n'est pas de rigueur; c'est pour cette raison qu'il suffira de faire accorder le sergé de 3 avec le satin de 5. Dans ce cas,
le raccord, en hauteur, n'exigera que 15 au lieu de 120.

D'après ce que nous venons de dire, on voit que les raccords des divers croisements relatifs à la trame offrent beaucoup moins de difficultés
que ceux relatifs à la chaîne, par la raison que le nombre de cordes
sur lequel le montage est établi, ne peut être augmenté, tandis que
pour la trame on peut toujours, en augmentant les cartons du double
ou du triple, atteindre un nombre qui puisse satisfaire à certaines
armures qui ne pouvaient concorder au premier nombre donné.

L'exemple suivant fera suffisamment comprendre ce que nous venons de dire.

Supposons un dessin continu en satin de 8 , se détachant sur un fond
uni sergé de 5, lequel dessin aurait son raccord sur 100 coups de hauteur.
On reconnaît bien de suite que 5 est divisible par 100 , mais que 8 ne
l'est pas ; donc le raccord général ne peut avoir lieu au complément de
la carte, par la raison que l'armure du façonné se trouverait coupée
par le milieu, après 12 1/2 répétitions; mais si, au lieu d'arrêter la
carte à 100 coups de hauteur, on la double pour obtenir 200 , on
aura juste les trois raccords du fond, du façonné et du dessin, après
40 répétitions du premier, 25 du second et 2 du troisième. En suivant
une méthode semblable, on peut arriver à l'application d'une certaine
quantité d'armures à des nombres de cordes qui , sans ces répétitions
ne donneraient pas de raccords possibles sur la carte.

Si le dessinateur est parfaitement exercé dans sa partie, et surtout
si l'esquisse à mettre en carte ne présente pas de trop grandes difficultés, il pourra se dispenser d'employer le procédé du quadrillé dont
nous avons ci-devant parlé. A cet effet, il suffira de tracer d'abord
au *fusain*, sur une largeur et sur une hauteur telles que le dessin doit
comporter de cordes et de coups de trame, tous les contours où les
sinuosités des effets isolés ou continus les plus saillants. On conçoit

bien qu'il est nécessaire d'avoir constamment l'esquisse sous les yeux durant cette opération, qu'on désigne par cette expression qui lui est propre : *esquisser la carte.*

Dans ce premier travail, qu'on est obligé de faire morceau par morceau, il arrive quelquefois que, le tracé terminé, on y remarque diverses imperfections qui, souvent, proviennent de l'esquisse même. Mais le dessin se trouvant grandi sur la carte, dans des proportions considérables, ces imperfections s'y aperçoivent facilement; on doit alors abandonner l'esquisse, effacer légèrement les premiers traits du fusain et les rectifier par un second tracé dans les endroits où ils sont les plus apparents, ayant soin de ne modifier que les contours, sans rien changer au fond, afin de conserver, autant que possible, la forme primitive de l'esquisse.

Après ce second tracé, on efface de nouveau les traits du fusain, pour les remplacer par des traits de crayon tendre, dits crayons à dessin. Ceci étant fait, il ne s'agit plus que d'arrêter le dessin à la corde.

On entend par *arrêter le dessin à la corde*, remplacer le tracé du crayon par des points uniformes qui remplissent les petits carreaux de la carte, compris dans ce tracé. Pour aller plus vite en besogne, on remplit, au moyen d'un pinceau (1), les petits carreaux qui sont sur les bords des sujets seulement: ensuite on remplit à larges traits tout l'espace renfermé entre ces limites, et toujours avec des couleurs claires et transparentes, afin que les carreaux qui se trouvent recouverts de couleur, puissent être facilement comptés.

On observera que, pour bien arrondir les contours, et leur donner une forme gracieuse, on ne doit opérer les *décochements* que graduellement, c'est-à-dire que, dans les courbes du dessin, il faut reculer d'un point d'abord, de deux ensuite, puis de trois et de quatre, et ainsi de suite, puis répartir par inversion, si toutefois la disposition de la courbe l'exige; en un mot, on doit s'attacher spécialement à éviter les *jarrets*.

La fig. 2, pl. 86, démontre la variété du pointage appliqué à des courbes plus ou moins arquées.

---

(1) Pour la netteté du coloris, on doit se servir d'autant de pinceaux qu'on emploie de couleurs différentes.

Pour terminer, par un exemple d'application, notre article sur la seconde partie de la mise en carte, nous donnons, pl. 90, la carte de l'esquisse représentée fig. 2, pl. 85. On y remarquera que le fond fait satin de huit par la chaîne à l'endroit, et que le façonné qui entre dans la catégorie des dessins damassés, est dû entièrement à un effet de trame. Dans ce façonné, par conséquent, le satin de 8 du fond ne pouvant, en cette circonstance, être établi à l'endroit, par la chaîne, on l'obtient par la trame, qui, au lieu de passer sur toutes les cordes du façonné, passe sous celles que nous avons laissées en blanc dans ce même façonné.

Le raccord de ce dessin se trouve sur 200 cordes en largeur, et sur 280 coups de trame en hauteur; le nombre de l'armure du fond étant 8, est un diviseur exact de 200 et 280, et, par conséquent, le raccord de cette armure concorde avec celui du façonné, ce qui a lieu après 25 répétitions en largeur et 30 en hauteur.

Pour abréger le pointage du fond et même celui du façonné, il faudrait pointer cette carte sur du papier *pointé* en satin de 8, dont la dénomination serait relative à la réduction que l'on désirerait obtenir.

Afin que l'on puisse se rendre compte de la différence du pointage de la mise en carte d'une même esquisse sur des différentes réductions de papiers, il suffit de comparer entr'elles les deux mises en carte des fig. 3 et 4 de la pl. 89.

Nouvelle méthode de Contre-semplage.

Outre la manière ordinaire de contre-sempler les dessins en quinconce, laquelle consiste à placer le point de centre de chaque sujet à une égale distance de tous ceux qui l'avoisinent, voici d'autres méthodes de contre-semplage, desquelles il ne résulte jamais ni rayures ni barrages. Elles consistent à placer les sujets de manière qu'ils suivent les dispositions des armures fondamentales, dont les nombres sont égaux aux répétitions des sujets compris dans le raccord complet du dessin.

Ainsi, en admettant que l'on veuille faire la carte d'un dessin contresemplé, qui comprendrait quatre, cinq, sept ou huit répétitions du même sujet dans le raccord, on peut, en assimilant les emplacements respectifs de chaque sujet isolé aux petits carreaux de la carte, distribuer également ces divers sujets, en les considérant comme s'ils étaient de simples points d'armure répartis sur la carte. Par ce moyen on obtient une distribution semblable à celle des points dont on fait usage pour les armures fondamentales.

Donc, pour un contre-semplage de quatre répétitions, on placera les sujets comme dans la fig. 1re, pl. 91. Pour un contre-semplage de cinq, on les placera comme dans la fig. 2, pour un de sept, comme dans la fig. 3, enfin pour un de huit comme dans la fig. 4.

D'après la distribution des sujets, on reconnaît facilement que la fig. 1re est exactement semblable au pointage du satin de quatre. Dans la fig. 2, les sujets sont distribués semblablement au satin de cinq. Dans la fig. 3 on reconnaît la distribution du satin de sept; enfin, dans la fig. 4, les sujets sont disposés semblablement à un pointage en satin de huit.

Les contre-semplages de ce genre sont toujours d'un bon effet; mais ils exigent des réductions bien plus élevées que les contre-semplages ordinaires dont nous avons parlé au commencement de ce chapitre.

De la Transposition.

La *transposition* est un déplacement qu'on fait subir à certaines parties d'un dessin ou d'une armure quelconque, afin de les transporter correctement et promptement dans tel ou tel emplacement. Ce transport, qui, dans cette circonstance, abrège considérablement le travail du dessinateur, n'est autre qu'une véritable copie de la mise en carte, copie qui est toujours exécutée *à la corde* et est presque exclusivement appliquée au contre-semplage.

On comprend qu'il serait inutile d'établir dans son entier la transposition d'une *armure* quelconque, aussi bien que celle d'un dessin, puisque pour obtenir ce résultat, il suffit de lire la carte en sens contraire, ou bien de la faire *courir* lors du lisage; comme aussi on peut dans certains cas, mais au moyen de la mécanique Jacquard, obtenir cette même permutation d'effets, en plaçant, pour un nombre de coups déterminé, les cartons dans un sens contraire, c'est-à-dire en transportant sur le derrière de la mécanique, la partie qui appartient au côté de la lanterne. Mais alors, pour obtenir la prolongation du dessin dans le même sens que précédemment, il faut nécessairement que les cartons travaillent à retour. Dans cette hypothèse, le premier crochet fonctionne d'après le perçage du dernier trou du carton, et conséquem-

I. 35

ment le dernier crochet manœuvre alors d'après le perçage du premier trou.

Cependant on fait rarement usage de cette méthode, par la raison bien simple que si elle offre quelque économie de cartons, elle entraîne aussi une grande perte de temps; en outre, la transposition ne peut s'obtenir de cette manière que lorsque le *garnissage* est disposé semblablement (1) sur chaque moitié de la mécanique, car autrement il serait impossible d'y parvenir.

Lorsqu'on a besoin de transposer un dessin dans le sens contraire à sa position primitive, on peut, pour plus de facilité, se servir d'une glace qui en retourne l'effet de droite à gauche, ou bien de haut en bas, et réciproquement.

Du Translatage.

Le *translatage* consiste à indiquer successivement, et par ordre, sur une seconde mise en carte, le passage de toutes les trames nécessaires pour la formation d'un dessin.

Ce travail, qui est applicable à tous les dessins à plusieurs *lats* exige plus de temps et de patience que de connaissances. On en comprendra facilement l'application par l'exemple suivant :

Supposons qu'on veuille *translater* le dessin représenté fig. 1re, pl. 92, représentant une palmette, supposée être de trois couleurs, noire, verte et rouge, que nous indiquons conventionnellement, ainsi qu'il suit :

Les petits carreaux, remplis entièrement, représentent le noir ;

Ceux dans lesquels un point rond est placé indiquent le rouge ;

Ceux où est tracé un trait oblique d'angle en angle, en descendant de gauche à droite, figurent le vert.

On pourrait également indiquer une quatrième couleur par un trait du même genre que le précédent, avec la différence que sa direction serait établie en descendant de droite à gauche.

---

(1) Par le mot *semblablement* nous voulons dire que s'il y a un rang vide sur le devant de la mécanique, il faut aussi qu'il y en ait un sur le derrière ; et dans le cas où le rang vide qui est sur le devant contiendrait des crochets en activité, le perçage des cartons devra être fait de manière que le premier rang transversal, de chaque côté des cartons, reproduise exactement le même effet, n'importe qu'une extrémité ou l'autre du carton, soit placée sur le devant ou sur le derrière de la mécanique.

C'est pour faciliter l'impression de la planche, et donner en même temps à nos lecteurs un procédé simple et facile pour représenter, sur le *papier réglé*, plusieurs couleurs au moyen d'une seule, que nous avons employé, dans notre *mise en carte*, divers signes conventionnels, pouvant, au besoin, remplacer et indiquer un certain nombre de couleurs différentes, qui, toutefois, ne peuvent guère dépasser le nombre quatre, sans occasionner au pointage des complications difficultueuses : c'est pour cette raison que nous engageons les dessinateurs, dont le travail n'est point, comme le nôtre, soumis à l'impression, à faire, de préférence, usage du coloris, qui, par sa diversité, permet mieux que tout autre procédé de juger des résultats d'une mise en carte de ce genre.

Lorsque l'armure du fond est de la catégorie des armures fondamentales, on peut faire usage d'un des papiers pointés, représentés pl. 40, mais pour le dessin seulement, et non pour le translatage. Ce papier et tous ceux de cette nature étant préparés à l'avance, abrègent considérablement le travail du dessinateur, ayant, de plus, l'avantage d'indiquer avec certitude l'arrêt du dessin.

Lorsque le fond est formé par des *lisses*, on n'en tient aucun compte dans le translatage, et si nous le faisons figurer dans l'exemple suivant, c'est que nous le supposons être exécuté par le corps, et former un *sergé de quatre*.

Quant aux couleurs qui composent le dessin, il est indifférent de commencer par l'une ou par l'autre; cependant il est d'usage d'établir le translatage par gradation de couleurs, en partant du *clair* au *foncé*, ou réciproquement.

On peut donc considérer le translatage comme étant le dépouillement général d'un dessin mis en carte, puisque cette opération reproduit successivement, et *un à un*, tous les lats compris dans le dessin et sur la totalité de la carte.

D'après ce que nous venons de dire, il résulte que la première et la deuxième ligne de la mise en carte, fig. 1re, donnent chacune, pour le translatage représenté fig. 2, deux coups de trame, dont le premier est un coup de fond, et le second un coup de noir.

Le coup suivant, qui est le troisième, pris sur la figure 1re, ayant une couleur de plus que les précédents (laquelle est représentée par de petits points ronds), produit, par conséquent, un coup de plus au translatage; c'est-à-dire trois coups au lieu de deux, occupant, fig. 2, le 5ᵉ pour le coup de fond, le 6ᵉ pour le coup de noir, enfin, le 7ᵉ pour le rouge. Le translatage du coup suivant aura lieu de la même manière, et l'on continuera ainsi, jusqu'à ce que le nombre de couleurs, ou signes conventionnels, produise un changement quelconque, soit en augmentation, soit en diminution : c'est ce qu'on rencontre au huitième coup de la fig. 1ʳᵉ, où commence la troisième couleur, qui est le vert, représenté par de petits traits obliques. L'analyse de ce coup donnera, pour le translatage, quatre coups pour un, qui sont : le fond, le noir, le rouge et le vert.

Par ce seul exemple, il est facile de comprendre qu'on ne doit tenir aucun compte de la difformité que le dessin éprouve lorsqu'il est soumis au translatage : parce que le prolongement occasionné par suite de cette opération n'est que fictif; il n'est même pas nécessaire de différencier les couleurs dans ce deuxième pointage, seulement, lorsqu'on s'y conforme, on est moins susceptible de faire des erreurs.

Il est évident qu'un dessin translaté sur un papier de même réduction s'allonge nécessairement par cette opération, mais il ne change rien relativement à sa largeur; néanmoins on pourrait restreindre cette prolongation en employant pour le translatage un papier réglé, dont la réduction ramènerait la compensation, c'est-à-dire, que si le dessin est composé de trois *lats suivis*, et mis en carte sur du papier 10 en 10, il faudrait, pour maintenir sa forme primitive, que le translatage eût lieu sur du papier 4 en 12. Par conséquent, si le nombre de lats se trouvait interrompu, la compensation ne pourrait être que partielle, parce qu'alors les parties qui auraient le plus de lats seraient d'autant plus allongées, comme aussi, les parties qui en auraient le moins, se trouveraient d'autant plus raccourcies.

Au résumé, le translatage étant un travail supplémentaire, long et minutieux, on doit l'éviter autant que possible. Le seul avantage qu'il procure, est celui de reproduire séparément chaque coup de trame, ce qui facilite la lecture d'un dessin à plusieurs lats, surtout lorsque la personne chargée de ce travail n'y est pas parfaitement exercée.

Nous terminerons cet article, en faisant remarquer que le translatage peut au besoin ne pas être continu, c'est-à-dire, que pour certaines facilités, on translate quelquefois les fragmens d'un dessin où la ressemblance des couleurs ou nuances pourrait induire en erreur lors du lisage.

CHAPITRE XV.
Du grand Lisage et de ses accessoires.

SOMMAIRE. *Du Lisage en général.* — *Lisage à tambour.* — *Lecture de la carte.* — *De la Presse ou machine à percer les cartons.* — *Du Piquage, ou perçage des cartons.* — *Du Repiquage.* — *Lisage accéléré.* — *Accrochages ou semples portatifs.* — *Découpage et laçage des cartons.* — *Observations relatives à la lecture des dessins.*

Du Lisage en général.

Le perçage à la main dont nous avons parlé au chapitre XI fut le seul dont on fit usage pendant les premières années qui succédèrent à la découverte de Jacquard, et ce fut aussi l'un des principaux obstacles qui s'opposèrent à la propagation de son ingénieuse machine; car les deux opérations de *lisage* et de *perçage* ayant lieu simultanément et par un seul trou à la fois, rendaient ce travail très long, très difficultueux, et par suite, augmentaient considérablement les frais de main-d'œuvre, surtout quand les dessins exigeaient une certaine quantité de cartons.

Loin de nous la pensée d'ôter un fleuron à la couronne d'immortelles si justement acquise par Jacquard; mais nous devons dire ici, que sans l'invention secondaire d'un *lisage mécanique*, la découverte de Jacquard n'aurait pas obtenu le succès qu'elle a atteint aujourd'hui, car jamais assez de patience n'aurait pu présider au perçage d'immenses dessins, tellement compliqués et élevés en nombre de cartons, que l'exécution en aurait certainement été abandonnée. Néanmoins, il est aussi permis de croire que si Jacquard a laissé à d'autres esprits ingénieux la gloire de l'invention d'un lisage mécanique, c'est parce qu'il ne s'était probablement pas donné la peine d'y songer, et qu'en outre, le mauvais accueil que la jalousie et l'ignorance suscitèrent contre son invention, fut bien suffisant pour le dégoûter des recherches.

Skola, Breton et Triquet(1), dignes émules de Jacquard, furent les

---

(1) Skola était allemand d'origine, Breton était Lyonnais et neveu de Jacquard, Triquet était compatriote de Breton. Les deux premiers étaient d'habiles menuisiers, et le troisième un parfait serrurier.

premiers qui s'occupèrent de l'invention d'un] lisage mécanique, ainsi que de la *presse*, qui en est l'accessoire principal. Le zèle et l'activité qu'ils mirent à leurs travaux firent qu'ils ne tardèrent pas à mettre au jour ces deux machines, qui étaient de la plus haute importance pour la fabrication des tissus compliqués.

La machine à lire reçut le nom de l'opération pour laquelle elle était construite, on l'appela tout simplement LISAGE; et la Presse ou machine à percer les cartons reçut le nom de PERÇAGE ou de PIQUAGE.

Bien que ce Lisage fonctionnât parfaitement, et qu'il eût d'immenses avantages sur l'ancienne méthode du *Lisage à la main*, il donna à d'autres inventeurs (1) l'idée d'un perfectionnement très ingénieux. Ils mirent au jour une nouvelle machine à lire, dont la célérité dans l'exécution lui fit donner le nom de *lisage accéléré*, afin de le distinguer du premier qui, dès ce moment, ne fut plus connu que sous le nom de *Lisage courant* ou *Lisage à tambour*.

Ces deux genres de lisages produisent absolument le même résultat; mais dans l'opération, ils ont tous les deux des avantages différents qui sont propres à chacun. Ainsi, avec le lisage à tambour une seule personne suffit pour le perçage des cartons, parce qu'elle peut *tirer* elle-même les *lats* qui donnent successivement les poinçons nécessaires pour le perçage de chaque carton, tandis que le lisage accéléré exige le travail réuni de deux personnes, dont une tire les lats sur le semple, pendant que l'autre s'occupe spécialement de la manœuvre des poinçons et du transport des plaques relatives au perçage des cartons.

Un des grands avantages du lisage accéléré, est qu'au moyen d'*accrochages* portatifs, ou semples de rechange, on peut, selon le besoin, non seulement occuper plusieurs liseurs à la fois, mais encore suspendre le perçage d'un dessin entièrement lu, pour s'occuper du perçage des cartons d'un autre dessin, avantage que ne partage pas le lisage à tambour auquel on est obligé d'achever entièrement le perçage d'un dessin, avant d'en entreprendre un autre, attendu que l'opération du lisage est faite sur la machine même, laquelle ne possède qu'un semple circulaire.

D'après ce que nous venons de dire, le lisage à tambour convient

---

(1) C'est à MM. Corban, Ferroussat jeune, Jayet jeune et Villoud, tous quatre liseurs de dessins à Lyon, que la fabrique est redevable de l'invention du *lisage accéléré*.

pour un établissement de moyenne importance, où l'on n'occupe qu'un seul liseur, qui, le plus souvent, sert aussi de *perceur*; et comme le perçage est beaucoup plus expéditif que le lisage, puisqu'un seul *perceur* ou *piqueur* peut suffire au travail de cinq ou six liseurs, le lisage accéléré, muni de semples ou accrochages de rechange convient davan tage à un vaste établissement.

Nous allons successivement décrire ces deux genres de lisages.

LISAGE A TAMBOUR.

Les trois planches, 93, 94, et 95, sont des vues différentes du lisage à tambour, ainsi nommé, à cause du grand cylindre ou tambour A, placé horizontalement à la partie inférieure du bâti.

La première de ces planches est une élévation prise de côté; la seconde est l'élévation du côté du lisage, et la troisième est l'élévation prise du côté du perçage.

Ce lisage se compose d'un bâti élevé sur quatre pieds Y, Y, assemblés par des traverses Z, Z; sur la partie supérieure est placé un châssis formé de quatre montans B, B, de deux jambes de force C, C, emboîtées à mortaises dans les deux montans obliques B, B et dans les deux pièces D, D, dont l'écartement est maintenu par des traverses *a, a*. Ce bâti est supporté par les traverses supérieures *b, b*, placées sur le devant et le derrière du lisage. Les deux montans obliques B, B reçoivent les rouleaux 1, 2, 3 et 4, et les deux montans verticaux B, B supportent les rouleaux 5, 6, 7 et 8.

Sur les traverses E, E repose une planche F, F, percée longitudinalement de huit rangs de trous, si c'est pour 400, et de 12 rangs si c'est pour 600 ou au-dessus; ces trous sont destinés au passage des cordes G, G, qui suspendent des aiguilles de plomb H, H, du poids d'environ 120 grammes; le poids de ces aiguilles a pour but de donner aux cordes de semple I, I, I, I, la tension qui leur est nécessaire.

C'est au moyen de ces cordes I, petites ficelles circulaires, dont les deux bouts doivent être *épissés* avec soin, qu'on obtient du lisage mécanique les admirables effets qu'il produit. La vue de la planche 93 en fait aisément comprendre l'arrangement et le mécanisme. On y remarque que toutes les cordes I, I, en partant d'un point quelconque, soit de *s* par exemple, passent sous le tambour A, qu'elles remontent en passant dans l'*escalette* K, dont nous parlerons bientôt, qu'elles passent ensuite, en se subdivisant deux par deux, sur les rouleaux 8, 7, 6 et 5 ; que de là elles descendent jusqu'au point L, L, en passant chacune séparément dans un petit anneau attaché à chacune des cordes G ; que de ce point elles remontent pour venir passer (et toujours en se divisant deux par deux) sur les rouleaux 4, 3, 2 et 1, et qu'enfin elles redescendent pour venir passer, une à une, dans les œils des aiguilles M, et, de là, revenir au point de départ J.

C'est du côté où se fait la lecture, pl. 94, qu'est placée l'escalette, vue par bout, pl. 93 ; mais pour en donner une description plus compréhensible, nous la reproduisons en grand, pl. 96. L'escalette se compose d'une pièce de bois entaillée à distances égales, ainsi qu'on le voit fig. 1re ; chaque entaille est destinée à recevoir librement un nombre de cordes dont la réunion, quel qu'en soit le nombre, prend le nom de *dizaine*. Cette pièce s'adapte contre une planchette, fig. 2, et bien que placée à demeure, elle peut selon le besoin être élevée ou abaissée, attendu qu'elle est supportée de chaque côté par les coulisses N, N. pl. 93, qui s'emboîtent dans les coulisseaux O, O, fixés aux deux montants Y, Y. Les cordes, une fois réparties dans les entailles, y restent maintenues par un recouvrement, fig. 3, pl. 96, taillé en biseau, cette pièce, au moyen des deux vis v, v, ne fait plus qu'un seul et même corps avec la pièce entaillée.

Comme il est toujours plus avantageux, pour la facilité du lisage, que la dimension des entailles corresponde à la réduction des dizaines de la carte, il est bon d'avoir plusieurs escalettes de rechange, dont les entailles de chacune soient à distances différentes.

Le dessin, ou autrement dire, la carte à lire, est placée au-dessus de l'escalette. On peut marquer le coup à lire, soit au moyen d'une ficelle tendue sur la carte, soit en la maintenant par une double règle à biseau, disposée de manière à pouvoir exercer une pression suffisante, afin que la carte ne puisse glisser que volontairement.

On remarquera que dans la disposition du montage de ce lisage, pl. 93, les cordes qui passent sur le rouleau le plus élevé par devant, passent sur le rouleau le moins élevé par derrière. Cette précaution est nécessaire, non seulement pour que la charge des plombs fasse descendre entre ces cylindres, où ils sont suspendus, toutes les cordes au même niveau, mais encore pour que l'ouverture des angles formés par chaque corde aux points L, L, soit d'un nombre de degrés le plus approximatif possible.

Sur le derrière du lisage (côté du perçage) est établie une sorte de caisse renfermant huit rangs de longues aiguilles M, disposées comme dans la mécanique Jacquard. C'est pour cette raison que nous nous dispenserons de les décrire plus longuement; seulement nous ferons observer que si, dans la boîte du lisage, les aiguilles sont en même nombre et disposées comme dans la mécanique à laquelle elle se rapporte, elles n'y sont pas numérotées semblablement, puisque dans le lisage, elles ne portent que quatre numéros au lieu de huit, et que le numéro de la cinquième aiguille redevient le même que celui de la première, ainsi qu'on le voit pl. 93.

On comprend facilement que ce lisage ne correspondant qu'à une mécanique de 400, on ne pourrait y lire un 600, tandis que s'il était monté sur douze rangs au lieu de huit, on pourrait y lire l'un ou l'autre indistinctement.

La première et la seconde corde, qui d'après le montage sont prises à gauche (côté du lisage) passent sur le premier et le cinquième rouleau, et font mouvoir la première et la seconde aiguille; la troisième et la quatrième corde passent sur le deuxième et le sixième rouleau et font mouvoir la troisième et la quatrième aiguille, en continuant ainsi jusqu'à la huitième corde; ce qui établit une course complète de cordes et d'aiguilles. Les courses suivantes sont établies d'après le même principe.

Nous ferons remarquer, qu'au lieu de quatre rouleaux placés de chaque côté, il serait plus avantageux d'en employer huit; par ce moyen, les cordes n'en glisseraient que mieux. Mais néanmoins le meilleur procédé est de remplacer les rouleaux par des *cassins*, ainsi que cela se pratique pour le lisage accéléré, parce qu'alors chaque corde passant sur une petite poulie qui lui est correspondante, peut se mouvoir isolément sans risquer de se chevaucher avec les cordes voisines, comme cela arrive fréquemment avec l'emploi des rouleaux.

Avant de lire la carte, on doit enverger, une à une, avec les deux baguettes S T toutes les cordes qui devront manœuvrer dans l'opération, et comme chaque corde du semple correspond à un poinçon dit *emporte-pièce*, dont l'ordre et le rang lui sont relatifs, il faut que cette enverjure soit faite avec beaucoup de soin, afin d'éviter les fautes qui, lors

I.   36

du perçage, résulteraient de l'intervertissement de l'ordre des cordes du semple.

Le grand lisage entraîne avec lui d'autres machines qui en sont des accessoires indispensables, telles sont : la *presse* et le *repiquage*, car le lisage proprement dit ne sert qu'à lire le dessin, c'est-à-dire, à produire dans ses propres cordages, dont la réunion prend le nom de *semple*, les mêmes croisements que le dessin représente sur la carte, et à préparer, comme on le verra bientôt, la *prise* des poinçons nécessaires au perçage de chaque carton.

Lecture de la carte.

On a vu au chapitre précédent que chaque rang horizontal des petits carreaux de la carte représente un coup de trame, ou une duite; que chaque interligne vertical figure un fil de chaîne; que la carte se lit par lignes horizontales, qu'enfin chaque petit carreau noir ou colorié donne un *pris* et chaque carreau blanc un *laissé* ou *sauté*.

Nous ajouterons maintenant que si, dans le lisage à la main, on a la latitude de commencer le lisage (ainsi que le perçage, puisque ces deux opérations se font en même temps) indistinctement par la gauche ou par la droite, il n'en est pas de même au grand lisage qui nous occupe, car pour celui-ci, il faut nécessairement lire la carte en allant de gauche à droite, et toujours en commençant par le bas.

Nous ferons aussi remarquer que chaque corde constituant le semple représente aussi un fil de chaîne, puisque dans l'opération dont il s'agit le semple tient lieu de la chaîne totale ou partielle de l'étoffe qu'on veut exécuter.

En effet, avec les cordes du semple, et par le concours d'autres cordes diamétralement opposées qui remplacent la trame et que l'on nomme *embarbes*, on produit un tissu, grossier il est vrai, mais dont le croisement suit absolument toutes les indications représentées sur la carte, tissu auquel il ne manque que la finesse des matières, la combinaison du rapport de leur grosseur, ainsi que la réduction régulière produite par le peigne.

Le semple étant envergé, on place la carte dans l'emplacement que nous avons précédemment décrit, en la faisant glisser jusqu'à ce que le premier interligne horizontal à lire vienne araser l'arrête inférieure de la pièce de recouvrement. Dès qu'un coup est lu, on engage la carte un peu plus avant dans l'escalette, afin que le coup qui lui fait suite dépasse à son tour en dessous du bord inférieur.

Dans la position où se trouve la carte que nous avons figurée pl. 94, on voit que déjà quatre coups sont lus, puisque c'est le cinquième qui se trouve en-dessous et contre le biseau inférieur du recouvrement.

On doit prendre pour règle que la première corde du semple, qui est à la gauche du liseur, étant celle qui correspond à la première corde, et par conséquent au premier collet ou crochet du côté de la lanterne du cylindre de la mécanique, est subordonnée au pointage du premier interligne vertical de la gauche de la carte. C'est donc pour éviter les erreurs que dans les dessins, même peu compliqués, le dessinateur doit indiquer le côté gauche de la carte, par l'inscription du mot *lanterne*. Néanmoins, pour les dessins qui peuvent indistinctement être exécutés dans les deux sens, cette remarque n'est pas de rigueur.

Dans la lecture[1] de chaque coup, on choisit, de la main droite, pour les placer dans la main gauche, toutes les cordes qui correspondent aux points *pris*, et l'on abandonne toutes celles qui correspondent aux points *sautés*, quel que soit le nombre des uns ou des autres. Puis, lorsqu'on a réuni dans la main gauche autant de cordes qu'on peut y en tenir, on en conserve la séparation au moyen d'une ficelle, dite *embarbe*, que l'on passe entre les cordes prises et les cordes sautées; on continue à choisir et à réunir par parties toutes les cordes qui appartiennent aux points pris, en faisant courir l'embarbe jusqu'à l'extrémité de droite du semple, pour recommencer de nouveau par la lecture du coup ou du lat suivant.

Les embarbes sont faites doubles au moyen d'une seule ficelle bouclée; cette boucle est traversée et maintenue à coulisse par une corde circulaire pq qui roule sur le tambour A et sur les poulies rs, toutes les fois que l'on tire le semple pour amener les embarbes du côté du perçage.

Dès qu'on a passé une embarbe dans toute la traversée du semple, on l'arrête à droite, à la corde st, placée de la même manière que celle de gauche et dans le même but.

---

[1] Quoique le mot *Lecture* ne soit pas employé dans les manufactures, et que l'expression technique soit *Lisage*, nous croyons utile, pour la clarté du langage, de nous en servir dans nos explications, afin qu'on ne puisse pas confondre l'opération même du lisage avec la mécanique qui en porte le nom.

Si la largeur d'un dessin à lire n'exige qu'une partie des cordes du semple, et que la disposition du métier pour lequel on lit le dessin comporte toutes les cordes du lisage, on répète la lecture du dessin autant de fois qu'il doit entrer dans le nombre total des cordes contenues dans un *chemin*.

Qu'il y ait ou non des répétitions totales ou partielles de la carte dans la largeur du semple, et que les *prises* soient plus ou moins nombreuses, on donne le nom de *lat* à toutes les cordes qui passent sur une même embarbe, en d'autres termes, à tous les *pris* d'un coup de trame, en sorte que chaque embarbe donne son *lat*.

Lorsque le fond de la carte court un peu loin sans changer d'armure, ou bien encore quand on doit prendre, à des intervalles un peu éloignés seulement, des cordes appartenant à des parties façonnées, les entailles de l'escalette dont nous avons parlé, facilitent beaucoup le travail du liseur.

Supposons, en effet, que l'on ait une carte pointée sur du papier de dix en chaîne (la division relative à la trame n'y fait rien), et qu'on n'ait des prises à faire que de loin en loin, on rassemblerait les cordes du semple par dizaines dans chaque entaille de l'escalette, pour sauter plus facilement et sans être obligé de compter les cordes chaque fois, d'une dizaine à une autre. De cette manière, si les pris indiqués dans la carte sont séparés par plusieurs dizaines de cordes, on saute tout à la fois autant d'entailles qu'il y a de dizaines de petits carreaux à abandonner entre ces pris, puis on compte à la dernière autant de cordes que le grand carreau en commande avant la prise. Admettons, par exemple, que, sur un coup de trame, les premières cordes à prendre soient les 53°, 54°, 55° et 56°, on sauterait d'un seul coup les cinq premières entailles réunissant dix cordes chacune, et, arrivant à la sixième, on laisserait la première et la seconde cordes de cette entaille, pour prendre les quatre cordes suivantes seulement.

Si la carte était pointée sur du papier de huit en chaîne, on rassemblerait les cordes par huitaine dans les entailles de l'escalette, et non par dizaines, afin de reconnaître, au premier coup d'œil, par les grands carreaux de la carte restés blancs sur la ligne à lire, le nombre d'entailles à sauter avant les prises. Cette manière de faciliter le travail du liseur explique pourquoi il est utile d'avoir diverses escalettes, dont les entailles soient proportionnées en nombre aux différentes réductions des papiers les plus usités.

On voit, d'ailleurs, que ce moyen est très expéditif, par cela même qu'il dispense de compter à chaque coup de trame les cordes une à une. Les huitaines, les dizaines ou les douzaines se trouvent suffisamment séparées par l'épaisseur qui reste entre les entailles, pour qu'elles soient faciles à compter à première vue.

La carte est ordinairement pointée de telle sorte que les pris donnent des effets de trame à l'endroit, c'est-à-dire en dessous de l'étoffe lors du tissage ; ce genre de montage est généralement adopté, parce que c'est aussi celui qui offre le plus de facilité. Cependant il n'en est pas toujours ainsi ; car lorsqu'il y a nécessité de faire le contraire, c'est-à-dire, l'endroit en dessus, ce qui peut avoir lieu sans rien changer à la carte dont il vient d'être question, il faut alors considérer comme *pris*, tous les points blancs, et par contre, admettre comme blancs ou laissés tous les points coloriés.

Lorsqu'une mise en carte est pointée de différentes couleurs, il faut lire le même coup autant de fois qu'il contient de couleurs différentes ; c'est ce qu'on nomme dessin à plusieurs lats, et dans ce cas chaque lat emploie une embarbe qui lui est spéciale.

Supposons qu'on ait à lire un dessin de 100 coups (le nombre de cordes n'y fait rien) pointé en deux couleurs suivies, soit rouge et noir, chaque coup devra être lu deux fois, par une fois le rouge et une fois le noir. La lecture de ce dessin exigera deux cents embarbes qui serviront à établir le perçage des deux cents cartons exigés pour cette carte.

Toutes les fois qu'on lit un dessin à plusieurs lats, on doit spécialement s'attacher à faire suivre les couleurs ou lats, d'une manière exactement alternative ; ainsi, dans le cas où l'on commencerait à lire par le rouge, cette couleur devra être régulièrement celle de tous les lats ou cartons impairs, tandis que le noir appartiendra à tous les coups pairs.

Il est certain que si, par mégarde ou autrement on commettait, une des erreurs que nous venons de signaler, l'ouvrier tisseur pourrait, le plus souvent, s'en apercevoir immédiatement, parce que les couleurs n'étant qu'au nombre de deux, le contraste en deviendrait frappant. Mais si, au lieu de deux couleurs, il y en avait un plus grand nombre, et que l'erreur fût de peu de durée, il pourrait bien se faire que l'ouvrier ne s'en aperçût qu'après qu'il ne serait plus temps d'y remédier. Voilà pourquoi les liseurs doivent porter la plus grande attention à conserver exactement, pendant toute la lecture d'une carte, l'ordre adopté pour le lisage de toutes les couleurs qui constituent la première *passée*.

Il résulte de ce que nous venons de dire que si, dans un dessin, il se trouve des points de différentes couleurs sur une même ligne transversale de la carte, on est obligé de relire cette ligne autant de fois qu'on y rencontre de couleurs, et cela sans baisser davantage la carte, et avant de passer à une autre ligne. Chaque couleur constitue donc un lat particulier; ce qui fait dire d'une étoffe, qu'elle est à *tant* de lats, pour désigner le nombre des couleurs ou nuances qui entrent dans la trame, et qui forment chacune un effet particulier dans le dessin.

Les lats peuvent être suivis ou interrompus : Ils sont suivis quand les couleurs alternent d'une manière régulière, et que le même nombre se représente dans chaque intervalle horizontal. Ils sont interrompus quand une nouvelle couleur se présente après plusieurs *passées*, ou bien quand une des couleurs en marche cesse, soit définitivement, soit pour reparaître ensuite.

Lorsqu'une nouvelle couleur apparaît dans la lecture de la carte, le lat qu'elle produit prend le dernier rang, et quand une couleur qui a cessé vient à reparaître, elle doit reprendre son rang primitif.

C'est surtout dans les châles que les couleurs sont le plus variées, et qu'elles produisent le plus souvent des lats interrompus, parce qu'elles se présentent les unes après les autres, ou s'interrompent successivement selon que l'exigent les fleurs ou sujets du dessin. Dans les étoffes à plusieurs lats, il ne faut pas confondre un coup de trame du tissu avec un coup de trame de la carte. Un coup de trame est un coup de navette; et il faut autant de passées de navettes différentes pour faire réellement un coup de trame conformément à la carte, que ce coup comporte de lats ou couleurs.

De la Presse ou machine à percer les cartons.

La *Presse*, également nommée *perçage* ou *piquage*, représentée pl. 101, a pour but de faire d'un seul coup tous les trous nécessaires à un carton, et au besoin à plusieurs à la fois, mais percés semblablement; elle se compose d'une très forte table E, F, montée sur quatre pieds G, H, fortement assemblés à doubles tenons, et auxquels on donne, dans les deux sens, un plus grand écartement vers le bas G, G, ce qui contribue beaucoup à sa solidité. Sur cette table est placé un corps ou bloc de fonte K, K, reposant sur la table entaillée à cet effet de la largeur de sa base ; ce bloc étant très lourd, son propre poids suffit pour maintenir son immobilité lors du mouvement du balancier. Cette pièce de fonte forme un avant-corps D, muni d'un fort écrou qui reçoit une grosse vis en fer à double filet. Cette vis est la pièce principale de la presse ; sa partie supérieure B représente une courte colonne, au sommet de laquelle est fixé, par un fort écrou, un volant ou balancier recourbé en C,C, dont les extrémités sont munies de deux lentilles en fonte L,L, destinées à lui donner du poids et de la volée.

L'extrémité de la partie inférieure de cette vis A forme un collet, qui soutient un avant-corps mobile E, au moyen des deux boulons G, G. Cette disposition oblige l'avant-corps E à suivre la vis A, dans son mouvement ascendant ou descendant. Au-dessus des filets est ajusté un levier M, N, servant à faire mouvoir la vis : ses deux bras sont recourbés de manière à descendre à hauteur de ceinture d'homme.

Dans la position où la presse se trouve représentée sur la planche, la partie mobile E se trouve élevée, ainsi que la *receveuse m*, dont il sera bientôt question.

Cette position ascendante a été obtenue en tirant à soi le bras M et repoussant le bras N jusqu'au point où ce dernier, ayant dépassé l'arrêt à ressort, placé à la partie supérieure du montant J, fixé à la table, se trouve retenu provisoirement, d'où il résulte que, pour exercer le mouvement contraire qui produit la pression, il suffit de tirer à soi le bras N, lequel ne décrit guère plus d'un quart de tour.

Sur la droite et la gauche de la table sont placés deux coulisseaux *e e*, servant de conducteur à la plaque ou matrice à charnière, dans laquelle on place le carton à percer, et c'est sur cette matrice qu'on applique la plaque *mm*, dite *receveuse*, qui sert à transporter les emporte-pièces du lisage à la matrice et réciproquement.

Afin que les emporte-pièces placés dans la receveuse puissent, dans leur superposition, s'accorder exactement avec les trous correspondants de la *plaque-matrice*, celle-ci est munie de quatre guides, dont deux sont en forme de pedonnes et placés à droite et à gauche près les trous de repères et deux autres, plats et allongés, sont placés sur le devant en *n n*.

Pour que les emporte-pièces puissent facilement être transportés du lisage à la presse, ils sont faits de manière que la tête de chacun d'eux forme un léger épaulement qui se trouve noyé dans l'évasement de la partie supérieure des trous de la receveuse. Cette disposition est non-seulement nécessaire au transport des emporte-pièces, mais elle sert encore à les enlever en masse de la plaque-matrice, dans laquelle ils se trouvent enfoncés par les coups de presse, attendu que dans son mouvement ascendant, la partie mobile de la presse enlève la receveuse, qui alors ne fait plus qu'un seul et même corps avec elle. Cet enlèvement, qui dégage entièrement la matrice, a lieu au moyen des deux agraffes à charnière et à ressort ff, ainsi que d'une troisième agraffe du même genre que les précédentes, mais placée sur le derrière, au bas de l'avant-corps qui exécute le mouvement ascensionnel. Les six vis v servent à maintenir et à guider la montée et la descente du corps mobile commandé par la vis A.

Le dessus de la table est percé, en dessous de la plaque-matrice, d'une longue mortaise en forme d'entonnoir, qui conduit dans la caisse placée en dessous, toutes les *paillettes* provenant du perçage.

Perçage des cartons.

Le perçage des cartons vient immédiatement après le lisage de la carte. Pour cette opération, il faut d'abord faire courir le semple en le tirant en masse, du bas en haut, et du côté du perçage, jusqu'à ce que les premières embarbes passées lors de la lecture de la carte dépassent de quelques centimètres au moins le centre inférieur du tambour, et sans qu'elles aillent au-delà d'environ quarante centimètres de ce même point, soit en V. On défait alors le nœud provisoire fait à la gauche de la première embarbe, et l'on remplace celle-ci par le bâton de tirage U; cette embarbe devenant libre, on la rejette à droite; puis, avec les deux mains placées chacune près des extrémités du bâton, on retire en avant toutes les cordes qui le recouvrent, et l'on accroche le bâton sur les deux arrêts cintrés $u\,u$ fixés contre chaque montant. Le bâton reste ainsi dans cette position pendant le perçage du carton préalablement placé dans la plaque-matrice qui, dans ce moment, repose sur le devant de la table de la presse.

Le bâton du tirage étant accroché, ainsi qu'on le voit en U, attire nécessairement sur le devant les aiguilles, dans l'anneau desquelles les cordes sont toutes passées une à une. Sur le lat que nous figurons et sur lequel nous ne faisons manœuvrer que deux cordes seulement, qui sont la quatrième et la sixième, on voit clairement qu'elles font avancer la 4ᵉ et la 6ᵉ aiguille ; et comme chaque aiguille correspond contre le centre de la tête d'un emporte-pièce placé dans l'étui X, il est évident que le tirage de ces deux cordes amènera dans la receveuse *m m* les deux emporte-pièces 4 et 6 ; d'où il résulte que chaque corde prise sur un même lat, faisant avancer l'aiguille qui lui correspond, celle-ci chasse à son tour, de l'étui X dans la plaque receveuse *m m*, également nommée *plaque de transport*, l'emporte-pièce qui appartient au même numéro d'ordre, attendu que toutes ces distributions et classifications sont concordantes et relatives.

Les lignes pointées J, U, Y ou V, U, Y, pl. 93, représentent le degré d'ouverture des angles que forment les cordes lors du tirage.

Pour mieux faire comprendre le passage des poinçons dans la plaque de transport par l'action des aiguilles, et leur rentrée par l'effet du chassoir, nous allons donner quelques explications sur la forme de ces deux pièces.

L'étui J est formé d'une forte plaque de cuivre, dont l'épaisseur est égale à la longueur des poinçons. Cette plaque, comme toutes celles qui lui sont analogues, est percée d'un nombre de trous en rapport au compte du lisage, soit 400, 600 ou plus, et afin qu'on puisse la démonter au besoin, elle est fixée par des vis aux montants de derrière Y, Y ; c'est dans les trous latéraux de cette plaque que sont placés les poinçons à l'état de repos. Sur le derrière de l'étui est rapportée une plaque mince en cuivre, percée conformément à la première, mais dont les trous sont d'un diamètre plus petit, insuffisant pour le passage des poinçons, et suffisant pour celui des aiguilles qui leur correspondent directement. Derrière cette seconde plaque qui sert d'arrêt aux poinçons et les empêche de s'enfoncer plus avant qu'il ne convient, il existe une planchette percée semblablement à celle que nous venons de décrire, et dans les trous de laquelle reposent les pointes des aiguilles M, dont les talons sont soutenus par la grille *g* ; cette grille, ainsi que la planchette dont nous venons de parler, sont disposées comme dans la mécanique Jacquard. A droite et à gauche de l'étui sont fixés deux forts boulons *r*, pour servir de guide à la receveuse, dont les trous doivent se présenter aux poinçons avec une grande précision ; plus bas, il existe à chaque montant, au niveau du dessous

I.   37

de l'étui, un support *j* un peu plus long que ces boulons ; ces supports servent de points d'appui à la plaque de transport toutes les fois que la rectification d'une prise d'emporte-pièces devient nécessaire, soit parce qu'il en est tombé à terre, soit pour prendre à la main ceux qui ne seraient pas venus par la tirée du lat.

Le chassoir C est une pièce dont la longueur est semblable à celle de l'étui ; il est garni d'autant de pointes que la receveuse a de trous, si l'on en excepte ceux de repère et de laçage (1). Ces pointes ont une longueur égale à l'épaisseur de la plaque de transport. A chaque bout du chassoir est ajustée une tige de fer, qui glisse dans un tube *hh*, lequel est fixé lui-même par une vis contre la face interne de chaque montant. Cette disposition lui permet de basculer à volonté. Quand on veut abaisser le chassoir pour repousser les poinçons, il suffit d'exercer une moyenne pression sur la partie C, pour faire élever les lentilles *i, i*, et amener les entailles *l, l*, pratiquées près des extrémités du chassoir, sur les deux boulons *r, r*. Lorsque le chassoir est rabattu dans cette position, on le pousse contre la receveuse, ce qui fait d'un coup passer dans l'étui tous les emporte-pièces qui se trouvent dans la plaque de transport. On retire alors un peu le chassoir pour en dégager les pointes des trous de la receveuse, et tout aussitôt le poids des lentilles *i, i* suffit pour lui faire reprendre sa position de repos, dans laquelle nous l'avons représenté.

D'autres chassoirs ont, dans les tubes *h h*, des ressorts qui repoussent d'eux-mêmes les emporte-pièces hors la plaque de transport et les font en même temps rentrer dans l'étui ; enfin, d'autres sont disposés comme celui que nous représentons au lisage accéléré.

Revenons maintenant au perçage qui fait le sujet de cet article.

Le lat étant tiré, on saisit la receveuse par les poignées *kk* en la dégageant des ressorts qui la retiennent contre l'étui, et en la retirant le plus directement possible, puis aussitôt qu'elle a dépassé les deux boulons de support *r, r*, on la tourne sur son plan horizontal, afin que tous les emporte-pièces se trouvant retenus par leur tête, ne puissent se dépasser des trous qu'ils occupent ; on transporte cette

(1) Les poinçons de repère et ceux de laçage devant rester à la plaque pour chaque carton, il serait d'ailleurs inutile de les repousser chaque fois dans l'étui, d'autant plus qu'ils servent à chaque carton et qu'il n'y a pas de cordes au semple pour les ramener.

plaque à la presse, qui, à cet effet, est placée tout près du lisage ; enfin, on applique la receveuse sur la plaque-matrice qui, au moyen des guides et des agraffes dont nous avons parlé, ne fait plus qu'un seul et même corps avec elle.

Les plaques étant ainsi superposées, on pousse le tout ensemble sous l'avant-corps mobile de la presse, dans ce moment placé en élévation ; puis, d'un seul coup de balancier que l'on saisit par le bras N, la base de l'avant-corps exerce sur les plaques réunies une prompte et forte pression qui exécute le perçage du carton, en faisant traverser dans la plaque-matrice toutes les parties inférieures des emporte-pièces.

Aussitôt le coup de presse donné, on ramène le bras N au ressort s, qui le retient naturellement ; alors la receveuse se trouve enlevée, ainsi que nous l'avons déjà dit, et par cet enlèvement, tous les emporte-pièces se trouvent à la fois dégagés de la plaque-matrice, que l'on ramène aussitôt sur le devant de la table, en la faisant glisser dans les coulisseaux qui la maintiennent, puis on ouvre la matrice à charnière pour en sortir le carton percé, qu'on remplace immédiatement par un autre carton, techniquement nommé *carton blanc*, puis on referme aussitôt la matrice ; on retire ensuite la receveuse pour la reporter contre l'étui, dans lequel on renvoie tous les emporte-pièces au moyen d'un seul coup de chassoir, ayant préalablement dégagé le bâton du tirage.

On tire le second lat de la même manière que nous l'avons expliqué pour le premier, et le perçage des cartons se continue aussi d'après les mêmes principes que nous venons de décrire pour le perçage du premier carton.

Du Repiquage.

Le repiquage, accessoire principal du lisage à tambour, a reçu le nom de l'opération pour laquelle il est construit ; il sert à répéter semblablement un dessin déjà percé, sans pour cela être obligé de relire la carte. Cette machine est d'une grande utilité pour établir promptement et à peu de frais un dessin déjà lu.

Nous donnons, pl. 102, le plan de cette machine ; la fig. 1re est l'élévation de face et la fig. 2 en est le profil.

La pièce principale de ce mécanisme consiste en une boîte B, renfermant une garniture d'aiguilles disposées dans le même genre et d'après le même nombre que celle du lisage à tambour, avec cette différence seulement, qu'au lieu d'être établies sur une série de numéros différents, elles sont toutes semblables les unes aux autres.

Chaque aiguille est munie d'un ressort en spirale, techniquement nommé *élastique* ; ces ressorts ont pour but de tenir constamment les pointes des aiguilles suffisamment avancées pour qu'elles puissent faire passer de l'étui E dans la receveuse *mm*, tous les emporte-pièces nécessaires à la reproduction du perçage dont il est question. Quant au nombre d'aiguilles contenues dans la boîte, il dépend de la corélation que cette machine se trouve avoir avec le lisage.

La boîte renfermant les aiguilles est maintenue à coulisses par des boulons à tête percée K K, vus plus en grand fig. 2, pl. 96, dans lesquels passe une tige ronde en fer, *s s*, bien polie, parfaitement ajustée et soutenue chacune par ses extrémités au moyen des supports L L.

L'étui E est en tout semblable à celui que nous avons décrit au lisage ; il est aussi destiné aux mêmes fonctions.

La plaque de transport est celle qui sert au lisage, puisqu'elle doit s'adapter indistinctement à l'étui du lisage, à celui du repiquage et à la plaque-matrice qui fait partie de la presse. En conséquence, et de même qu'au grand lisage, la receveuse *m m* sert à transporter à la presse les emporte-pièces que l'on obtient successivement au repiquage pour le perçage de chaque carton.

Le chassoir 11, fig. 2, pl. 96, quoique semblable à celui du lisage, n'est pas monté de la même manière, puisqu'il est transporté à la main ; à l'état de repos, il est placé sur deux crochets placés en G, sur le devant de la machine.

Les deux montants A A, fig. 1re, pl. 102, sont ordinairement construits en forme de colonnes, et servent à supporter le cylindre C.

Ce cylindre diffère de celui de la mécanique Jacquard en ce que ses faces ne sont pas percées ; il est seulement garni des pedonnes ou chevilles de repères nécessaires pour maintenir tour à tour la position de chaque carton. A droite, et au-dessus de la boîte B, se trouve une tige verticale en fer, R T, pouvant osciller au point fixe S. Le sommet de cette tige est muni d'une clanche ou loquet qui opère sur le cylindre du repiquage la même action que les loquets placés aux mécaniques Jacquard. Au-dessus de ce cylindre sont placés deux valets V V, qui lui assurent immédiatement après chaque quart de tour une position fixe et régulière.

Deux rouleaux sont placés derrière le repiquage ; le rouleau supérieur X sert à recevoir le *manchon*, et le rouleau inférieur reçoit les deux cordes qui servent à rappeler la boîte d'aiguille en arrière, par l'action des poids P P.

La pédale ou marche verticale N correspond à un arbre de couche placé transversalement en dessous de la table, ainsi qu'on le voit figuré par les deux lignes H H, fig. 1re. A cet arbre, dont les deux bouts sont terminés par des tourillons, sont fixées deux autres branches F, Q, fig. 2, à fourchettes, qui traversent la table dans des entailles faites exprès, pour venir prendre, à chaque extrémité de la boîte d'aiguilles, un boulon qui y est solidement fixé ; ce sont ces deux branches qui communiquent à la boîte d'aiguilles le mouvement principal de va-et-vient par lequel s'opère l'action du repiquage.

Manière de repiquer les cartons.

Pour repiquer un dessin, on délie d'abord le *manchon*, puis on arrête les lacets au premier et au dernier carton, on les place contre le rouleau X, puis on les fait passer sur le cylindre C, pour, de là, venir retomber en D ; on applique ensuite le premier carton contre le derrière de l'étui où il se trouve maintenu par deux pédonnes. Alors, en appuyant le pied sur la pédale N et la poussant en arrière, la boîte B obéit à la force des leviers à fourchette *o o*, s'approche contre l'étui, et par suite de la pression, fait que les aiguilles qui rencontrent les obstacles du carton, ou autrement dire, des parties non percées, se refoulent sur elles-mêmes, tandis que celles qui se trouvent en face des trous ne rencontrant aucun obstacle traversent le carton, ainsi que l'étui, duquel elles chassent les emporte-pièces dans la receveuse qui les reçoit immédiatement.

Les poinçons ainsi obtenus sont, au moyen de la receveuse, transportés à la presse où se fait le perçage, comme on l'a vu précédemment pour le perçage au lisage à tambour.

Le premier carton du dessin à repiquer étant percé, on reporte la receveuse contre l'étui, on prend le chassoir par ses deux extrémités, on l'assujettit au moyen des deux boulons *o o* servant de guides ; puis on l'applique le plus parallèlement possible contre la plaque de transport pour en faire disparaître les emporte-pièces qui, d'un seul coup, rentrent tous dans l'étui.

Le premier coup de pédale ayant, par la correspondance du loquet U, fait tourner le cylindre C d'un quart de tour, on enlève le premier carton du dessin à repiquer pour le remplacer par le carton N° 2. On opère successivement et de la même manière pour le repiquage de chaque carton.

LISAGE ACCÉLÉRÉ.

Le lisage accéléré dont nous avons dit quelques mots au commencement de ce chapitre a, sur le lisage à tambour, l'avantage de supprimer la machine de repiquage, en la remplaçant par une mécanique Jacquard. Ce système est d'une supériorité incontestable sur le lisage à tambour.

Les quatre planches 97, 98, 99 et 100 en sont des vues prises de différentes manières ; la première représente le lisage vu d'un des deux côtés latéraux ; la seconde est une vue du côté du semple où se fait la lecture de la carte ; la troisième le montre du côté du perçage, et la quatrième représente le semple portatif auquel on donne le nom d'*accrochage*.

Ce lisage se compose d'un fort bâti, formé par quatre montants Y Y, assemblés par huit traverses et deux chapeaux; toutes les traverses latérales sont de même longueur, et celles des deux faces sont également semblables entre elles. On devra observer que les chapeaux portant toute la charge, doivent toujours être posés *de champ*, afin d'utiliser toute leur force.

Les rouleaux sur lesquels passent les cordes du semple du côté de la lecture de la carte dans le lisage à tambour, sont ici remplacés par un *cassin* C, vu de face, pl. 98. Ce cassin est formé par une réunion de petites poulies séparées les unes des autres par des lamettes en bois très-minces, dont la direction est parallèle à celle des deux montants principaux m m placés à droite et à gauche. Ces poulies sont en nombre égal aux cordes du lisage, et sont placées par rangs horizontaux, pour chacun desquels il n'y a qu'une seule broche ou tringle de fer, traversant toutes les lamettes, ainsi que les deux montants, ce qui fait que chaque rang de poulies tient lieu d'un rouleau du lisage à tambour.

De même que le lisage à tambour, l'accéléré est muni d'un étui garni de ses emporte-pièces, d'une plaque à transport et d'un chassoir. Quant aux aiguilles dont la boîte B est garnie, elles sont disposées de la même manière et placées dans le même ordre que celles du repiquage dont nous avons parlé page 270.

Par suite de cette disposition, l'élastique dont chacune d'elles est munie, fait qu'aussitôt que vient à cesser la résistance qui les retire en arrière par l'effet des plombs L, L, suspendus aux cordes P, attachées une à une aux trous formés à l'extrémité des aiguilles, celles-ci repoussent immédiatement, dans la receveuse, les emporte-pièces placés dans l'étui, attendu que les plaques de perçage fonctionnent ici de la même manière que pour le lisage à *tambour*.

Derrière la boîte d'aiguilles, et au-dessus de la mécanique Jacquard se trouve placée une grille oblique G, formée de huit barreaux ou tubes de fer disposés horizontalement un par un, mais dont la totalité forme *gradins*, de manière que la hauteur totale du premier au dernier soit égale à l'épaisseur produite par la superposition des huit rangs d'aiguilles.

Le chassoir que nous représentons dans ce lisage est disposé plus avantageusement que celui que nous avons décrit dans le lisage à tambour : il a d'abord pour axe un arbre de fer F, pl. 99, dont les ex_ trémités ont leur point d'appui sur des supports à coulisses E, qu'on arrête au moyen des vis de pression *vv*, les branches ou tiges *xx* qui le supportent étant aussi à coulisses, peuvent glisser à volonté le long de cet axe, en desserrant toutefois les vis de pression qui l'y fixent ; enfin, il est monté de telle sorte qu'il peut, selon le besoin, être haussé, baissé, avancé, reculé, poussé à droite ou à gauche, en un mot être réglé de manière que les pointes puissent constamment se rencontrer avec une grande précision dans les trous de la receveuse. De même que l'autre genre de chassoir, il est chargé de deux lentilles D, D, dont le poids sert à le maintenir relevé aussitôt qu'on a refoulé les emporte-pièces dans l'étui.

D'après le montage de ce lisage, les cordes se divisent en trois espèces : 1° celles d'*aiguilles* P ; 2° celles de *tire* Q ; 3° celles du *repiquage* T, U, correspondant à la mécanique Jacquard qui en tient lieu.

La partie A est un semple de rechange qui prend le nom d'*accrochage*, parce qu'il peut, au moyen des crochets T, T, pl. 100, placés en dessous de la planchette percée, être retiré du lisage et remplacé par un autre semple portatif.

La totalité des cordes du lisage qu'on voit provenir de trois directions différentes, viennent se réunir dans la grille G dont elles traversent les barreaux, pour de là descendre verticalement en X, traverser une planche à collet N, N, soutenue de chaque côté par un support en fer *s s*, fixé a la traverse du milieu *z*, qui supporte la grille G. Ces trois cordes réunies sont alors attachées aux collets qui supportent les plombs L, L, dont la charge tient constamment en retraite les aiguilles placées dans la boîte B.

Toutes les cordes Q viennent aboutir en *b*, pl. 97, où elles sont nouées aux collets élastiques qui les tiennent en arrêt; mais pour maintenir une tension constante et uniforme aux cordes qui passent dans le cassin, chacune d'elles est soumise à l'action d'un long collet R, qui passe dans une planche percée Z, et suspend un plomb K, ce qui fait que lorsque les plombs L, L se trouvent soulevés par les cordes T, U, les crochets *c c* de l'accrochage sont continuellement remontés contre le dessous de la planche percée TT.

La charge produite par les plombs S, S, sert à maintenir les crochets de la mécanique à leur place respective; car sans cette précaution, ils sont susceptibles de varier lorsque la tirée des cordes Q rend flottantes celles T, U.

Lorsqu'on établit le montage d'un lisage accéléré, il faut observer que dans leur passage au travers des barreaux de la grille G, pl. 97, les trois sections de cordes doivent alterner entre elles, de manière que la première corde d'aiguille P passe derrière le barreau inférieur, la première corde de la section Q vient ensuite et se place devant ce même barreau; la troisième corde, qui appartient à la section T, U, vient après. Ces trois cordes, ainsi que nous l'avons dit, sont attachées en X à un même collet, et conséquemment à un même plomb. Les trois cordes qui forment la seconde série, se placent de la même manière que la première, mais sur le barreau suivant, et forment le second collet. On procède de la même manière jusqu'au barreau supérieur; puis on recommence par la neuvième série, que l'on place dans le même ordre et sur le même barreau de la première, pour continuer ainsi par huit jusqu'à la fin du montage.

Les huit cordes que nous avons figurées en T, appartiennent au premier rang de la mécanique pris du côté de la lanterne, et les huit autres que l'on voit en U représentent celles du dernier rang; car nous avons dû, pour éviter la confusion dans l'*encordage*, n'indiquer qu'un seul rang.

La lecture de la carte peut être faite sur le semple même du lisage, ainsi que nous l'avons démontré pour le lisage à tambour; mais le plus souvent elle a lieu sur un semple mobile adapté au bâti de l'accrochage représenté fig. 1 et 2, pl. 100.

Ce bâti est formé de deux montants A B, C D, assemblés par des traverses E F, G H, reposant sur des embases I J; le tout est maintenu d'aplomb et d'équerre au moyen de deux jambes de forces I K et J K.

La partie L, L, dite *boîte d'accrochage*, renferme un nombre suffisant d'élastiques *a a*, prolongés par des collets doublés qui traversent la planche T, T, et se terminent chacun par un crochet *c*. L'effet de ces élastiques est de rappeler tous les crochets à une même hauteur contre la planchette qui leur sert de point d'appui.

Nous ferons remarquer que le prolongement de l'élastique, ou autrement dire, le collet qui supporte le crochet est passé dans deux trous au lieu d'un. Cette manière de supporter les crochets fait qu'ils restent constamment tournés dans le même sens, et que le semple, au moyen de sa grille, peut y être accroché d'un seul coup. En effet, chaque corde du semple étant terminée par une boucle dont les deux brins qui la forment passent séparément sur deux barreaux de la grille, laissant ainsi entre chacune d'elles un vide dans lequel s'introduisent chacun des crochets correspondants; dès que le semple est accroché, on le tend en enroulant sa partie inférieure sur le cylindre ou ensouple S, S, qu'on arrête, comme au lisage, au moyen d'un cliquet qui repose dans la roue à crans, fixée à une des extrémités du rouleau. Alors les élastiques prêtent plus ou moins, selon que l'exige l'inégalité des cordes de l'accrochage.

L'enverjure du semple d'accrochage, la lecture de la carte, ainsi que le perçage des cartons, ont lieu absolument de la même manière que nous l'avons décrit pour le lisage à tambour.

La lecture du dessin étant terminée, on décroche le semple de son bâti pour l'accrocher au lisage accéléré et procéder à la prise des poinçons, ainsi qu'à leur transport sous la presse.

Ainsi que nous l'avons dit, le repiquage des cartons au lisage accéléré ne nécessite point un mécanisme particulier, puisque c'est la mécanique Jacquard dont l'appareil est surmonté, qui, par les dispositions particulières des cordes de ce lisage, supplée à la machine nommée repiquage dont on ne pourrait se passer avec le lisage à tambour.

Pour repiquer un dessin au lisage qui nous occupe, l'opération est.

I.   38

de la plus grande simplicité. Il suffit de placer la mécanique les cartons du dessin à reproduire, ainsi qu'on le voit en *a b c*, pl 99, et d'opérer, pour chaque carton à *repiquer*, une *foule* à l'aide de la marche *m*. pl. 97, dont la corde se déroule et s'enroule sur la poulie O, adhérente à l'axe P, qui fait mouvoir la mécanique de la même manière que cela a lieu aux métiers à la Jacquard.

On conçoit que les plombs qui sont enlevés à chaque foule par la tirée des cordes T ou U, laissent échapper les aiguilles qui correspondent aux cordes P, et que ces aiguilles poussent dans la receveuse les mêmes poinçons qui ont fait primitivement les trous du carton-modèle que l'on veut copier.

Si le dessin (manchon ou jeu de cartons) qui doit produire le repiquage est en mauvais état, il faut avoir soin, ou de le réparer, ou bien de remplacer par d'autres cartons ceux qui seraient par trop endommagés; le *laçage* doit être également vérifié. Sans ces précautions, les cartons risqueraient de ne pas *plaquer* convenablement sur le cylindre, et par suite, l'opération pourrait être mal faite.

Pour le lisage aussi bien que pour le repiquage, la vérification du perçage des cartons devrait toujours être faite avant leur mise en œuvre; mais comme cette vérification demanderait beaucoup de temps et de soins, et que malgré cet examen il pourrait encore échapper quelques erreurs, nous pensons que le meilleur moyen est de surveiller avec une attention minutieuse les premiers résultats d'un jeu de cartons nouvellement percé, afin de découvrir les défauts dès le premier essai.

Nous ferons observer que lorsqu'on veut reproduire plusieurs exemplaires d'un même dessin, il est bien plus expéditif de percer de suite, avec la même prise de poinçons, autant de cartons semblables qu'on veut de *manchons* pareils, que de recommencer successivement la prise de ces poinçons en particulier pour chaque carton d'un jeu différent. Ces observations sont applicables aux deux genres de repiquage.

Nous ferons aussi remarquer que pour repiquer un dessin, on place toujours les numéros des cartons du côté de la lanterne, soit au lisage accéléré, soit au repiquage du lisage à tambour, observant qu'au lisage accéléré, les cartons se placent de la même manière que sur le métier à tisser, c'est-à-dire, les numéros en dessus, tandis qu'au repiquage du lisage à tambour, on les place à l'opposé et les numéros en dessous, ce qui a lieu en plaçant le manchon à l'envers. Cette dernière disposition peut être employée pour remédier à un colletage fait en sens inverse, c'est-à-dire que le huitième collet (sur une mécanique 400, par exemple) aurait été pris pour le premier et réciproquement.

Bien que, pour le lisage accéléré, nous ayons figuré la mécanique Jacquard dans le sens longitudinal, on peut également la disposer transversalement. Les deux méthodes sont également usitées, et ont chacune un avantage dont l'autre est privée.

Longitudinalement, le manchon à repiquer ne peut nullement gêner le *piqueur*, quel que soit le nombre des cartons, mais dans cette position les cordes du repiquage ont une obliquité très-sensible, qui nuit considérablement à la conservation de l'encordage.

Transversalement, ces mêmes cordes tombent beaucoup plus d'aplomb, mais alors le manchon se trouvant placé de face et sur le devant de la mécanique, court risque de gêner l'opérateur, surtout si les cartons se trouvent réunis en grande quantité et en un seul lot.

Découpage des cartons.

L'emploi considérable que l'on fait des cartons, tant pour les mécaniques armures que pour les grandes mécaniques Jacquard, nous engage à donner quelques indications sur la manière de les couper.

Dans les premiers temps, on les découpait tous au moyen d'une règle et d'un instrument tranchant; mais ce moyen exigeait beaucoup de temps et de fatigues, et n'atteignait que difficilement la régularité et la précision nécessaires. Ce fut donc pour obtenir la célérité et la régularité de cette opération, qu'on s'empressa de faire usage d'un appareil nommé *table à découper*, indiquée fig. 4, pl. 103.

Cet appareil est composé d'une table très-épaisse K, L, montée sur quatre pieds M, N, O, P, solidement emmanchés et assemblés par quatre traverses d'une force proportionnée à celle des pieds et à celle de la table. A, C et B, D sont des guides à coulisse, glissant à volonté dans deux rainures pratiquées aux côtés de la table; F, G est un couteau tranchant adapté à l'extrémité de la table, et formant charnière en J; il est terminé par une poignée en F. Une contre-lame d'acier, sans biseau I, J, est fixée à l'extrémité de cette table par des vis; c'est contre elle que s'appuie la lame tranchante G F, au moment du découpage. C D est un second arrêt également à coulisses, qu'on peut reculer ou avancer vers l'autre extrémité de la table où il se maintient dans une direction parallèle à la contre-lame I J ; cet arrêt est formé d'une branche transversale en fer, arrêtée par deux boulons à vis, qui passent dans des trous ménagés à ses extrémités, et glissent dans des coulisses en fer I Q, J R, adaptées aux bords de la table.

Cet arrêt sert à appuyer l'un des côtés de la feuille de carton pour couper l'autre parallèlement, afin que tous les cartons qui doivent en sortir soient exactement de même longueur. Pour plus de précision, il doit régner en J L une tringle mince, en métal ou en bois, fixée sur la table perpendiculairement aux arrêts A B et C D, contre laquelle on fait glisser la feuille, afin que les cartons qu'on en retire soient coupés bien d'équerre.

La dimension des cartons étant subordonnée à celle des faces du cylindre, on doit avoir soin, avant de découper la feuille, d'éloigner l'arrêt E à une distance convenable, pour que l'écartement de la contre-lame I J soit égal à la largeur exigée pour les cartons.

Ces dispositions terminées, on place la feuille de carton H à plat sur la table, en la poussant contre l'arrêt E ; on commence par en rogner les bords, puis il suffit d'appuyer sur la poignée F, pour couper un carton d'un seul coup avec promptitude, netteté et précision. Dans cette opération il faut avoir soin de serrer le couteau contre sa contre-lame ; sans cette précaution la coupe pourrait être mâchée. Après chaque coup de couteau, on repousse la feuille contre l'écartement E, et chaque bande qui en sort forme un carton prêt à passer au perçage.

Les cartons prennent une dénomination qu'ils tirent de leur dimension ; ainsi on dit : des cartons pour 80, pour 104, pour 200, pour 400, pour 600, etc., ce qui signifie que leur surface ne peut pas contenir plus de 80 trous, 104 trous, 200 trous, etc. Les cartons pour 104 ont la même largeur que les cartons pour 80, mais ils sont un peu plus longs ; ceux de 200 sont aussi larges que ceux de 400, mais ils sont moins longs ; ceux de 900, ou au-dessus, sont aussi de même largeur que ceux de 600, mais ils en excèdent la longueur, ensorte qu'il y a des cartons de trois largeurs différentes, et de diverses longueurs, suivant les comptes des mécaniques pour lesquelles ils sont destinés.

Laçage des cartons.

Le laçage des cartons dont nous avons dit quelques mots page 179, concernant la mécanique-armure, prenant ici plus d'extension, nous

force à revenir sur ce sujet et à entrer dans des détails plus éten-
dus.

De même que pour les cartons d'*armures*, le laçage dont s'agit a pour
but l'enchaînement successif des cartons pour en former un assemblage
continu dont la totalité prend le nom de *manchon*. A cet effet, on lie
tous les cartons entr'eux avec des ficelles qui prennent le nom de *lacets*;
on les passe dans les trous percés à cet effet à l'extrémité des cartons,
et que, pour cette raison, on appelle trous de laçage.

Pour cette opération, on place sur des tréteaux deux longues tringles en bois C,D, fig. 1 et 2, pl. 103, sur lesquelles on étend, transversalement et à plat, autant de cartons que la longueur des tringles peut
en contenir, en ayant soin de les écarter d'environ deux centimètres
les uns des autres, pour en faciliter le laçage, sauf à les rapprocher
après qu'ils sont lacés.

Lorsque le nombre des cartons est trop élevé pour pouvoir être placé
en une seule fois sur le laçage, on recommence la même manœuvre
en fixant les derniers cartons lacés entre les deux tringles C D de la
presse, qu'on rapproche au moyen des vis de pression A B.

Pour accélérer le laçage, on ne doit pas employer des lacets trop
longs, ni trop courts; dans le premier cas, les lacets se tordent et
s'embrouillent, surtout en commençant, et dans le second, il faut trop
souvent renouer les lacets, ce qu'on doit éviter autant que possible;
car les nœuds (qui doivent toujours être plats ou à l'ongle) quelque bien
faits qu'ils soient, produisent toujours une épaisseur qui ne peut être
que nuisible, surtout s'ils se trouvent réunis. C'est dans le but d'adoucir
cette épaisseur que, dans le laçage, on doit faire ensorte que les *apponses*
soient faites et placées à un carton de distance l'une de l'autre.

Afin que les lacets glissent mieux, il est bon de les enduire d'un peu
de suif; cette précaution a aussi l'avantage de leur donner de la durée.

Les cartons de 80, de 104 et de 200 ne reçoivent de *laçures* qu'à
leurs extrémités, parce que la distance d'un lacet à l'autre n'est pas
très-grande; les cartons de 400 à 600 ont de plus une laçure au milieu,
parce que leur longueur et leur flexibilité seraient cause qu'ils ne
pourraient pas se maintenir convenablement placés sur le cylindre par
le seul effet des laçures extrêmes; enfin, les cartons de 900 et au-
dessus reçoivent quatre laçures, dont une à chaque bout et deux dans
les parties intermédiaires.

Encore bien que la manière de lacer les cartons paraisse fort simple, nous ne devons pas la passer sous silence, parce que, de toutes les façons dont les ficelles peuvent être passées dans les trous de laçage et organisées entre elles, il n'en est qu'une qui permette aux cartons de s'appliquer et de s'étendre parfaitement sur chaque face du cylindre.

Les lacets sont doubles pour chaque laçure; l'un passe en dessus du carton et l'autre en dessous, comme on le voit fig. 3. Le lacet A passe sur le carton en a, et au-dessous en b, pour revenir en dessus en c, etc.; le lacet B fait le contraire, c'est-à-dire qu'il passe dessous en a, dessus en b, dessous en c, et ainsi de suite. Mais, pour que tous les cartons puissent se lier parfaitement les uns aux autres, sans se ployer ou se gauchir, il faut avoir soin de tordre les deux lacets entre chaque carton, comme nous l'avons représenté fig. 4, où, pour mieux être compris, nous avons figuré un lacet blanc et un lacet noir; sans cette attention, les cartons cintreraient alternativement, se présenteraient mal aux faces du cylindre, et par suite, risqueraient non seulement de faire faire une *fausse foule*, mais encore de se déchirer en s'accrochant aux aiguilles du rang inférieur à l'instant où le cylindre opère sa révolution.

Que les cartons aient deux, trois ou quatre laçures, elles se font toujours de la même manière.

Afin d'exécuter ce travail avec promptitude, on se sert d'un passe-lacet pour introduire les ficelles dans les trous dits de *laçage*.

Tous les cartons d'un dessin quelconque reçoivent, lors du piquage, un numéro d'ordre, en commençant par le premier carton lu, lequel porte N° 1, en continuant ainsi jusqu'au dernier. Ces numéros se placent à l'extrémité de la droite des cartons, destinée au côté de la lanterne, et doivent être faits à l'encre avant de commencer le perçage. Le numérotage a pour but de faire reconnaître l'ordre et le rang que chaque carton doit occuper au laçage, lorsqu'il arrive que, par accident ou par maladresse, on laisse tomber quelques cartons percés, dont il serait difficile, sans les numéros d'ordre, de reconnaître la place respective. Ces numéros servent aussi à classer les cartons au manchon, lorsque le genre de tissu à la formation duquel il doit concourir, permet d'en percer plusieurs à la fois.

Pour les tissus à un seul lat, ou à plusieurs lats suivis, les cartons se suivent invariablement au laçage, d'après l'ordre de leurs numéros; mais il peut ne pas en être toujours ainsi, car lorsque sur un fond suivi, il se détache un façonné, les cartons qui servent à exécuter l'armure du fond sont ordinairement piqués par séries de numéros en nombre égal à celui du compte de cette armure, et autant de fois qu'elle est répétée dans le raccord général, tandis que les cartons du façonné forment une série indépendante du fond et numérotée à part. Ces cas ne trouvent guère d'application que pour des étoffes où les sujets façonnés, étant entièrement détachés, laissent entre eux des parties tissées en fond uni, dont on peut augmenter ou diminuer la surface, pour éloigner ou rapprocher les sujets les uns des autres.

Eclaircissons ceci par des exemples :

Supposons un dessin façonné, dit *lancé*, dont la carte aurait cent coups, sur un fond satin de cinq, ce dessin étant à deux lacs suivis, dont un pour le fond et l'autre pour le façonné. On piquerait vingt séries de cartons nnmérotés 1 à 5, puisque vingt répétitions de l'armure satin entreraient dans le raccord du dessin, tandis que l'on ne piquerait qu'une seule série de 1 à 100 pour le façonné. On conçoit, d'après cela, qu'après le premier carton du fond, n° 1, on doit placer le premier carton du façonné, après lequel il faut mettre le carton N° 2 du fond, qu'on doit faire suivre du carton N° 2 de façonné, et ainsi de suite, en les intercalant successivement de la même façon ; de cette sorte, le premier carton de la seconde série du fond serait suivi du carton façonné N° 6, le premier de la troisième série du fond du carton N° 11, en continuant toujours de la même manière. Cette méthode de numérotage démontre que le lisage des cinq premiers cartons suffit au perçage de toutes les séries du fond, puisqu'elles sont toutes la répétition exacte de la première.

En pareil cas, ou dans un cas analogue, on pourrait donc piquer tous les cartons du fond en cinq reprises seulement, quelque considérable qu'en soit le nombre, en conservant, dans la receveuse, les mêmes poinçons pour le perçage de vingt cartons semblables, ce qui abrégerait le travail d'une manière considérable, comme aussi on pourrait en percer plusieurs à la fois.

Néanmoins le fond, quoique formé d'une même armure, ne permet pas toujours ce moyen abréviatif, attendu qu'il n'est pas toujours lu d'une manière continue. La mise en carte, pl. 90, de l'esquisse fig. 2. pl. 89, que nous avons donnée pl. 46, en offre un exemple sensible:

on y remarque, en effet, que le fond, qui fait satin de huit à l'envers, fait, dans le façonné, satin de huit à l'endroit, ce qui change l'ordre des sautés et des pris, et oblige à lire, coup sur coup, la carte toute entière, aussi bien pour le fond que pour le façonné. Il convient alors de numéroter successivement tous les cartons, en donnant à ceux du fond les numéros impairs, et à ceux du façonné les numéros pairs, ou réciproquement. Mais, dans cette hypothèse, il faut concevoir le fond peint en noir, et le façonné peint en rouge, pour avoir un dessin à deux lats, dont les points noirs seulement forment le coup de fond, et les points rouges le coup de lancé ; car, en considérant cette mise en carte comme étant d'une seule couleur, telle que nous l'avons donnée, elle appartient au genre damassé.

CHAPITRE XVI.

Des Damassés.

SOMMAIRE : *Damassés simples. — Damassés à corps et à lisses. — Du régulateur ou enroulement continu. — Des fausses lisses et du faux corps.*

DES DAMASSÉS.

On donne le nom de damassés aux tissus façonnés dont les effets produisent une nuance différente, quoique formés par les mêmes matières et les mêmes couleurs que le fond, en chaîne comme en trame ; tels sont, par exemple, les articles pour linge de table ; diverses étoffes pour ameublements, ornements tentures ; les stoffs, les crêpes façonnés, certaines flanelles pour manteaux, connues sous le nom de *tartans* ; enfin, quantité de soieries pour robes, écharpes, gilets, cravattes, rubans, et en un mot, tous les tissus pour lesquels on n'emploie qu'un seul lat, autrement dire, une seule navette.

Les damassés peuvent être divisés en deux classes principales. La première comprend les damassés simples, c'est-à-dire, montés à corps seulement ; la seconde, les damassés montés conjointement à corps et à lisses.

Damassés simples.

Les damassés simples sont généralement les tissus façonnés qui exigent le moins de complication dans leurs montages ; pour les exécuter, il suffit d'une seule chaîne et d'une seule trame ; l'une et l'autre peuvent aussi être ou de couleur semblable ou de couleurs différentes. Dans le premier cas, les effets façonnés sont entièrement dus aux divers croisements dont certaines parties alternent entr'elles, en passant successivement d'un côté à l'autre, autrement dire, de l'endroit à l'envers du tissu ; tel serait, par exemple, l'écossais dit *Damier*, dont nous avons donné l'explication page 147.

Mais comme les carreaux en damassé sont de la plus grande simplicité, puisqu'ils peuvent être exécutés au moyen de lisses seulement, nous allons ici en faire l'application au montage dit à *corps plein*.

On entend par corps plein, la totalité des cordes ou maillons formant le corps et sans aucune lisse ; c'est le métier Jacquard monté dans sa plus grande simplicité, lequel remplace aujourd'hui les anciens métiers dits *à la tire*, que les encyclopédistes Diderot et Rolland de la Platière ont si longuement et si minutieusement décrits dans leurs savants mais fastidieux écrits.

En effet, dans toutes les villes manufacturières on fait actuellement usage du métier à la Jacquard monté à corps simple, parce qu'il convient indistinctement à la nature de toutes les matières employées dans la fabrication ; ce qui a encore beaucoup contribué à le faire généralement adopter, c'est qu'il présente à l'exécution moins de difficultés que tous autres montages, et qu'il exige conséquemment moins de connaissances spéciales de la part des *monteurs ;* en outre, son application à tous les tissus façonnés qu'on peut exécuter avec un seul fil au maillon, est tellement facile, qu'on en fait usage pour les trois quarts des étoffes employées dans la consommation.

Supposons que l'on veuille faire, en damassé, l'esquisse de la fig. 2, pl. 89, la mise en carte pourra être faite ainsi que le représente la pl. 90, sur laquelle on remarque que le fond fait satin de huit par effet de chaîne, tandis que le façonné fait également le même satin, mais par effet de trame.

Ce genre de damassé étant monté à *corps plein*, on peut facilement en varier les croisements, c'est-à-dire, qu'au lieu de former le fond ainsi que le façonné par un satin de huit, dont l'un par effet de chaîne et l'autre par effet de trame, on pourrait tout aussi bien exécuter le façonné par une armure différente de celle du fond, en observant tou-

I. 39

jours de faire effet de trame pour l'un et effet de chaîne pour l'autre; mais dans ce cas, il faut nécessairement que le nombre de cordes et de coups dont se compose la carte, concorde parfaitement avec les deux genres d'armures. Cette condition est de rigueur.

De ce que nous venons de dire il résulte que, dans les damassés, le contraste du façonné à l'égard du fond, et réciproquement, est dû à l'unique changement du croisement, car alors même que le fond et le façonné seraient produits par des fils d'une même matière et d'une même teinte, la lumière, en s'y réfléchissant, y subit diverses modifications dont la cause réside entièrement dans la différence du mode de croisement; ce dont on peut s'assurer en plaçant l'étoffe, ou bien en se plaçant soi-même, dans des positions diverses.

Il est évident que si le changement d'armures suffit pour donner réciproquement au fond, ainsi qu'aux parties façonnées, un aspect différent, cette différence n'en sera que plus sensible, si, au lieu d'employer les mêmes teintes pour chaîne et pour trame, on emploie l'une d'une couleur différente de l'autre.

Nous ferons remarquer qu'avant l'ingénieuse invention de la mécanique Jacquard, les métiers alors en usage ne laissaient guère de latitude pour l'extension du façonné; à cette époque, les dessinateurs intelligents étaient nécessairement obligés de restreindre l'étendue de la composition de leurs sujets, malgré leurs recours à la multiplicité des fils au maillon, parce que les *cordes de rames*, qui, dans l'ancien système tenaient lieu de crochets, ne pouvaient atteindre les nombres exigés pour des dessins compliqués comme on en fait aujourd'hui, puisqu'on a maintenant l'avantage de pouvoir réunir, sur un même métier, plusieurs mécaniques Jacquard, qui, par leur réunion, sont considérées n'en former qu'une seule.

Il va sans dire que cette réunion a ses limites, car elles ne peuvent guère dépasser trois mille, autrement dire, trois mécaniques de mille. D'ailleurs un métier monté de telle sorte est déjà, pour ainsi dire, un objet de curiosité; aussi n'est-ce qu'à la plus grande rigueur, et pour la confection de véritables chefs-d'œuvre, qu'on a recours à de semblables montages; en outre, la généralité des plus beaux tissus, ou pour mieux expliquer notre pensée, ceux qui exigent le plus de cordes, dépassent rarement des comptes de mécaniques d'environ 1200 à 1500 crochets, non compris la mécanique-armure.

Damassés à corps et à lisses.

Comme les montages, à corps seulement, ne peuvent pas toujours satisfaire aux exigences de certaines réductions, on a, dans ce cas, recours à l'adoption des *lisses*, que l'on fait manœuvrer conjointement avec le corps. Ce système a pour but de diminuer considérablement la complication des mécaniques Jacquard, qui, étant montées à corps seul, rendraient le travail difficile, embarrassant et onéreux.

Le nombre, la forme et l'espèce des lisses sont subordonnés au genre du tissu que l'on veut reproduire; et comme leurs mouvements doivent être indépendants du corps, elles sont suspendues à une petite mécanique-armure, placée tout exprès sur le devant de la mécanique Jacquard (1) et de manière qu'elles soient éloignées d'environ 25 centimètres du corps.

Le nombre de fils à passer dans chaque maillon dépend de la réduction du corps, ainsi que de la quantité des fils de chaîne, mais rarement on l'élève au-dessus de huit.

Nous ferons remarquer que plus il y a de fils au maillon, plus aussi les *découpures* ou *décochements* sont sensibles. En effet, on peut considérer tous les fils d'un même maillon comme étant une série de fils mus par une force commune, et soumis par conséquent à un même mouvement ascendant ou descendant; d'où il résulte que tous décochent à la fois, et qu'en admettant huit fils au maillon (sans l'intervention des lisses), les brides de chaîne et de trame seraient de huit, et cette distance ne pourrait produire qu'un tissu très imparfait. Les lisses ont donc pour but de modifier l'effet du corps, en raccourcissant les brides conformément au croisement formé par ces mêmes lisses.

Comme il est reconnu que plusieurs genres de montages peuvent donner des résultats analogues, il est important de savoir reconnaître quel est celui qui doit être préféré. Pour atteindre ce but, le manufacturier ou le chef d'atelier a deux choses à consulter; d'abord les ustensiles dont il peut disposer, ensuite, dans la nécessité d'achats de ces mêmes ustensiles, savoir faire choix, non pas de ceux qu'il peut

---

(1) Cette position n'est pas de rigueur; car, au moyen de diverses correspondances, on peut également placer la mécanique-armure sur le côté, mais à droite (côté de l'étui), parce que les cartons sont toujours placés à gauche, à moins que par des circonstances dépendantes de la localité, l'emplacement occupé par les cartons exige le contraire.

se procurer à meilleur marché, mais bien de ceux qui peuvent lui être le plus avantageux, soit pour la durée, soit pour la facilité du tissage; il est donc urgent qu'un manufacturier ou bien un chef d'atelier ait la connaissance exacte des divers montages, afin qu'il puisse surveiller fructueusement la personne commise au montage des métiers, aussi bien que celle qui est chargée d'en donner les dispositions; car dans les montages, une faute, même légère ou un oubli très minime, peut amener de grandes difficultés et quelquefois conduire à de fâcheux résultats.

Ces considérations nous engageraient à donner différents exemples de montages qui trouveraient ici naturellement leur place; mais afin qu'il soit plus facile d'en faire l'application, nous les donnerons en détail aux articles spéciaux des tissus auxquels ils conviennent. Nous nous bornerons donc à démontrer, par un raisonnement clair et précis, l'exactitude des propositions que nous venons d'avancer, notre but étant, dans ce chapitre, de ne traiter les damassés que sous un point de vue général.

Supposons, par exemple, qu'une mécanique 400 suffise pour fabriquer les genres d'étoffes à petits dessins, cette mécanique ne pourra suffire pour l'exécution d'un dessin beaucoup plus étendu. Mais en admettant qu'avec cette mécanique 400, montée à corps seulement, on exécute un sujet façonné, d'une largeur de dix centimètres, il suffira de mettre deux fils au maillon pour produire ce même dessin en une largeur double ou vingt centimètres; avec trois fils au maillon on obtiendra une largeur de 30 centimètres, et ainsi de suite. D'où il résulte qu'avec l'emploi simultané des lisses, on peut élever une réduction de compte, selon que l'on met plus de fils aux maillons.

Ce système est généralement adopté pour l'exécution de grands dessins dont les découpures ne demandent pas des décochements insensibles, car s'il s'agissait de l'exécution d'un sujet très délicat, tel serait, par exemple, un portrait, pour lequel chaque fil ou corde devrait exécuter un croisement spécial à chaque duite, on ne pourrait faire autrement que d'employer une ou plusieurs mécaniques, dont le nombre de crochets serait en rapport avec le nombre de cordes nécessitées par le dessin.

Lorsqu'une disposition demande plusieurs fils au maillon, on doit, sauf quelques cas particuliers, mais fort rares, commencer le remettage par la gauche du corps, en passant les fils dans les maillons, de bas en haut. Le remettage du corps étant terminé, on le recommence de nouveau pour passer les fils dans les lisses conformément à la disposition. Ainsi, en admettant quatre fils au maillon et quatre lisses de levée, chaque maillon complètera une course des lisses, ayant soin que le fil passé dans le trou inférieur soit passé sur la première lisse, qui est celle de derrière, et ainsi de suite. S'il y a deux remisses, c'est-à-dire des lisses de levée et des lisses de rabat, on procède à un troisième remettage, comme on pourrait également *remettre* en même temps les deux séries de lisses, mais par intercallation.

Dans le cas où les maillons contiendraient huit fils au lieu de quatre, cela ne changerait en rien l'opération du remettage; seulement chaque maillon contiendrait deux courses au lieu d'une; alors le premier fil des courses paires deviendrait le cinquième fil de chaque maillon.

Nous ferons remarquer que pour les étoffes montées à corps et à lisses, les fils doivent être passés en dessus des mailles pour les lisses de levée, et en dessous pour celles de rabat.

Le remettage étant terminé, on passe tous les fils au peigne, conformément à l'exigence du tissu; car le procédé de cette opération ne change pas, seulement l'opération en elle-même est constamment soumise à la *disposition* qui en règle la marche.

On devra observer de placer les lisses à environ vingt centimètres de distance en avant du corps, et leur position doit être telle, que la jonction des mailles des lisses de levée soit un peu plus basse que les maillons, tandis que pour les lisses de rabat c'est tout le contraire. Cette disposition a pour but d'éviter le frottement continu des fils de chaîne, dessus ou dessous les boucles des mailles.

Les lisses de rabat n'exécutant que le mouvement descendant, sont suspendues, soit à des leviers à bascule, soit à des ressorts en spirale ou en forme d'élastiques, ainsi que le représente la pl. 119.

On pourrait également faire exécuter alternativement aux lisses les deux mouvements, ascendant et descendant, au moyen d'une mécanique-armure dite *à la lève* et *à la baisse*. Ces sortes de mécaniques sont actuellement en usage dans beaucoup de localités; elles ne diffèrent de celles ordinaires qu'en ce que la planche à collet, et par conséquent un certain nombre de crochets, montent ou descendent à chaque duite, ainsi que le représente la pl. 109.

Nous ferons remarquer que pour les tissus peu fournis en chaîne, on peut se servir de lisses formées par des mailles à grande coulisse, et leur faire exécuter indistinctement la levée et le rabat; mais pour cela il faut leur donner le double de jeu, puisqu'elles ont à faire un mouvement qui devient le double de celui des lisses ordinaires.

Nous rappellerons ici que lorsque l'armure du fond d'un tissu est exécutée au moyen de lisses, le dessinateur n'a pas besoin d'en faire le pointage sur la mise en carte.

Observations relatives aux tissus damassés à corps et à lisses.

Quoique formés à corps et à lisses, il arrive quelquefois que des tissus damassés sont formés par un seul fil au maillon; dans ce cas, on intercalle, entre chaque fil passé dans le corps, un fil spécialement destiné aux lisses. Pour ces sortes de montages, on fait le plus souvent usage de deux chaînes, n'importe qu'elles soient de matières semblables ou différentes. A cet effet, l'une, celle passée dans les lisses est destinée à la formation du fond, et l'autre, qui est passée dans le corps seulement, forme le façonné; alors, en admettant que tous les fils pairs appartiennent au remisse, tous les fils impairs appartiendront au corps et réciproquement.

Cette intercallation d'un fil sur les lisses passant entre chacun des fils du corps n'exige pas toujours un nombre de moitié, car si on établissait sur un montage à deux fils au maillon, le principe que nous venons d'émettre, la chaîne passée dans les lisses ne comporterait que le tiers de celle passée dans les maillons, tandis que précédemment elle se trouve être de moitié.

Pour les montages de ce genre, on fait usage de lisses ordinaires, c'est-à-dire à coulisse, parce que chaque fil qui appartient au remisse est entièrement indépendant du corps.

Ce que nous venons d'expliquer pour un ou deux fils au maillon est applicable à des nombres plus élevés, comme aussi, au lieu d'intercaller entre chaque maillon un fil appartenant aux lisses, on peut, suivant les circonstances, espacer ces mêmes fils de plusieurs maillons.

Il va sans dire que lorsque l'on fait usage de lisses de levée et de rabat, le montage doit être disposé de manière qu'un même fil ne soit jamais contraint à lever et à rabattre en même temps; car la spontanéité des deux angles leur occasionnerait une rupture inévitable.

Du Régulateur ou enroulement continu.

Quoique le régulateur ne soit que l'effet d'une combinaison très-simple, il n'était cependant pas encore connu à la fin du siècle dernier. C'est un perfectionnement apporté au mécanisme général du tissage, et son application procure des résultats très-avantageux, mais seulement pour les tissus dont les chaînes sont maintenues par une tension mobile.

Avant cette invention, l'ouvrier, pour enrouler l'étoffe, était obligé, aussitôt qu'il en avait quelques centimètres de confectionnée, de faire tourner le rouleau de devant, au moyen d'une barre en bois ou en fer, dite *cheville*; système qui a le double inconvénient, de faire perdre du temps et de contribuer très-souvent à la formation partielle des *entrebats* ou *claircières*.

Le régulateur que nous représentons est celui dont l'usage est le plus fréquent. Il est composé de trois roues dentées F G H, dont les deux premières garnies d'un pignon, tournent autour d'un boulon qui leur tient lieu d'axe. Ces boulons sont fixés à un support en fer, solidement adapté à l'intérieur du montant de droite du métier.

Bien que la roue H forme avec les deux précédentes l'ensemble du régulateur, celle-ci est, par ses rayons, invariablement fixée au rouleau, dont un des tourillons qui sont en fer, passe dans le centre de la roue et lui tient lieu d'axe.

Le régulateur est mu par un levier qui a son point d'appui sur le prolongement du boulon qui supporte la roue F, dite *roue de commande*. Les dents de cette roue étant très-fines et très-rapprochées les unes des autres, font que le mouvement de pression, produit par le cliquet D, ne communique au rouleau que la rotation qui lui est nécessaire.

D'après la disposition des engrenages, on voit que le pignon de la roue F s'engrène dans la denture de la roue G, et que le pignon de cette dernière s'engrène de la même manière dans la roue H.

Par la correspondance des mouvements, on comprend aisément que la roue H ne faisant qu'un seul et même corps avec le rouleau, éprouve une rotation assez lente pour que l'enroulement de l'étoffe soit en proportion de sa confection.

Deux méthodes sont en usage pour l'emploi du régulateur : l'une établit le tissage sur un point mobile, et l'autre sur un point fixe.

Nous allons signaler les avantages aussi bien que les inconvénients de chacune de ces deux positions.

Lorsque le tissage a lieu sur un point mobile, c'est-à-dire, que lorsque, malgré l'emploi du régulateur, le coup de battant ne frappe uniquement que sur le tissu, l'ouvrier ne rencontre que l'avantage d'un enroulement continu ; et comme, dans ce cas, la réduction reste entièrement soumise à l'action de la main de l'ouvrier, il est presque impossible que l'ouvrier dispose le régulateur de manière à enrouler exactement une longueur de tissu équivalente à la quantité tissée, et que dans les deux cas, du plus ou du moins, il faut nécessairement de temps à autre, ou suspendre provisoirement la marche du régulateur, ou bien lui imprimer une rotation supplémentaire, ce qui a lieu au moyen d'une petite manivelle adaptée à la roue de commande.

Lorsque le tissage a lieu sur un point fixe, les deux extrémités de la masse frappent, à chaque coup, contre deux tampons placés à demeure de chaque côté du métier. Par suite de cette disposition, le tissage a toujours lieu sur un même point, et l'étoffe s'enroule constamment en proportion du tissage.

Cet avantage n'est pas sans inconvénient, car il est peu de matières qui soient d'une grosseur parfaitement régulière dans toute leur étendue ; donc, si la trame est plus grosse ou plus fine pendant plusieurs duites de suite, il en résulte un *barrage* qui peut être très-apparent pour certains tissus.

Pour régler l'enroulement du régulateur, le levier B passe dans une *chappe* dont les extrémités sont munies chacune d'une vis de réglage K L. Ces vis, par leur position, ne laissent au levier que l'espace nécessaire pour que son mouvement d'oscillation soit en rapport avec la réduction que l'on veut obtenir.

Pour les articles à marches, l'impulsion est toujours donnée au régulateur, par la correspondance d'une ficelle I, attachée à un levier qui, au moyen de ficelles particulières, correspond lui-même à chacune des marches, tandis que, pour les métiers à armure ou à la Jacquard, la ficelle qui commande le levier du régulateur aboutit à un crochet spécial appartenant à la mécanique et placé sur le devant de la dite.

Quelquefois on remplace le crochet par un petit cylindre ; mais l'emploi d'un crochet est plus avantageux, surtout pour les tissus dont certains coups de trame ne forment pas le corps principal de l'étoffe : tels sont les *coups* de lancé ou de broché, coups qui doivent être considérés nuls pour l'enroulement. C'est pour cette raison que le régulateur ne doit opérer son mouvement de rotation que sur les coups de fond.

Comme la tirée de la ficelle ne peut être exactement en rapport avec l'élévation du levier, il faut qu'elle soit terminée par un élastique. Cette disposition a pour but de faire arriver constamment le levier B jusqu'au point le plus élevé, limité par la vis supérieure K.

En effet, on comprend qu'à défaut d'élastique, si la ficelle se trouvait trop lâche, le levier B n'atteindrait pas la hauteur suffisante, et que si elle était trop tirante, elle se romprait inévitablement.

L'ouvrier ne doit pas perdre de vue que c'est du plus ou moins d'espace laissé par les vis dans la *chape*, que le levier a plus ou moins de jeu. Que c'est aussi du plus ou moins de jeu du levier que dépend le plus ou moins de rapidité de la rotation. Et qu'enfin c'est de la rapidité de la rotation que dépend celle de l'enroulement.

Malgré tous les avantages du régulateur ordinaire que nous venons de décrire, nous devons signaler un inconvénient auquel peu d'ouvriers s'empressent de remédier.

Cet inconvénient consiste en ce que, par suite de sa superposition, l'étoffe, en s'enroulant, augmente à chaque tour le diamètre du rouleau, et que cette augmentation devient d'autant plus sensible et plus prompte que l'étoffe est plus épaisse.

Pour obvier à cet inconvénient, l'ouvrier doit, de temps en temps, resserrer la vis de réglage, afin de rétrécir l'espace que parcourt le levier ; dans cette hypothèse, le cliquet D refoulera un nombre de dents moindre que précédemment, ce qui réduira d'autant l'enroulement. On peut donc indistinctement resserrer ou la vis supérieure ou la vis inférieure, ou bien encore toutes deux ensemble.

Mais comme cette compensation ne peut être parfaitement exacte que par des opérations mathématiques, dont la connaissance est généralement au-dessus de l'intelligence des ouvriers, la routine est obligée de suppléer au calcul. Néanmoins, l'ouvrier qui surveille avec intelligence la position des vis de réglage, peut arriver à obtenir une réduction assez régulière pour être comparée à celle qu'on obtient au moyen du *régulateur-compensateur*.

I.   40

Le régulateur-compensateur diffère du précédent en ce qu'il a pour but et pour résultat de *tirer en devant*, sans avoir égard à la superposition du tissu. Ce moyen est l'unique pour obtenir une réduction mathématiquement égale.

Le mécanisme dont se compose ce genre de régulateur est à peu de chose près le même que celui que nous venons de décrire ; mais il exige plusieurs cylindres, entre lesquels l'étoffe se trouve fortement comprimée, pour de-là aller s'enrouler définitivement sur un rouleau spécial, dit *rouleau-déchargeur*. Comme ces sortes de cylindres doivent être établis avec beaucoup de solidité et une parfaite précision, ils entraînent indubitablement à des frais considérables comparativement au régulateur ordinaire.

Des fausses-lisses et du faux-corps.

On donne le nom de fausses-lisses à un assemblage de mailles simples, sans boucles et sans coulisses établies sur un petit chassis longitudinal fixé au battant et derrière le peigne.

Chacune de ces mailles partage ordinairement en deux ou trois parties égales, le nombre des fils passés entre chaque dent du peigne.

Les fausses-lisses ne sont guère en usage que pour les articles en soie dont les chaînes sont très-fournies ; elles ont pour but de dégager la chaîne, et par ce moyen éviter de fréquentes *tenues* ou *groupures*.

Le *faux-corps* est établi dans le même but que les fausses-lisses, mais avec la différence qu'au lieu d'être placé devant le corps, il est placé sur le derrière, à environ vingt centimètres de distance.

Le faux-corps est composé tout simplement de maillons garnis, dont le nombre est subordonné à la nécessité. Ils sont fixés un à un à une tringle immobile, conformément au genre de nœud représenté fig. 17, pl. 18 ; et de même que les mailles qui forment la fausse-lisse n'ont pas de coulisse, de même aussi les maillons formant le faux-corps peuvent être privés de leur *maillon nu ;* dans ce cas, les plombs sont supportés par des mailles simples dites *à crochet*.

Chaque maille étant indépendante, il arrive que lorsqu'une *tenue* se présente, la maille qui partage cette tenue avance, et par ce moyen, prévient l'ouvrier de donner du dégagement aux fils groupés.

Dans le cas où une seule tringle serait insuffisante, on peut en mettre deux, et pour éviter que la charge produite par le poids des plombs les fasse cintrer, il est urgent de suspendre ces tringles ou baguettes sur plusieurs points.

Lissettes à maillons.

Les lissettes à maillons sont d'une très-grande importance pour la généralité des tissus auxquels sont adaptées de petites bandes étroites, également connues sous le nom de *filets*; car lorsque ces filets sont passés sur des lissettes ordinaires, c'est-à-dire autres que celles à maillons, il est de toute impossibilité d'exécuter aucune variation dans leurs placements à moins de couper ou la chaîne ou les lissettes et quelquefois l'une et l'autre. Ce moyen, comme on le voit, peut devenir parfois très-onéreux.

Les lisses à maillons n'étant autre chose que les tringles ci-dessus mentionnées pour le faux-corps, elles offrent, par la simplicité de leur arrangement, l'avantage de pouvoir facilement et promptement composer les filets de la majeure partie des dispositions usitées, les déplacer, les replacer, et en un mot leur faire subir de nombreux changements, sans que pour cela il soit nécessaire de couper les fils qui forment le corps principal du tissu.

Il va sans dire que le nombre des lissettes, ainsi que chaque série des maillons qu'elles comportent, sont subordonnés à l'exigence des filets. Quant à la manœuvre et à la suspension de ces sortes de lissettes, elles ne diffèrent en rien des lissettes ordinaires.

Des répétitions par chemins.

Il est, pour l'intérêt du consommateur, aussi bien que pour celui du fabricant, un grave inconvénient que nous croyons devoir signaler : il a lieu dans les étoffes façonnées, toutes les fois qu'un des chemins extérieurs n'est pas complet. L'exemple suivant indiquera suffisamment la marche que l'on doit suivre en pareille circonstance.

Supposons un métier monté en huit chemins, sur une largeur de deux mètres, par empoutage, colletage et remettage suivi, sur une mécanique 400, que le dessin à représenter soit du genre dit *courant* et établi sur 400 cordes.

Supposons également que par erreur de calcul ou par manque de matière, la chaîne ne comporterait après l'ourdissage que 3400 fils, au lieu de 3200 qu'exigent les huit chemins complets. Par suite de ce manque de 100 fils, on devra nécessairement supprimer les 300 qui étaient destinés pour le dernier chemin, conjointement avec les 100 fils manquant.

En effet, le raccord des étoffes, surtout celles destinées pour robes et tapis, peut, en quelque sorte, être comparé à celui destiné pour les papiers peints. Donc, dans le cas stipulé ci-dessus, s'il fallait rassembler plusieurs largeurs d'une étoffe, il est certain qu'on devrait pour cela n'employer que 2800 fils ou 7 chemins complets, et alors couper les trois quarts du huitième chemin, ce qui serait une perte réelle.

Le manufacturier doit donc prendre toutes les précautions nécessaires pour éviter ces difformités, qui, sans augmenter son bénéfice, induisent en erreur les personnes qui achètent des étoffes ainsi fabriquées.

CHAPITRE XVII.
Du Lancé.

SOMMAIRE : *Des Lats et de la Passée. — Du battant à double boîte. — Levée des boîtes. — Sonnette, couleurs indicatives. — Manœuvre de trois navettes au moyen d'un battant à double boîte seulement. — Des bordures. — Des liages. — Du poil traînant. — Du découpage.*

DU LANCÉ EN GÉNÉRAL.

Le nom de *lancé* est généralement donné à tous les genres de tissus qui exigent plusieurs navettes, et dont chaque coup de trame n'opère, dans toute la largeur de l'étoffe, qu'un croisement partiel, formant à l'envers du tissu des *brides* de trame plus ou moins longues, qui ont lieu durant tout l'espace où la chaîne ne forme aucun croisement ; et lors même que ces brides sont modifiées ou supprimées en tout ou en partie par un *liage* quelconque, le tissu qui en résulte n'en conserve pas moins la dénomination de *Lancé*.

Dans tous les articles de ce genre, les trames sont toujours de couleurs différentes les unes des autres ; souvent aussi elles diffèrent en matière et en grosseur.

Les tissus que l'on fait le plus communément en *lancé*, sont la généralité des châles et des étoffes pour gilets, auxquels on peut ajouter une infinité d'autres articles qui peuvent, sinon en totalité, mais du moins en partie, être classés dans cette catégorie; tels sont certains articles pour robes, fichus, écharpes, cravattes, etc.

Des Lats et de la Passée.

Pour les tissus *lancés*, chaque *coup de dessin* est formé par plusieurs duites différentes, qui prennent chacune le nom de *lat*, et dont l'ensemble se nomme *passée*.

Une *passée* est donc la révolution complète de toutes les navettes nécessaires pour la reproduction en étoffe, ainsi que de toutes les couleurs qui appartiennent à un seul coup pris sur la *mise en carte*.

C'est donc du plus grand nombre des couleurs employées sur un seul coup de la *mise en carte* que dépend le nombre de *lats*, et ce nombre étant susceptible de variation, il en résulte qu'une *passée* peut être composée de plus ou moins de lats.

Les lats peuvent être *suivis* ou *interrompus*, et peuvent indistinctement être appliqués soit aux montages à *corps seul*, soit aux montages à *corps et à lisses*.

Les lats sont *suivis* toutes les fois que la mise en carte répète constamment les mêmes couleurs et d'un bout à l'autre du dessin. Ils sont *interrompus* toutes les fois que dans le cours de la mise en carte il y a augmentation ou suppression, soit d'une, soit de plusieurs couleurs, observant que dans aucun cas on ne doit tenir compte du plus ou moins de fois qu'une même couleur est répétée sur un même coup du dessin mis en carte.

Comme les lats de lancé, abstraction faite des liages, n'opèrent que des croisements partiaux, on fait, à chaque passée, intervenir un *coup de fond* et même quelquefois deux. Dans ce dernier cas, on les passe de manière à intercaller, entre l'un et l'autre, la moitié des lats qui forment la passée.

Le coup ou les coups de fond sont établis pour former le croisement principal et régulier du tissu, et comme ces coups exécutent ordinairement une des armures fondamentales, le dessinateur peut se dispenser d'en faire le pointage sur la carte; néanmoins il doit avoir soin d'établir son dessin de manière à ce qu'il soit en rapport avec le raccord de l'armure constituant le fond, n'importe que cette armure soit exécutée par le corps ou par des lisses supplémentaires.

Le dessinateur doit également, autant que le sujet peut le lui permettre, exécuter son dessin de manière à *contre-sempler* ou intercaller ses couleurs, afin qu'elles produisent plus d'éffets, et comme chaque coup de lancé forme des brides de trame plus ou moins longues, qui sont une perte réelle de matières, on a ordinairement recours, dans la formation d'un dessin disposé en *lats suivis*, à la combinaison de supprimer un lat lorsqu'on en ajoute un autre; mais toutes les *mises en carte* ne permettent pas de profiter de ces moyens avantageux; aussi, grand nombre de dessins exigent-ils qu'un ou plusieurs lats n'aient lieu que pendant un certain nombre de passées, et ce nombre doit autant que possible être pair, afin que la suppression ou l'augmentation des lats ait toujours lieu du même côté.

D'après les explications qui précèdent, on comprend aisément que, plus il faut de lats pour former une seule passée, plus le tissu en sera riche, et par conséquent plus le coût de revient en sera élevé.

Lorsque les tissus sont exécutés en grande largeur, tels que les châles, les gilets en double largeur, les étoffes pour manteaux, etc., l'ouvrier est obligé d'avoir un aide, auquel on donne le nom de *lanceur*.

Le lanceur, qui est un enfant de l'âge de 12 à 15 ans, peut facilement exécuter le travail qui le concerne, travail qui consiste tout simplement à recevoir et à renvoyer une à une, et successivement, toutes les navettes qui lui sont lancées par l'ouvrier.

Le lanceur doit apporter le plus grand soin dans le placement des navettes; il les dépose provisoirement sur la façure au fur et à mesure qu'il les reçoit; et afin qu'il puisse avec facilité les renvoyer dans le même ordre qu'il les a reçues à chaque passée, il faut qu'il les place dans l'ordre représenté fig. 2, pl. 112, où l'on voit que la première navette reçue occupe l'emplacement le plus près de la lisière, puis la deuxième, la troisième et ainsi de suite.

Cette méthode est la meilleure non-seulement pour le renvoi spontané des navettes, mais elle contribue encore essentiellement à dégager les brins de trame les uns des autres et à former de belles lisières.

Lorsqu'il y a des lats suspendus ou provisoires, ce qu'en termes de fabrique on nomme *couleurs passantes*, il est prudent de renverser ces navettes et de leur faire occuper l'emplacement le plus éloigné de la lisière, ainsi que le représentent les navettes 5 et 6.

Cette précaution a pour but d'éviter les erreurs qui pourraient résulter d'une navette lancée mal à propos. Du reste, c'est généralement du côté de l'ouvrier, et non du lanceur, que s'opèrent ces sortes de mutations.

Le lanceur peut indifféremment être placé à la droite ou à la gauche de l'ouvrier; seulement nous ferons observer que si le lanceur est placé à gauche, l'ouvrier aura plus de facilité pour enrouler son étoffe, et amènera le battant avec la main gauche; mais dans cette position, et pour ne pas être obligé de fouler la marche avec le pied gauche, il sera obligé d'avoir recours à l'application de la *contre-bascule*, car sans ce procédé, l'obliquité de la corde ou tringle adhérente à la marche rendrait la foule pénible et difficile.

Si le lanceur est placé à droite, l'ouvrier pourra suffisamment fouler la marche d'aplomb avec le pied droit, et dans ce cas il amènera le battant avec la main droite; mais par suite de cette position, il sera obligé de se porter sur la droite toutes les fois qu'il voudra enrouler son étoffe, à moins que la roue à crans et son cliquet, ainsi que les trous pratiqués ordinairement à la droite du rouleau soient, dans cette circonstance, placés à gauche, ce qui du reste ne présente aucune difficulté pour être établi, soit d'un côté, soit de l'autre.

Les articles *lancés* peuvent indifféremment être tissés ou à corps seul, simples, doubles, etc., ou bien à corps et lisses; les uns et les autres peuvent aussi être confectionnés avec ou sans liage.

Lorsque l'exécution d'un tissu lancé n'a lieu que par le corps ou les corps seulement, la levée du coup de fond est exécutée par un carton lu exprès, qui est intercallé entre ceux qui forment chaque passée, et lorsqu'il y a corps et lisses, le coup de fond a lieu par la levée ou par le rabat de ces dernières.

Presque tous les tissus lancés, exécutés sans liages, forment à l'envers de l'étoffe une grande quantité de brides qui produisent une très-forte épaisseur qu'on est obligé de modifier par le *découpage*.

Les articles lancés à corps seul n'ayant jamais qu'un seul fil au maillon, offrent l'avantage de pouvoir, à volonté, varier les croisements de l'armure formant le fond.

Ces mêmes articles, montés à corps et à lisses, ayant toujours deux fils par maillon, il s'en suit que pour un tissu dont la chaîne serait en même réduction que pour le précédent, il suffirait de n'employer que la moitié des cordes et maillons nécessités pour un lancé à corps seul.

Battant à doubles boîtes.

Le battant à doubles boîtes diffère du battant à boîtes simples, dont nous avons parlé page 59, en ce que les boîtes étant mobiles, il offre à l'ouvrier l'avantage de changer instantanément de navette, sans autre mécanisme qu'une simple combinaison relative aux leviers, pour les métiers à marches, et aux crochets, pour les mécaniques-armures ou à la Jacquard.

Quoique ce genre de battant n'appartienne pas spécialement à l'article *lancé*, il peut néanmoins en remplir toutes les conditions, même avec avantage, mais pour un *deux-lats* seulement; car à trois lats, c'est le maximum de son application, et encore faut-il que les lats soient combinés de telle sorte que le passage de chaque navette concorde exactement avec le côté de la boîte qui reste vide; c'est ce que nous expliquerons bientôt.

Les boîtes sont adhérentes deux à deux, à droite et à gauche, et peuvent recevoir leur impulsion de différentes manières; deux sont généralement connues; l'une consiste à faire mouvoir les boîtes par un mouvement d'avant et d'arrière, à peu près comme on le fait pour un tiroir; l'autre consiste à imprimer aux boîtes un mouvement ascendant et descendant; dans ce cas, elles sont placées l'une au-dessus de l'autre.

L'examen de tous les modes d'impulsion nous entraînerait dans des détails trop longs et même inutiles; c'est pour cette raison que nous nous bornerons à développer ici seulement l'un des deux dont nous venons de parler. Nous donnons la préférence au dernier, c'est-à-dire, au mode du mouvement ascendant et descendant. D'ailleurs, c'est celui qui est généralement adopté, comme étant aussi le plus avantageux et le moins susceptible de désorganisation.

Bien que certains articles *lancés* peuvent être confectionnés avec les métiers à marches, on y a rarement recours, parce qu'avec ces sortes de montages, les dessins sont par trop restreints, et la mamanœuvre des boîtes rencontre souvent de nombreux obstacles, surtout dans la difficulté qui existe pour le raccord général des marches avec la levée des boîtes et le changement des navettes.

A ces inconvénients, déjà d'une assez grande importance, on doit encore ajouter celui de ne pouvoir suspendre à volonté, pour un

nombre quelconque de coups, telle ou telle navette, et interrompre
ou entrecouper sa marche, à moins que cette navette ne soit lancée
à la main par suite d'une indication toute particulière.

Il ne faut donc faire usage du métier à marches et du battant à
doubles boîtes que pour les étoffes d'une disposition simple et régulière ; car celles dont le tissage est quelque peu compliqué sont ordinairement confectionnées au moyen des mécaniques armures, ou bien
de celles à la Jacquard, parce qu'avec ces systèmes, toute la combinaison étant dépendante du perçage des cartons, il est toujours facile de faire lever les boîtes comme on le désire, soit partiellement,
soit simultanément, mais en ayant toutefois, ainsi que nous l'avons
déjà dit, égard au côté où se trouve une boîte vide au moment de
la permutation des navettes, car sans cette précaution, deux navettes
seraient susceptibles de se rencontrer dans la même boîte, c'est ce que
l'on doit éviter.

Supposons que l'on veuille confectionner une étoffe du genre dit,
en terme de fabrique, *un et un*, c'est-à-dire une étoffe tissée à deux
couleurs, soit rouge et noire, une fois l'une une fois l'autre.

Pour exécuter la manœuvre des boîtes, on disposera à la mécanique
deux crochets, soit les N°' 1 et 4, de manière que chaque carton présente
un trou percé exprès pour les boîtes ; les cartons pairs feront lever
une couleur, tandis que les cartons impairs feront lever l'autre. Mais
si, d'après la disposition, on était obligé de faire passer telle couleur
sur un coup désigné par le genre d'armure, il faudrait alors, et toujours au moyen d'un *piquage de boîtes* fait en conséquence, se conformer à l'ordre demandé.

On conçoit très-bien que si l'on veut faire passer une navette ou
couleur plusieurs fois de suite, comme *un et deux, deux et deux, trois
et quatre*, etc., ou tout autre nombre, on le peut avec autant de facilité que dans le tissage alternatif et successif *un et un*. Il suffit, pour
cela, de percer les cartons conformément à la disposition donnée.

Il arrive quelquefois que le raccord de la manœuvre des navettes
ne s'accorde pas avec le *manchon* ou nombre de cartons employés pour
une armure ou dessin. On remédie à cet obstacle par l'augmentation
des cartons, c'est-à-dire qu'on les répète autant de fois qu'il est nécessaire pour trouver un raccord exact. (Voyez, pour plus de détails,
notre article *Calculs de fabrique*.

I.   44

Les battants à doubles boîtes offrent encore un avantage inconnu à beaucoup de personnes : c'est celui de faire passer alternativement et successivement trois navettes, sans qu'elles puissent jamais se rencontrer, et cela, au moyen de deux doubles boîtes seulement.

Supposons, par exemple, que la confection d'un tissu exige trois couleurs différentes passées successivement chacune à leur tour. Les navettes seront d'abord placées de la manière suivante :

Fig. 1re, pl. 111 : soit *v* la navette garnie de la trame verte ; *r* celle garnie de la trame rouge ; *n* celle qui porte la trame noire : la place de unes et des autres sera dans les boîtes indiquées par les lettres A B C D.

Dans cette manœuvre, les trois navettes ne pourraient évidemment, à chaque passée, aller se loger dans une même boîte, et c'est précisément leur rencontre qu'il faut éviter.

Afin de faire parfaitement comprendre la manière dont on doit disposer les boîtes, pour parer à cette difficulté, nous donnons sur cette planche toutes les figures comprises dans la course entière des navettes, en suivant leur marche respective jusqu'à ce qu'elles retournent toutes trois au point où nous les prenons ; c'est ce dont on pourra se rendre compte par l'analyse des figures 2 à 13 :

Ainsi, en prenant pour point de départ les boîtes et les navettes à l'état de repos, fig. 1re, la navette *v* qui doit former la première duite de trame, est placée dans la boîte supérieure C, à droite.

La navette *r* qui doit passer la seconde, est placée dans la boîte inférieure B, à gauche.

La navette *n* qui doit former le troisième coup, est placée dans la boîte inférieure D, à droite.

Toutes les boîtes étant à l'état de repos, la boîte supérieure de gauche A, est donc, par conséquent, la seule qui reste vide.

Pour chaque figure la flèche F indique la direction des navettes.

La navette *v* sortant de la boîte C passe de droite à gauche, fig. 2, et va se loger dans la boîte A, qui était restée vide.

Pour ce premier coup, les boîtes sont restées en fond, mais il n'en est pas de même pour les suivants ; car, pour que la navette *r* sortant de la boîte de gauche B, passe à droite dans la boîte C que la navette *v* vient de quitter, il faut nécessairement faire lever les boîtes de gauche, afin que la boîte B puisse se trouver au-dessous de la boîte A, et à la hauteur du seuil ou *verguette* ; c'est ce que l'on voit fig. 3.

Dans cette figure qui termine la course, la boîte B reste vide après cette course.

Pour le troisième coup, fig. 4, il faut faire lever toutes les boîtes, afin que la navette *n*, qui sort de la boîte de droite D, puisse aller prendre place dans la boîte de droite B, restée vide par le passage du coup précédent.

Par ce procédé, les trois navettes continuent leur marche, comme le représente cette planche; les permutations ont lieu douze fois, ce qui est inévitable, puisque les navettes étant au nombre de trois et la révolution du piquage ayant lieu par quatre cartons, on a exactement $3 \times 4 = 12$.

Ainsi, il est bien évident que, par ce système, les trois navettes manœuvrant sans se rencontrer, l'ouvrier n'est pas assujéti à plus d'attention que s'il travaillait avec une seule navette, puisque toute la régularité de la combinaison dépend du moteur qui, à chaque *foule* ou *pas*, fait lever les boîtes nécessaires. Et comme nous l'avons déjà dit, le mouvement des boîtes dépendant du perçage des cartons, il faut, dans le cas présent, que le carton du premier coup ne lève aucune boîte, fig. 2.

Que le 2e carton lève la boîte de gauche A seulement, fig. 3.

Que le 3e carton lève les boîtes de gauche et de droite A C, fig. 4.

Enfin, que le 4e carton lève seulement la boîte de droite C, fig. 5.

Alors, la révolution des quatre cartons dont trois commandent les boîtes, est entièrement terminée.

Cette combinaison exige toujours douze cartons au moins, et dans le cas où l'armure en demanderait davantage, il faudrait en ajouter un nombre suffisant, afin que le nombre total atteigne toujours un nombre qui soit multiple de 12.

Tout ce que nous venons de dire au sujet du parti que l'on peut tirer du battant à doubles boîtes, fait suffisamment comprendre qu'avec un battant à triples boîtes on pourrait également, en procédant comme nous venons de l'expliquer, faire manœuvrer cinq navettes.

En effet, si avec le battant à doubles boîtes il y a constamment une navette d'un côté et deux de l'autre, avec le battant à triples boîtes il y en aura toujours deux d'un côté et trois de l'autre, observant toutefois qu'il faut que la *disposition* soit combinée de manière à ce que la boîte qui reste vide se trouve, pour chaque coup, du côté opposé à celui d'où part la navette.

De la Sonnette et des couleurs indicatrices.

Malgré toutes les précautions que l'on pourrait prendre pour se conformer exactement à tous les changements de couleurs, on commettrait souvent des erreurs, si on n'avait recours au procédé que nous allons décrire :

Supposons un métier à la Jacquard monté en 600 (n'importe le nombre de chemins) ayant huit *lats*, tant en couleurs *suivies* qu'en couleurs *passantes*. On prendra, sur le rang vide de devant, huit crochets, soit les numéros un à huit, plus un pour la sonnette.

Les huit premiers crochets supporteront chacun une seule corde, à laquelle sera suspendu un plomb d'environ cinquante grammes; ces huit cordes seront empoutées sur le devant et vers le milieu de la planche d'arcade, à deux centimètres à peu près de distance l'une de l'autre; puis, à chaque corde et vers la hauteur des nœuds qui lient les mailles aux arcades, est attaché un échantillon d'une des huit couleurs désignées, soit d'après le coloris de la mise en carte, soit d'après l'adoption de couleurs mises en remplacement de ces dernières.

On comprend facilement que pour indiquer à l'ouvrier quelle est la couleur qu'il doit passer, il suffira de percer, sur les cartons correspondants, les trous de ces neuf crochets, y compris celui de la sonnette, conformément à la *disposition* de la levée des boîtes, en observant que lorsqu'une couleur doit prendre à nouveau, le crochet qui indique cette couleur doit lever sur le lat qui précède le changement; il en est de même du crochet qui commande la sonnette.

Si au lieu d'une couleur à adopter, on en avait une à supprimer, la sonnette ainsi que la corde indicatrice lèveraient seulement à la dernière duite du lat à mettre en repos; et s'il fallait en même temps supprimer une couleur pour la remplacer instantanément par une autre, la sonnette et les deux cordes indicatrices lèveraient à la fois; par ce moyen, l'ouvrier sera suffisamment prévenu que sur les deux couleurs indiquées par la *levée*, il devra quitter celle qui est en marche pour la remplacer immédiatement par l'autre; mais si la couleur qui remplace celle à supprimer ne doit être passée en remplacement, et par con-

séquent à la suite de cette dernière, la corde indicatrice ne devra
lever que lors de la duite qui précède son passage, et toujours conjointement avec la sonnette.

Quoique nous ayons donné pour principe de placer les cordes indicatrices au milieu de l'empoutage, on peut également les disposer,
soit sur un, soit sur les deux côtés; dans ce cas, chaque crochet porte
une arcade entière; et par suite de cette disposition, le lanceur et
l'ouvrier ont aussi bien l'un que l'autre, et chacun devant soi, l'indicateur général du passage des couleurs; pour la même raison, on
pourrait de même placer aussi deux sonnettes au lieu d'une.

Des Liages.

On donne le nom de *liage*, à tout croisement particulier de trame
ou de chaîne, dont la prise est plus éloignée que celles qui forment
le fond du tissu, ainsi que le tissage spécial du façonné.

Les liages ne sont cependant pas uniquement établis que pour éviter les trop grandes *brides* auxquelles les articles façonnés lancés sont
sujets, car ils ont encore pour but d'utiliser, dans le fond de l'étoffe,
celles des trames qui ne doivent être apparentes que dans le façonné,
et par ce moyen donner au tissu une consistance et une solidité supplémentaires, qui ne peuvent que contribuer à en élever le prix de vente.

Quel que soit le genre des liages, ils ont toujours lieu par levée
partielle d'un seul fil de chaîne, car le point essentiel est d'éviter les
piqûres que forment les liages, surtout dans les articles confectionnés
par l'emploi de grosses matières.

Les liages sont simples ou composés.

Ils sont simples, lorsqu'ils sont formés par un décochement régulier, comme par exemple en sergé ou en satin.

Ils sont composés, toutes les fois qu'ils ont lieu par un décochement, irrégulier que l'on ne peut assujétir à aucune règle, par rapport
à l'irrégularité qui peut exister dans les diverses manières d'en disposer
le décochement. Pour ceux-ci, le dessinateur doit établir le pointage
de la mise en carte, de telle sorte que les points qui servent à former le liage ne puissent nuire aux effets qui doivent être formés par
dessin. Il en est de même à l'égard du fond.

Pour ce genre de liage, on peut se dispenser de faire lier les brides
qui ne sont pas par trop apparentes; et afin que la chaîne puisse, dans

son croisement, recouvrir les piqûres qu'occasionne quelquefois le liage des diverses trames qui, par leurs couleurs différentes, seraient susceptibles de paraître à l'endroit, surtout dans le fond, il faut que chaque point du liage soit autant que possible placé vers le milieu des brides de chaîne qui l'avoisinent. Il en est de même pour les effets de trame.

Les liages devant être suffisamment espacés dans leur *prise*, sont presque toujours établis en sergé de 8, de 12, ou de 16, ou bien encore en satin de 8, de 10, de 16, ou de 20; au résumé, l'écartement des points de liage dépend de la réduction et de la grosseur des matières.

Il est à remarquer que les liages de trame formés par une armure satin, sont toujours moins susceptibles de transparaître à l'endroit; cette raison est suffisante pour leur donner la priorité sur les liages en sergés. Néanmoins il est une règle généralement adoptée, qui consiste à établir le liage par une armure qui appartienne à un même genre que celle qui forme le fond; cette règle est spécialement applicable aux sergés et aux satins.

Lorsqu'il s'agit de liages réguliers, il est urgent de les établir sur un nombre multiple de celui de l'armure qui fait le fond, c'est-à-dire, que si le fond est formé par une armure batavia, ou bien encore par un sergé de quatre, le liage devra avoir lieu par 8, 12, 16, etc.

Lorsque les liages de chaîne ont lieu par une trame passée supplémentairement, cette *duite* prend le nom de *coup de liage*, comme aussi le liage des trames formant le façonné, peut être exécuté par une chaîne supplémentaire; mais dans ce cas, elle est peu fournie, et les lisses dans lesquelles elle est passée, doivent toujours être placées sur le devant, mais derrière les lisses de rabat lorsqu'il en existe.

DES BORDURES.

Bordures rapportées.

Les bordures, considérées seules, ne sont autre chose qu'une étoffe à bandes façonnées, formées chacune par un seul chemin, si elles sont empoutées *suivi*, et par deux chemins si elles sont empoutées à retour. Toutes ces bandes sont, après le tissage, coupées dans un *entre-deux*, bande étroite en taffetas ou en cannelé, au milieu de laquelle on place ordinairement un filet de couleur saillante, composé de trois ou quatre fils qui servent de guide pour que la coupure ait exactement lieu sur le milieu de la bande de séparation. Ces parties taffetas servent à coudre les bordures aux mouchoirs ou châles sur lesquels on les rapporte.

Si les bordures faites par ce procédé ont l'avantage d'être confectionnées à bon marché, elles ont l'inconvénient de produire un très-mauvais effet à la rencontre des coins, soit qu'on les rapporte à angle droit, soit qu'on les rassemble *d'onglet*, comme par exemple les coins d'un cadre de tableau; aussi le raccord parfait en est-il toujours impossible.

Bordures tenantes.

Ces bordures diffèrent des précédentes en ce qu'elles sont tissées en même temps que le fond et ne forment qu'un seul et même corps avec la partie intermédiaire.

Les quatre bordures qui encadrent un mouchoir ou châle, doivent toujours être en regard par les côtés opposés, et les effets *fuyans*, lorsqu'il y en a dans le dessin, doivent être tournés du côté du fond. C'est pour cette raison que les bordures longitudinales de gauche et de droite, que l'on nomme également *bordures montantes*, doivent être empoutées *à regard*, autrement dire *à retour*. Cependant quelquefois aussi (mais en admettant que le dessin le permette), on les empoute *à pointe et retour*. (Voyez l'article EMPOUTAGES DIVERS.)

Les mêmes principes sont applicables aux bordures transversales, c'est-à-dire que le carton n° 1 appartenant au premier coup de trame qui commence la première bordure, devra être le dernier de la seconde; il suffira donc d'exécuter le tissage de la première bordure dans l'ordre opposé à la seconde, c'est-à-dire à *retour*.

Lorsque les bordures montantes sont disposées par *pointe* et *retour*, il doit en être de même pour les bordures transversales; dans ce cas, il faut tisser en avant la moitié de la première bordure, puis en arrière ou à retour pour la seconde moitié; il en est de même pour la seconde bordure, ce qui est évident, puisque dans cette hypothèse l'ordre de la trame doit suivre l'ordre de la chaîne, qui elle-même suit celui de l'empoutage.

D'après ce que nous venons de démontrer, on conçoit que pour ces genres de *montages*, il suffit de mettre en carte une seule bordure transversale, ainsi qu'une seule bordure montante, attendu que la répétition de l'une est formée par le retour des cartons, et que la

répétition de l'autre s'exécute naturellement par la disposition de l'empoutage, soit à *regard*, soit à *pointe* et *retour*.

Lorsque les *coins* sont indépendants des bordures, bien qu'ils en
fassent partie, il suffit que le dessin en soit établi une seule fois, mais
à part. Quant à la lecture de la carte, elle a lieu conjointement avec
celle qui constitue la bordure transversale.

Bordures par effet de poil-traînant.

On fait également des mouchoirs, écharpes, châles, etc., dont le fond
n'a que très-peu ou même point d'effets façonnés; les bordures longitudinales qui concourent à l'encadrement de ces articles sont dans le
dernier cas, confectionnées au moyen d'un *poil-traînant* qui peut, conformément au genre de dessin, être d'une ou de plusieurs couleurs.

Lorsqu'il y a une mise en carte pour le fond, les effets produits
par ce poil doivent être p'nts sur une carte supplémentaire, et ces
deux cartes sont, lors du *lisage*, placées l'une à côté de l'autre, et *lues*
successivement pour la formation d'un même lat.

Lorsque le fond est entièrement uni, il n'est question au lisage que
d'une seule carte, parce qu'alors le croisement du fond a lieu au moyen
des lisses, qui reçoivent leur mouvement par la mécanique.

Les poils-traînants peuvent être partiels ou continus.

Dans le premier cas, ils sont établis sous un point de vue économique, parce qu'ils suppriment la perte qui résulterait des longues
brides de trame, occasionnées par un grand espace existant entre les
effets façonnés.

Dans le second cas, le poil-traînant n'est autre chose qu'une seconde chaîne, qui ne sert uniquement qu'à la formation du dessin.

L'empoutage d'un poil-traînant est toujours établi sur le devant de
celui de fond, et lorsque le genre de montage en exige plusieurs, ils
doivent former autant de corps qui tous sont empoutés les uns devant
les autres, observant toutefois que le moins élevé en nombre de fils
soit graduellement placé sur le devant de la planche d'arcade; et
lorsque ces poils sont seulement à peu près égaux en réduction, c'est
celui qui opère le croisement le plus prononcé qui doit être placé sur
le devant.

Il est à remarquer que les fils qui appartiennent aux poils-traînans
sont toujours passés au peigne, supplémentairement à ceux du fond;

ils doivent aussi, suivant la nature de leur croisement, être enroulés séparément, soit sur des *roquetins*, soit sur des *ensouples* qui leur sont spécialement destinés.

Quant à l'enverjure ou encroix de tous les fils de chaîne, il est toujours plus commode d'enverger les deux bordures à part et sur des baguettes séparées que de les encroiser sur les mêmes baguettes de la chaîne du fond. Cette méthode facilite la *menée des verges*.

Articles fond-uni, avec bordures façonnées.

Lorsque le tissage des *bordures montantes* a lieu conjointement avec celui d'un fond uni, la mécanique est spécialement destinée à la confection des bordures, l'armure du fond ayant lieu au moyen de lisses, qui reçoivent leur mouvement par les crochets supplémentaires du 26e rang, ou par tout autre qui ne serait pas utilisé pour les parties qui forment le façonné.

Lorsqu'on fait des articles dont le fond et les bordures sont façonnés, les bordures occupent toujours la plus forte partie des crochets de la mécanique.

Nous rappellerons ici, que lorsqu'on établit l'empoutage d'un article à bordure, on doit toujours, pour plus de facilité, commencer par empouter les cordes du fond, puis continuer par celles des bordures, et toujours *à regard*; les premières cordes, celles du fond, sont colletées sur le derrière de la mécanique, et les bordures sur le devant.

Comme les bordures sont ordinairement ourdies par fils doubles, triples, etc., il en résulte qu'étant tissées, elles forment, lors de l'enroulement, une épaisseur plus sensible que celle du fond, ce qui provient de la superposition constante de l'étoffe sur le rouleau; il faut donc, pour remédier à cet inconvénient, avoir soin d'enrouler, en même temps que le tissu et sur le fond seulement, des feuilles de très fort papier lisse, qui établissent la compensation des deux épaisseurs; précaution qui offre de plus l'avantage de donner de l'apprêt et de la *carte* à l'étoffe; mais comme il est assez difficile de n'enrouler ce papier que sur le fond seulement, on peut également enrouler les feuilles dans toute la largeur du tissu.

Au commencement et à la fin des châles, mouchoirs, écharpes, etc., on doit toujours tisser une petite bande unie que l'on nomme *mignonnette*;

I.   42

cette bande qui est le plus souvent tissée en taffetas, sert à empêcher que la trame puisse *s'effiler*.

Ces articles sont quelquefois rebordés de franges formées par la chaîne, ou par la trame seulement, ou bien par l'une et l'autre conjointement. Il va sans dire que les franges établies sur les côtés sont toujours formées par la trame, tandis que celles qui commencent ainsi que celles qui terminent le châle sont formées par la chaîne.

Quant aux franges en passementerie, nous les expliquerons dans le chapitre qui traite spécialement cette partie.

Pour obtenir les franges par effet de chaîne, il suffit de laisser, sans tisser une séparation double, de l'espace qui doit former la frange, et c'est dans le milieu de cet espace, ou grand *entre-bat*, que se fait la coupe qui sépare les objets tissés.

Les franges par effet de trame s'obtiennent au moyen d'une *cordeline* placée à droite et à gauche; c'est donc de la distance du tissu à la cordeline que dépend la longueur de ces franges.

Du Découpage.

Le découpage est une opération qui consiste à couper, au moyen de petits ciseaux bien effilés, toutes les brides de trame qui sont par trop sensibles à l'envers du tissu.

Anciennement, le découpage avait entièrement lieu à la main; mais comme ce travail était très-minutieux et exigeait beaucoup de temps, on a eu l'heureuse idée de remplacer le *découpage à la main* par le *découpage à la mécanique*.

Le découpage doit être fait avec beaucoup de précaution, et dans cette partie, le plus essentiel est que les brides ne soient pas coupées trop près du tissu, parce qu'alors les extrémités des brins formant le croisement, pourraient s'échapper de l'envers, et par suite, former à l'endroit des défectuosités qui nuiraient à la beauté et à la qualité de l'étoffe.

Si le découpage donne de la souplesse et de la légèreté au tissu, il a aussi l'inconvénient de nuire à sa solidité; c'est pour cette raison que cette opération est inutile toutes les fois que l'épaisseur de la trame ne nuit en rien à l'emploi du tissu, ainsi que cela a lieu pour les articles dont l'envers se trouve constamment renfermé; tels sont, par exemple, les articles pour gilets, fauteuils, ameublements, et en général pour toutes les tentures fixes.

CHAPITRE XVIII.
Du Broché.

DU BROCHÉ EN GÉNÉRAL.

Le broché est une étoffe façonnée, formée par un tissage particulier, qui permet d'employer les matières les plus précieuses sans qu'elles éprouvent aucune perte lors du tissage ; aussi ce procédé est-il le seul dont on fasse usage pour employer comme trame l'or et l'argent filés, conjointement avec la soie.

On distingue principalement deux sortes de brochés, qui sont le broché simple ou ordinaire, et le broché crocheté.

Broché simple.

Le broché simple est un tissage partiel qui diffère tellement du *lancé*, qu'il n'y a pas à s'y méprendre, attendu que par le moyen du *broché* on forme sur l'étoffe des effets façonnés, plus ou moins détachés les uns des autres, sans pour cela qu'il existe une seule bride ; aussi les façonnés brochés ont-ils sur ceux lancés divers avantages qui leur donnent la priorité sur tous ces genres de tissus ; ils sont aussi d'autant plus recherchés, que n'étant pas sujets au *découpage*, ils offrent une solidité à toute épreuve, qui est infiniment supérieure aux articles *lancés*, toutes les fois que ces derniers sont *découpés*.

Un des plus grands avantages du broché consiste en ce que, par ce genre de tissage, on peut à volonté diviser un même coup de trame en matières et en couleurs différentes, qui occuperont chacune leur place respective ; ce que l'on comprendra facilement par les détails qui vont suivre.

Supposons un article monté en six chemins, sur chacun desquels on voudrait exécuter un effet façonné ; telle serait, par exemple, une petite fleur isolée et contre-semplée, que nous représentons, répétées, par A, B, C, D, E, F, fig. 1ʳᵉ, pl. 114.

Lors de la foule qui a lieu pour les coups de trame qui doivent former le façonné établi sur la même ligne, on peut, à chaque levée, passer trois couleurs ou matières différentes sur un même coup ; à cet effet, on se sert de très-petites navettes en bois, auxquelles on donne le nom d'*espolin*.

En admettant que dans cet exemple, chaque effet ou chaque fleur soit en totalité établi par sept couleurs différentes, il faudra, pour l'exécution, se servir d'autant de séries d'espolins que l'on aura d'*effets brochés*, et chaque série d'espolins doit être placée sur la *façure*, en face du sujet qu'elle est appelée à confectionner.

Le passage de chaque espolin forme une quantité de zig-zags qui ont lieu sur la levée des lats qui leur sont assignés ; ces lats sont supplémentaires au coup de fond, lequel est toujours de rigueur ; ce qui est évident, puisque les trames qui confectionnent le façonné n'étant tissées que par le broché, il faut nécessairement que le liage d'une fleur à l'autre, ce qui constitue le corps de l'étoffe, soit confectionné par un ou par plusieurs coups de fond, dont la levée peut être indistinctement établie, soit par le corps, soit par des lisses disposées en conséquence.

Lorsque les parties brochées sont très-fournies en trame, elles forment une convexité très-sensible, surtout quand la dorure y domine ; dans ce cas, il est urgent d'enrouler sur le rouleau de devant, et en même temps que le tissu, une étoffe épaisse et moëlleuse dite *moëleton* ; sans cette précaution, les parties brochées s'applatiraient lors de l'enroulement, ce qui aurait le double inconvénient d'écraser le dessin et d'*érailler* le fond.

Broché-lancé.

On donne le nom de *broché-lancé* aux tissus dont la confection est établie conjointement par effets de l'un et de l'autre genre ; dans ce cas, le broché a spécialement lieu pour les trames en dorure, argenterie, ou soie d'un très-haut prix, tandis que les effets produits par le lancé sont réservés aux trames inférieures.

Broché-damassé.

Le *broché-damassé* n'est autre chose qu'une étoffe brochée ordinaire, établie sur un fond damassé.

Les dessins destinés pour ce genre de tissu sont ordinairement disposés de manière à former l'*entourage* du broché.

On fait également des articles qui réunissent à la fois le broché, le lancé et le damassé ; pour ce genre de montage il suffit de disposer chaque partie individuellement, ainsi qu'on le ferait s'il ne s'agissait que d'un seul, mais en se conformant toutefois au raccord général.

Broché-crocheté.

De tous les brochés, le *broché-crocheté* est le plus riche et le plus solide, mais par la *main-d'œuvre* qu'il exige le coût de revient en est tellement élevé qu'il n'est encore que très-peu en usage.

De même que pour le broché simple, chaque coup de trame pris sur la carte peut être formé par un nombre quelconque d'espolins, qui produisent sur l'étoffe autant de couleurs variées.

Pour exécuter le broché-crocheté, il faut que la trame de chaque espolin se croise avec celle de l'espolin qui l'avoisine, c'est-à-dire que toutes les boucles de trame qui terminent un effet, sont, à droite et à gauche, crochetées avec les boucles de trames qui forment l'effet qui leur est contigu ; ce que l'on comprendra facilement à la seule inspection de la fig. 2, pl. 114, où, pour l'intelligence de ce que nous venons de décrire, il a suffi de représenter deux couleurs que nous avons figurées par deux trames, dont une blanche et l'autre noire.

Observations générales sur les articles brochés.

Le broché simple n'est sujet au *découpage* que lorsque les brides sont excessivement longues ; quant au broché crocheté, le découpage n'a jamais lieu, car cette opération serait en contradiction avec ce genre de croisement qui a la solidité pour but spécial.

On comprend que la variété des articles brochés peut s'étendre très-loin ; du reste, quel qu'en soit le genre, le procédé du tissage est toujours en rapport aux explications que nous venons de donner.

Les brochés ont encore des applications relatives à certains articles. Tels sont, par exemple, des *bordures*, des *entourages* partiels, des *coins*, des sujets isolés, et généralement la plus forte partie des tissus à l'usage des ornements d'église, dont la richesse et le fini de main-d'œuvre ont encore la priorité sur la broderie à l'aiguille.

Dans tous les articles où il entre du broché, de quelque genre qu'il soit, l'endroit de l'étoffe se fait toujours en dessous. D'ailleurs il serait impossible qu'il en fût autrement.

CHAPITRE XIX.

DU CHINÉ.

Le chiné est un effet provenant de combinaisons diverses relatives à la teinture, et dont les résultats sont applicables aussi bien à la chaîne qu'à la trame.

Les étoffes chinées sont généralement tissées en uni; néanmoins ces tissus prennent le nom de façonné lorsque le genre de *chinage* leur en donne quelques formes, conjointement avec d'autres parties façonnées sur chaîne non chinée.

Les chinés peuvent être classés en trois catégories, qui sont : le chiné irrégulier, le chiné régulier et le chiné façonné.

Chiné irrégulier.

Le chiné irrégulier est le plus facile de tous; il consiste tout simplement à lier partiellement et fortement tous les écheveaux, au moyen de petites ficelles en dessous desquelles on doit avoir soin de placer préalablement des bandelettes de papier; chaque ligature est d'une longueur arbitraire, et l'écartement de l'une à l'autre dépend de la longueur que l'on veut donner au chiné. Voy. fig. 2 pl. 117.

D'où il résulte que si un écheveau, que nous supposons être d'un mètre de circonférence, contient 20 *ligatures* ou *liens*, chaque lien pourra recouvrir soit un, deux ou trois centimètres. Ainsi disposés, les écheveaux sont soumis à la teinture et dans cette opération toutes les parties liées ne reçoivent aucune teinte.

Après la teinture, et l'écheveau étant entièrement sec, on délie tous les liens; alors les emplacements de toutes ces ligatures étant encore intacts, ils pourront recevoir une teinte différente; à cet effet, on recommencera l'opération précédente; mais cette fois ce seront les parties teintes de l'écheveau qui devront être liées. Au moyen de ce procédé, la première teinte n'est pas susceptible d'être détériorée par la seconde. Après la dernière teinte on enlève définitivement tous les liens.

Ces deux opérations succinctes établissent sur l'écheveau deux couleurs ou nuances différentes. On conçoit que ce procédé peut indistinctement être appliqué aussi bien à la chaîne qu'à la trame, comme aussi au lieu de deux teintes on peut en appliquer davantage.

On teint également les matières pour articles chinés, par un procédé bien différent de celui que nous venons de décrire; il consiste à remplacer les liens par de petites presses partielles, disposées de manière à opérer à la fois sur un grand nombre d'écheveaux; ces presses, que ~~nous représentons pl. 447~~, sont soumises au bain de la teinture comme la matière elle-même, et ne sont desserrées que lorsque les écheveaux sont entièrement secs. Mais pour utiliser avantageusement ces sortes de presses, les teints ne doivent pas être renouvelés, car s'il en était ainsi, il faudrait que toutes les parties qui ont reçu la couleur du premier teint, fussent exactement cachées lors du second; de plus, il faudrait que la machine fût disposée de manière que l'écheveau se trouvât pressé par distances égales.

Les écheveaux une fois teints, ainsi que nous venons de le dire, il en résulte que les opérations du *dévidage,* du *bobinage* et d'*ourdissage*, auxquelles les matières sont nécessairement soumises, opèrent sur le *chinage* une telle variété, que le tissage produit, par les diverses couleurs ou nuances, un coup-d'œil très-agréable, surtout lorsque le mélange a été heureusement combiné.

Toutes les matières susceptibles de teinture peuvent produire des tissus chinés; cependant les soieries et les draperies-nouveautés sont les tissus où l'on emploie le chiné avec le plus d'avantages.

Chiné régulier.

Le chiné régulier diffère du précédent, en ce que les matières, au lieu d'être teintes en écheveaux, ne sont soumises à cette opération qu'après l'ourdissage, lequel diffère aussi de la méthode ordinaire. A cet effet, on ourdit la chaîne par petites parties, qui comportent chacune un nombre de fils égal à celui contenu dans une, deux ou trois dents du peigne, selon que le décochement du dessin doit être plus ou moins sensible; mais dans aucun cas, il ne peut être moindre d'une dent; et ce nombre de fils prend le nom de *branche*.

Chaque branche est ensuite mise en écheveau, tout comme s'il s'agissait d'une matière non dévidée, et l'on opère alors séparément sur chacun d'eux, de la même manière qu'il a été dit ci-devant. On peut ainsi, par ce procédé, établir le chiné par teinte régulière, pour tous les fils qui appartiennent, soit à une, soit à plusieurs dents du peigne.

Le chinage régulier peut encore être établi au moyen d'une teinture ou impression faite sur la chaîne. Pour cette opération, l'ourdissage a lieu sur un ourdissoir horizontal, et la teinture ou l'impression est appliquée au fur et à mesure du *pliage*, qui s'opère instantanément et lentement.

Pour cela, il faut nécessairement que l'ourdissage soit établi par petites parties, et d'une largeur telle que la chaîne doit être tissée; mais pour faire usage de ce procédé, il ne faut pas que les teintes exigent de *lavage*, mais dans le cas où cette opération devient indispensable on s'y prend de la manière suivante :

La chaîne étant ourdie et pliée en fil uni, le remettage a lieu sur deux ou quatre lisses, qui peuvent à volonté n'être que provisoires; alors on tisse d'abord un *chef* en taffetas, puis tous les dix ou quinze centimètres environ, on passe en sergé de quatre, une huitaine de coups d'une trame assez forte; on continue ainsi jusqu'à la fin de la chaîne, en terminant par un second chef semblable au premier.

Cette chaîne est mise ensuite à la disposition du chineur, qui, au moyen de deux rouleaux, opère successivement sur la chaîne tendue, toutes les teintes ou impressions nécessaires; ce travail terminé, la chaîne est soumise au lavage, puis une fois séchée, on renouvelle les opérations de montage, en supprimant au fur et à mesure toutes les petites bandes de trame qui n'ont été établies que dans le seul but de maintenir une parfaite régularité dans les effets produits par le chiné.

Chiné façonné.

Bien que le croisement du chiné ne soit ordinairement exécuté que par des armures qui appartiennent à l'uni, cet article prend néanmoins le nom de *façonné* toutes les fois qu'il est établi sur des fonds de ce genre; ce qui a le plus souvent lieu conjointement avec des bandes façonnées, opérant sur des parties de chaîne non chinée.

Observations relatives au Chiné.

Chaque branche de chiné représentant une dent du peigne, n'importe le nombre de fils contenus dans chacune, il s'en suit que la

mise en carte de ces articles a lieu par un procédé bien différent de
celui de la mise en carte ordinaire; d'où il résulte que pour représenter un dessin de chiné, il faut se servir d'un papier réglé dont la
réduction en chaîne concorde parfaitement avec la largeur réelle que
doit produire le tissu, c'est-à-dire, que si un dessin contient 40 cordes
prises sur le papier, il occupera aussi 40 dents au peigne.

Il est à remarquer que lorsqu'il se rencontre sur le dessin plusieurs
cordes dont les effets commencent et terminent ensemble, ces branches
peuvent être réunies en une seule, ce qui accélère sensiblement l'opération de la teinture; cependant, il ne faut pas non plus que les réu-
nions de branches soient par trop fournies, parce que, dans cette circonstance, les teintes qui doivent produire le chiné ne pourraient pas
pénétrer dans l'intérieur, et principalement près de la *liure*.

Lorsque les *ligatures* ou *liures* sont faites sur de la soie, il est urgent
de recouvrir le premier papier avec un morceau de parchemin détrempé
et coupé à l'avance d'une égale dimension; ces deux enveloppes sont
encore recouvertes par un troisième papier assez souple, qui permet
de resserrer plus fortement chaque lien.

Les *cages* ou *asples* destinées à l'usage des chinés, doivent être disposées de manière à ce que leurs *ailes* ou *bras* puissent s'écarter ou
se rapprocher à volonté de leur axe; cette disposition est indispensable pour que le raccord du dessin puisse se rencontrer à chaque
tour, et l'étendue de la circonférence peut indistinctement reproduire
un nombre quelconque des répétitions du dessin.

Chaque branche doit, avant la teinture, être marquée par un numéro
d'ordre, parce qu'après cette opération, elles doivent toutes être re-
portées à leur place respective.

Lorsqu'il s'agit de mettre en écheveau des branches partielles seulement, on se sert avec avantage d'une petite machine très-simple, que
nous représentons fig. 2, pl. 117.

Cette machine est composée de deux poulies A B, dont l'une est
montée sur un axe fixe, et l'autre sur un axe à coulisse, qui peut, au
moyen de la vis C, donner à l'écheveau la circonférence exigée pour
le raccord du dessin.

Le chinage étant successivement terminé pour chaque branche, elles
sont toutes envergées conformément à leur numéro d'ordre, et développées dans toute leur longueur. Dans cette position, et afin que

le dessin ne puisse éprouver aucun dérangement, on lie fortement
plusieurs branches ensemble. Ces ligatures ont lieu par distance d'environ cinquante centimètres. Toutes ces branches sont encore réunies
de distances en distances, par un lien principal.

Lors du *pliage*, tous les liens particuliers sont défaits au fur et à
mesure qu'ils approchent du *rateau* et sont immédiatement replacés
après leur passage dans cet ustensile ; mais la précision du dessin est
encore mieux conservée lorsque les liens contiennent régulièrement
un nombre égal de fils conformément à la *mise en rateau ;* dans ce
cas, on n'a pas besoin de défaire les liens lors du pliage. Il suffit
de défaire en temps les liens principaux et de maintenir les liens
particuliers à leur position respective.

Le remettage du chiné a lieu de la même manière que pour tout
autre article ; quant au tissage, il exige certaines précautions qui lui
sont spéciales : les principales sont une tension régulière et une foule
peu sensible. L'ouvrier doit en outre, surtout dans les chinés réguliers, avoir une attention constante à surveiller le raccord des branches.

Tous les liens sont définitivement enlevés au fur et à mesure qu'ils
approchent du remisse ou du corps.

Crêpes de Chine.

Bien que le crêpe de Chine n'ait de chiné que le nom, cette raison
nous a paru suffisante pour classer cet article dans ce chapitre.

Ce tissu est spécialement destiné pour mouchoirs, écharpes, châles,
etc. ; il est toujours en soie, et est le seul qui obtienne une grande
élasticité : il peut être indistinctement tissé, soit en uni, soit en façonné.

Ce tissu, dont le nom dit l'origine, est d'une invention aussi simple
que facile. Les premiers qui furent faits en France, furent confectionnés à l'époque où la mécanique Jacquard a pris naissance. L'é-
lasticité du crêpe de Chine provient de ce que la trame, qui est fortement *montée* (retorse), est tissée à deux navettes passées successivement, dont l'une contient de la trame *montée* par un tors droit, et
l'autre par un tors gauche.

Comme la chaîne, aussi bien que la trame, est de nature *grège*,
ce tissu après sa confection passe à la *cuite*, car avant cette opération
il ne produit aucune élasticité, et ce n'est que par suite de la *cuison*
que la contrariété des deux tors de la trame fait qu'ils tendent à se

créper, et par suite, opèrent sur le travers du tissu un bouillonne-
ment tellement sensible, que, pour obtenir un mouchoir ou châle carré, on ne tisse ordinairement en longueur que les cinq sixièmes de
la largeur, c'est-à-dire; que si, par exemple, le tissu est monté sur
une largeur de 1 mètre 80 centimètres, on ne tissera que 1 mètre
50 centimètres.

D'après ce que nous venons de dire de ce tissu, il n'est question que
de l'élasticité sur sa largeur, attendu que jusqu'à ce jour on a fait en
Crêpes de Chine, relativement à l'application des tors, que ce qui vient
d'être mis en évidence pour la trame; car la chaîne est généralement
d'un seul et même tors.

Nous croyons trouver ici place à une réflexion, qui peut bien être
prise pour un conseil.

Nous dirons, que puisque au moyen des deux trames dont l'une
tors droit et l'autre tors gauche, passées successivement, on obtient
une élasticité dans le travers du tissu, que ne procède-t-on de la
même manière à l'égard de la chaîne, afin d'obtenir sur la longueur le
même résultat que l'on obtient sur la largeur? Pour atteindre ce but,
nous ne voyons aucun obstacle qui s'oppose à ce que la chaîne, au lieu
d'être d'un seul tors, soit ourdie par un fil tors droit et un fil tors
gauche; qu'enfin, elle soit exactement de la même réduction et de la
même nature que la trame, et combinée de la même manière pour la
torsion. Tout porte à croire que par ces diverses combinaisons, l'élasticité se reproduira dans un sens aussi bien que dans l'autre.

Montage spécial aux crêpes de Chine.

Lorsque les tissus *crêpes de Chine* sont tissés en *uni*, le croisement
a ordinairement lieu en taffetas; mais lorsqu'il s'agit de crêpes de Chine
façonnés, le montage est généralement établi par corps et lisses, avec
plusieurs fils par maillon.

Avec ce genre de montage et pour éviter un décochement trop sensible au dessin, il faut nécessairement passer autant de coups de fond
qu'il y a de fils au maillon. Donc, après avoir foulé la marche correspondante à la grande mécanique (qui est celle Jacquard), destinée
pour le façonné il faut la fixer provisoirement au moyen d'un arrêt
placé sur le seuil, et passer ensuite plusieurs coups de fond sur
la foule faite par la marche qui appartient à la mécanique-armure.

Lorsque les crêpes de chine n'ont qu'un seul fil par maillon, on peut simplifier le montage au moyen de tringles qui ont pour but de changer le *corps* en *lisses*, sans pour cela nuire aux mouvements de chaque maillon pour la formation du façonné. A cet effet, la hauteur de l'empoutage doit être basée sur le nombre de fils exigés par l'armure, c'est-à-dire que, si le fond doit produire un sergé de quatre, par exemple, l'empoutage pourra être disposé sur tous les nombres multiples de quatre : il en serait de même relativement à tout autre nombre.

Supposons que l'on veuille exécuter un fond satin de huit sur un empoutage qui serait par vingt-quatre cordes de hauteur, alors on disposera vingt-quatre tringles très-droites en fil de fer poli; ces tringles devront toutes être d'une longueur excédant un peu la largeur totale du corps; elles sont suspendues par plusieurs ficelles disposées en forme d'arcades et placées à distances régulières les unes des autres.

La première tringle sera passée dans toutes les mailles qui supportent le premier maillon de chaque rang d'empoutage, lequel maillon est sur le derrière de la planche. La deuxième tringle passera de même dans toutes les mailles qui appartiennent au second maillon de chaque rang, et ainsi de suite, jusqu'au vingt-quatrième maillon, qui est supporté par la vingt-quatrième corde placée sur le devant de l'empoutage.

Il est évident que le passage des tringles dans les mailles n'empêche nullement les maillons de lever isolément, puisque la maille de chacun d'eux n'est qu'à cheval sur la tringle.

Dans cette hypothèse, les vingt-quatre tringles forment trois séries ou trois courses; leur mouvement ascensionnel a lieu au moyen de huit crochets qui leur sont destinés, mais par rapport aux répétitions, chaque crochet devra lever trois tringles; en conséquence, la première, la neuvième et la dix-septième tringles correspondront au premier crochet, et ainsi de suite, jusqu'à la huitième, seizième et vingt-quatrième tringles, qui devront correspondre au huitième crochet.

Pour obtenir une tirée égale dans toute la largeur du tissu, il faut que les cordes de levée, qui correspondent aux collets des tringles, soient placées en nombre suffisant et disposées de manière à éviter, autant que faire se peut, tout frottement trop sensible avec les arcades. Les crochets destinés à la manœuvre des tringles appartiennent ordinairement au vingt-sixième rang, pris sur le devant de la mécanique.

Le système à tringles peut indistinctement être appliqué à une infinité d'autres articles dont le montage aurait rapport à celui que nous
venons de décrire.

CHAPITRE XX.

Étoffes diverses.

_____ . , _ : *Tissu métallique.—Crin.—Cheveux.—Bois.—Canevas.
—Paille.— Verre. — Plumes. —Soie végétale, — Fondus.—Reps.
— Stoff. — Flanelle. — Couverture. — Elastique. — Matelassé.*

ETOFFES DIVERSES.

Comme il serait trop long et inutile que nous donnions particulièrement, dans cet ouvrage, l'énumération et la démonstration de tous les
tissus qui, à peu de chose près, nous entraîneraient à des répétitions,
nous ne croyons pouvoir faire mieux que de consacrer ce chapitre aux
articles isolés dont le genre offre assez d'intérêt pour être mentionné
d'une manière toute spéciale.

Tissu métallique.

Ce tissu dont la chaîne et la trame sont en fil de laiton ou de fer, est
également connu sous le nom de *toile métallique*. L'emploi fréquent qu'on
en fait, soit pour les fabriques de papier, pour les paravents de chemi-
née, les gardes-manger, les tamis, etc., prouve suffisamment son importance et son utilité.

Ce genre de tissu exclut complètement le façonné. Toute sa beauté consiste dans la finesse des fils qui le forment et surtout dans la régularité de la réduction, soit en chaîne, soit en trame. Cette industrie
toute spéciale qui ne produisait anciennement que des tissus grossiers,
n'est pas restée en arrière du progrès, car elle est arrivée à un tel
degré de finesse qu'elle rivalise aujourd'hui avec la toile de lin, et
comme elle, est susceptible de supporter des impressions diverses parfaitement réussies.

Les matières de la trame et de la chaîne sont toujours de même nature (tout laiton ou tout fer) et sont aussi égales en grosseur. Le croisement qui forme ce genre de tissu est généralement en taffetas; cepen-

dant les toiles très-fines sont faites quelquefois par une des trois autres armures fondamentales. L'armure sergé est, après l'armure taffetas, celle dont on fait le plus souvent usage, mais rarement on y fait l'application des satins.

L'ourdissage des chaînes de métal a lieu de la manière suivante :

Le fil métallique est mis en écheveau au sortir de la filière, qui opère sur ces matières comme fait la filature sur les laines, cotons, bourre de soie, etc.

Les écheveaux sont dévidés ou bobinés sur des *roquetins* employés en nombre égal à celui des fils que la chaîne doit avoir. Tous ces roquetins sont ensuite placés à une *cantre*, et chacun d'eux est réglé dans son déroulement par un contre-poids ou par un ressort dont l'action est en rapport avec la grosseur de la matière employée.

Lorsque les fils sont passés au peigne d'abord, puis dans le remisse, on les arrête à une tringle qui, passant sur le rouleau de derrière, est assujétie dans une rainure pratiquée à un *tambour*.

C'est sur ce tambour d'environ un mètre de diamètre que la chaîne est enroulée; l'étendue de cette circonférence empêche une superposition trop répétée, et par conséquent une épaisseur trop sensible, avantages qui ne pourraient être obtenus par l'enroulement sur un simple rouleau.

Pour ce genre de tissu, la chaîne doit toujours être tendue le plus possible; aussi ne fait-on usage que des bascules indiquées pour la tension fixe.

Lorsque la trame est par trop grosse, sa raideur ne permet pas de l'enrouler en cannettes; alors on se sert d'une *passerelle* ou mince baguette en bois, fig. 1re, pl. 124, dont les extrémités forment une espèce de fourche. C'est au moyen de cette passerelle, dont la longueur est égale à la largeur du tissu que l'on introduit la trame dans la chaîne. A l'inspection de cette figure, on comprend que la trame est placée d'un bout à l'autre de cet ustensile et maintenue par les fourchettes A B, qui en terminent les extrémités.

Le métier et ses accessoires sont généralement d'une force et d'une solidité plus grandes que pour les autres matières.

Il est important de se souvenir que, pour maintenir la réduction en trame, on doit frapper un coup de battant *à pas ouvert* d'abord, puis un second coup à *pas clos*.

Des Tissus-crin.

Le crin, malgré sa souplesse et sa flexibilité, n'est pas susceptible de recevoir aucun nœud dans le tissage ; on ne peut donc, par conséquent, tisser, d'un seul trait, que la longueur totale du crin moins celle de la *medée*; cependant, pour accélérer le travail, tous les crins dont la chaîne est formée, sont noués bout à bout, mais à une égale distance, de manière que tous les nœuds se trouvent sur une même ligne, et lorsque le peigne arrive tout près des nœuds, l'ouvrier est obligé de *tirer en devant*, afin de faire passer, en une seule fois, tous les nœuds ensemble ; puis il tisse la longueur suivante, et ainsi de suite, en laissant entre chacune d'elles un semblable *entre-bat;* car il est évident que si le frottement du peigne avait lieu sur les nœuds, tous les fils se rompraient infailliblement. C'est pour cette raison que pour faire un tissu dont la solution de continuité ne soit interrompue qu'après une assez longue distance, le crin n'est employé que comme trame ; dans ce cas, la matière de la chaîne est indifféremment en laine, coton, chanvre, lin ou soie, néanmoins la soie écrue est celle qui convient le mieux, car elle ne craint pas un léger mouillage, indispensable dans le tissage du crin.

Ce tissu peut être à lisses, à corps, ou conjointement à lisses et à corps. On en fait d'unis et de façonnés. Ceux unis diffèrent entr'eux non seulement par l'armure, mais encore par le nombre de brins employés pour chaque coup de trame. Quant au nombre de brins employé pour chaque duite, il dépend de la grosseur du crin et de l'épaisseur qu'on veut donner au tissu.

Ceux de ces tissus qui sont pour tamis, casquettes et autres articles de ce genre, ne sont tramés qu'à un seul brin, tandis que ceux qui sont pour intérieurs de cols, crinolines, etc., sont tramés à plusieurs brins à la fois.

Bien que la plupart de ces tissus soient le plus souvent exécutés par l'armure taffetas, on en fait aussi en armures de sergés ou bien en armures de satins ; ces dernières sont spécialement appliquées aux tissus pour cols ; mais, d'après ce que nous venons de dire, on conçoit que ce ne peut être que satin par effet de trame.

Les tissus crins, genre façonné, dont on fait actuellement une grande consommation pour ameublements, tels que garnitures de chaises, fauteuils, lits de repos, etc., sont, selon l'importance et l'étendue du dessin, confectionnés à la mécanique-armure ou bien à la Jacquard.

Les grands dessins représentent le plus souvent des sujets *à regard* ou *à retour;* tels sont les rosaces, corbeilles. de fleurs et tous autres ornements ou attributs dont l'exécution a lieu au moyen de l'empoutage à retour, ou seulement à pointe et retour.

Quoique les tissus pour ameublements soient presque toujours à plusieurs brins de même matière sur un même coup, on en fait également dont la trame crin reçoit un mélange de brins d'une matière différente, et qui sont passés alternativement. Mais cette matière doit toujours, de préférence, être en laine peignée ou bien en soie écrue.

Quant à la largeur de tous les tissus-crins, elle est subordonnée à la longueur du crin que l'on emploie; et comme cette longueur excède rarement 85 centimètres, et que les dispositions pour la confection absorbent toujours 5 centimètres au moins, on ne peut donc obtenir sans nœuds que des tissus d'environ 80 centimètres de largeur.

Manière de passer le fil dans la chaîne.

Le crin, avons-nous dit, ne pouvant être facilement noué dans son emploi pour chaîne on rencontre le même inconvénient pour la trame, n'est pour ce motif que son passage dans la chaîne a lieu au moyen d'un crochet spécial, représenté fig. 1ᵉ, pl. 124, lequel tient lieu de navette.

Cet ustensile est formé d'une baguette plate en bois A C, dont l'extrémité A est recourbée en forme de crochet et supporte une petite poulie en verre ou en ivoire tournant librement sur un axe.

Pour éviter que les crins s'embrouillent entr'eux, ils sont préalablement appareillés et liés du côté de leur coupe, par mèches d'environ deux centimètres de diamère.

Pendant le tissage, un enfant de 10 à 15 ans, auquel on donne le nom de *tendeur*, est placé à la gauche de l'ouvrier, en dehors du métier, et tient dans sa main gauche l'extrémité d'une mèche de crins, du côté du *lien*, tout en la laissant tremper dans un petit baquet allongé qui se trouve à côté du métier.

Le tendeur présente avec la main droite à l'ouverture de la chaîne le nombre de brins demandés, de manière à ce que l'ouvrier puisse, avec le crochet qu'il passe dans la chaîne, agraffer ces brins et les faire passer de l'autre côté, absolument comme on le ferait au moyen d'une navette; le tendeur ne lâche le bout des brins que lorsque le *pas* est clos et que le battant a frappé.

Le crin devant toujours être employé mouillé, on doit avoir soin de le mettre tremper dans l'eau au moins 24 heures avant de l'employer.

Les tissus-crins sont encore assujétis au *templage*, c'est-à-dire qu'ils doivent être maintenus en largeur au fur et à mesure de la fabrication. Mais comme la trame ne fait pas retour d'un coup à l'autre, ainsi que cela a lieu pour toute autre trame employée avec enroulement sur cannette, il faut nécessairement que la forme du *templet* et la manière de *templer* soient en rapport avec ce genre de fabrication.

A cet effet, il existe de chaque côté du métier une espèce de pince à charnière, dont les deux mâchoires A B peuvent serrer fortement l'étoffe au moyen d'une vis G. Quelquefois, au lieu d'une vis on en emploie deux. Voyez fig. 2, planche 124.

Dans cette figure on remarque que la tige D est à pas de vis et passe dans la traverse E placée à droite et à gauche du métier. Il suffit donc, pour donner à l'étoffe la tension nécessaire en largeur, de serrer plus ou moins l'écrou à manivelle F. Ce système est du reste très-simple, facile à concevoir, et de prompte exécution.

Lorsque la longueur des crins n'excède pas cinquante centimètres environ, tels que ceux dits *collière* ou *crinière*, l'ouvrier peut supprimer le tendeur, en attachant la mèche de brins sur le devant de la lame de gauche du battant, observant que le côté de la coupe des crins, c'est-à-dire le côté appareillé, soit près de la poignée; cette mèche, sans être trop serrée, doit être enveloppée dans un linge très-humide. D'après cette disposition, l'ouvrier peut lui-même prendre les brins avec la main gauche et les placer au crochet qu'il passe de la main droite. Dans ce cas, le battant doit être retenu en arrière au moyen d'une flèche, d'un élastique, ou enfin d'un ressort quelconque.

Les crins sont employés bruts, teints ou naturels.

Ceux qu'on emploie bruts, étant les plus gros et les plus irréguliers, servent spécialement pour les tamis et intérieurs de cols.

Les crins naturels blancs sont utilisés pour les tissus légers, chaîne coton, dont les dames font usage pour leurs jupes, par-dessous ou tournures. On en fait encore beaucoup pour casquettes.

I. 44

Les meilleurs crins nous viennent du Brésil et de la Russie. Les crins russes cependant méritent une préférence à cause de leur finesse, mais ils ont l'inconvénient d'être moins longs que ceux du Brésil.

Il en est des crins comme des cheveux : ceux qui proviennent des bêtes mortes ne peuvent être employés avec succès, car ils rompent facilement lors du tissage, et ne se teignent qu'imparfaitement.

Les crins les plus recherchés sont ceux qui proviennent des chevaux sauvages, parce que leur crinière longue et soyeuse n'ayant jamais éprouvé le frottement des harnais, n'en est pas altéré. Cette qualité de crins a encore sur les autres l'avantage de favoriser la teinture.

Des Tissus-Cheveux.

Cet article dont l'emploi peut être considéré comme fantastique, produit d'assez beaux résultats ; il est ordinairement tissé avec une chaîne soie fortement montée.

De même que pour les tissus crins, l'endroit est toujours formé par la trame et a presque toujours lieu en dessus. Le tissage s'accomplit en tous points comme nous venons de le dire dans l'article précédent, avec la différence seulement que les cheveux ne doivent être maintenus que dans une légère humidité.

La beauté de ce tissu dépend surtout de l'assortiment des cheveux, soit en grosseur, soit en couleur.

Des Tissus-Bois.

Ce tissage se fait aussi au crochet. Tous les bois blancs, à droit fil et sans nœuds peuvent y être employés.

Les filaments sont égalisés en largeur et en épaisseur, sur une longueur de 60 à 70 centimètres, au moyen d'un rabot poussé soit à la main, soit par une mécanique. Ce rabot est fait de manière à préparer, d'une seule poussée, plusieurs brins à la fois. Quant à la chaîne, elle est ordinairement en coton retors.

Les brins de bois sont quelquefois séparés d'un coup à l'autre par un ou plusieurs coups de trame, absolument comme nous l'avons dit pour les tissus-crins.

Le tissus-bois est presque toujours confectionné en taffetas ; il est généralement employé pour chapeaux ou pour garnitures intérieures de chapeaux de dames. Cependant ces garnitures sont aujourd'hui remplacées avantageusement par l'étoffe connue sous le nom de *cannevas*, dans le genre de celui dont on fait usage pour la broderie, mais moins régulier et formé avec des matières plus inférieures.

Des Tissus-Cannevas.

Le tissu-cannevas exige l'armure taffetas, la chaîne et la trame de même nature, toutes deux retorses et d'un même numéro ou titre.

Dans sa confection, ce tissu doit toujours présenter une suite de carrés réguliers, propres à servir à la reproduction des broderies de dessins faits d'abord sur le papier de mise en carte, c'est-à-dire que si, sur la mise en carte, il y a, par exemple, 100 petits carreaux sur une largeur de 20 centimètres, le même nombre doit se trouver sur la longueur. C'est pour cette raison que dans la mise en carte appliquée à la broderie, on ne fait usage que de papiers réguliers, tels que 8 en 8, 10 en 10, etc. Ce genre de tissu, pour être régulièrement confectionné, doit être tissé au moyen d'un régulateur.

La mise en carte de la broderie n'étant relative qu'au coloris et aux nuances, et non à la combinaison d'aucun croisement analogue à la fabrication, nous n'avons rien à en dire.

Des Tissus-paille.

Les tissus-paille servent généralement à la confection des chapeaux pour dames ; et comme cet article est d'une variété aussi capricieuse que la mode, nous nous bornerons ici à décrire seulement le principe général de ce genre de fabrication.

Pour ces sortes de tissus le métier doit être court, étroit, léger et très-peu élevé ; aussi peut-il être établi à très-peu de frais. Le siège est indépendant du métier.

La chaîne est toujours en soie, écrue ou cuite, et peu fournie en compte. La soie cuite est préférable, parce que l'éclat de son brillant est beaucoup plus en rapport avec la couleur et le verni de la paille.

Le tube de paille est ordinairement d'une longueur de 50 à 55 centimètres ; il est découpé ou, pour mieux dire, refendu en un certain nombre de parties, dont la largeur est plus ou moins réduite par l'outil que l'on emploie à cet usage.

La paille doit être entretenue dans une humidité constante ; on la dispose par mèches sur la façure, puis on la tisse au crochet, absolument comme le crin, abstraction faite du tendeur.

Lors du tissage, l'ouvrier doit avoir grand soin que les brins de paille ne se tordent pas sur eux-mêmes.

On fait aussi des tissus-paille pour lesquels on ne se sert pas du crochet. Cet article, auquel on a donné le nom d'*agrément*, est celui que l'on emploie pour les chapeaux à jour, pour les bourrelets d'enfant, etc. Il se fait par plusieurs bandes à la fois; à cet effet, la chaîne est passée au peigne, de manière à laisser entre chaque bande une distance convenable pour que l'ouvrier puisse passer librement la paille qui, pour ce genre de tissus, est enlacée avec les doigts seulement.

La paille enverge toujours dans la chaîne par un croisement taffetas, et les petits effets qui s'opèrent au tissage sont tout simplement une série de zig-zags, combinés de manière à former de petits dessins que l'on peut varier à l'infini, soit par une *composition* routinière, soit par une mise en carte donnée comme modèle.

L'ouvrier doit observer d'engager et d'arrêter le brin au bord de la bande, soit à droite, soit à gauche, mais jamais au milieu.

Les pailles sont ordinairement coupées d'une longueur de vingt-cinq à trente centimètres; au-delà de cette dimension, le tissage deviendrait très-difficile.

Les pailles les plus propres à ce genre de tissu sont récoltées en Suisse et en Italie; l'Amérique nous en fournit une assez grande quantité, mais les plus belles nous viennent du Canada et de la Chine : ce sont celles que l'on nomme pailles de riz.

Des Tissus-Verre.

Il y a dix ans à peine, peu de personnes auraient voulu croire à la possibilité d'employer le verre au tissage. Réduire en fil, puis en toile une des matières les plus fragiles qui soient dans la nature! Assurément on eût traité comme un pauvre fou celui qui aurait parlé ouvertement d'un semblable projet, et cependant ce projet n'était nullement une chimère, puisqu'on a réussi.

Comme il arrive pour toutes les découvertes extraordinaires, ce tissage ne s'est produit que timidement, lentement. L'exposition de 1839, où il se montrait pour la première fois, ne comptait que quelques échantillons incomplets; on doutait encore; mais enfin M. Théodore Dubus, manufacturier à Paris, mettant habilement à profit tous les secrets de la malléabilité du verre, est parvenu à faire des tissus, sinon irréprochables, au moins d'une régularité des plus satisfaisantes. A l'exposition de 1844 on en a vu d'une beauté incontestable.

On ne peut certainement s'attendre à trouver dans ces tissus toute la souplesse que l'on obtient avec les matières ordinaires; aussi les confectionne-t-on spécialement pour servir à des objets à l'abri de tout froissement trop souvent renouvelé; elles ne peuvent donc convenir que pour ameublements, tentures, rideaux fixes. C'est surtout aux ornements d'église, chappes, chasubles, etc., qu'on peut les employer avec un grand avantage, car avec les encadrements et les bordures qu'on y ajoute, on y produit des effets très-heureux.

Cependant nous devons constater que les tissus-verre pour ameublements et ornements sont encore bien loin, quoi qu'on en dise, d'égaler en beauté et en richesse les brochés de Lyon et de Tours.

Le verre, pour être susceptible de tissage, est filé tellement fin, qu'il ne peut être employé que comme trame, et par suite de sa finesse, on est obligé d'en réunir de trente à cinquante brins à la fois, que l'on passe dans la chaîne, sans *retour*, au moyen du crochet, comme pour le tissu-crin. La chaîne est toujours en soie.

Le tissage de cette matière exige les plus grands soins; une des plus grandes difficultés, c'est de prendre très-approximativement le même nombre de brins pour chaque passée; car il est impossible d'en saisir chaque fois un nombre régulièrement exact, puisqu'un seul brin étant presque imperceptible à l'œil nu, on ne peut pas perdre un temps infini à les compter exactement. C'est là la principale cause des irrégularités et des ondulations que l'on remarque toujours dans ces tissus. Mais il faut espérer que quelque heureux mécanisme viendra mettre un terme à cet inconvénient, et alors le verre qui prend si bien toutes les couleurs, et qui les conserve avec tout leur éclat, mieux qu'aucune autre matière, prendra réellement un rang distingué dans la fabrication. Nous pensons que les innovateurs ne feront pas défaut pour ouvrir une heureuse carrière à cette nouvelle branche industrielle.

Des Tissus-Plume.

Pour ce genre de tissu, la plume ne peut jamais apparaître que

par effet de trame; la chaîne, qui reste toujours imperceptible, est
ordinairement en matière de peu de valeur.

La plume, on le comprend du reste, n'est en aucune façon susceptible de filature, puisque, si on la réduisait en fils, elle perdrait tout
son duvet; on ne l'emploie donc que comme trame partielle, mais
pour que le tissu ait la force et la solidité nécessaires, il faut après
chaque posée de plumes, passer un coup d'une trame filée, qui, de
même que la chaîne, est entièrement recouverte par les plumes.

Les plumes dont on fait le plus souvent usage sont les plumes d'oie,
dont on choisit les plus fines et les plus égales; aussi les fait-on souvent
passer pour des plumes de cygne.

Comme la nature des plumes conserve très-bien les couleurs variées
qu'on peut leur donner, ces sortes de tissus sont très-recherchés pour
garnitures de robes, palatines, camails, manchons, colliers, fourrures
diverses, etc. On emploie aussi ce genre de fabrication sur des fonds
tissés sans plumes, pour quelques parties détachées, telles que mouches,
larmes, etc.; mais alors la chaîne et la trame, qui dans ce cas sont apparentes, ne peuvent plus être de matière inférieure. Du reste, pour
les tissus partiels en plumes, le choix des matières chaîne et trame
dépend non-seulement de la richesse que l'on veut donner au tissu,
mais encore de l'armure que l'on veut exécuter sur le *fond*.

Lorsque ces tissus sont façonnés, leur mise en carte a lieu d'une
manière spéciale qui permet d'exécuter un dessin sur quatre lisses ou
sur deux seulement. Le remettage serait ainsi régulièrement interrompu
dans toute sa longueur, c'est-à-dire que, sur un remisse de quatre lisses, on passerait d'abord en remettage suivi un certain nombre de fils,
dix, par exemple, sur les deux premières lisses (voyez fig. 1re pl. 125);
puis on en passerait dix autres sur la troisième et la quatrième lisses,
également en taffetas. Dans cette hypothèse la disposition ne faisant lever
qu'une seule lisse à la fois, soit la première, cinq fils seulement lèveront avec elle, tandis que quinze fils resteront en fond, et ainsi de
suite pour chaque lisse dans toute la traversée de l'étoffe. Or, dans
chaque levée, il se fait assez de vide dans la chaîne pour que l'ouvrier puisse facilement y passer une plume; et si les plumes sont en
duvet, on en réunit pour chaque *prise* une petite quantité qui doit, autant que possible, être égale chaque fois en longueur et en volume.

Les plumes ayant été passées dans chaque prise, l'ouvrier frappe

un coup de battant, change le pas, fait lever la troisième lisse et passe la
plume comme il a fait pour la première; il frappe ensuite un second
coup de battant, fait lever la seconde et la quatrième lisses, et passe
la trame filée qui, au moyen du remettage suivi, lie en taffetas toutes
les plumes dans la largeur entière du tissu.

On ne changerait rien à cette fabrication, si au lieu de faire lever
alternativement la première et la troisième lisses pour le passage des
plumes, on levait tour-à-tour la deuxième et la quatrième ; il en résulterait seulement que le coup de liage par la trame naturelle aurait
lieu sur la première et la troisième lisses.

Ainsi, en admettant que l'intercallation des plumes ait lieu par dix
fils pour exécuter ce tissu en façonné, le dessin devra être peint par
dizaines sur la carte. Quant à la réduction du papier, elle est, comme
pour tous les genres d'étoffes, subordonnée à la réduction comparative
de la chaîne avec la trame.

L'enroulement a lieu comme pour les peluches. (Voy. chap. XXIV)

Quoique ce procédé soit assez simple pour que l'ouvrier puisse facilement tisser en même temps qu'il lit le dessin, il serait plus économique au fabricant de faire exécuter ces tissus par un montage à la
Jacquard, surtout si le dessin doit avoir lieu avec des plumes de couleurs différentes.

Soie végétale.

Il en est de la soie végétale comme pour plusieurs des matières dont
nous venons de parler dans les articles précédents : elle ne peut être
employée que comme trame, et son tissage se fait au crochet, d'après
les mêmes procédés que nous avons décrits pour le tissu-crin, avec
cette différence cependant qu'on l'emploie toujours sans la mouiller,
afin de lui conserver tout son brillant.

Il est rare pourtant que la soie végétale forme la trame totale, à
moins que ce ne soit pour des tissus très-grossiers; mais avec un
mélange d'une matière assez forte, comme de la laine cardée et
peu torse, par exemple, elle produit un assez bon résultat. La laine
ainsi mêlée joue sur cette étoffe un velouté mat dont les dessins
peuvent indistinctement être isolés ou continus. On y emploie deux
chaînes, et deux trames soie et laine alternativement, ce qui fait que
ces articles sont à volonté avec ou sans envers, et produisent, s'il est
nécessaire, des effets de couleurs différentes.

La chaîne qui contribue aux effets laine est ordinairement en coton retors, et celle qui apparaît dans les effets de dessin ou de fond produits par la soie végétale, doit de préférence être en soie ordinaire ; mais dans ce dernier cas il est nécessaire, pour faciliter la confection, de faire usage d'un *faux corps*. (Voyez page 192.)

DES FONDUS.

Qui pouvait croire, il y a un demi-siècle seulement, que le génie de l'homme parviendrait, au moyen du tissage, par l'emploi d'une seule chaîne et d'une seule trame, à imiter les plus belles gravures, à produire, sans le secours du pinceau, les ombres les plus graduées et les plus délicates ?...

Tous ces chefs-d'œuvre, dont l'industrie manufacturière est redevable à la mécanique Jacquard, s'étalent aujourd'hui avec profusion. Ornements, paysages, portraits, fleurs, et généralement toute perspective, peuvent enfin être représentés sur tissu, par le seul effet du croisement, auquel on a donné le nom de *fondu*.

Les fondus ne peuvent être parfaitement exécutés qu'avec l'emploi de matières très-fines ; aussi n'y a-t-il que la soierie qui puisse exceller dans ce genre.

Les fondus, proprement dits, sont toujours confectionnés avec chaîne et trame de couleur semblable ; cependant on en fait aussi avec chaîne et trame de couleurs différentes.

Ce genre de croisement réunissant à lui seul tous les éléments principaux combinés entre eux, est un de ceux qui exigent le plus de connaissances et de pratique dans l'art de la fabrication. Cependant les explications que nous allons en donner suffiront pour en faire comprendre toutes les bases.

Fondus avec chaîne et trame de couleur semblable.

Supposons un point central, dont l'entourage produirait une fuite qui se perdrait insensiblement ; tel serait, par exemple, l'effet d'un soleil dont le centre serait le point lumineux, et les rayons, la fuite.

Pour rendre cet effet par le moyen du tissage, il suffira d'établir le croisement de manière que les brides de chaîne soient insensiblement raccourcies au fur et à mesure qu'elles s'écarteront du point pris pour centre, et toutes ces lignes, que l'on peut considérer comme autant de rayons, perdent de leur éclat, selon que les effets de chaîne sont remplacés par des effets de trame , le brillant de cette dernière produisant un éclat moins sensible.

On concevra aisément la mise en carte des fondus de ce genre, à la seule inspection des planches 120, 121 et 122, sauf à modifier la réduction du papier conformément aux matières à employer.

Fondus avec chaîne et trame de couleurs différentes.

Ce genre diffère du précédent, en ce qu'il offre des effets infiniment plus sensibles, qui contribuent aux fuyants que nécessitent les ombres : tel serait, par exemple, un portrait produit par une chaîne blanche et une trame noire.

En se conformant aux principes que nous venons de poser, il est certain que les effets formés par la trame noire produiront sur la chaîne blanche des reflets analogues à ceux que le crayon produit sur le papier.

Les fondus avec chaîne et trame de couleurs différentes ont souvent l'inconvénient de laisser apparaître, dans les parties de fond , ainsi que dans celles où il n'y a pas de fondus , des *piqûres* à l'endroit de l'étoffe. Pour obvier à cet inconvénient, il est nécessaire que la chaîne soit très fournie en compte. C'est principalement pour ce motif que les satins de cinq ou de huit sont généralement employés pour le fond de ces sortes d'articles. Quant aux croisements concernant les parties *fondues*, ils restent entièrement subordonnés au genre de la mise en carte.

Il est évident que pour rendre par le tissage la reproduction exacte d'un dessin quelconque, il faut non-seulement une mise en carte bien combinée , mais encore une trame parfaitement régulière.

DU REPS.

Le *Reps* est ordinairement en soie , et fabriqué au moyen de quatre lisses à coulisse, dont le remettage est interrompu ainsi que nous le représentons fig. 3 , pl. 124, où l'on voit que les fils de chaîne de la partie A forment leur croisement, tandis que ceux de la partie B restent en repos, et réciproquement.

Dans cet article, on doit avoir soin de mettre , pour chaque section, un nombre de fils tel que la séparation d'une section à l'autre ait toujours lieu au milieu d'une dent. Cette méthode, quoique n'étant pas indispensable, contribue infiniment à une belle confection , par suite

I.   45

du rapprochement qu'elle occasionne aux fils qui appartiennent aux extrémités de chaque partie. On voit, d'après l'armure, que toutes les sections sont formées à l'endroit par effet de chaîne, et que l'envers est confectionné par un tissu taffetas, qui a lieu alternativement par chacune d'elles, mais en-dessous des brides de trame.

En effet, la 1re marche, coup de trame ou carton, fait lever la quatrième lisse, qui croise en taffetas les fils pairs de la section B, et ce même coup de trame fait *bride* sur la section A. La seconde marche ou le second carton fait le contraire, en opérant sur la seconde lisse, qui fait un croisement taffetas dans la section A, c'est-à-dire que cette fois la trame fait bride dans la partie B; puis le 3e coup fait lever en taffetas les fils de la section B, qui sont restés en fond au premier coup, et enfin le 4e coup fait également lever les fils de la section A, qui n'ont encore exécuté aucun croisement dans cette course. Il suffit de continuer ainsi qu'il vient d'être dit.

Ce genre de tissu est susceptible de variation, car chaque partie peut contenir un plus grand nombre de fils, ainsi qu'on le voit par la comparaison des fig. 3, 4 et 5, où l'on remarque que la première de ces trois figures donnent un reps dont les parties sont formées de quatre fils seulement, tandis que dans la seconde elles sont par six, et dans la troisième, par huit.

Il est évident que plus les parties contiennent de fils passés alternativement sur deux lisses de suite, plus aussi les côtes longitudinales deviennent sensibles.

Du Stoff.

Le stoff est un tissu uni ou façonné, confectionné avec chaîne et trame en laine peignée.

Ce tissu, ordinairement très-léger, est employé pour robes; il peut être classé dans la première catégorie des étoffes damassées, attendu qu'il est toujours établi par une seule chaîne et un seul lat.

Le stoff uni est ordinairement confectionné par l'armure taffetas.

Quant au stoff façonné, il est très-diversifié, car on en fait à très-petits dessins, que l'on peut classer dans la catégorie de ceux auxquels on donne le nom d'*armures*; d'autres sont à bandes unies et à bandes façonnées; d'autres enfin se font à grands dessins détachés ou continus, et sont entièrement du ressort de la mécanique Jacquard.

Des Flanelles.

Outre la flanelle unie, généralement employée pour les gilets de santé, on confectionne aussi une assez grande quantité de flanelles façonnées, dont la plus forte partie est spécialement destinée à la confection de manteaux pour dames.

Cet article dont les dessins sont ordinairement établis sur 200 ou sur 400, est toujours en laine cardée, et le plus souvent tissé à un seul lat.

Le moëlleux de ces tissus est une condition essentielle, il provient non-seulement du *compte creux* dans lequel ils sont formés, mais encore du choix de la laine qui, recevant ensuite un léger foulage, produit une étoffe légère, épaisse, moëlleuse et généralement d'assez bon marché.

Bien qu'au moyen de deux lats on puisse obtenir de plus beaux tissus qu'avec une seule navette, on y a rarement recours, parce qu'alors les frais de *découpage* et de trame perdue augmentent tellement le prix de revient, que la vente en devient difficile; et qu'en outre, si, au lieu de faire découper le second lat, on le constituait entièrement en tissu, l'étoffe en deviendrait par trop épaisse, et par conséquent trop lourde.

Ce genre de tissu est généralement confectionné en grande largeur; mais par rapport aux apprêts qu'il nécessite et dont nous parlerons dans la suite, il est du ressort des manufactures en *draperie-nouveauté*.

Couvertures.

La confection des couvertures a beaucoup gagné depuis l'application de la mécanique Jacquard. Il est aisé de s'en convaincre par les beaux dessins que l'on exécute aujourd'hui dans ce genre de tissu; aussi les couvertures façonnées ont-elles fait de rapides progrès, surtout par l'application du velouté *frisé*, dont la convexité des effets produit le coup-d'œil le plus agréable.

Le montage de ces métiers est généralement établi à pointe et retour, ce qui économise une grande partie des frais de compte de mécaniques, de dessin, de lisage, de cartons, etc.

Quant à la réduction, les comptes en étant très-variés, nous dirons seulement que plus la chaîne et la trame sont fines, et conséquemment *fournies*, plus aussi les dessins en sont riches.

Lorsque les couvertures sont en laine cardée, elles subissent un léger *foulage* et un *lainage*; mais ce dernier n'a lieu qu'à l'envers, afin de ne pas recouvrir le dessin. Ces deux opérations successives contribuent essentiellement à leur donner du moëlleux et de la solidité.

Tissus élastiques.

Ces tissus, dont l'emploi est généralement usité pour les articles pantalons, juste-au-corps, bretelles, etc., peuvent être fabriqués de diverses manières, comme aussi ils peuvent être composés de matières différentes.

On fait aussi des ~~tissus élastiques soit en long~~, soit en travers, soit enfin sur les deux sens.

Les tissus élastiques sur la longueur sont le plus souvent formés par des petites bandes ou raies transversales, tissées par une armure qui produit, pendant un certain nombre de coups de trame, un effet de chaîne; puis, pendant le même nombre de coups, un effet de trame; néanmoins, ces effets alternatifs peuvent ne pas être exactement en même nombre de *duites*.

On fait également des étoffes élastiques en long au moyen de caoutchouc filé qui tient lieu de chaîne; dans ce cas, le côté de l'endroit doit être entièrement recouvert par la trame.

Afin de rendre ce tissu très-solide, et pour que le caoutchouc ne soit apparent d'aucun côté, sans pour cela nuire à son élasticité, le meilleur croisement que l'on puisse employer est le cannelé simple établi par effet de trame.

Les tissus élastiques sur le travers sont formés par un certain nombre de fils de chaîne faisant un croisement semblable à celui que nous venons de décrire, c'est-à-dire que pour ceux-ci, ce sont les fils de la chaîne qui forment, par petites parties, les effets concaves et les effets convexes, et par suite l'élasticité. Tels seraient, par exemple, un certain nombre de fils qui feraient satin par effet de chaîne, tandis qu'un même nombre de fils qui leur seraient contigus feraient satin par effet de trame.

Lorsque les petites bandes qui forment les parties concaves sont beaucoup plus étroites que les parties convexes, elles prennent le nom de *coupures*.

Ces deux genres de tissus, dont l'un confectionné par des raies transversales forme l'élasticité en longueur, et l'autre, qui est formé par des raies longitudinales produit l'élasticité en largeur, peuvent servir, par leur réunion, à former un troisième genre de tissu qui aurait de l'élasticité dans les deux sens ; c'est ce que nous allons démontrer en admettant toutefois que le nombre de fils et de duites de chaque bande, longitudinale et transversale, soient d'égale dimension.

À cet effet, il suffirait d'intercaler les deux genres l'un dans l'autre, ce qui produirait un tissu formant, par les mêmes armures, de petits carreaux disposés en quinconce, par envers et par endroit.

Soit, par exemple, un tissu satin représenté par les carreaux M, N, O, P, fig. 4, pl. 38.

Les carreaux M P, qui feront satin en dessus par effet de chaîne, feront alors satin en dessous par effet de trame. Par suite de cette combinaison, il en sera de même des carreaux N, O, qui précédemment faisaient satin par effet de trame en dessus, feront en dessous, et dans ces mêmes carreaux, satin par effet de chaîne. Par conséquent les deux genres précédents se trouvant confondus et contrariés l'un par l'autre, le tissu produira nécessairement une élasticité dans les deux sens.

Néanmoins, et par rapport au degré de tension que l'on est obligé de donner à la chaîne pour l'opération du tissage, tension moins exigible pour la trame, il en résultera une élasticité moins sensible sur le sens de la chaîne, ou, pour s'énoncer différemment, l'élasticité sera moins prononcée en long qu'en travers.

Les tissus qui produisent le plus d'élasticité sont les draperies-nouveautés, article pantalon, pour lesquels le foulage, conjointement avec la matière, contribue essentiellement à atteindre ce but tout particulier.

C'est pour cette raison que cette méthode ne peut guère être applicable aux articles soieries, sauf pour les *crêpes de Chine*, dont l'élasticité provient d'une combinaison tout-à-fait différente, ainsi que nous l'avons expliqué page 347.

Étoffes dites matelassées.

Ces sortes d'étoffes sont spécialement confectionnées pour articles d'hiver, tels que gilets, paletots, jupes par-dessous, doublures, etc.

Les différentes manières de les confectionner s'étendant très-loin, soit par rapport à la diversité des matières, soit par les différentes combinaisons des matières et des croisements, il suffira que l'on trouve ici la base principale qui sert de guide pour en varier toutes les dispositions, aussi bien pour les articles *matelassés unis* que pour ceux façonnés.

Matelassé uni à bandes transversales.

Bien que ce tissu pourrait être confectionné au moyen d'une seule chaîne et d'une seule trame, il est plus avantageux, sous le rapport économique et pour la bonne fabrication, d'en employer deux de l'une et deux de l'autre.

Quand on emploie deux chaînes, celle qui forme l'endroit doit être de qualité supérieure à celle qui produit l'envers; il en est de même pour les trames.

L'armure représentée fig. 1ʳᵉ, pl. 129, est destinée pour la formation d'un tissu qui ferait en double étoffe, pendant un certain nombre de coups de trame, taffetas dessus et dessous, la largeur de chacune de ces bandes dépendrait du nombre de fois que l'on répéterait la course des marches indiquées par les chiffres 1, 2, 3 et 4; *foulant* ensuite la marche n° 5 qui fera lever les lisses qui forment l'étoffe supérieure, on passera un coup de trame d'une matière très-grosse et de peu de valeur, laquelle sera entièrement recouverte par la double étoffe; puis, pour opérer le liage de ces deux bandes, on foulera la marche N° 6, qui fera lever tous les fils de la chaîne formant le tissu inférieur; mais on observera que les coups du liage, formés par les marches 5 et 6, doivent nécessairement être passés en nombre impair; car il est évident que dans le cas contraire, le dernier coup de liage passé en nombre pair, serait un coup perdu, puisqu'il se trouverait renfermé dans l'*entre-deux* suivant, conjointement avec la grosse trame; cette condition ne serait pas de rigueur, si les matières qui forment chaque chaîne étaient, sous tous les rapports, semblables l'une à l'autre.

Dans le cas où l'on voudrait obtenir une couleur différente pour chaque bande alternative, il suffirait de différencier la couleur de chaque chaîne; mais alors les coups de liage devraient avoir lieu par nombre impair.

Les deux modes de croisement que nous venons de décrire pour la confection de ce tissu, sont rarement mis en usage, car, dans les deux cas, l'étoffe étant sans envers, exige que chaque chaîne soit d'une égale réduction, condition qui élève trop le coût de revient.

En thèse générale, il vaut donc infiniment mieux faire ce tissu avec envers, en l'établissant selon la fig. 3, même planche, où l'on voit que la chaîne A, qui fait l'endroit en dessous, est du double plus fournie que la chaîne B, qui fait l'envers en dessus; c'est pour cette raison que le remettage a lieu par deux fils de la chaîne A pour un fil de la chaîne B. Dans cette figure, l'armure est représentée en sergé de quatre, et l'on peut, par les mêmes principes, remplacer cette armure par toute autre, en l'accordant toutefois avec le nombre de lisses nécessaires.

On remarquera que dans la fig. 1re ce sont les marches, coups de trame, ou cartons 1 et 3 qui font l'étoffe de dessus, et les numéros 2 et 4 font celle de dessous, tandis que dans celle-ci, fig. 3, ce sont les numéros 1, 2, 4 et 5 qui font l'étoffe de dessous, et les numéros 3 et 6 celle de dessus.

Quant à la disposition des coups de liage, elle peut avoir lieu de plusieurs manières; pour s'en rendre compte, il suffira d'examiner les trois genres de liage C, D, E; le premier, C, lie à la fois la chaîne d'endroit par deux fils rassemblés, lorsque la chaîne d'envers n'est liée que par un seul fil.

Le second liage, D, diffère du précédent, en ce que les deux fils qui lèvent sur chaque coup, sont disposés en taffetas; enfin les deux coups qui forment le troisième genre de liage E font chacun lever la totalité d'une chaîne.

Dans le cas où l'on voudrait faire transparaître à l'endroit une trame de différente couleur, qui servirait en même temps à lier les deux bandes formant la double étoffe, on pourrait se servir d'un liage disposé dans le genre de celui indiqué par la lettre F, où l'on remarque que chaque coup fait lever les trois quarts de la chaîne qui fait endroit dessous, en laissant en fond, deux fois sur six, les fils de chaîne qui produisent le tissu d'envers.

Matelassés par bandes longitudinales.

Ce genre diffère du précédent en ce qu'au lieu que ce soit un seul coup de trame qui opère le matelassé, cette convexité est produite, soit par un seul gros fil de chaîne, soit par plusieurs fils ordinaires rassemblés, lesquels sont passés supplémentairement au peigne et toujours au milieu de la bande, ayant soin de mettre ces fils à part sur un troisième rouleau. Ces fils ne devant faire aucun croisement réel malgré leur levée ou leur repos, se trouvent, dans la confection, renfermés entre les deux tissus, supérieur et inférieur.

Les articles matelassés, faits par ce dernier procédé, ont plus de valeur que ceux formés par bandes transversales ; aussi présentent-ils plus de difficulté pour la fabrication, parce que la dent du peigne qui reçoit le gros fil ne doit pas moins recevoir le même nombre de fils que les autres dents, d'où il résulte que la rupture de ces derniers a souvent lieu par un frottement trop prononcé avec le gros fil qui ne leur laisse pas suffisamment d'espace pour agir librement ; inconvénient auquel on ne peut obvier qu'en partie seulement, en disposant les matières de telle sorte que leur nature soit en rapport, afin d'en adoucir le frottement autant que possible.

Lorsque ces bandes sont d'une largeur au-delà d'une dent, on peut établir la convexité au moyen de plusieurs fils, toujours de matière inférieure et passés dans des dents adjacentes ; mais pour que ces fils se maintiennent constamment dans une largeur déterminée, on peut, sans beaucoup de difficulté, leur faire opérer dans l'intérieur qu'ils occupent, un croisement quelconque qui maintient une convexité constante et régulière.

Pour ces divers genres de matelassé, les matières, le croisement, la couleur et la largeur de ces bandes sont tout-à-fait arbitraires. Cependant il est nécessaire que les fils qui forment la séparation des bandes soient de matières très-fines, et comme leur croisement exige ordinairement une armure spéciale, ils doivent être enroulés séparément.

Matelassé à carreaux.

Ce genre de matelassé est celui qui produit le meilleur résultat, surtout lorsque les coupures ou liages ont lieu obliquement. Dans ce cas, les carreaux deviennent des lozanges ; mais toutes les fois qu'on fait l'application de ces sortes de carreaux, il est urgent de leur donner, en longueur, au moins un tiers de plus qu'en largeur.

Lorsque la chaîne qui forme le liage est d'une couleur saillante, elle produit sur le fond, dans la coupure formant la séparation des lozanges, un *piqué* régulier qui est d'un heureux effet.

Matelassé façonné.

Le façonné appliqué aux articles matelassés, peut indistinctement être partiel ou continu :

Dans le premier cas, le fond est formé par les mêmes principes que nous venons de décrire pour les matelassés unis.

Le second cas diffère du précédent, en ce qu'au lieu d'être à corps et à lisses, il ne peut être bien établi qu'avec corps seulement.

Dans les deux cas, les parties façonnées doivent être formées par la chaîne et par la trame qui appartiennent à l'endroit, celles qui forment l'envers ne devant aucunement transparaître.

Les effets façonnés matelassés peuvent être formés par une armure unie quelconque, et lorsque l'on veut rendre ces effets très-sensibles, il n'est tel que de les exécuter sur un fond uni, ce qui contribue essentiellement à en rehausser la convexité.

CHAPITRE XXI.
De la Gaze.

SOMMAIRE : *Gaze simple ou unie. — Gaze composée. — Gaze façonnée. — Gaze appliquée sur tissu, avec lisses devant le peigne. Rubans. — Bretelles.*

L'invention de la gaze est attribuée à Pamphilia, de l'île de Cos. Les premières qui furent faites en France, remontent à l'époque du séjour des papes à Avignon. Aussitôt Lyon, ville essentiellement manufacturière, s'empara de cette heureuse découverte et contribua immensément aux progrès de ce genre de tissu, en le portant à son plus haut degré de perfection.

Aujourd'hui que dans presque toutes les contrées civilisées il se fait un grand commerce et une prodigieuse consommation de gazes, ces légères étoffes sont devenues l'aliment journalier des modes, et dans toutes les villes la gaze est considérablement employée pour la parure des femmes, dont la toilette ne saurait guère être complète sans qu'elle y figurât : coiffure, voiles, fichus, mantelets, robes dites par-dessus et mille autres agréments dont ce tissu léger et transparent fait un supplément aussi riche qu'élégant, sans pour cela trop surcharger les vêtements.

Baptêmes, noces, bals, funérailles, théâtres, etc., partout la gaze a sa place, et partout elle embellit, aussi bien dans ses applications tristes et graves que dans les plus riantes.

On distingue trois sortes de gaze; ce sont : la gaze simple ou unie, la gaze composée et la gaze façonnée.

I.   46

Gaze unie.

La gaze unie est tout simplement un tissu taffetas très-léger, passé au peigne par un fil en dent; elle n'exige que très-peu de matières et coûte peu de main-d'œuvre. Si elle ne varie pas pour son genre de confection, il n'en est pas de même des matières; car on en fait en soie *crue*, aussi bien qu'en soie *cuite*, en coton, en laine, etc.

La gaze unie, soie *crue*, est spécialement destinée pour les gazes-crêpes, que l'on divise en *crêpes lisses* et en *crêpes crêpés*.

Celle dite *linon* est fabriquée avec du lin, celle dite *mousseline* l'est avec du coton; enfin celle dite *barège* l'est avec de la laine.

La gaze *lisse*, la gaze *maraboud* et la gaze pour *crêpe* ne diffèrent que par le tors, qui est plus ou moins prononcé; car les unes et les autres sont soumises aux mêmes conditions de tissage, et doivent être tissées avec une parfaite régularité. Mais comme dans la gaze taffetas, dite *toile*, les fils de chaîne et de trame ne sont que superposés entre eux et seulement retenus par un frottement trop peu considérable pour qu'ils ne puissent être facilement déplacés, les ouvertures ne peuvent être rigoureusement constantes, ainsi que cela a lieu dans la gaze composée.

Gaze composée.

Ce genre de gaze a, sur le précédent, l'avantage de présenter des ouvertures régulières et invariables, ménagées par le mode de croisement, attendu que lors du tissage chaque fil de chaîne est assujéti également d'une manière invariable aux jonctions qu'il forme avec la trame.

La régularité et l'invariabilité des ouvertures sont dues à ce que chaque fil de chaîne se compose lui-même de deux fils, dont l'un A, B, fig. 1 et 2, pl. 136, est nommé *fil de tour*, et tourne alternativement à droite et à gauche, autour de l'autre fil C, D, nommé *fil fixe*.

Cette invention est une des plus ingénieuses qu'ait produites le tissage; celui qui en fut l'auteur a eu vraiment le génie de son art.

Le fil fixe est passé dans une maille à coulisse, qui par conséquent ne lève jamais. Voyez également fig. 1 et 3, pl. 138.

Le fil de tour est également passé dans une maille à coulisse, mais à la gauche du fil fixe; ce fil de tour est non-seulement commandé par la maille dans laquelle il est passé, mais encore par une *demi-maille*, dont l'action peut, à volonté, le faire aller de gauche à droite, et le laisser ensuite repartir de droite à gauche, en passant chaque fois en dessous du fil fixe.

On peut remplacer ces mailles et ces lisses par des *maillons garnis*, c'est-à-dire à corps, mais seulement pour le fil fixe et pour le fil de tour. Quant à la demi-maille, elle doit toujours être en cordonnet (soie retorse), dont la nature craignant moins le frottement que toute autre espèce de fil, glisse facilement, et par sa souplesse, se prête aisément aux divers contours qu'elle est contrainte de former.

La réunion de la lisse du fil de tour avec celle de la demi-maille prend le nom de *lisse anglaise* ou *lisse à culotte;* mais lorsqu'il n'est question que de la demi-lisse, on la nomme tout simplement, et par abréviation, *culotte*.

Le fil de tour devant toujours opérer en-dessus, il faut, pour obtenir ce résultat, que la demi-maille, constituant la lisse à culotte, lève en même temps que la lisse à coulisse, ce qui est indispensable pour laisser passer le fil de tour en-dessous du fil fixe; d'où il résulte que lorsque la culotte lève isolément, le fil fixe se trouve toujours placé en-dessous de la trame, tandis que le fil de tour est en-dessus. C'est ce dont on peut se rendre compte en examinant les figures de la planche 136.

Dans l'exécution du tour anglais, on distingue deux sortes de pas, qui sont : le *pas doux* et le *pas dur*.

Le pas doux lève seulement la demi-maille de la lisse anglaise E en même temps que la lisse à coulisse F, fig. 1re pl. 136.

Le pas dur lève la lisse anglaise tout entière E G K, fig. 2.

Cette dénomination, qui distingue le pas *dur* du pas *doux*, provient de ce que, pour le premier, le fil de tour est obligé de faire un effort qui a lieu en même temps que se fait la levée de la lisse anglaise. Tandis que pour le second, qui est le pas doux, la lisse à coulisse soulève naturellement la demi-maille qui, dans cette circonstance, cède au fil de tour.

La maille ou la lisse du fil fixe doit toujours être placée sur le derrière, puis celle du tour anglais, enfin la lisse anglaise sur le devant, observant d'écarter cette dernière de 16 à 18 centimètres de la lisse qui appartient au fil de tour, et celle-ci est soumise aux mêmes conditions à l'égard de la lisse dans laquelle est passé le fil fixe. Toutes ces distances sont indispensables pour laisser au fil de tour la facilité de se mouvoir librement.

On conçoit que le fil fixe et le fil de tour n'opérant pas un même croisement, il faut nécessairement qu'ils soient enroulés chacun sur un ensouple séparé, et que la tension du fil de tour exige une *bascule à besace*. (Voy. *tension rétrograde.)*

On fait également des tours anglais ou l'on se sert de deux lisses à culotte pour un même fil; mais, dans ce cas, l'une est placée à la droite et l'autre à la gauche du fil fixe. D'où il résulte que lorsque l'une lève entièrement, l'autre ne doit lever que la demi-maille, ce qui fait que les deux pas sont doux.

Le double tour anglais diffère du simple, en ce que le fil de tour fait une révolution complète autour du fil fixe, c'est-à-dire un tour entier au lieu d'un demi-tour, et, pour en faciliter l'exécution, la demi-maille ou culotte E est placée en dessus au lieu de l'être en dessous, ainsi que le représentent les fig. 3 et 4.

C'est par suite de cette disposition que le fil de tour peut exécuter jusqu'à un tour et demi autour du fil fixe, ce qu'en terme de fabrique on nomme *tour de perle*, parce que la demi-maille est garnie d'une perle dans laquelle passe également le fil de tour qui, par ce moyen, est maintenu séparé du fil fixe autour duquel il doit tourner le plus librement possible. (Voy. fig. 5 et 6.)

Lorsque l'on veut exécuter des effets *filoche*, c'est-à-dire par un fil de gauche à droite et un fil de droite à gauche, ce qui doit avoir lieu en même temps, on les passe au peigne par une dent tour anglais et plusieurs dents vides, ayant soin que le fil de tour soit d'une grosseur suffisante.

Quant au passage des fils dans les lisses, le remettage doit être fait de manière que le fil fixe soit placé entre la lisse de tour et la lisse anglaise, afin que le fil de tour, qui est passé dans sa lisse respective, puisse d'abord passer sous le fil droit et venir ensuite passer sous la demi-maille ou culotte de la lisse anglaise.

Il est évident que pour faire lever le fil du tour anglais du côté de sa lisse, celle-ci doit lever conjointement avec la culotte de la lisse anglaise, tandis que, pour faire lever ce même fil du côté de la culotte, il faut faire lever la lisse anglaise dans son entier, c'est-à-dire, *coulisse* et *culotte.*

Quoique ce genre de combinaison soit spécial à la fabrication des gazes, on l'applique avantageusement à la formation intérieure de l'extrémité des lisières pour les tissus montés en plusieurs lèzes à la fois ; par ce procédé, on peut séparer chaque tissu l'un de l'autre au moyen d'une coupure pratiquée entre les deux lisières contiguës, sans craindre que les fils se détissent d'eux-mêmes, comme cela arriverait si l'on n'avait recours à l'application de cette méthode.

Gazes façonnées.

On donne le nom de gazes façonnées à celles dont certaines parties forment une gaze unie qui constitue le fond, tandis que d'autres parties produisent des effets façonnés, dont l'exécution varie selon le montage du métier.

Le fond peut être exécuté ou en gaze unie ou en gaze façonnée.

Dans le premier cas, le fil de tour, au lieu de faire le mouvement qui lui est propre, est, durant l'espace gaze unie, et pendant tout le temps qu'elle se forme, lié en taffetas conjointement avec les deux fils qui l'avoisinent et qui sont spécialement destinés à cette armure. Ces fils sont nommés *fils de raison*, et sont, ainsi que le fil de tour, passés au peigne par une dent pleine et une dent vide.

Dans le second cas, le fil de tour opère constamment sa demi-révolution ; alors les effets de croisements diffèrent de ceux du fond, et produisent les figures ou dessins qui constituent le façonné.

Lorsque la gaze façonnée est établie par des découpures ou décochements gradués, il faut nécessairement que les fils de tour puissent exécuter isolément leur mouvement ; c'est pour cette raison qu'ils sont passés un à un au corps qui leur est spécial. Néanmoins on pourrait, sans le secours de la Jacquard, et au moyen d'un double jeu de lisses pour les fils de tours, obtenir une gaze façonnée par effets réguliers ; tels seraient, par exemple, des décochements qui formeraient des carreaux régulièrement contre-semplés.

Pour l'armure des *lisses de raison*, il faut que le fil de droite lève conjointement avec le fil de tour, et lorsque ce dernier lève, par l'impulsion de la lisse à culotte, le fil de raison de gauche doit lever également ; de sorte que l'effet du dessin ne s'exécute que sur le pas doux, c'est-à-dire lors de la levée de la lisse anglaise conjointement avec celle du tour anglais.

Lorsque la gaze façonnée a lieu par un montage à la mécanique Jacquard, l'empoutage se fait sur deux corps; le premier, qui est à raison d'un maillon par corde et d'un fil par maillon, remplace les lisses à coulisse, et le second tient lieu des mailles anglaises, observant que pour celui-ci il y a deux arcades pour un même fil, parce que l'une soutient le maillon dans lequel est passée la demi-maille, et le soulève lorsqu'il est nécessaire. (Voy. fig. 1 et 2, pl. 137.)

Ce genre de gaze exige que tous les fils de tours qui forment un croisement différent, soient enroulés sur des petites bobines séparées et placées indépendamment les unes des autres à une *cantre,* ainsi que cela a lieu pour la confection des velours façonnés.

Le remettage d'un tour anglais à quatre fils a lieu de la manière suivante :

Le premier fil de tour, qui appartient à la gauche de la première dent, passe de gauche à droite sous les trois autres fils qui appartiennent à la même dent, et vient passer dans la demi-maille qui fait partie du premier maillon de tour anglais. Le dernier fil de la deuxième dent, qui est également un fil de tour, fait le contraire du précédent, c'est-à-dire qu'il est assujéti aux mêmes conditions, mais dans le sens opposé, puisqu'il passe de droite à gauche sous les trois premiers fils de la seconde dent, et vient ensuite passer dans le deuxième maillon de tour anglais qui est placé à côté du premier. Par suite de cette disposition, les fils de tour sont constamment placés deux à deux alternativement, en laissant entr'eux un écartement de deux dents pleines ou six fils.

Les effets façonnés ou damassés, produits par des *jours,* doivent être rebordés de trois fils taffetas au moins. Cette disposition est nécessaire pour maintenir la jonction du façonné avec le fond.

Gazes appliquées sur tissu avec lisses devant le peigne.

D'après ce qui vient d'être dit, on voit que le plus grand écartement, ou, si l'on veut, le plus grand *jour* qui puisse être exécuté par les divers procédés du tour anglais, ne peut excéder l'espace de deux dents; et lorsqu'on veut obtenir un écart au-delà de ce nombre, cela ne se fait qu'au moyen de lisses à culottes placées devant le peigne.

Cette disposition ou ce genre de montage, qui, au premier abord, paraît inexécutable, sera cependant facile à comprendre par les explications qui vont suivre.

Supposons que l'on veuille faire courir des fils m, n, fig. 1re, pl. 139, sur un tissu formé d'une armure quelconque, et dont l'écartement d'un angle o à l'autre angle p serait de cinq dents, en admettant que le passage au peigne des fils du fond serait établi par quatre.

On passera successivement, deux à deux, tous les fils m, n, sur une lisse à coulisse ordinaire, sauf le premier fil m, qui seul sera passé au peigne dans la première dent A, et supplémentairement aux quatre fils du fond, qui appartiennent à cette même dent. La deuxième dent B, et les suivantes, jusqu'à celle F, ne recevront chacune que leurs quatre fils respectifs, et la septième dent, A, recevra, outre les quatre fils du fond, les deux fils m, n. On continuera de la même manière pour toute la largeur de l'étoffe, ou de la bande que l'on veut ainsi confectionner.

Pour produire les zig-zags représentés dans cette figure, il faut que les fils m, n, après leur passage au peigne, soient encore passés chacun isolément dans une demi-maille constituant la culotte; ces demi-mailles correspondent en-dessous, en passant au travers et au milieu de la dent D, qui est située au centre de chaque carreau ou lozange, de manière que, pour passer le coup de liage G, on fait lever tout le fond, ainsi que la culotte; alors les deux demi-mailles passées dans la dent D, ainsi que toutes ses semblables, cèdent à la tension des fils m, n, en se prêtant et s'écartant l'une à droite et l'autre à gauche. La trame qui, pour les coups de liage, doit être de nature plus forte que celle du fond, passe en dessus des fils m, n, et en dessous de la chaîne du fond.

Après ce coup de liage G, on tisse, avec la trame du fond, le nombre de duites exigées pour la confection de la moitié du carreau G, H; mais comme les fils m, n, doivent figurer en dessus pendant tout ce temps, il faut que leur lisse respective, ainsi que la culotte, lèvent à chaque coup de navette. Arrivé à cette distance voulue, il faut, pour passer le second coup de liage H, faire de nouveau lever tout le fond, ainsi que la lisse à coulisse des fils m, n, observant que cette fois la lisse à culotte doit *rabattre*, pour former la pointe du lozange qui s'exécute au milieu des quatre fils de la dent D.

Le troisième coup de liage I n'est autre chose que la répétition du premier coup G; le quatrième, J, est également semblable au deuxième H, et ainsi de suite.

Un point essentiel, lors du tissage, est de ne jamais engager les demi-mailles avec la trame; aussi, pour obvier à cet inconvénient, toutes les demi-mailles sont, à chaque coup de trame, retenues en arrière par une baguette polie adhérente à la masse du battant.

D'après la description que nous venons de donner de ce tissu, on conçoit que, par rapport aux nombreuses difficultés qu'il présente pour le tissage, il n'est que très-peu usité. Un des plus grands inconvénients est surtout celui de la rupture des mailles, occasionnée, non-seulement par un frottement continuel, mais encore par le peigne, dont les dents les frappent à chaque coup de battant.

DES RUBANS.

L'article *Rubans* est si important, si indispensable et si éphémère, que nous ne croyons pas qu'aucun produit des autres fabriques de soieries soit sujet à autant de chances extraordinaires de succès ou de délaissement que celui-ci.

La nouveauté si variante du ruban dépend principalement de l'harmonie existant entre la disposition et le jeu des couleurs; aussi, les nombreuses difficultés qui se présentent dans la confection de ces tissus, qui au premier abord ont toute l'apparence de la frivolité, ont-elles exigé de la part des confectionnaires, une véritable spécialité; et bien que des fabriques de Lyon nous produisent des rubans dignes d'admiration, la ville de Saint-Etienne prouve, par ses nombreuses manufactures et par ses produits recherchés, qu'elle occupera, si ce n'est pour toujours, mais du moins pour longtemps encore, le premier rang pour ce genre de fabrication, qui lui est exclusivement spécial.

En effet, nous pouvons, sans partialité et à la gloire des fabricants de Saint-Etienne, dire qu'ils ont élevé le ruban à son plus haut degré de fabrication; le ruban d'aujourd'hui, recherché plus que jamais, prouve suffisamment que ce n'est que par de longues études et de la persévérance dans le travail qu'il a pu acquérir le développement dont il était susceptible; les oppositions, les contrastes, l'harmonie des tons, le bon goût des dessins, le mélange des couleurs et des nuances si heureusement combinées, tout, en un mot, a été couronné du plus heureux succès.

Tous ces travaux dus au génie du fabricant présentent, à chaque saison, un aspect nouveau; tous ces effets si riches, si variés, renaissent constamment, sous d'autres formes, les combinaisons sont inépuisables comme les *dispositions*, et ne laissent plus que l'embarras du choix.

Cependant le ruban est privé de l'avantage qu'a l'étoffe, car il est constant que lorsqu'on groupe un pli pour figurer la jupe d'une robe ou un châle, l'œil repose sur un grand espace, où se trouve immanquablement l'idée dominante, la création apparaît sans être battue par les détails qui ne sont qu'un riche accessoire, et dans le cas où ces détails manqueraient de goût ou d'harmonie, soit de forme, de couleur, de ton ou d'armure, ces défectuosités peuvent facilement, en tout ou partie, être cachées ou perdues dans le pli, tandis que le ruban se montre sans restriction, non-seulement à l'endroit, mais encore à l'envers. Le ruban, lors même qu'il est plié ou froissé, ce serait un nœud, une torsade, etc., laisse toujours voir la partie principale de sa composition; la partie visible devant faire en quelque sorte deviner la formation de celle qui peut être cachée, il faut qu'il y ait sympathie générale, et que le *bordage* surtout, qui est un des effets les plus variés, soit convenable à l'effet du fond et lui vienne en aide.

Le montage régulier des métiers pour rubans ne subissant ordinairement aucune variation de disposition, fait que la mise en carte en est impérieuse et difficile; le dessinateur est souvent obligé de faire à la couleur le sacrifice d'une partie de son génie; le choix des armures est d'une si grande importance qu'un même dessin exécuté sur mêmes couleurs, mis en carte avec telle armure, se présente avec une magnificence qui assure son succès, et avec telle autre si pauvrement qu'il ne peut être reconnu. L'inspiration, quelque brillante qu'elle soit, est sous la domination de l'exécution, privée non-seulement de la ressource des empoutages différents, dont ces métiers ne permettent pas l'application, mais encore du retour des cartons, ainsi que de beaucoup d'autres moyens plus ou moins ingénieux qui offrent de si grands avantages aux fabriques d'étoffes.

Les principaux métiers dont on se sert pour les rubans sont : le métier à *basse-lisse*; le métier *à la barre* avec ou sans mécanique Jacquard et le métier *tambour*; à ceux-ci on peut encore ajouter ceux disposés pour fabriquer deux pièces de velours à la fois, ainsi que ceux où l'on se sert du battant brocheur.

Le métier à basse-lisse ayant l'avantage de produire un tissage à *pas ouvert*, c'est en partie sur ce genre de métier que l'on exécute la

I.   47

génralité des rubans taffetas, brochés, écossais, satins unis et brochés ou lancés, épinglés, velours coupés, peluches, etc., et spécialement tous les articles qui exigent beaucoup de chaîne, plusieurs navettes et un assez grand nombre de lisses et de marches, ces dernières pouvant contribuer puissamment à la complication et opérer un *renversement*, par suite d'une infinité de combinaisons auxquelles on donne le nom de *démarchement* ou *contremarchage*.

La forme de ces métiers varie selon le goût de ceux qui les confectionnent; les uns ont assez d'analogie avec celui dont on se sert pour la fabrication de la passementerie, d'autres sont d'une forme plus élégante, qui a encore l'avantage d'occuper moins d'étendue en longueur, tel celui que nous représentons pl. 141, sans pour cela restreindre l'étente de la chaîne qui, partant de son ensouple *a*, passe premièrement en dessous de la poulie *b*, puis sur la plus grande des deux poulies *c*, descend verticalement pour venir passer sous la poulie adhérente au contre-poids *d*, qui lui sert de *charge*, de là remonte de la même manière pour passer dessus la seconde poulie *c*, et redescend enfin pour venir passer sous le rouleau *e*, placé ordinairement à une hauteur un peu plus élevée que la *poitrinière* ou le *rouleau f*, placé sur le devant du métier.

Au fur et à mesure de la confection, la partie tissée est *tirée en devant* dans la même proportion du tissage et par le même système que nous venons de décrire, le ruban passant par les rouleaux *f, g, h*, et les poulies *i, j, k, l, m*, permet à l'ouvrier de tisser une longueur en rapport avec la course que peuvent parcourir les charges *d* et *j*, avant de procéder de nouveau à l'enroulement de l'ensouple *n* et au déroulement de celui *a*, munis tous deux d'une roue dentée arrêtée arbitrairement par un cliquet.

A la seule inspection de cette planche, et d'après l'indication des *flèches* ou *traits*, il est facile de se rendre compte du développement de la chaîne, ainsi que du ruban.

Afin de dégager les tenues ou groupures qui pourraient exister dans la chaîne, celle-ci est passée dans un second peigne, espèce de rateau, placé entre le rouleau *e* et l'*encroix o, p*.

Du bordage.

Comme nous l'avons dit précédemment, le *bordage* du ruban étant un des effets les plus importants de cet article, nous en donnerons ici une description détaillée, ainsi que les mises en carte nécessaires pour en comprendre parfaitement l'application, d'autant plus que c'est une spécialité qui n'est nullement en usage pour les étoffes.

Les bords peuvent être exécutés ou par *frange tirée*, ou par effet trame.

Ceux par *frange tirée* sont établis au moyen du passage de la navette, dont la trame, sortant d'une première levée de luisant (gros de tours), agraffe un fil supplémentaire gros et flexible auquel on donne le nom de *roquetin ; ce fil est passé au peigne isolément et à quelques* dents de distance de la chaîne qui constitue le ruban.

Au premier coup de navette, la trame passe en dessous du roquetin puis au second coup, elle passe en dessus.

Par suite de cette disposition, il résulte que le fil, ou roquetin, cédant au retour de la trame, rentre dans le ruban, conjointement avec cette dernière, dont il occupe la place dans toute la partie gros de tours qui forme la lisière, observant que lorsque le nombre de boucles est impair, il faut que le rapport soit double en hauteur.

Un seul exemple suffira pour éclaircir ce que nous venons d'émettre.

Supposons que le *luisant*, établi à l'extérieur de la droite et de la gauche du ruban, soit de huit fils, au dedans desquels viennent se joindre un nombre quelconque de fils taffetas, fig. 1 et 2, pl. 144.

On conçoit qu'au premier coup, la navette partant de droite à gauche, la trame rentrera au second, jusqu'au point où elle se trouve arrêtée par le croisement des fils qui forment le taffetas, ce qui est évident, puisque le gros de tours lève deux fois de suite. On remarquera que, dans cette figure, le *bord* de la droite, bien que semblable à celui de la gauche, ne s'exécute pas précisément sur les mêmes passées. En effet, on voit que dans cette mise en carte, le luisant de la gauche est formé par les coups de trame un-deux, trois-quatre, etc., tandis que celui de la droite commence d'abord par un demi-effet composé d'un seul coup, qui est le premier, puis continue sa formation par les coups suivants deux-trois, quatre-cinq, et ainsi de suite. Cette disposition est de rigueur pour obtenir le gros de Tours et tous autres luisants de ce genre.

Les *bords*, par effet de trame, étant établis au moyen de gros fils très-coulants, ordinairement en métal ou en crin, et d'après les mêmes principes dont nous donnons le détail dans la description des franges, à l'article Passementerie, nous croyons devoir renvoyer nos lecteurs à ce chapitre, en ce qui concerne la frange par trame.

Bord N° 1, pl. 144. Lorsque ce corps est formé de huit coups pour son rapport, soit six coups d'intervalle, ainsi que le représente la carte fig. 3, il est nommé *demi-picot*; et lorsqu'il n'est composé que de quatre coups, dont deux pour la boucle et deux pour l'intervalle, fig. 4; il prend le nom de *dent-de-rat*.

Dans toutes les mises en carte, où le bordage est figuré, la première corde pointée, à droite et à gauche, fig. 5, représente le fil, dit *roquetin*, lequel travaille en taffetas pour être, selon le pointage, pris par la trame qui le fait entrer dans la lisière.

Le *bord N° 2* est nommé *Picot*. On remarque dans la carte, fig. 6, que le roquetin lève en taffetas, comme dans le bord précédent, mais que le *crin*, qui est pointé sur la carte entre le roquetin et le corps du ruban, lève deux fois de suite, ce qui produit la double boucle représentée dans l'esquisse.

La carte fig. 7, qui appartient à ce même bord, est peinte dans le même genre que la précédente, et d'après les mêmes principes, mais avec la différence qu'elle commence par un coup plus bas; cette disposition fait que la trame lardant le luisant sans roquetin, produit à gauche la première boucle sur le 4ᵉ et le 5ᵉ coup, et la seconde sur le 6ᵉ et le 7ᵉ coup, tandis qu'à droite la première boucle est produite par le 5ᵉ et le 6ᵉ coup, et la seconde par le 7ᵉ et le 8ᵉ.

La carte, fig. 8, diffère de la précédente, en ce que, à l'exécution, les deux boucles qui se touchent ont chacune la sortie de la navette par dessous le crin, et la rentrée par dessus, tandis que d'après la carte fig. 7, le second coup de la première boucle, et le premier coup de la seconde sont sous le crin, ce qui forme un renversement qui, sans être nuisible à la confection du ruban, n'en produit pas moins un effet suffisamment sensible pour qu'on le reconnaisse aisément après la fabrication.

Le *bord N° 3* est un picot à trois boucles, dont le nombre impair nécessite un *double rapport*.

La carte, fig. 9, présente l'exécution par frange tirée; les deux premiers coups du luisant sont lardés contre la lisière, et, au cinquième coup, le crin levant deux fois de suite, le roquetin entre dessous, ce qui produit les deux premières boucles; la troisième s'obtient à la levée

du crin, qui a lieu deux coups plus haut; et comme ce crin continue
à lever pendant les dix coups suivants, le roquetin, durant ce temps,
borde dessous.

La carte, fig. 10, ne diffère de la précédente que par l'absence du
roquetin et par l'abaissement d'un coup des luisants, parce que toutes
ces cartes (qu'elles puissent être ou non exécutées sur le métier à basse-
lisse), sont toujours entendues pour que la navette prenne son point de
départ de droite à gauche, ce qui forme le bordage à gauche du premier au deuxième coup, tandis qu'à droite il a lieu du deuxième
au troisième. Ainsi, pour les bordages par *franges tirées* qui, par leur
nature, sont inverses à ceux par *effet de trame*, il faut commencer à
peindre, à gauche, le luisant par deux coups, et à droite par un; il
faut donc faire le contraire pour exécuter le bordage par effet de trame,
et si l'on veut utiliser une même carte pour obtenir les deux genres, il
suffit de prendre la droite pour la gauche et réciproquement.

La carte fig. 11 diffère de celle fig. 10, en ce qu'elle a une levée
de crin de plus pour la formation de la troisième boucle.

Bord N° 4, pl. 145. Ce bord est un picot à quatre boucles obtenues
par deux doubles levées du crin, séparées par deux coups, et dont
les levées ne sont pas semblables aux études précédentes.

Il est bon d'observer qu'il n'est pas indifférent, pour la bonne exécution des bords par frange tirée, que la levée des roquetins soit
peinte sur le premier ou sur le second coup de luisant; elle doit toujours l'être sur le premier, puisque c'est sur celui-ci qu'a lieu la sortie
de la navette, et qu'à ce coup, la levée du maillon dévide le fil du
roquetin, qui, à la rentrée de la navette, n'est tendu que par la contre-
charge, ce qui lui permet d'entrer bien plus facilement dans la lisière
que si la levée du maillon avait lieu sur la rentrée de la navette; car
si la levée du roquetin était peinte sur le second coup, la trame rentrerait difficilement, et l'ouvrier serait alors obligé de bander davantage
le ressort de la navette, ce qui conduirait à border trop serré, et conséquemment à faire le ruban trop étroit.

Bord N° 5. Ce bord est nommé *dent de scie.* On peut l'exécuter par
trois moyens : 1° par frange tirée, carte fig. 1re; 2° par la trame, le
crin levant par deux coups, carte fig. 2; 3° par pointe d'une levée,
fig. 3. Ce dernier moyen est néanmoins le seul usité pour basse-lisse,
parce que les crins de chaque bord, levant ensemble, économisent des

lisses, ce qui est de la plus haute importance pour ce genre de métier.

Bord N° 6. Celui-ci est simplement nommé *frange à deux crins ;* il est très en usage, et ne diffère du précédent qu'en ce que son sommet a deux boucles au lieu d'une; cette disposition évite le *double rapport.*

Bords N°⁵ 7, 8, 9 et 10, pl. 145 et 146. Ces bords sont les franges à trois crins; ils diffèrent les uns des autres par le plus ou moins de boucles, et par la disposition de leur gradation. Ces franges, n'offrant aucune particularité qui ne soit décrite dans les précédentes explications, nous ne croyons pas devoir nous étendre davantage sur cette série, malgré les variations dont elles sont susceptibles.

Des engrelures.

Quoique les *engrelures* soient souvent entremêlées de divers effets de trame, telle celle n° 16, pl. 147, l'*engrelure* proprement dite est formée par un roquetin décrivant des demi-cercles, qui bordent chaque côté du ruban, ainsi qu'on le voit du bord n° 11 au bord n° 21.

Bord N° 11. L'engrelure de ce bord s'obtient par deux entrées du roquetin dans la lisière; ces *entrées* sont distantes l'une de l'autre du nombre de coups nécessaires pour la hauteur du diamètre que comporte le demi-cercle, sur une de ces entrées le crin lève et entre dessous, tandis que sur l'autre le crin reste en fond; alors, le roquetin entrant dessus entoure le crin et produit le demi-cercle; mais comme l'entrée d'un roquetin dans une lisière en luisant ou gros de tours fait *changer le pas*, il faut que chaque entrée soit précédée ou suivie d'un coup de taffetas qui interrompt et rétablit le bordage par la trame, fig. 1ʳᵉ première carte, pl. 146.

On observera que si la lisière est en taffetas, chaque entrée de frange devra entrer dans une levée de trois coups, et pareillement à chaque bord; la frange de gauche entrera dans les deux coups inférieurs, et celle de droite dans les deux supérieurs, carte fig. 2. Cette méthode permet d'exécuter la lisière avec deux lisses au lieu de quatre, qui seraient indispensables si elles travaillaient en luisant.

Bord N° 12. L'engrelure de ce bord est à demi-picot, et s'exécute par deux entrées consécutives; le crin levant sur la première seulement, produit le demi-picot qui se fait du premier coup au second, et le demi-cercle de la seconde entrée s'exécute au retour de la première, carte figure 3.

Bord N° 13. Cette engrelure, dite *à picot*, a trois entrées consécutives et deux rapports, le crin au premier effet lève à la première et troisième entrée de frange, tandis que pour le second, il lève à l'entrée du milieu, ce qui s'exécute au moyen d'un seul crin.

On conçoit que les *engrelures* sont toujours plus hautes de boucles que les *picots* qui les séparent; la raison en est que, ces derniers se ployant plus brusquement par les entrées rapprochées, serrent davantage le crin que l'engrelure qui se reploie par un plus long écartement, carte fig. 4.

Bord N° 14. L'engrelure de ce bord est à *dent de scie*, la petite boucle du milieu et l'engrelure se font au moyen de deux crins, tandis que chaque petite boucle n'en entoure qu'un, carte fig. 5.

Bord N° 15. Cette engrelure diffère de la précédente en ce qu'elle est établie par frange à deux crins, et qu'au lieu de trois boucles dans l'intervalle, elle en a quatre, ce qui nécessite un double rapport dans la mise en carte, carte fig. 6.

Bord N° 16. Cette engrelure entoure une frange à trois crins, produite par la trame, et par nombre impair de boucles.

Bord N° 17. Ce bord a les deux franges sur trois crins; il est produit par deux roquetins de couleur différente dont l'un fait engrelure. Ce genre de bordage a l'inconvénient que le roquetin, qui ne fait pas d'engrelure, traîne contre le bord de la lisière, soit à l'endroit, soit à l'envers, et produit un effet disgracieux après le roulage de la pièce du ruban, carte fig. 1re, pl. 148.

Bords N°s 18 et 19. L'engrelure n° 18, carte fig. 2, est, moins le double effet, produite par les deux roquetins, conformément à la simple engrelure n° 11; celle du n° 19, carte fig. 3, a rapport à l'engrelure n° 12, dont elle n'est qu'une complication.

Bord N° 20. Cette engrelure, qui est faite au moyen de deux roquetins établis sur deux élévations différentes, est d'une exécution très difficile, parce que les crins et les roquetins sont entremêlés un par un. Ces deux roquetins sont séparés par le crin extérieur et font à la fois le même travail, tandis que les crins alternent, afin que leur opposition de *levée* et de *baissée* détermine une hauteur plus prononcée du roquetin extérieur ou intérieur, carte fig. 4.

Bord N° 21. Celui-ci est une complication du n° 18, par rapport aux cinq boucles établies sur trois élévations différentes, produites par la trame entre chaque entrée des roquetins formant la double engrelure, carte fig. 5.

Bord N° 22. Le bordage de celui-ci est exécuté par frange tirée, carte fig. 6, pl. 148, et par trame, carte fig. 7. L'intervalle existant entre la lisière extérieure et celle intérieure est formée par un nombre arbitraire de dents vides, laissées au peigne, suivant la hauteur qu'on veut donner à la frange.

Dans la carte fig. 7, le roquetin entre dans tous les coups et borde la lisière intérieure aussitôt que la frange cesse ; alors le dernier pas de la lisière extérieure continue à lever jusqu'à la prochaine reproduction de la frange ; il résulte de cette disposition que le roquetin entrant et sortant plusieurs coups sur un même pas, ne produit aucun bordage sur cette lisière, qui, n'étant pas tissée dans cette partie, permet aux boucles de s'élargir en forme d'éventail, le crin aidant à cet effet par l'écartement du bordage contre la lisière inférieure.

Cette même frange exécutée par la trame n'offre après l'exécution, sauf la couleur, aucune différence de celle fig. 6 ; seulement il est inutile, pour celle-ci, de faire lever le dernier pas de la lisière extérieure pendant le bordage de celle intérieure ; néanmoins ce ne serait pas un notable inconvénient, aussi le fait-on quelquefois pour de légers motifs. Mais comme, en principe, on ne doit pas fatiguer la soie par un travail superflu, nous l'avons pointée, et conseillons de suivre ce principe.

Bien que l'on puisse étendre beaucoup plus loin la série des bordages irréguliers, par suite des nombreuses variations dont ils sont susceptibles, nous croyons devoir terminer ici cette série, d'autant plus que la généralité des changements qu'on peut leur faire subir, repose en principe sur les démonstrations précédentes.

Bordure, carte fig. 8, pl. 148. On donne à cette bordure le nom de *lisière ronde ;* c'est un genre de bordage presque toujours en usage pour l'article *cordons,* et très souvent pour les taffetas façonnés ; elle prend également le nom de *bord.*

On voit d'après le pointage établi sur cette carte, que le croisement n'est autre qu'un taffetas double étoffe, dont un coup tisse l'étoffe inférieure, et l'autre l'étoffe supérieure ; ces deux tissus se rejoignent par le ploiement de la trame à sa sortie et à sa rentrée.

Afin d'en faire mieux comprendre la démonstration, nous avons, dans cette carte, représenté la chaîne supérieure par des carreaux pleins, et la chaîne inférieure par un pointage grisé.

Bordure, carte fig. 9. Cette bordure est nommée *bordure à boyau*. Elle est formée au moyen d'un très-gros crin qui lève en taffetas à chaque bord du ruban, et dont la lisière forme gros de tours ; chaque coup de navette entoure ce crin, qui, en se défilant, laisse un boyau continu formé par la trame et en dehors du ruban.

Pour que ce bordage produise un bel effet, il faut que la trame soit de belle qualité et très fournie.

Quoique nous ayons pointé tous ces *fonds* en taffetas, l'armure n'en reste pas moins arbitraire.

CONTRE-SEMPLAGE POUR RUBANS.

Le contre-semplage, pour rubans, étant beaucoup plus varié que pour les étoffes, nous allons décrire les cinq méthodes principales dont on fait usage.

1er Contre-semplage. Lorsque le dessin s'exécute sur un fond taffetas, il faut que le nombre des fils, qui se contre-semplent, soit impair. On peint l'effet sur la moitié de la carte, à gauche, qui est le côté de la lanterne, carte n° 1, pl. 149, et la carte est lue en deux reprises.

La première lecture a lieu dans la position naturelle de la carte, c'est-à-dire en partant de gauche à droite, et la deuxième se fait en renversant la carte, c'est-à-dire en plaçant le haut en bas ; alors le côté de la lanterne, qui était à gauche, se trouve à droite, et dans cette seconde lecture, qui s'exécute également de bas en haut, et de gauche à droite, comme la première, il en résulte que le dernier coup de la carte n° 1 devient, par l'effet du renversement, le premier coup de la carte n° 2, et forme le dessin représenté par l'esquisse, fig. 1re, pl. 142.

Quant aux *bords* des *dispositions*, ils ne se contre-semplent pas ; il est d'usage de les lire sur huit coups et de les piquer *à paquets*, observant de faire accorder le dessin, y compris le fond, par multiple de 8 ; donc, dans celui-ci, le premier coup des bords sera piqué, à la fois, sur les n°s 9, 17, 25, etc. ; le deuxième le sera sur les n°s 2, 10, 18, etc., et ainsi de suite, de huit en huit.

Lorsqu'une *disposition* pour taffetas façonné est établie sur un nombre pair de cordes, ce qui serait un obstacle pour le contre-semplage,

I.

48

on remédie à cet inconvénient en reportant la première ou la dernière corde sur un des paquets ; par ce moyen, on ramène un nombre impair. On conçoit facilement que ce procédé fait appuyer et déplacer, d'une corde sur l'autre, toute la partie transversale.

Afin de faire mieux comprendre ces démonstrations, nous donnerons, pour chacun de ces cinq contre-semplages, une disposition qui lui sera applicable.

Ourdissage et disposition du 1er contre-semplage

CARTE N° 1.

Ourdissage.			*Disposition.*				
			3 dents,	lisière	à 3 fils	9 fils	
18 fils doubles,	lisière ;		3 »	satin	à 5 »	15 »	
30 »	satin ;		47 »	taffetas	à 3 »	141 »	
141 »	taffetas ;		5 »	satin	à 5 »	15 »	
			3 »	lisière	à 3 »	9 »	
189			61			189	
						Crins..	2

CARTE N° 2.

L'ourdissage et la disposition de cette carte restent absolument les mêmes que pour la carte N° 1.

Bien que dans la mise en carte de ce contre-semplage, pl. 149, nous n'ayons fait figurer, que du côté gauche seulement, les 9 fils de gros de tours et les 15 fils satin de huit, on peut ou les ajouter ou les considérer comme s'ils étaient également pointés à droite et de la même manière, c'est-à-dire à retour.

Pour la même raison nous n'avons pas jugé nécessaire de répéter, sur toute la hauteur de la carte, l'armure *gros de tours* ou *cannelé*, et le satin de huit.

Dans le cas où l'on voudrait, sans rien toucher au façonné, élargir les parties du fond, en chaîne comme en trame, il suffira d'établir cet élargissement par des nombres concordants avec le genre de l'armure.

Il en est de même pour l'augmentation des cannelés et satins formant le *rebordé* à gauche et à droite de la carte.

2e *Contre-semplage.* Lorsqu'il s'agit de contre-sempler un dessin sur fond satin, il faut, pour première condition, que le dessin soit continu, c'est-à-dire qu'il interrompe constamment le fond, en séparant la droite d'avec la gauche, de manière que les deux parties du fond, qui viennent joindre le façonné, n'aient aucune communication entr'elles, et que le satin du fond soit pointé, à chaque côté, dans un sens opposé l'un à l'autre ; c'est ce dont on peut se rendre compte en examinant attentivement le pointage du fond de la carte n° 1, pl. 150, où l'on remarquera que la direction du satin est du côté droit, de droite à gauche en *sautant* deux coups, et décochetant d'une corde, tandis que le côté gauche est pointé dans une direction contraire.

Ainsi, ayant *lu*, dans leur position ordinaire, les 48 coups dont se compose cette carte, qui, par elle-même, ne comporte que la moitié du dessin, il faut, pour exécuter la seconde moitié, relire cette même carte dans le sens opposé, c'est-à-dire en prenant pour cette seconde fois la droite de la carte pour la gauche.

Par cette ingénieuse combinaison, le premier coup de la seconde lecture vient se raccorder aussi bien dans le fond que dans le façonné, et cette répétition inverse reproduit exactement les 96 coups qui constituent le dessin dont la forme entière est représentée dans l'esquisse fig. 2, pl. 142.

De cet exemple on peut tirer la conséquence suivante :

Que si, après avoir tissé les 48 premiers coups, au lieu de lire une seconde fois la carte, on transposait les cartons en les plaçant de manière à mettre la droite pour la gauche, et le haut pour le bas (et sans les retourner à l'envers), il en résulterait que le premier trou du carton, au lieu de correspondre au premier crochet, correspondrait au dernier, et réciproquement ; dans ce cas, 48 cartons produiraient l'effet de 96.

Il est constant que pour obtenir ce résultat, il faut nécessairement que la mécanique soit garnie semblablement dans ses deux moitiés, et que le tissage ait lieu *en avant* pour la première partie, et *à retour* pour la deuxième.

Bien que cette méthode permette d'économiser la moitié des frais de lisage, cet avantage n'est sensible que lorsque le *manchon* ou demi-dessin est composé d'un nombre assez considérable de cartons ; car, dans le cas contraire, l'ouvrier éprouverait une trop grande perte de temps pour le déplacement et le replacement des cartons. Nous reviendrons sur ce sujet à l'article châles, pour lequel ce procédé est fréquemment en usage.

Ourdissage et disposition du 2ᵉ contre-semplage.

Ourdissage.		Disposition.		
18 fils doubles, lisière;		3 dents,	lisière à 3 fils,	9 fils ;
108 » satin ;		36 »	satin à 3 »	108 »
		3 »	lisière à 3 »	9 »
126		63		126
			Crins..	2

3ᵉ *Contre-semplage*. Tous les dessins, dans le genre de celui que nous représentons, pl. 151, peuvent se contre-sempler sur nombres pairs de fils et de coups, sans avoir recours au renversement de la carte pour le *piquage* de la seconde lecture.

Ainsi, sur cette carte, dont le dessin porte 72 coups de hauteur, le 36ᵉ, qui est le dernier de la première lecture, deviendra le 37ᵉ, qui est le premier de la seconde, observant seulement de prendre la droite pour la gauche; alors la partie supérieure de la moitié du dessin de droite venant se superposer sur la moitié de la partie de gauche, complète le dessin et lui donne la forme représentée par l'esquisse de ce même dessin.

Pour pointer le fond, de manière que le satin n'éprouve aucun obstacle pour le contre-semplage, et que l'armure se continue régulièrement, on se base sur les deux cordes du milieu de la carte, en plaçant un point adjacent à droite et à gauche de ces deux cordes et en décochant d'un coup, en montant, puis on placera tous les autres points de la manière suivante :

Ceux de droite, en les écartant de deux cordes vers la droite et en les montant d'un coup, et ceux de gauche en les écartant également de deux cordes, mais vers la gauche, et en les descendant d'un coup.

Ourdissage et disposition du 3ᵉ contre-semplage.

Ourdissage.		Disposition.		
18 fils doubles, lisière;		3 dents,	lisière à 3 fils,	9 fils ;
141 » satin ;		47 »	satin à 3 »	141 »
		3 »	lisière à 3 »	9 »
159		53		159
			Crins..	2

4ᵉ *Contre-semplage*. La planche 152 représente une mise en carte qui ne diffère de la précédente que par le nombre de cordes, qui est impair au lieu d'être pair; cet exemple nous servira à démontrer que toutes les fois que le contre-semplage exige un nombre pair, il faut, pour l'exécuter, peindre un coup de plus que comporte la moitié du dessin, afin que le point de satin, qui se trouve placé sur la corde formant le milieu de la disposition, reste à sa place, parce que le contre-semplage faisant pivoter le dessin sur ce point supplémentaire, celui-ci, et tous ses semblables, établis sur le même coup, continuent l'armure dans toute sa régularité. Or, le dessin ayant 96 coups de hauteur, la carte est établie sur 49 coups au lieu de 48, observant que le 49°, qui appartient à la première *lecture* de la carte, et qui, par le *pivotage*, devient le premier de la seconde lecture, est considéré comme nul dans celle-ci. On conçoit, en effet, que s'il était repris, il ne pourrait produire autre chose qu'un coup double, c'est ce qu'il faut éviter.

Donc, la seconde lecture se fera en sautant, non-seulement le premier coup, mais encore le dernier, puisque ces deux coups sont les mêmes que ceux qui ont été pris au commencement et à la fin de la première lecture; enfin, pour ne laisser aucun doute sur cette démonstration, nous dirons que la première carte ou première lecture, étant établie sur 49 coups, il n'en doit rester que 47 pour la seconde, puisque la totalité que comporte le dessin n'est réellement que de 96.

Ourdissage et disposition du 4e *contre-semplage.*

Ourdissage.		Disposition.		
48 fils doubles, lisière;		3 dents,	lisière à 3 fils,	9 fils;
138 » satin;		46 »	satin à 3 »	138 »
		3 »	lisière à 3 »	9 »
156		63		156
			Crins..	2

5° *Contre-semplage*. Dans celui-ci, le dessin n'interrompant pas entièrement le fond, comme le prescrit le 2° contre-semplage, on remédie à la défectueuse jonction qui aurait lieu dans tout le travers du ruban, lors du renversement de la carte, en pointant, avec une seconde couleur, le contre-semplage du satin, au moyen d'un double pointage pour le fond qui serait, par exemple, rouge et noir; le façonné ou dessin pourrait être vert (1).

(1) Nous ferons remarquer que la lithographie de nos planches ne permettant

. A la première lecture, on lira tous les points verts et les points rouges, tandis qu'à la seconde, on lira les points verts et les points noirs; ces derniers se trouvant disposés de manière à donner, par le renversement de la carte (gauche pour droite), la continuation du satin pointé en rouge. On piquera les *bords* à *paquets* de la même manière qu'aux précédentes descriptions.

Ourdissage et disposition du 5ᵉ contre-semplage.

Ourdissage.		*Disposition.*		
18 fils doubles, lisière;		3 dents, lisière à 3 fils,	9 fils	
138 » satin;		46 » satin à 3 »	138 »	
		3 » lisière à 3 »	9 »	
‾‾‾		‾‾‾	‾‾‾	
156		52	156	
		Crins..	2	

Bien que ı réduction de la chaîne et de la trame, ainsi que celle du peigne, varie selon la qualité des rubans, néanmoins la plus usitée est sur des peignes de 65 à 68 dents aux 3 centimètres, et passée à 3 ou 5 fils en dent; la trame ou le *battage* est d'environ 36 coups au centimètres

Il est d'usage, en rubannerie, de désigner la largeur d'un ruban par un numéro qui lui est spécial.

Le nº 1 indique un ruban de 0ᵐ,007 millim. (environ 3 lignes, ancienne mesure).

Le nº 2 = 0ᵐ014 millim.   Le nº 4, 0ᵐ,028 millim.

Le nº 3 = 0ᵐ021 »   Le nº 5, 0ᵐ,035 »

et ainsi de suite, toujours en augmentant de 7 millimètres par numéro.

DES ENCROIX.

Chaque mise en carte de ces contre-semplages a un *encroix* ou *enverjure* pointé au bas de la carte; cet encroix est ordinairement composé de six coups destinés à servir aux opérations préliminaires du

_____

le travail minutieux du pointage à 5 couleurs, dans une mise en carte, dont les carreaux sont d'une aussi petite dimension, nous avons remédié à cette difficulté par un pointage exprès, qui, bien que d'une seule couleur, permet de distinguer les trois parties.

Ainsi, dans la mise en carte de ce contre-semplage, nous désignons la couleur verte, qui appartient au façonné ou dessin, par un pointage *grisé*; le rouge par un seul point rond (.), et le noir par un pointage ordinaire qui remplit entièrement le carreau.

montage; chacun de ces coups est représenté par un carton lu tout exprès, qui reproduit exactement ce pointage considéré comme guide.

Les deux coups inférieurs sont établis pour faciliter le passage au peigne. En effet, ainsi que le démontre chacune des dispositions ci-devant décrites, soit, par exemple, celle du 1ᵉʳ contre-semplage, on remarque que la mise en carte de ces deux coups (carte n° 1) en est exactement la reproduction, puisqu'ils lèvent conjointement les six dents *lisières*, dont trois à droite et trois à gauche en les croisant par 3 fils; les six dents satin, dont trois à droite et trois à gauche, en les encroisant par trois fils, enfin les quarante-sept dents du milieu, appartenant au taffetas, en les encroisant par trois fils; ces deux coups s'envergent devant le corps.

Cette méthode, aussi simple que facile, est d'une heureuse application, en ce que, pour le passage au peigne, elle évite, non-seulement les erreurs, mais encore, de ternir par la manipulation, une partie de la chaîne, les lisses, ainsi que la garniture des maillons.

Les deux coups, pointés au-dessus de ceux dont nous venons de parler, servent à encroiser le fond, derrière le corps, et aussi à procéder à l'opération du *tordage;* enfin le pointage des deux coups supérieurs, établis seulement à droite et à gauche, sert à encroiser les lisières isolément.

DU MÉTIER A LA BARRE.

L'étroitesse des rubans inférieurs, et surtout la modicité de leurs prix a nécessairement amené l'adoption d'un métier réunissant à la fois la célérité de la confection, et la facilité de tisser, en même temps, un assez grand nombre de pièces. Ces deux avantages sont plus que suffisants pour que ce métier, dit *à la barre*, soit usité dans la généralité des fabriques.

Le nom de ce métier lui vient de ce qu'il est mu au moyen d'une barre transversale qui communique à toutes les pièces mobiles, les mouvements rectilignes ou curvilignes, selon qu'il est nécessaire; cette barre est donc en quelque sorte, le moteur principal.

Ces métiers peuvent indistinctement être montés à lisses ou à corps. Dans le premier cas, la foule se fait au moyen de touchettes exerçant une pression sur les leviers correspondant aux lisses. Dans le second, la mécanique Jacquard exécute son mouvement au moyen d'une manivelle, dite *bâton rompu.*

Le *va-et-vient* du battant a lieu au moyen d'une *bielle* placée à chacune de ses extrémités; ces deux bielles sont semblablement adhérentes à l'excentrique des roues placées à droite et à gauche du métier; un *volant* fixé à l'axe principal, vient en aide au mouvement de rotation.

Les navettes reçoivent leur mouvement par la disposition d'une crémaillère transversale commandée par un pignon dont la rotation est alternative. Ces métiers peuvent confectionner jusqu'à 24 ou 30 pièces à la fois. Nous en donnerons les plans et les explications au chapitre du TISSAGE MÉCANIQUE.

On donne le nom de *chargement* à la totalité des chaînes qui se transforment en rubans en même temps.

Les rubans de première qualité, très larges et très fournies en chaîne sont de préférence, quoique confectionnés par deux ou trois à la fois, tissés à la main, c'est-à-dire avec des métiers ordinaires munis d'un battant disposé tout exprès; le tissage fait par ces métiers a toujours une perfection qu'on ne peut obtenir avec les métiers à la barre.

DES BRETELLES.

Ce que nous venons de dire pour les rubans nous dispense, en grande partie, des descriptions concernant l'article bretelles, ce dernier ayant presque les mêmes principes de confection. Néanmoins il reste à signaler et à décrire une seule méthode, qui n'existe dans aucun autre tissu; ce sont les boutonnières.

Pour leur formation, il faut que la chaîne soit montée par moitié (droite et gauche), sur deux jeux de lisses ou de corps, lesquels n'en forment qu'un lors du tissage transversal dans son entier, et lorsqu'il s'agit de confectionner les boutonnières, chaque jeu opère un tissage alternatif, en formant, pendant un certain intervalle, deux bandes adjacentes, et par conséquent quatre lisières.

La longueur de la boutonnière étant terminée, les deux jeux de lisses sont réunis en un seul. Les bretelles ainsi confectionnées sont du ressort de la passementerie

Les bretelles qui exigent le plus de complication sont celles dont la doublure qui forme l'envers, se fait en même temps que l'endroit. A cet effet, une seconde chaîne de matière inférieure forme l'envers du tissu, ayant soin toutefois que le liage ne laisse aucune transparence défectueuse à l'endroit.

Quand les boutonnières ne sont pas ménagées lors du tissage, cet article se fait ordinairement par plusieurs pièces à la fois et sur des métiers à la barre, dans le genre des rubans.

CHAPITRE XXII.
Des Châles en général.

SOMMAIRE : *Du Châle Cachemire des Indes. — Châles français. — Montage à la Lyonnaise. — Montage à la Parisienne. — Mécanique d'armure appliquée aux châles. — Montage à tringles. — Esquisses et mise en carte des châles. — Papier briqueté. — Papier Grillet. — Lecture de la carte. — Déroulage. — Châle au quart; au huitième; au seizième. — Renversement et transposition des cartons. — Empoutage à planchettes appliqué aux châles. — Châles doubles.*

Les premiers essais sur la fabrication des châles furent faits en France quelque temps après notre conquête d'Egypte; mais à cette époque, les innombrables difficultés qui se présentèrent pour leur confection, en retardèrent considérablement l'exécution.

L'obstacle principal consistait dans la filature et dans la manipulation de la laine; en ce temps, les ouvriers étaient peu exercés au maniement de cette matière. Ce fut principalement à cause de cet obstacle qu'on fit les premiers châles avec chaîne soie et trame laine; cette dernière fut le plus communément employée conjointement avec de la fantaisie ou du coton.

Ce fut donc pour ce motif, qu'à cette époque les fabricants furent forcés d'avoir recours à l'emploi des matières qui avaient le plus de rapport à celles exigées pour la confection des châles.

La soie dont on se servit d'abord pour chaîne fut de la *grenadine*, dont le tors fortement *monté* contribuait le plus à se rapprocher du grain qui existe dans le tissu cachemire, et ce ne fut qu'avec le temps que l'on amena insensiblement les ouvriers à la manipulation de la laine, matière unique et spéciale pour la confection des véritables châles; aussi la grenadine, la fantaisie et le coton, n'ayant pu rendre l'éclat des nuances, ainsi que le velouté de la laine, n'ont eu qu'un triomphe passager étayé sur la nécessité.

I.   49

Du Châle cachemire des Indes.

Ce genre de châle, qui conserve le nom de la Vallée de Cachemire, où il est en grande partie confectionné, est sous divers rapports, bien supérieur à ceux fabriqués en France; matières, couleurs, originalité de dessins, harmonie des tons, tissage, et surtout par son mode de fabrication, qui, comme on le sait, a lieu partiellement d'après le système dont on fait usage à la manufacture des Gobelins, ainsi que d'après le tissage connu sous le nom de *broché-crocheté*. Ces deux méthodes ne produisent pour ainsi dire point de déchets, et offrent la plus grande solidité pour le tissu.

Mais si, dans les châles de l'Inde, il y a sous certains rapports supériorité sur les châles français, il y existe aussi de notables imperfections; et ce qu'il y a de plus bizarre, c'est que ce sont précisément ces défauts qui, en leur donnant un cachet particulier, constituent généralement leur qualité aux yeux de leurs propriétaires.

De tous ces défauts, celui que nous considérons comme le principal et qui est aussi le plus frappant, c'est celui résultant du mode de fabrication.

Le châle de l'Inde est tissé par parties disséminées, soit en bandes, en carré ou en parallèlogrammes, selon la disposition du dessin; le travail en est distribué à plusieurs ouvriers à la fois, seul moyen d'obtenir une prompte confection. Tous les fragments sont ensuite rassemblés au moyen de coutures très ingénieuses sans doute, mais dont les traces quoique peu apparentes, loin d'être une difformité, ne caractérisent que mieux leur origine.

Une des plus grandes difficultés que l'on rencontre dans cet assemblage par coutures, est l'exécution plus ou moins parfaite de chaque fragment confié à des mains plus ou moins habiles. C'est pour cette raison que, dans ces sortes de châles, on remarque souvent que certaines parties sont tissées en réduction plus ou moins forte que d'autres, afin d'arriver au raccord général, qui a rarement lieu sans quelque imperfection sensible.

Le tissage de ces sortes de châles se faisant tout simplement par la lecture de la carte, et en même temps, le travail en est long, minutieux, et par conséquent ne peut se faire avec avantage que dans les pays où la main-d'œuvre est à bas prix. En outre, les métiers n'étant chacun destinés qu'à l'exécution d'une partie minime d'un châle, sont généralement construits avec quatre morceaux de bois, le plus souvent bruts, formant un chassis dont les deux côtés opposés servent d'ensouple ou de rouleaux. La simplicité de ces métiers supprime donc non-seulement toute espèce de mécanisme, mais encore une foule d'autres ustensiles et accessoires dont nous faisons usage pour les articles façonnés.

Néanmoins, cette industrie a pris une certaine extension, et les métiers servant à leur confection sont aussi établis avec plus de goût et de symétrie.

Afin de donner sur cette industrie des renseignements plus complets, nous croyons ne pouvoir faire mieux que de reproduire ici un extrait de la vingt-neuvième livraison du *Voyage dans l'Inde*, par le célèbre VICTOR JACQUEMONT :

« *Loudhiana* possède depuis une vingtaine d'années une industrie nouvelle, qui y acquiert chaque jour un plus grand développement. C'est la fabrication des châles dits *de Cachemire*. Elle y a été introduite par une colonie de Cachemiriens, qui se recrutent chaque année à Cachemire. Elle contient déjà plus d'un millier de ces industrieux ouvriers. Loudhiana a 400 métiers de châles.

« Les fabricants vont tous les ans acheter à *Rampour*, en *Bissahir*, le *paschm* qu'ils appellent *ounne*. Tel qu'il est apporté à Rampour par les Kanaoris et les Thibétains, le *paschm* dans son état brut, mêlé d'une grande quantité de jarre et fort malpropre, coûte deux roupies (5 francs le kilog. environ). Il est trié et assorti par les fileurs, en deux couleurs, le brun et le blanc. Le premier sert pour les couleurs sombres, le second reçoit toutes les teintures claires et éclatantes.

« Le filage est difficile et dispendieux. Le fil le plus fin qui se fasse à Loudhiana, tordu en deux et prêt à passer à la teinture, coûte environ le tiers de son poids en argent; le plus commun est quatre fois moins cher.

« Le fil, avant d'être teint, a une mollesse soyeuse, qu'il perd toujours plus ou moins par la teinture. Le noir est la couleur qui lui donne le plus de rudesse.

« Les couleurs de Loudhiana sont très solides ; elles résistent parfaitement à des lavages multipliés ; mais elles sont toutes fausses et presque toutes sans éclat.

« Les châles ordinaires ont 1^m,20 à 1^m,25 de largeur. Trois ouvriers y travaillent à la fois, assis sur un banc de la longueur du cylindre, autour duquel le tissu est enroulé. Chacun a une soixantaine de navettes au moins, qu'il fait jouer avec une grande vitesse quand il est expert. Généralement, l'ouvrier placé entre les deux autres est le plus habile, et tout en faisant son ouvrage, il tient l'œil sur le travail de ses voisins, les reprend, les guide, les conseille, et enfin le chef s'aide lui-même souvent d'un coup-d'œil sur un dessin fait à la plume, qui représente, sans la diversité de leurs couleurs, la forme des palmes qu'il exécute, car il ne voit en travaillant que le revers de son ouvrage.

« Quand il est moins habile, il a devant les yeux un vieux manuscrit, généralement fort gras et fort déchiré, qui lui apprend quels fuseaux il doit faire jouer, et combien de fils de chaîne la trame doit prendre chaque fois.

« Les palmes des châles de cachemire, comme les mots du langage composé d'un nombre limité de lettres ou de syllabes, sont formées de figures élémentaires, dont les diverses combinaisons produisent leurs variétés infinies. Les enfants qui travaillent sous la direction d'un ouvrier plus habile, ont coutume d'épeler les mots de ce langage en le lisant. Ils annoncent ce qu'ils font, et leur langage est plein de volubilité pour suivre la vitesse du travail de leur main. Le maître, qui sait ordinairement par cœur la leçon qu'ils répètent, les arrête à la moindre faute et les remet sur la voie.

« Un atelier ne renferme que deux, trois ou quatre métiers, généralement opposés l'un à l'autre par paires. Les châles se font et se vendent toujours par paire, aussi semblables que possible l'un à l'autre. Il ne s'en fait à Loudhiana que de communs ou de très-communs, tels que je n'en ai jamais vus en Europe, où je crois qu'ils ne trouveraient point d'acheteurs. Ces qualités grossières sont les seules qui aient dans l'Inde un débit constant. Les Cachemiriens de Loudhiana disent qu'ils pourraient faire des châles magnifiques, mais qui ne seraient pas de vente.

« Une paire de grands châles de 2^m,75 de long sur 1^m,25 de large, avec de très-larges palmes de 0'55 de hauteur et une rangée de palmettes au dedans de la bordure de la qualité commune, presque seule fabriquée à Loudhiana, à fond rouge, noir ou jaune, coûte 140 *roupies* sonnant (environ 320 francs). La paire occupe, pendant trois mois et demi, une couple de métiers.

« Comme trois ouvriers travaillent à la fois sur un métier, cette paire

de châles si communs exige 600 journées d'ouvrier. Le salaire moyen
des ouvriers est de 2 anas (50 centimes) par jour, ou 4 roupies par mois,
ce qui fait 84 roupies ou environ 190 fr. pour la façon d'une paire de
châles; il reste 56 roupies (environ 130 francs) pour le prix du fil et
le profit du marchand, ce qui est bien peu. A moins d'une commande
expresse, les plus beaux châles, en couleur noire ou rouge, qui se
font à Loudhiana, coûtent 250 roupies (environ 575 fr.) la paire; ils
ont 2^m,75 de long et 1^m,25 de large. Les palmes de chaque extrémité
ont 0^m,65 de hauteur, et les bordures avec les palmettes qu'elles en-
ferment 0^m, 27 de hauteur. La trame est fabriquée avec le fil le plus
fin qui se file à Loudhiana, et dont le prix est le $^1/_3$ de son poids en
argent; mais le fil qui sert aux palmes est deux fois plus grossier, et
ne coûte que la moitié du précédent.

« Une telle paire de châles occupe deux métiers pendant six mois et
coûte environ 144 roupies (331 fr.) de main-d'œuvre; il y a pour environ 20 roupies (46 fr.) de fil dans la trame, et pour 6 roupies (14 fr.)
dans les palmes; c'est donc 170 roupies (391 fr.) pour la façon et la
matière, et il reste 80 roupies (184 fr.) pour le profit du marchand,
qui doit faire aux ouvriers l'avance de leur salaire pendant six mois,
et ceci dans un pays où l'intérêt des capitaux est toujours usuraire.

« Les châles à 250 roupies la paire sont si communs qu'ils se ven-
draient difficilement en Europe. Ils sont très-lourds; les palmes ont
une raideur disgracieuse; le tissu lui-même n'a point cette molesse particulière que nous aimons en Europe dans les beaux châles de cachemire; mais il l'acquiert par le porter et le blanchissage. Je n'ai point
vu, sur les métiers de Loudhiana, de châles à fond vert, ni bleu; ils
seraient trop chers pour être d'une défaite facile. Je n'y ai pas non
plus vu de fonds blancs unis. Les châles blancs sont parsemés, dans
toute leur étendue, de palmettes vertes : ce sont les plus grossiers.

« La manufacture commune de Cachemire ne peut lutter avec celle
de Loudhiana sur les marchés de l'Inde. La main-d'œuvre est au
même prix dans ces deux fabriques et les produits de celle de
Loudhiana ne sont pas grevés des taxes levées sur les autres depuis
Cachemire jusqu'au Setludje. Cette industrie demeure ici exclusivement
entre les mains des Cachemiriens, qui, éloignés seulement de 18 jours
de marche de leur pays natal, ne cessent d'entretenir avec lui des relations journalières.»

Le document officiel suivant donnera également quelques renseignements sur la fabrication des châles longs de Cachemire dans ce pays, et fera comprendre les raisons qui s'opposent à les fabriquer sans couture.

TRADUCTION

D'un rapport des syndics-experts de la corporation des fabricants de châles Cachemire, adressé à MIRZA-AHAD *et envoyé à Paris par le général* ALLARD, *résident de France à Lahore.*

« Un châle long *(dou-Chalé)* à grandes palmes, à larges bordures, de première qualité, et recherché dans le commerce, peut s'établir sur le pied suivant :

« Une paire *(zassdj)* de châles longs, montée sur douze métiers, peut être confectionnée dans l'espace de six à sept mois. Dans le corps d'une paire *(djoura)* de châles longs, semblables l'un à l'autre par les dessins et les couleurs, il y a vingt coutures ou rentrayures *(peïswend)* ; les nœuds *(guusi)* de rattachement pour le rentrayage des diverses pièces de rapport dont se compose cette paire de châles sont alors coupés sur l'endroit et l'envers du tissu.

« Le très-noble Mirza-Ahad demande maintenant qu'on établisse un châle long unique *(ferdidou chali)*, c'est-à-dire sans pair, et non comme ceux dont il est question dans le paragraphe ci-dessus, sur un seul métier, et sans aucune rentrayure dans le corps du châle.

C'est pour cet objet que les syndics experts du corps des fabricants de châles longs ont été convoqués, et après s'être consultés, tout bien pesé et considéré, ils déclarent que, si l'on établit un tel châle sur deux métiers, il faut que la chaîne et la trame soient d'une qualité très-supérieure à celles qu'on emploie dans la confection des châles ordinaires (marchandises de bazar), et que, dans un tel ouvrage, les dessins et le mélange des couleurs soient en tout point d'une rare perfection.

« Dans ces conditions, un châle long sans couture exigerait un travail de trois années ; mais pendant cet intervalle il y aurait à craindre, pour la chaîne en laine, l'évent, l'altération des couleurs et la piqûre des vers, circonstances qui ne permettraient pas d'opérer le tissage.

« Le prix d'un châle de qualité marchande *(mâli bâzâri)*, fabriqué sur douze métiers, et qui demanderait six à sept mois de travail, coûterait, selon la beauté de l'ouvrage, de 1,200 à 2000 roupies, monnaie courante de Cachemire (entre 2,400 et 4000 fr. à peu près).

«Tels sont les renseignements que nous pouvons soumettre à S. E. Mirza-Ahad.

«Maintenant d'un commun accord entre les dits fabricants, il est convenu que, si des ordres supérieurs sont donnés, l'établissement des châles longs *(dou chali)*, dans les meilleurs ateliers, se fera sur le pied suivant :

Un grand Châle.

1.	**2.**
« A quatre grandes palmes (pellé) sur quatre métiers (tchihas du kan) avec la tête de la large bordure sur six métiers (Seri danwr).	« Le milieu avec la large bordure (dawr), les dentelures (kenkouré) et la petite bordure extérieure (hachué) sur deux métiers (Doudu kan).

«En un mot, dans le milieu d'un châle unique, c'est-à-dire sans pair *(chali fère)*, il y a toujours deux coutures, et c'est l'affaire des rentrayeurs *(rufoughèran)* qui font ce travail d'assemblage avec une telle perfection qu'il est impossible de s'en apercevoir.

«Dans ces conditions, un châle long exigerait un travail de douze mois complets, nuit et jour. On attendra les ordres de S. E. pour mettre la main à l'œuvre.

«Un carré à palmes *(djâldâr)* fond uni *(sade)* à large bordure ou encadrement *(dawr)* s'établit sur quatre métiers selon l'antique usage. D'après la demande de S. E., les fabricants de *Rou-mâl* se sont engagés à établir un carré sur un seul métier, et cela exigerait à peu près onze mois entiers de travail.

«Les syndics-experts de la corporation des fabricants de châles dans la province de Cachemire.

«Ici sont apposés neuf cachets de ces experts, en guise de signature, et au-dessous il est écrit :

«Visé par le cheïk *Djelaluddin-Monkim*.

«Pour traduction fidèle à l'original, écrit en langue persane,

«Le premier secrétaire, interprète du Roi,

«P. LL, LL, 00.

« *Signé* : YOUANNIN. »

En envisageant l'industrie française comparativement aux détails qui précèdent, nous pouvons hardiment avancer que les fabricants français peuvent non-seulement rivaliser dans cette lutte industrielle, mais encore surpasser les Indiens par l'étendue de leurs connaissances.

Pourquoi les Français ne feraient-ils pas ce que font les Indiens? N'avons-nous pas aussi bien qu'eux les documents et les matières nécessaires pour établir le parallèle? Plusieurs manufacturiers de France n'ont-ils pas déjà fait preuve d'un grand savoir concernant cet article. Nos expositions quinquennales viennent à l'appui de cette assertion.

Paris, dont les immenses magasins reflètent au travers de leurs glaces et de leurs devantures dorées, les riches produits fabriqués en France, et devant lesquels s'extasient les nombreux visiteurs de la capitale, ne prouve-t-il pas encore ce que nous venons d'avancer? A qui sommes-nous redevables de ces chefs-d'œuvre et sur qui doit-on en reverser la gloire? C'est à juste titre aux mécaniciens, aux filateurs, aux dessinateurs, et pour tout dire en un mot, aux fabricants français.

En effet, nos métiers à filer sont aujourd'hui si bien construits, le mécanisme en est si parfait, que la filature ne laisse plus rien à désirer, et l'on peut affirmer qu'aujourd'hui elle a atteint le plus haut degré de perfection.

Les dessinateurs, il suffit de prononcer le nom de Couder, dont les cabinets de dessin ont fourni de véritables musées de fabrique. C'est à cet artiste distingué que l'on doit, en quelque sorte, l'importation du dessin cachemire. M. Couder a su mettre à profit les longs et périlleux voyages qu'il a faits aux Indes; le succès a couronné son œuvre et peut-être dépassé ses espérances, car les Indiens achètent aujourd'hui ses dessins pour être expédiés et reproduits dans l'Indoustan.

Les fabricants, le nombre en serait trop grand si nous citions ici les noms de tous ceux qui pourraient figurer en première ligne. Cependant nous nommerons les manufactures de MM. Ternaux, dont on emprunte encore le nom pour donner de la valeur à certains châles provenant d'autres fabriques; MM. Ternaux furent en partie les premiers qui mirent la main à l'œuvre pour cet article. Bientôt après vinrent MM. Gaussen et Monbernard, ainsi que M. Denérousse de Paris, et, à l'exemple de ceux-ci, MM. Grillet, Godemard et Meynier de Lyon, entrèrent avec bonheur dans cette lutte industrielle.

Ce qui manque en France, notre conscience nous fait un devoir de le dire, et nous l'avouerons à notre grand regret... c'est l'esprit de nationalité... Car il n'est que trop reconnu que le seul défaut que nous trouvons aux châles français, c'est qu'ils sont fabriqués en France.

Rien ne nous empêche donc d'entrer avantageusement dans la lutte, car la mécanique Jacquard, dont les Indous sont en partie privés, nous donne sur eux un immense avantage, et qu'en confectionnant ces mêmes châles au moyen de mécaniques et par le procédé *tapis* ou celui de *broché-crochet*, et sans couture aucune, nos châles auront immanquablement la priorité sur ceux fabriqués aux Indes.

Il est vrai qu'un semblable travail exigerait de grands sacrifices de temps et d'argent qu'aucun fabricant français ne voudrait peut-être s'imposer; à cela nous répondrons que d'après le prix exorbitant, que coûtent ces châles, nous pourrions, pour une semblable somme, tenter l'essai d'une telle fabrication; il en résulterait sans doute, qu'avec l'habitude de la manipulation, la compensation ne se ferait pas longtemps attendre, et mettrait les coûts de revient à peu près de niveau; enfin, dans le cas où le prix de vente ne ferait seulement que contre-balancer les débours, nous aurions du moins la satisfaction de n'être plus tributaires des Indes et d'avoir travaillé à la gloire et à l'indépendance industrielle de notre pays.

Châles français.

Les châles français sont généralement tissés par le procédé *lancé* que nous avons expliqué au chapitre XVII. Mais quelquefois aussi, et pour éviter la perte des matières, on emploie également le *broché ordinaire*, surtout pour les *coins* ou autres parties de dessins entièrement détachés et tissées avec des matières d'un prix élevé. Chaque jour cette spécialité de confection reçoit d'heureuses modifications, et l'on peut assurer que c'est elle qui a, en quelque sorte, tiré le plus grand parti de la mécanique Jacquard, en ne laissant échapper aucune des modifications dont le mécanisme ainsi que le montage du métier sont susceptibles.

Il en est des châles comme de la généralité de tous les autres articles de fabrication, c'est-à-dire, que par spéculation, on en fait de divers comptes de chaîne et de diverses réductions de trame; la première varie depuis 60 fils aux trois centimètres jusqu'à 120; et

I.   50

la seconde, depuis 60 ou 70 coups jusqu'à 150 et même 180. La variation se fait également sentir dans le choix des matières; c'est pour cette raison que les châles les moins réduits en chaîne comme en trame, sont généralement confectionnés avec les matières les plus grosses, et par conséquent les plus inférieures, et le nombre de lats dont ils sont composés est toujours restreint par l'infériorité du prix.

On conçoit que toutes ces combinaisons économiques produisent une différence énorme sur les coûts de revient, et que tel châle qui, au premier abord, produit un assez bel effet pour un prix minime, ne doit son aspect flatteur qu'au peu de connaissances que possèdent la majorité des acheteurs. Il est vrai que de tous les articles de fabrique le châle est celui dont la mise à prix exige le plus de discernement, car pour bien apprécier un châle et en faire l'évaluation, seulement approximative, il faut nécessairement avoir une connaissance exacte de la valeur des matières, connaître parfaitement les difficultés du montage et du tissage, enfin, être familiarisé à reconnaître, au premier coup-d'œil, la valeur d'un dessin d'après l'aspect de sa composition, de la finesse et du genre du tissu.

Les châles riches (on nomme ainsi ceux de premier ordre) ne sont pas toujours empoutés à pointes, c'est-à-dire, que pour détruire le mauvais effet occasionné par les retours, on empoute à pointe et retour certaines parties seulement, telles que le fond et les rosaces, tandis que les *galeries* sont empoutées par chemin. C'est donc en quelque sorte un double empoutage, dont chacun est établi sur une mécanique qui lui est particulière, et chacune de ces mécaniques n'agit que pour la confection des parties qui la concernent spécialement.

C'est ainsi qu'il y a des métiers de châles montés sur deux doubles mécaniques en 12 ou 1500; on pourrait donc donner à de semblables dispositions le nom de *double montage*, puisque, en effet, tout est double sauf le maillon qui, pendu à plusieurs cordes, reste le même que dans les montages précédemment décrits. Ce système n'augmente pas pour cela la quantité de cartons; nous observerons seulement qu'une partie de ceux-ci sont destinés aux mécaniques disposées tout exprès pour la *pointe*, ou pour la *pointe* et le *retour*, tandis que l'autre partie appartient aux mécaniques disposées pour l'empoutage à chemins.

Montage des métiers pour châle.

Quoique le montage pour châle soit susceptible de diverses variations, les méthodes les plus en usage sont le montage à la Lyonnaise et le montage à la Parisienne.

Montage à la Lyonnaise.

Ce montage a lieu sur deux mécaniques Jacquard, établies chacune sur une même réduction; ces mécaniques sont placées l'une devant l'autre, celle qui est sur le derrière prend le nom de mécanique *impaire*; et celle qui est sur le devant prend le nom de mécanique *paire*; l'une et l'autre sont mises en mouvement par un seul arbre de couche, qui, au moyen d'un *déclanchement* combiné, *lu* sur les cartons, peut à volonté faire lever indistinctement l'une ou l'autre griffe.

L'empoutage est à regard; chaque trou de la planche d'arcade reçoit deux cordes, dont une (la première) correspond à la mécanique impaire, et l'autre à la mécanique paire; le colletage est établi de manière que le premier collet de la mécanique impaire supporte d'abord la première corde passée seule dans le premier trou de la planche, puis la première des deux autres cordes passées dans le deuxième trou, ainsi que le représente la planche 155.

Vient ensuite le premier collet de la mécanique paire; celui-ci reçoit la deuxième corde appartenant au deuxième trou, ainsi que la première du troisième. En suivant attentivement le tracé du colletage et de l'empoutage, on pourra facilement se rendre compte de la correspondance des cordes ou arcades, avec leur collet respectif.

D'après cet empoutage, on voit que chacune des cordes passées dans un même trou de la planche d'arcade se réunissent pour la suspension d'un même maillon.

Dans cette hypothèse, chaque mécanique pouvant enlever la totalité de la chaîne, on pourrait être tenté de croire qu'une seule mécanique suffirait pour l'exécution du dessin; il n'en est point ainsi, car il faut bien se pénétrer, qu'avec le procédé des deux mécaniques *paire* et *impaire*, on obtient, par ce genre de montage, la levée alternative des maillons, *un par un*, tandis qu'avec une seule mécanique on ne pourrait l'obtenir que *deux par deux*.

De ces deux dispositions il résulterait que dans le premier cas, le *décochement* ou la découpure du dessin serait de deux maillons ou quatre fils, tandis que dans le deuxième, la découpure se ferait par un seul maillon; et comme les deux fils qu'il comporte, sont encore passés dans les lisses de levée et de rabat, la découpure se trouve exécutée dans la condition la plus minime, c'est-à-dire par un seul fil. C'est là le *nec plus ultra* du montage.

On conçoit que l'empoutage étant à regard, chaque collet lève deux maillons, dont un à droite et l'autre à gauche, observant qu'un des deux maillons placés au milieu de l'empoutage et constituant la pointe, doit être abandonné et considéré comme nul.

Tous les fils sont encore passés dans deux remisses, dont le premier, celui placé le plus près du corps, mais à environ 15 centimètres de distance, est composé de quatre lisses de levée, et le deuxième qui vient immédiatement après et sur le devant, est formé de quatre lisses de rabat.

Montage à la Parisienne.

Ce montage diffère de celui à la Lyonnaise, en ce qu'il peut non-seulement avoir deux mécaniques placées l'une devant l'autre, mais encore doubler chacune d'elles.

Ces mécaniques prennent le surnom de *brisée;* elles ne diffèrent de celles ordinaires qu'en ce qu'elles ont le double de crochets, sans pour cela augmenter le nombre des aiguilles. A cet effet, chacune d'elles est pourvue de deux anneaux, au lieu d'un seul, et chacun d'eux constitue un semblable corps de garniture, disposé chacun dans un même nombre et dans un même ordre, ainsi qu'on le voit fig. 1re, pl. 156.

La garniture de droite (côté de l'étui) prend le nom d'*impaire*, et celle de gauche (côté du cylindre) prend le nom de *paire*.

Au premier abord, il semble que les deux garnitures de crochets doivent exécuter un semblable mouvement, d'autant plus que les crochets de l'une et de l'autre sont commandés par une seule aiguille. Il n'en est point ainsi, par la raison que la griffe, étant constituée en deux parties, chacune d'elles opère à volonté sur l'une ou sur l'autre garniture, selon qu'elle est commandée par un trou percé exprès sur le carton constituant le lat qui précède.

On conçoit que, pour ces sortes de mécaniques, il faut absolument que la dimension des aiguilles soit d'une longueur presque double de celles ordinaires; quant au reste, il n'y a rien de changé : seulement, pour obvier à l'inconvénient de la flexibilité des aiguilles, occasionné par leur longueur, il est nécessaire d'établir au milieu de l'espace des garnitures, un support en fer ou en cuivre, placé dans le seul but de maintenir les aiguilles et leur éviter tout vacillement.

Ce montage diffère encore du précédent, en ce qu'au lieu d'avoir deux remisses ou jeux de lisses, il n'en a qu'un seul, mais dont les lisses sont confectionnées au moyen de *mailles à grande coulisse*. Par ce precédé, chaque lisse peut opérer alternativement les fonctions de lève et baisse ; dans ce cas, la levée a lieu par trois lisses et le rabat par une seule.

Cette exécution avec un seul remisse a le double avantage d'économiser les frais et d'occuper moins d'espace.

Afin de juger du progrès qu'a reçu ce genre de fabrication, nous ferons remarquer que les premiers montages pour châles étaient disposés de telle sorte que chaque fil formait une découpure ; mais pour obtenir ce résultat, surtout pour de grands dessins, il fallait avoir recours à des mécaniques d'un compte fort élevé, et c'était là un point très-difficultueux et surtout onéreux, attendu que dans ce temps on n'avait pas encore eu l'heureuse idée de concilier les lisses avec le corps, pour simplifier ce dernier.

Cet inconvénient fut la cause principale qui força, pour ainsi dire, les fabricans à se renfermer dans l'exécution des dessins de minime dimension, aussi ne faisait-on alors que des dessins à répétitions, soit sur fond uni, soit à bandes façonnées. Nous devons aussi ajouter qu'à cette époque, la mécanique Jacquard n'offrait pas non plus toutes les ressources qu'elle offre aujourd'hui, et c'est ici le lieu de dire que, si cette invention est parvenue à contribuer puissamment à la confection de ces riches tissus, de leur côté aussi, les châles lui ont amené une infinité d'améliorations et de perfectionnements, auxquels, sans eux, on n'aurait peut-être jamais songé.

Tous ces mécanismes supplémentaires ont été, pour ainsi dire, nécessités par les nombreuses complications exigées pour cet article, ce qui n'a fait que mieux sentir et apprécier toute l'importance et l'utilité de la mécanique Jacquard.

La hauteur des planchers, dans les ateliers de Lyon, permet de monter les métiers de telle façon que la maille qui supporte le maillon n'a qu'environ 15 centimètres de longueur, et dans ce cas, l'appareillage se fait en dessous de la planche d'arcade, tandis qu'à Paris cette même maille ayant 10 centimètres de plus, c'est-à-dire 25 en tout, elle passe dans les trous de la planche d'arcade, ce qui permet de tenir cette planche d'environ 18 centimètres plus bas; car il est bon d'observer qu'avec le système de Lyon, il faut nécessairement, pour la liberté de la foule, que la planche soit élevée d'environ 50 centimètres au-dessus du nœud de l'appareillage.

Cette disposition, de mettre ainsi le nœud de la maille en-dessus, a sans doute été amenée par suite du peu d'élévation dans la construction des planchers pour les ateliers de Paris, cause majeure, qui a fait mettre à profit les 18 centimètres sus-mentionnés, et, par ce moyen, contribuer autant qu'il est possible à donner de la douceur au travail, en rendant moins aigus les angles formés par l'*arcadage*.

Mécanique d'armure appliquée au montage du métier pour châles.

Cette petite mécanique, dont nous avons donné la description chapitre XI, est indispensable pour la confection des châles, aussi bien pour le montage à la Lyonnaise que pour le montage à la Parisienne; sa fonction a lieu par une marche qui lui est spéciale; ses attributions sont celles qui vont suivre :

1° Elle sert à l'exécution de tous les mouvements des lisses, aussi bien pour celles de *levée* que pour celles de *rabat* ou de *liages*.

2° Elle fait exécuter le changement des mécaniques pair ou impair, soit par l'arbre de couche, si c'est à la lyonnaise; soit par le chariot des griffes, si le montage est à la Parisienne.

3° Elle produit la suspension provisoire des *valets* et des *loquets*, pendant tout le temps que se fait la rétroaction des cartons.

4° Enfin, c'est elle encore qui dirige la manœuvre de la fourchette, d'où dépend l'action du déroulage.

Pour l'intelligence de ce que nous venons de dire, nous allons faire suivre quelques explications relatives à chacune de ces opérations.

Nous dirons d'abord, que pour le montage à la Lyonnaise, la mécanique armure est placée sur la même ligne, et en avant des grandes mécaniques; cette position est nécessaire pour l'ascension directe des lisses de levée, celles de rabat fonctionnant par la correspondance des ficelles, qui, passant sur des poulies, viennent correspondre à des leviers placés à droite et à gauche du métier, et en dessous de ces mêmes lisses dont la *remontée* a lieu au moyen de ressorts placés également à droite et à gauche directement au dessus d'elles, pl. 119. Les

crochets destinés à la manœuvre des lisses ne subissent aucun changement, et ne sont autres que des crochets ordinaires.

Il n'en est point ainsi dans le montage à la parisienne; car pour
celui-ci, la mécanique armure est placée à l'extrémité de la droite du
métier, et toujours directement au dessus des lisses; mais comme,
pour ce genre de montage, chaque lisse doit alternativement lever et
rabattre, il en résulte que les crochets qui les gouvernent, passent
chacun dans un ressort qui sert à ramener les lisses dans leur position
naturelle, observant en outre que chaque lisse est commandée par deux
crochets, dont l'un correspond directement à la lisse et sert spécialement pour sa levée, tandis que l'autre est uniquement destiné au rabat
de cette même lissse, ce qui s'exécute au moyen de leviers dits
bricotteaux.

La levée des griffes pour deux corps de mécaniques, placés l'un
devant l'autre (système de Lyon), ne peut s'effectuer que par deux
crochets faisant partie de la mécanique armure, tandis qu'il suffit d'un
seul crochet pour commander le chariot d'une mécanique brisée (système de Paris); ceci provient de ce que le chariot, qui est à coulisse,
reste, au moyen d'un fort élastique, constamment maintenu au-dessus
du jeu de crochets *pairs*, sauf les coups, où, par le moyen du crochet,
placé à la mécanique armure, il est transporté en dessus du jeu de crochets *impairs*. Ce crochet commandeur doit être lu de manière à exécuter son mouvement au premier coup qui fonctionne après le *déroulage*.

Quant à la suspension provisoire des *valets* et des *loquets*, le crochet
qui les commande est, ainsi que les précédents, lu sur le *manchon* ou
jeu de cartons appartenant à la mécanique armure.

Il en est de même de la *fourchette*, dont nous développerons les
fonctions dans l'article *Déroulage*.

Lorsque la mécanique armure est établie sur le côté, l'arbre qui la
commande est placé dans une position oblique; l'ouvrier foule cette
marche avec le pied droit, tandis qu'il foule avec le pied gauche celle
qui correspond aux grandes mécaniques.

Montage à tringles appliqué aux châles.

Ce montage, que nous avons suffisamment expliqué au chapitre XIX,
est appliqué non-seulement aux crêpes de Chine, mais encore à tous
les articles soieries, montés sur de très-fortes réductions, attendu que

l'armure du fond étant exécutée par la levée des tringles. offre un tissage parfaitement régulier.

Un des principaux avantages que produit ce système, est la suppression des lisses de levée; c'est en partie pour cette raison qu'on l'a également appliqué aux châles.

Mais si nous signalons ici les avantages, nous devons aussi, avec la même impartialité, en faire ressortir les inconvénients. Nous dirons d'abord, qu'outre la confusion que ce procédé apporte dans le corps par suite de ce que chaque maille, et par conséquent chaque corde, ne peut supporter qu'un maillon pour ce genre de montage, il faut encore, pour la précision de la levée des tringles, que chacune d'elles soit attachée en plusieurs endroits également distants les uns des autres; et comme toutes les ficelles qui supportent une même tringle sont, après avoir passé dans la planche d'arcade, attachées et réunies à un seul et même collet, et que les crochets qui supportent ceux-ci sont ordinairement placés sur le 26ᵉ rang, côté de la lanterne, toutes ces cordes se rassemblent à leur partie supérieure en forme d'éventail, et, par suite de cette position, occasionnent contre les arcades un frottement qui leur est très préjudiciable.

L'application de cette méthode ne peut offrir quelque intérêt que pour les châles inférieurs, peu compliqués, et de modique réduction.

Esquisses et mise en carte des châles.

La disposition des châles étant généralement établie par des pointes et des retours, les esquisses n'en sont que plus faciles, plus expéditives, et par conséquent moins onéreuses.

Ainsi, pour établir une esquisse, telle serait, par exemple celle représentée pl. 158; on établira d'abord, sur un carré A,B,C,D, lequel doit être d'une dimension proportionnelle et en rapport avec celle du châle, une ligne diagonale AB, puis sur une des demi-encoignures, soit B,N,M, on dessinera des sujets dont les formes seront susceptibles de pouvoir être reproduites à retour sur l'autre demi-encoignure B,D,M.

En effet, on voit clairement que la seconde partie n'est qu'une répétition renversée et calquée de la première, puisqu'elle lui est semblable en tous points, et que ces deux parties réunies forment entièrement le coin du châle.

On pourra donc très-facilement, en décalquant ce coin, le reporter successivement dans les trois autres coins, ainsi que dans la rosace, en admettant qu'elle soit, comme dans cet exemple, formée par la reproduction du même dessin qui forme les coins. Par suite de cette disposition, il suffit de composer seulement la 16ᵉ partie du dessin.

À cette démonstration nous ferons suivre une observation qui, sans compliquer davantage l'esquisse, ni la mise en carte, contribue à donner du mérite au dessin.

Elle consiste à varier la forme des effets, sujets ou figures, de manière que ceux placés contre la ligne diagonale B, M soient différents de ceux établis contre les lignes rectangulaires B, O ou B, N, observant toujours que les formes qui aboutissent contre ces lignes soient susceptibles de retour. C'est ce dont on pourra se convaincre, en comparant l'esquisse de la fig. 1ʳᵉ, pl. 158, à celle de la fig. 2, pl. 159.

Il résulte de cette disposition que le dessin produira, surtout dans la *rosace*, un effet plus riche que par la méthode précédente, et que les sujets ou figures placés sur toutes lignes, M,G; Z,G, etc., qui aboutissent au centre de la rosace, varient de deux en deux, c'est-à-dire, que les deux diamètres opposés V,X et Y,Z, répètent sur chacun de leurs rayons une figure semblable, qui dérive du raccord des lignes B,O et B, N, constituant le *coin*; tandis que tous les rayons formant les deux autres diamètres J, M et K, L, représentent également une figure semblable, mais qui diffère de la précédente, puisqu'elle dérive du sujet raccordé sur la ligne B,M, et qu'enfin cette esquisse, pl. 159, doit être également considérée comme étant le quart du dessin complet, tout aussi bien que l'esquisse, pl. 158.

Quant à la bordure, on comprend naturellement qu'elle ne peut et ne doit occuper que la partie extérieure de l'esquisse, et dont on fait abstraction pour le report de la rosace.

La bordure doit en outre être disposée de telle sorte, qu'arrivée aux limites du milieu E ou F, elle puisse, sans subir aucune difformité, être exécutée à regard, par l'empoutage qui reproduit la partie F, B, et à retour lors du tissage de la partie E, D, qui est la seconde moitié du châle, observant que dans la mise en carte les coins de bordures doivent être, par la mise en carte, le lisage et les cartons, adhérents aux bordures transversales.

On voit clairement que, pour ce genre de châles, tout le façonné consiste dans les quatre coins et dans la rosace, et que l'on peut à

I.   51

volonté supprimer cette dernière; dans ce cas, ce châle prendrait le nom de *châle à coins*, fond uni.

Lorsque dans une esquisse, telle serait, par exemple, celle représentée pl. 158, où la forme des sujets établis sur la diagonale A,B, ne permet pas qu'ils soient retournés, puisqu'on a été obligé de dépasser cette ligne pour les reproduire en entier, il faut seulement calquer et retourner les parties qui, par leur position et leurs formes, sont susceptibles de recevoir cette application.

Esquisse pour châle long.

Outre la bordure, l'esquisse d'un châle long comprend deux parties, qui doivent être parfaitement en rapport l'une avec l'autre, soit pour le genre du dessin, soit pour la disposition de la mise en carte.

La première partie, A,B,C,D, pl. 169, est nommée *scapulaire*, et la seconde, E,F,G,H, est le *carré;* cette dernière prend également le nom de fond.

Pour le scapulaire représenté dans cette planche, il a suffi d'esquisser seulement le quart du dessin, puisque le retour produit la moitié de la largeur du châle, et que cette moitié répétée en donne la largeur entière.

Il est évident que, d'après cette esquisse, la mise en carte, et par conséquent le lisage, ne comportera que le quart de la réduction, et que le montage sera disposé à pointe et retour également pour chaque moitié; ce qui fait deux *pointes,* non comprise celle du premier.

En effet, on voit que la moitié de droite n'est autre que la répétition à *regard* de celle de gauche, et que tous les effets reproduits au centre. sur la ligne de jonction, dérivent du raccord des sujets établis à la gauche de l'esquisse.

Comme nous l'avons déjà fait observer, cette esquisse n'en serait que plus riche, si au lieu de comprendre seulement le quart du châle, pl. 169, elle en comprenait la moitié, pl. 170; dans ce cas, le montage aurait lieu à regard, et ne constituerait que deux chemins à retour, tandis que pour l'esquisse basée sur le quart du châle, le montage donne quatre chemins empoutés à pointe et retour; d'où il résulte que pour confectionner un châle de même réduction, le montage de l'esquisse, pl. 170, exige un compte de mécanique double de celui nécessité pour l'esquisse de la pl. 169.

La hauteur du scapulaire est ordinairement d'une dimension à peu près égale à la moitié de la largeur du châle.

Quant au carré ou fond du châle long, on en fait aussi de tout unis; pour ceux façonnés, ce que nous avons dit relativement à l'esquisse appliquée au châle carré, leur est en tous points applicable.

Bien que, dans cette planche, nous n'ayons figuré que la moitié du châle long, on comprend facilement que la seconde moitié n'est que la répétition de la première, et qu'il suffit de la tisser à retour.

Mise en carte des châles.

La mise en carte des châles est subordonnée à leur genre, c'est-à-dire, qu'elle est disposée selon le montage auquel on la destine. Elle peut donc être établie pour *pointe* ou *regard*, pointe et retour, bâtard, etc., avec ou sans bordure. En principe, elle est absolument la même pour les châles carrés que pour les châles longs; car la seule différence qui existe, est que la dimension du châle long étant le double du châle carré, le dessin, ou pour mieux dire, la carte est assimilée aux mêmes conditions; mais bien que le montage du métier soit généralement basé sur la disposition de la carte, nous dirons néanmoins qu'il arrive quelquefois que, pour économiser les frais d'un nouveau montage, on établit une carte en conséquence; on peut donc conclure que, dans les deux cas, l'une est toujours dépendante de l'autre.

Papier briqueté.

Pour la mise en carte des châles, on se sert d'un papier tracé tout exprès, auquel on a donné le nom de *briqueté*. Ce nom lui vient sans doute de ce que la disposition de son tracé ressemble parfaitement à des briques, superposées en contre-semplage ou quinconce, ainsi que le représentent les figures 1re, 2e, etc., pl. 154.

Chaque *brique* ou petit parallélogramme représente deux *cordes*; mais comme il est de toute impossibilité que chaque ligne commence par une brique entière, il s'ensuit que le premier coup, sur la mise en carte, commence par une seule corde, représentée par une demi-brique, et que le coup suivant, ou deuxième coup, commence par une brique entière; le troisième commence comme le premier; le quatrième, comme le deuxième, et ainsi de suite.

Ainsi, puisque chaque brique représente deux cordes, et que chaque corde suspend un maillon à double trou, garni de ses deux fils passés séparément, chaque brique représente donc quatre fils; par conséquent, une demi-brique en représente deux.

Par suite de cette disposition, la mise en carte représente le quadruple des fils, comparativement au nombre de briques qu'elle comporte.

Cette ingénieuse invention a non-seulement l'avantage de s'accorder parfaitement avec les armures batavia et sergé de quatre, exclusivement employées pour les châles, mais encore celui d'abréger considérablement la mise en carte; abréviation qui procure une grande économie dans les frais de lisage, avantage immense, que nous démontrerons dans le cours de ce chapitre.

Du Lisage sur papier briqueté.

L'empoutage étant subordonné à la mise en carte, ou bien la mise en carte à l'empoutage, il faut que la lecture des dessins soit en rapport aussi bien avec l'un qu'avec l'autre. C'est pour cette raison qu'une brique n'est considérée que comme un seul carreau, bien que chacune d'elles comporte deux cordes, et que chaque corde étant assimilée l'une à l'autre, il suffit d'en faire mouvoir une seule, puisque, en *lisant* seulement la moitié des cordes, paires, par exemple, la passée suivante fera, par suite de la disposition du *déroulage*, lever les cordes impaires, et réciproquement.

Papier Grillet.

Ce papier, qui porte le nom de son inventeur, remplit également le même but que le papier briqueté; mais bien qu'il ait sur ce dernier l'avantage de produire, dans la mise en carte, des décochements moins sensibles qui n'en conservent que mieux les formes du dessin, la généralité des dessinateurs préfèrent le papier briqueté, parce que celui-ci n'étant formé que par deux genres de lignes, la mise en carte en est plus nette et plus prompte; et que le papier Grillet étant formé par trois genres de lignes, dont une horizontale et deux diagonales, l'obliquité de ces dernières étant chacune en sens inverse, produit de petits carreaux sexangulaires, dont la forme rend le *remplissage* difficultueux, surtout pour les angles; à cet inconvénient on peut encore ajouter celui de la confusion des lignes, ce qui contribue beaucoup à fatiguer la vue et à captiver l'attention du dessinateur. C'est sans doute pour ces motifs que l'usage de ce papier est presque entièrement abandonné.

Il en est des papiers briqueté et Grillet comme des papiers ordinaires, que nous avons représentés pl. 42, c'est-à-dire, que leur réduction varie selon le genre de tissus auxquels ils sont destinés : c'est ainsi que dans la planche 145, la fig. 1ʳᵉ représente un papier briqueté d'une réduction de 8 en 10, et que celui de la fig. 2 est de 9 en 10; celui de la fig. 3, de 8 en 12, etc.

Le papier impair, tel serait, par exemple, le 7 en 9; 9 en 10, diffère du papier pair, tel que 8 en 9, 10 en 10, en ce que, dans chaque dizaine, les premiers commencent ou finissent toujours alternativement par une brique entière d'un côté et par une demi-brique de l'autre, tandis que sur les papiers pairs chaque coup finit de la même manière qu'il commence, soit par une demi-brique, soit par une brique entière. C'est donc du nombre des briques, prises transversalement, et du nombre de coups contenus dans la hauteur d'un grand carreau déterminé par les lignes de compte, que dérive la dénomination de ce genre de papier. Il en est de même du papier Grillet.

Pour règle générale, tous les coups impairs commencent par une demi-brique, et tous les coups pairs par une brique entière.

Les lignes de démarcation, pour les papiers briqueté et Grillet, sont établies dans le même but que pour les papiers ordinaires, c'est-à-dire, pour satisfaire à la variété des réductions.

Du Déroulage.

Le déroulage est un petit mécanisme aussi simple qu'ingénieux, inventé tout exprès pour les châles; il offre l'immense avantage de reproduire le double des cartons, ce qui revient à dire qu'il économise la moitié des frais de lisage, puisque, au moyen de ce mécanisme, chaque *passée* est répétée deux fois de suite.

On serait dans une erreur complète de croire que l'on obtiendrait le même résultat en passant une trame double, car il faut remarquer que pour chaque passée il y a changement, aussi bien dans les lisses de liages que dans celles du fond, et que c'est précisément ce changement qui partage la brique, ou si l'on veut, les deux fils passés dans un même maillon : c'est là ce qui constitue le décochement fil à fil.

Le déroulage se compose d'une poulie à rainure, d'environ 15 centimètres de diamètre, à laquelle est pratiqué un collet destiné à recevoir une *fourchette* adaptée à charnière par son milieu contre la partie extérieure du battant de la mécanique, et sur le devant, fig. 1ʳᵉ, pl. 160.

La poulie A, est placée sur le prolongement B du boulon du cylindre, du côté de la lanterne ; à son centre et du côté opposé au collet est fixée une plaque de métal, fer ou cuivre, évidée dans son milieu, d'une dimension et d'une forme égale à celle que produit une petite plaque C, en forme d'écrou, fixée au prolongement du boulon D.

C'est au moyen d'une ficelle E, attachée en F, à l'extrémité de la fourchette G, que se fait le rapprochement ou l'écartement de la poulie, ou pour mieux dire, son *emboîtement* ou son *déboîtement* à l'égard de la petite plaque C ; d'où il résulte que pendant tout le temps que la ficelle E reste dans l'inaction, le ressort H maintient sur la poulie la pression faite par la fourchette, et la poulie ne formant plus qu'un seul corps avec le cylindre, opère, conjointement avec celui-ci, un semblable mouvement de rotation ; alors, à chaque coup de navette, une corde I, au bout de laquelle est un contre-poids J, s'enroule sur la gorge de la poulie ; cet enroulement se continue durant toute la passée.

La passée terminée, l'ouvrier foule de nouveau la marche de la mécanique-armure, qui, tout en changeant la manœuvre des lisses, fait exécuter en même temps la suspension provisoire des *valets* et des *loquets*, ce qui a lieu au moyen de petits équerres fixés à une tringle placée longitudinalement dans le sens du chapeau de la mécanique, et en dessus des battants ; alors les valets et les loquets devenant neutres, le déroulage des cartons qui ont servi à l'exécution de la dernière passée, s'opère spontanément par l'influence du contre-poids ou charge J, dont la ficelle I commande la rotation de la poulie A, et que cette dernière ne faisant, en ce moment, qu'un seul et même corps avec le cylindre, celui-ci entraîne, par son mouvement de rotation, tous les cartons qui passent sur ses faces, jusqu'au moment où la ficelle I arrive à son point d'arrêt. La rétroaction opérée, les valets et les loquets retombent aussitôt et reprennent leur position naturelle.

Afin de faire parfaitement comprendre comment se fait l'opération du déroulage, nous dirons que si, par exemple, sur une mécanique brisée une passée est composée de six lats ou six coups, cette passée exécutée sur la mécanique impaire, le déroulage fonctionnera pour la reproduire sur la mécanique paire, et que sur cette dernière le déroulage ne devra pas agir ; en conséquence, il ne produira son effet que sur les passées de la mécanique paire ; car il est facile de comprendre que s'il opérait sur chaque passée, les douze cartons dont il

est ici question, seraient les seuls qui exécuteraient leur passage sur
le cylindre, et produiraient sur le tissu une répétition constante.

Donc, pour que le déroulage soit en harmonie avec ce que nous
venons de dire, il faut que durant la passée qui a lieu sur la mécanique
paire le déroulage reste dans l'inaction; à cet effet, la poulie A,
reste *folle*, c'est-à-dire qu'elle est *dégrénée* de la petite plaque C, ce
qui a également lieu au moyen de la fourchette.

Une fois le tissage arrivé à la hauteur de la moitié du châle, il est
évident que l'action du déroulage doit se faire dans le sens inverse,
c'est-à-dire, que pour la première moitié, la corde I s'enroule en dessus, tandis que pour la seconde, elle s'enroule en dessous, ce qui ne
nuit en rien; car les deux manières d'enroulement et de déroulement
s'exécutent avec une égale facilité.

Châle au quart.

La dénomination de *châle au quart* provient de la méthode toute
particulière de sa mise en carte sur le papier briqueté.

On serait donc dans l'erreur de croire qu'une mise en carte sur
papier ordinaire, comportant, coup par coup et fil à fil, le quart d'un
dessin destiné à la formation d'un châle, remplirait le même but.
Aussi, pour remplir cette condition, faut-il que la disposition de la
mise en carte soit telle, qu'un seul point, pris dans le sens de la
chaîne, ou bien une seule corde, figure quatre fils, et qu'un seul coup
en produise également quatre.

C'est en effet ce qui a eu lieu dans ce genre de mise en carte; car,
d'après ce que nous avons dit précédemment, on a dû concevoir comment les quatre fils, représentés par une brique, se trouvent d'abord
divisés deux par deux au moyen de la seconde mécanique, puis un à
un, par l'intervention des lisses.

Il nous reste à démontrer comment un seul coup, pris sur la carte,
en vaut quatre.

Cette multiplicité de coups, basés sur un seul de la carte, s'opère au
moyen du déroulage ci-devant décrit, conjointement avec la manœuvre
alternative des deux mécaniques; la *passée* entière s'exécutant d'abord
sur la mécanique impaire seulement, est ensuite entièrement reproduite
sur la mécanique paire. Cette combinaison produit donc déjà deux
coups, ou autrement dire, deux passées sur un seul coup pris sur
la carte, et toujours en opérant le décochement d'un maillon.

Or, l'action du déroulage étant établie uniquement pour la répétition des deux passées précédentes, il en résulte clairement que ces quatre passées, ou si l'on veut, ces quatre coups sont bien le quadruple d'un seul représenté sur la carte.

Nous ferons remarquer ici, que bien que ces quatre coups soient tissés sur un seul de la mise en carte, ils n'en diffèrent pas moins tous, les uns à l'égard des autres, puisque la seconde mécanique produit un décochement de deux fils, et que, pour chaque passée, le changement des lisses opère le décochement d'un seul ; de sorte que la course des quatre lisses fait son évolution complète pendant le cours des quatre passées.

Châle au huitième. La mise en carte de ce châle diffère de la précédente en ce qu'au lieu de l'établir sur le quart du châle, on l'établit sur le huitième seulement qui, au lieu d'un carré, produit un parallélogramme allongé du double de sa largeur ; tel serait la partie A, pl. 166.

Il est constant que la mise en carte étant le double plus étroite que pour celle du châle au quart, il faut nécessairement qu'il y ait deux jonctions de plus, en tout trois, indiquées par les lignes pointillées E, F, G, formant chacune pointe et retour.

Le tissage étant arrivé à la moitié de la hauteur du châle, les cartons ont fait leur entière évolution ; il suffit alors, comme au précédent, de faire marcher les cartons en arrière, ce qui a lieu par l'effet du *rappel.*

Châle au seizième. Ce que nous venons de démontrer pour le châle au *quart* et pour celui au *huitième*, explique assez clairement que pour le châle au *seizième*, il suffit de mettre en carte la seizième partie seulement, telle serait la partie A., pl. 167. On peut donc considérer cette mise en carte comme étant la quatrième partie de celle du châle au quart.

Le châle au seizième peut encore être considéré comme étant formé par la réunion de quatre petits châles au quart, non pour la réduction mais bien pour la forme, attendu que la hauteur de la partie qui est mise en carte contient quatre fois sa largeur.

En admettant une même réduction et une même dimension pour chacun de ces trois châles, nous ferons remarquer que plus la carte est restreinte, plus aussi il faut de répétitions pour leur confection totale, et que, de ces trois genres, c'est le châle au quart qui a, par l'extension de sa mise en carte, la priorité en beauté et en richesse.

Observations relatives au châle au quart.

Bien que nous ayons, d'après la pl. 155, représenté l'empoutage des deux cordes paires et impaires dans un seul trou de la planche d'arcade, on peut néanmoins, lorsque la réduction le permet, employer un trou spécial pour chaque corde.

A cet effet, on peut commencer par empouter en entier toutes les cordes qui appartiennent à la mécanique impaire, en laissant à la planche un rang vide entre chacun de ceux à empouter; on empoutera ensuite, dans ceux-ci, toutes les cordes qui font partie de la mécanique paire, ayant soin de les faire toujours accorder, ou pour mieux dire, de les avoisiner par leurs numéros d'ordre.

Dans ces empoutages, dont le second peut en quelque sorte être considéré comme un second corps, chaque maillon sera également suspendu à deux cordes qui, au lieu d'être passées dans un même trou, seront passées chacune dans un trou voisin, c'est-à-dire, que des deux cordes qui soutiennent conjointement chaque maillon, l'une est prise sur le premier rang qui appartient à la mécanique impaire, et l'autre fait partie du rang qui appartient à la mécanique paire; d'où il résulte qu'il faut deux rangs des cordes de l'empoutage pour suspendre un rang de maillon.

En effet, en considérant les rangs impairs et pairs de l'empoutage, comme n'en formant qu'un seul, la première corde de chacun sera nouée au premier maillon, leur seconde corde sera nouée au deuxième maillon, et ainsi de suite jusqu'à la fin de chaque rang, qui, pour la régularité, doit contenir un nombre de cordes multiple de l'armure.

On continuera de la même manière, et toujours en employant deux rangs de l'empoutage pour un rang de maillons.

Si cette méthode (qui n'est applicable qu'au montage à la lyonnaise) exige le double de trous pour l'empoutage, elle offre l'avantage que les cordes étant ainsi séparées, elles ne sont pas susceptibles de se tordre l'une avec l'autre dans leur passage à la planche d'arcades.

Pour s'assurer si le remettage des lisses est en harmonie avec l'empoutage, on peut facilement en faire la vérification en examinant si la position d'un même maillon (tel serait, par exemple, celui du devant

I. 52

de la planche) conserve son rapport avec les mêmes lisses, jusqu'au milieu où se trouve la pointe. Arrivé à cet emplacement, il doit s'opérer une permutation, c'est-à-dire, que ce même maillon qui, dans la moitié de gauche, correspondait aux deux lisses de devant, doit, dans la seconde moitié, correspondre aux deux lisses de derrière.

Du renversement des cartons.

En termes de fabrique, le mot *renversement* appliqué aux cartons ne signifie pas qu'ils sont retournés *sens dessus dessous* ou à l'envers; ce mot désigne simplement que leur gauche est transportée à droite, c'est-à-dire, que le premier trou des cartons, qui, dans une première position, correspondait au premier crochet, correspondra au dernier en les plaçant dans un sens contraire.

Pour rendre cette démonstration plus explicative, supposons deux mécaniques, fig. 1 et 2, pl. 161, chacune sur un compte de 1000, servant à l'exécution d'un dessin pour châle, semblable par moitié, mais dont chaque moitié serait opposée l'une à l'autre en hauteur comme en largeur, ainsi qu'on le voit par l'esquisse fig. 3, même planche.

Nous dirons d'abord que l'application de ce procédé est basée sur un empoutage bâtard. Ainsi, en supposant que la hauteur Q, R du châle exige dix mille cartons (sur chaque mécanique, bien entendu), cinq mille suffiront, attendu qu'ayant tissé la première moitié K,L,M,N, du châle, avec les cartons placés ainsi que le représente A,B,C,D, fig. 1re, il faudra, pour tisser la seconde moitié M,N,O,P, transporter les cartons d'une mécanique sur l'autre, en les plaçant selon la fig. 2, et en tissant à retour.

On comprend qu'au moyen de cette permutation, les cartons qui fonctionnaient sur la mécanique impaire étant transportés sur la mécanique paire, reproduisent à droite le dessin de gauche et *vice versa*.

Il va sans dire que pour atteindre parfaitement le but proposé, il faut que les deux mécaniques soient garnies exactement semblables l'une à l'autre, et sur un même compte.

On conçoit que ce procédé pouvant s'appliquer à deux mécaniques, il peut, à plus forte raison, s'appliquer également à une seule; enfin, nous dirons que dans le cas où il y aurait des bordures, celles-ci seraient placées sur une mécanique spéciale, sur laquelle on exécuterait isolément un semblable mouvement, pourvu toutefois que la disposition du dessin le permette.

De l'empoutage à planchette appliqué aux châles.

L'empoutage à planchettes a été spécialement établi pour châles longs, à coins et galeries; et bien que ce genre d'empoutage ne soit applicable qu'au montage à la lyonnaise, l'invention n'en est pas moins d'un grand mérite : aussi est-elle d'un grand usage à Lyon, ainsi que dans beaucoup d'autres villes manufacturières, où la hauteur des planchers permet ce genre de montage. Cette considération nous engage a en donner une description complète.

Les planchettes sont des parties de planches d'arcades disposées à coulisse dans un chassis organisé tout exprès, et placé à vingt-cinq centimètres au-dessus de la planche d'arcades.

Pour que ces planchettes puissent remplir le but auquel on les destine, il faut qu'elles puissent exécuter à volonté un mouvement de va-et-vient, sur une distance de vingt centimètres à peu près.

Ce mouvement qui doit toujours être horizontal, est, selon que l'exige le montage, ou *longitudinal*, fig. 1re, pl. 169, ou *transversal*, fig. 2, même planche.

En ce qui concerne le mouvement longitudinal, supposons que sur un compte de mécanique en 600, on veuille établir, sur six chemins, un châle long à coins, par deux fils au maillon, quatre lisses de levée et quatre lisses de rabat.

600 cordes seront empoutées sur six chemins suivis, et la répartition aura lieu ainsi qu'il suit :

100 cordes pour bordures empoutées à retour, de chaque côté.

250 cordes pour galerie, empoutées à retour, de chaque côté, en face et en avant du premier et du dernier chemin.

250 cordes pour coin, empoutées par cordes simples, si le coin est seul.

250 cordes pour fond.

Au premier abord, il semble qu'il faudra 850 cordes pour satisfaire à cette disposition, tandis qu'avec la méthode à planchette on pourra exécuter ce montage avec 600 cordes seulement; ce sera donc 250 cordes, ou, pour mieux dire, 250 crochets d'épargnés.

Avec ce genre d'empoutage, le chemin de chaque extrémité étant empouté dans chaque planchette, aussi bien que dans la planche d'arcade ordinaire, il faudra d'abord, pour faire la bordure transversale qui commence le châle, et en un mot tout le *scapulaire*, tenir tirantes les deux planchettes où sont passés les chemins de droite et de gauche, et laisser lâches les deux planchettes dans lesquelles sont passées les cordes qui doivent servir à faire le coin; les arcades alors détendues permettent à celles du fond de pouvoir fonctionner sans que celles du coin, qui néanmoins sont soumises aux mêmes conditions, puissent contribuer à aucune fonction, attendu que pendant ce temps elles sont considérées neutres, par l'effet de la position rentrée de la planchette.

En effet, en considérant que lors de l'appareillage, les quatre planchettes représentées fig. 1re pl. 169, sont, durant cette opération, restées assujéties contre les traverses du châssis, celles nos 1 et 3 contre le derrière, et celles nos 2 et 4 contre le devant; il est évident que, dans cette position, les cordes qui les traversent, forment un arc supplémentaire qui prend sur ces arcades une longueur suffisante, qui neutralise l'effet de la tirée toutes les fois que ces mêmes planchettes viennent se rapprocher des lignes A,B, considérées comme le point central; d'où il résulte que la foule ne peut avoir d'action sur les cordes des planchettes, qu'autant que celles-ci sont écartées du centre A,B.

Le scapulaire terminé, il s'agira de faire les coins, ainsi que la bordure en long; à cet effet, il faut lâcher les planchettes qui fonctionnaient précédemment, et, pour la même raison, faire tirantes celles qui étaient lâches.

Pour exécuter la seconde moitié du châle, il est évident qu'il faudra fonctionner par une marche rétrograde, afin de reproduire en sens inverse toutes les opérations qui auront eu lieu pour l'exécution de la première moitié.

D'après l'application que nous venons de faire des planchettes, aux seuls chemins extérieurs de droite et de gauche, on conçoit qu'on pourrait également en faire usage pour plusieurs; c'est ce qui arriverait si, par exemple, il était question d'établir un châle dont le fond ainsi que les coins seraient à rosace, tandis que la galerie serait à chemins ou répétitions. Donc, par la même raison, on pourrait indistinctement appliquer ce procédé à l'un ou à l'autre côté seulement.

Le mouvement transversal des planchettes a été spécialement établi pour tenir lieu de lisses de rabat, indispensables au liage du façonné. Pour obtenir en ce sens le mouvement des planchettes, il faut que le chassis soit disposé dans la même direction que la planche d'arcade, c'est-à-dire transversalement, ainsi que le représente la fig. 2, pl. 169.

Le nombre des planchettes contenues dans le chassis est subordonné au genre d'armure qu'elles sont appelées à confectionner, observant toutefois de faire fonctionner semblablement les deux planchettes correspondantes, telles seraient C, D.

Ainsi, en faisant l'application de ce procédé à un liage sergé de 4, il faudra quatre planchettes à droite et à gauche du chassis; c'est ce que nous avons représenté.

Lors de l'appareillage, la position des planchettes devra être celle qu'elles occupent lors de leur écartement, c'est-à-dire, maintenues à droite et à gauche, du côté des traverses extérieures du chassis.

Ainsi que pour le mouvement longitudinal, le *va-et-vient* des planchettes est commandé par des crochets spéciaux faisant partie de la mécanique *armure*.

Chaque planchette est d'abord soumise à une impulsion intérieure, produite par la foule au moyen d'une ficelle attachée d'un bout à chaque planchette, et passant sur une des poulies adaptées en dessus des traverses extérieures du chassis, l'autre bout suspend une charge dont le poids doit être suffisant pour rappeler les planchettes du côté extérieur, à l'instant même où la mécanique retombe au repos.

Cette impulsion successive et alternative constitue le liage du façonné et lui tient lieu de lisses de rabat.

Il est constant que lors de la tirée des doubles ficelles adhérentes à la mécanique armure, et qui viennent correspondre au centre du chassis, en passant sous les poulies placées en dessus de la traverse intérieure, les planchettes correspondantes subissent, deux à deux, l'influence de ce mouvement, et se rapprochent spontanément l'une de l'autre; alors toutes les cordes qui leur sont relatives deviennent lâches: Il n'y a donc que celles qui restent dans une position écartée qui subissent l'effet de la foule.

Il est évident que les empoutages à planchettes compliquent les difficultés du montage, et même du tissage; aussi les ouvriers auxquels de tels métiers sont confiés, doivent-ils avoir une parfaite connaissance de leur profession; car, dans le cas contraire, et par suite de rupture occasionnée tôt ou tard dans l'arcadage, il en résulterait une telle confusion, qu'il serait bien difficile qu'un ouvrier médiocre puisse parvenir à confectionner un tissu avec toute la perfection désirable.

Châles doubles.

La perte considérable des matières de trame résultant de la confection toute particulière des châles, a donné lieu à l'invention de la formation des *châles doubles*, c'est-à-dire, au tissage simultané de deux châles à la fois, afin d'utiliser, le plus possible, la trame perdue par le *découpage*.

A cet effet, une chaîne unique sert à la confection des deux châles, et contient le double des fils nécessités pour la confection d'un seul. Le *montage* a lieu sur deux mécaniques Jacquard, spéciales pour le *corps* ou façonné. Quant au *fond*, il est, comme d'ordinaire, commandé par des lisses disposées en double remisse, de quatre lisses chacun, correspondant tous deux à une mécanique armure.

Les dessins appliqués à ce genre de fabrication exigent que leur composition soit telle, que les effets façonnés du châle de dessous soient en opposition exactement contraire à celui de dessus; quant au coup de liage, il a lieu isolément et alternativement pour chaque châle. Il n'en est pas de même des *lats* de lancé; car pour ceux-ci, ils sont disposés de manière à faire servir les brides d'un châle à la formation du dessin de l'autre.

Une seule mise en carte suffit pour les deux châles, observant que chaque lat doit être lu deux fois; donc, ayant, la première fois, lu les points pris destinés à la formation du châle de dessous, on lit de nouveau et immédiatement le même lat; mais cette fois ce seront les points laissés qui seront pris, et ainsi de suite réciproquement pour chaque lat.

Pour opérer la séparation de ces deux châles, l'opération devient très-délicate; aussi a-t-on apporté les soins les plus minutieux dans la construction des machines à découper. Voici en quelques mots la disposition du mécanisme adopté :

Le double tissu à fendre dans son épaisseur est enroulé sur un cylindre, d'où il se développe, parfaitement tendu, sur une table qui sert de point d'appui; la division s'opère au moyen d'une lame parfaitement droite et très-mince, en forme de scie, à laquelle sont adaptés un certain nombre de petits tranchants terminés en pointe.

Toutes ces espèces de lancettes reçoivent une impulsion mécanique de va-et-vient, dans le sens de la largeur du tissu. En un mot, la disposition de tous ces mouvements est combinée avec une telle précision que les dents de la scie entament les brides et que ce sont les lancettes qui terminent le découpage.

Malgré toutes ces combinaisons ingénieuses, le découpage du châle double est loin d'atteindre la perfection du découpage ordinaire sur un seul châle; d'ailleurs, ce genre de fabrication qui entre en quelque sorte dans la catégorie des doubles étoffes façonnées, paraît plutôt destiné aux tissus ordinaires et à bas prix, qu'aux riches étoffes pour lesquelles les opérations secondaires ou accessoires ne doivent laisser aucune trace d'avarie ou d'infériorité.

CHAPITRE XXIII.
Des Velours.

SOMMAIRE : *Des velours en général. — Velours frisé. — Velours coupé. — Battant brisé. — Du Rabot et de la coupe. — Travail du velours coupé. — Rouleau piqué. — Entâquage du velours coupé. — Du canard et de la caisse. — Sinuosités du velours vu au microscope. — Observations générales sur les velours frisés et coupés. — Du Rasage. — Velours façonnés dits à contre. — Velours Ecossais. — Velours Chinois. — Velours Moquette. — Velours d'Utrecht. — Velours simulé. — De la Peluche. — Velours coton.*

DES VELOURS EN GÉNÉRAL.

Le velours est une production asiatique dont l'usage a été introduit à Rome du temps des empereurs. Il paraît que les anciens Grecs ne l'ont point connu. Dans le moyen âge, quelques manufactures de velours furent établies à Constantinople et dans d'autres villes de l'empire d'Orient. Plus tard, la fabrication du velours prospérait à Venise, à Gênes et dans quelques autres villes d'Italie avant d'être connue en France. Ce furent ETIENNE TURQUETTI et BARTHÉLEMY NARRI, Génois d'origine, qui importèrent cette branche d'industrie à Lyon, où ils établirent une manufacture, sous les auspices de François I**, en l'année 1536.

Le velours, par sa richesse, a la priorité sur tous les tissus en général; il a fait et fera encore dans tous les temps le vêtement de la classe la plus aisée, l'ornement cérémonial et celui des appartements les plus somptueux.

Le velours offre, aussi bien que beaucoup d'autres articles, une grande variété dans sa confection, soit à cause des diverses matières qu'on peut employer pour la fabrication, soit également à cause des divers genres qu'on obtient au moyen de différents systèmes.

Les principaux genres de velours sont au nombre de quatre. Ce sont:

1° Le velours *frisé*; 2° le velours *coupé*; 3° le velours *ciselé*; et 4° le velours *façonné*, qu'on nomme également velours *à cantre*.

Velours frisé.

Ce velours, comme la généralité des autres étoffes, varie beaucoup en compte et en réduction; notre cadre ne nous permet pas d'en donner ici la nomenclature. C'est pour cette raison que nous en établirons la confection d'après les principes généraux seulement, mais en les accompagnant des détails applicables à tous les tissus de cette catégorie, sans avoir égard aux réductions et aux matières.

Pour faire le velours frisé, il faut deux chaînes, dont une prend le nom de *toile* ou fond et l'autre celui de *poil*.

Le frisé de ce tissu est formé au moyen de fils métalliques ronds, soit en fer, soit en cuivre, et parfaitement polis. Chacune de ces petites tringles prend le nom générique de *fer*, n'importe la matière dont elles sont formées. Voy. fig. 1ʳ, pl. 171.

Chaque fer est garni d'une *pedonne* en forme de poire, en os ou ivoire, ainsi qu'on le voit en A. Ces pedonnes procurent non-seulement la facilité de passer le fer dans l'ouverture du pas formé par la levée totale du poil, mais elles sont encore indispensables pour servir à retirer chaque fer au fur et à mesure du tissage; ce déplacement successif a lieu avec le secours d'un double crochet, espèce de fourchette recourbée, représentée fig. 2, même planche.

Au moyen de ce crochet, l'ouvrier peut par lui-même opérer le déplacement des fers, comme il peut également les faire retirer par un aide qu'on nomme *tireur*, muni d'un petit crochet représenté fig. 5; dans ce dernier cas, le tissage est plus prompt et moins pénible pour l'ouvrier.

On doit toujours tirer les fers en commençant par celui qui a été passé le premier; et pour en accélérer le dégagement, on peut en re- tirer plusieurs de suite, ayant soin d'en laisser toujours trois ou quatre au moins.

La chaîne de fond ou toile devant être fortement tendue, on se sert, pour arrêter le rouleau de derrière, d'un des procédés que nous avons indiqués, *tension fixe,* page 103. Quant au poil, il doit être constamment maintenu par une tension rétrograde. A cet effet, il est monté sur un rouleau A, fig. 10, pl. 171, d'un très-petit diamètre et à boulons en fer, pour qu'il puisse se mouvoir librement.

A l'extrémité de ce rouleau est une large poulie B, à rainure plate, sur laquelle est enroulée une corde C, dans le sens contraire à l'enrou- lement du poil; cette corde est, d'un bout, arrêtée par une cheville im- plantée dans la roulette B, et passant d'abord sur une première poulie D, fixée au plancher, puis sur une seconde poulie Q, redescend en E, pour supporter un contre-poids F, qu'en terme de fabrique on nomme *sa- voyard,* lequel doit être proportionné à la tension qu'exige le poil.

Afin d'obtenir une bonne fabrication pour un velours frisé, il faut qu'il soit travaillé à pas ouvert, et que les coups de battant soient don- nés très-régulièrement.

L'armure usitée pour ce tissu est en taffetas. Voy. fig. 7, pl. 176.

Velours coupé.

Ce velours exige aussi deux chaînes disposées de la même manière que pour le précédent; il peut, ainsi que le velours frisé, être con- fectionné avec diverses réductions, aussi bien pour la *toile* que pour le *poil;* il en est de même pour la trame.

C'est pour cette raison que, ne pouvant mettre ici toutes les réduc- tions dont on fait usage, nous donnons une seule disposition, à laquelle on peut, à volonté, faire subir toutes les modifications que pourrait nécessiter la variété du velours.

Disposition d'un velours coupé uni, en soie.

OURDISSAGE.

50 portées simples, organsin crû, noir, pour toile; longueur 20 mètres.
25 portées doubles, organsin cuit, noir, pour poil; longueur 120 »
40 fils triples, blancs, pour *cordons* ou *lisières.*

I.   53

LISSES.

4 lisses à coulisses, de 12 portées 1/2 chacune, ou 1000 mailles pour *toile*, largeur 55 centimètres, placées sur le derrière.

2 lisses de 12 portées 1/2 chacune, pour *poil*, placés sur le devant.

REMETTAGE.

Peigne de 1500 dents, passé à 4 fils; largeur 0^m, 55 c. sans les cordons.

On voit, d'après l'armure, que la *toile* n'opérant aucun croisement visible à l'endroit, elle peut, par cette raison, être d'une matière inférieure à celle du poil; aussi la met-on presque toujours en soie *crue*, parce que cette qualité donne plus de consistance à l'étoffe.

Le *poil* doit, au contraire, être en soie *cuite*, et forme à lui seul l'endroit du tissu; et de même que pour le velours *frisé*, il doit être ourdi d'une longueur environ cinq fois en plus de celle de la *toile*, ce qui réduit la longueur de cette dernière à un sixième seulement, par rapport à la longueur du *poil*.

Le peigne est ordinairement passé à six fils par dent, lesquels, suivant l'ordre du remettage, forment la course complète, composée de quatre fils de la toile et de deux fils du poil; de ces deux derniers fils l'un est au milieu de la dent et l'autre la termine.

Des Fers.

Les fers, pour velours coupé, diffèrent entièrement de ceux dont on se sert pour les velours frisés, précédemment décrits; ils sont en fils de laiton, passés à une filière qui leur donne la forme représentée en grand fig. 3 et 4, pl. 171, où l'on voit que les quatre faces sont toutes différentes les unes des autres. En effet, à la partie supérieure A, est pratiquée une rainure longitudinale, destinée à recevoir le tranchant du *pince* et à lui servir de guide; la partie inférieure B, est terminée en arête ou biseau, le côté C est plat et sa partie opposée D, est un peu convexe.

La longueur des fers doit toujours excéder de quelques centimètres celle de l'étoffe, et leur passage dans la chaîne ne doit avoir lieu que lorsque le poil est entièrement levé.

De même que la dimension des boucles que forme le poil pour le velours frisé dépend du diamètre du fer rond, fig. 1re, de même aussi la longueur du poil pour le velours coupé dépend de la hauteur du fer A,B, fig. 3. Et comme ce genre de fer n'est pas garni d'une *pedonne* à son extrémité, il faut, pour faciliter son passage, que le bout par lequel on l'introduit dans la chaîne soit un peu recourbé, ainsi qu'on le voit fig. 4, pl. 171.

Battant brisé.

Le fer étant passé à plat, sa rainure tournée du côté du peigne, il ne peut être relevé sur son *champ*, sa rainure en dessus, ce que l'on nomme *dresse*, qu'au moyen d'un battant propre à cette opération; c'est pour remplir ce but que le battant dont on se sert pour les velours coupés, diffère des battants ordinaires, principalement dans la partie inférieure, qui, pouvant opérer un mouvement isolé de celui des lames, a fait donner à ce battant le surnom de *brisé*. La planche 172 en donne le plan de toutes les pièces détaillées et rassemblées.

Par suite de cette disposition, le peigne peut se présenter contre le fer d'une manière plus ou moins oblique, selon l'exigence de la *dresse*; le fer ayant alors sa rainure en dessus, reste maintenu dans sa position par deux coups de trame passés avant la *dresse*, et après le *fer*; ainsi qu'on peut s'en rendre compte à l'inspection de l'armure, représentée fig. 8, pl. 176.

D'après la planche 172, on voit que la *masse* G, et la poignée E, rassemblées à charnières aux parties F, F, maintiennent en suspension toute la partie inférieure du battant au moyen d'une goupille, traversant dans l'anneau pratiqué aux *palettes* de fer H, H, fixées au bas de chaque lame C,D; et comme ces lames ne sont pas mortaisées dans la masse, ainsi que cela se pratique pour les battants ordinaires, il faut nécessairement deux traverses K, L, pour consolider ce battant et le maintenir parfaitement d'équerre.

La *masse* du battant devant être très-lourde, il est d'usage d'y couler du plomb dans l'intérieur.

Du Rabot.

Le *rabot*: fig. 1re, pl. 174, est un outil servant à couper le poil qui constitue le velours; il est formé d'une platine de fer A, contre laquelle est assujétie une petite lame E, bien tranchante, qu'on nomme *pince*. La position de cette pièce est réglée au moyen d'une traverse B, maintenue par deux écrous à oreilles, fig. 4; ces vis assujétissent le tranchant et permettent de l'élever ou de l'abaisser, selon qu'il est nécessaire.

L'espace du pince à la plaque est réglé au moyen de petits morceaux de papier ou de carte, qui en maintiennent l'écartement d'une distance semblable à celle que produit l'emplacement d'un fer et demi.

De la coupe.

Il y a deux manières de couper le poil : l'une est nommée *coupe sur soie* et l'autre *coupe sur drap*.

La *coupe sur soie* dont on fait usage pour la généralité des velours unis, ne peut avoir lieu qu'avec l'emploi de deux fers. Cette coupe est ainsi nommée, parce que, pour l'exécuter, le dos du rabot est tourné du côté du peigne, et conséquemment le pince est du côté de l'ouvrier; alors le bas du rabot glisse et porte sur la chaîne; par ce moyen, le poil du velours déjà confectionné conserve tout son éclat et sa fraîcheur.

Cette coupe a toujours lieu sur le premier fer passé, le second ne devant jamais être coupé sans qu'il soit garanti par le passage d'un autre fer; cette condition est de rigueur , car si on exécutait la coupe sur ce dernier, le poil risquerait de se dépasser entièrement. La coupe sur soie ne peut donc avoir lieu qu'après le passage du second fer assujéti par deux coups de liage.

Pour couper le poil, il suffit de poser la partie inférieure du rabot bien également sur la chaîne et en l'appuyant légèrement contre le dernier fer passé; dans cette position, le tranchant du pince se trouve placé dans la rainure du fer à couper; alors on fait légèrement glisser l'outil le long du fer, en allant de gauche à droite , et surtout avec assurance, sans vacillement, en tenant le *rabot* parfaitement d'aplomb , et sa partie supérieure un peu penchée en avant.

Lors de la coupe, l'ouvrier doit toujours maintenir le poil en élévation, puis aussitôt le *fer coupé* et dégagé, il est immédiatement repassé; il en est de même pour tous les fers qui suivent.

———————

La *coupe sur drap* a lieu par un système contraire au précédent, c'est-à-dire que , pour celle-ci, le rabot est tourné en sens contraire; dans ce cas, le pince fait face au peigne. Ce genre de coupe n'est usité que pour les velours façonnés , dont la disposition du dessin exige presque toujours un nombre de fers qui ne permettrait pas de couper sur soie.

Par suite du frottement de la partie inférieure du rabot sur le poil, les velours, coupés par ce procédé, ont toujours moins d'éclat que ceux dont la *coupe* a lieu *sur soie*.

Travail du velours coupé.

L'armure représentée fig. 8, pl. 176 est celle le plus en usage; quant au passage des fils, il est classé dans la catégorie des remettages sur deux corps ou remisses.

Le premier remisse, qui est composé de quatre lisses, est destiné pour la chaîne de fond, dite *toile*; le deuxième, qui n'est composé que de deux lisses seulement, appartient à la chaîne de *poil*.

Donc, après avoir passé le premier fil de la *toile* sur la 1ʳᵉ lisse, et le deuxième fil sur la 2ᵉ lisse, vient le passage d'un fil de *poil*, qui a lieu sur la première de ces deux lisses. Revenant ensuite à la toile, le troisième fil est passé sur la 3ᵉ lisse, et le quatrième fil sur la 4ᵉ lisse; après quoi on termine la course par le passage du second fil de *poil* dans la deuxième lisse.

Bien que l'armure soit désignée par huit marches, cinq seulement suffisent. Aussi n'emploie-t-on que ce nombre, attendu que la première et la septième opèrent une *marchure* semblable. Il en est de même pour la troisième et la cinquième marches; mais afin d'en rendre le tissage plus facile, la marche du poil est toujours placée à gauche.

Par suite de cette disposition, l'ouvrier travaille des deux pieds; les quatre marches 1, 2, 3 et 6 reçoivent leur mouvement au moyen du pied droit, et la marche du poil occupant les nᵒˢ 4 et 8, reçoit son mouvement du pied gauche. Comme le tissage se fait par le procédé *à rabat*, il faut, pour exécuter le passage du fer, enfoncer avec le pied droit les quatre marches qui font rabattre la toile.

Entâquage pour velours coupés.

Par suite du genre tout spécial de leur fabrication, les velours ne peuvent être enroulés comme les tissus ordinaires. Il a donc fallu avoir recours à un mode d'entâquage tout particulier, qui évitât toute superposition susceptible de nuire au poil.

La planche 175 représente cet entâquage tout particulier : on y remarque que le rouleau de devant est évidé en forme de parallélogramme allongé, A, fig. 1ʳᵉ. Ce vide est destiné à contenir une boîte B,B, représentée en grand fig. 4, ayant son point d'appui sur ses extrémités seulement, de manière à laisser, entre sa partie inférieure et le fond, une distance suffisante pour que les deux épaisseurs de velours ne puissent toucher le rouleau. Dans cette boîte est placée une baguette plate C, assujétie pareillement par ses extrémités, qui entrent, à rainure, dans l'intérieur des têtes de la boîte B,B; elle reste ainsi fixée à volonté à cette dernière, au moyen de deux goupilles qui tra-versent les trois parties B, C, B. Comme cette baguette est la seule pièce contre laquelle le velours vient s'appuyer du côté du poil, elle doit être entièrement plaquée d'un velours coupé; cette précaution a pour but d'empêcher le velours de glisser lors de la tension, et d'é-viter aussi la détérioration du poil.

En examinant attentivement la fig. 2, on voit que la baguette C, a d'abord été placée isolément, sur *champ*, du côté du poil du velours; puis l'ayant fixée, ainsi qu'il a été dit ci-dessus, on fait opérer à ces deux pièces, qui n'en forment plus qu'une seule, un tour entier avant de les placer dans la *châsse* ou vide pratiqué au rouleau. Ce seul tour suffit pour retenir le velours de manière à ce qu'il résiste à la forte tension exigée pour le tissage. Toutes ces pièces, ainsi placées, sont recouvertes par une planchette cintrée D, fig. 2 et 3, s'adaptant au moyen de deux charnières placées en E, sur le devant du rouleau, ce qui établit la continuation de sa circonférence. Toutefois, ce recou-vrement étant fermé, il doit laisser, entre la partie F, qui le termine et l'angle G, du rouleau, une fente assez large pour que l'étoffe puisse y passer doublement et sans y subir aucune pression.

Au moyen de ce procédé, l'ouvrier peut, sans être obligé de recom-mencer cette opération, tisser une longueur d'environ 60 centimètres d'étoffe, c'est-à-dire presque toute la circonférence du rouleau, plus la longueur d'une *façure*, ce dont on peut se rendre compte par l'ins-pection des fig. 2 et 3, dont la première représente l'entâquage nou-vellement établi, et la seconde, ce même entâquage, mais à l'instant où il doit être renouvelé.

D'après ces deux figures, il est clair que la résistance pour la partie tendue H, du velours, est maintenue sans toucher au poil, par le frotte-ment que produisent d'abord, à l'envers du tissu, les trois angles droits *a*, *b*, *c*, et la demi-circonférence *d*; puis par la résistance opérée *contre le poil* par la baguette C. Cette dernière pression étant presque insensible, ne peut nuire à la beauté du poil.

Un point essentiel, et celui qui présente le plus de difficulté dans cette opération, est d'établir l'entâquage avec une précision exactement parallèle à la position normale du tissage ; car la moindre inégalité produit du côté le plus tirant, soit à droite, soit à gauche une *claircière* ou *entre-bat*, ce qui est un défaut capital dans la confection des velours.

La partie d'étoffe qui sort de la boîte de l'*entâquage*, va se loger dans une sorte de caisse disposée tout exprès et dont la dimension est seulement suffisante pour recevoir une *coupe* ou demi-pièce.

Rouleau piqué.

Le velours frisé étant moins délicat que le velours coupé, on peut, pour ceux-là, remplacer l'entâquage que nous venons de décrire par l'adoption du *rouleau piqué*, lequel est établi de la manière suivante :

Après avoir préalablement garni le rouleau de pointes très-fines, implantées par rangées d'une longueur excédant un peu la largeur de l'étoffe, et espacées en tous sens d'environ un centimètre les unes des autres, on enduit cette surface de colle forte, que l'on saupoudre de sable au moyen d'un tamis ; alors l'intervalle des aiguilles se trouve entièrement garni d'une croûte raboteuse, qui, conjointement avec la pointe des aiguilles, retient suffisamment le tissu pour qu'il puisse résister à la tension nécessaire.

Au lieu d'un rouleau *piqué* et *sablé*, on peut se servir, pour le même usage, d'un rouleau garni de peau de chien de mer. Cette peau, prise à contre-sens, produit un effet d'opposition par son accrochage dans l'envers du velours. Ce genre de rouleau est préférable au précédent par la multiplicité des arêtes qui mettent le tissu à l'abri d'un *éraillement*, quelquefois très-sensible par la résistance qu'opèrent les pointes des aiguilles dans l'emploi des rouleaux piqués. Cet éraillement devient d'autant plus sensible lorsque le velours est peu réduit en chaîne comme en trame.

Il résulte qu'en faisant usage d'un rouleau *piqué*, *sablé* ou bien seulement garni de peau de chien de mer, l'ouvrier peut, sans aucune perte de temps, *tirer en avant* l'étoffe tissée, sans que pour cela le poil éprouve aucune superposition. L'ouvrier doit être attentif à ne laisser enrouler l'étoffe que près d'un tour seulement. Sans cette précaution, il y aurait superposition, et le poil se trouverait écrasé.

Au fur et à mesure que la circonférence du rouleau se garnit de velours, l'ouvrier en dégage le tissu et le fait glisser dans la caisse à ce destinée.

Du Canard et de la Caisse.

L'endroit de tous les velours coupés, frisés ou ciselés, devant, au fur et à mesure du tissage, être préservé de tout frottement, la conservation du poil a lieu au moyen d'un demi-cintre en bois, auquel on a donné le nom de *canard*. Ce recouvrement est maintenu par deux ficelles seulement, et s'applique sur le demi-diamètre du rouleau de devant, en ne portant que sur les extrémités intérieures de ses bords. Cette disposition conserve un point d'appui à l'ouvrier et garantit le poil de tout frottement. (Voy. fig. 7 et 8, pl 171.)

La *caisse* est supportée sur quatre pieds, afin de ne pas gêner le mouvement des marches; son emplacement est au-dessous du battant, tout près du remisse et sans le toucher. Le devant de cette caisse étant fixé au moyen de deux charnières, peut s'ouvrir et s'abattre à volonté, afin d'en retirer plus facilement l'étoffe qu'elle renferme.

Le *canard* ct la *caisse* sont généralement employés pour tous les articles velours et peluches, quel que soit leur genre.

Sinuosités du velours vu au microscope.

Afin de faire mieux comprendre toutes les sinuosités qu'opère le poil du velours, nous allons donner en grand le plan de son croisement.

La fig. 5, pl. 175, représente un velours frisé, dont les boucles *a, b* sont dégarnies de leur fer, tandis qu'il existe encore dans celles *c, d ;* on remarque que le poil est lié par un coup de trame seulement, représenté par les n°^{s} 2, 4, 6, etc.; le croisement qu'il opère dans cette figure peut donc, en quelque sorte, être considéré comme un taffetas réel, en admettant le coup de fer comme un véritable coup de trame, ce qui donne *a*, 2; *b*, 4; *c*, 6; etc.

On fait pareillement des velours frisés, dont chaque boucle est séparée par trois coups de trame au lieu d'un seul. Ces velours sont rarement confectionnés ainsi, par la raison qu'ils couvrent beaucoup moins que le précédent, attendu que les boucles en sont bien plus écartées les unes des autres.

La fig. 6, même planche, représente un velours coupé, vu de la même manière que le précédent. Les boucles *m, n,* 9, ayant déjà été coupées, forment autant de petites houpes, ou pinceaux renversés, qui constituent le poil de l'étoffe. Les deux boucles *o, p,* qui ne sont pas encore coupées, laissent apercevoir le profil des fers qui les forment.

Les fig. 7 et 8 représentent le croisement de la toile T, conjointement avec le poil P. La toile de la fig. 7 lie en taffetas, celle de la fig. 8 lie en sergé de quatre.

Observations générales sur les deux genres de velours précédents.

Afin de donner au poil tout le dégagement possible, il doit être passé sur un petit rouleau, fig. 7, pl. 171, nommé *bâton de poil*.

Ce rouleau doit être parfaitement droit, très-rond et bien poli. Il est muni de deux poulies A, B, placées à chaque extrémité, et soutenu par deux ficelles accrochées aux poulies. Par suite de cette disposition il peut opérer tous les mouvements d'avant et d'arrière, ainsi que celui de la rotation, qui lui est d'une très grande nécessité, surtout par rapport à la position du *rouleau de poil*, fig. 8, même planche, lequel doit toujours être placé en *contre-bas* pour la facilité du tissage.

Le poil pour velours coupé exige une tension moins forte que pour velours frisé; car s'il était par trop tendu, il risquerait de se dépasser et s'opposerait à la *dresse* du fer.

Lors du passage du fer, le côté plat doit être en dessous, et, par suite de cette position, la *dresse* se fait très-facilement au deuxième coup de battant, qui a lieu sur le second coup de trame, en tenant la poignée sensiblement inclinée sur le devant. Ces deux coups sont passés immédiatement après chaque fer, et forment ce qu'on appelle le *lit*; alors la partie convexe du fer, glissant facilement contre le poil par l'effet du coup de battant, permet de placer sa rainure en dessus. Le fer reste dans cette position jusqu'à ce que la *coupe* vienne le dégager de l'étoffe.

Pour obtenir une parfaite régularité dans les velours, on se sert ordinairement de deux navettes, dont une est garnie de trame fine et l'autre de trame grosse; la première est destinée au coup de liage, c'est-à-dire celle qui lie le poil avec la toile, tandis que la seconde est spéciale au croisement déterminé par l'armure.

La beauté du velours coupé dépend principalement de la réduction du poil; c'est pour cette raison que les velours dits *trois-poils* (ce qui signifie poil triple) sont supérieurs aux *deux-poils*, et, par conséquent, ces derniers l'emportent également en qualité sur les poils simples. Ce qui contribue encore à la production d'un beau velours, c'est la légèreté de la main de l'ouvrier, ainsi que le bon état d'*affût* dans lequel le pince doit être constamment entretenu. Aussi l'ouvrier doit-il l'*affûter*

I.   54

de nouveau, chaque fois qu'il s'aperçoit que la *coupe* blanchit, ce qui arrive souvent pour les couleurs acidulées, telles que cerise, ponceau, cramoisi, etc.

Il est à remarquer que pour les velours coupés, on doit, de préférence, employer des fils montés à plusieurs brins; car en comparant la coupe produite par deux fils de même grosseur, dont l'un sera monté à deux brins et l'autre à trois, il est évident que la coupe du premier ne fera découvrir que quatre brins, tandis que celle du second en fera découvrir six.

L'endroit du velours se faisant en dessus, le *tempia* ou *templet* doit toujours être placé en dessous de l'étoffe.

Lorsque l'ouvrier est obligé de suspendre le travail du tissage, il est urgent qu'il passe une baguette polie sous le *pas du poil* et en dessus de la *toile*. Cette précaution est indispensable pour conserver la *dresse* du dernier fer passé, ainsi que pour éviter un changement de nuance dans la coupe subséquente.

Bien qu'une seule lisse suffise pour la totalité de la chaîne de poil, il est d'usage d'en mettre deux; cette méthode, en évitant la confusion des mailles, contribue essentiellement à opérer le dégagement des fils.

Pour reconnaître si un velours est de belle *coupe*, il faut regarder l'étoffe en la plaçant horizontalement, comme on le fait pour s'assurer de la nuance positive d'un *drap* ou d'un *feutre* de laine.

Du Rasage.

Le *Rasage* consiste à couper tous les poils qui dépassent la longueur régulière. Ce travail est d'abord fait par l'ouvrier à chaque *façure*, au moyen de *forces* cintrées faites exprès, de manière que les lames puissent couper le poil horizontalement, sans que la main porte sur le velours. Mais comme cette opération, faite partiellement, ne peut atteindre une parfaite régularité, chaque coupe ou pièce étant terminée, le rasage est renouvelé en grand au moyen de mécaniques dites *raseuses*, établies d'après le système des *tondeuses* dont on fait usage pour la draperie.

Velours façonnés dits à cantre.

Les velours façonnés sont généralement confectionnés au moyen de la mécanique Jacquard; ils peuvent être établis à corps seulement, ou bien à corps et à lisses.

Dans le premier cas, le montage a lieu sur deux corps, dont l'un, celui de devant, est pour la toile, et l'autre pour le poil; dans le second cas, les lisses, qui toujours sont placées devant le corps, sont spécialement destinées pour la *toile*, le corps étant entièrement réservé pour le dessin.

Les velours façonnés sont ou frisés, ou coupés, ou bien encore formés par la réunion des deux genres; alors ils prennent le nom de velours *ciselé*-façonné.

Pour ces sortes de velours, il faut nécessairement que le poil soit disposé de manière que chaque fil puisse isolément exécuter son mouvement; on ne peut donc enrouler le poil en totalité sur un rouleau unique, comme cela a lieu pour les velours unis, qu'ils soient frisés ou coupés. C'est pour atteindre ce but que pour tous les genres de velours façonnés, dont le décochement a lieu par un fil seulement, on se sert d'une *cantre* représentée fig. 6, pl. 174.

Cette *cantre* est placée en dessous de la chaîne ou toile; elle est composée d'un bâti supporté par quatre pieds, dont les deux de derrière sont plus élevés que ceux de devant : cette disposition est indispensable pour que la séparation des fils soit plus distincte. Tout le poil est ainsi enroulé sur de petites *bobines* placées par rangées transversales et supportées par de petites tringles en fil de fer. Toutes ces bobines, dont le nombre est subordonné à l'exigence du dessin et à la réduction du tissu, peuvent, par suite de cette disposition, opérer un déroulement isolé et rétrograde, dont l'effet est produit par une légère charge, qui consiste tout simplement en une ou plusieurs balles de plomb percées et suspendues par un fil, fixé dans la seconde gorge et enroulé dans le sens contraire au fil du poil, ainsi que le représentent les fig. 3 et 6, pl. 174.

Les fers dont on fait usage pour le velours à cantre, *frisé-façonné* sont les mêmes que ceux usités pour le velours à lisses, *frisé-uni*.

Le montage du velours *coupé-façonné* est établi de la même manière que le précédent; mais il diffère des velours *coupés-unis*, en ce qu'il exige la *coupe sur drap*. Il peut être confectionné sur fond uni, aussi bien que sur fond façonné; les effets veloutés formant le dessin, n'ont généralement lieu que partiellement.

Cependant, si l'on voulait faire ce velours *continu* ou *plein*, c'est-à-dire dans tout le travers de l'étoffe et par deux couleurs , il faudrait nécessairement, outre la chaîne de *toile*, deux *poils* au lieu d'un, ce qui augmenterait du double le nombre des bobines placées à la *cantre*. Dans ce cas, il ne serait plus question du fond, et tous les fils de *poil*, qui ne devraient produire aucun effet, resteraient pendant ce temps en dessous de la *toile* qui néanmoins les lierait, mais à une assez grande distance, afin qu'ils ne puissent transparaître à l'endroit.

Afin de réduire autant que possible le nombre des roquetins, on pourrait, pour ces deux genres de velours, ourdir, sur chaque *bobine* à la fois et ensemble, autant de fils qu'il y a de répétitions dans le montage du métier. Quant à la marche à suivre pour le *remettage*, il faut que le premier *roquetin*, qui est celui de derrière, à gauche, soit pris le premier, puis celui qui est en face et placé à la tringle qui suit immédiatement et sur le devant, en allant toujours d'arrière en avant jusqu'à la fin de la *rangée*.

Ainsi, en admettant que chaque tringle supporte 20 roquetins, chaque rang de la cantre pourvoira au remettage de 20 fils, dont le premier rang fera les 20 premiers, le deuxième rang ceux de 21 à 40, et ainsi de suite, jusqu'à concurrence de tous les fils exigés par le montage. Néanmoins, pour obtenir un beau tissu et un parfait dessin, la meilleure méthode est celle de ne mettre qu'un fil par roquetin ou bobine.

Le *Velours ciselé-façonné* n'est autre chose qu'un mélange de *velours frisé* et de *velours coupé*, formant des effets ou dessins quelconques. Chacun de ces genres peut indistinctement être, ou de couleurs semblables, ou de couleurs différentes.

La confection du velours ciselé exige nécessairement deux sortes de fers, chacune pour son genre, observant que, lors de leur passage, c'est toujours le fer du frisé qui doit être passé le premier, parce qu'il n'a ordinairement pas besoin de lit; néanmoins le poil doit, pour chaque sorte de fer, être lié par la trame, à tous les coups qui précèdent ou suivent son passage.

Les dessins pour velours ciselé doivent, sur la carte, être peints en deux couleurs, dont une pour le frisé et l'autre pour le coupé, ayant soin, lorsqu'on se sert conjointement des deux genres pour produire un effet détaché, de placer, de préférence, le *frisé* aux *rebordés* ou *entourages*, et de réserver le *coupé* pour les effets à produire dans le

centre du dessin. Ce velours, par sa beauté et la variété de sa confection, est placé au premier rang des tissus de cette catégorie.

Velours écossais.

Les velours *écossais* sont spécialement destinés pour gilets. Ce nom
leur vient du genre de dessin représentant ordinairement des carreaux
et quelquefois des lozanges. Les uns et les autres peuvent être ou
contigus, ou séparés par des filets formés d'une armure quelconque.
Lorsque ce tissu forme des carreaux unis, ils sont presque toujours
contre-semplés et assez souvent confectionnés par les deux genres de
velours *frisé* et *coupé*, ce qui nécessite deux poils mis chacun sur un
rouleau séparé. Ce tissu pouvant être confectionné au moyen de lisses
seulement, on est dispensé de se servir de la *cantre*, ce qu'on ne pourrait éviter pour un velours écossais établi par des lozanges disposés
en quinconce, d'autant plus que ceux-ci ont un décochement constant
qui exige impérieusement que chaque fil de poil puisse *jouer* isolément.

Toutes les fois qu'on fait usage de la cantre, on se sert d'une mécanique Jacquard. Quant à la toile et aux filets, ils peuvent toujours
être montés sur des lisses ou sur des lissettes, dont le nombre reste
subordonné au genre de croisement.

Velours chiné.

Le montage et le tissage de ce velours ne diffèrent en rien du montage et du tissage du velours uni. Toute la difficulté consiste à teindre
le poil avec précision, pour que chaque partie teinte puisse reproduire
au plus juste, lors du tissage, une longueur égale à celle exigée par le
dessin, conformément à la grandeur naturelle de l'esquisse; c'est pour
remplir ce but qu'on établit le dessin sur du papier réglé 10 en 10,
n° 4, dont la dimension d'une *corde*, prise sur le papier, est à peu-
près semblable à l'emplacement que produit la largeur d'une dent
au peigne, quel que soit le nombre de fils qu'elle comporte.

Donc, après avoir préalablement établi le dessin comme s'il s'agissait
d'un chiné sur étoffe ordinaire, on transporte ce même dessin sur une
seconde carte, dont la longueur comporte cinq fois plus de coups de
trame que la première, d'où il résulte que, si le dessin primitif est
établi sur 100 coups de hauteur, il faut que le *transport* en compte 600.

On fait rarement ce genre de velours avec effets chinés seulement;

le plus souvent on encadre ces parties par des filets satins ou sergés pris sur les deux sens (en trame et en chaîne).

Les filets par effet de chaîne sont établis sur des lissettes, et ceux par effet de trame le sont au moyen de marches supplémentaires, disposées conformément à l'ordre donné par l'armure qui doit les former.

Velours moquette.

Ce genre de tissu auquel la mécanique Jacquard a fait songer, a pris naissance en Angleterre; mais aujourd'hui on le confectionne parfaitement et en grand dans toutes les belles fabriques d'Aubusson, d'Amiens, de Roubaix, etc. C'est à M. Sallandrouze qu'on en attribue le premier essai fait en France.

Ce tissu, quoique naturellement grossier, a, pour le dessin, tout autant de mérite que beaucoup de tissus délicats; il sert généralement pour banquettes, cabas, sacs de nuit, descentes de lit, tapis, etc.; il est fabriqué de la même manière que le velours frisé en soie, mais avec des fers d'une plus forte dimension.

Ce velours, ordinairement façonné, est formé par deux chaînes, dont une pour la toile et l'autre pour le poil formant le dessin. La première chaîne, qui n'est d'aucune apparence dans le tissu; peut être composée de matières quelconques et inférieures, tandis que le poil est généralement en laine peignée, ou bien en poil de chèvre.

De même que pour les autres genres de velours façonnés, le poil est enroulé séparément, fil à fil, sur des roquetins placés à une *cantre* qui, par la longueur et la grosseur des matières, est toujours d'une assez grande dimension.

On se sert également de deux trames différentes, dont une très-fine et l'autre très-grosse, passées alternativement. Le passage de la trame fine a lieu pour le liage des fils passés sur le fer; le coup de grosse rame, qui enverge en taffetas, est uniquement employé pour la consistance de l'étoffe.

Les fils de façonné, qui n'opèrent pas de croisement continu, forment des brides qui se trouvent renfermées entre le *fond* et le *frisé*.

Le remettage a lieu par *un* et *un*, en deux couleurs, dont une est pour le façonné et l'autre pour le fond. Dans le cas où il y aurait trois couleurs, on formerait encore l'ourdissage par *un* et *un*, pendant trois fois alternativement, sans avoir égard à la chaîne qui fait le fond, laquelle peut être passée par un seul fil, pour un, deux ou trois du façonné, formé par les fils spéciaux de la *cantre*.

On fait également des *moquettes* où l'on remplace le fer par un coup de grosse trame très-inférieure, laquelle reste dans le tissu, et est entièrement recouverte par les fils qui forment le façonné. Alors ce velours entre dans la catégorie du *velours simulé*.

Velours d'Utrecht.

Ce velours est employé au même usage que le velours moquette, et ne diffère de ce dernier qu'en ce qu'au lieu d'être frisé, il est coupé. Lorsque, dans ce tissu, certaines parties seulement forment un fond uni, n'importe par quelle armure et par effet de trame, il faut que celle qui domine soit d'une qualité supérieure à celle du liage, puisque cette dernière n'est d'aucune apparence dans le corps du tissu : c'est pour ce motif que, outre les deux lisses qui font le liage en taffetas et en dessous, il en faut encore un nombre supplémentaire pour exécuter l'armure qui doit former l'endroit en dessus. Il faut donc, pour la confection de cet article, lorsqu'il y a velouté partiel, deux chaînes, mises chacune sur un rouleau séparé, l'une étant destinée pour le liage, l'autre pour le fond, les *roquetins* placés à la *cantre* étant uniquement réservés pour les parties qui forment le façonné.

La généralité des velours *Moquette* et ceux d'*Utrecht*, sont empoutés à *pointe*, et généralement montés sur des mécaniques Jacquard, dites *jumelles*, en 400. Pour éviter les obstacles qui pourraient survenir dans l'exécution des diverses armures du fond, les lisses reçoivent leur mouvement par une mécanique d'armure, placée, comme d'ordinaire, sur le devant de la mécanique Jacquard.

Velours dit simulé.

C'est à tort qu'on a qualifié ce tissu du nom de velours : la simplicité de son tissage le prouve suffisamment, puisqu'on l'obtient au moyen de deux ou de quatre lisses, de deux navettes seulement, et sans le secours d'aucun fer.

Le croisement de ce tissu, dont la chaîne est généralement en soie, a lieu par l'armure taffetas et est ourdie *un et un*, par fils simples et par fils doubles ou triples, passés au remisse par un remettage *suivi*. D'où il résulte que tous les fils simples sont passés sur la première et la troisième lisses, et tous les autres sur la deuxième et la quatrième, ou réciproquement. Le tissage a également lieu au moyen de deux trames, dont une est en soie très-fine, et l'autre en soie très-grosse à plusieurs *bouts*. Cette dernière peut être remplacée par une trame d'un seul brin, très-gros, en coton retors, par exemple; mais dans ce cas, le *pas* de chaîne qui recouvre cette trame doit être très-fourni, afin d'éviter l'inconvénient qui pourrait résulter de la transparence.

Comme l'endroit de cette étoffe a ordinairement lieu en dessus lors du tissage, la trame fine est passée sous le pas simple, et la grosse trame sous le pas double.

Pour que ce genre de tissu soit bien confectionné, il est nécessaire que chaque *pas* soit ourdi et enroulé séparément.

Ce tissu produirait un très-bon effet pour les articles *draperie-nouveauté*, où, par économie, on pourrait employer pour chaîne deux qualités de matières, dont une inférieure et l'autre supérieure; cette dernière seule paraîtrait à l'endroit. Ce genre pourrait, à volonté, n'être que partiel et combiné avec d'autres.

De la Peluche.

Ce tissu, qui nous est venu tout à la fois de l'Italie et de la Prusse, est confectionné à l'imitation du velours coupé.

L'importation de la *peluche* a fait époque en France; car lors de son apparition, il s'opéra, surtout à Lyon, une grande rumeur entre les tisseurs en soie et les ouvriers chapeliers, la profession de ces derniers se trouvant presque anéantie par la peluche, qui remplaça le feutre avec d'immenses avantages, et prit immédiatement une très-grande extension, aussi bien en France qu'à l'étranger.

L'exportation de ce tissu augmente chaque jour; il doit son mérite à son éclat et à son brillant, aussi bien qu'à la modicité de son prix et à l'imperméabilité qu'on peut lui appliquer.

Bien que le montage du métier pour la *peluche* soit en quelque sorte assimilé à celui des velours coupés, il en diffère néanmoins sous beaucoup de rapports, aussi bien pour le *montage* que pour le *tissage*.

D'abord, les deux *fers* sont beaucoup plus gros que pour les velours soie, ce qui fait que le poil est aussi beaucoup plus long que pour ces derniers; leur coupe a lieu par le même procédé que pour les velours soie, seulement l'écartement du *pince*, à la plaque du *rabot*, doit avoir l'espace exigé par le genre de fers qui, pour ce tissu, sont en bois très-poli, et confectionnés de la même manière que ceux à l'usage des velours coupés précédemment décrits.

Comme la largeur, la réduction et le croisement de la peluche sont très-variables, il suffira que nous en donnions ici une disposition, ainsi que les principes les plus en usage.

40 portées ou 3,200 fils, organsin cru, pour toile, longueur 20 mètres.

20 portées, 1,600 fils, organsin cuit, pour poil, longueur 240 mètres.

Remettage et armure (voy. fig. 4 et 5, pl. 176 et fig.1 et 2, pl. 177.)

Peigne, 800 dents passées à cinq fils, dont quatre de la toile et un du poil. Largeur, 70 centimètres.

Pour les peluches légères, ou de deuxième qualité, le poil ne comporte ordinairement que le quart de la chaîne, au lieu de la moitié; ainsi, dans l'hypothèse ci-dessus, il serait de 10 portées au lieu de 20. Dans ce cas, le remettage se fait par quatre fils de toile et un fil de poil, et le passage au peigne comporte cinq fils par dent.

Pour les peluches de première qualité, le remettage a toujours lieu par deux fils de toile et un fil de poil pour chaque dent, et pour donner plus de consistance au tissu, le passage de la trame est exécuté par la répétition de deux coups sur quatre, qui n'en font pas moins entre eux un croisement taffetas. Par ce moyen, la peluche a plus de *main*, sans pour cela écarter davantage les fers l'un de l'autre. Comme ces peluches supérieures exigent des fers très-élevés, il arrive que la proportion précédemment établie de 12 mètres de *poil* pour un mètre de *toile*, est portée jusqu'à 14 et même 15 mètres.

La peluche étant faite *à la lève*, on se sert ordinairement d'une mécanique d'*armure* pour sa confection : ce procédé est infiniment plus avantageux que celui des marches et des leviers.

Le rouleau de poil doit être placé au-dessus de la toile, à une distance d'environ 40 centimètres du remisse, et sa tension doit être rétrograde, c'est-à-dire, dans le même genre que celle usitée pour les poils de velours frisés ou coupés.

Dans la confection de la peluche, la dimension des fers offre l'avantage de la suppression du battant brisé, indispensable pour les velours coupés. On peut donc, d'après la grosseur des fers, confectionner la peluche avec un battant ordinaire, dit à *poignée sèche*; mais pour

I.   55

faciliter la *dresse*, l'ouvrier doit avoir soin de maintenir le fer un peu obliquement, sa rainure tournée du côté du peigne, de manière qu'en coupant le poil, il y ait un côté qui soit plus long que l'autre, ce qui contribue essentiellement à faire *couvrir* la peluche, et à ne laisser transparaître aucune rayure provenant de la *coupe*.

Pour bien faire ce tissu, le poil doit être ourdi avec soin, et le fil parfaitement nettoyé de toutes ses défectuosités, telles que *nœuds*, *costes*, *bouchons*, *gros fils*, etc.; et comme pour accélérer le tissage, on ne conduit point d'enverjure, le poil doit être enroulé très-délicatement sur l'ensouple et fil à fil; c'est pour cette raison que, lors du pliage, on se sert d'un peigne au lieu d'un rateau, ainsi que cela se pratique généralement pour les chaînes ordinaires.

L'enroulement de la peluche a lieu au moyen du rouleau *piqué-sablé*; que nous avons précédemment décrit pour la confection des velours frisés; mais avant l'enroulement, l'ouvrier doit brosser le poil, afin de le coucher régulièrement, en partant de gauche à droite.

La peluche *bouclée*, qu'on ne fait d'ailleurs que rarement, diffère de celle-ci en ce que les fers n'ont pas de rainures, et sont retirés du poil par le même procédé que pour le velours frisé. Du reste, le travail est le même que pour la peluche coupée.

Une armure qui est encore beaucoup en usage pour les peluches, est celle indiquée fig. 1re, pl 177.

Le poil ayant levé en totalité pour le passage du fer, enverge au coup suivant, n° 1, en même temps que se fait sur la toile la levée de la première lisse. Après ce coup, on relève un peu le fer, qui se trouve dans une position oblique, et l'on passe successivement les trois autres coups indiqués par les n°s 2, 3 et 4. Il y a donc quatre coups de trame entre chaque fer. Le fer suivant est passé ensuite de la même manière que le précédent, et n'est coupé qu'après avoir de nouveau passé les quatre coups de trame, indiqués par les n°s 5, 6, 7 et 8.

La fig. 2, même planche, représente le remettage et l'armure d'un autre genre de peluche; on y remarque que les fils de le toile sont en réduction double de celle du poil, et que les deux chaînes font taffetas.

Bien que cette armure représente six marches, on pourrait en exécuter le croisement avec trois marches seulement, attendu que la 1re et la 5e exécutent une même *levée*, et qu'il en est de même de la 3e conjointement avec la 7e. Les marches 2, 4, 6 et 8 peuvent également se

réduire à une seule. Mais comme le démarchement est un obstacle à la
célérité du travail, il est toujours plus avantageux d'en employer, sans
aucune restriction, le nombre nécessité par le raccord de l'armure
ou course complète.

La forte peluche, dite première qualité, est ordinairement tissée par
six coups de navettes entre chaque fer; deux coups sont doubles, excepté
pour les lisières dont le croisement doit être changé à chaque coup,
afin d'éviter que la trame s'en retourne sur elle-même.

On fait également des peluches, dont le poil, au lieu d'être en organsin pour *chaîne*, est de la même nature que la soie employée pour
trame. Cette matière offre l'avantage de présenter non-seulement
beaucoup d'éclat, mais encore de donner à la peluche une *couverture*
beaucoup plus prononcée qu'on ne pourrait obtenir avec l'*organsin*, ce
dernier étant beaucoup plus *tors* que les fils destinés aux trames.

Imitation de peluche (Tissu pour chapeaux).

Ce tissu, dont le coût de revient est bien inférieur à la peluche, a
pris une grande extension par la modicité de son prix. Aussi, son brillant a-t-il moins d'éclat que celui de cette dernière.

Ce tissu est confectionné sur une même largeur que celle des peluches et avec une seule chaîne, qui est en coton, ainsi qu'une seule
trame en bourre de soie, dite *fantaisie*.

Le croisement de ce tissu a généralement lieu par l'armure satin de
cinq, et par effet de trame à l'endroit. Cet article, exigeant une assez
forte réduction en trame, est de préférence tissé *à la lève* et *à la baisse*.

Après sa confection, il est *tiré à poil*, mais du côté de l'endroit seulement, et la teinture n'a lieu qu'après cette opération; après quoi,
on tond le poil, en ne lui laissant que la longueur ordinaire qu'on laisse
pour les peluches. Ce travail terminé, on met cette étoffe entre des
plaques en fonte de fer, chauffées à un degré convenable, afin que le
poil reste couché uniformément et se maintienne dans cet état, après
l'enlèvement des plaques, ainsi que cela a lieu pour le pressage à
chaud. (Voy. chap. XXVIII - *Apprêts*).

VELOURS-COTON.

Comparativement au prix élevé des velours-soie, la modicité du prix
des velours-coton a donné à ce tissu une très-grande extension, non

seulement par l'emploi fréquent qu'en fait la classe ouvrière, mais encore pour la quantité employée par les tapissiers.

Les principaux genres de ces velours sont : les velours unis, dits *lisses* ou *velventine*, les velours *velverette* et ceux à côtes, et à demi-côtes.

Du velours dit lisse ou velventine.

De tous les velours-coton, la velventine est celui dont l'imitation est la plus rapprochée du velours-soie; c'est aussi celui dont la confection présente le plus de difficultés, surtout pour l'empêcher de *cordonner*, c'est-à-dire de laisser transparaître les trois coups de trame qui forment la séparation du velouté, et à ce que les uns et les autres soient parfaitement liés ensemble.

Ce velours se fait avec cinq marches et six *lisses* ou *lames*, *remettage suivi*, peigne de 1000 dents passé à deux fils, largeur 70 centimètres. La chaîne est ordinairement du n° 60, que l'on fait doubler et retordre.

Le *remettage* ou *rentrage* étant terminé, ainsi que le peigne piqué, on procède à *l'encordage* ou *billure*, ce que l'on nomme également *embreuvage*.

De même que pour tout autre article, l'embreuvage a lieu selon le genre de tissu qu'on doit exécuter. Ainsi, pour le velours *velverette*, qui doit être confectionné par un coup de taffetas et trois coups de velours, il y a cinq marches et huit coups de trame; c'est par cette raison qu'il faut disposer l'embreuvage de telle manière que l'ouvrier puisse librement travailler des deux pieds, comme cela se pratique pour les articles velours unis en soierie.

On voit, d'après les *embreuvages* et les *marchures* représentés pl. 177, que le pied droit fait agir les marches qui sont à droite, et que le gauche fait agir celles qni sont à gauche.

Avant d'aller plus loin, et pour l'intelligence de ce qui va suivre, nous prévenons que les traits obliques, placés sur la jonction des lignes, indiquent les cordes qui sont appelées *courtes*, et les signes formés par des zéros placés de la même manière, indiquent les cordes *longues*. Les premières sont attachées aux marches et aux *contre-marches*, tandis que les secondes le sont, d'abord aux marches, puis, passant entre les contre-marches, elles viennent s'attacher aux *marchettes*.

Conformément à ce qui vient d'être dit, et d'après la fig. 4, pl. 177, on voit que la première marche ou le premier coup, qui appartient à la ligne A, fait rabattre les 2°, 4° et 6° lisses, en même temps qu'elle fait lever les 1°°, 3° et 5°; il en est de même pour les autres marches ou coups de trame, en observant que la seconde marche, appartenant au pied gauche, est indiquée par le n° 2 sur la ligne D; la troisième marche revient au n° 3, qui appartient à la ligne B; la quatrième marche est encore relative au pied gauche; la cinquième revient au pied droit; puis la sixième reprend la même marche que la deuxième; la septième est la même que la troisième; enfin la dernière, qui est la huitième, est encore la même que la quatrième. Ainsi se termine la course.

Velours à côtes.

De tous les velours-coton, ceux à côtes sont les plus solides; ils sont ordinairement confectionnés sur fond batavia; la réduction du peigne est d'environ 12 dents au décimètre. Le coton employé pour ce velours doit être très-beau, et du n° 34 à 40. Pour cet article, la grosseur des côtes est très variée : on en fait depuis 6 fils jusqu'à 18; ces dernières ont à peu près un demi-centimètre de largeur.

Le velouté de cet article n'a pas lieu par effet de chaîne, ainsi que cela se pratique pour les velours-soie; l'étoffe est préalablement enroulée et tendue au moyen de deux ensouples, et la coupe se fait longitudinalement, *à la main*, au moyen d'une sorte de couteau triangulaire en forme de lancette, que l'on passe en dessous des brides formées par la trame. Ce travail qui, au premier abord, paraît difficultueux, constitue une profession spéciale; ceux qui l'exercent s'en acquittent avec une promptitude et une régularité vraiment surprenantes. Il faut bien qu'il en soit ainsi, car cette manipulation qui exige beaucoup d'adresse, est néanmoins fort peu rétribuée. A Amiens, qui est le principal lieu de production, on ne paie ce travail que 6 fr. à 7 fr. 50 pour couper une demi-pièce de 42 mètres de longueur, ce qui demande trois jours à un bon ouvrier. Le peu de frais qu'entraîne cette opération secondaire, qui cependant, à elle seule, constitue le velours-coton, fait aisément comprendre d'où provient la modicité du prix de ces sortes de tissus.

Bien que cette manière de *couper* le velours-coton soit très-simple et même expéditive, les Anglais l'ont encore trouvée trop longue et trop dispendieuse. Chez eux ce travail est fait mécaniquement, au moyen d'une machine qui opère à la fois sur toute la largeur du tissu, et sans solution de continuité.

Par suite de cette disposition, on supprime toute espèce de fers, ainsi que le battant brisé, qui, pour ce genre de tissu, est remplacé par le battant ordinaire, dit *à poignée sèche*.

CHAPITRE XXIV.
Des Tapis.

SOMMAIRE : *Des tapis à basses-lisses. — Des tapis à hautes-lisses. — Manufacture des Gobelins.*

Ainsi que beaucoup d'autres étoffes, les tapis forment plusieurs catégories de tissus.

Nous dirons d'abord que les tapis tissés diffèrent de ceux faits à l'aiguille, par l'application du *point de broderie*, en ce que, dans la confection des premiers, on forme en même temps le fond et le sujet sur une chaîne tendue, tandis que dans la confection des tapis à l'aiguille, le fond, ainsi que le sujet, ne peuvent être formés qu'alternativement et sur un tissu préalablement disposé, connu sous le nom de *canevas*.

Les diverses méthodes dont on fait usage pour leur confection peuvent être réduites à deux principales, que l'on désigne par les termes techniques de *basses-lisses* et de *hautes-lisses*.

Par le terme basses-lisses, on entend que les lisses sont placées verticalement, tandis que c'est tout le contraire pour les hautes-lisses, c'est-à-dire que les dernières sont placées horizontalement et au-dessus de la tête de l'ouvrier. Il va sans dire que pour l'un et l'autre système, la chaîne est disposée perpendiculairement aux lisses.

Des Tapis à basses-lisses.

Comme la manière de monter ces sortes de tissus est entièrement du ressort des montages ordinaires, décrits au commencement de cet ouvrage, nous n'aurons que peu de choses à en dire; car la plus grande partie des tapis confectionnés à basses-lisses sont très-simples, si on en excepte pourtant certains genres façonnés, tels que les moquettes, les velours d'Utrecht, etc.

Les tapis communs, faits à basses-lisses et confectionnés en étroite largeur, sont spécialement destinés pour descentes de lit, tapis de pieds, chaises, fauteuils, canapés, bergères, etc. ; mais pour en faire l'application aux tapis de grande dimension, ils offrent deux inconvénients :

Le premier, c'est qu'étant obligé de rapporter plusieurs *lés* ou largeurs ensemble, afin d'obtenir la grandeur déterminée, on ne peut avoir que des sujets répétés, dont les raccords sont le plus souvent dénaturés par suite de l'irrégularité dans le tissage.

Le second inconvénient, c'est qu'il est très-rare que la hauteur du dessin, surtout s'il est de grande dimension, s'accorde avec la longueur totale que l'on veut donner au tapis; dans ce cas, il y a une perte réelle à la coupe de chaque *lé*.

Tapis à hautes-lisses.

Ces sortes de tapis, qui depuis bien des siècles font le luxe et l'ornement privé des palais de tous les grands monarques, deviennent cependant moins rares; néanmoins l'immense travail nécessité par leur genre de confection, fait qu'un très-petit nombre de consommateurs seulement peuvent prétendre à la possession de ces travaux tout-à-fait artistiques, fournis aujourd'hui par les manufactures d'Aubusson et de Turcoing, dont les produits appartiennent à l'industrie privée, et surtout par la célèbre manufacture des Gobelins, dont les ateliers font partie du domaine de la Couronne de France.

Ces tissus à hautes-lisses, bien que façonnés, sont confectionnés sans le secours de la mécanique Jacquard, et par leur genre de fabrication, peuvent représenter des sujets magnifiques et d'une dimension bien supérieure à celle qu'on pourrait obtenir par le tissage et le métier ordinaires; aussi, les tapis seuls ont-ils l'avantage de pouvoir reproduire, non-seulement les grands évènements, qui sont de l'attribution de la peinture, mais encore tous les charmes et les variétés de la nature.

C'est donc à juste titre qu'on a donné le nom d'*artistes* aux ouvriers qui font ces véritables chefs-d'œuvre.

Il n'est pas difficile de concevoir que les nombreuses difficultés dans le choix du rassemblement des couleurs et des nuances nécessaires pour la formation d'un tapis, de riche modèle surtout, réunissant les précieuses qualités de la peinture et de la broderie, ont dû coûter plus de travail et de recherches que pour l'exécution d'un tableau formé par la peinture. Ces derniers ont sur les tapis l'avantage de l'augmentation ou de la diminution des tons et des teintes, sans que pour cela il soit nécessaire, comme pour les tapis, d'avoir recours à la teinture, dont l'emploi est essentiellement utile pour obtenir de beaux tapis, et pour que l'éclat en soit de longue durée.

Il est donc indispensable que la teinture des matières soit telle qu'elle ne produise que des couleurs très-solides; car, dans le cas contraire, il arriverait que les produits, qui faisaient l'admiration générale immédiatement après leur confection, laisseraient croire, au bout de quelques années, qu'ils ont été dirigés et exécutés sans une connaissance exacte, tandis que ce défaut capital ne serait dû qu'à l'emploi de couleurs et teintes peu solides, bientôt détériorées par l'influence du soleil et de l'air. En dehors de ces deux influences, le temps seul ferait également changer bien vite les couleurs, si elles ne remplissaient les conditions désirables : alors elles deviendraient tranchantes, hachées; l'expression mourrait; l'illusion disparaîtrait; enfin, au bout de quelques années seulement, ne retrouvant plus la nature on accuserait l'art.

Le lustre qu'a la soie, et que n'a point la laine, n'est point une raison pour lui donner le pas sur cette dernière; la laine, de préférence, est en effet la matière la plus propre à ce genre de fabrication, surtout par sa qualité élastique, qui rend le velouté susceptible de se relever parfaitement après la pression des pieds. En un mot, la laine très-fine, bien assortie, teinte et nuancée suivant les règles de l'art, quelque tendre et légère que puisse être la couleur, ne perdra rien dans l'ensemble de ses nuances; ses dégradations très-lentes, de longtemps imperceptibles, seront toujours uniformes et constantes, et la nature, lors même qu'elle sera moins éclatante, sera toujours vraie.

Afin de donner les meilleurs renseignements sur les tapis, nous ne croyons pouvoir mieux faire que de mettre en évidence la description de la manufacture des Gobelins de Paris, en l'accompagnant de quelques documents qui ne seront pas sans intérêt pour nos lecteurs.

L'art de fabriquer ces tapis nous vient d'Orient, d'où l'on tirait autrefois les tissus de ce genre. Ce fut au temps des croisades que nous vinrent les premiers ouvriers, qui enrichirent notre pays de cette importante branche d'industrie; et le nom de *sarrazins* ou *sarrazinois*, donné à cette époque aux ouvriers qui s'en occupèrent, rappelle aussi l'origine des premiers d'entr'eux.

Dès l'an 1295, le Châtelet de Paris rendit un édit en faveur des tapisseries à hautes lisses; mais, pendant les premiers siècles qui suivirent son importation, cet art fit peu de progrès. François Iᵉʳ et Henri II, voulant orner leurs palais, firent exécuter, d'après les cartons de Jules Romain, à Bruxelles, des tapis représentant les batailles et le triomphe du grand Scipion.

Vers ce temps, l'art de la tapisserie prit en France un nouvel essor. Ces tapisseries, d'abord grossières, furent ensuite faites avec plus d'art ~~et d'intelligence, et bientôt la supériorité de~~ nos manufactures porta un coup fatal à celles de Flandre. La première qui fut établie date de 1607; elle fut érigée à Paris sous la direction des sieurs Marc Comans et François Laplanche, dont les talents étaient bien capables de seconder les vues protectrices d'Henri IV. Ce prince, protecteur des beaux-arts, se proposait de soutenir favorablement cette industrie toute spéciale, lorsque la mort le surprit et suspendit ce projet qui ne reçut un commencement d'exécution qu'en 1626.

Ce fut à cette époque que Dupont fut installé au Louvre, où il justifia grandement de la confiance qu'on lui avait accordée, en faisant sortir de ses ateliers des produits dont la beauté et la perfection ne le cédaient en rien à ceux qu'on avait eu pour but d'imiter.

Colbert ranima cette branche d'industrie en lui fournissant de nouveaux moyens de développement; car, après avoir fait rétablir et embellir les maisons royales, surtout le château du Louvre et celui des Tuileries, il songea à les garnir de meubles et à les décorer de tapisseries, dont la richesse répondît à la magnificence de leur architecture. Ce fut alors (1662) qu'il réussit à obtenir que Louis XIV fît l'acquisition de l'hôtel des frères Gobelins, teinturiers célèbres, où déjà une fabrique de tapisserie était installée. Ces ateliers ont reçu une extension proportionnée à leur importance, et l'immense établissement des Gobelins a justement acquis et conservé le titre que lui a donné Louis XIV: Manufacture royale des meubles de la Couronne.

Dans cette manufacture, que l'on peut dire être sans rivale sur toute la surface du globe, furent bientôt réunis les meilleurs artistes, et en l'année 1663 on en comptait déjà un grand nombre sous la direction du célèbre Le Brun, premier peintre du roi, qui y sema largement l'âme et l'activité que son talent et ses productions pouvaient seuls y faire naître.

I.   56

Un des premiers soins qu'on eut, fut de former un fonds assorti et considérable de tableaux des meilleurs maîtres; quelques-uns d'entre eux étaient dûs aux pinceaux de Raphaël et de Jules Romain. Lefèvre père, conjointement avec Jans et Laurent, furent par leurs grandes connaissances dans cette partie, placés à la tête des ateliers, et ce fut également à ces habiles ouvriers que l'on confia le soin de former des élèves. Aussi, à cette époque, cette fabrication devint-elle véritablement un art. L'ouvrier justifiait son nom d'artiste; la laine, sous ses doigts, se métamorphosait en peinture, et les tapis devinrent de véritables tableaux.

La manufacture royale, habilement dirigée, visitée fréquemment par Louis XIV, admirée du public, ne tarda pas à voir ses produits recherchés par toutes les cours étrangères, comme ils le sont encore aujourd'hui.

———

Un grave inconvénient, nécessité par l'imperfection de la méthode qu'on suivait alors dans la fabrication, c'est que la *haute-lisse*, seule en usage, ne pouvait reproduire ces beaux modèles qu'en les détruisant, puisque, pour la reproduction, on était obligé de couper les tableaux-modèles par bandes, qu'on approchait de la chaîne en les faisant correspondre chacune à son emplacement respectif. Les copies, rendues dans le sens de l'original, étaient d'ailleurs incomparablement plus fidèles dans les détails qu'avec le système à la *basse-lisse*, et si cette dernière avait l'avantage de procurer une exécution plus rapide, elle avait aussi l'inconvénient de ne rien produire qu'à contre-sens; en outre, l'original, placé sous la chaîne, ne pouvait être vu qu'à travers les fils, là position horizontale du métier ne permettant pas la fréquente comparaison, à l'aide de laquelle on saisit et répare au besoin tous les défauts dont ce travail est susceptible. Il résulte des inconvénients que nous venons de signaler, que la spécialité de la basse-lisse ne comprend, en quelque sorte, qu'une faible partie de dessins d'ameublements et d'ornements qui n'exigent que peu de précision, comparativement aux sujets de l'histoire.

Pour que la reproduction ne détruisît pas le modèle, on imagina de calquer, sur un papier transparent, tous les traits du tableau, et l'on plaça ce calque contre la chaîne, de la même manière qu'on le faisait précédemment avec le tableau-modèle.

Cet avantage de conserver les originaux fut d'abord appliqué à la haute-lisse; on y réussit parfaitement, ce qui engagea à se servir du même moyen pour la basse-lisse; néanmoins, pour l'un et l'autre genre de montage, le modèle dut continuer à être développé sous les yeux de l'ouvrier, afin que celui-ci pût, selon le besoin, déterminer le choix de ses couleurs. Dans cette position, le dessin calqué se trouvant à contre-sens, il peut être exécuté dans le sens de l'original.

En 1758, le célèbre Vaucanson donna l'idée d'un mécanisme, à l'aide duquel on pouvait *redresser* les métiers de basse-lisse, et, par ce moyen, examiner l'ouvrage sans détendre la pièce. Cette invention n'obtint pas tout le succès qu'on en espérait au premier abord, attendu que l'opération du *redressage*, ne pouvant s'exécuter avec promptitude et facilité, ne pouvait être fréquemment répétée.

Pour la haute-lisse, le travail se fait sur la chaîne tendue verticalement; derrière ces fils est placée une toile sur laquelle est reproduit, en une seule couleur, le trait principal du dessin à exécuter. Ce trait est de nouveau appliqué sur la chaîne par un pointage établi sur tous les fils indistinctement. Les contours principaux étant ainsi formés, chacun des ouvriers occupés au travail d'une même pièce, retrace encore, sur la partie qui le concerne, à l'aide d'un papier transparent calqué sur le tableau, tous les traits de détails, et ce tracé, qui peut être parfaitement exact, n'est, pour ainsi dire, qu'un transport mécanique, qui a lieu partiellement, au fur et à mesure de l'exécution.

Quoique le métier à basses-lisses puisse produire absolument le même travail qu'à hautes-lisses, il diffère du précédent, en ce que la chaîne étant disposée horizontalement, il a beaucoup de rapport avec les métiers ordinaires. L'ouvrier pouvant faire hausser ou baisser les fils par le moyen des marches et des lisses, peut, par conséquent, produire un travail très-accéléré; mais comme le trait du tableau est seulement placé et tendu sous la chaîne sans être tracé sur les fils, l'ouvrier doit apporter la plus grande attention à diriger ses regards perpendiculairement, afin de ne pas dévier de la direction des traits qu'il doit suivre. Malgré toutes ces précautions, il est facile de comprendre que la correction du dessin et l'ensemble d'un tableau n'y sauraient guère être exprimés avec la même fidélité qu'avec le métier à hautes-lisses.

On conçoit combien cette indication est imparfaite et peu sûre, comparativement à celle qui guide l'ouvrier dans le procédé de la haute-lisse ; car on ne peut juger du travail que par l'envers, où la quantité des bouts de trame, dont cette partie est couverte, empêche entièrement de saisir l'effet des mélanges et de l'ensemble de toutes les nuances.

Dans la haute, comme dans la basse-lisse, le travail des tapis se fait à l'envers, car pour en établir l'exécution à l'endroit, l'ouvrier serait obligé de couper le brin de la trame chaque fois qu'il procéderait à un changement ; le travail en serait plus compliqué, conséquemment plus difficile, et par suite de ce procédé, le tapis perdrait beaucoup de sa beauté et surtout de sa solidité.

Les sujets sont exécutés couchés, c'est-à-dire que, par la disposition du dessin sur la chaîne, les fils de cette dernière occupent horizontalement la largeur de la tapisserie, lorsque celle-ci est tendue dans le sens des objets qu'elle représente. En effet, dans la confection établie sur les sujets debout, la généralité des figures, partie essentiellement difficile, se trouverait presque sur une même ligne, et ne pourrait alors être faite par le même ouvrier qu'avec beaucoup plus de temps encore, parce que, pour le travail des tapisseries, on dispose les ouvriers sur un sujet en raison des talents de chacun pour les parties qu'il exécute le mieux, et entre lesquelles il importe qu'il se trouve assez d'espace, afin que les ouvriers puissent tous travailler librement en même temps ; enfin, les draperies, les bras, les jambes, etc., se trouvant plus ordinairement montant dans les sujets debout, les *passées* de trame ne peuvent avoir d'étendue au-delà de celle déterminée par la largeur des objets qu'elle doit représenter, et toujours en passant des tons forts aux tons faibles, des clairs aux foncés, et réciproquement au besoin ; de sorte que les couleurs peuvent être tellement liées et mariées par les demi-teintes et les ombres, qu'il est presque impossible de distinguer la limite d'une nuance fondue ou ombrée. Aussi, n'est-ce qu'avec une longue pratique, quinze à vingt ans d'apprentissage, qu'un ouvrier peut, parmi tant de couleurs et de nuances, parvenir à dessiner correctement, avec des laines, sur des fils tendus et mobiles, à imiter enfin avec ces mêmes laines le moelleux varié des étoffes, la finesse de la soie, la fermeté et le brillant des métaux, ainsi que la transparence et l'éclat de la carnation.

Les ouvriers en tapis, possédant généralement une grande connaissance de leur art, s'occupent non-seulement de tissage, mais encore de toutes les opérations préliminaires; ils choisissent eux-mêmes toutes les matières qui leur sont nécessaires; ce sont eux également qui ourdissent leur chaîne, et qui font, en un mot, tout ce qui concerne le montage de leur métier. Néanmoins, la surveillance de l'exécution de chaque tapisserie est confiée à un ouvrier principal, et les ateliers sont encore fréquemment inspectés par des chefs spéciaux. Quant à la partie d'art, elle est sous la direction d'un artiste de premier ordre.

Toutes les matières sont établies et classées en écheveaux par couleurs et nuances dans le magasin général; pour être ensuite distribuées dans les ateliers, où chaque métier a son armoire particulière, dans laquelle sont renfermées les laines destinées à la confection du tapis qui lui appartient.

La chaîne est toujours formée en fils de laine blanche, retorse et d'excellente qualité; comme elle est toujours *unie*, l'ourdissage est de la plus grande simplicité; seulement, dans cette opération, on met tous les dixièmes fils d'une couleur différente des neuf autres; dans ces articles, chaque dizaine, prend le nom de *portées*. Ces dixièmes fils sont établis sur le métier à une distance semblable à celle qu'occupent des points de couleurs saillantes, qui constituent le calque fait sur le tableau-modèle; ces points qui servent de guides, sont disposés de manière à former ensemble des carrés en forme de *damier*.

Après cette opération, qui ne constitue que le *quadrille* de l'esquisse ou tableau, l'artiste dessine sur la chaîne les principaux contours, et indique seulement par des points, les détails qu'il croit nécessaires.

Lorsque cette opération est terminée, l'artiste trace de nouveau, mais par petites parties seulement, des indications plus précises et plus minutieuses, quitte à continuer en temps ce travail partiel, qui, pour être plus précis, ne se fait qu'au fur et à mesure de la confection.

Il ne faut pas croire qu'après ces opérations préalables, toutes les difficultés soient levées, et qu'il n'y ait plus qu'à passer les couleurs mécaniquement, comme le font les tisserands pour les articles façonnés au moyen de la mécanique Jacquard; de nombreuses difficultés et des inconvénients sans nombre se présentent à chaque instant dans la manœuvre des fils de la chaîne, ainsi que dans le passage des trames, qui seules sont apparentes à l'endroit du tableau. L'intelligence de l'artiste peut seule y remédier.

Le tableau-modèle est placé en élévation derrière l'ouvrier, un peu sur sa droite et à une distance d'environ soixante centimètres. On préfère généralement cette position à celle de placer le tableau-modèle en face, ce qui évite le double inconvénient de gêner dans la confection et de nuire pour la clarté du jour, à moins de rouler le tableau-modèle sur lui-même, et de n'en laisser paraître que la partie qu'on reproduit. Dans ce cas, il n'occupe que peu d'emplacement, et est supporté par une perche placée horizontalement à une hauteur convenable, de telle sorte que les points de guide, établis sur le modèle, répondent aux fils de couleur différente qui forment la séparation et indiquent chaque dizaine.

Ce n'est point la largeur du tapis qui détermine le nombre des fils de chaîne, mais bien le dessin que l'on veut exécuter. Du reste, ce que nous avons dit relativement à la *réduction* des chaînes pour étoffes, est également applicable aux chaînes pour tapis. En effet, plus ces derniers sont chargés de figures ou de sujets, plus aussi il faut de fils pour les bien représenter.

Tapis dits Tapisserie.

Le travail de ces tapis peut être exécuté de deux manières : avec ou sans *relais*.

On nomme *relais* de petits vides existant entre des parties tissées séparément les unes des autres. Ces relais disparaissent ensuite au moyen de coutures faites à l'envers, lesquelles resserrent et réunissent, sans aucune apparence de rapport, toutes les parties séparément confectionnées.

Lorsqu'on supprime les relais, ce genre de tissage entre dans la catégorie des étoffes *brochées-crochetées,* que nous avons expliquée p. 311 ; mais comme, par cette méthode, un ouvrier ne pourrait finir une partie montante dans le sens des fils, sans conduire en même temps, et dans toute la largeur de l'étoffe, le tissage des sujets et des parties du fond, afin de crocheter chaque trame l'une à l'autre, le travail ne pourrait être divisé proportionnellement entre un nombre d'ouvriers. Cette manière de tisser, qui n'a que le seul avantage de rendre les tapis un peu plus solides, exigeant beaucoup de temps, augmente considérablement le prix de main-d'œuvre, sans pour cela y rien gagner quant à la beauté de l'exécution ; aussi est-elle presque entièrement abandonnée.

Tapis veloutés.

Pour les tapis veloutés, le poil est formé par la trame qui, au moyen d'un nœud coulant, fig. 1re, pl. 178, embrasse successivement et un à un, le nombre des fils de chaîne désignés par le modèle; chacun de ces fils, conjointement avec la tige du *tranche-fil,* sert à la formation des boucles qui doivent produire le poil; toutes les rangées de nœuds sont ensuite maintenues par un fil de chanvre passé en *taffetas* dans toute la largeur du tapis, de manière que ce soit alternativement le *pas* pair après une rangée de *points* ou *prises,* et une fois le *pas* impair après la rangée suivante; alors l'ouvrier retire le tranche-fil, ainsi que le représente la fig. 2, même planche, et le velouté se trouve immédiatement formé.

Tapis ras.

Pour les tapis *ras,* la trame, qui est toute de laine, est tout simplement passée en taffetas, par deux duites successives dont la réunion prend le nom de *passée,* et constitue ce que, dans la spécialité, on nomme *hachure.*

Afin de faciliter le mariage insensible des nuances et de fondre avec toute la perfection désirable le passage d'un ton à un autre, chacune de ces deux duites embrasse un nombre différent de fils, de manière que sur une même ligne, les duites qui ont les *prises* les plus longues concordent et s'emboîtent sur la même ligne que celles qui ont les *prises* les plus courtes.

Quels que soient les genres de tapis, les métiers sont disposés de façon que les ouvriers reçoivent la clarté du jour par derrière eux; et comme ils se tiennent un peu de côté, leur corps ne fait point d'ombre sur la partie qu'ils travaillent.

La dimension de ces métiers varie selon la grandeur des tapis qu'ils sont appelés à confectionner; on en fait de dimension vraiment gigantesque, dont la surface dépasse souvent cinq mètres de largeur sur quinze de longueur. Quant à la forme, elle reste toujours à peu-près la même.

Le métier que nous représentons pl. 179, se compose de deux forts montants en bois A, B, nommés *coterets,* assemblés, par le bas, dans un fort patin C, et maintenus par des jambes de force D, E; ces montants sont assemblés dans le haut par un chapeau F, et dans le bas par trois traverses dont une principale G, et deux autres O, P, l'une placée sur le devant des patins et l'autre sur le derrière. Deux forts cylindres, ou ensouples H, I, reçoivent, l'un la chaîne et l'autre le tissu ; et comme la tension de la chaîne exige beaucoup de raideur, elle est maintenue par un des procédés appartenant à la tension fixe. Voy. page 103.

En avant des coterets sont deux montants K, L, supportant une forte traverse arrondie M N, nommée *perche de lisse*, et au besoin un *bâton* d'entre-deux P, Q, l'une et l'autre pouvant à volonté être graduellement élevés selon l'exigence du travail, afin que l'ouvrier puisse atteindre les lisses avec aisance et facilité. A ces mêmes montants sont établis, à coulisse, les supports du banc où siège l'ouvrier ; ce banc est élevé au fur et à mesure que l'ouvrage s'avance, jusqu'à ce que le tissage ait atteint la partie la plus élevée. L'*étente* une fois terminée, on brosse fortement le tissu, ensuite on procède au déroulement de l'ensouple supérieur, ainsi qu'à l'enroulement de l'ensouple inférieur.

Une enveloppe, tendue sur l'étoffe, couvre toute la partie fabriquée, pour la préserver de la poussière, et la garantir de tout ce qui pourrait lui être nuisible, pendant tout le temps qu'elle reste exposée sur le métier.

Le bâton d'entre-deux a pour but de diviser la chaîne en deux *pas* ou parties, par fils pairs et par fils impairs ; ce système facilite la prise des fils, et supprime les lisses pour tous les fils qui appartiennent au pas de devant, attendu que ceux-ci peuvent être pris directement par la main de l'ouvrier, tandis que pour faire agir les fils de derrière, il est obligé d'avoir recours à la prise des mailles supportées par la perche de lisses.

Pour exécuter la *prise,* la distinction des mailles se fait aisément ; à cet effet, l'ouvrier pince avec deux doigts le fil de devant du point qu'il travaille, fait glisser sa main en la remontant jusqu'à la hauteur de la lisse ; arrivé là, il passe un doigt dans la maille qui suit immédiatement, et à l'aide de celle-ci, il attire le fil de derrière, sur lequel il doit achever le point et serrer le nœud. C'est ainsi que cela se pratique pour les tapis *veloutés*.

Pour les tapis *ras*, il est plus expéditif de se servir de deux perches de lisses, dont une fait avancer les fils pairs et l'autre les fils impairs ; mais comme il serait inutile et par trop pénible de les faire manœuvrer sur toute la largeur du tapis, ces deux perches, sont divisées chacune en un nombre de parties égales, dont on ne fait mouvoir que celles qui ont rapport à l'emplacement où l'on travaille.

Chaque ouvrier est muni de divers petits outils ou ustensiles, que nous représentons pl.481 ; les principaux sont : le peigne, fig. 2 ou 7'; les fuseaux ou flûtes, fig. 3, 4, 5 et 6 ; le poinçon, fig. 8 ; les ciseaux cintrées, fig. 9 ; les pinces, fig. 10 ; la broche, fig. 11 ; le grattoir, fig. 12, et, pour les veloutés, le tranche-fil, fig. 13.

La *flûte* remplace tout à la fois la cannette et la navette ; c'est sur la partie évidée de cette espèce de bobine allongée qu'est enroulée la matière destinée pour trame.

Le *peigne* est en ivoire et formé de 16 à 18 dents très-polies, assujéties dans un épaulement terminé par un petit manche ; c'est au moyen de cet outil que l'ouvrier rejoint les fils de trame en les tassant fortement après chaque passée ou hachure.

Le *tranche-fil* est terminé d'un côté par une lame tranchante, qui finit insensiblement en ne faisant qu'un seul et même corps avec la tige. Dès que cette partie est suffisamment recouverte de trame, l'ouvrier retire le tranche-fil directement, avec la main droite, en le saisissant par la partie recourbée, alors la partie tranchante fend toutes les boucles précédemment faites, et la surface veloutée se trouve formée.

On conçoit que la longueur du poil dépend du diamètre de la tige.

Comme le tranche-fil ne peut jamais couper le poil avec une netteté et une égalité parfaites, on supplée à cela au moyen des ciseaux à branches cintrées, ayant soin de gratter un peu le velouté avec le dos des lames, en divers sens, afin de faire rebrousser tous les poils et les tondre exactement. On tient ces ciseaux en passant le pouce dans l'un des anneaux, et le petit ou le quatrième doigt dans l'autre, de manière qu'il y ait toujours au moins deux doigts de disponibles pour appuyer sur les branches. La lame de dessous doit être maintenue bien à plat sur l'étoffe ; celle de dessus doit agir seule.

Pour les tapis qui n'exigent pas beaucoup de complication, quelques manufacturiers se servent du métier perfectionné par Rouget de l'Isle, dont le système a quelque rapport avec celui de Vaucanson, par l'avantage qu'il a de pouvoir prendre toutes les inclinaisons ; ce métier est muni d'un nombre plus ou moins grand de pédales, suivant sa largeur, disposées de manière à soulever, par moitié, les fils de la chaîne. Le principal mérite de ce système est un appareil, mu à la main, servant à alterner la série des fils élevés par chaque marche ou pédale.

I.

Tous les autres détails qu'il est nécessaire de connaître pour produire un travail parfait, sont entièrement du ressort des beaux-arts, et par conséquent étrangers à notre Traité sur la fabrication.

Quant au temps qu'il faut pour confectionner un tapis, une tapisserie ou bien un tableau, il varie selon le genre et les difficultés qui s'y rencontrent ; car une tapisserie de quatre mètres carrés, par exemple, demandera trois ou quatre années pour sa confection, tandis que telle autre de même dimension en demandera cinq et quelquefois six. De là résulte la difficulté de déterminer, même approximativement, la quantité d'ouvrage qu'un ouvrier peut faire ; néanmoins on peut l'évaluer, terme moyen, à un mètre carré par an. L'administration évalue le prix du mètre à trois mille francs.

C'est pour cette raison que les ouvriers, considérés comme artistes, ne sont pas payés à la tâche, mais bien à l'année, et dans le classement des talents, l'administration met toujours en première ligne la perfectibilité de l'ouvrage de préférence à la quantité.

CHAPITRE XXV.
De la Passementerie.

SOMMAIRE : *Opérations préparatoires. — Des franges. — De la Crête. — Passementerie unie. — Passementerie façonnée.*

Dans le commerce de la passementerie, les négociants accumulent dans leurs magasins une foule d'objets qui n'appartiennent que comme complément à cet article, tels que : aigrettes, panaches, épaulettes, glands, lacets, aiguillettes et autres ornements d'uniforme ou de luxe, qui sont confectionnés à l'aiguille, au fuseau, ou autrement que par le tissage.

On conçoit que pour ne pas déroger au titre de notre ouvrage, tous ces travaux accessoires sont naturellement exclus de notre cadre. Nous ne pouvons donc considérer comme *passementerie* que les articles dont l'exécution a lieu au métier. Dans ce nombre apparaissent au premier rang les galons, les franges, les crêtes de toutes sortes, de toutes matières textiles, et enfin certaines bretelles unies ou façonnées.

Opérations préparatoires.

Si, pour la plupart des étoffes, la plus grande partie des ouvriers qui les confectionnent ne s'occupent que des manipulations qui concernent le tissage proprement dit, il n'en est pas de même pour la passementerie, car pour cette spécialité ce sont généralement les ouvriers qui font encore eux-mêmes tous les préparatifs nécessaires pour le montage du métier. Beaucoup aussi possèdent les connaissances relatives aux préparations des matières.

De toutes les opérations préparatoires, les principales sont de tordre, retordre et détordre; ces diverses opérations ont lieu au moyen d'un rouet tout-à-fait spécial que nous représentons fig. 8 et 10, pl. 185.

Deux roues A B, placées l'une au-dessus de l'autre, sont surmontées d'un croissant C, qui soutient environ douze à vingt-quatre petites broches dont une des extrémités est terminée en pointe et repliée en forme de crochet B, fig. 6. Ces broches, auxquelles on donne le nom de *molettes*, sont garnies d'une petite douille C et d'une poulie A, en cuivre, qui y sont solidement assujéties. Chaque broche reste maintenue dans des coussinets adhérents au croissant C, fig. 8, et placés à distances égales.

A la seule inspection des fig. 8 et 10, on comprend facilement qu'en faisant tourner la roue A, au moyen de la manivelle D, la corde E qui occupe la rainure de la grande roue A, communique à la petite roue B, une rotation très-prompte.

Cette rapidité provient de ce que la roue B reçoit la corde sur un petit épaulement ménagé en forme de pignon, auquel est pratiquée une rainure creusée en *grain d'orge*.

De cette rapidité il résulte une rotation plus rapide encore pour les broches, puisque leurs poulies sont toutes d'un très-petit diamètre. Or, comme dans cette opération les fils sont attachés au crochet de ces broches, il suffit de tourner la manivelle dans un sens ou dans l'autre, pour tordre ou pour détordre.

Lorsqu'une seule molette peut suffire pour une opération, on se sert toujours de préférence d'une des molettes supplémentaires placées au *pied de biche* I, J; cette molette agissant seule, a, sur celles du croissant, l'avantage de produire une rotation plus prompte et plus forte, attendu que la corde H qui lui communique ce mouvement, court beaucoup moins le risque de glisser sur la rainure de cette poulie, par la raison qu'elle a plus de prise et par conséquent plus de frottement que sur les poulies qui appartiennent aux molettes placées dans le croissant.

Les principaux tors et retors exécutés pour la passementerie, sont:

La milanèse, la graine d'épinard, le cordon, le retors pour franges, la guipure, le cordonnet, le cablé, la grisette, le frisé, les faveurs, la ganse, la cannetille, la frisure, le surbec, le guipé et la chenille.

La *milanèse* est un retordage exécuté de la manière suivante :

Les brins de soie que l'on doit employer sont attachés à la molette du rouet d'une part, et de l'autre, enroulés sur des *rochets* ou *bobines* placés dans une espèce de rateau, ou pour mieux dire, dans une *cantre portative*, fixée pour cette opération à la ceinture de l'ouvrier, qui s'éloigne lentement jusqu'à la distance exigée par le plus ou moins d'action du rouet, sans avoir recours aux *rateaux-supports*. Pendant la marche de l'ouvrier, un enfant fait modérément tourner le rouet de droite à gauche, et tous les brins de soie se déroulant des bobines se retordent en même temps.

Le tourneur s'arrête dès que l'ouvrier a parcouru la distance nécessaire ; alors ce dernier attache tous les brins à un *émérillon* placé tout exprès à un support ou pilier mobile. Les brins étant ainsi fixés, le tourneur remet le rouet en mouvement, et tous les brins n'en forment bientôt qu'un seul, que l'on peut tordre autant qu'on le désire.

Dès que l'ouvrier juge que le tordage est suffisant, il fait arrêter le rouet; alors le tourneur quitte la manivelle et vient attacher à l'émérillon un nouveau brin, dit *moyen retors* ; il attache au crochet de la molette du pied de biche le brin qui vient d'être tordu, et se remet immédiatement à tourner le rouet peu vite et surtout très-régulièrement.

L'ouvrier retournant lentement vers le rouet, ramène avec les doigts de la main gauche le brin de soie qui sert à former la première *couverture* de cette *étente*. Cette opération doit avoir lieu de telle sorte, que dans ce nouvel enroulement la soie décrit une hélice dont les tours sont à très-peu de distance les uns des autres.

Le tourneur s'arrête aussitôt que l'ouvrier arrive près du rouet. Ce dernier attache alors à la molette plusieurs nouveaux brins d'une qualité plus fine, puis il marche de nouveau vers le pied, mais cette fois plus lentement encore qu'auparavant, puisqu'il faut que les tours de cette dernière couverture soient tellement rapprochés les uns des autres, qu'aucune partie des matières inférieures ne puisse se montrer à la surface. Il doit avoir grand soin aussi de ne pas laisser chevaucher un tour sur l'autre.

Les matières intérieures que l'on emploie pour la milanèse, dite *imitation*, sont d'une nature bien inférieure à la soie ; le lin et le coton servent le plus souvent à cet usage. Les milanèses sont généralement employées pour ameublement, et surtout pour orner les têtes de franges.

Ce que l'on appelle en passementerie *graine d'épinard*, est confectionné tout autrement que la milanèse dont nous venons de parler.

Ces articles sont de deux sortes : en or ou bien en argent et en soie. L'or et l'argent peuvent être employés ensemble ou séparément.

Pour faire le retors graine d'épinard or ou argent, on attache à l'émérillon un brin de *filé* de moyenne grosseur ; ce brin est nommé *filé rebours*, parce qu'il a été filé à gauche, tandis que le filé nommé *filé droit* a été filé à droite. On conduit ce brin de filé rebours à la molette du pied de biche du rouet ; lorsqu'il y est attaché, on y joint un autre brin de filé droit, mais bien plus fin que le brin rebours.

Ce second brin sert, le rouet tournant à droite, à couvrir en hélice le premier brin, qui a été tordu, comme nous l'avons dit, pour la première couverture de la milanèse.

Il est nécessaire que ces deux brins aient été filés en sens contraire ; car s'ils l'étaient dans un même sens, le tors qu'on leur donne une seconde fois se trouvant au rebours du tors donné précédemment, détordrait le brin filé droit.

Pour la graine d'épinard en soie, on se sert d'une cantre verticale A, fig. 1re, pl. 185, contenant un certain nombre de *bobines* dont on attache plusieurs brins à une des molettes B du croissant. Cette réunion de brins qui prend le nom de branche, est d'abord passée sur une *coulette* C que l'ouvrier tient de la main droite, passe ensuite sur une autre coulette D fixée au montant du rouet, et enfin sur une troisième coulette E que l'ouvrier tient de la main gauche.

Le tourneur mettant alors le rouet en mouvement, l'ouvrier marche en arrière jusqu'au point déterminé par la longueur qu'il veut donner à son travail, et au fur et à mesure qu'il recule, les brins, au moyen des coulettes , se tordent ensemble en même; temps qu'ils se déroulent de dessus la cantre.

Le tourneur ayant donné le tors convenable par le tour droit, coupe les brins près de la cantre et attache à la 4° molette du croissant la torsade qui vient d'être ainsi formée.

Les deux autres longueurs O et K, repliées sur la coulette D, et coupées, autant que possible, en parties égales, en ce même point D, sont attachées à la deuxième et à la troisième molettes. On donne alors à ces quatre torsades le tors convenable, en faisant tourner le rouet à gauche.

Après ce travail préparatoire, l'ouvrier prend, mais en plus petite quantité, un nouveau nombre de brins, les coupe, les attache aux mêmes molettes, et fait tourner le rouet à droite. Ces deux rotations successives et contraires l'une à l'autre, opèrent deux tors différents et forment ce qu'on appelle graine d'épinard en soie. On s'en sert pour pentes de franges et pour ornement de *crêtes*.

Cordon. — Pour faire le cordon que l'on emploie pour chaînettes diverses, il faut que les quatre longueurs, étant attachées chacune à leur molette, soient torses à droite, puis unies ensemble de la manière suivante :

La branche de la deuxième molette est unie à celle de la quatrième, et la branche de la première est unie à celle de la troisième.

Le tourneur passe alors la branche de la coulette gauche sur la branche droite, de sorte qu'elles n'en forment plus qu'une seule qui est double en longueur, quoique attachée à deux molettes différentes. On donne ensuite un second tors, mais à gauche, et le cordon est achevé.

Le *retors* pour les franges est fait absolument d'après le même mode, quant à la torsion des quatre broches; seulement, les deux branches de la coulette du rouet étant coupées, sont attachées aux molettes 2 et 3 et retorses à droite.

Après avoir donné un tors suffisant, les branches 2 et 3 sont nouées ensemble et passées sur la coulette du rouet; ensuite, la quatrième branche détachée de la molette est, au moyen du rouet à main, relevée sur une bobine. Ces quatre branches ne forment plus alors qu'une seule longueur, qui se trouve nouée par le milieu.

Guipure. Les guipures ou guipés pour les livrées exigent un travail spécial : les brins de soie qui doivent former la branche sont attachés du rateau à la molette du pied de biche; le retordeur va à l'émérillon pendant que le rouet tourne à droite; après ce retors, il attache la branche au crochet de l'émérillon, et prend un seul brin de grosse soie en même temps que plusieurs de soie fine; le gros brin est passé et conduit entre les doigts auriculaire et annulaire de la main gauche, tandis que les brins de soie fine le sont, moitié d'abord par les doigts annulaire et médium; puis moitié par le médium et l'index; cette disposition fait que le gros brin est toujours couché sur la longueur tendue, puis recouvert par les deux parties qui le suivent immédiatement; de sorte que ce gros brin fait à lui seul, quant à l'intervalle des tours, autant que les deux parties de soie fine.

L'ouvrier étant arrivé près du croissant, les brins sont coupés, et attachés de nouveau à la molette; puis, avant de terminer la guipure, le tourneur donne quelques tours en sens contraire, afin d'éviter le *vrillage*.

Les guipures sont en grande partie employées pour la confection des franges, qui, selon le sens du tors, droit ou gauche, sont souples ou raides.

Ainsi, pour obtenir des franges souples, il faut que le tors de la couverture soit dans le même sens que le tors des brins qui forment l'*âme*, tandis que pour leur donner de la raideur, il faut que le recouvrement qui forme le guipé soit formé par un tors opposé.

Cordonnet. — Il y a plusieurs sortes de cordonnets. Les principaux sont le cordonnet pour agrément et le cordonnet pour broderie.

Pour faire le cordonnet dit agrément, le retordeur attache à la molette du pied de biche plusieurs brins de soie appartenant aux bobines placées au rateau qu'il porte à sa ceinture, et s'en va, pendant que le rouet tourne à droite, rejoindre l'émérillon; lorsqu'il y est arrivé, il attend que le tors soit suffisant pour faire arrêter le rouet; il coupe ensuite cette longueur et l'attache à l'émérillon; puis en revenant au rouet, il prend des brins de soie très-fins, les attache comme les précédents, tout en faisant encore tourner un peu le rouet, comme précédemment; il relève ensuite cette longueur sur une bobine, au moyen du *rouet à main*. Le cordonnet pour broderie diffère du précédent en ce qu'il est formé avec des fils déjà retors.

Cablé. — Les cablés sont faits ainsi qu'il suit :

On prend trois brins de filé, or ou argent, soie, laine ou coton :

on les attache à trois molettes différentes du croissant ; l'ouvrier va joindre l'émérillon, coupe ces trois brins, les noue ensemble, les attache ensuite au crochet de l'émérillon, passe les doigts de la main gauche entre ces trois branches, et fait tourner le rouet à droite ; ces brins s'unissent et se tordent derrière sa main, et alors le crochet de l'émérillon tourne à gauche, ce qui n'a lieu que pour cet ouvrage, car dans tous les autres il tourne dans le même sens que le rouet.

Le retordeur étant arrivé au rouet, rassemble les brins en les attachant à une même molette, et envoie le tourneur arrêter l'émérillon, pendant que lui-même tourne le rouet à gauche, jusqu'au moment où il juge que le tors est convenable.

Le câblé sert à former des coquilles sur les bords des ouvrages qui se fabriquent au métier.

Grisette. — La grisette s'emploie pour les coquillages des bords de galons ; pour la former, le retordeur prend quelques brins de soie du rateau, les attache à une molette et fait tourner le rouet à gauche en même temps qu'il va rejoindre le support ; arrivé là, il fait arrêter le rouet, coupe cette longueur et l'attache au crochet de l'émérillon ; il prend ensuite une quantité de soie moins considérable, mais de qualité plus fine, qu'il attache aussi au même crochet, puis faisant alors tourner le rouet à gauche, il recouvre entièrement le dessus avec cette dernière soie, tout en arrivant à la molette, et le rouet cesse de tourner. L'ouvrier prend ensuite un brin de *Clinquant battu*, et, commençant à l'émérillon, il couvre le tout en marchant lentement et sans aucune interruption. Arrivé à la molette, il fait arrêter le tourneur, coupe et arrête le brin de clinquant, puis retourne à l'émérillon, où, pour la dernière fois il prend un brin de soie très-fine, qu'il attache encore au crochet, et fait tourner le rouet à droite en s'en revenant du côté de la molette ; mais cette fois, les tours de la soie sont éloignés d'environ trois millimètres les uns des autres. Cette dernière opération ne sert qu'à maintenir les lames du clinquant battu, et à les préserver de toute *écorchure*.

Frisé. — Pour faire le frisé, l'ouvrier prend au rateau une quantité de brins de soie qu'il attache à la molette, et pendant qu'il se dirige vers l'émérillon, le rouet tourne à gauche ; il coupe alors cette branche et l'attache au crochet ; faisant ensuite venir le tourneur pour retenir l'émérillon, il revient à la molette pour y attacher de nouveau une moindre quantité de brins de même soie, et retourne à l'émérillon en conduisant tous ces derniers sur la longueur déjà tendue; le tourneur revient immédiatement au rouet, qu'il tourne à droite pendant que l'ouvrier retient l'émérillon pour l'empêcher de tourner.

La diversité de ces deux différents tours fait que la première longueur tendue couvre partiellement la seconde, en formant une spirale parfaite dans toute son étendue. L'ouvrier attache ensuite une lame de clinquant au crochet de l'émérillon, et fait tourner le rouet à droite; cette lame recouvre l'ensemble et forme le *frisé* qui, comme on le voit, ne diffère du *filé* que par l'inégalité des contours. Le frisé sert de trame pour enrichir les rubans, galons et autres articles façonnés confectionnés à plusieurs navettes.

Faveurs. — Pour faire les faveurs, l'ouvrier tend un fil d'or ou d'argent sur lequel il fait courir une soie fine, en procédant absolument de la même manière qu'on le fait pour recouvrir d'un retors les premiers brins de la milanèse.

Ganses. — Les ganses sont de diverses matières, et peuvent être confectionnées par le tressage, le tordage, ou le tissage.

Pour faire la *ganse ronde*, qui du reste est très-peu employée dans le tissage, on prend sur le rateau des brins de filé, que l'on attache à la molette; le retordeur tend une longueur suffisante, et le rouet tournant à droite, il maintient réunis le bout des brins, en cédant toutefois la tension à la torsion. Tous ces brins qui n'en forment plus qu'un seul, ayant acquis un retors convenable, le tourneur apporte deux coulettes, l'ouvrier en prend une de la main gauche, en tenant toujours le bout des brins de la main droite, et passe la branche sur la coulette, le tourneur passe alors l'autre coulette entre celle de l'ouvrier et le bout qu'il tient par la main droite, puis avec cette coulette il va rejoindre la molette; l'ouvrier suit le tourneur, de manière à ne faire qu'un pas, pendant que ce dernier en fait trois.

Le tourneur étant arrivé au rouet, accroche sa boucle à la molette, à laquelle est attaché le bout par lequel on a commencé; alors cette branche devient triple; de son côté, l'ouvrier joint également les trois branches qu'il tient, puis le tourneur tourne le rouet à gauche jusqu'au retors suffisant pour obtenir la liaison générale.

I.   58

La *Cannetille* est encore faite au moyen du rouet : elle est en fil d'or ou d'argent, fin ou faux, que l'on enroule en spirale sur une longue broche ou aiguille en fer.

Ce que l'on nomme *bouillon* n'est autre chose qu'une cannetille aplattie et réduite à un état tout-à-fait luisant, par l'action de deux cylindres.

La *Frisure* est une lame d'or mat roulée dans un même sens. La frisure et le bouillon sont très-souvent compris sous la désignation commune de cannetille.

Le *Surbec* est formé par un recouvrement régulier et alternatif de fils d'or et de fils d'argent dont les tours doivent être assez éloignés les uns des autres, pour laisser entrevoir la couleur de la soie qui, pour cet article, tient lieu *d'âme.* Cette combinaison peut être diversifiée et offrir des effets très-agréables et variés.

La milanèse, le guipé, la grisette, le frisé, les faveurs, la cannetille, la frisure, le surbec, et généralement tous les articles qui exigent un recouvrement total ou partiel, se confectionnent actuellement en grande partie au moyen de mécaniques très-ingénieuses (1), qui opèrent en même temps sur une vingtaine de brins de matières quelconques, pouvant tous à chaque instant et sans difficulté satisfaire aux trois conditions principales qui sont : 1° la grosseur de la guipure, 2° la réduction en couverture, 3° le tors droit ou le tors gauche sur tel ou tel brin.

Lorsque l'on a à retordre régulièrement ensemble des fils de semblable tors, et dont le nombre ne dépasse pas quatre, on se sert avec avantage d'un mécanisme que nous représentons fig. 3, lequel est adapté en L au rouet fig. 10, au montant de derrière, c'est-à-dire, du même côté que les crochets des molettes. Ces quatre crochets, munis chacun d'un pignon, sont mis en mouvement au moyen d'une roue centrale à laquelle est adaptée la manivelle M.

La fig. 12 représente un mécanisme portatif, du même genre. Les fig. 13 et 14 sont des émérillons munis de leurs crochets A et B.

La *chenille* est produite par un retors opéré sur plusieurs seulement tissés en taffetas, et dont la trame est coupée sur les deux côtés. Il est évident que, par économie de main-d'œuvre, on en tisse un assez grand nombre à la fois.

(1) Nous avons vu chez M. Sporck, passementier à Rouen, fonctionner une de ces machines, dont l'invention est due à M. Caron, ingénieur-mécanicien à Paris.

Le poil formant le velouté de la chenille est toujours formé par la trame; sa longueur dépend de la distance ou du nombre de broches laissées vides au peigne entre chaque bande.

Les chenilles les mieux confectionnées sont celles tissées par le moins de fils possible. Le procédé du *Tour anglais* est celui qui peut le mieux remplir ces conditions, parce qu'il a, de plus que tous les autres, l'avantage de mieux retenir la trame, lorsque l'on sépare chaque partie en coupant longitudinalement les *entre-deux*.

La belle chenille exige un retors très-prononcé, de manière qu'il ne laisse apercevoir que le velouté.

Des Franges.

Les *franges*, prises dans toute l'acception du mot, forment un des principaux articles de la passementerie; mais sous ce titre, nous ne comprendrons que les franges qui laissent, soit en dehors du tissage, à droite ou à gauche, soit entre un intervalle de deux bandes tissées, une partie plus ou moins considérable de *trame flottante*.

On fait des franges en or, en argent, fin ou faux, en soie, fil, laine, coton, etc. Toutes ces matières, quelles que soient leurs couleurs, peuvent être mêlées ou employées séparément, soit en chaîne, soit en trame.

Selon le travail, les franges sont coupées ou torses, droites ou festonnées. Nous traiterons successivement de ces différents genres, après avoir dit quelques mots des divers métiers à franges, qui sont aujourd'hui en usage.

Métier pour franges unies.

Sur le métier que nous représentons, pl. 186, on voit que les lisses A et B, que nous avons figurées au nombre de deux seulement, sont disposées comme pour un tissu de grande largeur; il en serait de même si on voulait les disposer pour batavia, sergé, satin, etc.

Quant au bâti formant les pièces principales, elles sont, à peu de chose près, les mêmes que pour les métiers ordinaires que nous avons déjà décrits; seulement les traverses longitudinales inférieures sont placées à un point plus élevé.

Pour éviter d'assujétir ces métiers par un *étampage*, on les consolide au moyen de huit jambes de forces fixées aux quatre montants, ainsi qu'aux traverses inférieures.

La position des leviers ou poulies nécessaires pour le mouvement des lisses est absolument la même que pour les étoffes, excepté cependant pour les marches G, H; qui, au lieu d'être arrêtées sur le derrière du métier, sont maintenues cependant de la même manière, mais sur le devant. Cette disposition des marches offre à l'ouvrier l'avantage d'obtenir une assez grande *foule* avec peu d'enfoncement du pied, ou des pieds, car assez souvent les deux pieds fonctionnent simultanément. ~~La banquette mobile~~ est aussi remplacée par un siège fixe.

Cette planche donne suffisamment l'idée du bâti du métier. Du reste, les variations nombreuses que l'on y fait subir, soit pour faire lever les lisses, soit pour établir les petits rouleaux ou ensouples, soit enfin pour les *bricotteaux*, *carrêtes*, poulies, etc., s'organisent absolument de la même manière que nous l'avons expliqué pour les grands métiers.

Quant aux divers montages pour les métiers de passementerie unie, ils ont entièrement rapport aux principes que nous avons donnés en traitant des étoffes unies (armures fondamentales); seulement, l'armure gros de tours et l'armure cannelé y sont très-usitées, tandis que l'on ne fait que rarement usage des armures satin et sergé.

Il est à remarquer qu'en passementerie ce n'est pas l'ouvrier qui amène le battant contre le tissu; le coup se frappe seul, au moyen d'un ressort ou d'une flèche, ainsi que nous l'avons expliqué à l'article crins. Cette méthode donne de la célérité au travail.

Tissage des franges.

La confection des franges a lieu au moyen d'un fil de fer ou de laiton, que l'ouvrier place selon l'écartement exigé pour la longueur qu'il veut donner aux franges.

Ce fil est à volonté, fixe ou mobile, c'est-à-dire que son mouvement de levée peut lui être donné par son passage dans une maille, ou bien ne lever jamais; dans ce dernier cas, l'ouvrier, à chaque boucle de frange qu'il forme, est obligé de passer la navette en dessous.

Ce fil de métal ne s'enroulant pas comme le tissu, reste fixé sur le derrière, tandis que devant il est maintenu dans la tension nécessaire, au moyen d'un contre-poids dont la ficelle passe sur le petit rouleau. Cette ficelle est attachée à une petite pince qui maintient l'extrémité du fil métallique.

Lorsque les franges doivent être coupées, l'ouvrier fait cette cou‐
pure chaque fois qu'il enroule son tissu; mais lorsqu'elles doivent être
bouclées, il ne dégage le fil de métal que lorsqu'il est suffisamment
garni. Ce dégagement se fait tout naturellement par l'enroulement sur
l'ensouple de devant.

Pour la formation des franges on se sert aussi d'un *moule*, égale‐
ment nommé *molet*.

Cet ustensile est une petite planchette de bois mince, d'environ trente
centimètres de longueur; quant à sa largeur, elle dépend de la lon‐
gueur à donner aux franges. Le molet est posé à plat, le *champ*
joignant la partie de chaîne qui doit être tissée, et en faisant porter
une de ses extrémités sur le petit rouleau ou ensouple de devant,
qui est adapté contre la face inférieure de la poitrinière.

Le molet étant ainsi placé, l'ouvrier le maintient d'abord dans cette
position pour les premiers passages de la trame; puis, le tissage con‐
tinuant, les franges se trouvent formées, chacune en longueur égale,
par la largeur du molet, qui se recouvre de la trame dont il retient
la rentrée chaque fois que la navette, arrivant de son côté, passe
alternativement dessus, puis dessous.

Lorsque le molet est rempli, il suffit pour obtenir des franges cou‐
pées d'introduire la pointe d'un instrument tranchant dans la rainure
pratiquée sur le côté extérieur du molet, et faire glisser cette pointe
sur toute la longueur occupée par les boucles.

Lorsque les franges obtenues par ce mode de fabrication sont courtes,
on les nomme *effilé*.

Bien que la rainure du molet ne soit nécessaire que pour les franges
coupées, elle ne nuit en rien à celles qui restent bouclées.

Le molet pour les franges bouclées diffère du molet pour les franges
coupées en ce que, au lieu d'être d'une largeur régulière dans toute
sa longueur, il faut nécessairement pour celles-là qu'il aille un peu
en rétrécissant par le bout placé du côté de la poitrinière; s'il en était
autrement, l'ouvrier ne pourrait faire glisser les franges ou boucles
au fur et à mesure qu'il les confectionne; ce qui a lieu en tirant tou‐
jours insensiblement le molet du côté des lisses.

Lorsque cette partie des boucles se trouve hors du molet, l'ouvrier
en réunit une certaine quantité, qu'il rassemble en leur donnant quel‐
ques tours seulement, de manière à ce que leur réunion ne forme plus

qu'une seule et grosse boucle que l'on nomme *coupon*. Cette disposition facilite le *guipage*, travail qui doit terminer ce genre de franges.

On conçoit que si la longueur des pentes de franges dépend de l'é-
cartement donné au fil de métal, elle dépend également, dans le dernier
cas, de la largeur du molet; ce dernier est moins usité pour les franges
droites; mais il est néanmoins le seul dont beaucoup de passementiers
se servent encore aujourd'hui pour la confection des franges festonnées.
Bien que ces dernières ne soient que très-peu en usage, il est à propos d'en dire ici quelques mots.

Les franges festonnées étant très-variées, les molets dont on se sert
pour les confectionner peuvent être de diverses formes et de diverses
grandeurs; pour en faciliter le travail, on les fait quelquefois en carton, parce que cette matière étant moins glissante sur les bords, elle
évite l'éboulement des franges lors de leur formation.

Ces molets ne peuvent être d'une longueur autre que celle qui
existe depuis le centre de la plus longue partie du feston jusqu'au
centre du plus profond de son échancrure, tel A, B, fig. 11, et ne
forment par conséquent que la moitié du dessin établi pour le feston
complet.

Ceci est évident, car sans cette disposition, l'ouvrier ne pourrait
retirer le molet lorsqu'il est recouvert de trame, tandis qu'avec ce peu
d'étendue et par la forme dont nous parlons, le molet peut glisser de
l'étroit au large sans aucune difficulté.

Lorsque les franges festonnées sont à *étages*, il faut nécessairement
se servir d'autant de molets qu'il y a de parties rentrantes dans le
raccord des festons.

Comme l'emploi des molets occasionne nécessairement une grande
perte de temps, il est infiniment plus avantageux de le remplacer par
le moyen suivant :

Nous avons dit précédemment que la méthode la plus prompte et la
plus commode pour la formation des pentes de franges droites, était
généralement de faire usage d'une petite tringle placée à une distance
convenable de la partie tissée; nous allons démontrer comment ce même
procédé peut être appliqué à tous les genres de franges festonnées.

Pour cela, il suffira de se servir d'autant de fils (de préférence en
métal) qu'il y aura de *décochements* dans le dessin qui forme le feston,

et tous ces fils, lors du tissage, retiendront les pentes de franges par leur levée, qui aura lieu selon l'ordre établi par le dessin où patron.

Supposons que l'on veuille exécuter le feston représenté fig. 4, pl. 185.

Pour ce travail, lors du passage de la trame qui doit former la boucle A, qui est la plus courte, le fil n° 1 devra lever, et les cinq autres fils resteront en fond; le tissage continuera pendant le nombre de duites nécessaires; viendra ensuite la formation de la boucle B, pour laquelle ce sera le tour du fil n° 2 à lever; le fil n° 3 fera également sa levée pour former la troisième boucle de frange, et ainsi de suite, jusqu'au fil de l'extrémité qui contribue à la formation de la boucle la plus longue F.

On voit clairement qu'après celles-ci, il suffit de continuer par les mêmes principes, mais contrairement, c'est-à-dire en rétrogradant, pour la formation des boucles indiquées par les lettres G, H, I, etc. Il résulte donc de ce système que pour rétrécir, il faut opérer dans un sens absolument inverse de celui que l'on a employé pour élargir.

Il est évident que le fil n° 1, qui a formé la boucle la plus courte A, lèvera également lorsqu'il s'agira de former la boucle K, car elles sont semblables en tous points; de même le fil n° 2 qui a levé pour former la boucle B, lèvera encore pour former la boucle J, et ainsi de suite pour toutes les autres boucles. Cela se comprend aisément, à la seule inspection de cette planche.

La fig. 2 est une autre disposition de franges, qui ne diffère de la précédente qu'en ce qu'au lieu de décocher régulièrement par un seul fil, elle décoche par deux.

On pourrait, par le même principe, former des festons à lignes courbes, tout aussi bien que rectilignes. Ces derniers sont surnommés *dents du loup*.

Guipage. — Presque toutes les franges qui ne sont pas coupées lors de leur confection, subissent, après le tissage, une opération dont l'objet est de réunir par un tors les deux brins qui forment la boucle, et qui, par suite de cette nouvelle torsade, n'en représentent plus qu'un seul. C'est cette opération qui constitue le guipage.

Pour guiper, on tend fortement le corps de la frange, par parties d'un mètre environ, la pente en bas, ainsi que le représente la fig. 9; l'ouvrière, autrement dire, la *guipeuse*, tient un *coupon* de la main gauche en passant l'index dans la boucle générale, puis, au moyen

d'un petit ustensile D, que l'on nomme guipoir, vu plus en grand fig. 7,
elle prend avec la main droite chaque boucle l'une après l'autre, et leur
donne avec ce petit outil la torsion nécessaire, ainsi que le représentent les torsades T, déjà formées.

Le *guipoir* que nous représentons fig. 7, pl. 185, est formé d'une
petite broche en fer B, longue d'environ quinze centimètres, et dont
l'extrémité supérieure est terminée en pointe déliée, formant un petit
crochet. La partie inférieure de cette broche est fixée dans une embase circulaire P, en plomb, qui sert à lui donner du poids et à lui
conserver, pour un bon nombre de tours, le mouvement de rotation
que la guipeuse lui imprime avec le pouce et l'index de la main droite,
chaque fois qu'elle l'accroche à une boucle. Le guipoir tourne ainsi,
dans son état de suspension, avec toute la rapidité nécessaire. Dès
que la boucle est suffisamment torse, la guipeuse décroche le guipoir,
et répète la même opération sur toutes les boucles suivantes, jusqu'au
point déterminé. Ce genre de travail exige une grande régularité dans
la torsion, seul moyen de conserver une parfaite égalité dans la longueur des torsades.

Lorsque les franges exigent un tors fortement prononcé, chaque
brin doit successivement être passé au petit rouet à retordre. Ce rouet
dont la broche forme un petit crochet, est spécialement destiné à cet
usage, et permet de forcer le tors à un degré que l'on ne pourrait
obtenir avec le guipoir.

Passementerie façonnée.

En passementerie, le genre uni n'est que d'une très-faible importance à côté des variétés nombreuses qui sont du ressort du genre
façonné; aussi, pour ce dernier, les fabricants et les ouvriers sont-ils
obligés de posséder à fond une foule de connaissances spéciales, et
d'autant plus importantes, qu'elles sont presque toutes en dehors des
connaissances nécessaires pour le tissage ordinaire.

En effet, d'après ce que nous avons dit en traitant des opérations
préparatoires relatives à ces matières, on a compris combien sont minutieuses, délicates et variées, les combinaisons, manipulations et
opérations de toutes sortes qui tombent à la charge d'un seul ouvrier;
la difficulté de ces complications diverses devient plus sensible encore, lorsqu'on remarque que, contrairement aux étoffes, la passe-

menterie exigeant peu de fils de chaîne pour le montage de ses articles, change très-fréquemment ses matières, en même temps qu'elle
varie ses dessins.

Or, si chacune de ces nombreuses opérations formait une profession spéciale, comme cela a lieu pour les étoffes, on ferait trop de
frais, et on perdrait trop de temps pour réunir dans un seul atelier et
souvent à un seul métier, toutes les personnes qui deviendraient indispensables. Il faut donc que le passementier, comme nous le
disions tout-à-l'heure, possède à lui seul toutes les connaissances qui
sont relatives aux nombreuses opérations qu'exige cette branche intéressante de l'industrie manufacturière.

Il est vrai qu'une partie des articles de passementerie façonnée
s'exécute encore à la haute-lisse; mais heureusement, malgré les
fâcheux préjugés et le système routinier qui dominent trop souvent les industriels peu intelligents, l'invention de la mécanique
Jacquard n'a pas eu pour ce genre de fabrication le sort qu'elle avait
eu pour les étoffes : si la jalousie ou la sotte habitude qu'on a en
France de ne s'intéresser aux découvertes faites par nos concitoyens, que lorsqu'elles ont été exploitées et répandues par des nations
rivales, reculèrent longtemps à Lyon, lors de son apparition, l'essai
de cette œuvre toute nationale, au moins bon nombre de passementiers
ont eu le bon esprit de l'adopter complètement, et n'ont pas eu à s'en
repentir... Espérons que leurs confrères attardés imiteront bientôt un
exemple si profitable; dussent-ils n'employer que la mécanique armure, ils débarrasseront les ateliers du dédale de complications imaginées
par nos ancêtres.

Le vœu que nous émettons ici n'est pas une inspiration de cette
inflexible loi de nature, qui nous pousse à un ingrat oubli des célébrités déchues, pour adresser tout notre encens aux idoles du jour;
c'est une prudente prévision, c'est le désir d'une sage initiative de
la part des intéressés, car nous avons vérifié par nous-mêmes que
les ouvriers qui font encore de la passementerie à la haute-lisse, peuvent à peine gagner leur vie, parce que la concurrence établie par
le système Jacquard, produisant une grande économie de main-
d'œuvre, oblige les fabricants à la haute-lisse à baisser considérablement les anciens prix; or, la concurrence devenant tous les jours
plus active, les prix, et par conséquent le salaire de l'ouvrier bais-

I.   59

sent de plus en plus aussi tous les jours. Il faut donc, dans l'intérêt général, que ces vieux métiers disparaissent.

Malgré l'antipathie générale que l'on a aujourd'hui pour ce système, le titre de notre ouvrage nous fait un devoir d'en donner les notions principales, ne serait-ce que pour en faire ressortir les inconvénients.

Métier à hautes-lisses, à l'usage de la Passementerie.

Il est d'usage que pour ce genre de montage le nombre des marches soit égal au nombre des lisses et des hautes-lisses, nombre qui rarement dépasse vingt-quatre, car avec ce nombre de marches l'ouvrier est déjà extraordinairement gêné pour la *marchure*.

Les marches sont ordinairement d'inégale longueur; les plus courtes sont placées aux extrémités, parce que l'ouvrier étant obligé d'écarter les jambes pour les faire mouvoir, éprouverait beaucoup de difficultés et de fatigues pour y poser le pied et donner la foule nécessaire; elles sont encore pour ce motif graduellement plus élevées sur les côtés que sur le centre.

Les ficelles correspondent aux leviers ou aux poulies qui sont placés sur la partie supérieure du métier, et sont adaptées au carette. Celles qui sont attachées à l'extrémité intérieure des leviers, ou bien celles qui passent par dessus les grandes poulies servent à élever les hautes-lisses dont chaque maille reçoit une autre ficelle forte et mince que l'on nomme *rame*.

Ces rames sont passées de la même manière que cela se pratique pour le remettage, c'est-à-dire, dans un ordre précis émanant de la disposition produite par la formation du dessin.

Il y a deux sortes de rames : celles dites *queues de rames*, et celles dites *rames de retour*. Les queues de rame servent quand le dessin n'exige pas de retour; dans ce cas, elles prennent simplement le nom de *rames*.

Le passage des unes et des autres, dans les hautes-lisses, a lieu selon l'ordre indiqué par le dessin mis en carte, ce qu'en termes techniques de passementerie on nomme *patron*. Ces cordes sont établies avec ordre sur une baguette, qui elle-même est arrêtée au moyen de deux ficelles plus ou moins enroulées sur l'ensouple du porte-rame de derrière; ainsi retenues, elles sont ensuite passées dans leur maille respective aux hautes-lisses, puis elles viennent chacune passer sur les rouleaux du *porte-rame* de devant; l'extrémité de chacune de ces cordes supporte une lissette formée par des maillons.

Afin de faciliter le passage des rames dans les hautes-lisses, ces dernières ne doivent pas être tendues lors de ce travail.

Les hautes-lisses sont suspendues par des ficelles qui aboutissent, soit aux leviers supérieurs, soit aux poulies qui leur correspondent; leur tension est réglée par des contre-poids, ainsi que cela se pratique pour les lisses ordinaires.

On conçoit que les rames ne peuvent être haussées ou baissées par l'une ou l'autre des hautes-lisses, sans que celles-ci fassent en même temps monter quelques lissettes ou maillons.

Retours. — Les retours sont établis pour produire plus de variété dans le tissage, et donner à l'ouvrier la facilité de pouvoir, à volonté, faire revenir ces mêmes variations toutes les fois que la composition du dessin le réclame.

Ces retours sont, pour ainsi dire, indispensables à ces sortes de métiers, car sans cette combinaison, on ne pourrait exécuter que de très-petits dessins, malgré l'emploi du plus grand nombre de marches susceptibles d'être adoptées.

Ces retours sont des espèces de leviers placés sur le derrière du métier; chacun d'eux sert à donner à un certain nombre de rames supplémentaires une tension sans laquelle les fils de chaîne qui leur correspondent n'opéreraient aucun croisement, puisque, lorsque les retours sont à l'état de repos, toutes leurs rames étant détendues, les queues de rames, seules, conservent une tension constante.

Il en résulte que lorsqu'on veut faire travailler telles ou telles cordes de rames, il suffit pour cela d'abattre le retour qui leur correspond, ce qui a lieu par la correspondance d'une ficelle, placée à portée de la main droite de l'ouvrier.

Le passage des rames dans les hautes-lisses n'ayant lieu que par la méthode dite *à cheval*, c'est-à-dire étant seulement passées dans la boucle de la maille supérieure, il en résulte qu'une même corde peut lever indistinctement par l'ascension de chacune des hautes-lisses où elle se trouve passée.

Par suite de l'emploi des retours, le nombre des marches se trouve donc augmenté d'autant de fois qu'il y a de retours établis dans le montage du métier.

Lorsque l'ouvrier exécute le passage des rames dans les hautes-lisses, il doit avoir soin de tendre les retours, c'est-à-dire de les arrêter dans la position qui leur est donnée lors de leur emploi ou tirage ; sans cette précaution, les nœuds qu'exige la disposition du montage ne pourraient être établis sur l'emplacement qu'ils doivent occuper, et alors la distance de ceux-ci à la grille ou porte-rame de devant, se trouvant trop courte, il en résulterait des obstacles qui ne manqueraient pas de nuire à l'effet des retours.

Afin d'éviter la confusion des rames lors de leur passe, on doit avoir soin de les enverger, ainsi que cela a lieu pour tous les semples en général. Les cordes de rames étant passées, on supprime la ficelle de l'encroix, puis on attache également et par un seul nœud, à la même lissette, toutes les rames qui doivent y correspondre.

Comme il arrive assez souvent que les hautes-lisses sont limitées et que leur nombre de mailles pourrait ne pas être suffisant pour y passer les rames, une par chaque maille, on remédie à cet inconvénient par l'emprunt réciproque, qui consiste tout simplement à passer dans une même maille, des rames qui n'appartiennent pas au même retour.

Passer sur un pied se dit lorsque dans un patron il n'y a que douze marches indiquées, au lieu de vingt-quatre qui devraient y être; dans ce cas, la haute-lisse, qui est la plus proche du porte-rame de devant, venant à lever, lève avec elle toutes les rames qu'elle porte suivant le passage du *patron*; la seconde lisse levant à son tour, fait le même effet, excepté que toutes les rames qui ne fonctionnaient pas sur la précédente, fonctionneront sur celle-ci, et ainsi de suite.

Les démonstrations que nous avons données pour la *mise en carte* et le *lisage des dessins*, étant applicables à la passementerie, nous ne croyons pas devoir les répéter ici.

Luisant. — On nomme luisant ou *brillant* plusieurs fils de chaîne réunis, qui, levant continuellement ensemble pendant un certain nombre de fois, ne forment aucun liage; ces effets de luisant sont à volonté réguliers ou irréguliers; dans le premier cas, ils prennent le nom de *canneté*, et dans le second, celui de *caillouté*.

Il est à remarquer qu'en passementerie, les luisants ont toujours lieu par effet de chaîne, parce que la trame, étant ordinairement d'une matière très-grosse, doit être liée à chaque passée, sauf quelques cas exceptionnels, qui du reste sont très-rares.

De la Crête.

Cet article, par l'emploi fréquent qu'on en fait pour l'ornement des meubles, tentures, vêtements, etc., peut être varié de mille manières, soit par les entrelacements, soit par la nature ou par la grosseur des matières, soit enfin par la différence des couleurs.

Pour ce genre de passementerie, on se sert d'une, de deux ou de plusieurs navettes, dont la forme et la grosseur varient selon le besoin. Pour les crêtes qui peuvent être confectionnées avec une seule trame, telle serait, par exemple, celle représentée fig. 2, pl. 187, on fait usage d'une petite navette ordinaire. Dans ce genre de dessin, on remarque que le cordonnet qui sert de trame, fait un zig-zag alternatif sur les parties de chaîne A, B et C, D, qui laissent entr'elles un intervalle formant *claire-voie*.

Les dessins représentés fig. 1 et 3, sont faits avec une seule navette; pour celui de la fig. 3, la formation et l'écartement des boucles, intérieures et extérieures, a lieu au moyen de fils de laiton placés ainsi que nous l'avons expliqué ci-devant.

A la seule inspection du dessin qui forme la crète représentée fig. 4, on voit que sa formation exige deux navettes ordinaires, attendu que les deux trames ne passent pas consécutivement dans une même ouverture de chaîne. C'est aussi ce qui a lieu pour la fig. 1re.

L'exécution du dessin représenté fig. 5, exige aussi deux navettes, mais qui contiennent chacune deux trames, parce que ce genre de crête est formé de deux brins dans chaque *passée* ou *duite*.

Ce serait une erreur de croire qu'on remplirait le même but si l'on mettait les deux brins sur une même cannette. Pour s'en convaincre, il suffit de remarquer que la courbe donnée par les zig-zags de trame opère, sur chaque brin, un déroulement inégal. Il faut en conséquence que les deux cannettes puissent se dérouler séparément; c'est pour cette raison qu'on les place dans une même navette, faite à double châsse, soit dans le genre de la fig. 23, pl. 14, soit dans la forme de celle que nous représentons fig. 5, pl. 185. Les fig. 5 et 6, pl. 187, sont formées avec trois trames chacune, la fig. 5 a deux navettes, et la fig. 6 en a trois, dont deux pour les festons et une pour la claire-voie.

D'après ce que nous venons de démontrer, et d'après les autres dessins représentés sur la planche 488, on peut aisément, en suivant la marche du passage de la trame, se rendre compte du nombre et de la différence de trames et de navettes nécessaires à la confection d'un dessin. La fig. 2 de cette planche est un des dessins les plus difficultueux, par suite de l'amalgamage des navettes, seul moyen d'obtenir les enlacements nécessités pour la formation des nœuds.

Le liagé que forme la chaîne fait généralement une des deux armures taffetas ou cannelé ; ce dernier est toujours par effet de chaîne, mais pour l'appliquer avec avantage et économie, le cannelé est établi par deux chaînes dont une, ourdie à fils doubles et de matière supérieure, paraît à l'endroit, tandis que l'autre, ourdie à fils simples, et de matière inférieure, ne paraît qu'à l'envers.

Dans le cas où la grosseur des duites serait régulière, ce genre de cannelé ne peut avoir lieu que partiellement par petites bandes ou filets ; alors les fils de la chaîne double restent du côté de l'endroit pendant plusieurs duites, sans produire aucun croisement, tandis qu'après ce nombre de duites, ils permutent avec les fils de la chaîne inférieure, par un croisement qui enverge en taffetas.

Pour les velours en passementerie, leur confection, en ce qui est du croisement, a lieu d'après les mêmes principes que celui en usage pour les velours en étoffes. Quant à la *coupe* de ces velours étroits, on l'exécute ordinairement par un tranchant pratiqué à l'extrémité du fer, tel que cela se pratique pour les tapis. Ce système, quoique très-avantageux pour les velours en passementerie, est abandonné pour les velours en étoffes.

CHAPITRE XXVI.

Comparaison des divers métiers pour étoffes façonnées.

SOMMAIRE : *Métiers à la Tire. — Métier de Vaucanson. — Métier à la Jacquard.*

Métier à la Tire, à semple.

Ce genre de métier, dont l'invention se perd dans la nuit des temps, a été pendant bien des siècles le *nec plus ultra* de tous les procédés auxquels on a eu recours pour le tissage des étoffes façonnées; mais la mécanique Jacquard est intervenue avec une telle supériorité, qu'aujourd'hui les métiers à la Tire sont devenus si rares, que le peu qui en reste est maintenant considéré comme un objet d'antiquité et de curiosité. Cependant, quoique ce système soit entièrement abandonné, nous sommes convaincus que nos lecteurs nous sauront gré de trouver dans ce traité les explications, démonstrations et plans principaux, qui, sans être très-étendus, seront néanmoins suffisants pour faire comprendre la manœuvre générale de ces anciens métiers.

Le système principal du métier à la Tire est plus industriel que mécanique, car il repose entièrement sur l'emploi de cordages disposés ainsi que le démontre A,B,C,D, fig. 1re, pl. 190.

Les cordes A,B,C, sont nommées *cordes de rames*, ou seulement *rames;* ces cordes partent du bâton *a*, solidement arrêté par ses extrémités au moyen de deux crochets *b, b*, en fer, scellés dans le mur ou assujétis à tout autre point fixe, à une hauteur convenable. Ces cordes se prolongent horizontalement de A en B; là, elles forment un angle droit en passant sur un *cassin* F,G, puis elles redescendent verticalement pour se réunir en un point I, J, où se trouvent rassemblés les faisceaux d'arcades munies de leurs maillons garnis, autrement dire le *corps*. Par suite de cette correspondance, on voit que le bâton *a* porte à lui seul toute la charge.

Si au lieu d'arrêter ce bâton en un point fixe, ainsi que nous venons de le dire, on l'arrête avec une forte corde *c*, fig. 2, même planche, on aura l'avantage de pouvoir donner aux cordes de rames une tension plus ou moins forte, au moyen de laquelle on pourra, selon le besoin, élever ou abaisser à volonté le point du tissage. Pour cela, il suffira d'enrouler la dite corde *c* sur le treuil *d* muni d'une forte roue dentelée à crans et d'un cliquet.

Le *semple*, qu'anciennement on nommait *xample*, est composé de deux cordes verticales D, E, dont l'extrémité inférieure est adaptée à une traverse T, ou mieux encore à un rouleau adhérent au seuil; l'extrémité supérieure est bouclée aux cordes de rames par rangs et par ordre numérique

Le dessin à exécuter est lu sur le semple au moyen de ficelles, nommées lats, dans lesquelles chaque corde du semple se trouve prise selon que l'indique la carte, et de la même manière que nous l'avons expliqué pour le grand lisage, mais avec la différence pourtant que la ficelle formant chaque lat, au lieu d'être passée directement comme les embarbes, réunit, par un certain nombre de zig-zags Z, toutes les cordes qui doivent faire exécuter la levée d'une même duite ; cette ficelle est ensuite arrêtée séparément par une ficelle X, nommée *gavacine*, maintenue à coulisse par une corde verticale P,Q, dite *gavacinière*, tendue dans ce sens par deux crochets R,S.

On comprend facilement qu'en tirant les lats X, Z, de manière à ce qu'ils dévient de la ligne droite en formant un angle, *e,f,g,* les cordes de rames A, B obéissent et baissent d'autant en formant un nouvel angle *h e y*.

Tel est le mécanisme élémentaire qui fait lever les maillons et constitue le mode de fabrication désigné sous le nom de *Tire*. Il est donc probable que c'est ce système de tirage qui a donné son nom à ce genre de tissage. Ce principe est, comme on le voit, fort simple ; mais lorsqu'il s'agit d'exécuter de grands dessins, il se présente sous une forme très-compliquée et d'une apparence confuse. Cette complication et cette confusion proviennent des répétitions accumulées dans les cordages où elles occupent un espace très-circonscrit : du reste, tout cet amas de cordages est classé avec une telle précision que chaque corde occupe, sans aucune difficulté et presque sans frottement, le rang qui lui est assigné.

Malgré la quantité des cordages employés pour ces sortes de métiers, les montages se trouvaient encore très-restreints ; c'était sans doute pour ce motif que pour augmenter la réduction de la chaîne, chaque maillon recevait un certain nombre de fils, et pour que le décochement ne fût pas par trop sensible dans la formation du tissu, on avait recours à l'adoption de lisses supplémentaires placées devant le corps. Ces lisses n'ayant pour but que de confectionner la partie *unie*, elles étaient mises en mouvement au moyen de marchettes, marches, contre-marches, bricoteaux ou autres leviers.

Quant au bâti du métier et de tous les principaux accessoires (à en juger par ceux que nous avons vus dans notre jeunesse), ils ne différaient de ceux actuels qu'en ce qu'ils étaient d'une construction très massive et grossière, qui prouve que le goût de nos ancêtres s'attachait spécialement à une solidité exagérée, qui aujourd'hui serait regardée comme ridicule.

Métier à la Tire, dit à boutons.

Ce système, que nous représentons pl. 191, diffère du précédent, en ce que les lats *a*, *a*, correspondent directement aux cordes de rames A, B, et tiennent lieu de semple. Ces lats se réunissent en faisceaux, dont chacun aboutit à une corde, ou bien à une tringle en fil de fer H, I, traversant dans une planche percée K, et retenue en dessous par un bouton J.

Tous ces boutons sont disposés d'une manière analogue aux empoutages que nous avons démontrés au chapitre XIII, p. 197 et suivantes; quant à leur nombre, il est subordonné au nombre de cordes et de lats exigés par le dessin.

Si, pour ce genre de métier, les lats ne peuvent atteindre un nombre aussi élevé que pour le métier que nous venons de décrire, ils ont néanmoins, sur le précédent, l'avantage des répétitions, ainsi que celui de l'amalgamage des lats lors du tirage. Dans le premier cas, le tireur n'a qu'à saisir le bouton désigné par la répétition et le tirer seul; dans le second cas, le tireur manœuvre des deux mains, dont une tire les lats suivis, et l'autre ceux de l'amalgamage; mais lorsqu'on est obligé d'avoir recours à de semblables moyens, la manipulation du tirage devient difficultueuse, parce qu'alors le tireur est obligé d'interrompre la marche régulière des boutons, conformément à l'itinéraire qui lui est tracé par une *disposition* toute spéciale.

Nous n'avons pas cru devoir représenter le bâti du métier, dans son entier, attendu qu'il est absolument le même que celui de la planche précédente. La fig. 2 représente le perçage de la planchette E, F, et celui fig. 3, le perçage de la planche à boutons K.

Observations sur les métiers à la Tire.

Le plus grand inconvénient des métiers à la Tire, soit au *semple*, soit à *boutons*, consistait en ce qu'il fallait employer beaucoup de temps pour organiser les nombreux cordages au moyen desquels on établissait la formation des lats, surtout pour les dessins compliqués, et que pour exécuter un nouveau dessin, il fallait détruire jusqu'au dernier vestige de cet amas d'*encordages*, en un mot, recommencer entièrement un travail qui exigeait un temps considérable, et pendant ce temps, l'ouvrier et le tireur demeuraient dans un chômage forcé.

I.   60

Les métiers à la tire furent d'abord perfectionnés par Falconne; sa machine à tirer les lats a surtout été un grand bienfait en faveur de l'humanité. Au moyen de cette machine, que l'on conçoit à la seule inspection de la planche 192, le *tireur* (ou la *tireuse*) pouvait facilement enlever les lats quelque lourds qu'ils fussent.

Survint ensuite M. de Lasalle, dont les talents comme habile mécanicien et fabricant distingué améliorèrent grandement le système de ces métiers. C'est à lui que l'industrie est redevable de l'invention du semple à accrochage, qui rend aujourd'hui de si grands services dans l'opération du *lisage*.

Cette invention, par la *lecture* préalable et même partielle des *cartes*, contribua puissamment à l'exécution des grands dessins; on en fit alors d'infiniment plus compliqués; on en vint même jusqu'à doubler les *cassins* et les *tireurs*.

Les *empoutages* pour les métiers à la tire n'avaient en partie lieu que de trois manières : à *chemins* pour les petits sujets, à *retour* pour les sujets intermédiaires, et *bâtard* pour les grands dessins.

Quant aux planches d'arcades, elles ne différaient de celles d'aujourd'hui qu'en ce qu'elles étaient moins réduites, par la raison que chaque maillon recevant jusqu'à douze fils, les plombs étaient d'un poids proportionnel, et par conséquent, les arcades peu fournies; le contre-semplage ou quinconce du perçage que les planches d'empoutage ont aujourd'hui, aurait donc été inutile à cette époque.

Comme toutes les opérations accessoires et supplémentaires au tissage se trouvaient d'autant plus compliquées que les réductions se trouvaient plus fortes, on ne pouvait, avec ces anciens procédés, confectionner que très-difficilement des étoffes en grande largeur; d'ailleurs les tissus brochés et damassés que l'on possède encore aujourd'hui, et qui appartiennent au tissage d'autrefois, prouvent qu'à cette époque la généralité des étoffes façonnées n'avait lieu qu'en étroite lèze.

MÉTIER DE VAUCANSON.

VAUCANSON naquit à Grenoble (Isère) le 24 Février 1709. «Bien jeune encore, dit M. de Pontécoulant, le génie de la mécanique se développa chez lui. On raconte que, souvent laissé seul par sa mère chez une vieille dame dont le salon était orné d'une pendule, il ne cessa d'en examiner la construction que lorsqu'il supposa avoir découvert les principes de son mouvement, et muni seulement d'outils bien insuffisants, il exécuta, avec du bois, une horloge qui marquait les heures assez exactement.

« Le grand plaisir des enfants de cette époque était la construction de petites chapelles; le jeune Vaucanson construisait, pour ses petits camarades, des anges qui remuaient leurs ailes et des prêtres qui faisaient des mouvements de tête et de bras. Bientôt il vint à Paris pour se livrer à l'étude des sciences exactes, et ce fut en examinant la statue des lutteurs qu'il conçut l'idée de son automate, dit le *flûteur*, qui, par la seule combinaison des pièces, introduisait réellement du vent dans son instrument, que le mouvement des doigts modifiait avec justesse. Il présenta, en 1738, cette pièce à l'académie des sciences.

«Peu de temps après, il fit une seconde machine qui jouait une vingtaine d'airs avec le tambourin et le galoubet. Qui n'a pas entendu parler de ce fameux canard qui barbottait dans l'eau, mangeait le pain qu'on lui jetait, et le digérait? Il construisit également, pour la représentation de Cléopâtre, tragédie de Marmontel, un aspic qui s'élançait sur le bras de l'actrice; aussi l'académie des sciences s'empressa-t-elle d'admettre Vaucanson au nombre de ses membres; mais de tous ses travaux les plus utiles et les plus précieux pour l'État, sont les machines inventées par lui, en Languedoc, pour le dévidage de la soie, ainsi que le perfectionnement des moulins ou métiers vraiment gigantesques dont on se sert pour organsiner.»

Vaucanson mit aussi la main aux métiers à la tire; les améliorations qu'il y apporta, lui firent reconnaître qu'au lieu de modifications, ces sortes de métiers, par leur système vicieux, demandaient réellement une refonte complète.

Ce fut non seulement dans le but du progrès, mais bien encore dans celui d'apporter un soulagement notable aux ouvriers, que Vaucanson conçut le projet d'anéantir entièrement le métier à la tire dont le travail était si contraire à l'humanité, pour le remplacer par un nouveau système. A cet effet, il se mit à l'œuvre, et peu de temps après on vit paraître ce métier extraordinaire qui, s'il n'a pas été adopté, n'a pas moins laissé croire que ce célèbre mécanicien aurait pu, en s'en occupant sérieusement, faire ce qu'a fait Jacquard. Aussi nous empresserons-nous d'avouer que ce métier que nous avons visité dans une des salles du Conservatoire des arts et métiers, où il est exposé à l'admiration et à la curiosité publique, prouve la haute sagacité de son inventeur; mais il est à regretter que ce métier, qui sans doute est entré complet au Conservatoire, soit aujourd'hui dépourvu de certaines pièces principales qui l'empêchent totalement de fonctionner. Néanmoins, malgré le délabrement général dans lequel nous avons trouvé ce métier original, nous allons essayer de donner les détails que notre longue expérience nous a suggérés dans le minutieux examen que nous en avons fait.

Voici donc en quoi consiste le système imaginé par Vaucanson, abstraction faite du bâti qui, du reste, n'a rien d'extraordinaire, si ce n'est une petite charpente établie à droite et à gauche sur le devant du métier et disposée exprès pour recevoir le chasse-navette dont nous parlerons bientôt.

Par une ingénieuse combinaison d'enroulement continu, au moyen de plusieurs rouleaux dont un est muni d'un régulateur, la *tirée en devant* ne subit pas l'influence de la superposition du tissu; le battant est disposé de manière qu'il frappe toujours sur un même point, et comme le déroulement est en rapport avec l'enroulement, déduction faite de ce que le genre de croisement fait perdre à la longueur de la chaîne, celle-ci se trouve constamment dans une tension régulière.

Sur le devant du métier est placé un mécanisme composé d'aiguilles et de crochets à-peu-près disposés comme dans la mécanique Jacquard, excepté qu'au lieu de bandes de cartons percées, lacées et manchonnées, qui commandent et dirigent la manœuvre des aiguilles, ce commandement s'effectue au moyen d'un tambour creux dont la circonférence est percée de rangées de trous; ce tambour vient, pour chaque duite, faire pression contre la pointe des aiguilles. Ce principe a beaucoup d'analogie avec celui de la mécanique à tambour que nous avons décrit page 180; seulement, au lieu de faire un seul et même corps avec la mécanique, le tambour de Vaucanson est supporté par un chariot, dit *porte-cylindre*, muni de quatre galets qui roulent avec beaucoup de précision dans des rainures disposées à cet effet.

Dans le va-et-vient que le tambour fait à chaque duite, il exécute un mouvement de rotation combiné de manière à présenter successivement et alternativement chaque rangée de trous. Cette action rotatoire est exécutée et maintenue par un cliquet qui agit sur une roue dentée, dont le diamètre excède un peu celui du tambour.

Le chasse-navette se compose de deux chariots supportés par des galets conduits par des coulisseaux; chaque chariot exécute tour-à-tour un mouvement de va-et-vient, dans le sens de la trame, et tous deux sont munis d'un tube creux en fer, placé horizontalement, et d'une longueur excédant de quelques centimètres la largeur de l'étoffe. Le mouvement de ces chariots est indépendant de celui du battant ou *porte-peigne* et s'exécute mécaniquement par des correspondances établies au moyen de cordes ou de chaînettes disposées en conséquence. Mais ce qu'il y a de plus remarquable dans ce système, c'est que ces tubes, dont le diamètre n'est que d'environ deux centimètres, sont réellement trop petits pour contenir une navette ordinaire. Il est donc présumable que ces tubes ne recevaient que des canettes, faites, il est vrai, d'une forme toute particulière, afin qu'elles pussent librement passer d'un tube dans l'autre, en se défilant alternativement par les deux bouts et distribuer ainsi la trame dans la chaîne sans la toucher; s'il en est ainsi, ces chasse-navettes devaient plutôt être appelés *chasse-trame*.

En plus de toutes ces innovations, ce métier offrait l'avantage de pouvoir être mu par une force motrice quelconque, et pouvait également être arrêté immédiatement par le conducteur, pour satisfaire aux diverses exigences de la fabrication, telles que garnissage de trame, réparation de fils cassés, etc. C'est d'ailleurs ce qui a lieu maintenant dans tous les métiers mécaniques mus par forces motrices. Il y en a même dont le mécanisme est arrivé à un si haut degré de perfection, qu'ils s'arrêtent d'eux-mêmes à la rupture d'un seul fil de chaîne, ou d'une seule duite de trame. C'est ce que nous démontrerons au chapitre *métiers mécaniques*.

Tout en rendant hommage à l'inventeur, et en lui tenant compte de ses efforts, nous croyons pouvoir nous prononcer sur deux inconvénients principaux, qui, dans le temps, ont pu être signalés à Vaucanson lui-même, inconvéniens qui probablement ont empêché l'adoption de son métier.

Le premier inconvénient consiste en ce que le système et la disposition du tambour ne permettent pas d'appliquer facilement et à volonté l'adoption ou la suppression d'une ou de plusieurs trames; de plus, ce tambour, quelqu'en soit le diamètre, ne pourrait exécuter de grands dessins, et pour en avoir de rechange, cela reviendrait par trop onéreux.

Le second inconvénient est que le chasse-trame ne peut fonctionner qu'à une seule navette, ou pour mieux dire, à un seul *lat*.

Ces deux inconvénients sont assez notables pour démontrer que ce métier, bien que le plus parfait de son temps, était loin d'atteindre le but que Vaucanson s'était proposé; néanmoins tous les partisans de l'industrie et du progrès lui sauront gré de cette invention, qui a bien pu contribuer puissamment aux progrès de l'industrie du tissage.

L'imagination féconde de ce célèbre inventeur s'appliqua également au perfectionnement d'autres machines; l'invention de la *chaîne sans fin*, connue sous le nom de chaîne à la Vaucanson, fut d'un grand secours pour la correspondance et la transmission des mouvements; il en fit une heureuse application à son moulin à organsiner les soies.

Ne perdez point de temps, disait-il à ses ouvriers, je ne vivrai peut-être pas assez pour vous expliquer mon idée.

Vaucanson mourut le 21 Novembre 1782, âgé de soixante-douze ans. Par testament, il avait donné son cabinet à la Reine, qui voulut en gratifier l'Académie des sciences; mais les intendants du commerce adressèrent plusieurs réclamations pour obtenir les machines relatives aux manufactures. Par suite des discussions qui s'élevèrent sur ces diverses réclamations, la collection fut dispersée. Le flûteur, le joueur de galoubet, le canard et autres pièces aussi curieuses qu'intéressantes eurent le même sort.

Les détails que nous venons de donner sur les métiers à la tire ne feront que mieux comprendre l'utilité du métier à la Jacquard, au moyen duquel un ouvrier peut, avec moitié moins de peine, faire seul, mieux et plus promptement, l'ouvrage de trois, même en grande lèze et à plusieurs lats, étant toutefois pourvu d'un battant à plusieurs boîtes.

MÉTIER JACQUARD.

Malgré toutes les améliorations que divers inventeurs lui firent subir, le métier à la tire aurait dû tomber comme par enchantement dès l'apparition de la mécanique Jacquard; il n'en fut pas ainsi, par suite des nombreuses oppositions que la routine, l'ignorance et la jalousie suscitèrent à l'heureuse invention de notre compatriote. (Voir, à cet effet, la notice biographique de Jacquard, placée au commencement de cet ouvrage.)

Nonobstant divers essais qui en furent faits, le premier métier Jacquard, régulièrement organisé, fut monté à Lyon en février 1806, sous la direction de M. Grand, dans l'atelier du sieur Imbert, quai de Retz, 45. Dans ce nouvel essai, les hommes de l'art donnèrent à l'inventeur un témoignage éclatant en faveur de cette sublime invention qu'ils considéraient comme le fruit du génie, et comme la découverte la plus importante que l'on eut faite pour la fabrication des étoffes.

Une voie toute frayée semblait donc s'ouvrir devant Jacquard, et c'était pour affermir le succès de sa machine, qu'il travaillait, plein d'ardeur et de confiance, à donner à son œuvre toute la perfection et l'extension dont elle était susceptible. Mais Jacquard avait compté sans l'ingratitude d'un grand nombre de ses concitoyens, ingratitude aveugle et brutale.. Il ignorait, ce digne homme, que le dévouement à l'humanité est souvent comme le dévouement à Dieu chez les peuples barbares — un titre au martyre chez les nations civilisées. Heureusement que toutes ces vicissitudes n'altérèrent pas son courage et sa persévérance, et n'aboutirent qu'à reculer de quelques années son triomphe et sa gloire.

En effet, il suffit d'être initié dans les premiers principes de la fabrication pour comprendre, que le métier Jacquard a, sur les métiers à la tire, l'immense avantage de pouvoir changer instantanément et à volonté, un dessin établi sur un même compte, ou sur un nombre quelconque qui en soit sous-multiple, sans autre travail ni embarras qu'un nouveau *manchon* ou jeu de cartons préalablement préparés, au moyen du lisage dont nous avons parlé au chapitre XV.

Ce ne fut guère que vers l'an 1814, que les avantages du métier Jacquard furent généralement reconnus pour être infiniment supérieurs à tous ceux jusqu'alors en usage, tant sous le rapport de l'humanité que sous celui de la perfection des produits; avec ce mécanisme, le tissage des dessins les plus difficiles et les plus compliqués peut être exécuté par les ouvriers les plus ordinaires et les moins expérimentés. En un mot, la mécanique Jacquard reproduit les travaux de l'homme de génie, du dessinateur, comme la presse d'imprimerie traduit, sans y rien changer, les plus belles conceptions du savant et du littérateur.

Depuis l'adoption complète du métier Jacquard, plus de trente années se sont écoulées; pendant ce temps, les perfectionnements et les améliorations de toutes sortes n'ont pas fait défaut; néanmoins le principe fondamental du mécanisme est constamment resté le même. Nous dirons aussi que tous les efforts qu'ont faits les inventeurs pour supprimer les cartons ont été infructueux. Cependant, loin de les blâmer dans cette sorte d'acharnement, nous sommes, au contraire, de ceux qui les encourageront toujours dans cette recherche, qui, si toutefois elle réussit, ne fera qu'augmenter les avantages déjà immenses de cette mécanique, mais nous croyons devoir les prévenir que pour atteindre ce but, il ne suffit pas d'imiter divers inventeurs qui ont cru supprimer les cartons, en se contentant de remplacer cette matière par d'autres, telles que papier, zinc, cuivre, cylindres ou planchettes percées, inventions qui toutes sont mortes le jour de leur naissance, ou bien n'ont pu être utiles qu'à certains petits articles spéciaux. Ce que nous désirerions voir, dans l'intérêt général, ce serait la *suppression totale et réelle des cartons.*

Le vœu que nous émettons ici a déjà reçu un commencement d'exécution; le premier essai qui en a été fait est dû à l'invention Pascal, exposée en 1844, et dont nous avons parlé dans notre première édition. A cette époque, nous avons prédit à l'inventeur les raisons légitimes pour lesquelles son invention serait délaissée; c'est ce qui est arrivé. Mais néanmoins M. Pascal a toujours prouvé qu'il y avait possibilité de supprimer entièrement les cartons, sans pourvoir en aucune manière à leur remplacement.

D'après la statistique des principales villes manufacturières, il est évident que la mécanique Jacquard a relevé au plus haut degré l'industrie du tissage. La ville de Lyon surtout s'en est le plus ressentie (1). Il est vrai qu'antérieurement à la mécanique Jacquard, les bénéfices sur la soierie s'élevaient de 15 à 25 pour cent, tandis qu'aujourd'hui ils ne sont plus que de 5 à 6, en raison de la multiplicité des pertes. Mais il est probable que sans la mécanique Jacquard,

---

(1) Dans cette ville, en 1778, sur 14,782 métiers, on n'en comptait que 240 pour les étoffes façonnées. En 1846, le nombre des métiers était de 52,010, et sur ce nombre, les métiers à la Jacquard y étaient au moins compris pour un tiers.

cette réduction se serait transformée en perte réelle, et l'industrie lyonnaise aurait vu non-seulement ses gains diminuer, mais encore de grandes et mortelles catastrophes menacer son avenir; c'est donc à l'ouvrier inventeur qu'elle doit son salut, car cette ville, comme bien d'autres sans doute, n'a été rétablie dans une situation florissante que par les moyens rapides et économiques que présente la mécanique Jacquard; invention d'autant plus heureuse qu'elle seule pouvait fournir les moyens de fabriquer cette immense quantité d'étoffes qui circule sur toute la surface du globe.

CHAPITRE XXVII.
De la Draperie.

SOMMAIRE : *De la Draperie en général. — Draps lisses. — Draperie unie. — Draperie-nouveauté, à la mécanique armure. — Idem à la Jacquard. — Métier à échantillonner. — Draps feutres.*

De la Draperie en général.

La draperie se divise en deux genres bien distincts : l'un comprend les *draps lisses,* et l'autre les *draps nouveautés;* chaque genre comprend diverses catégories, dont nous mentionnerons les principales.

Quelle que soit la nature des draps, ils sont, immédiatement après le tissage, soumis à des opérations d'apprêts spéciaux à la laine, et particuliers au genre de croisement dont le tissu est confectionné.

Il n'entre pas dans notre but de nous étendre sur les nombreux renseignements relatifs aux diverses qualités de laines qu'on emploie pour la draperie; nous ajouterons seulement à ce que nous avons dit, page 5 et suivantes, que les laines d'Allemagne, dans lesquelles on comprend celles de Saxe, de Silésie et même de Russie, sont préférables à celles de France dont la plus grande partie provient de la Bauce et de la Brie. Quant à celles d'Espagne, elles sont très-inférieures.

Bien que les laines d'agneaux soient spéciales aux articles nouveautés, on les mélange assez souvent avec des *laines mères* dites *métis;* par ce moyen les tissus acquièrent plus de force et de consistance.

I.   64

Toutes ces laines, aussi bien pour chaîne que pour trame, sont employées cardées, attendu que les laines peignées ne peuvent satisfaire aux opérations ultérieures qui constituent les apprêts dont nous parlerons dans le chapitre suivant.

Les métiers dont on fait usage pour la draperie sont généralement disposés comme nous l'avons décrit p. 55, *métier à poitrinière*.

L'ourdissage des chaînes pour draperie ne diffère de l'ourdissage que nous avons décrit au chapitre II, page 39 et suivantes, qu'en ce que les ourdissoirs sont construits très-simplement (un tambour à quatre bras seulement, et sans conducteur ni régulateur).

Immédiatement après l'ourdissage, les chaînes passent à l'*encollage*, ainsi que nous l'avons expliqué page 12.

Quant à la manière de *monter* les chaînes, c'est-à-dire, de les enrouler sur l'ensouple, on ne les enroule pas préalablement sur un tambour, ainsi que cela se pratique pour les chaînes en soie ou en coton. Voici comment le montoir est disposé :

L'ensouple est supporté par ses extrémités sur deux oreillons adaptés aux deux montants A,B, fig. 1ʳᵉ, pl. 193 ; de ce point, la chaîne va passer sur une barre transversale C, adhérente à deux autres montants D, E, puis revient passer sur une autre barre F, et de là, retourne sur le derrière où elle est retenue, à force de bras, dans une tension convenable.

Ainsi, pour qu'une chaîne, surtout en grande largeur, soit bien montée, il faut nécessairement être cinq personnes, dont deux pour tourner, deux pour conduire le rateau, et une pour maintenir et régler la tension.

Sous deux rapports, ce genre de montage est préférable à l'enroulement sur un tambour. Premièrement, parce que l'écartement, en largeur, peut se prolonger insensiblement sur une plus grande étendue. Secondement, parce que le fil de laine étant d'une nature molle et flexible, il n'est pas facile de l'enrouler sur un tambour avec une raideur suffisante.

Draperie unie.

Dans le genre Draperie unie sont compris non-seulement les *draps lisses*, c'est-à-dire, ceux tissés en taffetas, mais encore ceux dont les croisements appartiennent aux armures fondamentales, tels que les sergés, le batavia dit *croisé* ou *casimir* et les satins.

Pour les sergés, celui de trois, que les drapiers nomment *trois pas*, est pour ainsi dire le seul en usage; quant aux satins, c'est celui de cinq qui est généralement adopté, aussi bien sur le sens tors droit que sur celui tors gauche. Ces sortes de tissus sont nommés *Drapés*, parce que leurs apprêts sont ménagés de manière que le poil recouvre la *corde* et ne laisse apparaître aucun sillon.

De même que pour tous les autres tissus, il n'est guère possible de préciser, même pour les draps lisses, les réductions en chaîne comme en trame; tout ce que nous pouvons dire, c'est que la confection des draps lisses est, en moyenne, d'une réduction de 3000 fils sur une largeur de 2 mètres 20 centimètres, tissés à une seule navette trame simple. Avant les apprêts, la réduction de la chaîne est à celles de la trame comme 25 est à 32. C'est donc, et par conséquent, environ un quart de plus en trame qu'en chaîne. Après les apprêts, cette réduction de 25 à 32 devient 25 à 36 et toujours prise dans un carré égal sur les deux sens.

La réduction des autres tissus que l'on comprend dans la draperie unie, est encore plus variable.

Draperie-nouveauté.

Ce genre de draperie a pris naissance en 1830. A cette époque quelques fabricants débutèrent par le sergé de trois et par le satin de cinq. La réussite de ces deux croisements (quoique des plus anciens), appliqués à la draperie, fut regardée comme un tour de force pour ce genre de fabrication, et ces articles, malgré leur simplicité, prirent le nom de nouveautés.

Nous sommes bien loin de critiquer la simplicité de cette idée; au contraire, nous dirons que ce fut le premier pas en faveur de la draperie-nouveauté. Néanmoins, comme cette invention, si toutefois on peut l'appeler ainsi, n'avait d'autre mérite que celui de l'application, ce fut sans doute ce qui engagea d'autres fabricants à en augmenter l'attrait par l'adoption du *batavia* dit *casimir*, ainsi que du satin de quatre, dit, *satin anglais*.

L'écoulement rapide de ces tissus fut un grand encouragement pour les fabricants. Le progrès de cette nouveauté dans l'enfance marchait à pas de géant; et certes il y avait de quoi faire, sans pour cela se creuser la cervelle. Les fabricants firent de nouveaux essais, ou pour mieux dire, de nouvelles dispositions en amalgamant, par bandes, des croisements différents (toujours pris dans les armures fondamentales). Les tissus qui en résultèrent furent parfaitement goûtés pour les articles pantalons. On en fit également à bandes ou rayures formées, soit de la même couleur et seulement par effet de croisement, soit par un ourdissage établi partiellement par couleurs différentes.

Dès ce moment, ces derniers articles constituèrent à eux seuls la nouveauté, et pour cette raison, les *trois pas* et les *satins* entrèrent, pour ainsi dire, dans la catégorie des draps lisses. Enfin, la draperie-nouveauté prenant chaque jour de plus amples développements, les métiers à marches devinrent insuffisants, et la mécanique-armure vint heureusement en aide à cette nouvelle branche d'industrie.

L'écoulement rapide, et surtout de grands bénéfices, furent le plus bel encouragement que les fabricants pouvaient recueillir de la confection de ces sortes de tissus; les plus industrieux comprirent qu'ils ne pouvaient, par eux-mêmes, tirer avantageusement parti de cette spécialité qu'en se procurant des sujets dont les connaissances fussent à la hauteur de créer chaque jour de nouveaux dessins et de nouvelles dispositions; c'est ce qu'ils firent, aussi, chaque année les progrès marchèrent avec une telle rapidité, qu'à son tour, la mécanique-armure devint insuffisante pour tous les croisements qui dépassaient environ quarante *lisses* ou *lames*, car au-dessus de ce nombre, l'épaisseur des *liais* ou *lisserons* comporte une trop grande largeur, et par suite, les fils de chaîne enlevés par les lisses de derrière ne peuvent donner une ouverture suffisante pour le passage de la navette.

Pour obvier à cet inconvénient, tout en se servant des mécaniques-armures, il restait bien un moyen, lequel consistait à monter les métiers *à corps*; ce moyen, on l'essaya, mais un nouvel obstacle se présenta. Les mécaniques-armures, dont on fit, et dont on fait encore usage, étaient des *quatre-vingts* et des *cent-quatre*. Admettons ce dernier nombre; il se trouvait bien élevé en compte de plus du double qu'il ne le fallait pour le montage à lisses, mais il se trouvait encore par trop restreint pour le montage à corps.

En effet, un métier monté en compte de 4000, terme moyen, distribué sur 100 crochets, donne quarante plombs à chacun, et soit dit en passant, le poids des plombs pour la draperie est double et même triple de celui que pèsent les plombs pour la soierie, les châles, les gilets, les cotonnades, etc, autrement dire de 20 à 25 à la livre, ou demi-kilogramme, et ne peuvent être au-dessous. Ainsi un corps disposé pour ce compte de chaîne, soit en 1ᵐ, 50 c. de largeur et sur 40 chemins, a l'inconvénient de rendre le travail non-seulement très-pénible, mais encore celui qu'au bout de quelques mètres de tissage, les *collets*, par trop tassés et l'*arcadage* en entier, se frottent tellement que les crochets du *colletage* s'ouvrent d'eux-mêmes par la force de la charge et enlèvent les boucles voisines, l'arcadage subit de nombreux frottements qui avarient promptement les cordes. D'ailleurs, les mécaniques-armures n'étant construites que pour des charges légères, ne pourraient du moins faire que de se disloquer : enfin, étant montées à corps, elles ne peuvent produire que des tissus défectueux. Ces motifs furent bien suffisants pour contraindre les fabricants de draperie-nouveauté à adopter, dans son entier, la mécanique Jacquard proprement dite; quelques-unes de ces étoffes figurèrent à l'exposition de 1834.

L'exposition de 1839 s'approchait; les récompenses décernées pour le tissage ainsi que les grands bénéfices qu'offrait la fabrication de la draperie-nouveauté, firent que les manufacturiers rivalisèrent de zèle; de vastes ateliers furent construits comme par enchantement.

A cet effet, dessinateurs, mécanique Jaquard 400 et 600., grands lisages, repiquages, etc., rien ne fut épargné pour montrer, dans cette exposition, les progrès de la draperie-nouveauté; chefs et dessinateurs firent preuve de goût et de talent, et les nouveautés à la Jacquard pour robes, manteaux, tartans, gilets et pantalons, occupèrent un rang distingué dans le grand arsenal de l'industrie; le public était dans l'admiration, il voyait réellement de la nouveauté de nom et d'effet. De son côté, le manufacturier, réellement industriel, se trouvait doublement récompensé de ses travaux, d'abord par de beaux bénéfices, ensuite par le brevet de chevalier de la légion d'honneur.

Depuis cette époque, chaque exposition quinquennale vit bien éclore de nouveaux tissus; mais cependant la surprise fut moins grande : il ne pouvait d'ailleurs en être autrement, car, pour la draperie, les articles à la Jacquard une fois atteints, ils ne pouvaient plus subir que de simples améliorations, soit dans les changemens de dessins, soit dans les dispositions.

Aujourd'hui, les principales villes où l'on fait réellement la drape-

rie-nouveauté en grand, sont celles d'Elbeuf, de Sédan et de Louviers. Les fortunes colossales que possèdent les principaux manufacturiers les ont mis à même de monter d'immenses établissements,
ainsi que de grandes fabriques construites tout exprès pour des métiers
à la Jacquard. Ces manufactures ont chacune un dessinateur particulier, ainsi qu'un grand lisage; des *monteurs* subalternes augmentent le
personnel, et s'occupent spécialement de tout ce qui est du ressort
de la manipulation dans les opérations du *montage*.

D'après l'exposé rapide que nous venons de faire, on voit que la
nouveauté à la Jacquard constitue en quelque sorte un monopole ex-
clusif en faveur des grandes fortunes. Nous avons tout lieu de croire
qu'il n'en serait pas de même, si les fabricants peu fortunés pouvaient
se procurer, sur place, la fourniture des dessins et le perçage des
cartons, car il serait par trop onéreux pour les maisons médiocres,
qui n'auraient que quelques métiers à la Jacquard, d'avoir à leur
charge un dessinateur, un lisage, en un mot, tout le matériel que
les métiers à la Jacquard exigent.

Il est probable que sans la défiance et la crainte réciproque que la
généralité des fabricants de nouveautés ont entr'eux, le monopole
dont nous venons de parler, pourrait entièrement disparaître par suite
de la formation d'un cabinet de dessin et d'un lisage publics. Ces
deux établissements, qui du reste pourraient être réunis en un seul,
seraient d'un grand secours pour les fabriques secondaires, et chaque
fabricant pourrait, selon ses intentions, ses goûts et sa fortune,
monter à peu de frais des articles à la Jacquard, absolument comme
cela se pratique à Lyon, où les mêmes dessinateurs, liseurs et monteurs travaillent en toute confiance pour des maisons diverses, sans
que pour cela l'une soit jalouse ou défiante de l'autre, pour ce qui concerne l'appropriation réciproque de leurs produits.

Dans l'intérêt du progrès, nous espérons que le jour n'est pas éloigné
où nous verrons s'établir, dans les villes manufacturières en draperie-nouveauté aussi bien qu'en rouenneries, des dessinateurs et des
liseurs publics.

S'il en arrivait ainsi, la mécanique Jacquard, dont toutes les manufactures en général ont déjà connaissance, prendrait une bien plus
grande extension, et par suite, ces métiers, qui maintenant ne sont
montés qu'au compte des patrons et dans leurs propres fabriques,

pourraient être également montés par des ouvriers de ville ou de campagne, à leur compte et dans leur domicile. Les fabricants y gagneraient, et n'auraient alors qu'à s'occuper de la fourniture de leurs dessins, autrement dire des *cartons*.

Quant aux ouvriers, ils y trouveraient aussi non-seulement du bénéfice par la liberté de leur travail, mais encore par bien des petites douceurs que l'on ne rencontre qu'au foyer domestique; de plus, ils s'affranchiraient d'une sorte de servitude et d'esclavage que les ouvriers travaillant en fabrique sont presque toujours contraints de subir.

Métier à échantillonner.

Comme la généralité de la mise en carte des petits dessins, employés en si grand nombre pour la draperie-nouveauté, est ordinairement faite sans avoir égard à la réduction du papier, et que toutes les personnes qui ne sont pas véritablement dessinateurs, ne se servent que de papiers carrés dans les deux sens, soit 8 en 8 ou 10 en 10, il leur est extrêmement difficile de juger, sur le vû de leur mise en carte, l'effet que l'armure ou le dessin pourra produire en tissu. Le parti le plus prudent et le plus sûr est d'en faire l'essai avant d'établir définitivement le montage du métier.

Ces essais doivent avoir lieu sur des métiers à *échantillonner* qui peuvent être montés, soit à marches, soit à la mécanique-armure avec lisses, soit enfin en remplaçant les lisses par un corps.

Quel que soit le genre de métier dont on fait usage pour échantillonner, on n'emploie guère des réductions au-delà de mille fils de chaîne à raison d'environ 25 par centimètre.

Les métiers à marches ne sont plus maintenant que très-peu en usage pour ces sortes d'essais, car la dépense qu'ils nécessitent pour le changement des *lisses*, ainsi que le temps perdu qu'entraînent ces sortes de changements, les a fait presque entièrement abandonner.

Il en est de même du métier monté à la mécanique-armure avec lisses, car si celui-ci a sur le précédent l'avantage de remplacer les marches par un nombre illimité de cartons, la restriction des lisses et autres inconvénients que nous venons de signaler n'en restent pas moins toujours les mêmes.

Le meilleur système que l'on puisse adopter pour confectionner les échantillons, est le métier à la mécanique-armure monté à corps.

Ce métier, par les avantages qu'il présente, peut satisfaire au plus grand nombre de lisses à employer. Cependant, malgré ces avantages, il arrive parfois que par rapport à certaines dispositions, ou à certains raccords, ce métier, ou pour mieux dire, ce compte de mécanique devient insuffisant; dans ce cas, il est urgent d'avoir un métier monté à la Jacquard, en 200 ou en 400. Le moins élevé de ces deux comptes peut déjà satisfaire amplement à la plus grande partie des dispositions; mais celui en 400 atteint le plus haut compte des dessins pour draperie-nouveauté.

De ce que nous venons de dire il ne faut pas conclure que tous les avantages soient en faveur du métier le plus élevé en compte, car nous ferons remarquer que si les 400 ont divers avantages sur les mécaniques en nombre inférieur, ils entraînent aussi avec eux deux inconvénients. Le premier est que, pour les fabriques qui n'ont pas de grand lisage, le perçage des cartons *à la main* devient très-long et en même temps difficile. Le second inconvénient est que, lors même que le dessin à confectionner n'atteint que la moitié du compte de la mécanique, il ne faut pas moins employer des cartons de 400, entièrement lus et percés; c'est donc une perte de moitié en marchandise et en travail; cette perte serait encore plus grande, si l'on avait à lire sur un 400 un dessin de 100; car alors il faudrait faire trois fois le travail qu'exigerait une mécanique armure.

Il est donc nécessaire, pour satisfaire à toutes les exigences qui peuvent se présenter, que les personnes chargées de la confection des échantillons, aient à leur disposition un nombre suffisant de métiers à échantillonner.

Outre les métiers que nous venons de mentionner, il en est un qui, mieux que tous les autres, facilite beaucoup la confection des échantillons, par l'économie du temps et du piquage des cartons.

Supposons que l'on veuille exécuter deux sortes de croisements, dont l'un aurait son raccord à 17 cartons et l'autre à 20, il est évident que pour atteindre la concordance des deux raccords, il faudra percer 340 cartons (nombre provenant de 17 multiplié par 20), tandis que si les parties appartenant à chaque armure manœuvraient isolément, il suffirait d'en percer 37, c'est-à-dire 17 d'une part et 20 de l'autre.

A cet effet, on se servira d'une mécanique disposée de manière à

recevoir deux *manchons* ou *jeux de cartons*, qu'ils soient ou non sur le même cylindre. C'est pour satisfaire à cette condition que les mécaniques à supplément, telles que les 124, par exemple (dont 104 réunis et 20 au supplément) sont actuellement adoptées de préférence aux 104 pour la confection des échantillons montés à corps. Par ce moyen, les parties de chaîne (bandes, filets ou fond) peuvent être entièrement indépendantes les unes des autres. Ce qui est encore très-avantageux, c'est qu'avec ce genre de montage, les changemens de *dispositions* et de croisemens peuvent être exécutés promptement et presque sans frais supplémentaires comparativement aux autres genres de montages.

De la manière de monter les métiers dépend beaucoup la beauté de la confection des tissus; car on voit journellement, soit dans les ateliers où les métiers sont divisés, soit dans les fabriques où ils sont réunis, des tissus, bien que disposés d'une manière identiquement semblable, présenter un aspect tout différent, qui donne aux uns un surcroît très sensible de valeur sur les autres. Cette notable différence que l'on rencontre à l'égard d'ouvriers égaux pour la manipulation, c'est-à-dire pour le tissage seulement, provient entièrement du montage, y compris la concordance bien combinée dans les nombreux mouvemens que nécessite la confection des tissus quelque peu compliqués qu'ils soient.

Le métier à marches manœuvrant par le système de *lève* et *baisse*, est celui qui convient le mieux pour les draperies unies.

Le métier monté à *lisses* a, sur celui à corps, l'avantage de faire moins de *brides* et de *groupures*.

Enfin, outre l'avantage du nombre relatif au *compte*, le métier complètement monté à la Jacquard a, sur les deux précédents, l'avantage de pouvoir varier immédiatement tous les croisements d'égale réduction, ou qui lui sont sous-multiples, car sans une de ces deux dernières conditions, il faudrait nécessairement *repiquer en peigne* pour établir régulièrement un nouveau tissu.

Drap-feutre.

Bien que ce genre de drap soit formé sans le secours du tissage, nous croyons, d'après le nom qu'il porte, devoir en dire quelques mots en terminant le chapitre des Draperies.

D'après divers renseignemens précis et authentiques, on peut re-

I. 62

garder comme certain que cette invention a pris naissance en Angleterre vers l'année 1832; puis, en 1839, M. Calvert obtenait en France
un brevet d'importation pour cinq ans. Quelques années plus tard,
une cession de ce brevet, de ses additions et de ses perfectionnemens fut faite à la société du *Drap-feutre* de Surènes, dont le directeur principal, M. Charles Depouilly, homme de génie et praticien
expérimenté dans l'art de la fabrication, ne tarda pas à prendre, pour
ce même genre d'industrie, plusieurs nouveaux brevets d'additions
et de perfectionnemens.

Nous ne pourrions, sans sortir du plan que nous nous sommes
tracé, entrer ici dans le détail des matières et dans le grand nombre
de machines et d'opérations qu'entraîne ce nouveau genre d'industrie;
ce serait nous engager dans des explications fastidieuses et dans des démonstrations inutiles, qui d'ailleurs ne sont pas du ressort de la fabrication proprement dite. Nous dirons seulement que ces machines pourraient, avec quelques améliorations encore, présenter au public des
produits plus parfaits, car jusqu'à ce jour les *draps-feutres* sont encore
bien loin de pouvoir être mis en parallèle avec les draps unis ou
nouveautés provenant des manufactures de tissage.

Le principal inconvénient qu'on reconnaît aux draps-feutres, c'est
qu'ils ne peuvent être employés pour habillement, parce que n'ayant
pas assez de résistance, ils s'agrandissent indéfiniment par la pression
des genoux ou des coudes, et par suite, forment des poches qui
finissent par s'agrandir jusqu'au déchirement de la matière.

Mais si ces sortes de draps ne peuvent figurer pour habillement,
nous nous plaisons à reconnaître que par leur beauté et la modicité
de leurs prix, ils peuvent être utilisés avec avantage pour garniture
de voitures, tapis divers, et en général pour toute application qui
n'est pas sujette aux plis, au froissement et surtout à la pression.

Un autre avantage qu'a le drap-feutre, c'est qu'il est susceptible de
recevoir parfaitement l'application du dessin par une pression mécanique. Pour ce genre, les lignes, les contours et les rebordés sont
d'une précision et d'un fini remarquables. Aussi, les fabriques de tapis
tissés n'ont-elles pas tardé à reconnaître, dans le procédé du drap-feutre, une véritable concurrence.

Il est aujourd'hui question d'établir le drap-feutre sur une sorte de
toile tissée, qui, l'opération terminée, ne ferait plus qu'un seul et

même corps avec le drap. Cette idée est de la plus haute importance et pourra rendre d'éminents services à la conception ingénieuse et industrielle de cette invention qui certainement n'est pas sans mérite.

CHAPITRE XXVIII.
Des Apprêts en général.

Sommaire : *Apprêts pour la Soierie, Rouenneries, Cotonnades, etc. — Apprêts pour la Draperie. — Enouage ou Épincetage. — Rentrayage. — Marquage. — Dégraissage. — Foulage. — Ramage. — Lainage. — Tondage. — Brossage. — Pressage à chaud. — Décatissage. — Pressage à froid. — Ratinage. — Grillage des étoffes. — Laminage. — Gauffrage. — Calendrage ou Moirage. — Lustrage.*

Des Apprêts en général.

Les apprêts ont pour but de donner aux tissus le caractère qui leur est propre, d'en faire ressortir la valeur et, en un mot, de leur donner l'aspect le plus favorable pour la vente.

Les apprêts ont encore l'avantage de masquer certaines imperfections; néanmoins ils ne peuvent parvenir à faire disparaître entièrement les défauts qui sont par trop sensibles.

Toutes les opérations et préparations mécaniques, physiques ou chimiques, qu'on emploie pour les apprêts, diffèrent de nature, de force et d'application, selon que le genre du tissu l'exige.

Presque tous les tissus ont besoin d'être soumis aux apprêts, et chaque genre ou qualité est susceptible d'un apprêt particulier. Les seuls tissus qui en sont exempts sont ceux qui, par la beauté des matières ou par leur mode de confection, n'auraient rien à gagner à cette opération.

Apprêt des soieries.

L'apprêt pour la soierie a lieu au moyen d'un enduit ou collage qu'on applique, avec toute la délicatesse possible, sur la surface du tissu. Cette opération a pour but de donner à l'étoffe un maniement *carteux* et un éclat convenable; car, avant l'apprêt, la généralité des soieries qui y sont soumises , et surtout les satins légers , sont ternes et mous.

Quoique les diverses opérations d'apprêts pour la soierie soient à-peu-près les mêmes pour les divers genres de tissus , des préparations diffé-rentes peuvent néanmoins produire des résultats semblables ; voilà pour-quoi les apprêteurs ne sont pas d'accord entr'eux sur les recettes , et que chacun a la sienne qui lui est propre, et en fait en quelque sorte un secret. Selon nous , la meilleure recette est celle qui colle le plus fort, sans pour cela ternir le lustre de la soie , ni altérer la beauté des couleurs ; c'est là le grand point, et chaque apprêteur croit le posséder au suprême degré au-dessus de ses confrères.

Voici les principales recettes dont on fait usage pour les apprêts en soieries :

1° Colle de poisson et gomme adragante , fondues séparément, et ensuite mêlées moitié par moitié ;

2° Gomme arabique et colle de poisson , aussi moitié de l'une et moitié de l'autre ;

3° Les mêmes, mêlées avec un peu de colle-forte , dite d'Angleterre ;

4° Eau de riz, dans laquelle on fait fondre de la gomme adragante ou bien de la gomme arabique. On peut également remplacer ces gommes par de la colle de poisson, ou bien par de la colle d'Angleterre ;

5° Eau dans laquelle on a fait bouillir de la graine de lin, mêlée avec de l'eau de riz : on peut aussi y ajouter un peu de gomme arabique ou bien de la colle de poisson ;

6° Colle de peau de gant, seule ou mélangée ; il en est de même des gommes ;

7° Pour les satins noirs, on fait dissoudre les colles ou les gommes dans de la bière bien cuite ou dans du vin; la préparation ainsi faite est moins susceptible de blanchir ;

8° Gomme adragante , colle de poisson et dextrine.

De toutes ces mixtions , celles réputées les meilleures sont les colles de poisson mêlées avec de la gomme adragante. En résumé, plus un satin est mince , plus il faut que la préparation ait de la consistance , afin qu'elle ne pénètre pas du côté de l'endroit de l'étoffe ; car c'est toujours du côté de l'envers que l'on passe l'apprêt.

Malgré tous ces renseignements, ce n'est que par expérience que l'on peut apprendre exactement le degré de force que l'on doit donner aux préparations. Aussi, les apprêteurs les plus expérimentés ne se hasardent-ils jamais d'apprêter un tissu sans avoir préalablement fait une épreuve de leur mixtion sur une partie de l'étoffe à apprêter, et ce n'est qu'au moyen de cette précaution qu'ils parviennent au point de perfection convenable. Ces sortes d'essais sont d'autant plus indispensables que chaque jour ils ont à apprêter différentes qualités de satins et qu'il ne serait pas prudent ni convenable d'appliquer la même dose à chaque tissu.

Pour apprêter les soieries, il faut nécessairement que l'étoffe soit tendue en tous sens, c'est-à-dire en longueur et en largeur.

La tension longitudinale s'obtient très-facilement et même selon le degré de tension qu'on veut lui donner; pour cela, il suffit de l'enrouler aussi également que possible, sur un ensouple qu'on enraie au moyen d'une corde qui soutient une charge dont le poids détermine la tension. De ce point, l'étoffe vient s'enrouler sur un autre ensouple espacé à distance convenable; l'un et l'autre sont supportés par un bâti solidement fixé sur le sol.

La tension transversale est maintenue, soit à la main, soit mécaniquement; cette dernière méthode exigeant beaucoup de temps pour l'accrochage par les lisières du tissu, est rarement mise en usage.

Le commencement ainsi que la fin de la pièce ou de la coupe à apprêter est *entaquée* de la même manière que cela a lieu lors du tissage.

La colle ou la mixtion étant préparée, elle doit être passée légèrement et surtout très-également sur la partie tendue de l'étoffe, de manière que le commencement et la fin de chaque *passée* de l'éponge soient assez faibles pour que les jonctions ne puissent former un excédant d'apprêt.

Pendant que l'apprêteur passe l'éponge, un ouvrier, ou pour mieux dire, un journalier, auquel on donne le nom de *tourneur*, enroule l'étoffe au moyen d'un bâton ou d'une manivelle, de la même manière que cela se pratique pour le *pliage* ou *montage* des chaînes; en même temps un *aide* maintient les lisières au fur et à mesure de l'enroulement de l'étoffe, veille à ce qu'elles soient constamment bien superposées, et surtout à ce que le tissu ne forme aucun pli, parce qu'ensuite ils ne pourraient s'effacer qu'au moyen d'un apprêt subséquent, et encore en reste-t-il souvent des traces défectueuses.

Aussitôt que la première *étente* est humectée de la préparation, une terrasse de charbon de bois, réduit à l'état de *braise* allumée mais sans flamme ni fumée, est avancée en dessous de l'étoffe et la fait sécher immédiatement au fur et à mesure de l'enroulement.

Pour accélérer le travail et rendre l'apprêt plus égal, on se sert de deux grosses éponges à la fois, dont une de chaque main. L'opération se continue ainsi jusqu'à la fin de la coupe ou de la pièce. On peut également en mettre plusieurs bout-à-bout.

En cas d'arrêt pour une cause quelconque, le fourneau, qui est placé sur un bâti toujours supporté par des galets, est immédiatement retiré; sans cette précaution, l'étoffe restant au même point, prendrait feu sur-le-champ.

La réussite des apprêts en soierie dépend de l'accord parfait des trois ouvriers, chacun en ce qui le concerne, ainsi que de la direction du brasier.

Cette manière de sécher les étoffes ne vaut pas, il s'en faut de beaucoup, celle de les laisser sécher naturellement, en opérant par une très-longue *étente* qui n'est enroulée que lorsque l'étoffe est entièrement sèche. On opère ainsi pour certains articles très-délicats, mais ce procédé exigeant beaucoup de temps et d'emplacement, devient très-onéreux.

Il en est de même de l'emploi du ventilateur; et si cette dernière méthode exige moins de temps et d'emplacement que la précédente, elle nécessite l'emploi de machines dont on est dispensé par l'usage du fourneau.

Lorsqu'il s'agit d'apprêter des étoffes rayées ou façonnées, dont les rayures ou les dessins forment, par suite de la superposition des concavités et par conséquent des convexités en forme de *bourrelets*, il faut, de même que cela a lieu pour le tissage de ces sortes de tissus, que les apprêteurs mettent, selon le besoin, soit partiellement, soit continu, des feuilles de papier ou carton mince qui s'enroulent en même temps que l'étoffe et lui maintiennent une parfaite régularité sur l'ensouple, tout aussi bien que s'il s'agissait d'une étoffe unie.

La généralité des étoffes qui passent aux apprêts s'allongent ordinairement d'un vingtième.

Lorsqu'on apprête une étoffe sans envers, le côté qui a reçu l'apprêt est toujours considéré comme envers. Il en est de même des étoffes à double face.

Outre les apprêts que nous venons de citer, la plupart des soieries reçoivent, en dernier ressort, une pression qui a lieu, soit au moyen d'une presse à vis, soit par une presse hydraulique; cette dernière produisant une force infiniment supérieure, est toujours préférable pour les articles qui exigent une forte pression.

Apprêts des toiles et des cotonnades.

La colle animale, la fécule et principalement l'amidon, sont les corps qui, par l'infériorité de leurs prix, sont généralement employés pour les apprêts liquides des tissus légers, tels que les *calicots*, les *mousselines*, les *organdis*, les *baptistes*, etc.

De toutes les colles animales, celle de poisson serait employée de préférence, si elle n'était à un prix par trop élevé; l'apprêt qu'elle procure a une supériorité très-marquée sur toutes les autres préparations; mais elle a le défaut d'exposer les tissus à l'inconvénient des piqûres.

Pour ces sortes d'apprêts on ajoute quelquefois aux corps précédents une certaine quantité d'alun, ou bien de savon blanc, de stéarine, de kaolin, et même de plâtre, suivant la nature et la couleur des tissus, et d'après la souplesse ou la consistance que l'on veut obtenir.

Les matières les plus chères, comme le blanc de baleine et la stéarine, sont employées pour l'apprêt des plus beaux produits; quant au plâtre, on n'en fait usage que pour donner de l'épaisseur à certains tissus très-communs et en même temps pour en masquer les défauts. D'où il résulte que toutes ces applications, quoique très-simples en apparence, n'en sont pas moins généralement difficiles et délicates.

DES APPRÊTS POUR LA DRAPERIE.

De tous les tissus, ce sont ceux en draperie dont les apprêts sont le plus compliqués, car il serait impossible de préciser exactement le nombre de fois dont on doit faire, sur un même drap, l'application de certaines opérations, telles que lainage, tondage, brossage, etc. Toutes ces opérations, aussi bien que le temps de leur durée, sont entièrement subordonnées à la nature, à la qualité et au genre du drap à apprêter; l'expérience seule peut en indiquer les interruptions, les renouvellements aussi bien que les modifications; car tous les renseignements que l'on pourrait donner sur les apprêts de ces sortes de tissus, seront toujours insuffisants pour bien opérer, à moins que la pratique ne vienne en aide, d'autant plus que la théorie de cette spécialité ne peut indiquer que des généralités qui peuvent seulement servir de point de départ et guider les opérateurs dans les recherches ; mais les résultats positifs pour des travaux de cette nature ne peuvent être bien compris que par de nombreuses expériences pratiques. Quant aux principes des différentes opérations d'apprêts, ils sont à peu près les mêmes pour tous pays.

Enouage.

L'énouage a lieu aussitôt après la rentrée du drap chez le fabricant. Ce travail se fait en écru, c'est-à-dire avant que le tissu ait subi aucune des opérations même préparatoires concernant les apprêts.

A cet effet, le drap est remis entre les mains de journalières qui en font une visite minutieuse, afin de remédier immédiatement à certains défauts, tels qu'*entrebats* ou *claircières*, et de nettoyer le tissu de tous les ingrédiens apparents qui s'y trouvent incrustés.

Lorsque les draps sont parfaitement confectionnés, et que le tisserand a veillé attentivement à ce nettoyage, les draps passent immédiatement au dégraissage.

Épincetage.

L'*épincetage*, qu'improprement on nomme *épinçage*, est pour la draperie ce qu'est le *pincetage* pour la soierie ; la différence est que, pour la soierie, ce sont les tisseurs eux-mêmes qui font et terminent cette opération, tandis que pour la draperie ils ne pourraient y parvenir complètement, même en y apportant la meilleure volonté et les plus grands soins possibles, par la raison que certains ingrédients, concentrés dans le fil lors du tissage, ne peuvent y être aperçus que par suite du dégraissage qui, faisant disparaître les matières grasses ainsi que la colle dont le fil est imprégné, met à découvert toutes ces défectuosités. Le tisserand n'a donc, pendant et après la confection, qu'à *ébarber* les *bouts* et les *bourillons* les plus apparents.

De même que pour l'*énouage*, l'épincetage a lieu, dans la fabrique, par des journalières, dites *épinceteuses*, qui en font leur profession spéciale, et sont payées au compte du fabricant.

Ces sortes d'ateliers sont munis de grandes tables, dont le dessus est oblique et placé en face du jour ; et comme le drap est d'ordinaire d'une très-grande largeur, les ouvrières *épincettent* à deux et quelquefois à trois sur un même drap ; elles ont pour tout outil une paire de *pincettes* ou *pinces* très-pointues qu'elles tiennent d'une main, tandis, que de l'autre elles tiennent un petit balai de bouleau pelé, dit *écou- vette*, avec lequel elles époussettent le drap, afin d'en faire tomber toutes les *épluchures* qu'elles en extraient.

Dans cette opération se trouve également comprise l'extraction des défauts provenant des fils de chaîne partiellement doubles ; il en est de même en ce qui concerne la trame, mais dans la suppression de ces sortes de défauts, les ouvrières doivent avoir grand soin de n'extraire que la partie supplémentaire, et non la totalité, sans quoi le défaut constitué par un fil ou par une trame, double, se changerait en *fil manquant* ou en *trame manquante*.

C'est donc à tort que certains fabricants exigent que leurs épince- teuses retirent les *gros fils* et les grosses trames qui, en effet, sont réellement des défauts ; mais, ainsi que nous venons de le démontrer, le remède est pire que le mal, aussi bien pour le drap-lisse que pour les draps-nouveautés. Quant aux *claircières* ou *entrebats*, il est de toute nécessité de les faire disparaître, ce qui a lieu au moyen d'un rappro- chement fait avec la pointe des pinces.

Après cet épincetage, qui est dit en *écru*, parce qu'il a lieu avant le *foulage*, le drap est porté à la *perche*, où il est de nouveau épous- seté, même sur les deux faces ; car sans cette précaution les ingré- dients, quoique détachés mais qui resteraient accrochés au tissu, risqueraient d'y adhérer fortement lors des opérations subséquen- tes.

Rentrayage.

Le *rentrayage* est du ressort des travaux à l'aiguille ; il a pour but de réparer certains défauts par trop apparents, tels que *trames man- quantes* partielles, *faux-pas*, *grappes*, brides de chaîne ou de trame, etc., ainsi que diverses avaries, telles qu'*arrachures* et *déchirures*. D'où il résulte que les draps parfaitement confectionnés et exempts d'avaries, ne subissent pas cette opération.

Tous ces défauts, dont une partie est quelquefois encore visible après le rentrayage, disparaissent presque toujours entièrement par le foulage.

Le fil dont les rentrayeuses font usage, doit toujours être identi- quement semblable à la chaîne ou à la trame, selon le cas.

Ce rentrayage, qui est dit *en écru*, ne dispense pas des rentrayages ulté-

I.   63

rieurs, qui, selon le besoin, ont encore lieu après d'autres opérations comprises dans les apprêts.

Marquage.

En draperie, il est d'usage que toutes les pièces, demi-pièces ou coupes soient marquées dans le *chef* tissé tout exprès au commencement du tissu.

Dans le marquage on comprend deux choses : 1° le N°. du drap, 2° le nom du fabricant ainsi que le lieu de sa manufacture, écrits en toutes lettres.

Les fabricants attachent beaucoup d'importance à la perfection du marquage de leurs draps ; et comme c'est l'écriture anglaise qui a le plus de grâce et de coup-d'œil, c'est elle qui est généralement adoptée.

A voir ces chiffres et ces lettres aussi régulièrement formés sur les draps, on serait tenté de croire que ces inscriptions ont été brodées par des professeurs d'écriture ; il n'en est pas ainsi, car ce travail est fait à l'aiguille par des femmes, qui bien souvent connaissent à peine les chiffres et quelquefois ne savent même pas lire. Ces ouvrières ne font autre chose que suivre ponctuellement les formes et les contours des chiffres et des lettres qui sont préalablement tracés par un *ponçage* qui détermine l'empreinte des chiffres ou des lettres au moyen de feuilles métalliques très-minces, percées de petits trous autant rapprochés que possible.

Le marquage se fait de deux manières. Pour les draps ordinaires, il a lieu au moyen d'un *faufilage* fait à l'aiguille, avec de la laine ordinaire et seulement de couleur saillante. Pour les draps fins, ce travail est fait avec du cordonnet-soie et en *point de chaînette* ; les pleins et les déliés sont aussi beaucoup mieux soignés que pour les précédents ; en un mot, le marquage en soie peut en quelque sorte être considéré comme de la broderie à l'aiguille.

Dégraissage.

Le dégraissage a pour but d'enlever au drap les huiles que l'on a été obligé d'employer pour la préparation des matières, surtout lors de la filature des laines, ainsi que la colle dont le tisserand a été obligé de se servir pour faciliter le tissage de la chaîne.

Le dégraissage sert encore à faire gonfler les filaments de la laine, ce qui en rend le tors plus mou et fait que les poils de la trame se groupent et s'entrelacent avec ceux de la chaîne. C'est pour cette raison que le dégraissage peut en quelque sorte être considéré comme un premier foulage. Voici la méthode généralement adoptée.

On laisse d'abord tremper le drap pendant huit à douze jours dans une eau courante d'où on l'en retire pour l'imbiber d'une nouvelle eau, dans laquelle on a délayé de la terre argileuse dite *terre à foulon*; puis on soumet le drap à l'action d'une machine rotative, munie de deux cylindres tournant chacun en sens contraire, et entre lesquels le drap reçoit un froissement et une sorte de pression alternative et constante qui dure environ de 5 à 8 heures. Le dégraissage n'en est que mieux, lorsque la terre à foulon est remplacée par du savon; dans ce cas, on fait usage de celui dit *savon noir*.

Le drap étant suffisamment dégraissé, on procède au *dégorgeage*. Pour cette opération, il suffit de supprimer l'eau argileuse ou bien la dissolution de savon que l'on remplace par de l'eau pure et en grande quantité. Le drap tournant encore pendant environ quatre heures dans cette masse d'eau, se trouve complètement dégagé de tous les corps étrangers.

Pour que le dégraissage réussisse bien, on doit, dans cette série d'opérations, prendre les précautions suivantes :

1° Que le drap ait trempé assez long-temps avant de le soumettre à l'action de la machine.

2° Que la terre argileuse soit parfaitement délayée, afin que l'eau argilée ne contienne aucun corps dur, capable de produire des déchirures ou toute autre avarie au drap lors de son mouvement de rotation dans la dégraisseuse.

3° Que les opérations de dégraissage et de dégorgeage soient poussées assez loin sans en excéder le besoin, parce que, dans le premier cas, l'opération ne serait pas terminée et par conséquent mal faite, et dans le second, le drap pourrait être en partie usé par l'action trop prolongée du frottement entre les cylindres.

Les machines dites *dégraisseuses* peuvent être mues indifféremment ou par une roue hydraulique, ou par une machine à vapeur, ou enfin par un *cabestan* à engrenages qu'un cheval fait tourner. Ce dernier mode n'est presque plus en usage.

Chaque machine ou dégraisseuse est disposée pour recevoir deux draps à la fois, et exige à peu près la force d'un cheval. On peut également passer et repasser à la machine plusieurs coupes ou demi-

pièces, en les réunissant bout-à-bout les unes aux autres au moyen
d'une couture qu'il suffit de faire grossièrement. La fin de la dernière
coupe est, par le même moyen, réunie au commencement de la première, et forme une chaîne sans fin dans le même genre de la formation du manchon ou jeu de cartons dont on fait usage pour les
mécaniques Jacquard.

Le dégraissage faisant ressortir certains ingrédients qui ont pu
passer inaperçus au premier épincetage, fait que cette opération doit
être renouvelée. Il en est de même du *rentrayage*, car il est rare que
les draps reviennent du dégraissage sans y avoir éprouvé quelques
avaries, ne seraient-elles que légères, ou seulement aux lisières.

Foulage.

De toutes les nombreuses opérations qui concourent à la fabrication de la Draperie, le *foulage* est en quelque sorte la plus importante; c'est en effet le foulage seul qui constitue le drap proprement dit, puisque, avant cette opération, le tissu, s'il s'agit de
drap lisse, n'est autre qu'une simple toile de laine; de même le
drap-nouveauté, sans le foulage, n'a aucun velouté ou duvet. C'est
donc du foulage que les draperies, quelque soit leur genre, obtiennent la condition essentielle qu'exige leur nature.

Par suite de cette opération, les filaments de la laine s'enche-
vêtrent les uns dans les autres, et éprouvent un véritable feutrage;
le drap se resserre, prend du corps, de la consistance et du moëlleux, il devient opaque et peut être coupé sans s'effiler; enfin, il
revêt tout à la fois les qualités du tissu et du feutre.

Le surcroît d'épaisseur que le foulage donne au drap, entraîne
naturellement un rétrécissement en largeur et un raccourcissement
en longueur. C'est de la manière dont on dispose les tissus dans
l'application de ce travail que dépend l'une ou l'autre, ou bien l'une
et l'autre de ces diminutions en surfaces.

C'est pour cette raison que la connaissance du résultat du foulage
est une des plus essentielles au fabricant en draperies, puisque c'est
spécialement de cette opération que dépend, pour ainsi dire, la
réussite d'un tissu, parce qu'une fois le drap foulé, s'il y a erreur
relativement à la largeur, la faute en est souvent irréparable, et de
plus, peut faire un tort considérable à la vente de l'étoffe.

C'est surtout dans les draperies-nouveautés qu'il importe le plus d'apporter tous les soins et toutes les précautions possibles; car les croisements étant infiniment variables pour ces sortes d'articles; il faut, pour atteindre un foulage convenable, que l'opération soit exactement en rapport avec le genre du dessin et du croisement qui constitue le fond du tissu.

En effet, il arrive souvent qu'un dessin, ou seulement un croisement, nouveau pour le fabricant, rentre par trop au foulage, et, par suite, ne peut rendre ou revenir à la largeur exigée pour la vente, qu'en l'énervant lors de l'étirage sur la rame. Ce n'est donc que par une grande pratique et beaucoup d'expérience que le fabricant peut guider le foulonnier dans ses opérations et lui indiquer s'il doit, de préférence, fouler sur la largeur ou sur la longueur. Il est vrai qu'en foulant sur cette dernière, c'est autant de perdu sur la vente du drap; mais il vaut toujours mieux diriger et faire convenablement le foulage que de s'exposer, par une fausse spéculation, à vendre un drap au-dessous du prix de revient, par la seule raison qu'il n'aura pas été foulé dans les conditions voulues.

De même aussi, ceux qui penseraient que plus un drap est foulé épais, plus il a de qualité, seraient dans une erreur complète, parce que cette force n'est qu'apparente, attendu que le foulage, pour être fait dans les meilleures conditions, ne doit pas dépasser certaines limites, comme aussi il faut toujours qu'il atteigne celles qui sont exigibles; car, en fait de foulage, le *plus* ou le *moins* produisent des inconvénients. Dans le premier cas, il en résulte un excédant d'épaisseur qui absorbe le moëlleux du tissu, sans pour cela lui donner plus de force; de plus, c'est encore une pure perte, non-seulement pour le travail du foulage, mais encore sur le *retrait* du drap.

De même aussi, lorsqu'un drap a été confectionné trop étroit, et que pour n'en pas manquer la vente, on en restreint le foulage afin de lui conserver la largeur voulue, on n'obtient qu'un drap creux, sans douceur et sans consistance.

Les *foulons* ou *machines à fouler* sont aujourd'hui de deux genres; ce sont : les *piles à maillets* et les *piles anglaises*.

Piles à maillets. Avec ce système, qui fut importé chez nous par les Hollandais, ce qui date de très-loin, le foulage s'opère par frappement au moyen de forts maillets en bois établis par paires, s'élevant et retombant alternativement et successivement à l'aide de *cames* fixées à un fort *tambour* ou cylindre, mu par une force hydraulique ou bien à la vapeur. Ces maillets ou *pilons* retombent *à-plomb* sur le drap mouillé d'une dissolution de savon noir et symétriquement placé dans une sorte d'auge à fond circulaire.

C'est de la manière de placer le drap dans l'auge que dépend la direction de son *retrait*, d'où il résulte que si le drap est destiné à rentrer sur sa largeur, il devra être disposé en forme de torsade, afin que les maillets frappent sur le sens de la trame, tandis que s'il doit rentrer sur sa longueur, il devra être plissé longitudinalement pour que le frappement ait lieu sur le sens de la chaîne.

Plusieurs piles de ce genre sont ordinairement contigües et marchent ensemble; chacune d'elles a son auge particulière, et comme tous les maillets sont mis en mouvement par le même tambour, la distribution des touchettes est faite de manière que la dépense de la force motrice est égalisée sur toute la circonférence du cylindre.

A chaque coup de maillet qu'il reçoit, le drap change insensiblement de place, de sorte qu'après un certain nombre de coups il se retrouve au même point. Quoique cette rotation soit très lente, les frappemens réitérés finissent par échauffer insensiblement le drap, d'une chaleur douce, à laquelle le savon qu'on renouvelle de temps en temps contribue indéfiniment.

On comprendra facilement le mécanisme de cette *pile*, à la seule inspection de la pl. 193. C'est dans ce but que nous n'avons représenté qu'une seule auge A, fig. 1ʳᵉ, munie de ses deux maillets B, C, et du cylindre D, garni de huit *cames* désignées par les lettres E, F, G, H, I, J, K, L.

Les tiges M, N, des maillets sont soutenues par une broche de fer O, qui les traverse et les maintient à articulation conjointement avec les *pendants* P, fig. 2, adhérents au plancher supérieur. La partie inférieure des maillets, au lieu d'être unie, présente au contraire plusieurs coupes graduées qui ont pour but d'aider au mouvement de rotation que le tissu, placé dans l'auge, doit exécuter durant cette opération.

L'excédant de la tige qui dépasse chaque maillet en traversant le mur ou refend crénelé Q, R, se trouvant tour à tour saisi par les cames, s'élève conformément à la rotation du tambour; puis, à l'instant où la came l'abandonne, le maillet retombe de tout son poids sur le drap et remonte immédiatement par la reprise de la même came, qui, à chaque tour du cylindre, produit le même effet. La fig. 3 représente le tambour ou cylindre vu longitudinalement.

Lorsqu'on a besoin de mettre ou de sortir le drap de l'auge, ou seulement de le visiter, pour reconnaître à quel point se trouve l'opération, on suspend les maillets au moyen d'une chaînette S, fig. 2, terminée par un crochet.

Toute cette charpente, maillets, auges et cylindres, est très-matérielle et solidement fixée dans l'établissement qui, lui-même, doit être construit sur de bonnes fondations, afin de résister aux forts et continuels ébranlements auxquels ce genre de travail donne lieu.

Le système de piles à maillets ne permettant d'agir qu'en tâtonnant, exigeant un grand emplacement et une construction préalable, coûtant beaucoup d'entretien et dépensant une force motrice considérable pour le faire fonctionner, a provoqué l'invention d'un nouveau système de foulage, connu sous le nom de *Pile anglaise.*

Pile anglaise. Les principaux avantages de la pile anglaise sur la pile à maillet sont, qu'elle occupe beaucoup moins d'emplacement, qu'elle dépense bien moins de force motrice, et enfin foule plus promptement, par la raison que, durant l'opération, et sans pour cela suspendre l'action de la machine, l'ouvrier peut faire de fréquentes inspections sur le drap, pour s'assurer à quel degré de foulage il se trouve; car il n'est guère possible de se baser sur le laps de temps, mais bien sur l'effet réel que produit l'opération, d'après la nature, les conditions et les qualités du drap à fouler. Cette visite, obligatoire pour tous les draps en général, faite dans les piles à maillets, qui déjà sont à air libre en dessus, produit de fâcheuses intermittences au travail, fait perdre du temps, refroidit le drap, et en un mot nuit à l'opération dans le but de la mieux faire.

Cependant, malgré l'évidence de tous les avantages que nous venons d'énumérer de la pile anglaise sur la pile à maillets, cette dernière est encore recherchée pour certains articles, tels que les fortes nouveautés et surtout pour les draps lisses, les castors, les cuirs-laines, etc. Mais nonobstant cette espèce de concurrence entre les deux machines, la pile anglaise aura toujours la priorité pour le foulage des articles en nouveautés; d'où il résulte que chacun de ces deux systèmes ayant sur l'autre un avantage qui lui est tout spécial, fait que beaucoup de foulonniers ont dans leur établissement les deux genres de machines.

Le drap ayant été foulé est reporté chez le fabricant qui le fait immédiatement ramer, et si, après cette opération, il ne réunit pas les conditions nécessaires, on le soumet à un nouveau foulage, si toutefois il y a possibilité d'y remédier. On passe ensuite le drap à la *perche*, pour vérifier s'il a la force et la régularité voulues, et surtout si la largeur est partout égale ou tout au moins approximative. Vérification devra aussi être exactement faite en ce qui concerne les taches, accrocs, échauffures, flammages, etc., et en un mot, tous défauts ou avaries, ce dont on prend note pour, s'il y a urgence, en déduire indemnité au compte du foulonnier, si toutefois les défauts ou avaries proviennent de la négligence de ce dernier, ou bien d'un vice dans ses machines, ou enfin par suite d'une mauvaise opération.

Comme l'épaisseur du drap ne s'acquiert qu'au détriment de sa longueur ou de sa largeur, il est de toute nécessité que la personne chargée de la direction du tissage ait une connaissance parfaite du retrait que le foulage doit occasionner au tissu. Cette précaution, pour l'article pantalon, n'est urgente que sur la largeur; mais lorsqu'il s'agit de la reproduction de certains dessins, dont la forme ne peut supporter aucune transformation, il faut nécessairement que le montage du métier soit établi d'après le calcul du retrait préalablement établi sur les deux sens du tissu. Si on négligeait cette précaution, il pourrait arriver qu'un dessin parfaitement tissé dans toutes les proportions convenables, devienne entièrement dénaturé et même difforme, par suite d'un foulage mal combiné.

C'est donc au fabricant à désigner le retrait du drap, et au foulonnier à se conformer strictement à la demande qui lui est faite.

Pile anglaise à contre-poids. Le nom de pile anglaise, donné à cette machine, provient probablement de ce que cette invention a pris naissance en Angleterre. M. John Dyer, inventeur anglais, de Trowbridge, paraît être le premier qui ait introduit dans ces machines un changement notable, en proposant, dès 1833, un système de foulon à cylindre ou pression continue. Ce système consiste à comprimer le drap entre un ou deux jeux de cylindres horizontaux ou de poulies à gorge, qui, agissant comme laminoirs, produisent le foulage sur la largeur, puis à le faire passer entre deux cylindres verticaux, renflés vers le milieu, lesquels faisant obstacle à la marche du drap, le foulent sur la longueur. Des poids adaptés à des bras de leviers tendent à rapprocher les cylindres et les poulies de manière à permettre de varier la pression verticale ou horizontale, et par suite, de diriger l'opération avec plus de certitude. Tout l'appareil est d'ailleurs renfermé dans une caisse en bois soutenue par un bâti en fonte, et dans laquelle on verse le liquide alcalin.

MM. Hall, Powell et Scott introduisirent cette machine en France vers 1838, y apportèrent diverses améliorations, et prirent, la même année, un brevet d'importation et de perfectionnement. Quelque temps après, MM. Benoît, frères, conjointement avec M. Vergnes, y apportèrent encore de nouveaux perfectionnements. Survinrent ensuite MM. Valery et Lacroix, qui s'occupèrent aussi beaucoup des nouveaux procédés de foulage; leur système eut la priorité sur tous les systèmes précédents.

Cette machine qui ménage le savon, lorsqu'on la compare aux foulons ordinaires à maillets, débourre moins les étoffes et opère beaucoup plus vite, tout en économisant sur la force motrice. Elle a de plus cet avantage qu'elle ne fait presque pas de bruit, et par conséquent, ne cause aucun ébranlement dans l'usine où on la fait fonctionner; elle peut être établie dans tous les ateliers sans constructions accessoires.

Mais comme il n'entre pas dans le cadre que nous nous sommes tracé, de nous étendre minutieusement sur les détails des machines compliquées relatives aux apprêts (1), nous n'en donnerons qu'une simple analyse, laquelle sera suffisante pour faire comprendre les nombreux avantages que la pile anglaise a sur la pile à maillets.

La disposition du bâti se compose de deux simples châssis de fonte, de peu d'épaisseur, renforcés par des *nervures*; sur leur surface sont attachées, à vis, des planches de sapin qui forment les deux côtés de l'encaissement; ces deux pièces sont surmontées d'un chapeau ou couvercle rectangulaire, composé entièrement en bois, maintenu par des *cornières* en tôle, et servant à couvrir complètement les parties intérieures. Des portes latérales permettent d'introduire le drap, ainsi

---

(1) On trouve dans l'intéressante *Publication Industrielle* de M. ARMENGAUD aîné, ingénieur à Paris, les plans et descriptions de ces sortes de machines.

I.   64

que la dissolution savonneuse, et servent également à surveiller l'opération. Les autres parties latérales de la machine, ainsi que le fond,
sont aussi en planches de sapin vissées au châssis de fonte et terminées
par des traverses plus fortes.

Cette machine est mise en mouvement par une force motrice quelconque au moyen d'une courroie qui communique à une poulie de
commande placée en dehors de l'encaissement. Cette poulie est adaptée à l'axe principale qui, de l'autre côté, reçoit une roue d'engrenage
qui communique le mouvement de rotation à deux cylindres superposés
dans la partie supérieure de la machine, ainsi qu'aux autres pièces.

Les extrémités du drap à fouler sont préalablement réunies par une
couture pratiquée, à longs points, sur toute la largeur du tissu pour
en former une chaîne sans fin; alors on place le drap dans l'intérieur de
la machine en le faisant passer par une lunette à coulisse, dont les
bords extérieurs sont arrondis; de là, conduit par des rouleaux de
renvoi, il est attiré à la partie supérieure où il passe entre les deux
cylindres ci-devant désignés. A sa sortie des cylindres, le drap se
trouve replissé et comprimé sur une tablette dite *tablier de foulage*,
d'où il est bientôt forcé de se dégager, poussé qu'il est par celui qui
arrive constamment derrière lui; c'est cette pression qui constitue le
foulage. A mesure que le drap se trouve dégagé, il retombe dans
l'encaissement où il plonge de nouveau dans le bain d'eau de savon
ou acidulée, qui est nécessaire à l'opération.

Comme le degré de pression doit varier progressivement pendant l'o-
pération, la charge qui le détermine a lieu au moyen de leviers auxquels sont adaptés des contre-poids qui agissent avec d'autant plus de
force qu'ils sont plus éloignés du point de l'articulation.

La vitesse de la poulie de commande doit être telle, qu'elle fasse
parcourir, à la circonférence des cylindres, une longueur d'environ
deux mètres par seconde.

Lainage.

Ce travail qui se faisait autrefois à la main, avec des espèces de
brosses, dites *mains*, faites avec du chardon, exigeait beaucoup de
temps, et par suite, de fortes dépenses de main-d'œuvre. Aujour-
d'hui on l'exécute avec de grands avantages à l'aide de machines
connues sous le nom de *Laineries*.

Le *lainage* est une sorte de cardage qu'on donne au drap alternativement avec le *tondage*. Il a pour but de faire sortir de l'étoffe les filaments de la laine et de les ramener à la surface, en leur donnant une direction déterminée et en les couchant uniformément sur un même sens. C'est donc par le lainage que toute la superficie du tissu se trouve garnie de tous les poils inutiles au corps de l'étoffe, et par suite d'apprêts subséquents, la surface adoptée pour l'endroit acquiert graduellement toute la perfection dont ce côté est susceptible (1).

Le lainage est exécuté par une machine cylindrique dont la circonférence du tambour est formée de bandes transversales, sur lesquelles sont placés des cadres ou châssis techniquement nommés *croisées*, garnies d'un double rang de chardons faisant office de *peignes*. Les parties inférieure et supérieure de la machine sont munies chacune d'un cylindre ou rouleau dont la rotation est subordonnée à un mécanisme particulier qui dirige l'enroulement de l'étoffe.

Le drap, qu'on a eu soin de mouiller à l'avance, est d'abord enroulé sur l'ensouple inférieur, de manière à présenter, du côté des chardons, la partie à *lainer*; ses extrémités aboutissent à un prolongement, espèce de *gancettes*, adaptées aux deux cylindres; alors, par un mouvement général, le tambour qui a environ 90 centimètres de diamètre, tourne avec une rapidité d'environ 110 tours par minute, tandis que le drap s'enroule lentement sur un ensouple en même temps qu'il se déroule de l'autre. Le drap étant arrivé au bout de sa course, ce que l'on nomme une *voie*, on recommence l'opération, le tambour marchant toujours dans le même sens que précédemment, mais les deux rouleaux exécutant cette fois un mouvement contraire, ce qui a lieu au moyen d'un double levier adapté à un arbre vertical commandé par une roue du tambour, et de deux pignons mobiles; d'où il résulte que lorsqu'un pignon engrène, l'autre dégrène, et par conséquent, chaque ensouple attire l'étoffe tour à tour.

Pendant tout le temps que dure le lainage, un arrosoir transversal placé au bas de la machine, fait jaillir sur toute la largeur du tissu l'eau nécessaire à cette opération.

Après environ dix voies successives, le chardon se trouve affaibli; alors on démonte les *croisées*, soit pour les remplacer par de nouvelles,

---

(1) Cette opération ne pouvant être bien faite en une seule fois, on la renouvelle en exécutant un *tondage* entre chaque *lainage* et *ramage*. On opère ainsi progressivement et alternativement jusqu'à ce que le poil ait atteint le but convenable.

soit pour retourner, dans les mêmes croisées, le chardon qui vient de servir. Cet arrêt prend le nom de *changement*.

Un *drap lisse*, dans les prix de 18 à 20 fr. le mètre, est en moyenne *lainé* à cinq reprises différentes; chacune de ces reprises est ce qu'en termes de fabrique on nomme une *eau*.

Le nombre de changements qu'on exécute pour chaque eau n'est pas toujours régulier, et va ordinairement en augmentant proportionnellement de la première à la quatrième; pour la cinquième, que l'on nomme ~~gitage, il est beaucoup moindre, car pour celle~~-ci, le lainage n'a d'autre but que de donner un raffinement aux opérations précédentes; d'où l'on peut conclure que le nombre approximatif des *voies* à donner pour un drap de la qualité ci-dessus désignée est de 40 à la première eau; de 60 à la deuxième; de 80 à la troisième; de 100 à la quatrième; enfin de 20 au gitage ou cinquième eau.

On voit que le gitage a toujours lieu en dernier ressort. Pour cette opération on se sert de préférence de petits chardons très-flexibles, dits *turlupins*, ou à défaut, de ceux ordinaires, mais en partie usés, car le gitage est plutôt considéré comme un brossage que comme un véritable lainage.

En fait d'étoffes qui passent à la lainerie sans alterner avec le tondage, il n'y a guère que certaines variétés de tissus très-communs, tels que les *couvertures*, les *castorines*, les *alpaga* et autres étoffes à long poil. Ces étoffes sont dites *tirées à poil*.

Ramage.

Le ramage est une opération qui a pour but de sécher le drap par la tension, en lui donnant en même temps une largeur déterminée et régulière sur toute sa longueur.

Les *rames* sont de forts châssis établis parallèlement en plein air, et autant que possible au levant; ils sont disposés verticalement, afin d'occuper moins d'espace et surtout pour que l'air puisse circuler librement entre chaque rame et accélérer le séchage en agissant également sur les deux faces du tissu.

La hauteur et la longueur des rames doivent être suffisantes pour recevoir les draps, quelle que soit leur dimension.

Le *chapeau*, ou partie supérieure du rame, est soutenu par des *poteaux* ou *montants* établis à environ trois mètres de distance les uns des autres: chaque montant est mortaisé dans le bas, et d'outre en outre, de manière que la traverse inférieure qui est assemblée à articulation sur toute la longueur du rame, passe à *enfourchement* dans toutes les mortaises, lesquelles sont d'une dimension assez étendue pour que la susdite traverse puisse subir une variation assez forte afin de satisfaire aux diverses largeurs. Chaque articulation est arrêtée dans son mouvement ascendant, au moyen d'une petite cheville de fer qui passe dans des trous pratiqués semblablement à la partie mortaisée de chaque montant.

Pour maintenir le drap sur cet appareil, les traverses supérieures et inférieures, ainsi que le premier montant de droite, sont garnis de petits crochets pointus, connus sous le nom de *havets*. L'accrochage aux rames a lieu de la manière suivante :

On accroche d'abord, et sur toute sa largeur, l'extrémité du drap aux havets fixés au premier montant, puis on le développe sur toute sa longueur, tout en le soutenant de distance en distance; on accroche ensuite l'autre extrémité du drap à une traverse mobile, dite *templet*, également garnie de havets, laquelle tient lieu de dernier *montant*. C'est au moyen de cette traverse, munie d'une sorte de *treuil* ou *mouffle*, arrêté au premier poteau qui vient immédiatement après la longueur de l'étente du drap, que l'on augmente et maintient la tension longitudinale.

Dès que la personne chargée de cette opération a déterminé la longueur à donner au drap, l'ouvrier qui tient le *templet* en arrête définitivement la corde; alors tous les ouvriers, qui dans ce moment soutiennent le drap, l'accrochent immédiatement aux havets de la traverse supérieure. Cet accrochage étant terminé, les ouvriers procèdent aussitôt, et de la même manière, à l'accrochage à la traverse inférieure qui, dans ce moment, se trouve élevée au-dessus du point exigé pour la tension.

Le drap étant ainsi accroché par les deux lisières, l'endroit du tissu en devant, chaque ouvrier appuie d'une main sur l'articulation de la traverse inférieure, puis, de l'autre main, il arrête cette même traverse au moyen de chevilles ou petites broches de fer, dont chaque poteau est muni. Cette tension n'est que provisoire. On procède ensuite à la mise en *laise*. A cet effet, une personne présente contre le drap une mesure marquée au centimètre, et détermine la largeur à donner à l'étoffe, pendant qu'une autre, munie d'une espèce de levier à agraffe, opère la pression en appuyant sur la traverse articulée. Cette manœuvre a lieu semblablement à chaque montant et sur toute l'étendue du drap.

Afin d'éviter les déchirures, il est important que la tension ne soit exécutée que graduellement, et surtout qu'elle ne dépasse pas certaines limites, parce qu'alors le drap se trouverait énervé; c'est pour cette raison que la tension définitive ne doit avoir lieu qu'après plusieurs reprises.

Pendant que le drap reste ainsi exposé, il subit un brossage intermittent qui a lieu au moyen d'une longue brosse que l'on passe longitudinalement sur le drap, et toujours dans le même sens. Cette opération se fait d'un bout à l'autre de la pièce ou de la coupe, et a pour but de coucher uniformément tous les poils, attendu que le séchage, et surtout la chaleur électrique, font sans cesse relever la laine aussi droite qu'est le poil du velours.

Il est urgent de *déramer* avant que le drap ne soit entièrement sec, surtout en été. Pour déramer, on lâche successivement toutes les articulations, puis on décroche entièrement le drap tout en le raccrochant immédiatement, mais seulement de loin en loin. Le séchage se termine ainsi, l'étoffe flottante. Dans les saisons humides on retourne le drap, en mettant la lisière du bas à la place de celle du haut et réciproquement.

Après le ramage, le drap passe au tondage, et lorsque après cette dernière opération il revient au lainage, il passe de nouveau sur le rame. En résumé, toutes ces opérations d'apprêts sont répétées et renouvelées autant de fois qu'il est nécessaire, et principalement après le foulage et les divers lainages; mais c'est toujours le dernier ramage qui exige le plus de soins et de précision. Aussi, lorsque cette opération se fait en dernier ressort, on doit surtout apporter une attention minutieuse à ce que la largeur du drap soit constamment, d'une lisière à l'autre, exactement semblable sur toute la longueur.

Tondage.

Le tondage alterne avec le lainage; il a pour but de couper ou tondre le poil du drap, également, nettement et aussi ras que possible, sur toute la surface du tissu, sans toutefois découvrir la *corde*, excepté cependant pour certains cas relatifs aux tissus-nouveautés.

Anciennement, cette opération avait lieu au moyen de *forces*, espèce de grands ciseaux, dont les lames, fixées à un ressort, tendaient continuellement à s'éloigner l'une de l'autre, et étaient mises en mouvement par l'ouvrier même, et sans aucun intermédiaire, ou bien, aidé qu'il était par des moyens mécaniques.

Outre l'inconvénient qu'il avait d'exiger beaucoup de temps, le tondage, par l'emploi des forces, avait encore celui d'être d'une manipulation très pénible, car la profession de *tondeur à la main* réclamait les ouvriers les plus forts et les plus robustes.

Aujourd'hui, grâce aux machines à tondre, auxquelles on a donné le nom de *tondeuses*, cette opération se fait avec une célérité et une perfection vraiment surprenantes. Cette substitution du travail mécanique au travail manuel offre des avantages aussi importants que réels. En effet, quand on considère qu'avec l'ancien système un bon ouvrier, même robuste, pouvait à peine tondre 25 à 30 mètres de drap dans sa journée, tandis qu'une tondeuse mécanique en produit 250 à 300 mètres, et cela, dans le même temps et sans exiger une dépense de force beaucoup plus grande que celle d'un homme, néanmoins ces sortes de machines sont toutes mues par la vapeur ou par moteurs hydrauliques. C'est pour cette raison que le tondage aux forces est pour ainsi dire entièrement abandonné, et l'on peut même dire que dans certaines villes manufacturières et spéciales à la draperie il serait aujourd'hui difficile d'y trouver un seul établissement où l'on fasse encore usage des tables à tondre.

Il paraît que l'invention des machines à tondre le drap remonte à une époque assez éloignée, car dans un des intéressants ouvrages de M. J. A. BORGNIS, *Traité de mécanique appliqué aux arts*, on lit le passage suivant :

« En 1758, un fabricant anglais nommé EVERET, résidant à Heytesbury dans la province de Vilts, fit usage, dans sa fabrique, de machines de cette espèce mues par l'eau, au moyen desquelles trois cents ouvriers furent mis hors de travail; ces malheureux se trouvant sans occupation, brûlèrent la manufacture, et le propriétaire éprouva une perte de plus de 15,000 livres sterlings. Sur les représentations des magistrats de Heytesbury, le gouvernement anglais accorda en indemnité la même somme de 15,000 livres sterlings à Everet, qui rétablit ces machines. Depuis cette époque, elles ne cessèrent d'être généralement en usage dans les manufactures d'Angleterre. »

Cette machine, aujourd'hui connue sous le nom de *tondeuse transversale*, a été importée en France vers l'année 1845, par MM. Pou-

part et Neuflize. M. John Collier y a ajouté d'utiles et excellentes
améliorations. Cette machine, ainsi modifiée a été soumise à la vue
du public durant l'exposition de 1849. Mais nonobstant sa supériorité sur l'ancien système, on reconnut bientôt que le travail fait par
cette machine étant intermittent, il donnait lieu à une perte de temps
assez notable pour ramener le chariot à son point de départ ainsi
que pour dérouler, enrouler et fixer la pièce sur le bâti. M. J. Collier fit lui-même tous les changemens nécessaires pour donner à sa
machine ainsi qu'au travail qui en était le résultat, une direction
contraire; c'est-à-dire qu'il disposa le mécanisme de manière à opérer longitudinalement. Cependant la seconde invention, où pour
mieux dire, la seconde disposition n'anéantit pas la première, car les
deux genres de tondeuses sont également adoptés, attendu qu'elles
ont chacune un avantage particulier dont l'autre est privée. Ce qui
le prouve, c'est que les tondeuses transversales, sont préférées pour
les draps lisses, tandis que celles longitudinales conviennent spécialement pour les draperies-nouveautés.

Nous n'avons pas à entreprendre ici la démonstration rigoureuse
et minutieuse de ces machines, nous dirons seulement que pour les
deux systèmes le drap est soumis au contact de lames parfaitement
tranchantes disposées en spirales ou hélicoïdes autour d'un cylindre
métallique qui tourne avec une extrême vitesse, (environ 400 tours
à la minute) et une parfaite régularité.

Au dessous de ce cylindre et sur toute sa longueur est établie une
contre-lame dite table, sur laquelle le drap vient s'appuyer. Un mécanisme particulier sert à rapprocher insensiblement le cylindre contre la table, et par ce moyen régler la coupe conformément à la pé-
riode du travail et selon la convenance du tissu. Le drap soumis
ainsi à l'action des lames se trouve tondu en se déroulant insensiblement d'un ensouple sur lequel il a été enroulé très également
pour de là aller se plier, pli à pli, sur l'arrière de la tondeuse en
passant à cet effet entre des rouleaux de rappel.

Pendant le tondage, le mécanisme général de la machine communique une rotation rapide à deux brosses circulaires; l'une est placée
en avant et a pour but de relever le poil pour qu'il se présente debout
au tranchant des lames, l'autre est placé sur le derrière, afin de
dégager de la superficie du drap tous les poils coupés qui auraient
pu rester dans le tissu.

Pour obtenir une parfaite réussite au tondage et éviter des avaries, telles que rongeures, coupures, brûlures etc., il faut que le
drap soit préalablement bien nettoyé de tous les ingrédiens qui seraient susceptibles de former la moindre épaisseur; il en est de
même de certains défauts de confection. En outre, le drap doit
être parfaitement tendu durant toute l'opération. Quel que soit
le genre de tondeuse dont on fasse usage, l'opération du tondage est
renouvelée autant de fois que la qualité du tissu l'exige. Quelquefois aussi le drap est, entre deux coupes, soumis à un nouveau lainage.

Les tondeuses longitudinales travaillent avec une telle célérité
qu'elles font jusqu'à 50 à 60 pièces de 60 mètres chacune en une
journée de 13 heures.

En résumé, le travail d'une tondeuse ordinaire, qui n'exige en force
motrice que celle d'un homme, plus l'assistance de deux aides pour
diriger le drap, équivaut à celui de trente *tondeurs à la main*.

Il ne faut donc pas s'étonner si aujourd'hui le prix du drap est
diminué d'environ 40 pour cent, comparativement à celui qu'on le
vendait avant l'emploi de toutes les machines ingénieuses et expéditives dont on fait actuellement usage pour tous les genres de
draperies.

Par sa dénomination de *transversale*, ce genre de tondeuse indique
assez explicitement que le tondage s'exécute sur la largeur du drap
et non pas sur sa longueur; aussi, avec ce système, le travail est-il
beaucoup moins prompt, par la raison que chaque *tablée* exige des
préparations manuelles d'accrochage, de brossage, de déroulement
et d'enroulement.

Brossage.

Outre les brossages particuliers qui ont lieu durant le cours des diverses opérations, il est toujours urgent qu'il soit renouvelé en grand
après le dernier tondage. A cet effet, le drap est soumis à l'action
d'une *brosserie* mécanique, qui consiste en un tambour et deux ensouples disposés dans le genre des *laineries* ci-devant décrites. Le périmètre du tambour est garni d'environ 8 à 12 longues brosses qui y
sont solidement assujéties. Ce tambour tournant avec une extrême
rapidité, finit par faire disparaître entièrement tout le *velu follet* qui
aurait pu échapper aux brossages précédents.

Pressage à chaud.

Ce pressage a pour but de coucher et d'aplatir le poil du drap, en même temps qu'il lui donne une apparence lisse et éclatante.

La méthode générale usitée aujourd'hui pour presser les draps est la presse hydraulique, dont la force est telle qu'une presse moyenne équivaut à la pression que pourrait produire une charge d'environ quatre cent mille kilogrammes.

Afin d'accélérer le pressage, les presses hydrauliques sont généralement munies de fausses-presses, car sans ces accessoires, le drap devant rester en presse de 12 à 15 heures, pendant ce temps, le matériel resterait dans l'inaction.

Nous n'avons pas non plus à entreprendre de décrire ici le mécanisme de l'hydraulique; cela n'entre pas dans notre sujet; il suffira, pour l'intelligence de cette opération, que nous disions seulement quelques mots sur la composition, les attributions et la manœuvre de la *fausse-presse*.

Pour procéder au pressage, il faut d'abord que le drap soit préalablement plié en deux sur sa longueur par *demi-pièce* d'environ 25 à 30 mètres (les deux lisières l'une sur l'autre et l'endroit en dedans), puis replié par plis égaux et superposés, entre lesquels on intercalle des feuilles de carton lisse, de manière que l'étoffe ne puisse se toucher contre elle-même sur aucun point, observant toujours de placer les feuilles les plus belles et les plus lisses dans l'intérieur du pli, c'est-à-dire, contre l'endroit du tissu, et celles qui sont les plus calcinées, contre l'envers.

Un certain nombre de pièces étant ainsi préparées, on les empile à une hauteur convenable et le plus d'aplomb possible, les unes sur les autres, et en plaçant la première sur deux *ais* formant l'embase d'une fausse-presse posée sur le tablier de la presse hydraulique, observant de placer le côté des lisières une fois à droite et une fois à gauche; car sans cette précaution, les lisières formant toujours une épaisseur plus forte que celle du corps de l'étoffe, la *pile* ne pourrait être montée d'aplomb. On place en même temps entre chaque demi-pièce ou *coupe* deux plateaux de bois dont la surface dépasse, sur les deux sens, de quelques centimètres au moins celle de l'étoffe. C'est entre ces deux plateaux que l'on intercalle des plaques de fer ou de fonte, chauffées à un degré de chaleur assez élevé, mais qui cependant ne doit pas être susceptible de mettre le feu aux plateaux.

Aussitôt les plaques posées, on recouvre la pile avec un fort plateau surmonté de fortes cales en dessus desquelles on pose deux autres *ais* entaillés et servant de chapeau à la fausse-presse ; deux ouvriers faisant alors manœuvrer le balancier de l'hydraulique, le tablier s'élève insensiblement pendant que deux autres ouvriers maintiennent la pile dans sa position verticale, et ne l'abandonnent que lorsqu'elle est définitivement fixée par la pression. Ces deux ouvriers se réunissent ensuite aux deux autres, car le balancier de la pompe offre une résistance de plus en plus forte, à mesure qu'elle approche du point déterminé.

La pression étant arrivée à son terme, on place les quatre boulons de fer, disposés à tête d'un côté et à filets plats de l'autre, dans les quatre entailles pratiquées aux ais constituant la fausse-presse ; puis on les fixe immédiatement par des écrous que l'on serre fortement au moyen d'une clef *ad hoc*. Toute la pile se trouvant alors maintenue dans son état de pression, par l'unique effet des quatre boulons, on lâche le robinet *de fuite*, alors le tablier sur lequel se trouve placée la fausse-presse redescend insensiblement à sa position normale.

Pendant que la pile redescend, deux ouvriers la maintiennent d'aplomb, et dès qu'elle arrive au niveau du sol, ils la poussent en dehors de l'hydraulique en la faisant rouler avec précaution sur les quatre galets qui la supportent, et qui dépassent le *tablier* ou *plate-forme* de la presse hydraulique. Par suite de cette disposition, la machine hydraulique se trouve libre, et l'on peut immédiatement recommencer à monter une nouvelle pile semblablement à la précédente, et ainsi de suite.

Lorsque le nombre de demi-pièces à presser n'est pas suffisant pour atteindre le chapeau de l'hydraulique, on place un plus grand nombre de cales aussi bien aux parties inférieures qu'aux parties supérieures ; quelquefois aussi ces dernières sont posées debout, afin d'en économiser le nombre. Lorsqu'une seule pile suffit pour le pressage, les fausses-presses deviennent inutiles.

Les draps étant restés pressés pendant tout le temps qui leur est nécessaire, soit 12 à 15 heures, on les retire pour les *rechanger*, c'est-à-dire, qu'on les replie et les encartonne de nouveau, de manière que les plis se trouvent cette fois placés vers le milieu de la feuille de carton, puis on soumet les pièces à une seconde pression qui a lieu exactement de la même manière que nous l'avons précédemment indiqué.

Lorsque, après cette opération, il est reconnu que le drap n'a pas encore atteint toute la perfection désirable, il est de nouveau lainé, ramé, brossé, tondu et pressé, toutes ces opérations étant intermittentes.

Lorsque le pressage à chaud a lieu en dernier ressort, le drap passe immédiatement au *décatissage*, à moins qu'il ne doive être emmagasiné; dans ce cas, on ne le fait décatir qu'après la vente en détail, parce que, quand le drap n'est pas décati, il a beaucoup plus d'œil et de main, et de plus se trouve à l'abri des diverses altérations qui influent sensiblement sur les draps en pièces.

Décatissage.

Le décatissage se fait au moyen de la vapeur; il a pour but d'enlever au drap le lustre et le brillant produits par la presse à chaud, et de lui faire perdre ce qu'il a pu gagner par la tension du rame.

Pour cette opération on se sert d'une machine connue sous le nom de *table à décatir*, laquelle se compose d'une sorte de boîte en fonte dont la profondeur est de six centimètres, y compris les rebords; sur le fond de cette boîte est posée une grille en fer battu, de neuf centimètres de hauteur; cette grille est couverte par une table en cuivre percée de petits trous parallèles; elle est également garnie de rebords venant s'ajuster sur ceux de la boîte ou table en fonte, et est maintenue en place par un collier en fer muni de boulons et d'écrous. A droite et à gauche de la table sont établies deux colonnes en fer dont l'une est fixe et l'autre immobile avec genouillère; la colonne fixe sert à faire pivoter une traverse munie d'une forte vis dont la tête reçoit un *tourne-à-gauche*, afin d'opérer la pression; la colonne à *genouillère* ou *brisée* est à tête et à collet à sa partie supérieure, et s'enchâsse dans le bout de la traverse qui est entaillé.

Pour poser le drap sur la table à décatir, il est préalablement replié sur lui-même sans rien interposer entre les plis, qui sont d'environ 1^m,50^c de longueur; la table est couverte d'une forte toile dite *treillis*, ainsi que de deux autres toiles de coton, sur lesquelles on place le drap que l'on recouvre de deux tapis de coton, ainsi que d'une toile semblable à celle de dessous. Le drap est maintenu à l'aide d'une *plate-forme* en bois dont le centre de la surface supérieure reçoit, dans une crapaudine qui s'y trouve incrustée, l'extrémité inférieure d'une vis de pression, que deux ouvriers serrent fortement au moyen d'un *tourne-à-gauche*. Ces préparatifs étant terminés, on livre passage à la vapeur en ouvrant un robinet adapté au tuyau qui va la prendre dans la chaudière et la conduit dans l'intérieur de la table ; la vapeur s'introduit ainsi dans le drap en passant par tous les petits trous pratiqués à la table de cuivre. L'intérieur de la machine est pourvu de deux petits tuyaux servant à laisser échapper la vapeur condensée. L'étoffe étant entièrement imprégnée de la vapeur qui s'y est infiltrée, on desserre la vis de pression, on enlève le plateau et les toiles, puis on transporte le drap sur une table ordinaire où on le secoue immédiatement pli par pli, afin de le dégager de l'humidité ou plutôt de la vaporisation qui s'y trouve concentrée. Le drap est ensuite brossé et porté à la presse à froid.

Pressage à froid.

Ce pressage ne diffère de celui à chaud dont nous avons ci-devant parlé, que par la suppression des plaques chauffées ; il a lieu après le décatissage, car cette dernière opération ramollissant par trop le drap et lui enlevant en quelque sorte tout son brillant, il est urgent de lui redonner l'un et l'autre, mais seulement à un degré convenable.

Ratinage.

Le ratinage est une sorte de frisure que l'on fait subir aux étoffes dites *ratines*, à certaines peluches, ainsi qu'à l'envers d'une spécialité de draps noirs. Par suite de cette opération, la surface *ratinée* de l'étoffe forme, ou un *frisé* si le ratinage est faible, ou bien de petits boutons s'il est fortement appliqué.

Ce travail se fait à l'aide d'une machine dite *ratineuse*, que nous représentons pl. 196. A cet effet, l'étoffe passe entre le plateau inférieur A, qui est fixe, et celui de dessus B, qui est mobile mais plus long et moins large que celui de dessous ; leur surface intérieure est recouverte d'un sable très-fin qui s'y trouve attaché au moyen d'un léger enduit de colle forte. Durant son passage, l'étoffe éprouve, sur toute sa surface supérieure (qualifiée d'endroit ou d'envers selon le genre du tissu à ratiner), un frottement circulaire alternatif. Ce frottement est dû au plateau A, dit *frisoir*, et se produit au moyen de deux manivelles D,E, adaptées chacune à l'extrémité supérieure de l'axe des lanternes verticales F, G, observant que les deux tourillons soient emboîtés semblablement dans un trou pratiqué près des extrémités du frisoir ; ces trous sont garnis d'une douille en cuivre ou en tout autre métal.

Le moteur est appliqué à l'axe H auquel sont fixées les roues I, J, qui s'engrènent avec les lanternes F, G. Ces deux roues, qui sont égales et semblables, produisent une rotation régulière et uniforme aux deux manivelles D, E, qui font agir le frisoir. Un pignon K, placé à l'axe H, s'engrène avec la roue L, et sert à communiquer au rouleau M un mouvement de rotation dont la lenteur ou la vitesse sont déterminées par les diamètres relatifs de la roue et du pignon.

Avant d'arriver au frisoir, l'étoffe est disposée en larges plis sur le sol, dans toute sa largeur, ou bien elle est enroulée sur un ensouple N, d'où elle se déploie en remontant passer en dessus d'un second ensouple O ; de là, elle redescend passer en dessous d'un troisième rouleau P ; enfin, de ce dernier, elle remonte pour passer en dessus du rouleau Q. Cette disposition, ou autrement dire, cette multiplicité de zigs-zags maintient l'étoffe dans une tension régulière et sans aucuns plis ; passant ensuite entre les deux plateaux A, B, dont elle éprouve l'action, elle redescend en passant d'abord sur les rouleaux R et S, et se trouve ainsi attirée par la traction du rouleau H, dont l'extrémité est munie d'une roue dentée T, qui reçoit son mouvement de rotation par le pignon de commande K. Quant à la vitesse, elle est combinée de manière que l'étoffe ne reste sous les plateaux que le temps strictement nécessaire, car si elle y séjournait trop longtemps, le ratinage finirait par arracher entièrement le poil. La tension relative au déroulement, est réglée au moyen d'un levier à crémaillère a, b, qui opère une pression plus ou moins forte selon la charge ou contre-poids c.

Il est évident que l'étoffe ne doit faire que passer sur l'ensouple M et non s'y enrouler, car s'il en était ainsi, la superposition du tissu en augmenterait insensiblement le diamètre, et par suite, l'étoffe séjournerait de moins en moins entre les plateaux, ce qui produirait un ratinage irrégulier et d'autant moins sensible qu'il approcherait de la fin de la pièce. C'est pour cette raison que l'on fait usage d'un rouleau *piqué-sablé*, dans le genre de celui que nous avons décrit à l'article velours, page 401. Mais pour certains articles, dont la nature délicate éprouverait une sorte d'avarie par l'empreinte que les pointes incrustées pourraient donner à l'étoffe, il est urgent que le rappel du tissu ait lieu par une pression cylindrique. Dans ce cas, le rouleau M, au lieu d'être piqué-sablé, est seulement garni de peau de chien de mer, ou bien il est tout simplement recouvert d'une étoffe de laine; alors un second rouleau U exerce une pression convenable contre le précédent, et vient en aide à la traction.

Un rouleau Y, dit déchargeoir, reçoit l'étoffe au fur et à mesure qu'elle se dégage de l'entre-deux des rouleaux de pression M, U. Ce rouleau produit un enroulement continu, par l'adoption d'un procédé analogue à celui que nous avons décrit pour le déroulement du poil des velours, page 395.

Cette machine est mise en mouvement au moyen d'une manivelle V, adaptée à l'axe de commande, ou bien par une force motrice quelconque, ainsi que le démontrent les poulies X, X. On peut aussi, pour lui donner plus de force et de régularité, faire usage d'un volant Z.

Deux ouvriers dirigent l'action de la machine, l'un veille au déploiement de l'étoffe, afin qu'il ne s'y forme aucun pli, l'autre reste chargé de la surveillance des rouleaux de traction et en dégage l'étoffe au cas où elle se trouverait y adhérer trop fortement.

Quand on veut augmenter le poids du frisoir, on a recours à des poids ou charges percées e, que l'on place en dessus, et qui y restent maintenus par les broches verticales f, g, h, adhérentes à la surface du frisoir.

Lorsqu'il s'agit de passer l'étoffe entre les plateaux, on soulève le frisoir au moyen des deux leviers m, n.

Pour que les deux extrémités de l'étoffe puissent être ratinées, le commencement et la fin de la pièce reçoivent une *allonge* ou gancettes.

Grillage des étoffes.

La modicité du prix des velours-coton ne permettant pas l'opération onéreuse du tondage et du rasage, ainsi que cela se pratique pour les velours-soie, on a très-avantageusement remplacé ces opérations par le *grillage*.

On grille encore d'autres étoffes de coton pour dépouiller leurs surfaces du duvet qui les couvre, ce qui leur donne non-seulement plus d'éclat, mais encore l'apparence d'une plus grande finesse. Quelques étoffes aussi, telles que le bazin, la peluche et autres tissus de ce genre, exigent le grillage sur les deux faces.

Les machines à griller consistent généralement en un fourneau dont la voûte est formée par une plaque de fer, coulée ou laminée et trèspolie, courbée en forme de demi-cylindre; le feu qu'on entretient sous cette pièce pendant tout le temps que dure cette opération, lui communique la chaleur nécessaire pour brûler seulement le duvet de l'étoffe qui doit passer sur le fourneau avec une rapidité suffisante pour que le poil seul éprouve l'action du rasage ; c'est ce qui a lieu au moyen d'une manivelle adaptée à l'ensouple sur lequel l'étoffe est enroulée.

Ce grillage a lieu en chauffant la plaque entre le passage du *cerise brun* au *vif*, ou bien du cerise vif au blanc.

En supposant la chaleur au plus haut degré, on passe la pièce sur et contre la plaque, avec célérité, pendant quatre fois de suite, dont deux en allant et deux en revenant; on la lève promptement, puis on l'évente aussitôt.

Quel que soit le degré de chaleur de la plaque, il est urgent que la vitesse de l'enroulement de l'étoffe soit très-régulière; afin d'éviter les avaries et autres défectuosités qui pourraient résulter d'un grillage inégal.

Au cas d'un arrêt, qui pourrait survenir pour une cause quelconque et pour que l'étoffe ne puisse être brûlée, une plaque, disposée à coulisse, vient spontanément s'interposer entre le fourneau et l'étoffe.

On grille encore le poil de certains tissus au feu d'esprit-de-vin allumé, contenu dans une espèce de petite auge ou goutière de cuivre étamé, au-dessus de laquelle l'étoffe passe rapidement d'après des procédés analogues à ceux que nous venons de décrire; mais la meilleure méthode est celle où l'on fait usage de becs de gaz hydrogène. Ce moyen est d'autant plus convenable qu'on peut très-facilement modifier l'intensité de la flamme, suivant l'exigence et la nature des tissus. Outre cet avantage, l'emploi du gaz a encore celui d'éviter les inconvénients des vapeurs occasionnées par les autres méthodes. A cet effet, tous les becs de gaz sont disposés sur une même ligne et assez près les uns des autres, de manière qu'étant allumés, toutes les flammes n'en forment plus qu'une seule.

Laminage des étoffes.

Le laminoir dont on fait usage pour les étoffes dans lesquelles il entre des fils ou des *lames* d'argent ou d'or, fin ou faux, est à peu près construit comme tous les laminoirs ordinaires, c'est-à-dire, au moyen de deux cylindres superposés, entre lesquels passe l'étoffe.

Le but principal du laminage de ces sortes de tissus est d'écraser régulièrement, sur toute la largeur de l'étoffe, la trame métallique, et par ce moyen comprimer la dorure en lui donnant du poli, sans cependant altérer les couleurs en soie qui s'y trouvent entremêlées.

Le cylindre inférieur est en cuivre, et reçoit dans son intérieur plusieurs barres de fer rougies au feu, ce qui le maintient dans un degré de chaleur suffisante pendant tout le temps nécessaire au laminage d'une coupe d'environ 30 à 40 mètres.

La pression a lieu au moyen de leviers simples ou doubles, de telle sorte que l'étoffe est constamment comprimée sous une charge régulière, lors même que le cylindre de bois aurait perdu de sa rondeur, parce que les leviers restant libres, ils se prêtent aisément et avec la même force, aux inégalités du cylindre, en admettant toutefois que cette inégalité n'ait lieu que sur des rayons qui se trouvent sur une même ligne; car s'il en était autrement, c'est-à-dire, que si le cylindre de bois se gauchissait sur sa longueur, il aurait, aux parties diamétralement opposées, d'un côté une ligne concave et de l'autre une ligne convexe; dans ce cas, l'une et l'autre ne plaqueraient pas régulièrement sur le cylindre de cuivre, et par suite, produiraient une mauvaise opération.

L'étoffe à laminer est préalablement enroulée sur un ensouple, pour de là, passer entre les cylindres et venir s'enrouler sur un autre ensouple disposé de la même manière que le précédent. Le passage de l'étoffe entre les cylindres a lieu au moyen d'une manivelle adaptée à l'axe du cylindre de cuivre.

Dans le cas où l'on aurait plusieurs pièces à laminer successivement, il faut, ou laisser refroidir le cylindre de bois, en l'élevant et en interposant une plaque de métal pour absorber la chaleur, ou bien, et ce qui serait encore mieux, en avoir un de rechange, afin de profiter de la chaleur du cylindre de métal.

Du Gauffrage.

Le gauffrage est une sorte d'impression qui consiste à former sur les tissus des dessins convexes ou autrement dire en relief. Ces dessins sont produits non pas par des couleurs différentes, mais bien par des convexités graduées.

Plusieurs systèmes sont en usage pour cette opération; mais le plus usité, qui est aussi le plus précis et le plus expéditif, est celui où l'on se sert de deux cylindres métalliques, de même dimension, portant chacun la gravure du même dessin, avec la différence que l'un le reproduit en creux et que l'autre le reproduit en relief. Ces deux cylindres sont disposés de manière que leur intérieur puisse recevoir plusieurs barres de fer rougies au feu, et par ce moyen, conserver une chaleur d'assez longue durée. Avant de passer entre les cylindres, l'étoffe est légèrement imprégnée d'un liquide gommeux.

C'est de la précision dans la rencontre des gravures burinées sur les cylindres que dépend la régularité des dessins, et pour qu'ils se maintiennent constamment dans une concordance parfaite, chacun d'eux est muni à une de ses extrémités d'une roue semblablement dentée. La justesse des raccords est encore plus précise, lorsqu'au lieu de deux roues on en met quatre, c'est-à-dire, une à chaque extrémité des rouleaux.

On exécute aussi le gauffrage au moyen d'un seul cylindre métallique également chauffé, et dont le dessin est seulement en relief; dans ce cas, le second cylindre est en bois et d'un très-fort diamètre. Pendant l'opération une grosse étoffe de laine est interposée entre le cylindre de bois et l'étoffe à laminer; mais ce gauffrage ne vaut pas le premier, ni pour la solidité, ni pour la beauté de l'exécution.

Les dessins formés par le gauffrage sont d'une empreinte très-forte et tellement solide qu'elle ne se perd presque jamais, à moins qu'elle ne soit par trop mouillée.

Le gauffrage sur velours diffère des précédents en ce que des deux cylindres, un seul doit être métallique et gravé en creux, et pour que le poil n'en soit que mieux écrasé dans les parties qui doivent être concaves, l'étoffe de laine ou *molleton* dont nous avons parlé ci-dessus ne doit pas intervenir.

Calandrage ou moirage des étoffes.

Le moirage est un cachet tout particulier que l'on donne aux étoffes et dont le résultat produit des reflets ondulés.

Les tissus les plus susceptibles de prendre la *moire* sont ceux dont le grain est le plus prononcé, surtout s'il est continu, tels que les *gros de Naples*, les *cannelés*, etc. Cette opération aplatissant le *grain* produit par le croisement, le couche par parties en sens contraire les unes des autres, ce qui fait paraître sur l'étoffe une infinité d'ondulations diverses dont la cause principale réside dans les reflets de la lumière.

Beaucoup d'étoffes sont capables de recevoir le moirage; mais ce sont spécialement les soieries qui obtiennent la réussite la plus complète;

d'ailleurs, les cotonnades, par la modicité de leur prix, ne peuvent recevoir les soins et les précautions qu'exige ce travail. Pour ces articles inférieurs, on se contente de les asperger d'eau pendant le calandrage ou moirage, mais cet aspect n'est que de peu de durée, car après un premier lavage seulement, les effets de la moire n'étant que superficiels, disparaissent entièrement, tandis que pour la soierie, le calandrage étant exécuté avec toute la perfection dont il est susceptible, le moirage est tellement incrusté dans le tissu qu'il dure autant que l'étoffe elle-même.

La *calandre* ou machine à moirer consiste en une grande et très-forte caisse d'environ 3 mètres de longueur sur $1^m,30$ de largeur et $1^m,60$ de hauteur; le fond est formé de forts plateaux parfaitement unis en dessous. La plate-forme sur laquelle elle agit est solidement assise sur le sol; les matériaux quelconques que l'on tasse dans cet encaissement, déterminent le poids de la caisse, lequel atteint jusqu'à 40 à 50 mille kilogrammes, selon l'exigence du tissu.

Voici comment on dispose l'opération :

On plie d'abord l'étoffe en deux, dans toute sa longueur, en rapportant les deux lisières l'une sur l'autre, et pour qu'elles conservent régulièrement leur superposition, elles sont maintenues sur toute leur longueur par des points faits à l'aiguille distancés d'environ $0^m,25$. L'étoffe ainsi doublée est repliée, plis sur plis, par longueur de 0^m60. La pièce ainsi disposée est placée sur une forte toile, de manière que la totalité des plis forme un angle de 45 degrés; ce qui revient à dire que les extrémités de chaque pli, au lieu d'être superposées verticalement, rentrent d'un côté, tandis que de l'autre elles dépassent d'autant. Par ce moyen, les deux côtés du pli de l'étoffe forment une gradation insensible qui se termine par l'épaisseur d'un seul pli.

L'étoffe étant ainsi disposée, on l'enroule en masse sur un cylindre en bois de gaïac, d'environ 15 à 18 centimètres de diamètre, puis on la recouvre de plusieurs tours de forte toile qu'on arrête sur les deux bords au moyen de ficelles. Ce cylindre est ensuite placé transversalement sous la caisse qui, pour cette première opération, n'est chargée que de la moitié de son poids : elle est amarrée par une forte corde passant sur des poulies de renvoi pour aller s'enrouler autour d'un treuil vertical commandé par l'axe d'un manège. Par ce moyen, la caisse exécute un mouvement de va-et-vient qui produit le *moiré* par le seul effet de la pression.

Cette opération ayant duré environ quinze minutes, on dégage le cylindre pour examiner la disposition de la moire, et si les ondulations ne sont pas suffisamment marquées, on l'y replace; mais si elles sont assez sensibles et bien dirigées, on change alors les plis de l'étoffe, en plaçant au milieu les plis qui précédemment se trouvaient aux extrémités, et toujours par le procédé angulaire ci-devant décrit; puis on replace le cylindre sous la calandre, en la chargeant cette fois du maximum de son poids. On conçoit que ce changement a pour but d'égaliser le moirage.

La moire la plus belle et la mieux réussie est celle dont les ondes sont grandes et régulièrement terminées par des filets fins et déliés, et pardessus tout, qui ne forment pas de *barrages*.

La méthode que nous venons de décrire, quoique très-ancienne, est cependant très-usitée; néanmoins on y reconnaît certains inconvénients. Les principaux sont : la forme gigantesque de la machine, les difficultés qu'elle présente pour la faire fonctionner, et surtout, la perte de temps qu'exige la vérification du moirage, ainsi que la mise en train de la machine. Ces divers motifs ont en partie fait abandonner cette énorme machine pour adopter la calandre cylindrique due au génie du célèbre Vaucanson.

Cette machine est établie en forme de laminoir muni de deux cylindres métalliques de première force. Par ce système, la pression réciproque des cylindres se fait au moyen de leviers de plusieurs genres dont la disposition permet d'atteindre une pression équivalente aux charges mentionnées dans le système précédent. Avec ce moyen, il est très-facile d'augmenter ou de diminuer instantanément la pression de la machine, et l'opération est beaucoup plus prompte et plus parfaite qu'avec l'ancien système.

Quant à la disposition préalable de l'étoffe, elle est pliée de la même manière que nous l'avons précédemment décrit, et placée ensuite sur le cylindre inférieur. La machine étant mise en mouvement, il suffit d'appuyer sur une détente pour que les cylindres marchent à retour; c'est ainsi que s'exécute le mouvement de va-et-vient.

Après dix à douze passées, on relève le coin de la toile pour inspecter la première impression, laquelle n'a dû recevoir qu'une charge équivalente à environ 3 000 kil". Cette charge est produite par la seule disposition des leviers et par leur propre poids. Dès que l'on s'a-

perçoit que les ondes sont convenablement disposées, on continue
l'opération en augmentant la charge au moyen d'un poids de 25 kil°°,
qui, par la combinaison des leviers, produit une charge cent fois
plus grande, c'est-à-dire, 2,500 k°° en plus, en continuant progressivement de manière que la sixième charge atteigne environ 40,000 k°°.
On change ensuite les plis de place, afin que toute la surface de l'é-
toffe reçoive également le moirage. Cette seconde opération reçoit
graduellement les mêmes charges que la première.

Pour placer et déplacer avec promptitude et facilité l'étoffe sur le
cylindre inférieur, il suffit de faire usage d'une tablette solidement
placée en face de la jonction des cylindres, ainsi que des leviers disposés exprès pour servir à l'élévation du cylindre supérieur.

Lustrage des étoffes.

Le lustrage est une opération spéciale à certains tissus inférieurs et
communs ; on peut même la considérer comme un apprêt particulier
dont le but principal est d'écraser le *grain*, afin de faire paraître au
tissu une réduction supérieure à celle qu'il a réellement, et enfin à lui
donner un brillant qui, d'ailleurs, n'est que provisoire.

La machine généralement employée pour cet usage n'est autre qu'une
sorte de laminoir à deux cylindres au plus ; l'opération peut indistinctement avoir lieu à froid ou à chaud ; cependant cette dernière méthode est préférable, parce qu'elle produit des résultats plus persistants.

Les tissus auxquels on applique le plus fréquemment le lustrage sont
les soieries, les toiles de coton ou de lin employées pour doublures,
les rubans légers, et généralement les cotonnades pour impression.

Quand les étoffes à lustrer sont tout-à-fait par trop peu *réduites* et de
très-peu de valeur, on y adjoint des colles ou autres matières gom-
meuses qui leur donnent une réduction et une qualité qui n'est que
fictive.

Lorsque la pression n'a lieu que par deux cylindres seulement et sans
aucun frottement, le lustrage s'obtient par la simple pression produite
par le contact des cylindres ; mais pour obtenir en même temps un
lustre plus éclatant, l'étoffe passe en outre sur deux ou trois autres cylindres, dont la rotation comprimée diffère de celle du cylindre de commande. Par ce moyen il s'effectue un frottement continu qui contribue
indéfiniment au lustrage du tissu.

CHAPITRE XXIX.

Observations générales.

SOMMAIRE : *Sur l'ourdissage et l'enverjure. — Sur le remettage et le passage des fils au peigne. — Sur les armures ou petits dessins. — Sur la mécanique Jacquard. — Sur les cartons. — Sur la mise en carte. — Sur les dispositions. — Sur le montage du métier. — Sur le tissage. — Manière de reconnaître la nature des différentes matières contenues dans une étoffe.*

D'après la grande variation qui existe dans la fabrication des tissus, il serait impossible d'expliquer même approximativement, dans un seul volume, toutes les modifications qui existent dans les nombreuses applications des divers principes que nous avons émis; tel serait, par exemple, de dire à quel point doit être la tension de la chaîne, son degré d'ouverture pour le passage de la navette, le nombre de fils qui doivent être passés dans une même *dent* du peigne; le rapport des titres ou grosseurs de la chaîne avec la trame, etc. Ce serait à n'en pas finir, et encore ne serait-on pas toujours dans le vrai. Tous ces minutieux détails sont du ressort de la manipulation, et ne peuvent parfaitement s'apprendre que par la pratique. Cependant, pour compléter certaines démonstrations éparses et différenciées dans le fond, mais qui néanmoins se rapportent dans la forme, nous avons dû récapituler toutes les observations qui pouvaient être de quelque utilité et en faire un chapitre spécial, en les faisant suivre graduellement d'après l'ordre des divers chapitres auxquels elles sont relatives.

Sur l'ourdissage.

Toutes les fois qu'une chaîne est ourdie d'après une disposition dont les fils de la gauche ne sont ni de même couleur, ni en même nombre que ceux de la droite, il est nécessaire que le côté où se trouve placé le premier fil, soit indiqué par une marque particulière; ce côté est considéré comme étant le commencement de la disposition, et est toujours placé à la gauche de l'ouvrier. Si l'on négligeait cette précaution, il pourrait arriver qu'un côté se trouverait à la place de

l'autre, ce qui obligerait à couper la chaîne pour la *tordre* ou pour
la nouer de nouveau, et même quelquefois à la *remonter* ou *replier*.
Il en résulterait évidemment une perte réelle de temps et de matières.

Lorsqu'il y a une fraction de figure, elle doit toujours être placée
à la fin de l'ourdissage, et par conséquent à la droite de l'ouvrier.

Afin d'éviter les fils lâches et les fils tirants, il est urgent que tous
les *roquets* ou *rochets*, *bobines* ou *bobinaux*, soient à peu près chargés
d'autant de matières les uns que les autres, car si, dans le même
encantrage les uns sont entièrement pleins pendant que les autres
sont presque vides, les premiers éprouveront un mouvement de rotation moins sensible que les derniers, et comme tous doivent fournir
en même temps une égale longueur de matière, les fils provenant du
déroulement des premiers, lâcheront, tandis que ceux qui se déroule-
ront des derniers, seront beaucoup plus tendus. On comprend que
cette différence dans la tension provient de la rotation plus précipitée des uns que des autres. On doit donc, surtout pour les articles
délicats, prévenir cet inconvénient, en égalisant, d'abord préalablement
et ensuite au fur et à mesure, les grosseurs par trop différentes des
roquets ou bobines qui se déroulent en même temps.

Sur l'enverjure.

Outre l'enverjure ordinaire dont nous avons parlé page 4, voici
une méthode qui facilite beaucoup la *menée des verges*, surtout pour les
chaînes délicates et velues.

Ainsi que nous l'avons démontré, l'enverjure ordinaire est composée
de *deux pas*, dont un est formé par les fils pairs et l'autre par les fils
impairs, croisement qui est assimilé à l'armure taffetas, ainsi que le
démontre la fig. 2, pl. 178. Il est facile de comprendre que pour
diviser ces deux parties en trois, il suffit d'enverger d'après le croisement du sergé de trois, c'est-à-dire, qu'une baguette, soit la
première, F, fig. 3, même planche, sera passée sous les fils 1, 4, 7, 10
et ainsi de suite, en en prenant toujours un sur trois; la seconde baguette G, sera passée d'après le même principe et prendra les fils 2, 5,
8, 11, enfin, la troisième baguette passera sous les fils 3, 6, 9, 12, etc.
Il est évident que par ce procédé, les *tenues* ou *groupures*, au lieu
d'exister par moitié sur chaque baguette, n'existeront plus que par tiers.

La fig. 4 représente une enverjure par quarts, formée d'après le
principe du satin de quatre.

La fig. 5 la représente par cinquième, conformément au satin de cinq.

Ces deux dernières figures pourraient reproduire les mêmes fractions, par les principes relatifs aux sergés; mais les croisements irréguliers des satins de quatre et de cinq sont préférables; du reste, quand on a recours à ces sortes de croisure, on dépasse rarement la complication de celle par tiers.

Pour procéder au tordage ou au nouage de la chaîne, la conservation de ces sortes d'enverjure n'est pas de rigueur; il suffit d'enverger comme à l'ordinaire, c'est-à-dire en taffetas.

Sur le remettage et le passage des fils au peigne.

Lorsqu'un tissu exige que la chaîne soit double ou triple, ce qui n'a guère lieu qu'en soierie, mieux vaudrait que l'ourdissage, ainsi que le remettage, aient lieu par fils simples, tout comme s'il s'agissait d'une chaîne simple; le seul inconvénient qui en résulterait serait que pour un tissu, chaîne double par exemple, il faudrait, pour les lisses, deux mailles pour une, et s'il s'agissait d'un corps, deux maillons pour un; mais si le métier est monté au moyen de maillons à quatre trous, dont deux restent disponibles pour recevoir les fils de la chaîne, on n'aura aucune dépense supplémentaire à faire. Nous pouvons même affirmer, que dans le cas où il y en aurait, ces frais seraient bien compensés par le surcroît de valeur que cette méthode donne au tissu, parce qu'alors les fils se maintiennent constamment l'un à côté de l'autre, tandis que lorsqu'ils sont réunis dans une même maille ou bien dans un même trou de maillon, ils deviennent susceptibles de se chevaucher et même de se tordre partiellement. On conçoit que par suite de cette irrégularité dans la position des fils, l'étoffe ne peut atteindre une perfection aussi complète que celle qu'on peut obtenir avec la méthode que nous venons d'indiquer.

Si, dans les principes du remettage, nous avons pris pour règle que le commencement de cette opération doit avoir lieu par la gauche, c'est-à-dire, du côté qui constitue la gauche de l'ouvrier, c'est par la raison que la généralité des ouvriers étant *droitière*, il leur est plus facile de commencer du côté gauche; mais si, au contraire, la personne chargée d'exécuter le passage des fils est *gauchère*, on ne pourra obtenir cette même facilité qu'en commençant le remettage par la droite, et dans ce cas l'opération a lieu par inversion; il faut bien qu'il en soit ainsi, puisqu'alors le dernier fil de chaîne devient le premier et réciproquement. Il en est de même des lisses, des mailles et des maillons. La même inversion est applicable au *tondage* ou au *nouage*, ainsi qu'au passage des fils dans le peigne.

On doit prendre pour règle générale que les tissus sont d'autant plus beaux qu'il y a moins de fils en broche. En effet, si l'on compare deux tissus de même compte et de même réduction, dont l'un aura été passé à cinq fils en broche et l'autre à quatre, le dernier aura plus de *glacé* et de couverture que le premier, et l'étoffe sera moins susceptible de former des rayures.

On ne doit pas non plus passer les fils en broche par un trop petit nombre, car il faut toujours que le battant puisse agir avec aisance et facilité. On conçoit aussi que moins il y aura de fils par dent, plus il y aura de broches, et que chacune d'elles formant une certaine épaisseur, quoique minime, ne finit pas moins par constituer une résistance qui diminue d'autant le libre passage des fils de la chaîne.

Bien que pour certains croisements l'usage soit de passer les fils au peigne, en nombre égal à la course ou à la demi-course, cette méthode n'est pas de rigueur; le plus grand avantage qu'on en retire est, que le piquage du peigne étant ainsi fait, il établit avec les lisses une concordance au moyen de laquelle l'ouvrier est moins susceptible de faire des *dents faibles* et en même temps des *dents fortes*, toutes les fois qu'il s'agit de *rhabiller* des fils, tandis que lorsque la course se trouve interrompue, il ne peut généralement remettre les fils à leur véritable place, qu'en examinant à quelle dent ils appartiennent.

Outre la manière que nous avons donnée pour passer les peignes par l'intermédiaire de deux personnes, dont une donne les fils et l'autre les passe, voici une méthode qui, lorsqu'on est seul, abrège de beaucoup le temps que nécessiterait cette opération par le procédé ordinaire.

On place d'abord le peigne sur le plat et un peu au-dessous du passage des fils dans le remisse ou dans le corps; puis, à l'aide de ficelles, on le suspend par ses extrémités, et même sur plusieurs points s'il est nécessaire, de manière qu'il soit un peu plus incliné sur le devant. On prend ensuite successivement les fils destinés à former chaque dent, puis on les introduit dans le peigne au moyen d'une passette, fig. 1re, pl. 79, dont l'entaille est faite en sens contraire à celle des

I.   67

passettes ordinaires; à cet effet, au lieu de retirer les fils, ainsi que cela se pratique pour le piquage en peigne que nous avons décrit fig. 3, pl. 16, on les repousse tout simplement entre les dents ou broches.

Sur les armures ou petits dessins.

Une condition essentielle dans les armures ou petits dessins, est d'en faire la *lecture* dans le sens le plus favorable à leur reproduction, soit par effet de chaîne, soit par effet de trame.

Supposons qu'on ait à exécuter l'armure représentée pl. 129, fig. 1re.

Au premier abord, les personnes qui n'ont pas la clef du principe fondamental, pourraient croire que· ce croisement peut indistinctement être exécuté sur 27 *lisses* ou *cordes* et 54 *cartons* ou *coups*, aussi bien que dans le sens contraire, c'est-à-dire, 54 sur 27; mais avant d'en appliquer les effets à la chaîne ou à la trame, il faut d'abord prendre une détermination.

En examinant attentivement cette armure, on voit que pour l'exécuter par effet de trame, il faut nécessairement qu'elle soit prise dans le sens de 27 lisses et 54 cartons, attendu que tous les effets sensibles sont formés de quatre coups de trame levant chacun quatre fils contigus en chaîne, et que si l'on établissait ce dessin dans le sens opposé, c'est-à-dire 54 cordes et 27 coups, il en résulterait que les effets de trame, de réguliers qu'ils étaient, deviendraient irréguliers.

Nous ferons aussi remarquer que le plus ou le moins de grosseur et de réduction des matières employées, aussi bien pour chaîne que pour trame, fait que telle armure qui produit un bel effet pour un genre de tissu, ne peut convenir pour un autre; aussi, faute d'attention suffisante, court-on grand risque de mettre au rebut un dessin ou une armure qui aurait pu donner de bons résultats, si on l'eût combiné avec les matières, couleurs et réductions convenables.

Il est encore une remarque importante à faire pour utiliser avantageusement une armure; elle consiste à examiner si la pose des points sur la carte exige ou permet de former le tissu par une ou plusieurs chaînes, et d'y reconnaître si elles peuvent, ou bien, si elles doivent différer entre elles, soit en matières, soit en couleurs, soit en grosseur.

Pour s'en rendre compte, on examine si, dans le pointage de la carte, tels ou tels fils de chaîne forment des croisements spéciaux; il en est de même en ce qui concerne la trame.

On rencontre aussi, assez souvent, des armures qui peuvent indifféremment être prises dans un sens ou dans l'autre; tel serait, par exemple, les armures fig. 2 et 3, pl. 129; dans la première, qui se trouve égale en trame comme en chaîne, 12 sur 12, l'un ou l'autre sens peuvent être adoptés selon le choix; mais il n'en est pas de même dans la seconde, car celle-ci étant irrégulière, 20 sur 24, le choix du sens étant une fois adopté, il est de toute impossibilité de l'exécuter sur le sens opposé, à moins de procéder à un nouveau montage.

Si l'on voit rarement exécuter des tissus, armures ou petits façonnés, par des croisements établis sur des nombres impairs de *lisses* ou de *cordes*, c'est encore une obstination due à la routine et que le progrès seul pourra faire disparaître.

Nous n'ignorons pas que certains ouvriers, privés des connaissances essentielles de leur profession, ainsi que ceux dont l'intelligence est restreinte, ne manqueront pas d'objecter que les nombres impairs ont d'abord l'inconvénient de ne pas s'accorder avec la levée des lisières, et qu'ensuite, ils interrompent la course pour le passage des fils au peigne; opération qui a ordinairement lieu par nombres pairs.

A cela nous répondrons que tous ces prétendus inconvénients ne sont que fictifs, parce qu'un bon ouvrier n'éprouvera aucune difficulté pour repasser au peigne, et à leur véritable place, les fils qui viennent à se rompre, n'importe que le montage soit établi sur des nombres pairs ou impairs. Quant au croisement des lisières, il suffit de percer les cartons en nombre double, ce qui ne demande pas plus de temps que de les percer par un à la fois; ce que d'ailleurs on pourrait encore éviter, si la mécanique était disposée de manière que le croisement des lisières fût indépendant de celui de l'étoffe. En outre, les nombres impairs présentent aussi divers avantages dont les nombres pairs sont privés, et ces avantages sont surtout très-sensibles pour les croisements dont les effets produisent des *pointes* ou des *retours*. C'est pour cette raison que nous avons indistinctement établi des planches d'armures sur les deux genres de nombres.

Comme la mise en carte des croisements-armures ou petits façonnés est rarement établie d'après les combinaisons concordantes relatives au papier réglé, il n'est pas rare, en articles nouveautés, et surtout en draperie, que d'excellentes armures ne produisent, lors du tissage, qu'un effet très-médiocre, et cela, faute d'avoir eu recours à des essais différents. Aussi arrive-t-il assez souvent qu'une armure qui aura été répudiée par un fabricant parce qu'il l'aura mal comprise, produira un bel effet entre les mains d'un industriel qui saura ou la comprendre du premier abord, ou bien la faire réussir par l'essai de diverses épreuves. A cela on peut encore ajouter, et l'expérience le prouve journellement, qu'un tissu de même croisement reproduit par deux fabricants différents, donne rarement une reproduction identique, et que l'un des deux a toujours sur l'autre une priorité sensible.

Nous ne conseillons pas non plus de faire pour chaque croisement des essais multipliés, jusqu'à ce que l'on ait obtenu une complète satisfaction; d'ailleurs, ceux qui ont seulement la connaissance approximativement nécessaire pour comprendre les effets qui peuvent et qui doivent en résulter, apprécieront facilement jusqu'à quel point ils devront continuer les essais, pour pouvoir se rendre un compte suffisant des résultats.

Les principales combinaisons qui tendent à produire des effets différents sur un même croisement, se réduisent au nombre de quatre; ce sont :

1° La variété des couleurs comprises dans l'ourdissage et le tissage;

2° La différence dans la grosseur des matières, chaîne ou trame;

3° Les changements de réduction que l'on peut faire subir sur l'un ou l'autre sens;

4° Enfin, la contrariété que les tors différents exercent entre eux.

Sur les mécaniques armures et Jacquard.

Dans toutes les mécaniques, armures ou Jacquard, il existe un inconvénient que nous croyons devoir signaler, certains que nous sommes des avantages que l'on pourrait retirer de notre conseil.

Aux personnes qui ont des acquisitions à faire en mécaniques, même dans les réductions les plus minimes, nous leur conseillons d'exiger qu'elles soient construites de manière que le rang supplémentaire soit établi à une distance suffisante pour que les cartons ne puissent en recouvrir le perçage sur le cylindre.

Cette disposition, qui ne renchérirait nullement le prix des mécaniques, serait très-avantageuse, car dans maintes circonstances elle diminuerait au moins de moitié le nombre des cartons. Pour rendre cet avantage plus grand encore, on pourrait, surtout pour les mécaniques 104, établir deux rangs supplémentaires au lieu d'un, parce qu'alors sur huit crochets, deux pourraient être destinés pour les lisières, deux pour les doubles boîtes lorsqu'elles fonctionnent alternativement et régulièrement par deux ou par quatre duites; puis, les quatre crochets restants pourraient, selon le besoin, servir à l'exécution de tout croisement par quatre ou par deux, et cela sans percer aucun carton de plus que ceux strictement exigés pour le raccord du dessin ou de l'armure. Par ce moyen, qui réunit la célérité à l'économie, la lecture de ces huit crochets serait faite sur le cylindre au moyen de petites chevilles de bois ou de liège dont on garnit, sur chaque face, les trous correspondants aux aiguilles qui doivent rester dans l'inaction.

On comprend que ce supplément est tout-à-fait indépendant des cartons, puisque dans ces rangs supplémentaires les trous restés vides aux faces du cylindre produisent, lors du tissage, le même effet que s'ils étaient découverts par le perçage des cartons.

S'il s'agissait de mécaniques en 600 et au-dessus, il est évident qu'un seul rang qui est de douze trous, équivaudrait à un rang et demi des 400 et à trois rangs des 404.

A ce que nous venons de dire concernant un ou deux rangs supplémentaires, nous croyons devoir ajouter quelques mots relativement aux suppléments entiers dont le minimum est ordinairement de cinq rangs.

Ce qu'il y a d'imparfait dans ces sortes de perçages, c'est qu'on ne peut en retirer d'autre avantage que celui dont le compte de la mécanique se trouve augmenté; cependant il est un moyen bien simple pour les utiliser d'une manière encore plus avantageuse.

Pour cela, il suffirait que le supplément, auquel les mécaniciens ne mettent qu'une seule pedonne ou cheville de repère, en eût deux. Par ce moyen, le supplément pourrait recevoir un manchon ou jeu de cartons qui lui serait spécial, et par conséquent indépendant de celui qui a rapport au corps principal de la mécanique.

Comme la mécanique Jacquard est appelée à la confection générale des tissus façonnés et qu'il arrive souvent que l'acquisition de ces machines est faite isolément, soit par occasion, soit chez différents mécaniciens, on rencontre encore dans la répartition du perçage un inconvénient sur lequel nous croyons nécessaire de dire ici quelques mots.

Dans l'origine de l'invention de la mécanique Jacquard les mécaniciens SKOLA et BRETON, qui, les premiers, construisirent ces machines, se conformèrent strictement à la mécanique modèle ; le perçage des plaques dites *matrices* pour le *piquage* à la main, aussi bien que pour les grands *lisages*, fut également basé sur la réduction du premier perçage ; mais la première réduction ne constitua qu'un étalon provisoire, car successivement chaque constructeur adopta la réduction qu'il jugea convenable, ainsi que le nombre de trous qu'il crut devoir être le plus avantageux.

Par suite de cette discordance dans la réduction du perçage et dans le nombre de trous adoptés pour chaque compte mécanique, il en résulta bientôt un grave inconvénient qui se fit généralement sentir dans tous les ateliers où se trouvaient des mécaniques confectionnées chez différents mécaniciens ; il en fut de même des machines à lire, connues sous les noms de *grand lisage* et de *repiquages*. Les *cartons* ou *dessins*, lus ou repiqués sur une de ces machines, ne pouvaient être appliqués qu'aux mécaniques de même réduction. Il en fut de même relativement au nombre de rangs ; les premières mécaniques, soit 400 ou 600, furent établies par 25 rangs sur le derrière et 26 sur le devant ; plus tard, on en mit 26 de chaque côté, ce qui est infiniment plus commode. Cette disposition symétrique dans le perçage est même indispensable pour exécuter le *renversement des cartons*, ainsi que nous l'avons démontré page 388.

Aujourd'hui, les mécaniciens ont bien généralement adopté les 26-26 ; mais la réduction du perçage varie encore, d'après différents constructeurs, d'environ cinq millimètres sur la longueur de 52 rangs.

Quant aux diverses divisions relatives à l'écartement des rangs de crochets pris longitudinalement dans l'intérieur de la mécanique, elles n'ont aucun rapport à l'application des cartons sur le cylindre ; nous dirons seulement que les plus larges sont celles qui conviennent le mieux pour faciliter le mouvement des crochets et le jeu de la griffe.

Concordances relatives.

Le premier *crochet* est celui qui est placé sur le derrière de la mécanique et à la droite de l'ouvrier.

La première *aiguille* est celle qui est commandée par le premier crochet, et placée au bas du premier rang vertical pris aussi sur le derrière de la mécanique.

Le premier *collet* est par conséquent celui qui est attaché au premier crochet.

Le premier fil ou la première corde, sur une mise en carte ordinaire, est pris à gauche, côté dit, de la *lanterne.*

La première *corde* d'un empouiage suivi est toujours à la gauche du chemin, et est placée sur le derrière de la planche d'arcades.

Le premier *chemin* est également pris à gauche.

Le premier *maillon* est celui qui est suspendu à la première corde.

Le premier fil de chaîne est passé dans le premier maillon.

Le premier trou d'un *carton*, ou son emplacement, est celui qui correspond en face de la première aiguille.

Le premier trou sur la matrice, pour le perçage *à la main*, est pris à gauche sur le derrière, et correspond à la première corde de la carte, et celle-ci à la première corde du montage, autrement dire, au premier fil de la chaîne pour chaque chemin.

D'après ces notions principales, il est aisé de se rendre compte des concordances et des relations qui existent entre le mécanisme de la machine et la manœuvre des fils de la chaîne.

Lorsque les mécaniques Jacquard sont établies sur 25—26, le rang vide est toujours considéré sur le devant; celles 26—26 ne diffèrent des précédentes qu'en ce qu'elles ont également un rang vide sur le derrière.

C'est sur le rang vide, et de préférence sur celui de devant, que l'on place les crochets qui servent à faire mouvoir divers suppléments et accessoires adaptés au montage de certains articles; tels sont, par exemple, ceux qui agissent pour la manœuvre des boîtes du battant, la sonnette, les signes indicatifs du changement, comme celui de la suppression ou de l'augmentation des lats, la marche du régulateur, etc. Tous ces mouvements sont lus sur les cartons.

Il va sans dire qu'on ne fait usage du rang vide de derrière que lorsque celui de devant devient insuffisant.

Bien qu'une mécanique Jacquard garnie de son corps, quelqu'en soit le compte, paraisse être assez lourde pour se maintenir, par son propre poids, dans une position fixe, il est néanmoins très urgent qu'elle soit arrêtée, sur tous les sens, au moyen de petits tasseaux cloués ou vissés au brancard, ainsi qu'aux estazes ou autres traverses qui le supportent. Si l'on négligeait cette précaution, il arriverait que par suite des secousses occasionnées par le travail, la mécanique s'écarterait insensiblement de sa position primitive, le tissage éprouverait une raideur qui nuirait à la confection du tissu; enfin, il suffirait que l'ouvrier ne portât pas obstacle à l'écartement de quelques centimètres seulement, pour que la mécanique s'échappant d'un côté, tombe et se brise en faisant non-seulement un dégât considérable, mais encore en tuant l'ouvrier ou du moins en le blessant fortement; c'est ce qui est malheureusement déjà arrivé.

De même aussi, et par bonne précaution, il est prudent de mettre un support libre, soit une corde ou bien un fil de fer, qui embrasse l'arbre de couche, car il pourrait arriver qu'il se rompît ou bien qu'il échappât du coussinet de derrière dans lequel il n'entre que d'environ deux centimètres.

Lorsque par suite de la disposition du montage, le brancard ou chatelet se trouve exhaussé par des *hausses*, la mécanique éprouve à chaque duite une oscillation qui ne peut être que nuisible à son organisation ainsi qu'au travail; dans ce cas, il est urgent de l'étayer sur les quatre faces.

Lorsque deux ou plusieurs mécaniques sont réunies, elles fonctionnent tout comme s'il s'agissait d'une seule, et si la manœuvre de chacune est régulière et continue, leur foule peut avoir lieu par un seul arbre de couche. Si l'empoutage a lieu sur plusieurs corps et en rapport avec l'emplacement qu'occupent les mécaniques, il faut, pour obtenir une levée convenable, que la foule de chaque mécanique soit d'autant plus prononcée qu'elle se trouve plus avancée sur le derrière.

Pour atteindre ce but, il suffit que les *manchons* sur lesquels s'enroulent les courroies de tirage de la mécanique de derrière soient d'un diamètre plus grand que ceux qui appartiennent à la mécanique de devant.

Dans le cas où il y aurait trois mécaniques, le diamètre des manchons de celle du milieu doit être de grandeur intermédiaire.

Sur la grille des crochets et les lames de la griffe.

Malgré toute la précision et la solidité que l'on est parvenu à donner aux mécaniques, elles n'en conservent pas moins une extrême délicatesse dans le jeu de toutes les pièces mobiles.

La désorganisation la plus fréquente consiste dans la courbure des aiguilles et des crochets, ce qui provient le plus souvent d'un travail par trop brusque, soit pour la foule, soit pour le rabat; alors, les lames de la griffe retombent sur l'extrémité supérieure des crochets, les courbent, et occasionnent nécessairement une raideur dans le jeu des aiguilles, et celles-ci ne peuvent moins faire que de se courber aussi.

Ce qui est le plus à craindre dans ces sortes d'inconvénients, c'est qu'un seul crochet courbé, aussi bien qu'une seule aiguille, risquent, pour chaque coup suivant, d'en faire courber une plus grande quantité; parce qu'alors la *grille* ne pouvant plus fonctionner, elle vient encore contribuer à la désorganisation du mécanisme. C'est pour cette raison que l'ouvrier doit y mettre toute sa surveillance et réparer immédiatement ces sortes d'accidents.

En parlant de la grille, nous ne croyons pas devoir passer sous silence un manque de précaution qu'ont beaucoup d'ouvriers relativement aux mouvements ascendant et descendant de cet accessoire de la mécanique.

Ainsi que nous l'avons dit, l'unique but de la grille est d'empêcher les crochets de pouvoir se tourner sur eux-mêmes; mais pour que cette pièce remplisse parfaitement ses fonctions, il est nécessaire qu'elle soit suspendue par ses quatre coins; sans cela, il en résulte que toutes les fois que la levée est irrégulière (relativement à l'emplacement qu'occupent les crochets, et non pas à leur nombre), elle devient plus préjudiciable qu'utile. En effet, supposons que sur une mécanique la levée soit en satin de cinq ou tout autre croisement qui lèverait par cinquième, les crochets qui lèveront à chaque foule se trouveront régulièrement espacés et répartis sur toutes les lames de la griffe; alors ils ne pourront moins faire que de lever la grille également sur toute sa surface; mais si au lieu de levées par cinquième, il s'agissait de levées par quart pour une mécanique de quatre rangs, ou bien par huitième pour un 400, il en résulterait qu'à chaque foule, la grille ne serait élevée et supportée que par un seul rang longitudinal; alors elle pencherait d'autant plus à droite ou à gauche, que le rang qui la supporterait se trouverait plus rapproché d'un des bords de ses côtés latéraux. Le même inconvénient se reproduirait si la levée n'avait lieu que sur le devant ou sur le derrière de la mécanique. Il est donc évident que, dans les deux cas, la grille

I.

ne pouvant monter et descendre librement, risque fort d'occasionner une désorganisation dans les crochets ainsi que dans les aiguilles.

Pour éviter ces accidents, il suffit de suspendre la grille, par ses quatre angles, soit aux lames de la griffe, soit à son encaissement; et pour qu'elle retombe avec aplomb, elle doit encore être attachée par quatre autres ficelles, qui supportent chacune un petit contre-poids. Ces ficelles traversent des trous pratiqués aux quatre angles de la planche à collet. La grille étant ainsi maintenue, lève toujours régulièrement à chaque foule, quel que soit le nombre de crochets.

Sur les montages à la Jacquard et à lisses.

A ce que nous avons dit page 285 et suivantes, concernant les métiers montés à corps et à lisses, nous ajouterons qu'il arrive assez souvent que certains articles sont disposés, ou par petites bandes régulièrement espacées dans le fond, ou bien par petites bordures ou bandes établies sur les côtés, tels sont, par exemple, divers tissus pour pantalons en draperie-nouveauté.

Lorsqu'on exécute le montage de ces articles avec des lisses seulement, on rencontre souvent de grandes difficultés, dont la cause principale provient du grand nombre de lisses exigées pour la formation de la bande; quant au fond, il est ordinairement ménagé de manière à n'employer que huit lisses au plus. Il y a cependant un moyen qui, en économisant les frais de montage, offre de plus l'avantage de donner une grande facilité au tissage.

Supposons que l'on ait à mettre en exécution une disposition dont le fond exigerait huit lisses, et les bandes longitudinales trente-deux.

Pour exécuter cet article, il faudra, par conséquent, quarante lisses; et ce nombre produit déjà une épaisseur tellement sensible que pour obtenir une foule convenable sur les lisses de derrière, il faut que celles-ci atteignent, à chaque levée, un degré d'élévation presque double que s'il ne s'agissait que d'un petit nombre de lisses; d'où il résulte, qu'étant obligé de procurer une forte levée aux lisses de derrière, celles de devant, forcées d'exécuter un semblable mouvement, énervent la chaîne d'autant plus qu'elles agissent sur une étente plus raccourcie; et lorsque ces bandes ne sont placées qu'aux extrémités du tissu, en forme de bordures, les lisserons ou liais cintrent, fouettent et se chevauchent; en un mot, ces genres de montages produisent généralement une mauvaise fabrication.

Le meilleur moyen que l'on puisse employer est de monter à la Jacquard, et à corps, les parties concernant les bandes ou bordures. Il est vrai que dans beaucoup de localités la hauteur insuffisante des planchers supérieurs vient mettre obstacle à ce genre de montage, surtout si les parties concernant le corps se trouvent placées sur les bords de l'étoffe (dispositions fréquentes aux draperies nouveautés).

A cela, nous répondrons que si pour les grandes largeurs, on plaçait les bandes au milieu, au lieu de les placer sur les côtés, on pourrait facilement adopter notre procédé, même pour les planchers les plus bas; l'étoffe n'en serait que mieux fabriquée, et le manufacturier aussi bien que l'ouvrier y trouveraient des avantages incontestables.

Sur les Cartons.

Lorsque le manchon ou jeu de cartons est en nombre impair et qu'il contient une grande quantité de cartons, on peut néanmoins se dispenser d'en percer le double, tout en conservant cependant le nombre pair qu'exigent les lisières.

Pour cela, il suffit de lire les lisières sur le cylindre, à l'emplacement qu'elles occupent, et de percer ensuite, et à chaque carton, tous les trous correspondants aux aiguilles qui appartiennent aux lisières, tout comme s'il s'agissait de les faire constamment lever en masse.

On comprend aisément que si, au premier tour du manchon, les numéros impairs des cartons correspondent aux faces du cylindre, relatives au *pas* impair, la coïncidence changera pour le tour suivant, et que pour celui-ci, le pas pair coïncidera avec les cartons impairs. Malgré toute la simplicité de ce moyen, nous avons eu occasion de remarquer que dans beaucoup de fabriques on ne songe pas à en faire l'application.

On pourrait bien utiliser entièrement, et de la même manière le rang supplémentaire; mais en perçant ce rang tout entier, les cartons se trouveraient par trop affaiblis dans la partie ainsi percée. Il est donc urgent, lorsqu'on a recours à cette méthode, de laisser, autant que possible, l'emplacement d'un trou à chaque extrémité du rang; c'est-à-dire, que les cartons des mécaniques 80 et 104 pourront avoir deux trous, les 400 six; les 600 et au-dessus pourront en avoir dix.

Carton blanc. — Carton matrice.

Le *carton blanc* porte ce nom, parce qu'il n'est percé d'aucun *trou*

d'aiguille, et n'a tout simplement que les trous de *repères*. Il sert à
repousser les aiguilles en masse, toutes les fois qu'il est nécessaire de
lever la griffe à nu; ce que l'on est obligé de faire pour les réparations d'aiguilles ou de crochets, ajustages, graissage, etc.

Contrairement au précédent, le *carton-matrice* est entièrement percé,
autrement dire, il est muni d'autant de trous que la mécanique contient d'aiguilles. Ce carton sert spécialement à la rectification des erreurs qui peuvent survenir dans le perçage des cartons.

Pour s'en servir avec avantage, on établit, près de chaque trou, ou
tout au moins en haut et en bas de chaque rang, les numéros d'ordre
qui le rendent propre à ces sortes d'opérations.

Sur le piquage ou perçage des cartons à la main.

La lecture des dessins, ou autrement dire, le perçage des cartons
à *la main* diffère de celui qui a lieu au grand lisage, en ce que le
côté droit de la carte est reproduit sur la droite du carton, tandis
qu'aux grands lisages c'est tout le contraire. Pour se rendre compte
de cette différence, il suffit de se pénétrer que pour les lisages mécaniques, la lecture des dessins se fait sur le derrière du
lisage, côté opposé au perçage; d'où il résulte que la gauche de la
lecture devient la droite pour le côté où s'exécute le perçage.

Lorsqu'on perce un dessin à la main, et que l'on n'emploie qu'une
partie des trous de la matrice, quel qu'en soit le sens, longitudinal
ou transversal, il est urgent, pour éviter les erreurs, de boucher
avec de petits tampons de papier ou de liège, tous les trous dont on
ne doit pas faire usage; sans cette précaution on court grand risque
de faire des trous en plus ou en moins, et par suite, des défauts
très-sensibles dans la confection du tissu.

Pour les trous faits en moins, on y remédie facilement en les perçant après coup; quant à ceux faits en plus, s'ils sont en trop grand
nombre, ce sont des cartons à mettre au rebut; mais s'il y en a
peu, on les bouche, en les recouvrant au moyen de petits morceaux
de carton dont la surface dépasse un peu celle du trou. On colle
ordinairement ces pièces au moyen d'un peu de gomme détrempée.

Dans ces sortes de rectifications on doit avoir grand soin que les
morceaux rapportés n'anticipent pas sur les trous voisins qui doivent
rester libres.

Pour obvier à cet inconvénient et opérer plus promptement, on peut se servir de *paillettes* découpées tout exprès au moyen d'un *emporte-pièce* qui produit des paillettes d'un diamètre un peu plus grand que celui des trous formés par le poinçon du perçage réel; alors, au moyen d'un petit pinceau, on humecte, avec de la gomme fondue, le pourtour du trou à boucher, sur lequel on pose la lentille que l'on introduit de force en frappant quelques petits coups dessus, seulement avec la tête du poinçon. Il va sans dire que pour cela le carton doit poser à plat sur un corps dur. Ce moyen a cela d'avantageux que les pièces rapportées ne forment aucune épaisseur supplémentaire.

Lorsque les cartons sont avariés à leurs trous de repères, le meilleur moyen de les réparer solidement est de rapporter des *couronnes* que l'on a soin de dédoubler; on en colle une sur chaque face; de cette manière, le carton retrouve sa solidité primitive.

Sur la mise en carte.

Bien qu'en se conformant aux principes que nous avons donnés pour la mise en carte, on puisse toujours parvenir à exécuter la généralité des dessins, nous croyons devoir mentionner certains moyens abréviatifs qui en même temps peuvent servir de guide.

Supposons que l'on veuille exécuter le pointage d'une étoffe double, partielle, tel serait, par exemple, un taffetas formant carreaux genre damier, dont un blanc et un noir, fig. 1ʳᵉ, pl. 126. On se conformera d'abord à ce que nous avons dit page 146, ourdissage *un* et *un* tramé de même; puis on opérera sur du papier de mise en carte pointé en double étoffe régulière. Voy. fig. 2, même planche.

Sur ce papier que nous avons arbitrairement établi sur 24 de hauteur et autant de largeur, on formera quatre divisions A, B, C, D, égales et semblables, et dont les emplacements devront être pointés en quinconce ou contre-semplage, et semblablement deux par deux; c'est-à-dire, que sur les quatre carreaux, deux, soit ceux A et B, seront naturellement pointés par le grisé, tandis que pour les deux autres carreaux C et D, le grisé restera considéré nul, et le pointage aura lieu sur les petits carreaux ou interlignes restés blancs.

Pour les personnes habituées à la mise en carte, le *grisage* préalable en taffetas double étoffe n'est pas de nécessité absolue, surtout pour les figures dont les extrémités sont limitées par des lignes hori-

zontales ou verticales ; mais si les limites sont diagonales irrégulières,
ou bien curvilignes, le grisage ou teinté accélère considérablement
le travail de la mise en carte, et de plus, en assure la bonne exécution. C'est surtout pour les effets dits *tatoués* que l'on en sent toute
l'importance.

Lorsqu'il s'agit de mettre en carte des étoffes doubles autres que
celles en taffetas, le tracé préparatoire n'a pas lieu de la même matière. La méthode qui offre le guide le plus sûr est de griser ou
teinter le papier par une corde et un coup sur deux, ce qui a lieu
sur toute la longueur ainsi que sur la largeur. Voy. fig. 3 et 4.

En ce qui concerne la mise en carte des étoffes double-face, par
réduction de moitié, il suffit de griser préalablement une corde sur
deux si c'est par effet de chaîne, ou un coup sur deux si c'est par
effet de trame. Par suite de cette disposition, on établira le pointage
de manière que le croisement affecté à chaque face soit pointé sur
les lignes qui lui sont réservées. Voy. fig. 5 et 6.

Sur les Décochements.

Les *décochements* peuvent être de plusieurs genres ; les principaux
sont : les rectilignes, les curvilignes et les mixtilignes.

Les premiers forment des lignes droites qui peuvent être continues,
coupées ou brisées.

Les seconds forment des lignes courbes, qui peuvent être régulières
ou irrégulières.

Les troisièmes sont formés de la réunion des deux précédents, et
par conséquent forment des lignes droites et des lignes courbes.

Quel que soit le genre des lignes, les décochements peuvent
avoir lieu par un, ou par plusieurs points.

Décochements rectilignes.

Lorsque le décochement a lieu par un seul point à la fois, fig. 1'',
pl. 130, il produit, sur du papier régulier (8 en 8, 10 en 10 et tous
autres papiers carrés) une ligne oblique dont la pente est toujours de
45 degrés, et cette ligne se rapproche d'autant plus de la verticale
que la réduction du papier est plus forte sur le sens de la chaîne,
tel serait, par exemple, 8 en 7, 10 en 8, etc., fig. 2 à 6. Il est
évident que si l'on dispose le papier en sens contraire, ainsi que
le représentent les fig. 8 à 12, la réduction de la chaîne devient alors

moins forte que celle de la trame, et la direction de la ligne se rapproche d'autant plus de la ligne horizontale. On voit par là que les papiers dont la réduction est irrégulière peuvent servir à deux fins, en prenant réciproquement pour chaîne ou pour trame l'un ou l'autre sens du papier.

Quant au degré d'obliquité, on peut toujours donner à une ligne, régulièrement le double ou la moitié de la pente que produit le décochement par un; dans le premier cas, il suffit de décocher par deux sur la hauteur, fig. 13, et dans le second, on décochera également par deux, mais sur la largeur; ainsi que le représente la fig. 14. Enfin si, sur un même papier, on voulait obtenir une obliquité qui tint le milieu entre la fig. 7, dont le décochement est par un, et la fig. 13 dont le décochement est par deux, on pointerait successivement une fois par deux points et une fois par un, ainsi qu'on le voit fig. 15. La fig. 16 produit le même effet, mais dans le sens opposé; l'obliquité de cette ligne tient par conséquent le milieu entre les fig. 7 et 14.

Il arrive souvent qu'au sujet des rapports réciproques des réductions, on est obligé de former sur les lignes, des jarrets plus ou moins rapprochés; car pour obtenir, sur un 8 en 10 par exemple, une pente identiquement semblable à celle produite par la fig. 1ᵉ, il faudra nécessairement que le pointage ait lieu ainsi que le représente la fig. 17. Cette défectuosité, apparente dans la mise en carte, est le plus souvent imperceptible dans la confection du tissu, surtout quand la chaîne est très-fournie.

De ces principes découlent toutes les obliquités intermédiaires, d'où l'on peut conclure que le degré d'obliquité des lignes peut dépendre tout aussi bien de la réduction du papier que du genre de pointage.

Décochements curvilignes.

Ces sortes de décochements peuvent être réguliers ou irréguliers; dans le premier cas, les figures sont formées par des répétitions identiquement semblables, telles sont, par exemple, les fig. 1 et 2, pl. 131; tandis que dans le second, les figures sont formées par des courbes, dont le pointage est entièrement subordonné à la forme des cintres et des contours, telle est la fig. 3, même planche.

Nous ferons remarquer que si parfois on peut *copier à la corde* certains dessins ou figures rectilignes sur des papiers de différentes réductions et sans pour cela les dénaturer, tels seraient, par exemple, les dessins représentés fig. 19 et 20 , pl. 130, pointés sur du papier 10 en 10, et reproduits ensuite sur du 9 en 10, fig. 21 et 22 , ainsi que sur du 10 en 12 , fig. 23 et 24. Il n'en est pas de même des figures curvilignes, car pour celles-ci le changement de réduction du papier les dénaturerait tellement qu'elles ne seraient plus reconnaissables ; ce dont on peut se rendre compte par la comparaison des fig. 1 et 2, pl. 132, où l'on remarque que la fig. 1re, pointée sur du 10 en 10 , produit un cercle , tandis que dans la fig. 2 , division de 8 en 12 , ce même cercle, quoique pointé identiquement semblable à la fig. 1re , devient tout-à-fait ovale.

Le pointage de la fig. 4 , quoique semblable à celui de la fig. 2, produit une ovale diamétralement opposée , par la raison toute simple que la réduction du papier est prise dans le sens contraire , c'est-à-dire 12 en 8.

En comparant l'un à l'autre le pointage des fig. 1 et 3 de cette planche, on remarquera que pour obtenir, sur des papiers de différentes réductions , des formes et des contours semblables , ou à peu de chose près , il faut nécessairement que la mise en carte subisse des modifications. Il en est de même des fig. 5 et 6.

Quant aux décochements mixtilignes, ils se composent de la réunion des deux genres précédents.

Bien que pour pointer une ligne curviligne, on trace toujours préalablement et au crayon la courbe que l'on doit mettre en carte, il arrive souvent que ce tracé n'est pas symétriquement régulier, surtout si la courbe n'appartient pas aux circonférences régulières, susceptibles d'être formées au moyen du compas, et par un seul arc, comme serait , par exemple , la *serpentine* représentée fig. 1re, pl. 221.

C'est précisément ce que l'on rencontre dans la fig. 2 , dont les courbes ne peuvent être faites régulièrement au compas, à moins d'avoir recours à des opérations géométriques dont on peut facilement se dispenser dans la composition de la plus grande partie des dessins de fabrique.

Dans la fig. 2 , on remarquera que les parties extérieures qui forment la convexité sont toutes pointées semblablement et symétriquement par un décochement subordonné à la courbe; mais lorsqu'il s'agit de pointer une serpentine encadrée entre deux lignes , tel serait, par exemple, la fig. 3 , le pointage des parties concaves A, A, ne doit pas être semblable à celui des parties convexes B, B , d'où il résulte que le nombre de points existants dans l'intervalle d'une ligne à l'autre doit augmenter vers le milieu de l'obliquité des lignes ; ce dont on peut facilement se rendre compte à l'inspection des fig. 3 et 4. Les fig. 5 et 6 sont deux serpentines du même genre, mais dont le pointage est établi d'après la régularité de la fig. 1ʳᵉ ; elles démontrent que cette manière de pointer les doubles courbes produit un rétrécissement en partant de droite à gauche et réciproquement, ce qui change totalement l'effet du dessin.

Il va sans dire que dans la formation des serpentines rectilignes, on ne rencontre pas cette difficulté.

Manière de reproduire la mise en carte d'après le perçage des cartons.

Ainsi que nous l'avons démontré au chapitre XI, le perçage des cartons a lieu d'après la mise en carte ; cependant il peut arriver tout le contraire, car il est des circonstances, où, étant privé de la carte, on se trouve dans la nécessité de l'établir d'après l'analyse faite sur le perçage des cartons.

Si le dessin à analyser est à un seul *lat*, chaque carton produira un coup pour la formation de la carte, mais s'il est sur plusieurs, ce sera la totalité des lats formant la passée complète qui reproduira le coup dont il est question.

Commençons par la reproduction à un seul lat.

Nous dirons d'abord, que puisque les cartons sont percés d'après l'ordre de la mise en carte, il en résulte qu'en considérant chacun de ces trous pris successivement selon l'ordre du perçage et en les pointant sur la carte tel que leur rang l'indique, le relevé d'un carton produira transversalement sur la carte tous les points qui constituent le premier coup, ayant soin, pour chaque carton, de prendre les trous pour des *pris* et les emplacements restés pleins pour des *sautés*, comme aussi on pourrait faire tout le contraire, d'autant plus que c'est une affaire d'endroit ou d'envers, dessus ou dessous. On continuera ainsi jusqu'au dernier carton et en commençant toujours du même côté, aussi bien sur les cartons que sur la carte.

Quoique l'on puisse arbitrairement commencer cette opération par tel ou tel numéro des cartons, il est plus logique de commencer par le numéro un et de continuer ainsi de suite jusqu'à la fin du manchon ou jeu de cartons, si toutefois cela est nécessaire, car cette continuité d'analyse devient inutile dans certains dessins réguliers, où, dès le relevé des premiers cartons seulement, on peut continuer

I.

69

et même terminer le pointage de la carte sans pour cela avoir re-cours au relevé général de tous les cartons. Pour rendre cette opé-ration plus facile et plus prompte, on peut se servir d'un *carton matrice*.

S'il s'agit d'un dessin à plusieurs lats, on s'en apercevra facile-ment soit par la périodicité des *coups de fond*, soit par la longueur des brides, lors même que chaque *coup de lancé* formerait liage, parce qu'alors les parties façonnées se supperposant ordinairement, à peu de points près, la répartition des lats ne rencontre pour ainsi dire aucune difficulté. Quant aux couleurs que l'on devra adopter pour chaque lat, c'est une affaire de goût qui entre entièrement dans les attributions du dessinateur.

Ce qu'il y a de plus difficile dans ces sortes d'analyses, c'est de déterminer la réduction du papier que l'on doit employer, car si la carte qui a servi au perçage des cartons dont on fait l'analyse, a été établie sur un 8 en 10 par exemple, et que dans l'incertitude on l'éta-blisse sur une réduction qui différerait seulement d'un point, soit 8 en 9 ou 9 en 8, on reconnaîtra bientôt, par la difformité du dessin, que dans le premier cas, 8 en 9, il est trop allongé, et que dans le se-cond, 9 en 8, il est trop raccourci.

Sur les dessins dits à plats.

Ce genre de dessin dont nous donnons un aperçu pl. 112, est celui qui offre le plus de facilité, parce que dans sa composition il n'entre aucune des difficultés relatives au croisement. De plus, cette méthode présente une grande économie de temps pour la mise en carte.

Il est évident que ces sortes de dessins ne peuvent être confection-nés qu'au moyen d'un liage, lequel a lieu par la disposition générale du montage du métier qui, dans ce cas, est monté à corps et à lisses. Voy. page 285.

Pour se rendre compte de l'effet qui résulte de la manœuvre des lisses, il suffit de comparer la fig. 4 (où nous avons figuré le croise-ment du fond en sergé de quatre, effet de chaîne, par les lisses de levée, et effet de trame dans le façonné, par les lisses de rabat) à la fig. 3, dont le dessin est figuré à plat.

Quoique nous ayons pointé le fond et le liage en sergé de quatre, rien n'empêche de l'exécuter par toute autre armure.

On conçoit qu'avec des métiers ainsi montés, on ne peut jamais obtenir de croisements autres que ceux déterminés par les lisses, et l'on sait qu'elles dépassent rarement quatre lisses *de levées* et autant *de rabat.* Il est donc impossible, avec ces sortes de montages, d'établir des effets ombrés par la seule combinaison des croisements.

Quoique la mise en carte grandisse considérablement le dessin, on peut néanmoins se rendre un compte assez approximatif de l'effet que pourra produire une mise en carte. Pour cela, on se sert d'un verre convexe dont la propriété est de diminuer sensiblement l'effet produit par la carte. Il va sans dire que les verres concaves produisent l'effet contraire.

Charges régulatrices,

applicables aux coups lourds et aux coups légers.

Les tissus confectionnés au moyen de mécaniques armures offrent de si grandes variations que, dans le nombre, on en fait parfois qui présentent des difficultés très-sensibles dans la confection, surtout lorsque, dans un même dessin, il se présente successivement des coups lourds et des coups légers. Deux exemples feront suffisamment comprendre tout l'avantage que l'on peut retirer d'un régulateur combiné tout exprès pour compenser les différences qui pourraient exister dans le passage alternatif d'un coup lourd à un coup léger et réciproquement.

1er *Exemple.* Supposons que l'on ait à exécuter un tissu établi sur huit coups, dont le croisement aurait lieu par un quart et par trois quarts. Il en résultera que sur les huit coups dont la course se trouvera composée, quatre coups, soit ceux 1, 3, 5 et 7, lèveront les trois quarts de la charge, tandis que les quatre autres, 2, 4, 6 et 8, ne lèveront que le quart.

Pour établir la compensation dans chaque levée, autrement dire, pour que chacune d'elles lève régulièrement une charge égale, on évaluera d'abord la charge totale.

En admettant que cette charge soit de 24 kilogrammes, ce qui donne 6 kilog. pour chaque partie, lisses ou lames, les coups légers lèveront six kilog., tandis que les coups lourds en lèveront dix-huit. La différence sera donc de douze kilog., dont il faudra surcharger les coups légers. A cet effet, on disposera une charge de 12 kilog., que l'on fera lever sur toutes les foules légères, ce qui établira une juste compensation.

Cette charge supplémentaire peut être totale ou partielle; dans ce dernier cas, elle est répartie sur plusieurs crochets, afin de les moins charger. Toutes ces charges sont *lues* sur les cartons qui précèdent chaque levée, c'est-à-dire sur ceux qui constituent les coups lourds. Lorsque cette charge compensatrice occasionne à l'ouvrier un trop grand surcroît de fatigue pour la foule ou marchure, on peut faire disparaître cet inconvénient en faisant usage d'une *décharge fixe* et d'un poids équivalent à la charge. Ces décharges sont adaptées, soit à la marche, soit à une contre-marche.

2° *Exemple.* Supposons que l'on ait à confectionner un tissu sur douze lisses, chargées chacune de 3 kil^{mes}, et que le nombre de *duites* ou *levées* formant la course soit disposé ainsi qu'il suit :

Pour la 1re et la 7e duite, six lisses; la 2e et la 8e, cinq; la 3e et la 9e, quatre; la 4e et la 10e, trois; la 5e et la 11e, deux; la 6e et la 12e duite, une lisse seulement.

Il en résultera que la levée la plus forte, qui est de six lisses, lèvera 18 kilogrammes, et que la levée la plus faible, celle qui ne lève qu'une lisse, ne lèvera que 3 kilog. La différence est donc de 15 kilogrammes que devra peser la charge totale établie pour la compensation, et cette charge devra être divisée en cinq parties égales, de trois kilog. chacune.

En conséquence, la seconde et la huitième foule qui lèvent chacune cinq lisses, lèveront en plus une charge (15 + 3 = 18); la troisième et la neuvième, deux charges (12 + 6 = 18); la quatrième et la dixième, trois charges; la cinquième et la onzième, quatre; enfin, la sixième et la douzième, cinq. On voit clairement que par ce moyen toutes les levées seront de 18 kilogrammes, maximum du poids des plus fortes levées sans charges supplémentaires.

Il est évident que pour des croisements plus compliqués, il pourrait se faire qu'il fût très-difficile et même quelquefois impossible d'obtenir une compensation parfaitement régulière pour toutes les levées, néanmoins on peut toujours faire approximativement l'application de ce principe, surtout pour les levées dont les différences de charges seraient par trop sensibles. Par ce moyen, on éviterait certains accidents qui arrivent assez fréquemment aux mécaniques toutes les fois que les dessins ont des coups par trop légers, et sur lesquels l'ouvrier risque d'enfoncer la marche trop précipitamment.

Ce que nous venons d'expliquer pour les mécaniques armures montées avec des *lisses* est également applicable pour les métiers montés à la Jacquard et à corps.

Sur les charges des lisses et des corps.

Aucun genre de lisses ne peut concourir à la formation d'un tissu, sans que les mailles qui les forment soient tendues par un procédé quelconque. Les principaux sont : des contre-poids, des combinaisons de leviers, ou bien encore des ressorts ; néanmoins les plus en usage sont les charges en fonte de fer et celles en plomb. De ces deux genres, qui du reste sont aussi les plus commodes, chacun a un avantage et un inconvénient dont l'autre se trouve privé ; ceux de fonte coûtent environ moitié moins que ceux de plomb, mais lors du travail ils font un bruit insupportable. Il n'en est pas de même de ceux de plomb ; mais en revanche, à leur prix élevé vient se joindre l'inconvénient qu'ils ont de s'user promptement par le frottement qu'ils éprouvent ; de plus, la poussière qu'ils forment en s'usant est très-pernicieuse à la santé des ouvriers. C'est surtout pour ce motif sérieux que nous approuvons complètement ceux qui, pour les *corps*, adoptent les charges en verre de préférence à celles en plomb. Mais comme les charges en verre ont l'inconvénient de la casse, et qu'ils se rompent presque toujours chaque fois qu'ils tombent, il est prudent et même nécessaire de placer sous le corps un tapis ou bien un paillasson. Cette précaution contribue beaucoup à la conservation de ces charges fragiles.

Si, pour les lisses, les charges doivent être de même poids et espacées régulièrement, afin que les mailles soient également tendues, de même aussi les corps exigent des plombs réguliers qui ne soient ni trop légers ni trop lourds, parce que, dans le premier cas, les mailles risquent de reboucler, et par suite, former des *ienues* ou *groupures* ; dans le second cas, les mailles se coupent bientôt, et les arcades se trouvant par trop tendues, s'écorchent promptement, surtout dans les parties où les angles sont très-prononcés. De semblables inconvénients entraînent en peu de temps à une dépense supplémentaire, et de plus occasionnent à l'ouvrier un surcroît de fatigue.

Sur les Dispositions.

Pour le Peigne.

Lorsque le nombre de fils qui doit être passé dans chaque dent du peigne est régulier, il suffit de l'indiquer par écrit dans la disposition générale. Mais lorsque le passage des fils dans le peigne comporte des irrégularités, il vaut mieux faire cette désignation par une indication spéciale établie dans le plan ou tracé du remettage. Pour cela, il suffit de figurer des lignes de démarcation qui laissent entre elles tous les fils qui doivent être réunis dans une même *dent*; par ce moyen on voit tout de suite à quel point se trouve le raccord complet de la terminaison de la dent avec la fin de la course du remettage. C'est ce que démontrent les figures 3 et 4, pl. 79.

Dans la première figure on remarque que le raccord du peigne s'accorde immédiatement après la première course du remettage, tandis que dans la seconde il n'a lieu qu'après quatre courses complètes.

Pour les articles à la Jacquard on peut, d'après le nombre de fils désignés par dent, percer un carton tout exprès, conformément à l'itinéraire du passage des fils au peigne; toutefois on ne peut profiter de cet avantage qu'autant que le nombre de fils passés dans chaque dent se trouve être un sous-multiple du compte total sur lequel la mécanique est montée, sans cela il faudrait, à la fin de chaque chemin, avoir la précaution de faire *courir la dent*.

Pour la confection des lisses.

Lorsqu'il s'agit de faire la commande d'un *remisse* destiné à la confection d'une étoffe ordinaire, il n'est pas nécessaire de tracer aucun plan; il suffit seulement de le stipuler par écrit, en énonçant le nombre de fils, la largeur et le nombre des *lisses* ou *pas*. Mais s'il s'agit d'un remisse destiné à la confection d'un tissu nouveauté quelque peu compliqué qu'il soit, il faut tracer en entier, ligne par ligne, au moins une répétition complète, et même quelquefois plus, pour atteindre le raccord général.

Au lieu d'agir ainsi, comme le font la plupart des employés chargés de ces sortes de travaux, voici une méthode aussi prompte que facile et qu'ont déjà adoptée tous ceux auxquels nous l'avons communiquée.

Soit, par exemple, à tracer le plan de la disposition suivante :

			Dépouillement.		
6	fils	cannelé.			
9	»	chevron.	Pour les cannelés	2	lisses
6	»	cannelé.	id. chevrons	5	»
24	»	filet façonné.	id. le filet façonné	24	»
6	»	cannelé.	id. le fond ou satin	5	»
9	»	chevron.			
6	»	cannelé.	**Total 36 lisses**		
100	»	satin de 5			

Au lieu de tirer, sur du papier ordinaire, 36 lignes horizontales, plus, toutes les verticales qui représentent les fils de chaîne compris dans la figure complète, il suffira de se servir d'un tout petit morceau de papier de mise en carte (quel que soit le numéro de la réduction). Sur ce papier on emploiera, sur la hauteur, un nombre suffisant de petits carreaux, qui, dans ce cas, remplacent le nombre de lignes que l'on est obligé de tracer lorsqu'on établit la *disposition* sur le papier. Donc, dans la disposition qui nous occupe, et que nous représentons des deux manières, fig. 1 et 4, pl. 198, on répartira d'abord les croisements selon l'ordre le plus convenable; soit, par exemple, les cinq lisses de fond sur le derrière, puis les vingt-quatre du filet, ensuite les cinq des chevrons, et, pour terminer, les deux des cannelés sur le devant.

Alors on pointera ainsi que nous le démontrons fig. 1", où l'on remarque que les six fils du premier cannelé sont placés sur les deux lisses d'en bas, trois fils sur chacune; viennent ensuite les neuf fils du premier chevron, lesquels occupent, sur la droite des précédents, les cinq carreaux suivants répétés deux fois, en laissant, par rapport au retour, un point manquant sur le devant de la seconde répétition. Le second cannelé revient sur les deux lignes de devant, puisqu'il manœuvre par les mêmes lisses. Vient ensuite le filet façonné établi sur les vingt-quatre lignes suivantes, et sur un seul rang. Les deux autres cannelés, ainsi que le second chevron, reviennent également sur le devant et sont placés semblablement aux précédents. Cette disposition est terminée par un massif de 100 petits carreaux établis sur vingt rangs pris sur le derrière et sur cinq rangs de hauteur.

Il suffit de comparer ces deux méthodes pour comprendre toute la supériorité de la seconde sur la première.

Les fig. 2 et 3 sont d'autres dispositions analogues à la précédente. Il va sans dire que le nombre de fils ou de répétitions de figures doit également être indiqué ainsi que la largeur. Chaque disposition doit en outre désigner le devant ou le derrière.

Sur le Montage, le Tissage et l'Entretien du métier.

Pour qu'un métier soit bien monté, il faut qu'il réunisse les conditions suivantes :

1° Que le bâti soit parfaitement d'aplomb et d'équerre et surtout bien consolidé sur tous les sens.

2° Que les rouleaux ou ensouples soient, sur toute leur longueur, d'un diamètre régulier et parallèlement placés.

3° Que la hauteur de l'ensouple de devant, ou de la poitrinière qui en tient lieu, soit en rapport avec la taille de l'ouvrier.

4° Que la hauteur du plancher soit d'une élévation suffisante pour que tous les mouvements de la mécanique, des leviers, des cordages, etc., puissent avoir lieu librement. Cette élévation est d'autant plus indispensable lorsque les métiers sont montés à corps et en grande largeur.

5° Que l'emplacement du métier soit tel, que l'ouvrier puisse circuler librement tout autour de son métier, surtout pour ceux disposés en grande *laize*.

6° Que la clarté soit suffisante et vienne autant que possible d'un seul côté, par la droite ou par la gauche indistinctement.

_____

Par les mots *Entretien du métier*, on comprend toutes les précautions et petits soins minutieux exigés lors du tissage ; et sans lesquels on ne peut obtenir une belle fabrication.

Les précautions principales sont :

1° La tension égale et constante de la chaîne et de la trame ;

2° La réparation immédiate des fils qui viennent à se rompre ;

3° La régularité du battage ainsi que de l'enroulement de l'étoffe ;

4° Que le tempia soit replacé aussitôt que le battant éprouve de la raideur ;

5° Que la *medée* ne soit ni trop longue ni trop courte ;

6° Que pour les articles délicats, la menée des verges soit exécutée deux fois par étente et le remondage en une seule fois.

A toutes ces conditions, que l'on peut considérer comme principales, viennent encore se joindre une foule d'autres non moins essentielles, et entièrement subordonnées au genre du tissu à confectionner.

De tous les principes qui concourent le plus à une belle fabrication, c'est en quelque sorte celui qui concerne l'application du *pas ouvert* ou du *pas clos*, selon la convenance la plus avantageuse au tissu à confectionner.

Le tissage à *pas ouvert* consiste à frapper le coup de battant, la *foule* étant encore ouverte, tandis que pour le pas clos, le battant ne frappe qu'après que la foule est rabattue.

Le tissage à pas ouvert a la propriété de maintenir l'étoffe en largeur, et de supprimer les frottements trop sensibles du peigne vers les extrémités du tissu ; il évite aussi les *trames manquantes* partielles, rend le tissage plus doux et moins pénible et, enfin, donne aux étoffes une *couverture* moëlleuse et éclatante.

Le pas clos ne contribue qu'à rendre les étoffes plus *carteuses*, sans que pour cela il soit nécessaire d'augmenter la force du coup de battant.

En résumé, la généralité des tissus, pour qu'ils soient bien confectionnés, sont tissés, un coup à pas ouvert et un coup à pas clos, comme aussi, pour certains tissus, les draperies par exemple, on frappe encore, en outre des précédents, un coup et quelquefois deux immédiatement après la foule et avant le passage de la navette. Cette méthode contribue beaucoup à la *réduction* de la trame.

Il arrive souvent que pour satisfaire à la réduction du compte de la chaîne, on est obligé de former des *chattières* ou *portières*, c'est-à-dire, de laisser vacantes certaines parties du remisse ou du corps. Lorsqu'on est obligé d'agir ainsi, il faut, autant que possible, que les maillons ou les mailles vides ne soient pas par trop nombreux dans chaque série ; mieux vaut les répartir en nombre moindre, et par conséquent former un plus grand nombre de chattières.

Dans ces sortes de répartitions, les mailles ne présentent, pour ainsi dire, aucune difficulté ; mais il n'en est pas de même des maillons vides, car pour ceux-ci, les cordes ou arcades qui les supportent sont très-susceptibles de se tordre par plusieurs ensemble ; torsion qui se prolonge à partir du plomb jusques et contre la planche d'arcade ; et comme ces cordes fonctionnent tout aussi bien que le

I.   70

reste du corps, il en résulte que lorsqu'une de ces cordes lève, elle enlève en même temps avec elle toutes celles qui se trouvent intimement liées par la torsion. Alors, les cordes ne pouvant plus fonctionner librement, éprouvent une résistance très-sensible, et, par suite, s'écorchent bientôt dans leur passage à la planche d'arcade; de plus, elles rebouclent dans l'*arcadage* et dans la *medée*, parce que les plombs se trouvant également gênés dans leur fonction, ceux qui ont été levés ne peuvent plus rabattre.

Pour éviter cet inconvénient, il vaut infiniment mieux, au lieu de laisser ces plombs pendants, les attacher en petits paquets que l'on place sur le rebord de la planche d'arcades, et que l'on fixe au moyen de ficelles, ayant soin de les disposer de manière que la foule ne puisse atteindre jusqu'à la raideur des arcades.

Lorsqu'un tissu est formé de plusieurs chaînes, il arrive quelquefois que les branches ou musettes ne se déroulent pas directement en face de l'emplacement qu'elles occupent dans le remisse ou dans le corps; dans ce cas, la foule ou marchure occasionne un frottement qui ne peut moins faire que de contribuer à la rupture des fils et occasionner des *entorsures*, surtout si les matières sont de différentes natures.

Pour donner aux fils leur véritable direction, il suffit de les placer, en les espaçant régulièrement, dans un rateau que l'on recule par étente, comme on le fait pour la menée des verges.

A défaut de rateau, et si la fausse direction n'est pas trop sensible, on peut tout simplement former, par un certain nombre de fils réunis, un encroix général et régulier; alors, pour faciliter la formation de cet encroix, si le métier est monté à lisses, on enverge ensemble et sur le même *pas* la moitié des fils contigus dont se compose la course. Si le métier est monté à corps, on a la facilité de pouvoir diviser les fils par différents nombres.

On sait que les fils manquants se voient de deux manières, ou par le rebouclé qu'ils produisent sur le derrière, ou bien par le défaut qu'ils forment sur le tissu.

Lorsqu'ils sont rebouclés, on retrouve leur emplacement par le moyen de l'enverjure. Pour les articles où la conservation de l'encroix n'est pas nécessaire, on cherche leur endroit ou dans la place approximative où ils se trouvent, ou bien en se guidant sur le défaut formé par l'absence du fil; mais comme cette dernière indication n'est pas toujours apparente, surtout dans certains croisements, la recherche en devient parfois très-minutieuse, aussi bien pour les métiers à lisses que pour ceux à corps.

En ce qui concerne ces derniers, il est un moyen très-expéditif; il consiste tout simplement à soulever en masse et dans l'emplacement présumé du fil manquant, un certain nombre de fils, en les saisissant en dessous, par devant et par derrière le corps; les fils étant ainsi soulevés, toutes les mailles supérieures munies de leur fil de chaîne rebouclent, tandis que les mailles qui se trouvent privées de leur fil restent dans leur tension normale et peuvent très-facilement être immédiatement saisies.

Il est également urgent de s'assurer, de temps à autre du passage des fils dans le peigne.

A cet effet, on perce un jeu de cartons en rapport avec le nombre de fils contenus dans chaque dent, c'est-à-dire, que si le piquage en peigne est établi par deux fils, on percera deux cartons en taffetas; si le peigne est passé à trois fils, on percera les cartons en sergé de trois, et ainsi de suite. Par ce moyen, chaque carton frappant successivement fera lever régulièrement un fil par dent, et dans le cas où la levée laisserait des vides, ne seraient-ils que d'une dent, ce vide serait assez sensible pour que la vue en soit immédiatement frappée.

Afin de donner de la durée aux arcades, il est urgent de les cirer dans toute leur longueur. Cette opération doit avoir lieu avant l'empoutage et être renouvelée de temps en temps, selon le besoin, et surtout dans la partie qui traverse la planche d'arcade.

Lorsque les métiers sont montés sur une grande largeur, il faut répéter plus souvent cette opération sur les bords, ce qui est nécessité par les angles de l'*arcadage*, lesquels sont d'autant plus aigus que les cordes se trouvent plus éloignées du centre de la planche.

Tirage des matières.

Lorsqu'il y a impossibilité d'employer une chaîne, ce qui arrive quelquefois, pour une cause quelconque, on peut néanmoins l'utiliser en la faisant *tirer*.

Le *tirage* consiste à remettre en écheveau chaque fil de chaîne.

Cette opération a lieu au moyen de deux asples, d'environ un mètre de circonférence, supportés chacun par un bâti, et placés à quelques mètres de distance l'un de l'autre.

Supposons que l'on veuille tirer une chaîne de 20 portées, de chacune 80 fils.

On enroulera d'abord la chaîne sur un asple, puis on la mettra en rateau par musettes ou branches, soit 40 fils, ayant soin de laisser entre chaque dent la distance nécessaire pour que les écheveaux ne puissent se mêler, ni même se joindre. Dans le cas où la longueur de l'asple ne serait pas suffisante, on divise préalablement la chaîne en plusieurs parties.

Les écheveaux étant formés par branches, on arrête provisoirement, et à chacun, la *capiure* ou *centaine*; puis on les réenroule tous successivement sur l'asple de derrière, en les nouant bout à bout. L'enverjure fil à fil, revenant alors la première, sert à former les véritables écheveaux.

Si l'opération a lieu sur une chaîne envergée par fils doubles ou triples, chacun d'eux doit être également divisé en fils simples.

Lorsque les chaînes sont *dévergées*, ce travail devient très difficile, et exige beaucoup de temps et de patience par rapport à la grande quantité de *tenues* qui se forment. Il ne peut d'ailleurs en être autrement, car il est très-difficile, et l'on peut même dire impossible, de rétablir un encroix exactement semblable à l'enverjure primitive.

Au moyen de ce procédé, les matières peuvent être teintes de nouveau, s'il en est besoin, et remises en chaîne.

Procédé pour reconnaître la nature des matières.

Lorsque l'on fait l'analyse d'un tissu, il arrive quelquefois que l'on émet des doutes sur la nature des matières dont il est formé.

L'expérience a démontré qu'en brûlant un fil de matière végétale, tel que chanvre, lin ou coton, on obtient une scission nette, et l'on remarque que l'état d'inflammation ou d'incandescence se termine très-promptement. Le fil de matière animale, au contraire (tel que laine, soie, poil de chèvre) s'enflamme et brûle rapidement; en brûlant, il répand une odeur empyreumatique et laisse une matière grasse et charbonneuse.

CHAPITRE XXX.

Problèmes intéressants. — Portraits. — Paysages. — Tableaux.

SOMMAIRE : *Exécuter un taffetas au moyen d'une seule lisse et d'une marche. — Faire manœuvrer ensemble deux armures établies sur des nombres différents, sans augmenter le nombre des cartons, et sur un seul cylindre privé de supplément. — Confectionner un tissu dont le nombre de cordes dépasse, même de beaucoup, le compte de la mécanique. — Élargir et rétrécir alternativement un tissu sans repiquer le peigne. — Entrelacer, lors du tissage, deux tissus l'un dans l'autre. — Faire, par le tissage, un véritable sac sans couture. — Portraits. — Paysages. — Tableaux.*

Taffetas au moyen d'une seule lisse et d'une seule marche.

Bien que le taffetas exige au moins deux marches et deux lisses, on peut néanmoins exécuter le croisement de cette armure au moyen d'une seule lisse et d'une seule marche. Pour cela, il faut disposer le montage de la manière suivante.

Nous dirons d'abord qu'il suffit que le nombre de mailles dont la lisse est formée contienne seulement la moitié de celles qui seraient nécessaires au passage de la totalité des fils de la chaîne.

A cet effet, on passera dans les mailles de la dite lisse, seulement la moitié des fils, soit, par exemple, tous ceux impairs, ayant soin d'intercaller un fil pair entre chacun d'eux. Le remettage étant terminé, on procèdera au passage des fils au peigne, tout comme on le fait ordinairement ; puis on disposera cette unique lisse de manière qu'elle puisse monter ou descendre alternativement, autrement dire, qu'elle puisse agir d'après le système de *baisse* et *lève*.

Pour obtenir ce mouvement au moyen d'une seule marche, il suffit de charger la lisse d'un poids convenable pour la tenir dans un *rabat* continu, ou bien, de la maintenir suspendue à hauteur de la foule, soit par des poids et des poulies de correspondance, soit par des ressorts. Dans le premier cas, la lisse étant en rabat par sa position naturelle, la foule se trouve toute ouverte pour le passage de la navette, soit les duites impaires, lesquelles seront passées sans que pour cela l'ouvrier ait besoin d'exécuter la marchure; pour le passage des duites paires, la lisse devra être levée. Dans le second cas, il arrive tout le contraire; parce qu'alors, et sans rien toucher à la marche, l'ouvrier passe d'abord la première duite et foule ensuite pour faire rabattre la lisse et passer la duite suivante.

On conçoit que les fils qui sont passés dans les lisses éprouvent une fatigue bien plus grande que ceux qui ne sont qu'intercallés, et qui, n'étant passés dans aucune maille, restent toujours dans l'inaction, ce qui oblige de faire usage de deux ensouples, dont un pour les fils pairs et un pour les fils impairs, observant de donner une tension rétrograde à la demi-chaîne qui est passée dans la lisse.

Il est évident que le tissu que l'on obtient par ce procédé ne vaut pas, quant à la confection, celui que l'on exécute par la méthode ordinaire; néanmoins ce que nous en disons, prouve non-seulement la possibilité de l'exécution de ce problème, qui au premier abord paraît inexécutable, mais encore peut être utile dans certaines circonstances.

Moyen de faire manœuvrer ensemble deux armures établies sur des nombres différents de coups ou duites, sans avoir recours à l'augmentation du nombre de cartons et sur un seul cylindre privé de supplément.

Supposons que l'on ait à exécuter un tissu formé de deux sortes de croisements, dont l'un, par exemple, exigerait quinze cartons et l'autre seize. Quant au nombre de *lisses* ou de *cordes*, il est insignifiant, puisque la difficulté n'existe qu'en ce qui concerne les cartons.

Si, comme on le fait généralement, on multiplie les deux nombres 15 et 16 l'un par l'autre, on aura pour total 240 cartons à percer; de plus, le perçage devra avoir lieu en deux fois, à moins de faire *courir la carte*, méthode qui exige une certaine habileté pour éviter des erreurs, et que pour percer les cartons en une seule fois, il faut nécessairement que la mise en carte soit poussée jusqu'au raccord des deux armures.

Nous allons démontrer la manière dont il faut s'y prendre pour n'employer que le nombre de cartons provenant de l'addition de ces deux nombres, et non pas de leur multiplication.

Admettons que le métier soit monté à lisses, dont quatorze sur le derrière affectées à l'armure de 16 cartons, et dix sur le devant affectées à l'armure de 15 ; en tout, vingt-quatre lisses.

On percera d'abord, comme à l'ordinaire, les seize cartons sur les quatorze trous de gauche, en perçant entièrement à chacun, et à droite, dans la partie réservée pour le dessin de quinze cartons, dix trous en matrice. Les seize cartons étant percés, on opèrera de la même manière pour le dessin de quinze cartons, lequel sera lu sur les dix crochets de devant et percé en matrice sur les quatorze crochets de derrière, autrement dire, à gauche de la plaque. Les deux dessins, ou jeux de cartons, seront lacés à part et formeront deux *manchons*, dont l'un sera composé de quinze cartons et l'autre de seize. Ces deux manchons seront placés l'un dans l'autre. Il va sans dire que celui qui est le moins élevé en nombre doit être recouvert par celui qui l'est le plus, et que chaque manchon doit aussi être muni d'une *lanterne* particulière, afin de rester maintenu dans une tension convenable.

Les deux manchons étant ainsi disposés, il est facile de comprendre que par suite du perçage matrice, les deux cartons superposés n'en forment plus qu'un seul, puisque les deux armures se trouvent lues et placées bout à bout, et que cette superposition ne revient la même qu'après que le manchon de 16 cartons a fait quinze tours, et que celui de 15 cartons en a fait seize ; en tout, 240 duites ou coups de trame, qui, sans ce procédé, exigeraient réellement 240 cartons.

Ce nombre de deux cent quarante est déjà très-grand, surtout pour des croisements qui appartiennent en quelque sorte à la catégorie des armures, et non des dessins proprement dits ; cependant il ne provient que de deux nombres peu élevés, car s'il s'agissait de deux croisements ayant seulement le double des précédents, soit 30 pour l'un et 33 pour l'autre, le total des cartons, par le procédé ordinaire, s'élèverait à 990, nombre provenant de la multiplication d'un nombre par l'autre, tandis que par notre méthode il suffira, pour obtenir le même résultat, d'en percer 63, total provenant de l'addition des deux nombres.

Ce que nous venons de dire pour les métiers montés à lisses, est en tous points applicable aux métiers montés à corps.

Nous ferons remarquer que pour faire avantageusement l'application de ce procédé, il est urgent que les cartons soient très-minces, et que les ficelles de laçage soient un peu fines, car sans cette double précaution, la superposition des cartons ne pourrait être faite avec précision et régularité.

Quant aux lisières, il faut nécessairement qu'elles soient lues sur le cylindre, et pour ce motif on perce leur emplacement, en matrice, sur les deux manchons.

Confectionner un tissu dont le nombre total des cordes désignées par la mise en carte dépasse, même de beaucoup, le compte de la mécanique.

Supposons que pour exécuter un dessin à lat suivi, sur 4000 cordes, on ne puisse disposer que d'une mécanique en 400.

Pour satisfaire à ce problème, on montera le métier en dix chemins empoutés suivis; chaque chemin sera séparé par un fil spécial, très-apparent et supplémentaire, passé dans un maillon qui lèvera à toutes les duites quelles qu'elles soient.

A cet effet, le dessin devra être lu sur autant de cartons qu'il y a de chemins, par conséquent on le divisera par dixièmes, autrement dire par bandes de 400 fils ou cordes chaque.

Le premier coup de la première bande constituera le perçage du premier carton; le premier coup de la deuxième bande formera le perçage du deuxième carton, et ainsi de suite, jusqu'au premier coup de la dixième bande, lequel formera le perçage du dixième carton; de manière que les dix cartons réunis comprendront la totalité du premier coup de trame pris sur toute la première ligne transversale de la carte; ce qui est évident, puisque dix répétitions de 400 font 4000. Pour le coup suivant, on opèrera de la même manière, et ainsi de suite, jusqu'à la fin de la lecture de la carte.

Tous les cartons étant ensuite lacés par numéros d'ordre, il faudra nécessairement passer successivement dix cartons pour un. A cet effet, le premier carton ayant frappé, on passera la trame dans le premier chemin seulement, jusques et y compris le fil de séparation dont nous avons parlé plus haut. L'ouvrier alors *changeant le pas,* fera frapper le carton suivant, lequel fera également lever les dix chemins, mais la navette ne devra passer que dans le deuxième; il continuera ainsi de suite jusqu'au dixième carton qui, à son tour, opérera sur le dixième chemin.

Ce que nous venons de dire, pour les dix premiers cartons, est en tous points applicable à la seconde dixaine, Nᵒˢ 11 à 20; seulement on observera que si, pour la première série 1 à 10, la navette a été passée de droite à gauche, il faudra, pour la seconde série, la passer de gauche à droite.

Par suite de cette disposition, il résulte que si, pour la lecture de la première série, on a lu la carte en allant de gauche à droite, c'est-à-dire du dixième chemin au premier, il faudra, pour la seconde série, exécuter la lecture en sens inverse, autrement dire: du premier carton ou chemin au dixième; néanmoins, cette inversion par chaque série n'est pas de rigueur, puisqu'on peut l'éviter par le numérotage inverse des cartons, dans toutes les séries paires. Dans cette hypothèse, le dernier carton lu dans la deuxième série portera le n° 11 au lieu de porter le n° 20, et réciproquement le premier carton de cette même série portera le n° 20 au lieu du n° 11; conséquemment, le carton qui devra porter le n° 12 est l'avant-dernier de la lecture de la deuxième série. Cet amalgame ne gêne en rien, puisqu'au moyen du laçage, chaque carton opère sur le chemin auquel il doit correspondre.

Si l'on négligeait ce principe, il en résulterait que, pour chaque série, les effets de gauche se produiraient à droite et réciproquement, en un mot, brouilleraient tout le dessin, et sur toute la largeur.

Comme on le voit, ce genre de tissu appartient en quelque sorte à la catégorie des brochés, bien que la trame soit transversale, d'une extrémité à l'autre.

Si, au lieu d'exécuter une levée générale pour chaque fraction de duite, chaque carton ne levait que les fils appartenant à un seul chemin, le tissage en deviendrait certainement plus facile; mais pour cela, il faudrait y faire l'application de l'empoutage à planchettes (page 389). Par ce moyen, chaque planchette opérant successivement, et pour chaque carton, un mouvement qui raccourcit les cordes d'arcades, il s'en suit que, pour chaque carton, le chemin qui doit recevoir la trame forme une élévation supplémentaire, qui facilite d'autant le passage de la navette dans ce même chemin.

Si le dessin à exécuter était formé par retour ou regard, à un seul lat, on monterait le métier en conséquence; alors on pourrait tisser avec deux navettes, et les chemins fonctionneraient deux par deux: le premier avec le dernier, le deuxième avec l'avant-dernier qui est ici le neuvième, etc. Dans ce cas, les deux navettes étant passées sur une même levée, celle de droite dans le dixième chemin et celle de gauche

I.   71

dans le premier, arriveront à tisser, au cinquième coup, la première
dans le sixième chemin, et la seconde dans le cinquième; alors, pour
la seconde série de cartons, la navette de droite continuera sa course
en se dirigeant vers la gauche, et tissera successivement, dans les cinq
chemins, 5,4,3,2 et 1, tandis que la navette de gauche se dirigeant vers
la droite, tissera en même temps dans les chemins 6,7,8,9 et 10.

Comme l'empoutage à retour diminue de moitié la série des cartons
nécessaires pour l'empoutage suivi, précédemment décrit, chaque série ne sera composée que de cinq cartons, de manière qu'à la fin de
la seconde série, ce sera la navette de droite qui se trouvera à gauche
et réciproquement; donc, chaque navette opérant entièrement, quoique
par dixièmes, la traversée totale de l'étoffe, la trame sera continue.

Dans le cas où, pour l'un et l'autre genre que nous venons de décrire, on voudrait faire l'application de plusieurs lats, il faudrait, pour
chaque série de chemins, un nombre de cartons égal au nombre de couleurs désignées par la mise en carte.

Il va sans dire qu'avec cette sorte de montage le tissage devient
autant de fois plus long qu'il y a de chemins, comparativement au
passage de la trame en un seul coup de navette, qui comprendrait la
totalité transversale; néanmoins l'application de ce procédé peut être
utile en diverses circonstances.

Élargir ou rétrécir alternativement un tissu sans repiquer le peigne.

Supposons que l'on ait à confectionner un tissu, un ruban, par
exemple, dont les parties extérieures seraient alternativement sor-
tantes et rentrantes, ainsi que le représentent les figures 6, 7, 8 et
9, pl. 221.

Comme c'est toujours du peigne que dépend la largeur de l'étoffe,
c'est au moyen d'un peigne tout spécial que nous allons donner la
solution de ce problème.

Ainsi que nous le représentons fig. 1ʳᵉ, ce peigne diffère de ceux ordinaires en ce qu'il est de forme conique, c'est-à-dire que la partie
supérieure A,B, est plus large que celle inférieure C,D, quoique l'une
et l'autre soient composées d'un même nombre de dents ou broches.

Bien que le genre de peigne soit la base de cette démonstration,
on ne pourrait atteindre qu'imparfaitement le but du problème, si
l'on conservait à cet ustensile le mouvement arqué, analogue à un
segment de cercle, qu'il exécute avec la plupart des battants ordi-

naires; d'ailleurs ce peigne, par sa forme toute particulière, ne peut produire son effet qu'au moyen d'un frappement direct et rectiligne; en outre, et indépendamment de ce mouvement de va et vient, dit à piston, il faut encore que ce mécanisme fonctionne comme régulateur, en dirigeant graduellement la hauteur du point de contact avec la trame.

Les cinq roues E, F, G, H, I, sont ajustées à un support commun, fixé semblablement à la droite et à la gauche du métier. Les deux côtés étant semblables, nous n'en décrirons qu'un seul.

Le peigne P, fig. 2, est enchâssé dans deux traverses faisant partie d'un double chassi L, L, M, M, vu en perspective. Ce chassi ou portepeigne, qui est tout en fer, est muni de huit patelettes M, M, dans lesquelles passent des tringles en fer N, N, qui le supportent à coulisse et qui, elles-mêmes, sont fixées à la partie inférieure du support O, O, fig. 5. Ce support étant appelé à opérer un mouvement ascendant et descendant, il est maintenu à coulisse par les brides P, P. Le centre de ce support est évidé et est muni d'une crémaillère verticale Q, qui engrène dans le pignon de la roue G.

A la seule inspection de cette figure, on reconnaît aisément que le pignon central reçoit son mouvement par l'effet du cliquet R, adapté au levier S., et que ce levier est mis en mouvement au moyen de la ficelle T, qui le commande à chaque foule ou duite. Quant à la roue intermédiaire F, elle n'est placée là que pour ralentir le mouvement, d'élévation ou d'abaissement, tel que cela se pratique pour le régulateur ordinaire, dont nous avons parlé page 289, et représenté pl. 60. Il en est de même de la chappe de réglage U.

Le cliquet R mettant la roue F en mouvement par un seul cran à la fois, le pignon de celle-ci communique à la roue G une rotation très-lente, qui est encore diminuée par le pignon central.

D'après ce que nous venons de dire, on voit que le cliquet R fait opérer au support O, O, un mouvement ascendant, ainsi que l'indiquent les flèches.

Le support ayant atteint son plus haut degré d'élévation, il redescend exactement et de la même manière, par le seul effet du mécanisme. Pour cela, il suffit de relever le cliquet R et de rabattre le cliquet V; alors ce seront les roues H et I qui feront manœuvrer la roue G dans le sens opposé à la rotation précédente. Donc, pour tisser en diminuant la largeur, la crémaillère Q sera commandée par le cliquet R , tandis que pour élargir , elle le sera par le cliquet V. Il est évident qu'il faut toujours que l'un des deux cliquets reste neutre; car s'ils étaient tous deux abattus, il serait de toute impossibilité de faire fonctionner le mécanisme.

Afin de ne pas fatiguer inutilement l'attention de l'ouvrier pour lever ou rabattre les cliquets, ces mouvemens peuvent être facilement exécutés par les cartons, au moyen de deux crochets disposés tout exprès.

On peut aussi se dispenser de placer, de chaque côté du métier, une semblable série d'engrenages; pour cela, il suffit d'adapter au centre du pignon de la roue G, un arbre transversal, muni d'un pignon semblable au précédent; ce second pignon communiquerait à l'autre support un mouvement identique à celui du support placé du côté du régulateur.

On pourrait également supprimer deux roues E, F ou H, I; mais dans ce cas, l'unique levier serait muni de deux cliquets, dont l'un serait droit et l'autre à crochet; par la même raison, la roue E, sur laquelle ils agiraient, serait munie de deux dentures en sens inverses l'une de l'autre. Par suite de cette disposition, un cliquet ferait monter les supports jusqu'à leur plus haut degré d'élévation, et l'autre les ferait redescendre.

La courbe plus ou moins arquée des festons dépend du plus ou moins de crans compris dans chaque mouvement du levier de commande.

Outre la forme représentée par les fig. 6 et 7, on peut aussi obtenir la forme des fig. 8 et 9. On remarquera que, dans les fig. 6 et 7, les parties concaves sont en regard entre elles, et qu'il en est de même des parties convexes, tandis que dans la fig. 8, les parties convexes sont en face des parties concaves. Pour obtenir la formation de cette figure, il faut que le peigne soit établi, ainsi que le représente la fig. 3. On y remarque que la direction des dents ou broches de chaque partie X, Y, sont semblables, mais disposées en sens inverse, et que la dent du milieu fait angle droit avec les deux extrémités du peigne.

Pour exécuter le feston représenté fig. 9, le peigne est formé de la moitié de la fig. 3 représentée fig. 4.

D'après les explications qui précèdent, il est facile de comprendre que lors du tissage, pour les fig. 6 et 7, le peigne commençant à tisser par le bas, par exemple, confectionnera la partie étroite, et que le tissu s'élargira insensiblement à chaque duite, jusqu'au moment, où s'effectuera le retour, autrement dire: la remontée du peigne. Pour la fig. 8, peigne fig. 3, le tissu gagne d'un côté ce qu'il perd de l'autre.

Nous ferons remarquer que si le cliquet fonctionne régulièrement par un seul cran, on obtiendra des zig-zags rectilignes ou dents de loups simples, fig. 10, que l'on pourra facilement rendre plus compliquées, fig. 11, et que, pour obtenir des festons ou bords curvi- lignes, il faut que les mouvements ascendants et descendants du peigne soient combinés et lus en conséquence. Ces peignes doivent être très-hauts de foule, afin de laisser une place convenable pour la levée de la chaîne.

Entrelacer, lors du tissage, deux tissus l'un dans l'autre.

L'application de ce procédé est spéciale à certains genres de bretelles.

Soit à entrelacer les deux bretelles A, B, ainsi qu'elles sont représentées fig. 1re, pl. 206.

On tissera d'abord, par le montage ordinaire, une bretelle entière, soit la bretelle A, dans laquelle on ne rencontre que la difficulté de la boutonnière E et de la fente C, D, difficulté qui, du reste, est très-facile à vaincre; car pour cela, il suffit de disposer le montage sur un nombre de lisses double de celui nécessité par l'armure, autrement dire: sur deux remisses. A cet effet, la première moitié de la chaîne sera passée sur un remisse, et la seconde moitié sur l'autre; alors, pour commencer la bretelle, les deux jeux de lisses fonctionnant d'une manière semblable, on tissera avec une seule navette, puis, quand viendra l'emplacement de la boutonnière, chaque jeu de lisses agira alternativement, et pendant ce temps, on tissera avec deux navettes pour former deux tissus contigus ayant chacun leurs deux lisières. La boutonnière étant terminée, les deux jeux de lisses reprendront leur fonction commune et l'on tissera de nouveau avec une seule navette jusqu'au point D, où commence la séparation D, C, qui n'est autre qu'une longue boutonnière, puis on continuera le tissage à une seule navette jusqu'à la fin de la bretelle.

On comprend que ce n'est pas dans la confection de la première bretelle que gît la difficulté, mais bien dans la confection de la seconde, qui, elle seule, résout le problème.

Pour le tissage de cette seconde bretelle, il faut que le peigne, le remisse et l'ensouple de derrière, soient disposés de manière à pouvoir être chacun séparé en deux. Ainsi, après avoir tissé le commencement de la bretelle, la boutonnière H, ainsi que la partie G, F, de la même manière qu'il vient d'être décrit pour E, D, C, on arrêtera le tissage au point F, où se termine la séparation G,F; alors, on placera transversalement sur le devant la partie C, D, de la première bretelle A, qui est entièrement tissée, puis, démontant moitié par moitié les accessoires dont il vient d'être parlé, on fera passer les deux parties de chaîne, avec ensouple, remisse et peigne, l'une en-dessus, et l'autre en-dessous de chaque moitié de la bretelle tissée, ainsi que le démontre la fig. 2.

S'il s'agissait d'un tissu façonné, il faudrait que le métier fût monté sur deux corps, mais dans ce cas, le démontage et le remontage successifs devenant par trop compliqué, il vaut mieux avoir recours à la manière suivante :

Le peigne seulement devra pouvoir être séparé moitié par moitié; à cet effet, et avant que de commencer le tissage de la seconde bretelle B, on placera la bretelle tissée A, transversalement et de la même manière qu'il a été dit ci-devant; alors on fera passer les deux peignes munis de leur demi-chaîne, en les entrelaçant dans la partie C, D, de la bretelle A, fig. 3. On replacera immédiatement les deux peignes dans le battant, en les joignant l'un contre l'autre, de manière à ce qu'ils n'en forment qu'un seul, puis on procèdera à l'entâquage.

Cette disposition étant faite, il s'agit de tisser; mais, pour cela, il faut organiser la bretelle transversale de manière qu'elle ne puisse s'opposer ni même gêner au tissage de la bretelle longitudinale; à cet effet, on disposera (derrière les peignes) la bretelle transversale, ainsi que le représentent les fig. 5 et 6, où l'on remarque que les crochets supérieurs I, J, supportés par les ficelles K, conjointement avec les crochets inférieurs L, M, auxquels sont adaptés des contre-poids N, maintiennent une ouverture constante et suffisante pour l'exécution du tissu.

Une fois arrivé au point C, où se termine la grande séparation, on fait passer les deux peignes, chacun dans l'ouverture que lui présente la bretelle transversale, puis on les replace immédiatement dans la rainure du battant; on démonte également les quatre crochets dont il vient d'être question, et l'on continue le tissage ordinaire à une seule navette jusqu'à la fin de la bretelle.

Au moyen de ce procédé, on peut faire des entrelacements plus compliqués.

Faire, par le seul procédé du tissage, un véritable sac sans couture.

Beaucoup de personnes connaissant la fabrication des tissus, se figurent que pour confectionner un sac au moyen du tissage seulement, il suffit d'établir le tissu en double étoffe et de les unir l'une à l'autre, soit au commencement, soit à la fin, par un simple liage en armure taffetas.

Ceux qui pensent ainsi, sont dans une erreur complète, car le résultat d'une étoffe ainsi tissée, ne produit autre chose qu'un tissu circulaire, transversal, dont les extrémités longitudinales sont sans retour, tandis que c'est dans le retour même, pris longitudinalement, que consiste toute la difficulté et par conséquent la solution réelle du véritable sac sans couture.

Admettons le croisement en taffetas, étoffe double.

On passera d'abord, en partant de derrière, le premier fil A dans la 1re lisse, ce fil sera passé au peigne I, J, puis il embrassera un fil de métal K, L, et reviendra sur le derrière en repassant dans le peigne ainsi que dans la seconde lisse. Le troisième et le quatrième fil seront passés de la même manière et chacun dans sa lisse respective, ainsi que le représente la fig. 7, pl. 222.

Le passage de ces quatre fils constituant la course complète, toutes les courses qui suivront ne seront que des répétitions de celles-ci.

Il est indifférent que le passage au peigne ait lieu par un ou par plusieurs fils en dent, cela dépend de la réduction que l'on veut donner au tissu.

Le remettage et en même temps le passage des fils au peigne étant exécutés, on passera un fil M, en forme de lacet; ce fil continuera les zig-zags pendant toute la largeur, en embrassant successivement chaque boucle, puis on l'arrêtera par ses deux extrémités, ainsi que cela se pratique pour la pose des *gancettes* de ce genre. Cette disposition étant prise, on rapprochera le peigne jusques et contre le fil de métal; on assujettira le battant dans cette position, afin de maintenir l'alignement dans l'extrémité des boucles.

Tous les fils se trouvant arrêtés par devant, ainsi que nous venons de le dire, on les arrêtera par derrière, soit deux par deux, soit par un plus grand nombre réunis au moyen d'un nœud, et si le peu d'étente ne permet pas l'enroulement de la chaîne sur le rouleau de derrière, on a recours à la *mise en corde*. Il ne faut surtout pas perdre de vue que la bonne exécution dépend principalement de la régularité dans la tension des fils de chaîne.

Toutes opérations étant terminées, il ne reste plus qu'à tisser, en étoffe double, une longueur suffisante. Voyez CHAPITRE VIII.

Étoffes doubles.

Le tissage étant terminé, on coupera, sans avoir égard au reste de la chaîne, attendu que pour chaque sac il faut refaire un montage complet, et l'on retirera le fil de métal. Si, après avoir retiré ce fil, il restait une *claircière*, elle ne pourrait être que très-minime, et il serait facile de la faire disparaître en rapprochant un peu les premières duites.

Si l'on désirait obtenir un tissu différent ou bien une couleur différente pour chaque côté, on n'aurait qu'à se conformer à ce que nous avons dit page 146.

Nous avons la certitude que ces explications suffisent pour faire parfaitement comprendre que c'est le seul moyen de pouvoir faire, par le tissage, un véritable sac sans couture, puisque, en le détissant, les fils de chaîne ne seront ni coupés, ni noués dans la partie qui forme le fond ou cul du sac. C'est ce que nous tenions à démontrer, afin que l'on puisse distinguer le véritable sac d'avec le faux.

Portraits, Paysages, Tableaux.

L'industrie du tissage est arrivée aujourd'hui à un si haut degré d'extension et de perfectionnement, qu'il n'est pas rare de rencontrer dans presque tous les magasins de soieries des chefs-d'œuvres provenant de cette profession. Parmi ces chefs-d'œuvres, ceux qui frappent le plus l'attention, ce sont les portraits tissés en soie.

Nous ferons remarquer que l'exécution d'un portrait fait au moyen du tissage, diffère de celle des dessins ordinaires, en ce que le portrait exige, pour première condition, le talent du peintre; talent qui est en quelque sorte en dehors des attributions du dessinateur de fabrique, mais dont néanmoins les travaux de mise en carte en sont le véritable pinceau.

Ainsi, pour confectionner un portrait au moyen du tissage, il faut d'abord que l'exactitude des traits, qui sont la base de la ressemblance, ne laisse rien à désirer. C'est là le travail du peintre, comme la mise en carte est le travail du dessinateur. On conçoit que le premier n'a pas à s'occuper de *réduction,* et que tous ces calculs, ainsi que la diversité illimitée des croisemens, sont entièrement du ressort du second.

Le portrait étant tracé, le dessinateur doit préalablement se baser sur une réduction déterminée, c'est-à-dire, sur le nombre des fils de chaîne que l'on prétend faire entrer dans le portrait, ainsi que sur le nombre de duites ou coups de trame. Ce sont ces deux bases qui, par leurs rapports, établissent la réduction du papier à employer pour la mise en carte, ainsi que nous l'avons démontré page 235 et suivantes.

Soit, par exemple 900 cordes sur 400 coups, nombres qui correspondent à une réduction de 18 en 8.

Cette réduction donnant 50 carreaux ou dizaines, on les reproduira en même nombre sur l'esquisse. Alors, faisant application des principes que nous avons donnés dans le chapitre XIV, tous les traits de l'esquisse occuperont indubitablement, dans la mise en carte, la place qui leur est assignée par la concordance dans l'opération du *quadrille.*

Comme ces sortes de dessins appartiennent spécialement à la soierie et qu'ils sont généralement formés par une chaîne blanche et une trame noire, les ombres et les contours doivent se manifester par l'apparence graduée de la trame. Cette graduation est en tous points conforme à ce que nous avons décrit dans l'article des **fondus** page 330; seulement elle exige beaucoup plus de soins par rapport à la délicatesse et à la précision des traits et des ombres.

En ce qui concerne les tableaux et surtout le paysage, la mise en carte n'en est pas moins compliquée, cependant elle est beaucoup moins difficultueuse; car, si un portrait, pour être bien reproduit, ne peut supporter aucune médiocrité dans la mise en carte, tout autre tableau, paysage, etc., peut en permettre l'exécution à un talent secondaire.

I. 72

CHAPITRE XXXI.

Calculs de fabrique.

Il arrive souvent que des personnes suffisamment initiées aux calculs ordinaires, se trouvent très-embarrassées lorsqu'il s'agit de faire certaines opérations usitées en fabrique.

Ces opérations, dont la plupart sont cependant très-faciles, ne sont généralement établies ou raisonnées que mystérieusement par les personnes qui en sont spécialement chargées; aussi, tout employé qui débute, trouve rarement un mentor assez complaisant pour lui donner la clef des principes nécessaires pour ces sortes d'opérations, et pendant le temps que les débutans se creusent la cervelle pour déchiffrer des calculs énigmatiques que l'employé de première classe considère comme étant son monopole, celui-ci devient, aux yeux de son inférieur, un véritable algébriste.

Nous n'avons certainement pas la prétention de faire, de ce chapitre, un traité d'arithmétique, car nous supposons à nos lecteurs la connaissance des quatre règles fondamentales, simples et composées, ainsi que des proportions.

Notre unique but, dans ce chapitre, est de nous borner à faire comprendre aux personnes qui suivront minutieusement nos questions et problèmes, les opérations qu'il est indispensable de connaître pour occuper convenablement certains emplois, sans que pour cela il soit nécessaire d'avoir recours à des personnes qui, par jalousie ou bien par une spéculation trop intéressée, pourraient laisser quelques doutes sur la sincérité de leurs avis.

La tolérance que les administrateurs et les principaux directeurs des divers établissemens de filature, moulinage, manufactures et fabriques ont pour les anciens calculs, nous oblige en quelque sorte à insérer dans ce chapitre les opérations dont leur vieille routine ne saurait abandonner l'usage lorsque le système décimal *seul* devrait être en usage. Espérons que le temps n'est pas éloigné où l'on supprimera définitivement et avec juste raison ces dénominations vicieuses et barbares, qui ne servent qu'à compliquer les difficultés dans les nombreuses opérations et manipulations que subissent les matières textiles pour arriver à l'état de tissu.

Nous allons d'abord établir les calculs qu'il est nécessaire de connaître pour opérer sur des fils de même grosseur, quelle que soit la nature des matières et sans avoir égard à aucun titrage.

Opérations simples.

1re *question.* Combien faudrait-il de mètres de fil pour former une chaîne de 52 mètres. — Réduction, 3800 fils?

Opération.

$$3800 \times 52 = 197,600. \text{ — Réponse } 197,600 \text{ mètres.}$$

2e *question.* Combien faudrait-il de mètres de trame pour tisser 52 mètres d'étoffe, dont la largeur serait de 1m25, à raison de 164 duites ou coups par ,05 centimètres?

Opération.

$$,05 : 164 :: 100 : x = 3280 \times 1,25 = 4100 \times 52 = 213200 \text{ mètres.}$$

La simplicité de ces deux opérations nous dispense de toute explication.

Opérations composées.

Les trois cas suivans se présentent fréquemment dans les opérations de fabrique.

1er *cas.* Connaissant le nombre de mètres, la réduction et le poids d'une chaîne, trouver combien on pourrait obtenir de mètres dans une réduction différente et avec un poids différent.

2e *cas.* Connaissant le nombre de mètres, la réduction et le poids d'une chaîne, trouver combien pèsera un certain nombre de mètres d'une réduction différente.

3e *cas.* Connaissant le nombre de mètres, la réduction et le poids d'une chaîne, trouver quelle réduction on pourra obtenir d'après un poids et une longueur donnés.

On voit que dans le premier cas, c'est la longueur qui est inconnue; dans le deuxième c'est le poids, et dans le troisième c'est la réduction.

Problème relatif au 1er cas.

124 mètres de chaîne en 2880 fils (*ou* 36 *portées*) pèsent 3725 grammes; combien pourra-t-on faire de mètres en 2400 fils (*ou* 30 *portées*) avec 2715 grammes?

Opération.

$$124 \times 2880 = 357120^m : 3725 :: x \times 2400 : 2715 \text{ grammes.}$$
$$— 357120 \times 2715 = 969580800 > 3725 \times 2400 \text{ ou } 8940000 = 108^m45^c$$

On a pour réponse 108 mètres 45 centimètres.

Problème relatif au 2e cas.

Si 124 mètres d'une chaîne composée de 2880 fils pèsent 3725 grammes, combien pèseront 108 mètres 45 centimètres en admettant que la réduction ne soit que de 2400 fils?

Opération.

$$124 \times 2880 = 357120 : 3725 :: 108,45 \times 2400 = 26028000 : x.$$
$$— 26028000 \times 3725 = 969542000 > 357120 = 2715.$$

On a pour réponse 2715 grammes.

Problème relatif au 3e cas.

Si 124 mètres en 2880 fils pèsent 3725 grammes, combien devra-t-on mettre de fils pour obtenir une longueur de 108^m45^c, ne pouvant disposer que de 2715 grammes.

Opération.

$$124 \times 2880 = 357120 : 3725 :: 108,45 \times x : 2715.$$
$$— 357120 \times 2715 = 969580800,.. > 403976,25 = 2400$$

On a pour réponse 2400 fils.

Ces trois problèmes se servent réciproquement de preuve.

Notions sur les différences de titrages.

Coton. Pour les fils de coton, l'unité métrique que l'on désigne par N° 1, représente du fil dont les 500 grammes ont une unité de longueur de 1000 mètres; le N° 2, 2000 mètres, et ainsi de suite. C'est la seule matière qui, jusqu'à ce jour, ait reçu l'application du système métrique.

Soie. Pour le titrage des fils de soie, c'est une longueur déterminée qui sert de base, et c'est à cette longueur que l'on compare le poids. Cette base est, à Lyon, une longueur de 480 mètres, et le denier est le poids qu'on y rapporte. Cette opération a lieu en additionnant le poids, en deniers, produit par un certain nombre d'essais, et en divisant ce total par le même nombre d'essais; le quotient donne le titre. Voy. page 34.

Laine cardée. Les titres de filature pour les fils de laine cardée,

TABLEAU SYNOPTIQUE.

Pour les fils de laine, indiquant le titre de filature d'une LIVRE DE COMPTE (de 3600 mètres), d'après son poids réel et réciproquement, depuis 2 quarts jusqu'à 32 inclusivement.

TITRES QUARTS (A)	SONS (B)	POIDS (C) gr. c.	QUARTS (D)	SONS (E)	POIDS (F) gr. c.	QUARTS (G)	SONS (H)	POIDS (I) gr. c.	QUARTS (J)	SONS (K)	POIDS (L) gr. c.	QUARTS (M)	SONS (N)	POIDS (O) gr. c.	QUARTS (P)	SONS (Q)	POIDS (R) gr. c.
2	«	1000.»	7	«	285.7	12	«	166.6	17	«	117.6	22	«	90.9	27	«	74.0
2	1	952.3	7	1	281.6	12	1	165.2	17	1	116.9	22	1	90.4	27	1	73.8
2	2	909.0	7	2	277.7	12	2	163.9	17	2	116.2	22	2	90.0	27	2	73.5
2	3	869.5	7	3	273.9	12	3	162.6	17	3	115.6	22	3	89.6	27	3	73.2
2	4	833.3	7	4	270.2	12	4	161.2	17	4	114.9	22	4	89.2	27	4	72.9
2	5	800.0	7	5	266.6	12	5	160.0	17	5	114.2	22	5	88.8	27	5	72.7
2	6	769.2	7	6	263.1	12	6	158.7	17	6	113.6	22	6	88.4	27	6	72.4
2	7	740.7	7	7	259.7	12	7	157.4	17	7	112.9	22	7	88.1	27	7	72.2
2	8	714.2	7	8	256.4	12	8	156.2	17	8	112.3	22	8	87.7	27	8	71.9
2	9	689.6	7	9	253.1	12	9	155.0	17	9	111.7	22	9	87.3	27	9	71.6
3	«	666.6	8	«	250.0	13	«	153.8	18	«	111.1	23	«	86.9	28	«	71.4
3	1	645.1	8	1	246.9	13	1	152.6	18	1	110.4	23	1	86.5	28	1	71.1
3	2	625.0	8	2	243.9	13	2	151.5	18	2	109.8	23	2	86.2	28	2	70.9
3	3	606.0	8	3	240.9	13	3	150.3	18	3	109.2	23	3	85.8	28	3	70.6
3	4	588.2	8	4	238.0	13	4	149.2	18	4	108.6	23	4	85.4	28	4	70.4
3	5	571.4	8	5	235.2	13	5	148.1	18	5	108.1	23	5	85.1	28	5	70.1
3	6	555.5	8	6	232.5	13	6	147.0	18	6	107.5	23	6	84.7	28	6	69.9
3	7	540.5	8	7	229.8	13	7	145.9	18	7	106.9	23	7	84.3	28	7	69.6
3	8	526.3	8	8	227.2	13	8	144.9	18	8	106.3	23	8	84.0	28	8	69.4
3	9	512.8	8	9	224.7	13	9	143.8	18	9	105.8	23	9	83.6	28	9	69.2
4	«	500.0	9	«	222.2	14	«	142.8	19	«	105.2	24	«	83.3	29	«	68.9
4	1	487.8	9	1	219.7	14	1	141.8	19	1	104.7	24	1	82.9	29	1	68.7
4	2	476.1	9	2	217.3	14	2	140.8	19	2	104.1	24	2	82.6	29	2	68.4
4	3	465.1	9	3	215.0	14	3	139.8	19	3	103.6	24	3	82.3	29	3	68.2
4	4	454.5	9	4	212.7	14	4	138.8	19	4	103.0	24	4	81.9	29	4	68.0
4	5	444.4	9	5	210.5	14	5	137.9	19	5	102.5	24	5	81.6	29	5	67.7
4	6	434.7	9	6	208.3	14	6	136.9	19	6	102.0	24	6	81.3	29	6	67.5
4	7	425.5	9	7	206.1	14	7	136.0	19	7	101.5	24	7	80.9	29	7	67.3
4	8	416.6	9	8	204.0	14	8	135.1	19	8	101.0	24	8	80.6	29	8	67.1
4	9	408.1	9	9	202.0	14	9	134.2	19	9	100.5	24	9	80.3	29	9	66.8
5	«	400.0	10	«	200.0	15	«	133.3	20	«	100.0	25	«	80.0	30	«	66.6
5	1	392.1	10	1	198.0	15	1	132.4	20	1	99.5	25	1	79.6	30	1	66.4
5	2	384.6	10	2	196.0	15	2	131.5	20	2	99.0	25	2	79.3	30	2	66.2
5	3	377.3	10	3	194.1	15	3	130.7	20	3	98.5	25	3	79.0	30	3	66.0
5	4	370.3	10	4	192.3	15	4	129.8	20	4	98.0	25	4	78.7	30	4	65.7
5	5	363.6	10	5	190.4	15	5	129.0	20	5	97.5	25	5	78.4	30	5	65.5
5	6	357.1	10	6	188.6	15	6	128.2	20	6	97.0	25	6	78.1	30	6	65.3
5	7	350.8	10	7	186.9	15	7	127.3	20	7	96.6	25	7	77.8	30	7	65.1
5	8	344.8	10	8	185.1	15	8	126.5	20	8	96.1	25	8	77.5	30	8	64.9
5	9	338.9	10	9	183.4	15	9	125.7	20	9	95.6	25	9	77.2	30	9	64.7
6	«	333.3	11	«	181.8	16	«	125.0	21	«	95.2	26	«	76.9	31	«	64.5
6	1	327.8	11	1	180.1	16	1	124.2	21	1	94.7	26	1	76.6	31	1	64.3
6	2	322.5	11	2	178.5	16	2	123.4	21	2	94.3	26	2	76.3	31	2	64.1
6	3	317.4	11	3	176.9	16	3	122.6	21	3	93.8	26	3	76.0	31	3	63.8
6	4	312.5	11	4	175.4	16	4	121.9	21	4	93.4	26	4	75.7	31	4	63.6
6	5	307.6	11	5	173.9	16	5	121.2	21	5	93.0	26	5	75.4	31	5	63.4
6	6	303.0	11	6	172.4	16	6	120.4	21	6	92.5	26	6	75.1	31	6	63.2
6	7	298.5	11	7	170.9	16	7	119.7	21	7	92.1	26	7	74.9	31	7	63.0
6	8	294.1	11	8	169.4	16	8	119.0	21	8	91.7	26	8	74.6	31	8	62.8
6	9	289.8	11	9	168.0	16	9	118.3	21	9	91.3	26	9	74.3	31	9	62.6

NOTE EXPLICATIVE.

Au moyen de ce tableau, on peut, instantanément et sans aucun calcul, reconnaître quel est le titre du fil d'après son poids réel; pour cela, il suffit de poser exactement, soit une livre de compte qui est de 3,600 mètres, soit un paquet de dix livres de compte ou 36,000 mètres.

Exemple.

En supposant qu'une livre de compte pèse 250 grammes, on trouvera quel en est le titre, en cherchant sur le tableau le nombre 250; on le trouvera à la onzième ligne de la colonne F, et l'on verra en même temps, par la colonne D, que ce poids indique le titre de 8 quarts.

Dans le cas où le nombre que produit le poids ne serait pas sur le tableau, il suffit de prendre celui qui en approche le plus. Nous n'avons pas tenu à cette minutie, par la raison que l'on ne tient ordinairement compte des sons que de cinq en cinq, autrement dire par demi-quarts.

Quand, par suite du poids, les quarts se trouvent avec fractions, c'est-à-dire accompagnés de sons, on n'en éprouve aucune difficulté, attendu que les sons se trouvent placés dans la colonne qui suit immédiatement à la droite de celle des quarts, et sur la même ligne.

Quant aux centigrammes, qui dans ce tableau accompagnent les grammes, ils sont mis non-seulement comme complément, mais encore pour servir à transformer immédiatement et sans aucun calcul, le poids d'une livre en celui de dix livres; pour cela, il suffit de compter comme grammes le chiffre qui représente les décigrammes, ce qui rend le poids dix fois plus grand. Donc, en supposant que le poids d'une livre de compte soit de 246 grammes 9 décigrammes, on aura, pour le poids d'un paquet entier (qui est de dix livres de compte), un poids réel de 2469 grammes, et pour titre, 8 quarts 1 son.

En suivant les mêmes principes de la transformation de la livre en poids de 10 livres, on peut également transformer ce dernier en poids d'une livre.

Exemple.

Supposons que 5000 grammes (ou 5 kilogr.) soient le poids d'un paquet de dix livres, il suffira de retrancher le dernier chiffre à droite, pour avoir le poids d'une seule livre. Dans ce cas, il sera de 500 grammes dont le titre donne quatre quarts. On opérera de la même manière pour tout autre nombre.

On voit que ce tableau offre autant de célérité que de précision.

Traité des Tissus 2e Édition.

P. FALCOT.

Typographie de J. P. RISLER.

varient selon les divers pays où l'on fait ce genre de fabrication. C'est ainsi qu'à Elbeuf, Louviers et en général dans toute la Normandie, le titre de filature est basé sur une longueur de 3,600 mètres, pesant 500 grammes. Cette longueur prend le nom de *livre de compte*, et se divise par quarts et par sons, ainsi que nous l'avons expliqué page 13; d'où il résulte que plus la dénomination en quarts est élevée, plus le fil est fin, et plus il y a de longueur et par conséquent de livres de compte dans un même poids de 500 grammes.

Ce système de titrage n'est pas le même à Sédan et dans les environs de cette ville. Dans ce pays, le titre du fil consiste dans le nombre d'*échées* contenues dans une livre, ancien poids de marc (environ 490 gr.)

L'*échée* se compose de 22 *macques* ou petits écheveaux, dont chacun est formé de $67^m,90^c$, de manière que le premier titre ou N° 1 est celui dont une livre de fil, poids de marc, fournit une longueur de $1493^m,60^c$. Le deuxième titre, ou N° 2, a par conséquent une longueur double, ou $2987^m,20^c$, et ainsi de suite. Mais comme la différence d'un numéro à l'autre est par trop sensible, les grosseurs intermédiaires sont dénommées par *macques*, 22° partie de l'*échée*.

Laine peignée. Pour la laine peignée, l'unité constante est l'*échevette* française, formée d'une longueur de 720 mètres, pesant 500 grammes. Ce titre est celui du N° 1. Le N° 2 est le double de longueur pour un même poids, et ainsi de suite.

Fils de lin. Pour les fils de lin, l'unité de longueur est l'*échevette* anglaise formée de 300 *yards*; le poids est la livre anglaise de 453 grammes. La longueur du yard étant de 0,914, donne pour l'échevette, une longueur de $274^m,20^c$.

D'après les longueurs et les poids que nous venons de citer, il sera facile de faire, à toutes ces diverses matières, l'application des calculs que nous donnons dans ce chapitre, ainsi que d'établir des tableaux synoptiques, analogues à celui que nous donnons ci-joint (1).

Ce tableau est relatif au titrage des fils de laine cardée, d'après l'usage adopté en Normandie. Nous aurions désiré satisfaire toutes les localités en donnant, pour chacune d'elles, le tableau spécial à leur système; mais pour cela, il nous aurait fallu faire autant de

---

(1) Pour transformer tous les titrages bâtards en titrage métrique, nous ne pouvons faire mieux que de signaler au public l'intéressant travail de M. L. LALANNE, ingénieur des ponts et chaussées, appliqué aux différents titrages des fils dans l'ouvrage de M. ALCAN sur les matières textiles. (L. Mathias, libraire à Paris.)

tableaux qu'il y a de titrages différents, et ce travail, qui n'aurait pas manqué de présenter une certaine complication, nous aurait forcément fait sortir du cadre que nous nous sommes tracés.

Au moyen de notre tableau, il est très-facile de reconnaître, au premier coup d'œil, le titre d'un fil de laine cardée, d'après son poids réel; mais comme en maintes circonstances, on peut, sans être muni de ce tableau, avoir besoin de faire ces sortes de calculs, nous croyons nécessaire de donner ici la manière de résoudre ces sortes d'opérations.

Pour savoir, d'après le poids réel en grammes, à quel titre le fil est filé, il faut, par analogie au kilogr., multiplier le nombre de livres de compte par 2 et diviser le produit par le poids réel.

1er Exemple.

Si une livre de compte pèse 500 grammes, quel en est le titre?
Opération. 1 × 2 = 2,... > 500 = 4. Réponse : 4 quarts.

2e Exemple.

Quel est le titre d'une livre de compte pesant 215 grammes?
Opération. 1 × 2 = 2,...,.> 215 = 9,3. Rép. : 9 quarts 3 sons.

3e Exemple.

Si un paquet de 10 livres de compte pèse 2 kilogrammes, à quel titre est-il filé?
Opération. 10 × 2 = 20 > 2 = 10. Réponse : 10 quarts.

4e Exemple.

Quel est le titre d'un paquet de 10 livres de compte pesant 4,255 gram.?
Opération. 10 × 2 = 20,...,. > 4255 = 4,7. Rép. 4 quarts 7 sons.

Dans ces quatre exemples, on a demandé le titre d'après un poids donné; mais si, au contraire, on demande le poids en grammes d'après un titre donné, on résoudra la question en divisant le double des livres de compte par le titre donné.

1er Exemple.

Combien devra peser, en grammes, une livre de compte filée aux 4 quarts 7 sons?
Opération. 1 × 2 = 2,..... > 4,7 = 425. Rép. 425 grammes.

2e Exemple.

Quel sera le poids réel d'un paquet de 10 livres de compte, filées aux 4 quarts 7 sons?
Opération. 10 × 2 = 20,...,. > 4,7 = 4255.. Rép. 4255 gr.

Ces deux exemples se servent réciproquement de preuve.

Lorsque le nombre de livres de compte dont on veut trouver le poids est entre une et dix, ou au-dessus, l'opération reste la même.

Exemple.

Combien pèseront 14 livres de compte, filées aux 9 quarts 5 sons?

Opération. $14 \times 2 = 28{,}000{,}0 > 9{,}5 = 2947$ grammes. (1)

Si, au lieu de chercher le poids d'après le titre, on voulait trouver le titre d'après le poids, on n'aurait qu'à placer le poids à la place du titre.

Exemple.

Quel est le titre de 14 livres de compte, pesant 2947 grammes?

~~*Opération.* 14 × 2~~ $= 28{,}000{,}0 > 2947 = 9$ quarts, 5 sons.

Dans ces sortes d'opérations il faut nécessairement ajouter trois zéros pour les quarts, et un pour les sons.

Lorsque les livres de compte sont accompagnées de fractions, autrement dire, de quarts et de sons, on réduit facilement ces fractions en décimales; pour cela, il n'y a qu'à joindre le chiffre des sons à celui des quarts, ajouter deux zéros, et diviser par 40, attendu qu'un *quart* de livre de compte est composé de dix sons, et qu'un son égale deux centièmes et demi ou 0, 025 millièmes.

Exemples.

Réduire en décimales, la fraction 3 quarts 4 sons.

Opération. $34{,}00 > 40 = 85$ centièmes.

Réduire 8 sons en décimales. *Opération.* $8{,}00 > 40 = 20$ sons.

Observation. Lorsque les quarts ne sont pas accompagnés de sons, on ajoute trois zéros au lieu de deux; Exemple :

Réduire 2 quarts en décimales. *Opération* : $2{,}000 > 40 = 50$.

Questions diverses.

Quel est le poids de 25 livres, 3 quarts, 4 sons, filées aux 12 quarts 5 sons?

Opération. $25^l, 3^q, 4^s$, ou $25{,}85 \times 2 = 51, 70, 00 > 12, 5 = 4136$ grammes.

Quel est le titre de 25 livres, 3 quarts, 4 sons, pesant 4136 grammes?

---

(1) On trouve également le même résultat en opérant de la manière suivante : $9^q, 5^s, \times 90^s = 8550 : 500 :: 5600 : x = 210{,}5 \times 14 = 2947$.

Opération. 25^l, 3^q, 4^s, ou 25,85 × 2 = 54, 70, 00 > 4436 = 12 ^{q}, 5 ^{s}.

Quelle est la longueur de 750 gr. de fil filé aux 9 quarts 3 sons?

Opération. 9^q, 3^s, × 90^s, = 8370 : 500 :: 3600 : x = 245 grammes.

— 245 : 3600 :: 750 : x = 12557. Réponse : 12557 mètres.

Combien y a-t-il de livres de compte dans une longueur de 12557 mètres, abstraction faite du titre?

Opér. 12557 > 3600 = 3; reste 1757 > 900 = 1, reste 857 > 90 = 9.

On a pour réponse : 3 livres, 1 quart, 9 sons.

Combien y a-t-il de livres de compte dans 20 kilogr. de fil filé aux 7 quarts?

Opération. 7 × 900 = 6300 : 500 :: 3600 : x = 285 gr. 7 décigr.

— 285,7 : 3600 :: 20,000,0 : x = 252012^m > 3600 = 70.

On a pour réponse : 70 livres de compte. (1)

Quelle longueur de chaîne pourra-t-on obtenir avec 35 livres de compte filée aux 7 quarts 5 sons, en admettant une réduction de 4,200 fils?

Opération. 7,5, × 90 = 6750 × 35 = 236250 > 4200 = 56^m 25^c.

Combien faut-il de livres de compte de trame filée aux 8 quarts 4 sons pour tisser 56^m 25^c d'étoffe, sur une largeur de 4^m 60^c; en admettant une réduction de 65 duites ou coups de trame par ,03 centimètres?

Opération. 3 : 65 :: 100 : x = 2167 × 1^m 60^c = 3467, 20 × 56, 25 = 195,040.

— 195040 > 3600 = 54 liv. reste 640 > 900 = 0^q reste 640 > 90 = 7^s.

Réponse : 54 liv. 0 quarts 7 sons. (2)

On a, d'une part, 6500 grammes de fil noir, filé au titre de 11 quarts 5 sons; d'autre part 5 kilogr. de fil bleu au titre de 12 quarts. En réunissant ces deux parties, on voudrait ourdir une chaîne de 4500 fils.

On désire savoir quelle sera la longueur de la chaîne, et combien il devra y avoir de fils de chaque couleur.

---

(1) Au moyen de notre second tableau synoptique, l'opération de cette question, et de toutes celles qui lui seraient analogues, se réduit à diviser seulement le poids total par le poids provenant du titre; dans le cas présent, le titre étant 7 quarts, on voit au premier coup d'œil, qu'à ce titre, la livre de compte pèse 285 gr. 7 d. Donc, 20,000,0 > 285,7, = 70 livres de compte.

(2) Cette opération démontre que pour réduire en quarts le reste de la division qui a produit des livres de compte, il faut diviser ce reste par 900; et qu'en divisant alors le second reste par 90 on obtient des sons.

Opérations.

11,5 × 90 = 10350 : 500 :: 3600 : x = 173^{gr},9^d : 3600 :: 6500 : x = 135260^m
12 × 900 = 10800 : 500 :: 3600 : x = 166^{gr}, 6^d : 3600 :: 5,000 : x = 108043^m
135260^m fil noir + 108043 fil bleu = 243303 mètres.
243303 > 4500 = 54^m,06 pour la longueur de la chaîne;
243303 : 4500 :: 135260 : x = 2502 fils noirs;
243303 : 4500 :: 108043 : x = 1998 fils bleus.
Total égal au nombre des fils de chaîne 4500.

Les deux dernières proportions peuvent également être remplacées par deux divisions; dans ce cas, on aurait à diviser les deux nombres 235260 et 108043 par 54^m,06, et l'on obtiendrait le même résultat.

Il va sans dire que l'on peut fort bien ne pas tenir compte des six centimètres; d'ailleurs, dans toutes les opérations d'ourdissage, il est urgent d'avoir une petite réserve de quelques fils pour servir de *reneuil* ou *jointe*.

Si au lieu de deux sortes de fils on en avait trois, et même plus, l'opération resterait absolument la même; il suffirait de répéter, pour chaque sorte de fil, des calculs analogues à ceux que nous venons d'établir pour l'opération précédente.

L'exemple que nous venons de donner étant établi d'après le poids en grammes, nous allons changer le problème en l'établissant d'après le nombre de livres de compte.

Exemple. On a, d'une part, 36 livres de compte de fil noir filé aux 11 quarts 5 sons; d'autre part, 30 livres de fil bleu filé aux 12 quarts. En réunissant ces deux parties, on voudrait faire une chaîne de 54 mètres de longueur. On demande combien il faudra mettre de fils de chaque couleur, et quel sera, en grammes, le poids total de la chaîne.

Opérations.

36 × 3600 = 129600 mètres de fil noir;
30 × 3600 = 108000 id. de fil bleu;
11,5 × 90 = 10350 : 500 :: 3600 : x = 173^{gr},9^d × 36 = 6,260^{gr} }
12,0 × 90 = 10800 : 500 :: 3600 : x = 166 ,6 × 30 = 4,998 } 11,258 gr.

129600 > 54 = 2400 fils }
108000 > 54 = 2000 » } 4400 fils p^r réduct. de la chaîne.

I.

73

Opération relative à une disposition.

Soit à exécuter la disposition suivante :

12 fils (A) Cannelé sur........	4 lisses	$12 \times 14 =$	168	mailles
24 id. (B) Sillon sur	6 id.	$24 \times 14 =$	336	id.
12 id. (A).................		$12 \times 14 =$	168	id.
48 id. (C) Satin de huit sur ...	8 id.	$48 \times 14 =$	672	id.
12 id. (A).................		$12 \times 14 =$	168	id.
24 id. (B).................		$24 \times 14 =$	336	id.
12 id. (A).................		$12 \times 14 =$	168	id.
~~156 id. (D) fond, satin de cinq sur 5 id.~~		~~$156 \times 14 =$~~	~~2184~~	id.

300 fils par figure sur........ 23 lisses formant ens. 4200 mailles

En divisant les 4200 fils par 300, nombre que comporte la figure complète, on trouve 14 répétitions. Ainsi, en multipliant successivement tous les nombres de fils par 14, et additionnant tous ces nombres ensemble, on retrouve un nombre de mailles égal au nombre de fils donnés par la réduction de la chaîne.

Quant aux mailles que chaque lisse devra contenir, il suffit de diviser le nombre de mailles de chaque partie par le nombre de lisses nécessité pour une même armure; d'où il résulte que :

$A = 168 \times 4 = 672 > 4 = 168$ mailles pour chaque lisse

$B = 336 \times 2 = 672 > 6 = 112$ id.   id.

$C = 672 .... > 8 = 84$ id.   id.

$D = 2184 .... > 5 = 437$ id.   id.

Observation. Si par suite de fractions il arrive qu'une ou plusieurs lisses relatives à une même armure se trouvent chargées d'une maille en plus, mieux vaut les charger toutes également. C'est ce que nous avons fait pour les cinq lisses D, dont les quatre premières auraient 437 mailles, et la dernière 436.

Coûts de revient.

D'après les notions qui précèdent, on comprendra facilement quels sont les calculs à faire pour établir les prix de revient, soit pour un mètre d'étoffe, soit pour une pièce entière, et quoique le prix de la matière première varie selon la nature, la qualité et la finesse du fil, les opérations qui s'en suivent n'en restent pas moins naturellement dictées non seulement par le prix des matières, mais encore par celui des différentes manipulations qu'elles subissent pour arriver à l'état de confection complète.

Soit, par exemple, demandé quel est le prix de revient d'un mètre d'étoffe, chaîne et trame en soie cuite, d'après les données suivantes :

Nombre de portées simples 45

Réduction ou duites de trame au centimètre............. 50

Prix, en crû, ou soie grège { de l'organsin .... le kilogr. 70 fr.
{ de la trame ..... » 60 »

Frais de décreusage et teinture { pour la chaîne ... » 9 »
{ pour la trame.... » 7 »

Titre basé sur 400 mètres { pour la chaîne ... 3 gram. 5 centigr.
{ pour la trame.... 4 » 10 »

Largeur de l'étoffe, 0^m,65.

Opérations.

45 × 80 = 3600 mètres de chaîne pour un mètre d'étoffe ;

50 × 100 = 5000 duites ou coups de trame par mètre ;

5000 × 0^m,65 = 3250 mètres de trame pour un mètre d'étoffe ;

400 : 3,05 :: 3600 : x = 27^{gr},45^c de chaîne par mètre.

400 : 4,10 :: 3250 : x = $\overline{33\quad,32}$ de trame par mètre.

$$\overline{60^{gr},77^c}$$

Ce poids de 60 gr. 77 c. n'est que fictif, attendu que la cuisson fait perdre à la soie un quart de son poids. Donc, le poids du mètre d'étoffe, ci-dessus détaillé, n'est réellement que de 45 gr. 19 c., ce qui du reste ne change rien aux calculs subséquents.

27^{gr},45 de chaîne à 70 fr. le kilogr.......... = fr. 1 93

33 ,32 de trame à 60 » id. . ... = 2 »

Teinture ; chaîne 27,45 à 9 fr. le kilogr. .... = » 25

Id. trame 33,32 à 7 » id. .... = » 24

Façon, pour le tissage d'un mètre d'étoffe .... = 1 10

$$\overline{\text{fr.}\quad 5\ 52}$$

Frais généraux, 12 pour cent . » » 66

Coût de revient pour un mètre d'étoffe . fr. $\overline{6\ 18}$

Quant aux frais de dévidage, ourdissage, apprêts, déchets, ainsi que ceux provenant des dessins, mises en carte et fourniture de cartons pour étoffes façonnées, ils doivent être comptés d'après leurs prix et à proportion de leur application.

Lorsque les portées sont doubles ou triples, ainsi que la trame, il est évident qu'il faut doubler ou tripler les produits relatifs aux longueurs.

Problème relatif à la mise en carte d'un châle.

A combien revient la mise en carte d'un dessin pour châle carré, sachant que la rosace et le coin comprennent chacun 450 cordes et 450 coups; la bordure longitudinale 150 cordes sur 450 coups; la bordure transversale 450 cordes sur 150 coups; enfin, le petit coin de la bordure 150 cordes sur 150 coups.

La rosace devant être payée à raison de 2 fr. 50 c., le coin 2 fr., les bordures 2 fr. 50 et le fond 0, 75 c., les 100 cordes carrées, ou 10 dizaines, ce qui renferme 10,000 petits carreaux ou points.

Pl. 158., fig. 1re Bien que sur cette planche le tracé du châle soit en entier A,B,C,D; pour l'opération dont s'agit il n'est ici question que du quart du tracé total, soit C,F,G,H, attendu que pour la mise en carte de ce genre de châles, les trois autres quarts provenant du retour ou du renversement ne sont que la répétition de celui-ci.

Pour trouver la surface de la partie de rosace G,X,Y, laquelle n'est autre qu'un secteur formé d'un quart de cercle, il faut multiplier la circonférence entière X,Y,V,Z,X du cercle par la moitié d'un de ses rayons, et prendre seulement le quart du produit, attendu que la partie de rosace, mise en carte, n'est que le quart de la rosace entière.

Nous rappellerons d'abord que le diamètre d'une circonférence quelconque est au rayon comme 7 est à 22.

Le demi-diamètre de la rosace étant, ainsi que nous l'avons dit, de 450 cordes, on fera la proportion suivante : $7 : 22 :: 900 : x = 2728$; on multiplie ensuite ce nombre 2728, qui est celui de la circonférence, par 225 qui est la moitié du rayon, et l'on a pour réponse : 613800 (nombre de petits carreaux ou points contenus dans la surface complète de la rosace); mais comme la mise en carte ne comporte que le quart, il faut donc diviser 613800 par 4, ce qui produit 153450 points, lesquels divisés encore par 10,000 (nombre de points contenus dans le carré des dix dizaines) donnent, pour le quart de la rosace, secteur G,Y,X, 15 fois, plus 34 centièmes de fois 100 cordes carrées.

Au lieu d'opérer sur la rosace complète, ainsi que nous venons de le faire, on pourrait également n'opérer que sur le secteur G,X,Y,G;

dans ce cas, après avoir trouvé le rapport de la circonférence, 2728, on prendrait le quart de ce nombre = 682. Donc :

$$682 \times 225 = 153450 > 10000 = 15,35.$$

L'opération que nous venons de faire pour le secteur de la rosace est en tous points applicable au secteur qui forme le coin, attendu que celui-ci est sur un même nombre de coups et de cordes. Dans le cas où il n'en serait pas ainsi, on referait, pour le coin, une opération particulière et du même genre de celle que nous venons de faire pour la rosace.

Pour le fond, y compris les carrés 14 et 15, on n'a qu'à faire l'opération suivante :

$$450 \times 2 = 900 \times 900 = 810000 > 10000 = 81.$$

Ce dernier nombre indique que 100 cordes carrées sont contenues 81 fois dans la totalité de la mise en carte H,G,C,F (non compris la bordure). Maintenant il suffit d'ajouter ensemble la surface contenue dans le secteur de la rosace et celui du coin, c'est-à-dire :

$$15,34 \times 2 = 30,68.$$

Donc, 81 — 30,68 = 50,32. Ainsi le fond L, y compris les carreaux 14 et 15, contiendra 50 fois, plus 32 centièmes de fois, 100 cordes carrées.

Quant aux bordures transversales et longitudinales, il suffit de multiplier la hauteur par la largeur :

$$450 \times 150 = 67500 \times 2 = 135000.$$

A ce dernier nombre il faut ajouter la partie C, formant un carré de 150, à la jonction des bordures : 150 × 150 = 22500.

$$135000 + 22500 = 157500 > 10000 = 15,75.$$

On aura donc, pour les bordures, 15 fois, plus 75 centièmes de fois, 100 cordes carrées.

Il est évident que pour le milieu du châle, chaque bordure subira une répétition, lors de la lecture de la carte.

Récapitulation.

Rosace	15,34	à fr.	2	50	=	.... fr.	38 35
Coin	15,34	à »	2	»	=	.... »	30 68
Fond	50,32	à » »	75		=	.... »	37 73
Bordure	15,75	à »	2	25	=	.... »	35 43
						fr.	142 19

Le prix de la mise en carte de ce châle est donc de 142 fr. 19 c.

Notions diverses.

Nous avons dit, page 552, que le numéro ou titre des fils de coton correspond au nombre de mille mètres qu'il contient au demi-kilogramme. C'est ainsi que le n° 17, par exemple, contient 17,000 mètres ; le n° 20, 20,000 mètres, et ainsi de même de tous autres numéros.

Pour la mesure anglaise, la longueur du fil de coton se calcule ainsi :

Il y a 80 tours d'un *yard* et demi par paquet (ou 109,680 mètres), 7 paquets par écheveau et 500 écheveaux à la livre de coton.

L'échevette française étant de 500 mètres, il suffit de doubler le nombre de mille pour avoir le nombre d'échevettes contenues dans un demi-kilogramme ou 500 grammes. Donc, le n° 17 doit contenir trente-quatre échevettes ; le n° 20, quarante, etc.

Pour reconnaître promptement, et sans avoir besoin de faire aucun calcul, si le fil est réellement filé au titre qui correspond au numéro qui lui est donné, il suffit de peser un nombre de mètres semblable au nombre exprimé par le numéro même ; soit, par exemple, 17 mètres du n° 17, 20 mètres du n° 20, 21 mètres du n° 21, etc., chacune de ces longueurs doit peser environ (1) 9 grains ou 0 gramme 478 milligrammes.

Exemple.

Soit à reconnaître si un fil portant n° 20 pour titre, est réellement filé à ce titre.

On mettra le poids de 9 grains dans une très-petite balance dite *trébuchet*, et si une longueur de 20 mètres de ce fil équivaut à ce poids, ce sera une preuve convaincante que la grosseur du fil est réellement au titre n° 20. Si le poids du fil l'emporte par trop fort et qu'il faille en supprimer un mètre pour l'excédant du poids, le titre ne sera plus qu'au n° 19. Si, au contraire, les 20 mètres n'atteignent pas l'équivalent du poids de 9 grains et qu'il faille en ajou-

---

(1) Nous disons *environ*, parce que le rapport d'un grain à un kilogramme étant de 0,0000531, il résulte que la livre ancienne, composée de 9216 grains, ne produit que 490 grammes, tandis qu'un demi-kilogramme, ou 500 grammes, produit 9404 grains ; il faudrait donc, pour arriver à produire les dix grammes qui manquent pour compléter les 500 grammes, ajouter une légère fraction aux 9 grains que l'on prend pour base, mais cette fraction est tellement minime qu'on peut la considérer comme étant tout-à-fait inutile, même pour reconnaître la précision ou le titre de la filature.

ter un mètre, le titre du fil sera alors au n° 21. Cet exemple est
applicable à tous les titres.

Question.

Quel est le poids d'une échevette (500 mètres) du n° 20 ?

Opération. $20^m : 9 :: 500 : x = 225$ grains, ou 11 gramm. 95 centigr.

La dénomination dont on se sert à Rouen et dans les environs,
pour déterminer les nombres qui constituent la réduction des comptes,
soit pour le ros ou peigne, aussi bien que pour les lames ou lisses,
est tellement bizarre, que l'on devrait bien en perdre l'usage; car
elle ne sert qu'à établir et même à compliquer des calculs dont on
peut très-bien se dispenser, ainsi que nous allons le prouver.

Selon la méthode rouennaise, la dénomination d'un compte, quel
qu'il soit, n'est nullement sa dénomination réelle, puisqu'un compte,
24 par exemple, produit une réduction de 30; un 36 devient un 45;
un 38 un $47 \frac{1}{2}$, etc.; c'est donc, par conséquent, un quart en plus
de la dénomination qui sert de base; en outre, au lieu de prendre
immédiatement le quart du nombre donné et l'ajouter à ce nombre,
soit par exemple $24 > 4 = 6 + 24 = 30$ (1), la plupart des fabricants
et employés, au lieu de faire l'opération précédente, font l'opération
suivante :

$24 > 2 = 12.$ $24 \times 2 = 48.$ $12 + 48 = 60 > 2 = 30.$

Il suffit de comparer ces deux méthodes ensemble pour reconnaître
que la plus facile et la plus prompte est de prendre immédiatement
le quart du nombre donné pour mesure, et l'ajouter à ce nombre.
Néanmoins, et malgré l'abréviation que nous venons de démontrer,
nous engageons les fabricants et employés en rouenneries de se conformer aux dénominations positives et réelles; par conséquent, au
lieu de dire un 24, un 30, un 38, on dira un 30, un 36, un 47
et demi, etc. Par ce moyen, ils éviteront des calculs inutiles et se
rendront partisans du progrès, en suivant tout simplement la loi du
bon sens.

Observations sur la menée du métrage lors du tissage.

Un point essentiel pour l'ouvrier tisseur est, qu'il soit constamment

---

(1) Ce dernier nombre, qui, dans ce cas est 30, signifie trente dents ou broches aux 27 millimètres (ou pouce, ancienne mesure), et comme les réductions de
rouenneries sont établies de la même manière que celles des soieries, c'est-à-dire à raison
de deux fils par dent, la réduction de 30 donne 60 fils; elle de 36 dents 72, etc.

au courant du métrage du tissu qu'il confectionne, ainsi que de la partie de chaîne qui lui reste à faire; car il arrive parfois que le fabricant demande inopinément à l'ouvrier une certaine longueur d'étoffe, et si ce dernier n'a pas eu la précaution de tenir une note exacte du métrage, il se trouve, par cette demande imprévue, obligé de dérouler et mesurer entièrement toute la partie fabriquée; à cet inconvénient, qui entraîne une perte de temps, se joint encore celui du *réenroulement*, et dans cette opération, il est de toute impossibilité que l'étoffe soit enroulée serrée et sans plis; et comme les défauts provenant du *plissage* sont tellement sensibles, surtout en soierie, qu'ils ne peuvent même pas s'effacer aux apprêts, lorsque toutefois les étoffes en sont susceptibles; il est donc urgent, pour obtenir une bonne confection, que les étoffes soient entièrement tissées sans éprouver de déroulages trop sensibles.

Lorsque les chaînes sont marquées par un signe quelconque à la distance de quelques mètres, l'ouvrier n'a qu'à tenir compte, par une note exacte, du nombre de marques qu'il a tissées; cette méthode, qui est déjà en usage dans diverses fabriques, devrait être généralement adoptée. D'ailleurs, ces marques, qui sont toujours faites ou sur les lisières ou sur les fils qui en sont voisins, ne nuisent aucunement à la fabrication et à la vente de l'étoffe.

Pour tenir compte du métrage au fur et à mesure du tissage, il suffit d'accrocher, au bord d'une des lisières, une petite ficelle ou cordon d'un mètre de longueur ou seulement de cinquante centimètres, y compris le petit crochet qui est à son extrémité. Ce cordon s'enroule avec l'étoffe, et lorsque le tissage dépasse l'étendue de cette mesure, on renouvelle l'accrochage du cordon à l'emplacement déterminé par son extrémité. Chaque mesure doit être exactement notée, afin de pouvoir en faire l'addition selon le besoin. Ces notes peuvent être prises avec une épingle, en formant des trous sur une carte, à raison d'un trou pour chaque mesure.

Certains ouvriers qui ne veulent pas s'astreindre à la suggestion du métrage continu, placent à l'ensouple, lors du pliage ou montage de la chaîne, et sur un de ses bords, de petits morceaux de papier qui servent de marques indicatives, et dont la distance d'un papier à l'autre dépend du plus ou moins de tours qui les séparent, soit 3, 4, 5, 10, etc. Donc, si un ouvrier ayant encore 96 tours d'ensouple à faire de sa chaîne, plus $1^m,50$ de l'étente, veut savoir combien il a de longueur d'étoffe de faite sur une chaîne de 80 mètres, il n'a qu'à prendre, avec une ficelle, le pourtour de l'ensouple nu, ainsi que le pourtour de la partie recouverte de chaîne, réunir ces deux longueurs en une seule pour en prendre la moitié, afin d'établir la compensation relative à la superposition, et multiplier cette mesure par le nombre de tours indiqués par les papiers ou marques. Ainsi, en supposant que le rouleau nu donne une circonférence de 40 centimètres et que la partie recouverte de chaîne produise une circonférence de 46 centimètres, on aura :

$$40 + 46 = 86 > 2 = 43 \times 96 = 41^m,28^c + 1^m,50 = 42^m78^c.$$

Par conséquent, 80 moins 42,78 égalent 37 mètres 22 centimètres d'étoffe faite et 42 mètres 78 centimètres à faire.

Observation sur la dénomination du titre des soies.

Par l'expression 24,25,... 30 deniers, il ne faut pas croire que ces divers titres ou essais pèsent réellement 24,25,... 30 deniers, mais bien 24, 25 ou 30 grains. Cette fausse dénomination provient de ce qu'anciennement l'essai était composé de 80 fils de 120 aunes ou 9600 aunes, tandis qu'aujourd'hui l'essai ne comprend que 480 mètres = 400 aunes. Or, le grain étant la 24ᵉ partie du denier, il serait bien plus logique de donner au titre la dénomination de *grains* au lieu de celle de *deniers*.

Nous terminerons ce chapitre par une notion relative au nombre d'armures ou croisemens que l'on peut exécuter avec 24 lisses seulement. Ce nombre peut en quelque sorte être comparé à celui des différents mots que l'on peut obtenir par la combinaison de toutes les lettres de l'alphabet [1], nombre dont on peut se rendre compte par la propriété des progressions géométriques, opérations qui produisent:

1, 391, 724, 288, 887, 252, 999, 425, 128, 493, 402, 200.

A ce nombre extraordinaire on peut encore ajouter celui des changements considérables qui peuvent résulter du mélange des couleurs, de l'effet des nuances, et d'une infinité d'autres combinaisons qui n'ont aucun rapport aux permutations des lisses.

---

[1] Le P. GUDIN, mathématicien célèbre, homme de génie et de patience, en ne comptant que 25 lettres, a trouvé que l'on pourrait faire, avec les différents mots ou noms qui résulteraient de leurs combinaisons, plus de 25,760 mille millions de millions de volumes, dont chacun aurait 1,000 pages, chaque page 100 lignes, et chaque ligne 60 lettres; et il a démontré que tous ces livres, mis debout l'un contre l'autre sur la surface de la terre, couvriraient environ 17 globes comme celui que nous habitons.

CHAPITRE XXXII.

Inventions diverses et Perfectionnements.

SOMMAIRE : *Mécanique pour dévider. — Idem pour faire les cannettes. — Ourdissoir mécanique. — Procédé mécanique pour encoller les chaînes. — Dessin industriel ; chambre noire. — Lisage mécanique, véritable accéléré. — Lisage à touches. — Mécanique Jacquard supprimant les cartons. — Idem perfectionnée. — Empoutage mobile. — Sample à rabat. — Métier à tisser dit à la barre. — Métiers mécaniques. — Métier vertical. — Métiers chinois. — Battant lanceur. — Battant brocheur. — Navette à déroulement rétrograde. — Gaze pour blutinerie. — Tissus imperméables. — Tissus incombustibles. — Moyens pour neutraliser réciproquement un certain nombre de crochets, ou par rangs entiers ou par parties irrégulières. — Fouleuse à pression élastique. — Tondeuse tangentielle. Rame mécanique.*

Dans ce chapitre notre but principal est de porter à la connaissance des industriels les inventions et les perfectionnemens susceptibles d'améliorer la fabrication des tissus.

C'est, en effet, aux inventions que nos immenses manufactures et même beaucoup de petits ateliers sont redevables de leurs importans progrès. Mais que l'on nous permette de jeter un regard sur le passé, et sans remonter bien avant dans l'histoire, nous serons convaincus que ce n'a été qu'en luttant avec persévérance contre les erreurs d'une routine malheureusement trop commune, que les bonnes inventions ont fini par se faire jour parmi cette foule d'abus et de préjugés enfantés par l'ignorance et la routine. Pour arriver à vaincre ces résistances presque toujours opiniâtres, combien d'inventeurs n'ont dû leur réussite qu'à une sorte d'acharnement.

Nous n'avons certainement pas l'intention de vouloir mettre ici, en même ligne, les inventions qui ont réellement un cachet d'utilité avec celles visiblement reconnues futiles, nous dirons même que pour ces dernières la persistance à en faire l'application, serait une folie bien plus grande encore que celle d'en avoir conçu la pensée. Ces sortes d'inventions, quoique nulles et sans effet, ont néanmoins quelquefois le mérite de l'inspiration, et, par cette raison, peuvent ouvrir la voie d'une idée meilleure.

En effet, une machine est établie, on la fait fonctionner, ses avantages comme ses défauts sont mis en présence et discutés, chacun apporte son contingent d'approbation ou d'improbation. Si ce dernier dénouement l'emporte, il ne faut pas, pour cela, que l'inventeur se laisse aller au découragement, en reléguant à la ferraille ou au bois à brûler, les matériaux qu'il a, en esclave de son œuvre, travaillés et polis. C'est à lui de tenir compte des observations et des renseignemens qu'il recueille dans ces premières épreuves, de rectifier s'il y a lieu, et soumettre son œuvre à un nouvel essai; car bien souvent il arrive qu'une simple modification faite à une invention, considérée nulle au premier essai, présente, à la seconde épreuve, des avantages certains, et force en quelque sorte les spectateurs à se rendre à l'évidence, parce qu'alors il y a réellement création de ce qui n'est pas, ou perfectionnement de ce qui existe; dans ce cas, l'inventeur, encore aidé des conseils des personnes compétentes, achève définitivement son œuvre en la perfectionnant. Telle est la marche que l'on devrait suivre pour les inventions.

Malheureusement il n'en est pas ainsi, car toute invention a généralement trois concurrents redoutables, la concurrence, la jalousie, l'ignorance... Ce sont bien là, en effet, les véritables et les plus acharnés ennemis du progrès. Cependant, quel est le propre de l'inventeur?

C'est, que naturellement doué d'un génie supérieur, il voit le premier et de loin ce que les autres ne voient pas; susceptible d'affirmer quand chacun nie, et croire quand les autres doutent, il s'efforce, à ses risques et périls, à prouver la possibilité de ce qui paraît impossible.

Personne n'ignore que toutes les inventions ne sont pas couronnées de succès, autrement dire, n'atteignent pas toujours le but que l'auteur se propose d'atteindre, mais il n'est que trop vrai aussi que la plupart des inventions, si heureuses qu'elles soient, débutent presque toujours par être condamnées au nom de ce qui plait à la routine dans l'aveuglement de son orgueil, ou pour mieux dire, dans l'orgueil de son aveuglement.

Quelles sont d'ailleurs les inventions qui n'aient pas, avant de triompher, commencé par provoquer l'incrédulité et quelquefois la raillerie, en un mot, subi toutes les oppositions systématiques, résultats inévitables de la concurrence, de la jalousie et de l'ignorance.

A ces trois éternels ennemis du progrès on peut encore ajouter l'innationalité; elle aussi entre pour une large part dans les obstacles que rencontre la généralité des inventeurs, car le plus grand nombre de nos industriels semblent éprouver une sorte de répugnance à traduire en fait l'idée dont ils ont l'initiative; nulle part comme chez nous, il ne faut plus de temps pour qu'une invention quelconque, une amélioration, un changement quel qu'il soit, se substitue à l'ordre établi. Oseurs par intelligence, nous sommes malheureusement héritiers d'une habitude essentiellement routinière que nous ont transmis nos ancêtres, et l'on peut même dire, qu'en science comme en industrie, il est bien peu d'inventions, dont nous ne puissions revendiquer l'honneur, mais avant d'en profiter, nous avons attendu toujours que d'autres en fissent les premiers l'expérience. On arrive à penser que le progrès a besoin de venir de l'étranger pour s'acclimater parmi nous, et cependant, il importe peu qu'une invention doive sa naissance à tel ou tel pays, l'important est de l'utiliser au profit du bien-être général, en considérant que toute invention se naturalise en faveur du pays qui l'emploie.

Il est évident que toutes ces oppositions semées dans le vaste domaine des inventions, n'arrêtent que trop souvent la marche du progrès; aussi l'inventeur, qui, malgré toutes ces tracasseries, poursuit avec persévérance l'œuvre que lui trace son génie, n'en a-t-il que plus de mérite, et ce mérite devient pour lui une sorte de gloire, lorsque le dénouement s'accomplit au gré de ses espérances.

En effet, il n'y a qu'un inventeur qui puisse réellement bien comprendre toute la satisfaction qu'un inventeur éprouve le jour où son œuvre fonctionne conformément à ses désirs; ce jour-là est pour lui le plus beau jour de sa vie, travail, fatigues, dépenses, privations, maladie, misère... tout est oublié; il se trouve subitement et comme par enchantement transporté au faîte de la gloire, de la fortune, du bonheur! Voilà, on peut le dire, le beau côté de la médaille, mais il n'en est pas toujours de même; la médaille a aussi un revers.

De ce côté est trop souvent écrit en caractères ineffaçables : illusion... déception !... Car, si quelques inventions ont amplement dédommagé leurs auteurs, combien d'inventeurs aussi n'ont trouvé que leur ruine en récompense de leurs travaux et de leurs veilles, et cependant, pour des inventions qui offraient au fabricant ou à l'ouvrier, et le plus souvent à tous les deux, un avantage réel et incontestable. Aussi, Jacquard ne fut pas le seul qui, en voulant enrichir son pays par une des plus sublimes inventions, a, pendant nombre d'années, encouru une sorte de malédiction et de réprobation générale.

Il en fut de même des inventeurs du métier à rubans, connu sous le nom de *métier à la barre*. Cette invention, d'origine suisse, fut importée à St-Etienne (Isère) par deux frères qui furent persécutés par les rubaniers de l'ancien régime et réduits à la plus affreuse misère; il n'y a même pas longtemps que le dernier est mort abandonné dans un hôpital, tandis que la machine qu'il avait apportée en France enrichissait ceux qui l'avaient poursuivi et ruiné.

Le même sort fut le partage de Louis Robert, l'inventeur de la première machine à fabriquer le papier continu, et qui mourut, lui aussi, dans un hôpital, au moment où les fabricants, dont il avait fait la fortune, songeaient à se réunir pour lui assurer une existence indépendante. Justice tardive qui n'en montre pas moins que les inventeurs, ces hommes si utiles à leur pays, sont presque toujours victimes de leur dévouement, et que, le plus souvent, ils sacrifient en pure perte pour eux, leur santé et leur fortune. Il est vrai que pour quelques-uns la fortune arrive encore quelquefois assez à temps pour les indemniser des sacrifices qu'ils ont faits et des souffrances qu'ils ont éprouvées dans la persévérance de leurs inventions; mais ce nombre d'heureux est bien minime.

Il est vrai aussi, que pour quelques inventeurs dont le mérite réel ne peut être discuté ni dissimulé, la société, prenant leur œuvre en considération, leur vote des récompenses que l'attente a fini par rendre éphémères. Pour d'autres, la postérité et la renommée viennent de concert, mais trop tard, faire leur éloge et même leur élever des monumens... fictives récompenses pour celui qui a succombé sous le poids de la misère, en travaillant pour le bien de l'humanité, pour le progrès et, par conséquent, pour la richesse et pour le bonheur de son pays.

MÉCANIQUE CIRCULAIRE,

propre au dévidage des matières et à la confection des cannettes.

Le principe ainsi que les accessoires que nous avons décrits page 38, pour le dévidage des matières, ne constitue que le dévidage simple, et, par conséquent, ne peut suffire à l'exigence du travail, surtout pour la soierie; c'est pour cette raison que l'on a eu recours à des machines dites *mécaniques à dévider*, au moyen desquelles une seule personne peut exécuter en même temps et à la fois le dévidage d'un grand nombre d'écheveaux. Ces mécaniques sont ou longitudinales on circulaires.

Les mécaniques longitudinales sont établies indistinctement sur une ou sur deux faces, et le nombre de *guindres* qu'elles comportent peut être très étendu; aussi ces machines sont-elles employées de préférence dans les grands établissements. Comme le système de ces mécaniques est très-ancien et généralement connu, nous n'avons pas à le décrire.

Les mécaniques circulaires, dites mécaniques rondes, quoique beaucoup en usage à Lyon, sont encore inconnues dans beaucoup de villes manufacturières où elles pourraient être avantageusement employées; c'est pour cette raison que nous croyons utile d'en faire mention dans ce chapitre.

Abstraction faite du nombre de roquets ou bobines qu'elles peuvent former à la fois, les mécaniques rondes ont, sur les mécaniques longues, plusieurs avantages incontestables; les principaux sont :

1° Que leur forme est aussi élégante que leur construction est commode; 2° qu'elles ne tiennent que très-peu d'emplacement; 3° qu'elles n'exigent de jour ou clarté qu'en un seul point; 4° qu'elles fatiguent bien moins la personne qui les fait fonctionner; 5° qu'enfin elles peuvent être disposées de manière à exécuter, soit à la fois, soit alternativement, le dévidage, le trancannage et les cannettes. Tous ces avantages ont sans doute plus que suffi pour faire adopter les mécaniques rondes de préférence aux mécaniques longues.

Dans l'explication que nous allons donner de cette machine, il serait inutile que nous nous étendissions à l'explication de tous les détails minutieux et compliqués dont elle est composée; en outre, les plans n'en pourraient être qu'obscurs, à moins qu'ils ne soient établis sur une grande échelle. Un semblable travail nous ferait forcément sortir du cadre que nous nous sommes tracé, puisque le but principal de notre traité ne consiste que dans la fabrication proprement dite; de plus, nous ajouterons encore que chaque constructeur-mécanicien ayant un système particulier qui lui est spécial, les menus détails de ces machines sont très-variables; néanmoins nous pouvons dire que, quelle que soit la forme de ces sortes de mécaniques, le moteur principal reste toujours le même.

Ce moteur consiste en une marchette ou pédale que l'ouvrière, étant assise, fait mouvoir soit avec un seul pied, soit avec les deux si elle le juge à propos. La partie supérieure de cette marchette est articulée et suspendue à deux tenons adaptés au bâti, et fait le mouvement d'une balançoire; sa partie inférieure est munie d'une *bielle* horizontale, qui s'adapte à un axe coudé, dit *bâton rompu*; cet axe ou arbre de fer est placé verticalement et commande tous les mouvements de la machine.

Toutes les mécaniques rondes, de différents systèmes, peuvent se réduire à deux genres principaux relativement aux correspondances de mouvements; les unes manœuvrent par une combinaison de cordes qui distribuent la rotation générale au moyen de poulies à gorges; les autres produisent ces mêmes mouvements par une seule roue volante, placée horizontalement sous le plateau mobile qui porte les broches ainsi que les guindres.

Pour les deux genres, le *courant* ou va-et-vient qui porte les *barbins* conducteurs des bouts ou brins, est mis en mouvement par une série d'engrenages composée de trois roues dentées et d'un pignon; ce dernier est toujours commandé par une roue adaptée à l'arbre central. Quant à la partie mobile ou couronne qui comprend et supporte les guindres les courants et les broches, elle tourne horizontalement; fixée qu'elle est sur un arbre spécial qui la soutient par son point central et lui sert de pivot; néanmoins, pour plus de solidité, cette partie peut encore être supportée par des galets enchâssés dans des entailles pratiquées sur la partie supérieure du plateau fixe, qui forme une des pièces principales du bâti. Dans ce cas, le point de centre établi au milieu des quatre bras ou croisillons qui maintiennent la couronne, peut rester libre au lieu d'être fixé à l'arbre vertical. Par suite de cette disposition, l'ouvrière peut, à son gré et selon les besoins nécessités par la manipulation, faire venir devant elle l'écheveau, la bobine ou la cannette qu'il lui plaît, sans que pour cela il lui soit nécessaire de suspendre le mouvement de la marchette ou pédale.

En ce qui concerne la formation des cannettes, une combinaison toute particulière leur est spécialement affectée et permet de les faire à plusieurs *bouts*. Le mécanisme de cette combinaison a pour but de faire indistinctement ou des cannettes à défiler, ou bien des cannettes à dérouler, et de les confectionner tout aussi bien avec des écheveaux qu'avec des bobines; cependant, il résulte de cette différence, que si, dans le premier cas, on évite le dévidage, la confection des cannettes ne vaut pas, il s'en faut de beaucoup, celle que l'on obtient en le faisant d'après un dévidage sur roquets ou bobines. En outre de cet inconvénient qui résulte dans la transformation directe des écheveaux en cannette, il s'en suit encore que pour confectionner des cannettes à plusieurs bouts, il faut nécessairement occuper un nombre égal de guindres, ce qui diminue d'autant la célérité du travail de la mécanique.

Le point important pour la confection des cannettes à plusieurs bouts est, qu'à l'instant où l'un des brins vient à manquer pour une cause quelconque, la rotation de la broche porte-cannette s'arrête instantanément. Ce perfectionnement a parfaitement réussi, quoique par des moyens plus ou moins ingénieux : voici comment est composé le mécanisme qui nous a paru le plus simple :

Chaque brin passe dans un petit barbin de fer ou de verre qui termine l'extrémité supérieure d'une petite baguette ou broche à coulisse, également nommée *danseuse*, placée verticalement entre l'écheveau ou la bobine et le barbin conducteur; dans cette position, le fil se déroulant de la bobine, et s'enroulant sur le *tuyau* ou tube (qui, étant recouvert de matière, prend le nom de cannette), opère une tension suffisante pour tenir la danseuse en état de suspension. Alors, dès que le fil vient à se terminer ou bien à se rompre, la danseuse retombe immédiatement sur une petite palette pratiquée à l'extrémité intérieure de la bascule, et en abaissant cette partie, elle contraint l'extrémité extérieure à s'élever, alors celle-ci vient butter à l'instant même, contre une des quatre dents réparties sur le pourtour d'un rochet fixé à la broche porte-cannette. Par suite de cet arrêt subit, le bout reste vaguant près du barbin conducteur, et dès que l'ouvrière s'en aperçoit, elle y fait l'appond nécessaire, et remet aussitôt la cannette en mouvement en appuyant tout simplement le doigt soit sur le bout de la bascule, soit sur un petit bouton disposé tout exprès, adapté à coulisse au-dessus de la bascule, afin de la ramener à sa position normale, c'est-à-dire, en-dessous et à une petite distance des crans dont nous venons de parler. Il va sans dire, que ce mécanisme n'est pas de grande utilité pour la confection des cannettes à un seul bout.

On construit également des cannetières en forme de parallélogrammes ; et comme elles sont moins compliquées, moins élégantes et qu'elles ne _e vent comprendre conjointement l'opération du dévidage, elles sont par conséquent d'un prix bien moins élevé.

Les grands avantages que présentent ces mécaniques circulaires et l'application qui en est journellement faite par les chefs d'ateliers en soierie, nous laisse la conviction qu'aussitôt que ces machines pourront parvenir à la connaissance de beaucoup de manufacturiers qui en ignorent l'existence, et être appréciées par eux, l'extension en sera certaine ; d'autant plus, qu'avec de légères modifications on pourrait facilement les appliquer au dévidage ou bobinage et au cannetage de toutes les matières en général.

Ourdissoir mécanique horizontal.

Pour peu que l'on soit initié au tissage, on n'ignore pas que l'opération de l'ourdissage est une des plus minutieuses et des plus importantes pour la perfection d'un tissu, surtout pour la soierie.

Malgré les nombreux perfectionnements qui ont été faits à l'ourdissoir vertical, on ne peut y ourdir, avec une parfaite régularité, des chaînes très-fournies en compte, parce que la superposition des portées ou fils, augmentant insensiblement le diamètre et par conséquent le pourtour de l'ourdissoir, il résulte que lorsqu'une chaîne en est retirée, les fils qui se sont trouvés superposés lâchent d'autant plus que la superposition a été sensible. Cette variation de longueur, de la partie la plus courte à la plus longue, peut être évaluée à environ un cinquantième pour les matières fines et à un trentième pour les grosses.

Il est évident que cette inégalité dans la longueur ne peut être réparée que par une forte tension lors du pliage ou montage des chaînes ; néanmoins cette tension forcée ne peut qu'imparfaitement

I.   75

remplir le but de l'égalisation, puisque les fils lâches ne peuvent être amenés à une tension suffisante qu'au détriment des fils les plus courts ; et pour atteindre cette compensation, les derniers ne peuvent moins faire que de se trouver énervés.

Par suite de ces inconvénients, le tissage éprouve bien souvent des difficultés qui font dire à l'ouvrier en soierie, que l'une des rives s'écorche ; au tisseur en draperie, qu'elle forme des pointes, et à tous les deux, que les fils se rompent plus fréquemment à une rive qu'à l'autre.

Aux inconvénients que nous venons de citer on peut ajouter celui qui vient encore se faire sentir dans la manipulation par l'augmentation du déchet qui peut être occasionné par la formation des entorsures, défectuosité qui produit souvent des empanissures dans les articles de soierie.

Le mécanisme que nous allons décrire, et dont l'invention est due à M. Toullemann, est exempt de ces vices capitaux ;, les combinaisons et les dispositions en sont telles qu'ils ne peuvent s'y produire en aucune manière ; le mode d'opérer y est totalement changé.

La suppression de la manipulation fait d'abord disparaître les imperfections qui en sont la conséquence, et l'action de la machine est disposée de manière qu'aucun fil ne peut être omis ni même faire un manquement partiel ; cette précaution toute particulière dispense l'ouvrier de mener des commandes ou fils de remplacement lors du tissage, accessoires presque toujours nuisibles au tissu par l'irrégularité dans la tension de ces fils supplémentaires.

Description.

Le tambour ou cage de l'ourdissoir est tout simplement un cylindre longitudinal à claire-voie, en bois, formé de 6 ou 8 barreaux ou bras, et dont l'axe ou arbre transversal est une vis continue en fer, à filets carrés ; sur le pourtour des bras sont établies des rondelles en tôle polie, d'une dimension suffisante pour contenir et maintenir l'enroulement de la chaîne dans sa plus grande longueur.

Ce tambour, que l'on peut en quelque sorte assimiler à un fort rouleau ou ensouple, est soutenu par un bâti supporté par quatre galets dont un à chaque pied ; ces galets ont leur point d'appui dans une rainure pratiquée ou rapportée sur le sol. Cette disposition a pour but de pouvoir faire glisser insensiblement l'ourdissoir de manière que l'entre-deux des rondelles qui opèrent soit toujours placé en face de la *cantre* que nous allons décrire.

Cette cantre est placée verticalement et doit pouvoir contenir au moins 400 bobines ou roquets. Ainsi, en supposant qu'on ait à ourdir une chaîne de 50 portées, ou 4000 fils, sur deux mètres de largeur; on passera préalablement 400 fils, un à un, dans un peigne ou ros dont la réduction doit être en rapport avec celle nécessitée pour la largeur de l'étoffe, soit 20 centimètres pour 400 fils; cette largeur sera donc, pour le cas présent, la distance ou l'écartement d'une rondelle à l'autre.

L'enroulement a lieu au moyen d'une manivelle dont l'axe est muni d'une poulie fixe, à plusieurs gorges, afin de pouvoir, à volonté, ralentir ou accélérer la rotation du tambour.

L'ourdissage des premiers 400 fils a par conséquent lieu entre la première et la deuxième rondelle; puis, arrivé à la longueur voulue, l'ourdissage de ces 400 fils se termine, comme d'habitude, par une enverjure ou encroix ordinaire, mais avec cette différence que l'enverjure au lieu d'être faite successivement fil à fil (ainsi qu'on le fait avec la plupart des ourdissoirs ordinaires) s'exécute d'un seul coup par un simple mouvement ascendant ou descendant que l'on imprime à une sorte de peigne, remplissant la double fonction de *rateau* et de *giette*.

Si la chaîne doit être envergée par fils doubles ou triples, on les passe au peigne par deux à deux, trois à trois, etc.

Dans le cas où la réduction serait par trop fournie, on passerait, en remettage suivi, les 400 fils, un à un, dans 2, 4 ou 6 fausses lisses, formées avec des maillons garnis, adaptés à des tringles placées entre la cantre et le peigne; par ce moyen, on pourrait passer ce dernier par deux, quatre ou six fils par dent ou broche; alors l'enverjure se formerait simple, double ou triple, au moyen de la levée des fausses lisses.

Dès que l'ourdissage d'une série de 400 fils est terminée, il suffit de faire glisser le tambour d'une longueur égale à l'emplacement occupé par la première série; puis on ourdit la deuxième entre les rondelles 2 et 3, et ainsi de suite jusqu'à la dixième et dernière série, qui se trouve, par conséquent, placée entre les rondelles 10 et 11.

Afin que toutes les séries soient ourdies d'égale longueur, un compteur placé tout exprès avertit en temps utile que la longueur de la chaîne est terminée, et pour que l'ouvrière puisse apercevoir instanta-

nément les fils qui viendraient à manquer, soit par suite de la terminaison d'une bobine ou d'un roquet, ou bien par la rupture du
brin, un transparent, blanc d'un côté et noir de l'autre, est placé
derrière la cantre et un peu en dessous du déroulement des fils ; à
cet effet, on se servira du côté blanc pour ourdir les chaînes formées
de couleur foncée, et conséquemment du côté noir pour l'ourdissage
des fils de couleur claire, et dans le cas où la *disposition* exigerait,
dans une même série, des fils de couleur claire et des fils de couleur
foncée, on se servirait d'un transparent spécial, formant deux larges
bandes dont l'une est blanche et l'autre noire.

Ce procédé peut convenir à tous les genres d'ourdissage ; mais il
est surtout à apprécier pour les articles à dispositions compliquées
comportant plusieurs couleurs ou nuances, unies ou ombrées, à bandes,
ou à filets, parce que l'enroulement des fils a réellement lieu sur une
largeur égale à celle qu'aura l'étoffe. Au moyen de ce système, la
disposition totale étant constamment appréciable et à première vue,
l'*encantrage* et l'ourdissage ne sont pas susceptibles d'erreur.

L'ourdissage de la chaîne étant entièrement achevé, on exécute
immédiatement, et avec l'ourdissoir même, le montage ou pliage de
la chaîne sur le rouleau ou ensouple qui appartient au métier à tisser. Pour cette opération, le rouleau est supporté sur un *avant-corps*,
qui s'adapte au bâti de l'ourdissoir et à peu de distance ; on conçoit
qu'avec ce genre d'ourdissage, la *mise en râteau* devient inutile, et
l'enroulement de la chaîne se fait avec régularité et célérité, sans qu'un
seul fil soit susceptible de se déplacer et même de se rompre.

Les chaînes, pour articles chinés, trouveront aussi une grande
amélioration dans ce système d'ourdissage, par rapport à l'uniformité
de la tension sur toute la largeur de la chaîne ; condition qui contribue essentiellement à la régularité du *chiné*, car la difformité qui
existe le plus souvent dans ces sortes de dessins provient généralement des tensions irrégulières, soit dans l'opération du chinage, soit dans
le tissage.

Nous pensons également qu'en appliquant ce système d'ourdissage
aux *chargements* pour les rubans, on pourrait supprimer les peignes
supplémentaires dont les rubanniers se servent pour maintenir en
largeur la chaîne de chaque *billot* ou *roquetin*.

Si, pour rendre justice à l'auteur de cette invention, nous avons
signalé les avantages de ce genre d'ourdissoir, notre impartialité nous

fait un devoir de dire aussi que la célérité de l'opération dépend principalement de la quantité de fils que l'on peut ourdir à la fois, car la promptitude dans l'exécution diminue d'autant que les roquets deviennent moins nombreux; ce qui arrive nécessairement lors de l'emploi des *débancages* ou *tirages à bout*. Cependant on peut, en partie, obvier à cet inconvénient (qui du reste a également lieu avec les ourdissoirs ordinaires), en combinant le dévidage en conséquence, et en répartissant les matières le plus également possible, autrement dire, en ayant recours au *trancannage*, toutes les fois qu'il en est besoin.

Néanmoins, tout bien considéré, ce genre d'ourdissoir est d'un grand secours pour la fabrication des tissus confectionnés au moyen des métiers mécaniques.

Parage et Séchage continu

pour encoller et sécher les chaînes en fils de lin, de chanvre et de coton.

Le mode de *parage* et de *séchage* employé jusqu'ici pour les chaînes en fils de lin, de chanvre et de coton est éminemment défectueux, puisqu'il force les ouvriers à abandonner leur métier alors qu'ils ont la main réglée par un travail prolongé. Ces deux opérations de parage et de séchage joignent encore à l'inconvénient de faire perdre un temps assez considérable, en obligeant les ouvriers à attendre que la mixtion du parage soit séchée, celui d'occasionner, dans le tissu, des irrégularités qui proviennent de la différence de tension, de la répartition inégale de l'encollage, enfin, des préliminaires de la mise en train.

De tous les procédés mécaniques qui ont été mis en évidence et en essai jusqu'à ce jour pour abréger ces deux opérations de parage et de séchage, celui que nous allons décrire est, à notre avis, le plus expéditif et le moins compliqué. Cette invention est due à M. Quemin, fabricant de rouenneries.

Par ce procédé, le parage a lieu au moyen de trois rouleaux A, B, C, fig. 2, pl. 204, d'une auge ou bassine D, d'une brosse circulaire E et d'un ventilateur F.

Le cylindre A, nommé rouleau de parage, plonge en partie dans la bassine K, placée horizontalement et contenant le liquide d'encollage, qu'il distribue d'une manière égale sur toute la largeur de la chaîne, au fur et à mesure qu'il tourne sur ses tourillons. Le cylindre B, appelé rouleau de pression, s'appuie sur l'arrière du rouleau A, dont les tourillons sont maintenus à coulisses. Cette pression, que l'on peut régler à volonté au moyen de contre-poids, a pour but d'applatir les musettes ou branches et de supprimer l'excédant du parage que le rouleau A pourrait communiquer à la chaîne. Le cylindre C est un rouleau de support qui sert à maintenir la chaîne à une hauteur régulière et constante. La chaîne est enroulée sur le cylindre G placé en contre-bas; un petit rouleau H, ayant un rebord circulaire ménagé à ses extrémités, est maintenu en suspens par deux ficelles attachées au bâti du métier, et sépare la chaîne en deux parties afin de la mieux disposer à l'encollage. Au-dessous de ce rouleau, et dans la même ouverture de chaîne, est placée une baguette I, dont le poids suffit pour dégager les fils qui se trouvent quelquefois groupés ; par suite de cette disposition, il arrive que lorsque des fils par trop groupés ensemble résistent au poids de la baguette, celle-ci remonte, soit d'un côté seulement, soit de ses deux bouts, et avertit l'ouvrier que son intervention est devenue nécessaire pour séparer ces fils.

La brosse cylindrique E, placée à quelques centimètres en avant du rouleau A, opère un moùvement de rotation commandé par le battant ou par les marches. Cette brosse sert à lisser les fils en couchant le duvet en arrière, et remplit les mêmes fonctions que les brosses à main dans le parage ordinaire.

Le ventilateur F, soutenu par un petit bâti J, est mis en mouvement par deux tringles K qui correspondent, de chaque côté, à la partie inférieure du battant, et font l'office de bielles.

Pour que la ventilation soit plus ou moins sensible, le mouvement de va-et-vient du battant ou chasse restant le même, il suffit d'abaisser ou d'élever le point d'articulation des bielles à la partie M adhérente au ventilateur.

Afin que l'ouvrier puisse, à volonté, supprimer le séjour de la partie de chaîne dans la colle, ce qui peut être nécessaire lors de la suspension du tissage, la bassine K doit être soutenue au moyen d'un procédé quelconque qui en permette l'élévation, l'abaissement et même la neutralisation.

Comme il est urgent que la révolution du rouleau de parage A, qui commande la rotation du rouleau B, ait lieu régulièrement et sans interruption lors du tissage, les rouleaux G et A peuvent se correspondre au moyen d'une corde O qui passe sur des poulies à gorge adaptées à ces deux cylindres.

Dessin industriel.

Le dessin industriel est exclusivement soumis au génie, au goût de l'artiste et au caprice de la mode ; c'est l'art de représenter l'idée par le travail de la main, comme l'écriture est l'art de représenter correctement le travail de la pensée.

De même que pour certaines professions, les appareils, machines et outils contribuent pour une large part à la confection de certains produits, de même aussi le dessin industriel peut être essentiellement facilité par l'emploi de divers moyens et par l'application de certains procédés.

Dans ce chapitre, nous allons indiquer les opérations abréviatives qui ont pour but d'aider et de faciliter la tâche du dessinateur dans la copie ou reproduction, réduite, amplifiée, ou identique d'une figure ou d'un dessin quelconque. Rarement aussi le dessinateur industriel compose d'après nature, car aujourd'hui les dessins abondent tellement que l'invention, la création ou la composition sont en quelque sorte mises de côté par le plus grand nombre d'individus, qui, sans connaître réellement le dessin, n'occupent pas moins, dans de grandes fabriques, l'emploi de dessinateur. En effet, dans certaines manufactures, surtout en draperie, il suffit que la personne chargée des dessins comprenne seulement mécaniquement, mais parfaitement, tout le travail artistique qui se rattache particulièrement à cette profession. Beaucoup remplissent convenablement cette mission, en faisant choix de bons modèles, les ordonnant avec goût, et surtout en disposant les montages de manière à obtenir une fabrication facile et économique.

Divers moyens de reproduction.

C'est à la promptitude et à la facilité de reproduire mécaniquement et économiquement les dessins, que beaucoup de fabriques de nouveautés doivent la plus large part de leurs succès et même de leur renommée.

Les méthodes les plus rationnelles et par conséquent les meilleures pour la reproduction prompte et précise, sont : le calque, le pantographe, le diagraphe et la chambre noire.

Du Calque.

Le calque est la reproduction identique des lignes, quelles qu'elles soient, tracées semblablement au modèle dont on a fait choix. Cette opération se fait le plus souvent, par transparence, au moyen du papier végétal ou bien du papier verni, et lorsque la transparence ne peut avoir lieu, on a recours au papier dit à la *sanguine* ou bien à celui connu sous le nom de *mine de plomb*; procédés dont nous avons donné une explication suffisante, au chapitre XIV.

Le calque par transparence peut encore avoir lieu à l'aide d'un papier ordinaire que l'on applique sur un carreau de vitre, en interposant le dessin à calquer entre le verre et le papier sur lequel on veut faire la reproduction; alors, présentant le tout à l'action du jour, on en reproduit facilement le dessin même jusqu'aux plus minutieux détails.

On peut également faire cette opération la nuit et par le même procédé; pour cela, il suffit de placer le carreau de vitre sur un chassis et remplacer l'action solaire par une lampe ou bien par une bougie placée en-dessous.

Le calque dit lithographique a lieu au moyen d'un verre à vitre que l'on place sur le dessin à calquer, et dont on reproduit sur le verre, soit avec un crayon lithographique, soit avec de l'encre de même nature, tous les traits du dessin. On reproduit ensuite ces traits sur du papier ordinaire, au moyen d'une légère pression ou bien d'un frottement, ayant la précaution d'humecter les traits sur le verre, sans toutefois les frotter, ou mieux encore humecter légèrement le papier sur lequel on veut exécuter la reproduction; on conçoit que pour cette opération le papier ne doit subir aucune variation.

Pour la reproduction des figures qui n'exigent que le calque des lignes formant la délimitation des contours extérieurs, on peut établir des patrons que l'on découpe ensuite. Ce moyen est très-abréviatif pour les transpositions, retours, regards, contre-semplages, coins, etc.

Lorsqu'on a beaucoup de répétitions à reproduire, d'après un même calque, et que les effets intérieurs compris en dedans de la ligne du pourtour doivent être reproduits, on se sert avantageusement de la méthode connue sous le nom de *poncis*, et quoique ce genre de transport soit en quelque sorte spécialement affecté à la reproduction des dessins sur étoffe, on peut, tout aussi bien, en faire usage sur le papier.

Un poncis consiste en un calque sur papier que l'on perce régulièrement avec une pointe fine; on le place ensuite sur la feuille ou sur l'emplacement destiné à la reproduction; puis, au moyen d'un petit sachet de toile contenant une poudre quelconque, mais très-fine et autant que possible saillante en couleur, que l'on secoue et frotte en tamponnant sur le papier, tous les petits trous laissent une trace sensible et identique au calque.

Pour poncer sur étoffe et produire un tracé adhérent et solide, on emploie une poudre résineuse que l'on fixe immédiatement en promenant un fer chaud sur le tissu, ayant toutefois recours à l'interposition d'une feuille de papier.

Pour poncer à la brosse (petit pinceau gros et court à surface plane), on fait souvent usage de blanc de céruse broyé à l'eau que l'on délaie avec de l'esprit de vin; on y ajoute ensuite de la gomme arabique en poudre ainsi qu'un peu de fiel de bœuf. Cette composition qui est blanche peut indifféremment devenir de toute autre couleur, en y ajoutant soit du vermillon, du noir, etc.

Le ponçage est aussi beaucoup en usage pour l'application des poncis métalliques et vignettes de tous genres.

Les procédés que nous venons de décrire produisent des copies égales et semblables à l'original.

Copies semblables mais inégales.
Diagraphe. — Pantographe. — Chambre noire.

Pour obtenir des copies semblables mais plus grandes ou plus petites que l'original, on emploie ordinairement les carreaux géométriques, ainsi que nous l'avons démontré dans l'emploi du *quadrille régulateur*, appliqué à la mise en carte, page 239.

Ces carreaux peuvent indistinctement être formés ou sur le papier destiné à la reproduction du dessin, ou bien sur un verre à vitre; dans ce dernier cas, la vitre peut être établie horizontalement ou verticalement et à diverses distances du dessin à reproduire. Dans la position horizontale, le verre est supporté par un châssis et le dessin qui doit servir à la reproduction est placé en dessous. Dans sa position verticale, la vitre est supportée à coulisse dans deux petits montants à rainure adaptés à deux branches, reliées entr'elles par une articulation faite dans le même genre que celles qui relient les branches d'un compas de proportion; l'axe de cette articulation

I.

76

est formé par un tourillon ménagé au pied d'une petite colonne supportant un bras, à l'extrémité duquel est placée une petite *mire* que l'on peut, selon le besoin, élever ou abaisser, avancer ou reculer. Ce petit instrument prend le nom de *Diagraphe*.

Pour se servir de cet instrument, on place le dessin à reproduire derrière la vitre et à la distance que l'on juge à propos, observant que plus le sujet sera éloigné du verre, plus aussi la reproduction sera réduite sur les deux sens.

Le dessin à reproduire étant fixé, l'opérateur regarde par le point de mire, et s'assure d'abord du nombre de carreaux que l'original contient en hauteur et en largeur sur la vitre; ce qu'il peut, au besoin, rectifier par la mobilité du point de mire ou oculaire qu'il arrête ensuite définitivement au moyen d'une vis; alors, il trace sur une feuille de papier, un nombre de carreaux qui comprend la diminution à donner à la reproduction du dessin. Ces dispositions prises, l'opérateur n'a plus qu'à reproduire, carreau par carreau, toutes les lignes, telles qu'il les voit par le petit trou qui dirige le rayon visuel.

Bien que la dimension du dessin, considérée dans les carreaux tracés sur la vitre, soit toujours moindre que le dessin original, la reproduction peut également produire le contraire; pour cela, il suffit d'augmenter, sur le papier, la dimension des carreaux de reproduction.

Si l'on voulait obtenir des diminutions autres que celles que le diagraphe peut reproduire, on disposerait un point de mire isolé et indépendant du diagraphe.

Pantographe.

Le pantographe est un instrument au moyen duquel une personne qui n'aurait aucune étude de dessin, peut, tout aussi bien qu'un dessinateur, exécuter la reproduction semblable d'esquisses et dessins quelconques, soit en les augmentant, soit en les diminuant; car il est évident que pour les reproduire de dimension égale, il est inutile d'avoir recours au pantographe, puisque le calque dont nous avons ci-devant parlé, atteint parfaitement ce but.

Il y a deux genres de pantographes; l'un est excessivement compliqué et coûte fort cher, tandis que l'autre, très-simple dans sa forme et remplissant suffisamment le but de la reproduction, ne coûte que six à dix francs. C'est pour ce motif que nous donnerons seulement l'explication de ce dernier.

Ce pantographe se compose de cinq règles en bois, AB, CD, EF,

GH, IJ, fig. 1 et 2, pl. 203, toutes d'égale longueur et percées d'un trou *a* près de leurs extrémités; deux de ces règles, soit CD et GH, sont encore percées semblablement l'une à l'autre d'un certain nombre de trous, et servent à fixer les articulations de la cinquième règle IJ. Les quatre premières règles sont liées entr'elles par articulation, ainsi qu'on le voit fig. 2. Les six articulations sont maintenues par des axes disposés ainsi qu'il suit.

Les articulations GF et BO ont pour axe la tige B d'une chape coudée C, en cuivre, munie d'un petit galet en ivoire, fig. 3. Un petit collet *d*, également en cuivre, s'adapte à l'excédant de la tige et maintient la superposition des règles.

L'articulation HA a pour axe la tige d'une petite broche, dite *pointe fixe f*. fig. 4. Cette pointe, qui est très-aiguë, sert à arrêter l'instrument au point convenable pour l'opération. Pour cela, il suffit de la charger au moyen d'une boule de plomb *g*.

L'articulation ED est également munie d'une pointe, fig. 5, mais moins aiguë que la précédente; on la nomme *pointe à tracer*.

Les articulations I et J sont maintenues, chacune au moyen d'une petite vis, qui, passant dans les trous correspondants, est retenue en dessus au moyen d'un petit écrou à oreilles.

La traverse IJ peut être indistinctement, ou à rainure, ainsi qu'on le voit fig. 2, ou bien percée semblablement aux règles BD, et GH; mais dans ce cas, les trous de la règle IJ doivent être de grandeur suffisante, pour qu'un crayon puisse les traverser sans y être gêné.

La fig. 6 est une vue du porte-crayon; cette pièce se compose d'une petite plaque *h* percée d'outre en outre, d'un tube *ij* et d'une vis de pression *k*. La petite coupole *l*, adaptée à l'extrémité supérieure du crayon *m*, dont la place est dans le tube *ij*, sert à recevoir de petites boules ou charges de plomb, ayant pour but de rendre plus ou moins sensible le tracé de la reproduction.

On conçoit que les parties des deux poulies et des deux pointes qui dépassent en dessous l'instrument doivent être toutes de hauteur égale, et que pour opérer facilement et avec netteté, il faut que la manœuvre du pantographe ait lieu sur un plan horizontal très-uni. On doit aussi s'assurer que le crayon puisse glisser *dans* le tube sans éprouver aucune résistance ni aucun vacillement.

Quant aux réductions plus ou moins sensibles que l'on veut obtenir, elles dépendent entièrement de la position que la règle IJ occupe sur les règles GH et DC; c'est ce que nous allons démontrer.

Supposons que l'on veuille reproduire le dessin K L M N, fig. 2, en le réduisant de moitié sur la hauteur et d'autant sur la largeur.

On ouvrira le pantographe de manière que ses angles soient à peu près droits, et l'on placera le devant du dessin à reproduire sous l'articulation E D, où se trouve la pointe à tracer. On placera de même une feuille de papier O P Q R, dont la dimension doit toujours, par précaution, être un peu plus grande que ne le nécessite l'opération. Les deux feuilles de papier doivent être fixées sur le plateau ou sur la table qui en tient lieu.

Pour le degré de cette reproduction, la règle I J est placée sur le n° 8 de chaque règle, et le porte-crayon *h*, qui est à coulisse, en occupe le milieu, maintenu qu'il est par la vis de pression *k*. Par suite de ces combinaisons, il résulte qu'en même temps que la pointe à tracer parcourt une distance quelconque, soit S T, le porte-crayon fait un chemin de moitié plus court, soit de U en V; il en est de même de M K et N L, relativement à Q O et R P. On conçoit que ces compensations longitudinales se reproduisent tout aussi bien transversalement, et que, par conséquent, la ligne R P est à celle R Q comme la ligne N L est à la ligne N M.

Lors de la reproduction, il est urgent de faire attention que toutes les fois qu'il y a interruption dans la ligne suivie par la pointe à tracer, il faut avoir soin de soulever le crayon pour le rendre neutre pendant la distance de l'interruption ; sans cette précaution le crayon laisserait apercevoir des traces qui ne pourraient que nuire à la reproduction. Cette suspension momentanée peut avoir lieu, ou par un petit levier, ou bien au moyen d'un fil qui vient correspondre à la main gauche de l'opérateur.

Ainsi, en parcourant, avec la pointe à tracer, toutes les lignes formant le dessin X, on obtiendra, en Y, un dessin semblable, mais réduit de moitié en hauteur et en largeur, c'est-à-dire, le quart de la dimension de l'original.

Nous ferons remarquer que le porte-crayon *h* ne doit être placé au milieu de la règle I J que dans le cas unique de la réduction précédente, et que dans tous les autres cas il subit un déplacement, en se dirigeant ou vers la règle G H, ou bien vers la règle C D. Donc, le porte-crayon se rapprochera de la première toutes les fois que la reproduction devra être plus petite que celle que nous venons de décrire, tandis qu'il se rapprochera de la règle C D pour toutes les reproductions qui devront être plus grandes que celle précitée. En un mot, on doit prendre pour règle générale, que pour toutes les reproductions, il faut que le porte-crayon, ou pour mieux dire, le crayon lui-même, soit toujours placé sur l'alignement direct qui existe entre les deux points d'articulation H A et E D, tout comme s'il s'agissait de placer géométriquement un jalon intermédiaire sur la ligne de deux autres.

D'après l'opération que nous avons démontrée, il ne faut pas conclure que si, en fixant la règle porte-crayon sur le n° 8 — 8 qui est au milieu, on obtient une réduction quatre fois plus petite en surface, on devra également obtenir une réduction proportionnelle en plaçant la dite règle I J indistinctement sur tous les autres numéros ; cette régularité ne se rencontre qu'au n° 12, lequel produit une grandeur au seizième. Par conséquent, pour obtenir une reproduction qui représente exactement la moitié de la surface totale d'un original, que nous supposons contenir seize carreaux de chaque côté, en tout 256, il faut nécessairement que la reproduction produise une surface de la contenance de 128 carreaux.

Au premier abord, on pourrait croire qu'on atteindra ce but en plaçant la règle I J sur les numéros 4 — 4 ; on serait dans l'erreur, puisque de ce numéro au point de l'articulation A (pointe fixe de l'instrument), il y a douze carreaux, et que ce nombre multiplié par lui-même donne 144, tandis qu'il n'en faut que 128.

De même, si l'on recule la règle IJ d'un carreau, en la plaçant sur le numéro 5—5, on aura le nombre 11 à multiplier par lui-même, ce qui produit 121 ; c'est donc 7 carreaux en moins du nombre 128 exigé pour la moitié.

Lorsque les règles C D et G H sont divisées et percées conformément aux fractions principales, on voit tout de suite, et sans qu'il soit nécessaire de faire aucun calcul, à quel point on doit placer la règle porte-crayon pour obtenir une des réductions indiquées par les fractions estampées sur chaque division. Néanmoins le pantographe que nous représentons avec perçage régulier, suffit pour la généralité de ces sortes d'opérations.

Chambre noire.

Un procédé très-ingénieux pour calquer un dessin, soit en copie égale, soit en copie inégale, est la chambre noire ; nous ne pouvons mieux faire que de reproduire ici celle de M. GRILLET, d'après le compte rendu, en Février 1846, par M. Théodore Olivier, au nom du comité des arts mécaniques.

« A l'aide de cette machine à dessiner, on obtient une économie de temps considérable et une exactitude mathématique dans la reproduction des calques et tracés de toutes espèces, soit qu'il faille les agrandir ou les réduire, et quelle que soit l'échelle d'augmentation ou de réduction.

Dans cette chambre noire, qui est de grande dimension, M. Grillet remplace la lumière du soleil par celle d'une lampe, et pour obtenir des rayons lumineux parallèles, il emploie un réflecteur parabolique dont la lampe occupe le foyer; l'axe du réflecteur étant vertical, les rayons lumineux sont dirigés de haut en bas, et viennent frapper le dessin préalablement tracé sur papier transparent et posé sur une vitre horizontale; ces rayons lumineux, après avoir traversé le vitrage, viennent rencontrer une lentille, tout comme cela a lieu dans les chambres noires dites *solaires*, et vont ensuite donner l'image renversée du dessin, sur une table horizontale placée au-dessous du système lenticulaire et enveloppée d'une tenture d'étoffe noire.

Cette machine a, sur le pantographe, un avantage précieux; c'est, qu'avant de tracer la réduction ou l'augmentation d'un dessin, on en a l'image, et l'on peut dès-lors juger immédiatement si l'échelle est bonne, si elle n'est pas trop petite ou trop grande, vu les détails et la contexture du dessin original. Cette variété dans les dimensions permet qu'un grand dessin qui aura servi à la confection d'un tissu pour meuble, tenture, etc., pourra être réduit de manière à servir à fabriquer une étoffe pour gilet et *vice versa*.

Par suite d'épreuves diverses, on a reconnu qu'avec l'emploi de cette machine, une ligne droite ayant un centimètre de longueur sur le dessin original, peut donner, sur l'image, une ligne courbe il est vrai, d'un décimètre de longueur et même plus, mais telle que sa flèche n'est pas de plus d'un demi-millimètre; ainsi on peut affirmer que la reproduction d'un dessin à une échelle décuple (et c'est bien suffisant dans les applications de la machine) sera toujours fidèle.

La lampe et le vitrage sur lequel on pose le dessin à reproduire sont mobiles; ainsi on peut imprimer au vitrage un mouvement de translation horizontale de gauche à droite, d'avant en arrière, et réciproquement, de manière à amener sous la lampe toutes les parties du dessin original. On peut donc faire varier les distances respectives de la lampe, du vitrage et du système lenticulaire conformément à la réduction que l'on veut obtenir.

Tous les mouvements s'opèrent avec facilité et précision au moyen de cordeaux et de poulies.

Description de la machine.

Cette machine, représentée en élévation vue de face, fig. 1ʳᵉ, pl. 208, et en projection latérale, fig. 2, se compose de deux montants A, A, réunis par trois traverses B B′ B″. La traverse supérieure B porte six poulies $a\,a\,a$ pour le passage des chaînes $b\,b$; à la traverse intermédiaire B′ sont fixées deux grandes poulies $c\,c$, munies de rochets $d\,d$ servant à enrouler les chaînes qui font monter et descendre les cadres qu'on manœuvre à l'aide des manivelles $e\,e$; une de ces poulies est dessinée séparément et en coupe, fig. 4; enfin, la troisième traverse B″ sert à lier les pieds CC du bâti.

A la partie supérieure du bâti et au dessus du châssis supérieur D, est adaptée une lampe E à double courant d'air, dont le réflecteur F projette la lumière de haut en bas, afin d'éclairer le dessin à calquer, placé horizontalement sur une vitre. Le châssis D monte et descend par la manœuvre des chaînes $b\,b$ attachées aux grandes poulies $c\,c$; par ce moyen, on l'arrête à la hauteur voulue pour la réduction ou l'augmentation du dessin, en engageant les cliquets $f\,f$ dans les dents des rochets $d\,d$.

L'extérieur de ce châssis est muni de languettes ou rebords qui permettent au cadre G G, fig. 3, de glisser horizontalement de gauche à droite, ou de droite à gauche, au moyen des cordons $g\,g$ qui y sont attachés et qui passent sur des poulies disposées en conséquence. Ce châssis porte des rainures dans lesquelles glisse un autre cadre H garni d'une glace non étamée, sur laquelle on pose le dessin à copier. Le double mouvement de va-et-vient, d'avant en arrière, et de droite à gauche, qui résulte de la disposition de ces cadres, permet de transporter successivement toutes les parties du dessin, de manière à ce que chacune d'elles vienne à son tour, correspondre avec le centre du second châssis I portant la chambre noire. Tous ces mouvements s'obtiennent par des cordons qui passent sur des poulies de renvoi fixées aux traverses latérales, et qui viennent correspondre à la portée de la main de l'opérateur.

Le second châssis I monte et descend comme le châssis D et peut être également fixé à toutes les hauteurs par le même procédé; celui-ci reçoit une planchette à laquelle est fixée une chambre noire J, en cuivre, munie de deux lentilles de verre hh; on la voit en coupe, dessinée sur une plus grande échelle, fig. 5. Cette chambre noire, qui monte avec la planchette qui la porte, est munie d'une crémaillère i et d'un bouton k qu'on fait mouvoir, afin de varier la hauteur des lentilles et de les amener au point que les traits du dessin projetés par la lumière supérieure le traversent et soient reçus sur le papier posé sur la table K.

On conçoit que le dessin à calquer doit être tracé sur du papier végétal, ou mieux encore sur du papier verni afin que la lumière le traverse plus facilement, et que les traits du dessin soient projetés avec une netteté suffisante.

Le réflecteur F est muni d'une crémaillère, au moyen de laquelle on l'élève ou on l'abaisse, jusqu'à ce qu'on ait obtenu la clarté la plus vive.

Afin de pouvoir établir les raccords facilement et promptement, il convient de tracer des carrés sur le dessin qu'on veut reproduire, et si la dimension de la reproduction est fixée à l'avance, on peut également établir, sur la feuille de papier blanc, un nombre semblable de carreaux qui peuvent indistinctement être plus grands ou plus petits que les premiers.

On ne travaille avec cet appareil qu'à la lumière de la lampe, ce qui dispense de l'envelopper d'un rideau comme on est obligé de le faire pour les chambres noires solaires.

Pour produire un dessin de la même dimension que l'original, on retire de la chambre noire la lentille inférieure; puis on élève ou l'on abaisse successivement l'un et l'autre châssis D et I, jusqu'à ce que l'on ait trouvé le point de réduction et en commençant toujours par le châssis inférieur I.

Pour amplifier un dessin du double, on élève le châssis inférieur, puis on cherche le point précis avec le châssis supérieur.

Quand il s'agit de grossir davantage, on remet la lentille inférieure, et l'on cherche le point comme nous venons de le dire.

Les cordons attachés au châssis D, dit *porte-glace*, passent sur des poulies de renvoi, et tombent, l'un à droite et l'autre à gauche du dessinateur; ainsi, pour faire mouvoir le dessin à droite, on tire un des cordons de gauche, et pour le faire aller à gauche, on tire un des cordons de droite. Il en est de même pour faire cheminer le dessin d'avant en arrière, ou réciproquement.

La réduction du dessin s'opère en approchant la chambre noire de la table. En général, pour amplifier un dessin, on élève la chambre noire, et pour le réduire on la descend.

Procédés divers relatifs aux reproductions.

Lorsqu'on veut copier en sens inverse, soit un coin dont on n'aurait que la moitié, soit que l'on veuille transformer en coin l'extrémité d'une bordure, soit enfin pour reproduire à retour ou bien à regard un dessin quelconque, il suffit de placer une glace étamée perpendiculairement sur le bord de la partie que l'on veut reproduire, .et la glace réfléchit une figure semblable à celle qui se trouve placée en avant. Par ce moyen, on peut instantanément se rendre compte de l'effet des regards et des retours; mais pour pouvoir juger des deux effets à la fois, il faut se servir de deux glaces que l'on place verticalement et à angle droit l'une contre l'autre. Cette disposition produit un effet de dimension quadruple.

Calque des Dessins en relief.

Broderies. Feuilles et fleurs naturelles. Ornements.

Broderie. Lorsqu'on veut relever un dessin en relief, tel qu'une broderie, par exemple, ou tout autre dessin dont les effets présentent une médiocre convexité, on place, sur un plan quelconque, le dessin à reproduire, ayant soin de mettre le côté convexe en dessus, puis on le recouvre avec une feuille de papier blanc un peu mince que l'on maintient fixée, soit avec la main, soit au moyen de contre-poids, ou mieux encore avec des *punaises.* Le papier étant ainsi disposé, .on le frotte avec une palette d'étain (le côté plat d'un manche de cuiller remplit parfaitement ce but); ce frottement produit, sous le papier de recouvrement, l'empreinte exacte de toutes les formes et contours du dessin; on passe ensuite ces lignes à l'encre, afin de pouvoir ensuite effacer la surabondance des noirceurs inutiles qui se produisent ordinairement par ce procédé. .

Cette méthode est très-prompte pour relever des dessins dont la convexité n'est ni trop ni trop peu sensible, parce que, dans le premier cas, le papier ne pourrait atteindre qu'imparfaitement les parties

I. 77

concaves, et dans le second, les parties convexes ne se trouvant pas suffisamment saillantes, ne peuvent produire une empreinte convenable.

Feuilles naturelles. Comme la composition des feuilles entre pour une large part dans le dessin industriel, nous croyons devoir faire mention d'un procédé aussi prompt que facile pour reproduire exactement une feuille quelconque; pour cela, il suffit de placer la feuille à calquer sur une feuille de papier dit à la *mine de plomb* ou bien à la *sanguine*, et de la recouvrir avec une autre feuille de papier blanc ordinaire que l'on maintient d'une main, tandis que de l'autre on opère, sur ce recouvrement, un frottement accidentellement tamponné.

La feuille à calquer se trouvant alors saupoudrée également sur toutes ses parties, on l'enlève et on la replace de nouveau sur une feuille de papier que l'on recouvre, frotte et tamponne de la même manière qu'il vient d'être dit. Par ce moyen, la feuille se trouve exactement reproduite sur le papier, et la reproduction en est tellement fidèle et précise que toutes les nervures, même les plus délicates, laissent une empreinte suffisante.

Pour rendre ces sortes de calques plus solides, on peut faire un noir tout exprès, ou toute autre couleur, ayant soin d'y ajouter un peu d'huile.

Dans cette opération, il est à remarquer que si on saupoudre la feuille à calquer du côté de la convexité des côtes ou nervures, ce sont ces parties qui formeront les lignes sensibles du dessin, tandis que si l'on opère contrairement, ces mêmes parties laisseront des lignes blanches dans le calque. On peut donc indistinctement prendre, selon le choix, l'un ou l'autre côté de la feuille et même les deux côtés à la fois; dans ce dernier cas, on a en même temps le calque de l'endroit et de l'envers de la feuille.

Fleurs naturelles. Pour calquer une fleur naturelle, on la pose devant soi, sur une table, ayant soin de mettre le plus beau côté en dessus, autrement dire, la partie la plus agréable à l'œil; on place alors, en dessus de la fleur et tout près d'elle, une vitre soutenue par deux tasseaux ou supports quelconques placés à droite et à gauche, la clarté du jour venant de face. Cette disposition étant prise, il suffit de calquer sur le verre, avec de l'encre lithographique, toutes les lignes composant la tige, les feuilles, la pédoncule, la fleur, etc., ayant soin d'indiquer les ombres, si toutefois on le juge nécessaire.

On opèrerait de la même manière pour calquer plusieurs fleurs réunies, groupe, bouquet, etc. A défaut d'encre lithographique, on peut faire usage d'encre ordinaire et calquer ensuite de nouveau, avec du papier transparent, le premier tracé fait sur verre.

Si l'on tient à faire ce travail avec une parfaite précision, il est urgent d'établir un *point de mire*, afin de maintenir le *rayon visuel* au même point pendant toute la durée de l'opération.

Observations sur le coloris des esquisses ou de la mise en carte des dessins.

Lorsqu'un dessin en esquisse ou en mise en carte est artistement colorié, le fabricant qui n'a pas une expérience consommée de l'accord des tons, nuances et couleurs, doit bien se garder d'y faire subir aucun changement; car si les matières qu'il destine pour le tissage ne sont pas de couleurs identiquement semblables à celles de l'esquisse ou bien à celles de la mise en carte, le résultat du dessin fabriqué est bien loin de répondre à l'idée primitive. De là proviennent tant de déceptions et de dessins détestables qui demeurent improductifs, ou dont les étoffes invendables sont dénommées sous le nom de *rossignols* ou fonds de magasin.

De son côté aussi, l'esquisse ou la mise en carte des dessins définitivement coloriée ne doit pas non plus être trop flattée en ce qui concerne le coloris, parce qu'alors ce n'est qu'une apparence trompeuse qui flatte provisoirement l'œil, mais que le tissage ne peut atteindre. Il est donc de toute rigueur de ne colorier les dessins qu'avec connaissance réelle du résultat que l'on peut obtenir par le tissage.

Grand lisage mécanique, véritable accéléré.

Malgré tous les avantages que présente le lisage dit *accéléré* sur le lisage à *tambour*, machines que nous avons minutieusement décrites au chap. XIV, ce lisage, bien que remplissant parfaitement toutes les conditions voulues pour la lecture de la carte et le perçage des cartons, était cependant encore susceptible d'une notable amélioration. Ce nouveau perfectionnement est dû à M. DIOUDONNAT de Paris.

Pour faire apprécier toute l'utilité de cette invention, nous rappellerons ici qu'avec le système des lisages ordinaires, la personne chargée du piquage ou perçage des cartons est obligée de perdre beaucoup de temps, non-seulement pour transporter successivement et à chaque *lat* (du lisage à la presse) la *receveuse* munie des poinçons qui y ont été amenés par le tirage du sample ou de l'accrochage qui en tient lieu, mais encore pour reporter, immédiatement après le coup de presse, la receveuse au lisage, et réintégrer, au moyen du *chassoir*, tous les poinçons dans l'étui. Il est évident que pendant ce temps le *tireur de lats* reste inoccupé.

Au moyen du perfectionnement que nous allons décrire, le perçage des cartons s'effectue sur le bâti même du lisage, ce qui évite le transport des poinçons, et par conséquent supprime la presse ou machine à percer.

Voici en quoi consiste ce perfectionnement :

Tous les poinçons ou emporte-pièces sont construits d'après la forme représentée fig. 2°, pl. 204, et sont placés verticalement, ainsi qu'on le voit fig. 1 et 2. Leur longueur totale est d'environ 36 centimètres, répartis ainsi qu'il suit :

La partie supérieure A des poinçons est aplatie sur une longueur de 15 centimètres, leur extrémité est percée d'un petit trou dans lequel passe la corde qui commande et supporte chaque poinçon. Les parties B, D et F sont évidées de chaque côté des poinçons et forment des entailles, la première de cinq centimètres et les deux autres de trois. Les parties C, E, G sont cylindriques, les deux premières ont deux centimètres de hauteur et la troisième en a six.

Tous les poinçons sont maintenus et régulièrement espacés, au moyen de deux plaques H I et J K, fixées au bâti du lisage ; la plaque supérieure H I a peu d'épaisseur et est percée de trous rectangulaires conformément à la forme de la partie supérieure des poinçons, qui, par ce moyen, ne peuvent se tourner sur eux-mêmes dans leurs mouvements ascendants ou descendants.

La plaque J K est très-épaisse et est percée de trous cylindriques qui reçoivent et maintiennent la partie inférieure G de chaque poinçon.

Un *chassoir* V X, muni d'autant de clavettes qu'il y a de rangées horizontales, est disposé de manière que les clavettes puissent, à chaque levée des lats, traverser par les entailles D ou F des poinçons, selon qu'ils se trouvent ou en élévation, ou bien en abaissement ; dans le premier cas, les poinçons restent neutres, et dans le second, ils sont contraints d'exécuter le perçage par suite de l'excédant de leur partie inférieure.

Au-dessous de la plaque J K, est la plaque L M, dite *matrice*, sur laquelle on place le carton à percer ; cette plaque est supportée par un socle ou encaissement en fonte N, disposé à coulisse, ce socle exécute un mouvement ascensionnel au moyen d'un axe O O, auquel sont adaptés deux excentriques P Q qui agissent en dessous de deux galets R S, logés dans des entailles ménagées dans le socle; un troisième excentrique T relie, par articulation, une bielle U, qui non-seulement coopère au mouvement ascensionnel du socle conjointement avec les galets R S, mais encore oblige le socle à redescendre uniformément. A l'extrémité de l'axe, et sur la droite, est adapté un levier Y, au moyen duquel la manœuvre du socle est aussi prompte que facile.

En ce qui concerne la manœuvre des poinçons, le système qui les commande reste absolument le même, soit pour l'encordage, soit pour le tirage des lats, soit enfin pour le repiquage.

Au moment de tirer le lat, le peigne V, qui tient lieu de chassoir, est retiré sur le devant; alors tous les poinçons se trouvent dans leur position normale, c'est-à-dire remontés, soutenus qu'ils sont par le seul effet de la charge des plombs suspendus aux cordes qui correspondent, une à une, à la tête de chaque poinçon; d'où il résulte qu'en tirant un lat, l'action du tirage soulève un certain nombre de plombs, et qu'alors tous les poinçons qui y correspondent retombent immédiatement jusqu'au point d'arrêt déterminé par la grille L M; par suite de cette combinaison, tous les poinçons qui doivent concourir à l'exécution du perçage d'un même carton, se trouvent en *contre-bas*, et sont maintenus régulièrement dans cette position par l'intervention du peigne V, dont le nombre de clavettes est égal au nombre de rangs, plus une; ces clavettes venant occuper l'emplacement que laissent les entailles D et F, réduisent tous les poinçons à une fixité très-solide.

L'ouvrier, saisissant alors le levier Y, lui fait décrire environ un quart de cercle, en l'abattant sur le devant, et, par ce moyen, fait remonter le socle (et par conséquent la plaque L M, sur laquelle on a préalablement placé un *carton blanc*) jusqu'au point où la plaque J K vient faire résistance. Par suite de ce mouvement ascendant, tous les poinçons qui dépassent en dessous de la plaque fixe J K, percent le carton en s'enfonçant dans les trous de la plaque mobile L M.

Aussitôt ce carton percé, l'ouvrier abandonne le levier Y, qui revient de lui-même à sa place par le seul poids du socle, qui, devenant libre, redescend en même temps à sa position normale; alors le piqueur retirant le peigne, les poinçons remontent subitement reprendre leur position primitive. On procède de la même manière pour le perçage de chaque carton.

Par l'application de ce nouveau système, le perçage des cartons se fait infiniment plus promptement qu'avec le procédé ordinaire, et l'ouvrier éprouve bien moins de fatigue qu'avec les autres genres de lisage.

Ce perfectionnement est surtout très-avantageux au *repiquage* des dessins; mais pour que cette opération profite de tous les avantages que l'on peut retirer de cette invention, il faut que les cartons à repiquer soient préalablement lacés et percés de leurs trous de repères; quant au dessin (manchon ou jeu de cartons) qui sert d'original pour l'opération du repiquage, il est, comme d'ordinaire, adapté à la mécanique Jacquard, placée sur le bâti du lisage.

Au moyen de ce perfectionnement, le repiquage des cartons a lieu avec une célérité vraiment surprenante. Le tirage ou foule, ainsi que le perçage, marchant de concert, l'ouvrier n'a à s'occuper que de la surveillance générale, parce qu'alors le levier Y est remplacé par un volant également monté sur l'axe O, et dans ce cas, les excentriques P Q exécutent une rotation constante et régulière, au lieu d'un quart de tour comme il a été dit ci-devant; il en est de même de la bielle U.

Par suite de cette disposition on peut indistinctement mettre la machine en mouvement, soit à bras, soit par une force motrice hydraulique ou à la vapeur. Dans le premier cas, on fait usage d'une manivelle adaptée à l'extrémité de l'axe, et dans le second, la manivelle est remplacée par deux poulies dont l'une est fixe et l'autre est folle.

D'après ce système de repiquage, il résulte qu'à chaque pression produite par le socle, le carton nouvellement percé est mécaniquement enlevé de dessus la plaque-matrice et est immédiatement remplacé par le carton blanc qui le suit; deux lanternes placées, une sur le devant et l'autre sur le derrière des poinçons, communiquent aux cartons le mouvement qui leur est nécessaire; pour cela, elles sont ajustées horizontalement au bâti du lisage à une hauteur convenable, de manière que chaque carton à percer se trouve amené directement au-dessus de l'emplacement qu'il doit occuper, et pour qu'à la remontée du socle, ce même carton soit enclavé avec précision sur la plaque L M, les pédonnes ou chevilles de repères Z, fixées à cette plaque, sont longues et pointues; par ce moyen, elles ramènent plus facilement le carton à sa véritable place, dans le cas où, par suite d'une déviation quelconque, il tenterait de s'en écarter.

A l'instant où le socle redescend, le carton percé reste en élévation; puis aussitôt qu'il se trouve dégagé des pédonnes, les deux lanternes exécutent immédiatement et ensemble un quart de tour, ce qui a lieu par l'effet de deux loquets commandés par le socle N.

La manœuvre ou foule de la mécanique Jacquard a lieu au moyen d'un excentrique placé à l'axe OO et à l'extrémité du volant.

Lisage à touches.

Le prix excessif des grands lisages, y compris les accessoires qui en dépendent (environ 2,500 francs) fait que certains fabricants sont privés de l'avantage d'avoir à leur disposition, et surtout à leur proximité, un liseur public, ainsi qu'il en existe dans toutes les grandes villes manufacturières. A défaut de cette profession, qui est de première utilité pour les articles façonnés à la Jacquard, beaucoup de manufacturiers se trouvent, malgré leur bon goût pour la nouveauté et leur amour pour le progrès, forcés de s'en tenir à la confection des étoffes dont les dessins n'exigent pas un nombre de crochets au-delà de celui qui commande les lisses ou lames, et rarement ces dernières atteignent quarante.

Il est vrai que l'on peut remplacer le grand lisage ainsi que la presse par le lisage et le perçage dit *à la main*; mais cette opération devenant très-onéreuse pour les dessins qui exigent un compte de mécanique et un nombre de cartons quelque peu élevé, on n'y a recours que dans les circonstances forcées.

Plusieurs constructeurs ayant reconnu qu'un lisage établi pour un prix bien inférieur serait bien accueilli par un grand nombre de manufacturiers, ont confectionné de petits lisages, dits *à touches*, sur lesquels on peut lire les dessins même en 600, et par conséquent tous les nombres usités au-dessous.

Bien que les divers lisages que l'on a jusqu'à ce jour faits dans ce genre, ne soient pas identiquement semblables entr'eux, ils se ressemblent néanmoins, à peu de chose près, et toute la différence consiste plutôt dans la forme du bâti que dans le principe du mécanisme.

Nous allons donner le plan et la description de celui qui nous a paru remplir les meilleures conditions.

La pl. 202 représente le lisage à touches de M. TRANCHAT, fils, mécanicien à Lyon. La fig. 4° en représente le plan vu en dessus. La fig. 3 en donne l'élévation coupée suivant la ligne 3—4. La fig. 5 le représente, vu de face.

Cette machine comprend quatre parties principales, qui se correspondent et se coordonnent entr'elles :

1° Une série de touches (4, 8 ou 12), sur laquelle l'ouvrier pose les doigts conformément aux points indiqués par la mise en carte ;

2° Une série de poinçons mobiles propres à percer le carton d'une rangée transversale de trous à la fois, et fonctionnant par une pédale ;

3° Un charriot à crémaillère, servant à faire avancer insensiblement, et de la distance d'un trou, le carton à percer.

4° Une *escalette*, munie d'un compteur-vérificateur.

Des touches. Les touches, que l'on peut en quelque sorte comparer à celles d'un piano, ne sont autres que des équerres en fer A, coudées à angle droit, et dont l'extrémité de la branche horizontale est aplatie et polie pour recevoir le contact des doigts. Le nombre 12 de ces touchettes correspond au plus grand nombre de trous que l'on puisse percer sur la largeur des cartons ; leur oscillation a lieu autour d'un axe fixe, soutenu entre deux petits supports *b*. A l'extrémité de la branche verticale de ces équerres sont attachés, d'une part, des tiges en fil de fer B, et de l'autre, des ressorts élastiques ou boudins C, qui ont leur point d'appui contre un talon rapporté au-dessous et sur le devant de la tablette fixe D, devant laquelle se place l'ouvrier ou l'ouvrière pour faire fonctionner l'appareil ; cette tablette, placée à une hauteur convenable pour qu'une personne puisse travailler étant assise, est supportée par deux consoles coudées E, en fonte, qui viennent se boulonner au bâti par leur partie inférieure F. Les ressorts ont pour objet de tendre constamment à rappeler les équerres A, ainsi que les tiges B, chaque fois que celles-ci ont opéré leur mouvement par l'influence de la pression des doigts sur les touches. Les tiges horizontales B, placées dans un même plan horizontal, se resserrent vers l'autre extrémité qui les relie aux platines verticales G, qu'elles font glisser dans une sorte de boîte métallique H, où elles sont maintenues et guidées de manière à ne pouvoir sortir de la ligne longitudinale ou du plan dans lequel elles se trouvent.

Des poinçons. Les platines que nous venons de décrire sont en acier, et ont pour objet de recouvrir les poinçons *c*, également en acier. Les douze poinçons sont ajustés dans une boîte H, qu'ils traversent et dépassent en-dessous ; la partie inférieure de ces poinçons est également ajustée dans la matrice horizontale I, qui est percée d'un nombre

égal de trous et fendue vers le milieu de son épaisseur pour donner
passage au carton J qui doit être percé et que l'on introduit sur le sens
de sa largeur. Par suite de cette disposition, il résulte que lorsqu'on
fait descendre les poinçons, ils sont nécessairement forcés de traverser
le carton en découpant une paillette pour la formation de chaque trou.

Il va sans dire que pour exécuter le perçage complet d'un carton
conformément à la mise en carte, le nombre de trous ne peut jamais
être égal au nombre que comporte la réduction totale du compte de
la mécanique. Ainsi, en supposant que l'on ait à lire et à percer un
carton pour un 600, les douze poinçons pourront être employés ou
partiellement ou totalement; mais dans ce dernier cas, ils ne devront
jamais exécuter consécutivement une semblable manœuvre, c'est-à-
dire, pendant les cinquante rangées transversales ; il ne pourrait en être
ainsi que pour le perçage d'un *carton-matrice*. Donc, et à moins que
la mise en carte exige une *bride* de douze, par effet de trame à l'envers, et que les points *sautés* correspondent directement avec la totalité
d'un rang transversal, il y aura toujours, pour le perçage de chaque
rang, un ou plusieurs poinçons qui devront rester dans l'inaction,
tandis que les autres exécuteront le perçage, ce qui a lieu au moyen
des platines G disposées de manière à remplir cette condition.

Jeu de la machine. Il est facile de se rendre compte que lorsqu'on
appuie le bout du doigt sur une des touches, on pousse nécessairement vers le fond de la boîte H la platine qui correspond à cette même
touche; par ce moyen, le poinçon qui se trouve placé au-dessous de
cette platine, ne peut plus être soulevé. Il en est de même des autres
touches. On conçoit que les platines dont les équerres restent neutres,
laissent aux poinçons qui leur sont relatifs, l'emplacement nécessaire
pour qu'ils puissent, en reposant seulement de leur propre poids sur
le carton, remonter dans la boîte et ne pas exécuter le perçage. Il
résulte qu'à l'instant où l'on fait descendre la boîte et avec elle les
platines qui y sont toutes indistinctement logées, tous les poinçons
dont les platines sont repoussées par les touches, sont forcés de descendre en traversant le carton passé dans la matrice inférieure I. Par
cette combinaison, aussi simple qu'ingénieuse, on détermine, au moyen
des touches A, le nombre et la place des trous qui doivent être percés
à chaque rang transversal du carton.

Pour faire descendre la boîte dans le porte-poinçon, l'auteur l'a re-
liée à une forte traverse horizontale en fer, dont les extrémités, ar-

I.   78

rondies en forme de douille, sont allésées et ajustées sur deux petites colonnes verticales *d* qui lui servent de guide; à cette traverse sont fixées, à charnières, les tringles verticales K qui descendent jusque vers le bas de la machine, pour s'assembler par articulation avec la pédale L, sur laquelle l'ouvrier met le pied chaque fois qu'il veut exécuter le perçage. Cette pédale se compose d'une marchette en bois, soutenue longitudinalement en dessous par une barre de fonte M, traversée vers son milieu par un axe en fer *e*, mobile dans des oreilles ménagées aux côtés intérieurs des traverses longitudinales et inférieures du bâti F, qui est également en fonte. Un contre-poids N, boulonné sur le bout de la pédale, sert à la faire basculer de ce côté chaque fois que l'ouvrier l'abandonne.

On comprend que lorsqu'on appuie sur la pédale, on fait descendre les tringles K qui font l'office de *bielles*, et avec elles la boîte porte-poinçons, tandis que la matrice posée sur la table fixe O et boulonnée aux côtés du bâti reste immobile, ainsi que le carton qui la traverse.

Du charriot. Le carton J que l'on veut percer est maintenu et tendu par ses deux extrémités; l'une, celle de devant, est agraffée au côté transversal du châssis rectangulaire P en fer, l'autre extrémité s'agraffe à une règle mobile Q, arrêtée sur les deux grands côtés de ce même châssis, aux points convenables à la longueur du carton.

Dans l'emploi des lisages à touches, il est nécessaire de percer préalablement, et *à la main*, les trous de *repères* ainsi que ceux de la-çage; car, outre leur utilité spéciale, les trous de repères servent à fixer le carton en s'accrochant, l'un à une pedonne fixée au milieu de la traverse Q, et l'autre à une des traverses du châssis. Dans cette position, et pour éviter que le carton ne puisse se soulever et se déplacer pendant qu'on en fait le perçage, il est maintenu par une petite *pince* ou mâchoire percée *i* qui recouvre la pedonne, en s'appuyant sur le carton par l'effet d'un ressort ou bien d'une tige *h* montée sur le même axe.

Le carton étant assujéti et le châssis qui le porte réglé dans la position qui lui convient pour commencer l'opération, il s'agit de le faire avancer, pour chaque rangée de trous, d'un espace égal à la distance d'un rang à l'autre; ce parcours a lieu par l'effet de la marche du charriot, commandé qu'il est par chaque mouvement imprimé à la pédale L, parce que les deux tringles ou bielles verticales K sont reliées entr'elles par une traverse en fer *l*, qui, à son milieu, porte un

toc à vis *m*, dont on peut régler la hauteur avec une parfaite exactitude, de manière que chaque fois que les tringles sont élevées, le
toc soulève la branche horizontale du levier à contre-poids U, qui
a son centre d'oscillation sur l'axe en fer *n*, et par suite, fait marcher la branche verticale U' de droite à gauche; et comme cette
branche est terminée par un rochet *o* qui, à l'aide d'un ressort *p*,
est forcé de s'engager dans les dents de la crémaillère, celle-ci est
naturellement mise en marche, entraînant avec elle le charriot et par
conséquent le carton. Mais comme, durant l'opération du perçage
d'un carton, il peut se présenter certains cas accidentels pour lesquels il devient nécessaire d'imprimer au charriot une course rétrograde, ou bien même la course ordinaire mais irrégulière, ces ma-
nœuvres ont lieu au moyen d'un levier à poignée S, qui est à la
disposition de la main de l'ouvrier. Ce levier a son point d'appui
en *k*, sur le côté droit dans l'intérieur du bâti, et se termine par
un coude qui tient lieu de cliquet.

Lecture de la carte. La carte est maintenue dans une *escalette* V,
soutenue par deux consoles X en fer, et élevée à une hauteur
convenable. Cette escalette ne diffère de celle que nous avons décrite page 258 qu'en ce que le biseau de la règle supérieure porte des
lignes verticalement tracées et numérotées et dont la distance d'une
ligne à l'autre doit contenir exactement un nombre de points, *pris* ou
laissés, égal au nombre des poinçons qui doivent concourir au perçage
d'un rang transversal, soit quatre pour les mécaniques dites armures,
huit pour celles en 200 et en 400, et douze pour les 600 et au-dessus.

Pour faire concorder avec ces divers nombres le tracé établi sur
le biseau de la règle, il est nécessaire, ou d'avoir des règles de rechange, ou bien, d'exécuter les mises en carte sur des papiers dont
les réductions produiraient indistinctement, par 4, 8 ou 12 points,
un espace égal aux lignes indicatives, numérotées sur la règle qui
maintient la carte sur l'escalette.

Pour percer les cartons qui n'exigent que quatre poinçons, on se
servira des quatre touches du milieu, et pour ceux qui en exigent
huit, on considèrera comme neutres les deux touches de droite et
de gauche.

Afin de prévenir les erreurs qui pourraient survenir dans le cours
de l'opération, un compteur-vérificateur circulaire Z rapporté sur le
côté de la machine, porte sur sa circonférence, des divisions qui

correspondent avec celles de l'escalette et guident constamment l'opérateur au moyen d'un index *t* placé en dessus. Une ficelle *u*, occupant une gorge pratiquée sur le côté de l'indicateur, le relie au charriot par un crochet à vis *v*, de sorte qu'à chaque cran de la crémaillère, l'indicateur tourne d'une division. Un contre-poids X, suspendu à une seconde corde qui occupe aussi une seconde gorge et s'enroule en sens contraire à la première, a pour objet de maintenir la régularité indicatrice et de faciliter le rappel du charriot. Un timbre, que l'on peut disposer à volonté pour certains avertissements utiles, vient compléter l'organisation de ce mécanisme.

Mécanique Jacquard.

Essai de la suppression des cartons.

Bien que la mécanique Jacquard ait résolu un immense problème relatif aux étoffes façonnées, le génie de l'homme semble reculer chaque jour les bornes de l'impossible, en tendant constamment à la perfectibilité des machines susceptibles de perfectionnement.

Tous les industriels qui emploient la mécanique Jacquard ayant unanimement considéré comme un inconvénient l'opération intermédiaire et obligatoire du lisage et du perçage des cartons, ont émis le vœu de voir mettre au jour une invention qui supprimât le lisage ainsi que le perçage, en un mot, qui fît entièrement disparaître les cartons.

Cette invention était réservée au génie de M. Pascal, de Paris ; et si le résultat n'a pu satisfaire complètement au désir général, l'essai qui en a été fait n'a pas moins prouvé que ce perfectionnement considéré comme impossible par la plupart des praticiens expérimentés, n'était pas moins réalisable moyennant quelques améliorations.

Ce perfectionnement, ou plutôt cette innovation, consiste dans le rapport direct de la mise en carte avec le tissage immédiat et sans intermédiaire ; à cet effet, la mise en carte, au lieu d'être établie sur du papier réglé dont on se sert pour cet usage, est faite sur une toile métallique, véritable cannevas formé de fils de laiton sur lequel on établit le dessin au moyen d'un vernis de consistance convenable. Cette toile, dont la nature métallique remplit des conditions qui contribuent essentiellement à son application, est soumise aux mêmes divisions que le papier réglé, avec cette différence cependant que la réduction relative aux fils de chaîne ne peut subir aucune variation, attendu ses rapports avec le mécanisme, et ce n'est par conséquent que

sur les lignes transversales, et pour la trame seulement, que les réductions peuvent varier, et cette variation, nécessaire dans un grand
nombre de cas, vient encore ajouter à la complication d'un mécanisme spécial déjà excessivement compliqué.

Cette sujétion tient à ce que chaque aiguille, dont l'ordre et
la place sont invariables comme dans la mécanique ordinaire, mais
placés seulement sur un unique rang longitudinal, correspond à un
des petits carreaux du cannevas. Cette toile métallique est ensuite placée sur un appareil qui en dirige la marche, et dont la vitesse est
réglée par un régulateur tout particulier.

Bien que dans son principe cette invention dénote un progrès incontestable, il s'en faut de beaucoup qu'elle soit d'une application
facile, car deux obstacles s'opposent à son admission.

Le premier obstacle est, que la mécanique ne pouvant être garnie
que sur un seul rang, elle ne peut, en ce qui concerne le nombre de
coups ou de cordes, exécuter que des dessins peu compliqués.

Le second obstacle consiste dans l'impossibilité de pouvoir à volonté et selon le besoin, ajouter, retrancher ou intercaller un nombre
quelconque de duites, tandis qu'avec l'emploi des cartons, ces sortes
de rectifications peuvent être faites non-seulement sans aucune difficulté, mais encore avec promptitude et pour ainsi dire sans frais.

A ces deux obstacles vient encore se joindre l'inconvénient que la
construction des mécaniques employées dans l'application de cette invention, exige une très-grande complication aussi bien dans la disposition de la mécanique que dans le jeu des engrenages et combinaisons de toutes sortes servant à la marche de la toile métallique,
qui, en outre, a le défaut de ne pas former manchon, ainsi que cela
a lieu avec l'emploi des cartons.

Si donc, et comme nous venons de le démontrer, cette invention est
encore sous l'influence d'améliorations, elle n'a pas moins fonctionné,
sous nos yeux, avec une régularité et une précision vraiment surprenantes et qui font honneur à son auteur.

Si M. PASCAL tient compte des observations que nous lui avons
faites nous-mêmes de vive voix, et si les perfectionnements dont il
a compris l'utilité et qu'il croit pouvoir y apporter, ne lui font
pas défaut, nous avons tout lieu d'espérer qu'il trouvera dans la perfection de son œuvre la juste récompense de ses travaux et de ses
veilles.

Essai des mécaniques à la Jacquard, construites en fonte.

Personne n'ignore qu'en fait de constructions de machines, la justesse et la précision des pièces mobiles dépendent généralement de la disposition régulière et invariable du bâti. Ce but n'étant pas toujours régulièrement atteint dans la confection des mécaniques en bois, plusieurs mécaniciens ont remplacé par de la fonte la plus grande partie des pièces dont se composent ces sortes de mécaniques.

Si la confection de ces nouvelles machines, dont on ne peut contester l'élégance et la solidité, et qui de plus n'ont pas, comme celles en bois, l'inconvénient d'être accessibles à l'influence des transitions de la température, n'a pas eu la suprématie sur celles en bois, c'est surtout parce que dans ces sortes de mécaniques, le battant, manœuvrant par un mouvement de *va-et-vient* disposé à piston, finit par avoir trop de jeu dans les coulisses qui le supportent, et, par suite, le cylindre perd de la précision rigoureuse qu'il doit constamment conserver dans sa concordance avec les aiguilles; de plus, le porte-cylindre n'étant pas muni de vis de réglage sur son sens longitudinal, l'ajustement du cylindre devient très-difficile.

Pour obvier à cet inconvénient, de toutes les pièces de fonte on n'a conservé que les jumelles; mais soit que le prix d'acquisition en soit trop élevé, soit que la combinaison des modèles laisse encore à désirer, les mécaniques en fonte n'ont pas, jusqu'à ce jour, eu la priorité sur celles entièrement construites en bois.

Plusieurs constructeurs ont également essayé de supprimer l'étui, en plaçant les élastiques dans le corps même des aiguilles, ainsi que cela a lieu pour les machines dites repiquage (voy. fig. 7, pl. 96); mais ce perfectionnement n'a pas eu de succès, et ce sont toujours les mécaniques en bois qui sont généralement adoptées.

Suppression momentanée d'un ou de plusieurs crochets.

Lorsqu'il s'agit de la confection des tissus unis ou bien des petits façonnés, dits armures en écossais, il arrive souvent que la *disposition* permet d'établir le montage de manière à économiser les cartons, attendu que pour la plupart de ces articles il n'est pas nécessaire d'en percer autant que la longueur d'un carreau complet comporte de duites.

Mais s'il s'agissait de faire, avec quatre cartons seulement, un tissu écossais qui comporterait 248 duites pour le fond du carreau, que nous supposons être en satin de quatre, plus quatre duites en sergé de quatre, pour le filet, il faudrait nécessairement, par le procédé ordinaire, employer 252 cartons.

Au moyen du procédé que nous allons décrire, on pourra satisfaire à cette condition; à cet effet, on disposera le montage sur deux rangs de crochets, pris longitudinalement de manière qu'un rang soit destiné pour le fond et l'autre pour le filet, ces deux rangs sont indépendants l'un de l'autre et manœuvreront chacun à son tour conformément au nombre de duites déterminées; pour cet effet, le perçage des cartons devra être établi de manière à agir indistinctement sur l'un ou sur l'autre rang.

Pour obtenir cette permutation dans la manœuvre des crochets, le meilleur moyen est de faire usage de deux grilles établies à coulisses placées au-dessous et le plus près possible des aiguilles, afin qu'elles ne puissent nuire à la levée des crochets. Par ce moyen, chaque grille agit sur tous les crochets qui se trouvent sur un même rang longitudinal et les rend inactifs pendant tout le temps qu'ils restent maintenus en arrière. Ce mouvement a lieu au moyen d'une ficelle qui vient correspondre à portée de la main de l'ouvrier, et pour que les deux grilles agissent en même temps et en sens contraire l'une à l'autre sur les deux rangs à la fois, de sorte que les crochets qui se trouvent en repos puissent instantanément remplacer ceux qui travaillent, et réciproquement; elles peuvent être commandées ou par des ressorts ou par des contre-poids, ou bien encore par une combinaison analogue à la disposition des cordons dont on fait usage pour ouvrir et fermer des rideaux de croisée.

Afin de faire parfaitement comprendre la manœuvre des grilles, supposons que la grille supérieure agisse sur le rang de gauche, côté de la planchette, et que ce rang commande le fond, par conséquent la grille inférieure agit sur le rang de droite, côté de l'étui, et commande le filet. Supposons aussi qu'en ce moment le tissage exécute le fond du carreau.

Dans cette hypothèse, c'est la grille inférieure qui se trouve retirée du côté de l'étui et qui maintient dans l'inaction tout le rang des crochets du filet.

Le tissage du fond étant terminé, l'ouvrier passe instantanément au tissage du filet, en faisant tout simplement agir la ficelle de commande, laquelle se trouve doublée par son passage sur une poulie arrêtée dans une coulisse à *crémaillère;* par ce moyen, la ficelle est constamment maintenue dans une tension convenable. Pour passer du filet au fond, il suffit de faire manœuvrer la ficelle en sens contraire.

Afin que le mécanisme puisse commander les deux grilles à la fois et qu'il en fasse revenir une en avant au même instant où il rappelle l'autre en arrière, chaque grille est attachée à un petit rouleau de manière que lorsque les courroies ou ficelles d'une grille s'enroulent, celles de l'autre se déroulent, et réciproquement.

Dans le cas où les deux croisements (celui du fond et celui du filet) ne s'accorderaient pas sur un même nombre de cartons, on se conformerait au perçage que nécessiterait le raccord des armures.

Lorsque les crochets qui doivent ou travailler ou rester dans l'inaction ne sont pas sur un même rang, et surtout s'ils ne sont pas en trop grand nombre, on peut avoir recours au moyen suivant :

On attachera un fil au talon de chacune des aiguilles dont les crochets devront éprouver une neutralité ; ce fil, passant dans l'élastique et par conséquent dans l'étui, fait angle droit en passant ou sur une tringle ou sur une poulie pour redescendre à portée de la main de l'ouvrier ; du moment où cette ficelle sera tendue, soit par un accrochage, soit par l'effet d'un contre-poids, l'aiguille ou les aiguilles attachées resteront en arrière, et, pendant ce temps, les crochets qui leur sont relatifs resteront dans l'inaction. Ce procédé est très-utile toutes les fois qu'il s'agit de supprimer une navette ou d'opérer un changement quelconque dans la manœuvre des doubles boîtes ; c'est ce que nous allons démontrer par un petit exemple :

Admettons que pour l'écossais précédemment décrit, le tissage ait lieu à deux lats suivis pour le fond, et à un seul lat pour le filet.

Dans ce cas, aussitôt que le tissage du fond du carreau sera terminé, l'ouvrier suspendra la manœuvre des boîtes inférieures, et pendant ce temps, les boîtes supérieures exécuteront seules le tissage du filet. Le filet étant terminé, l'ouvrier supprimera la tension de la ficelle qui retient en arrière l'aiguille qui commande les boîtes inférieures, alors le crochet qui lui appartient reprendra immédiatement sa position naturelle.

S'il était nécessaire de faire manœuvrer trois navettes dans le fond du carreau et deux seulement pour le filet, on disposerait la manœuvre des boîtes sur un double rang de crochets, de manière que chacun d'eux fût susceptible d'inaction, selon l'exigence de la disposition.

D'après ces explications, il est facile de concevoir que l'on pourrait, soit au moyen de quatre grilles, soit au moyen d'un accrochage combiné, trouver dans ce procédé certains avantages qui ne peuvent manquer d'être utiles en diverses circonstances.

Empoutage mobile.

Malgré tous les avantages que présentent les métiers montés à la Jacquard, ces montages ont encore, pour les articles dits *de saison*, un inconvénient qui se fait d'autant plus sentir que le montage en est plus souvent renouvelé. Or, ces articles étant susceptibles de variation dans leur largeur, ces changements fréquents deviennent onéreux.

Nous pouvons citer pour exemple les nouveautés en draperie qui, pour les articles d'hiver, sont confectionnés sur une largeur d'environ 1^m,75 , tandis que les articles d'été ne sont établis que sur 1^m,55. Par suite de cette différence, il faut donc, pour chaque saison, et en admettant la même réduction de chaîne, resserrer ou élargir le corps ; dans l'un et l'autre cas, la ligne des maillons, qui doit toujours être parfaitement horizontale, perd nécessairement de son nivellement, puisque pour passer du large à l'étroit, la ligne des maillons baisse d'autant plus qu'elle se rapproche des extrémités du *corps*, et conséquemment il arrive le contraire lorsqu'il s'agit de passer du rétrécissement à l'élargissement ; ce qui fait que, dans les deux cas, il faut de nouveau *égaliser* ou *appareiller* la plus grande partie des maillons, puisqu'il n'y a ordinairement qu'un chemin, si le nombre est impair, ou deux, si le nombre est pair, qui puissent être dispensés de subir cette opération.

Si, pour passer du large à l'étroit, il suffit de *dépendre* et d'appareiller de nouveau, pour passer de l'étroit au large on a de plus l'inconvénient d'être obligé d'allonger toutes les arcades dont les maillons doivent être rehaussés ; et comme la planche d'arcade doit toujours être placée le plus bas possible, il devient nécessaire que les nœuds des apponses soient formés au-dessus de la planche, car s'ils étaient au-dessous, ils risqueraient de s'opposer au rabat.

Pour éviter cette double perte de temps et d'arcades, il existe un moyen dont nous avons fait l'essai par nous-mêmes. Ce moyen ayant parfaitement répondu à notre attente, nous croyons devoir en faire part à nos lecteurs, en les prévenant toutefois qu'il réussit d'autant mieux que la mécanique occupe une position plus élevée.

I.   79

A cet effet, on se servira de deux planches d'arcades AB et CD, ainsi que le représente la planche 200. Ces deux planches seront empoutées semblablement, placées horizontalement l'une au-dessus de l'autre, et disposées à *planchettes*.

On empoutera d'abord la planche supérieure AB, selon le genre d'empoutage qu'on adoptera et tout comme s'il ne s'agissait que d'une seule planche ; cet empoutage terminé, on procèdera à l'empoutage de la planche inférieure CD, en observant de faire concorder les trous et par conséquent les planchettes de chaque planche. L'empoutage étant terminé, le pendage a lieu comme à l'ordinaire.

Après cette opération, on fixe les deux planches, en observant de les écarter de manière que la ligne horizontale qui doit être produite par les maillons occupe à peu près l'étendue moyenne de l'élargissement au rétrécissement que cette méthode peut atteindre.

La planche inférieure CD doit être placée à la hauteur ordinaire de celle des métiers qui n'ont qu'une seule planche, et son empoutage doit être conforme à la largeur de l'étoffe. La planche supérieure doit être élevée d'environ 25 centimètres au-dessus de la planche inférieure et produire une largeur qui dépasse cette dernière de quelques centimètres à droite et à gauche. Cette disposition prise, on procède à l'appareillage.

Supposons que le métier soit monté sur 8 chemins de 400 cordes ou 3200 fils, sur une largeur de $1^m,60^c$, ce qui produit 20 fils au centimètre, et que l'on veuille porter cette réduction à 22 fils.

En divisant 3200 par 22, on trouve que, par suite de cette nouvelle réduction, la totalité des arcades ne doit occuper que $1^m,46$ environ ; c'est donc $0^m,14$ à déduire de la largeur primitive, autrement dire, $0^m,08$ centimètres de chaque côté.

Si l'empoutage avait lieu avec une seule planche, le resserrement des planchettes dénaturerait la ligne horizontale des maillons, et lui ferait former une ligne cintrée IJK, dont les bords IK baisseraient d'autant plus qu'ils s'éloigneraient du centre, et l'on ne pourrait rétablir la ligne horizontale GH qu'en *appareillant* de nouveau la presque totalité des maillons; opération qui a le double inconvénient de faire perdre du temps et de raccourcir la plus grande partie des arcades.

Dans le même cas et au moyen de la méthode que nous représentons, les planchettes de la planche inférieure étant resserrées, la ligne qui en résultera, loin de cintrer comme le représente IJK, formera un cintre tout-à-fait contraire ainsi que le représente la ligne L M N, et pour ramener immédiatement l'appareillage dans la ligne horizontale GH, et sans refaire un seul nœud, il suffira de resserrer convenablement les planchettes de la planche supérieure A B ; en outre, les deux planches étant supportées à coulisses, on peut encore leur faire subir diverses variations qui facilitent la rectification de la ligne droite des maillons et la reproduisent avec autant d'exactitude que si l'appareillage était fait de nouveau.

Supposons maintenant qu'au lieu d'augmenter la réduction de deux fils, comme nous venons de le faire en les ayant portés à raison de 22 par centimètre, on veuille transformer ce même empoutage en une réduction de 18 fils au centimètre.

En divisant les 3200 fils par 18, on trouve que cette réduction donne pour résultat une largeur de 1^m,78 (à quelques millimètres près), ce serait donc une augmentation de 18 centimètres à faire subir à la largeur établie sur 1^m,60, et par conséquent 0^m,09 de chaque côté. Dans cette hypothèse, s'il s'agissait d'un empoutage à une seule planche, l'élargissement des planchettes produirait aux maillons une ligne cintrée, dont les extrémités s'élèveraient d'autant plus qu'elles s'écarteraient du centre, et cette fois, il y aurait à faire choix de l'un des deux inconvénients qui se présentent pour replacer les maillons sur une ligne horizontale. Ce choix consiste, ou à relever, en les appareillant un à un, tous les maillons qui se trouvent plus ou moins en *contre-bas*, ou bien, à baisser, à partir de chaque bord, tous ceux qui se trouvent exhaussés. Par conséquent, dans le premier cas, les arcades doivent être raccourcies, et dans le second, elles doivent être rallongées ; il en résulte que le meilleur des deux moyens est vicieux.

D'après notre méthode, on replacera immédiatement, promptement et avec facilité tous les maillons dans leur ligne horizontale primitive, en abaissant seulement la planche supérieure A B.

On conçoit que la cause de l'allongement des arcades dont les maillons se trouvent remontés, par suite de l'écartement des planchettes de la planche inférieure, provient de la disparution ou totale ou partielle des angles que forment les arcades par leur passage dans la planche supérieure.

Il va sans dire que cette augmentation ou cette diminution ne peut s'étendre à volonté ; mais elle offre assez de latitude pour satisfaire aux obligations qu'imposent souvent les changements de largeurs, puisque dans l'exemple que nous venons de citer, et d'après les expériences que nous en avons faites, la variation de $1^m,46$ à $1^m,78$ atteint 32 centimètres de différence, tout en conservant une ligne droite et parfaitement horizontale.

Cette méthode sera, nous n'en doutons pas, d'un grand secours pour la confection de beaucoup d'articles façonnés à la Jacquard et surtout pour le montage des métiers dont on se sert pour échantillonner.

Beaucoup de personnes ignorant l'application de cette combinaison, compensent l'abaissement que le rétrécissement de la planche d'arcade produit sur les extrémités de la ligne des maillons, en remontant cette même planche jusqu'au point qui ramène l'égalité de la ligne horizontale; mais ce moyen présente un grand inconvénient, car plus la planche d'arcade se trouve remontée, plus les angles formés par l'arcadage deviennent sensibles et plus aussi l'ouvrier éprouve de la raideur dans le travail. A cet inconvénient vient encore se joindre celui de l'écorchement, et par suite, de la rupture des arcades. En outre, nous ferons remarquer que lorsque la planche d'arcades est trop élevée, la grande distance qui existe entre elle et les maillons, fait que, lors du travail, le corps éprouve un balancement constant qui nuit considérablement à une bonne fabrication.

De plus, si l'empoutage a lieu par une seule planche d'arcade, préalablement placée à la hauteur ordinaire, et qu'on veuille ensuite élargir le corps, on ne pourra obtenir la compensation voulue qu'en abaissant la planche d'arcade; mouvement qui devient impossible, puisque, dans sa position normale, la planche doit toujours être placée le plus bas possible. Dans cette circonstance, certains ouvriers établissent la compensation par l'élévation ou l'abaissement d'une grille dite *grille des collets*, placée à coulisse en dessous de la planche de ce nom; mais ce procédé ne produit que de mauvais résultats, attendu qu'il énerve la partie supérieure des arcades, donne beaucoup de raideur à la foule ou marchure, et en résumé ne peut compenser et produire qu'irrégulièrement la ligne horizontale primitive, c'est-à-dire, celle formée par l'appareillage lors du montage du métier.

Semple à rabat.

Bien que les métiers *à semple* ne soient, pour ainsi dire, plus en usage, il se présente encore parfois certaines circonstances dans lesquelles on utilise encore le système dit à la tire, conjointement avec celui à la Jacquard.

D'après le montage ordinaire des métiers à la tire, les semples ne peuvent exécuter que la *levée* et non le *rabat*; cependant on peut obtenir ce dernier en disposant le montage ainsi que le représente la planche 189.

Pour obtenir ce double mouvement, le métier est surmonté d'un *cassin* à double cage A et B, munies de doubles cordes dont l'une sert à tenir le corps élevé à la hauteur du pas ou foule, ce qui a lieu au moyen d'aiguilles de plomb C formant contre-poids, tandis que l'autre constitue la rame D, qui est soutenue par un troisième cassin E; d'où il résulte qu'en tirant le semple K, lequel correspond au satin F, les contrepoids C lèvent en même temps que les cordes G baissent.

Lorsqu'il s'agit de confectionner du velours, le cassin H est affecté au poil et a pour but de faire lever le corps partiellement selon l'exigence du dessin, attendu que les lisses I sont établies tout exprès pour faire lier le poil immédiatement après le passage du fer, ce qui a lieu au moyen du semple L.

Métiers mécaniques.

Si l'invention des machines à filer fut une conséquence de l'insuffisance du filage à la main, de son côté, le tissage mécanique prit naissance pour pouvoir marcher de pair avec la filature perfectionnée. Cette invention, d'origine anglaise, fut importée en France au commencement de ce siècle, mais comme la plupart des inventions, son adoption chez nous fut lente et incomprise pendant un assez grand nombre d'années.

Il est vrai que dès le début de ces machines, de nombreux et différents perfectionnements vinrent lutter entre eux, ce qui mit d'abord les fabricants et les ouvriers dans l'embarras du choix, et par suite engendra une critique réciproque de système à système. Néanmoins la célérité du tissage mécanique ne pouvant être contestée, surtout pour les étoffes unies, l'adoption de ces métiers prit une extension notable pour les étoffes de lin et généralement pour une grande partie des cotonnades.

Malgré toutes les heureuses combinaisons et modifications qui ont été apportées à ces genres de métiers, aucun d'eux n'a encore complètement réuni toutes les conditions nécessaires pour en constituer la perfectibilité.

Ces conditions, dont les principales sont au nombre de quatre, peuvent se résumer ainsi :

1° Tension égale et constante de la chaîne;

2° Régularité dans le battage, et sur un point fixe ;

3° Compensation relative de l'enroulement de l'étoffe et du déroulement de la chaîne;

4° Arrêt subit et instantané, soit dès la rupture d'un seul fil de chaîne, soit lorsque la navette, par une cause quelconque, vient à s'arrêter dans sa course.

De tous ces genres de métiers, les plus en usage sont ceux de MM. Roberts, Heilmann, A. Kœchlin et Cᵉ, Stone, Meyer, Decoster, Quemin, de Bergue, etc.

Tous les métiers mécaniques ont beaucoup d'analogie entre eux, et diffèrent des métiers ordinaires non-seulement par leur forme et leur mécanisme, mais encore en ce que tous les mouvements exigés pour la confection d'un tissu sont produits et exécutés mécaniquement sans l'intervention des pieds ou des mains de l'ouvrier, ainsi que cela a lieu pour les métiers ordinaires. Tous ces mouvements se rapportent à un seul, qui est celui de rotation dû à une force motrice quelconque; des moyens mécaniques décomposent le mouvement principal et le transmettent à toutes les parties mobiles contenues dans le métier.

Le métier de M. de Bergue ayant sur les autres métiers l'avantage de frapper deux coups de battant à chaque duite, nous l'adopterons de préférence pour donner le plan et la description du tissage mécanique. (Voy. pl. 206 et 207.)

Nomenclature des pièces principales dont se compose le métier.

A. Cylindre ou ensouple muni de deux rondelles ou collets mobiles.

B. Bâti en fonte. *b*, supports à agrafes pour recevoir les ensouples.

C. Cylindre servant à déterminer et à fixer la hauteur de la chaîne.

D. Roue à rochet munie d'un pignon qui engrène dans la roue H.

E. Lisses ou lames dans lesquelles sont passés tous les fils de la chaîne.

F. Encouloir ou poitrinière en bois supportée à coulisses.

G. Cylindre dit déchargeoir, servant à l'enroulement de l'étoffe.

H. Seconde roue du régulateur, fixée à l'axe de l'ensouple de devant.

I. Roue à rochet en fonte, faisant corps avec le pignon *f*.

J. Levier en fonte coudé en équerre, servant au débrayage du métier.

K. Roue droite dentée, en fonte, servant à régler la tension de la chaîne conjointement avec le pignon K′ ajusté sur un axe mobile.

L. Douille en fonte adaptée au bâti.

M. Large poulie à rebords embrassée d'un bout par une corde qui porte un poids composé de plusieurs rondelles M′, l'autre bout est attaché à un ressort à boudin, fixé par sa partie inférieure au pied du bâti.

N. Marches ou pédales servant à faire mouvoir les lisses ou lames.

O. Excentriques fondus d'une même pièce et exactement semblables, mais de courbure diamétralement opposée.

P. Arbre transversal muni des excentriques précédents ainsi que de la roue droite en fonte P′.

Q. Pignon dont le diamètre est moitié de celui de la roue précédente et fixé au bout de l'arbre de commande.

R. Poulie fixe, dite de commande, venue de fonte avec le volant R², et fixée à l'autre extrémité de l'arbre précédent.

R′ Poulie folle, servant de débrayage du métier.

S,S′ Excentriques de forme particulière commandant le va-et-vient du battant.

T. Epées ou lames du battant adaptées à une traverse inférieure T, qui constitue l'axe d'oscillation.

U. Partie supérieure du battant, comprenant la masse, le seuillet ou verguette, la poignée et les boîtes.

V. Grande poulie à gorge plate, en fonte, recevant un frein disposé à charnière et à vis.

X. Fouets ou chasses-navettes.

La courroie de commande étant placée sur la poulie fixe R, produit deux tours au pignon Q, pendant que la roue B n'en exécute qu'un ; pendant ce temps les excentriques O,O′ agissent alternativement sur deux galets cylindriques q enchâssés dans une chappe en fer, adaptée à chacune des deux marches ou pédales N,N, qui commandent les lisses E,E. Il en résulte que lorsqu'une lisse descend, l'autre est forcée de monter, et réciproquement.

Le battant U reçoit son mouvement de va-et-vient au moyen de deux galets d'inégales grandeurs rr ; le premier, qui est le plus grand, imprime l'impulsion qui sert à frapper la duite ; le second sert à ramener constamment le battant en arrière. Ainsi, par suite de la combinaison des courbures des excentriques S, S', les coups de battant peuvent être égaux ou inégaux en intensité, selon l'exigence du tissu.

Le jet de la navette s'exécute au moyen de deux fouets placés semblablement à droite et à gauche du métier. Chaque fouet, ou chasse-navette, est formé d'une tige en bois X, dont l'extrémité supérieure, munie d'une lanière x, vient correspondre aux taquets x'; chaque tige est solidement assemblée par sa partie inférieure à des oreilles cylindriques X' qui forment manchon et dont la moitié est fondue avec leur axe de rotation X^2. Des espèces de cames z à surfaces inclinées sont adaptées vers le milieu des axes X^2, et leur transmettent un mouvement oscillatoire très-rapide à chaque passage des galets de fonte z, dont le tourillon est fixé dans la coulisse des manivelles Z. Ces manivelles étant disposées en sens contraire l'une à l'autre, agissent alternativement. Pour maintenir constamment les chasse-navettes en rappel, un ressort à boudin z^5, se relie par des courroies aux petits leviers ou bras z^2.

Un point très-essentiel dans la manœuvre des métiers mécaniques, est, que le battant ne puisse arriver contre le tissu, lorsque pour une cause quelconque, la navette déviant de sa course, n'exécute pas la traversée complète d'une boîte à l'autre. Dans le métier de M. de Bergue, cette condition est parfaitement remplie au moyen d'un mécanisme tout particulier, combiné de la manière suivante :

A chaque extrémité du battant, et dans la joue verticale U qui forme le devant des boîtes, est renfermé un petit levier horizontal en bois, Y, présentant à l'intérieur une surface légèrement convexe et ayant pour point fixe une cheville en fer y (fig. 1, 4 et 6, pl. 206), un ressort en acier y' adapté à la partie extérieure de la même joue tient la partie supérieure d'un levier coudé y^2 constamment appuyée contre l'extrémité du levier horizontal Y.

Une tringle en fer y^3, soutenue par deux petites plaques en fonte y^4 fixées sous le battant, porte, vers ses extrémités, les deux leviers coudés y^2 dont la branche inférieure, par sa forme inclinée, est susceptible de passer sans toucher la surface de la pièce à coulisse y^5, ou bien de faire glisser cette pièce.

Par suite de cette disposition, lorsque la navette arrive sans obstacle dans la boîte, soit à droite, soit à gauche, elle produit contre la surface convexe du levier horizontal Y, une pression qui fait basculer d'une certaine quantité le levier coudé y^2 sur son axe; la branche inférieure de ce levier est alors soulevée par le mouvement du battant à l'instant même où il frappe la duite, et cette branche ne remonte pas la pièce à coulisse y^5; mais si, par une circonstance quelconque, la navette n'arrive pas exactement dans la boîte, le levier horizontal Y n'est pas touché, et dans ce cas, le levier coudé y^2 restant immobile, sa branche inférieure reste dans la position inclinée qu'elle occupe naturellement; alors, au moment où le battant s'avance pour frapper la duite, la partie externe de cette tige vient butter contre l'encoche formée vers la gauche de la pièce y^3 qui, forcée de s'avancer vers la droite, pousse une tige à ressort qui fait aussitôt changer la fourchette Y' de place. Par ce mouvement spontané, la courroie passe instantanément de la poulie fixe sur la poulie folle, et le métier s'arrête immédiatement.

Une amélioration importante serait d'arriver à ce que le métier puisse également se débrayer de lui-même dès qu'un fil de chaîne vient à se rompre. Nous savons que bien des tentatives ont été faites à ce sujet, mais nous n'avons pas encore appris qu'on soit parvenu jusqu'ici à un résultat satisfaisant; le problème n'est pas, en effet, sans difficulté; il n'y aurait aussi que plus de mérite à le résoudre.

Espérant que notre longue expérience dans la fabrication des tissus et dans les procédés qui se rattachent à leur confection, pourra contribuer aux moyens d'innovations et de perfectionnements, nous pensons que l'on ne tenterait peut-être pas en vain d'adopter à ce sujet, pour le débrayement des métiers mécaniques, une forme de bascule qui aurait rapport au genre de celle que nous avons décrite page 572, relativement à la suspension immédiate de la rotation des cannettes à plusieurs bouts, dès que l'un d'eux vient à se terminer ou bien à se rompre.

A cet effet, chaque fil de chaîne, outre son passage dans les mailles des lisses, serait encore passé dans le trou supérieur d'un petit maillon qui, muni de sa demi-maille inférieure seulement, supporterait un *plomb* semblable à ceux dont on fait usage pour les corps. Cette espèce de *faux-corps* serait placé dans la médée, c'est-à-dire, entre le battant et les lisses et retenu près de ces dernières au moyen d'une tringle polie, de manière que les maillons ne puissent, par suite de l'obliquité de la foule ou marchure, redescendre contre le peigne.

Cette disposition prise, supposons qu'en dessous des plombs et à

I.   80

la plus grande distance possible il soit établi une plaque très-mince, en cuivre ou en tôle, horizontalement placée et supportée par ses extrémités au moyen de deux tourillons pratiqués aux extrémités d'un axe de support, observant que cet axe soit posé de manière à ce que le plan de la plaque se maintienne dans un équilibre horizontal.

Ces deux conditions étant remplies, il est évident que dès la rupture d'un fil de chaîne, le plomb tombant sur le devant de la plaque, la fera immédiatement basculer. Il est vrai que ce mouvement ne peut produire qu'une force minime; mais si l'on considère qu'il existe beaucoup de moyens où, avec bien peu de force, on produit cependant un échappement très-sensible; nous pouvons même citer pour exemple le système des souricières à trappe, très-connues aujourd'hui, dans lesquelles le poids d'une seule petite souris suffit (même sans aucun contre-coup) pour faire échapper une forte détente; c'est ce qui nous porte à croire que la secousse occasionnée par un plomb tombant sur une bascule, produirait une force suffisante pour faire obéir la fourchette de manière à faire passer la courroie de la poulie fixe sur la poulie folle. Alors l'ouvrier s'apercevant de l'arrêt du métier, en reconnaîtrait aisément le motif par la vue du plomb tombé sur le devant de la plaque, *rhabillerait* le fil et remettrait lui-même le métier en mouvement.

Nous n'avons certainement pas la prétention de garantir un parfait résultat émanant de l'idée que nous venons d'émettre, mais nous pouvons penser que si notre avis est susceptible de critique, il peut aussi avoir la chance de contribuer à la résolution de ce problème.

Un autre point qui n'est pas non plus sans importance, est le régulateur; car pour produire avec ces sortes de métiers un tissu parfaitement bien confectionné, la tension exige nécessairement une pression régulière et constante. Pour atteindre ce but, l'ouvrier est obligé d'intervenir, et c'est précisément ce qu'il faudrait éviter, d'autant plus qu'en y mettant toute sa surveillance et même tous ses soins, l'ouvrier ne peut atteindre qu'imparfaitement une tension égale et continue d'ailleurs, avec le régulateur simple ou ordinaire.

Il est pour ainsi dire impossible que le déroulement de la chaîne puisse concorder exactement avec l'enroulement de l'étoffe, soit par l'inégalité du diamètre des ensouples, soit par le mode du croisement, soit enfin par la superposition plus ou moins prononcée provenant de la grosseur des matières en chaîne comme en trame.

Si donc, au lieu de déterminer le tirage par le cylindre *déchargeoir*, on faisait usage de deux autres cylindres dits *étireurs*, placés entre la poitrinière et le déchargeoir, et entre lesquels l'étoffe fortement comprimée serait forcée de passer sans s'y enrouler; la rotation de ces cylindres serait réglée par une combinaison de roues d'engrenages et de cliquets sans exiger aucun changement de poids pendant tout le tissage de la chaîne.

Quant au système de frein à adapter au cylindre de derrière pour maintenir la chaîne au degré de tension voulue, celui adopté par M. de Bergue ~~consiste en ce qu'il établit ce cylindre~~ d'une assez grande dimension et le munit, à une de ses extrémités, d'une grande poulie V à gorge plate, en fonte, embrassée sur sa circonférence par un cercle de fer divisé en deux demi-cintres reliés entre eux d'un bout par une articulation, et de l'autre par une vis de pression taraudée dans l'une des deux oreilles de ce cercle. L'intérieur de ce frein est garni d'une bande de cuir revêtue d'une étoffe de laine; il résulte qu'il suffit de serrer plus ou moins la vis pour donner à la chaîne une tension plus ou moins forte.

Outre ce moyen de tension, le métier de M. de Bergue a encore du côté opposé au frein que nous venons de décrire, une seconde poulie embrassée d'une corde qui porte, à l'une de ses extrémités, un poids composé de plusieurs rondelles M', dont on varie le nombre à volonté, l'autre bout est attaché à un ressort à boudin fixé par sa partie inférieure au pied du bâtis.

Nous pensons (et tout nous porte à croire que cela pourrait se faire) que si, conformément à ce que nous venons de dire sur l'emploi des cylindres étireurs pour l'enroulement régulier de l'étoffe, on voulait obtenir un déroulement de chaîne mathématiquement égal, et même en faisant la compensation de l'*embuvage* occasionné par le croisement selon l'armure adoptée, on pourrait de même placer sur le derrière du métier, entre le porte-chaîne et l'ensouple, une semblable paire de cylindres-étireurs. Chaque paire de cylindres dont les tourillons ou axes seraient supportés à coulisses, recevrait, au moyen d'une vis, la pression convenable pour maintenir la chaîne et l'étoffe. De plus, pour que ces cylindres ne puissent opérer aucune rotation les uns sans les autres, une forte chaîne, dite à la Vaucanson, régulariserait leurs rapports, en passant devant et derrière sur des roues disposées à cet usage et placées à l'extrémité de droite ou de gauche des cylindres-étireurs.

En admettant ce système, un régulateur ordinaire pourrait remplir le but d'un *régulateur-compensateur*; par ce moyen, il serait probablement facile d'établir un compteur qui indiquerait constamment, et pour une assez grande longueur d'étoffe, le nombre de mètres tissés.

Les organes qui constituent les métiers mécaniques étant spécialement affectés à tel ou tel genre de tissu, ils ne peuvent faire indistinctement tous les genres de croisements, et à plus forte raison tous les genres d'étoffes, car, ainsi que nous l'avons dit, leur application se borne pour ainsi dire exclusivement aux cotonnades et aux toiles de lin ou de chanvre; d'ailleurs, en fait de soierie, on ne connaît guère qu'un seul établissement en France (celui de M. Thomas d'Avignon) où l'on fasse mécaniquement le tissage de la soie, et encore ne sont-ce que des taffetas. Quant aux étoffes de laine, une seule maison, M. Croutelle, de Reims, l'a appliqué aux mérinos, tissus dont l'armure exige quatre marches au lieu de deux.

Ce qui s'oppose à ce mode de tissage pour les laines, et surtout pour les laines cardées, c'est le peu de résistance qu'offrent les fils de cette matière aux mouvements brusques et saccadés des métiers mécaniques. Cette absence de douceur que l'ouvrier seul peut parfaitement atteindre, contribue beaucoup à la rupture des fils, et par suite, à l'imperfection du tissage. C'est encore le même motif qui s'oppose à l'application du tissage mécanique aux étoffes façonnées, par la raison que les mouvements de la mécanique Jacquard, ainsi que ceux du corps qui en est l'accessoire indispensable, ne peuvent supporter aucune secousse, parce qu'alors les crochets risquent de se tourner, et conséquemment de se courber, les cartons deviennent susceptibles de se déplacer du cylindre et les maillons de se grouper; en un mot, le tissu qui en résulte laisse presque toujours, pour les étoffes façonnées, beaucoup à désirer sous le rapport de la belle confection.

Métier dit à la barre.

Ce genre de métier spécial à la confection des rubans entre dans la catégorie des métiers mécaniques, et comme ces derniers, leurs formes, leurs systèmes et les accessoires qui en dépendent, sont susceptibles de beaucoup de variations.

D'après ce que nous venons de dire des métiers mécaniques et les notions que nous allons donner du métier à la barre, on pourra facilement se rendre compte des organes dont ce dernier est composé, ainsi que de la correspondance des mouvements.

Détail des pièces principales de ce métier, représenté pl. 140.

AA. Bâti du métier (assemblé à vis et écrous, en fer).

B. Battant; *b,* tourillons servant d'axe de supports.

C. Bielles ou bras communiquant à la barre transversale D.

D. Barre en bois, placée horizontalement (moteur du métier).

E. Excentriques fixés aux extrémités de l'arbre horizontal *e*.

F. Lanterne servant de commande à la roue G.

G. Roue dentée fixée à un second arbre horizontal.

H. Cames ou touchettes fixées sur l'arbre précédent.

I. Pédales munies de galets, communiquant le mouvement à la crémaillère.

J. Pédales ou marches servant à la manœuvre des lisses.

K. Pédales supplémentaires affectées aux lisses dites porte-crins.

L. Leviers ou bricotteaux, conducteurs des porte-lisses.

M. Arbre transversal, ou balancier, supporté par des tourillons.

N. Tringles de supports communiquant au balancier et aux lisses.

O. Axe transversal ou support des lisses porte-crins.

P. Billots ou roquetins portant la chaîne de chaque ruban.

Q. Cylindres de conduite pour la chaîne et pour les rubans.

R. Barre transversale servant à arrêter les rubans.

S. Auget ou réservoir servant à recevoir les rubans.

T. Contre-poids à poulies servant à tendre la chaîne et le ruban.

U. Supports du balancier.

V,X,Y,Z. Poulies de supports pour la chaîne et pour le ruban.

Quelques-uns de ces métiers ont de plus un volant en fonte adapté à l'une des extrémités de l'arbre horizontal E.

Lorsqu'il s'agit de confectionner des rubans dont le croisement exige plus de deux marches, le balancier M devient inutile ainsi que les tringles N, ces accessoires sont alors remplacés par des cames et des leviers. Cette combinaison peut être comparée à celle du billage des métiers à marches, ou du lisage pour les métiers à l'armure. En effet, si deux cames et deux pédales suffisent pour un croisement en taffetas, il faut en employer quatre pour le batavia le sergé de quatre et le satin de quatre, cinq pour le satin de cinq, huit pour le satin de huit, etc.; ce dernier nombre est le maximum.

On reconnaît aisément que la barre de commande E peut être facilement remplacée par la méthode ordinaire des métiers mécaniques, c'est-à-dire, au moyen de deux poulies, dont l'une est fixe et l'autre folle, recevant la courroie de commande. Mais pour les rubans à la Jacquard, la barre sera toujours préférable au moteur mécanique, parce que l'ouvrier seul peut toujours diriger et modifier, selon qu'il lui plaît, la douceur des mouvements, la réduction du tissu et surtout l'arrêt du métier.

Quoique le système du tissage à la barre soit spécial à la fabrication des rubans et des bretelles, aujourd'hui ce mécanisme est également et avantageusement adopté pour la confection de certaines étoffes : nous avons pu en juger par nous-mêmes dans les ateliers de M. Toullemann, à Paris.

Métier vertical.

Ce métier, qui d'ailleurs n'est plus en usage, diffère de ceux ordinaires en ce que la chaîne est tendue verticalement. Par suite de cette disposition, l'ensouple sur laquelle s'enroule l'étoffe est placée à la partie supérieure du métier, et celle qui porte la chaîne est placée à la partie inférieure. Les lisses, placées horizontalement, exécutent un mouvement de va-et-vient qui s'opère d'avant en arrière, et réciproquement, au moyen de deux marches ou pédales que l'ouvrier fait agir, soit avec un seul pied, soit avec les deux. Les lisses sont maintenues tendues et sont supportées par le système dit *à rouleau*, dont on fait usage pour beaucoup de tissus-taffetas.

Le battant ou chasse produit son mouvement verticalement par l'effet d'une bascule ou levier placé à portée de la main de l'ouvrier ; s'il s'agit de l'application des boîtes, celles-ci peuvent indistinctement être fixées sur le prolongement du peigne, ou bien être indépendantes du battant.

Si ce genre de métier offre l'avantage de pouvoir être établi à peu de frais et de n'occuper que très-peu d'emplacement, il présente l'inconvénient de n'être applicable qu'aux tissus à lisses et seulement pour la confection de ceux qui n'exigent que deux marches, tels que le taffetas.

Métiers chinois.

Nous devons à l'obligeance de M. Natalis Rondot, qui a fait partie de la Commission de MM. les délégués pour la Chine, les notions relatives à ces sortes de métiers.

Nous ne parlerons pas des opérations préparatoires, telles que bobinage, dévidage, ourdissage, montage ou pliage de la chaîne, remettage ou rentrage, etc. ; en ce qui concerne ces opérations préliminaires, elles ne peuvent être différemment exécutées que chez nous; seulement, pour la plupart de ces manipulations, les Chinois font encore usage de certaines méthodes que nous avons abandonnées depuis un temps immémorial.

Quant aux métiers, et d'après les plans qui ont été levés sur les lieux mêmes, et que nous avons sous les yeux, nous pouvons dire qu'ils ont diverses formes. Il n'est d'ailleurs pas étonnant qu'il en soit ainsi; car les Chinois tissent aujourd'hui indistinctement des étoffes unies, façonnées, lancées, brochées, chinées, etc.

Les métiers destinés à la fabrication des étoffes unies sont de la plus grande simplicité; quatre pieux plantés aux angles d'un creux fait dans la terre, en forment le bâti principal, des bâtons de diverses dimensions leur servent de leviers, de marches, de lissoirs, de baguettes, d'encroix, etc., et l'épaulement formé par la profondeur du trou leur tient lieu de siège. Quant au battant, il est tout simplement composé d'une espèce de châssis renfermant le peigne; ce châssis est soutenu par un ressort en forme de flèche. Pour obtenir la régularité dans le battage, le châssis est maintenu par deux bielles ou tringles en bois articulées à deux bras supportés par des tourillons pratiqués à une traverse sur le derrière du métier. Les lisses sont le plus souvent soutenues par des arbalètes.

D'autres métiers, également pour étoffes unies, sont mieux conditionnés et sont formés par un bâti complet, mais bien moins élevé que les nôtres, si ce ne sont les montants servant de supports aux leviers qui communiquent aux lisses leur mouvement ascensionnel.

D'après les plans qui nous ont été soumis, nou avons remarqué que le tissage *à la tire* est également pratiqué en Chine, avec la différence que pour ces sortes de montages, les Chinois, ignorant les avantages que produisent le *rame* et le *cassin*, ne font usage que du *sample* seulement. A cet effet, le sample, au lieu d'être placé sur le côté du métier et en dehors, est formé par l'*arcadage* même, dont la partie supérieure est terminée et arrêtée par des groupes d'*arcades* préalablement combinés. Chaque arcade ou paquet est maintenu par un nœud, et plusieurs de ces nœuds constituent ce que nous nommons *lats* dans le montage des métiers à la tire.

Le tireur de lats, assis sur un échafaudage, soulève les fils de la chaîne en retirant à lui, et à force de bras, les paquets qui lui sont indiqués par un itinéraire spécial. Ces métiers sont également munis de lisses, et sont affectés à la confection des plus riches tissus fabriqués en Chine.

Si la mécanique Jacquard n'est pas encore connue dans ce pays, il est probable qu'elle ne tardera pas de l'être. L'exposition universelle de Londres pourra bien en accélérer l'adoption.

Battant lanceur.

Le surnom de *lanceur* donné à ce genre de battant provient de ce qu'il supprime entièrement l'aide ou lanceur, auquel l'ouvrier est obligé d'avoir recours pour la confection des tissus qui exigent plusieurs lats ou navettes. (Voy. chap. XVII.)

Les conditions principales exigées pour ces sortes de battants peuvent se résumer ainsi :

1° Faire manœuvrer un nombre assez élevé de lats, nombre qui s'étend quelquefois jusqu'à douze et même plus.

2° Suspendre, reprendre ou répéter tel ou tel lat, selon l'exigence du dessin, et sans que l'ouvrier ait à s'en occuper.

3° Enfin, que le prix de ces battants ne soit pas trop élevé.

De tous les battants lanceurs essayés jusqu'à ce jour, aucun n'ayant pu remplir exactement les deux premières conditions seulement, le tissage des articles *lancés* se fait toujours *à la main*, excepté pourtant pour les lancer au-dessous de trois lats, attendu que jusqu'à ce nombre on peut faire usage du battant à doubles boîtes.

Battant brocheur.

D'après ce que nous avons dit dans le chapitre XVIII, on a vu que le tissage dit *broché* était confectionné au moyen d'un battant ordinaire et par l'emploi d'un certain nombre de petites navettes, dites *espoulins*, que l'ouvrier passe une à une suivant la couleur indiquée par le dessin , et dans l'emplacement désigné par la levée des fils de chaîne.

Au moyen d'un *battant brocheur*, cette manipulation s'exécute bien plus promptement, parce que tous les espoulins qui appartiennent à une même levée peuvent être passés à la fois et d'un seul jet, autrement dire, ils ne forment ensemble qu'un seul coup de navette.

Comme il existe aujourd'hui plusieurs battants de ce genre et que nous ne pouvons les mentionner tous , nous allons donner l'explication de celui qui nous a paru remplir les meilleures conditions, aussi bien pour la célérité dans le travail que pour la précision du broché. Ce battant, dû au génie de MM. MARTINET frères, constructeurs-mécaniciens à Paris , offre l'avantage de brocher mécaniquement toutes sortes d'étoffes et principalement les rubans. Il est construit de manière qu'il s'adapte facilement au battant ordinaire , qui d'ailleurs reste spécialement affecté à la manœuvre de la navette dite de fond.

La division des navettes est naturellement répartie par espaces déterminés, ou bien par *chemins* , garnis chacun d'une navette. Quant aux porte-navettes ou boîtes, il va sans dire qu'il en faut toujours une en plus du nombre des navettes , attendu que les deux parties extérieures doivent en être munies.

La pl. 199 représente ce battant tout monté, placé sur le métier, vu par devant et dans le moment où il se trouve en élévation. Il consiste en un châssis ordinaire en bois A , dont la partie inférieure transversale est munie des boîtes B , destinées à la formation du broché.

Les caractères distinctifs de ce battant peuvent se résumer ainsi :

1° En un mouvement ascendant et descendant, pour former ou pour interrompre le broché.

2° En un nouveau mode du mouvement des navettes.

3° En un mouvement tout particulier pour régler la course de ces dernières.

La première de ces particularités s'effectue en temps utile, à l'aide de la mécanique Jacquard, par la seule combinaison du lisage , et ne présente pas plus de difficultés que s'il s'agissait de faire mouvoir les boîtes d'un battant ordinaire. Ce mouvement a lieu au moyen d'une corde *a* passant sur des poulies *b* et se reliant avec une espèce de patte double C , à coulisse; cette patte reçoit l'extrémité de deux petits leviers D , en fer plat, communiquant au porte-navette par l'intermédiaire des tringles E. Il en résulte qu'à chaque mouvement qui

I. 81

s'exécute dans le sens de la hauteur, les cordes *a* soulèvent la patte à coulisse, et avec elle les deux balanciers, de sorte que le battant mécanique se trouve abaissé pendant tout le temps exigé pour le broché.

Le tissage du broché étant terminé, le battant brocheur se relève instantanément de lui-même, ne serait-ce que pour un seul coup de fond; ce rappel a lieu au moyen d'un fort ressort à boudin F, qui, par son énergie, tend toujours à faire reprendre au battant brocheur sa position primitive, c'est-à-dire, celle de son élévation. Ce mouvement s'effectuant très-régulièrement, l'ouvrier n'a plus à s'occuper que du passage des espoulins; pour cela, il lui suffit d'agir sur la poignée G et de la pousser à droite ou à gauche avec telle vitesse qu'il juge convenable, en faisant glisser la partie supérieure de la table sans fin H, dont la partie inférieure est munie d'une crémaillère à fine denture. Les extrémités de cette pièce sont munies de cuirs qui vont et viennent en passant sur les poulies I, et cette crémaillère engrène avec une suite de pignons *s* fixés entre les platines *g*; alors ces pignons commandant eux-mêmes, deux par deux, les crémaillères *h*, il en résulte que ces dernières, qui ne sont d'ailleurs jamais abandonnées par leur pignon, peuvent effectuer leur course sur les lames *j*, dans un rapport que l'on règle à volonté au moyen de la pièce J fixée immédiatement sur celle H, avec laquelle elle correspond directement.

Afin de pouvoir varier la distance de la course des espoulins, ainsi que la largeur des rubans ou des chemins, la pièce J est armée d'une palette *l* munie d'un goujon *m*; par ce moyen, la variation peut avoir lieu par demi-centimètre.

Toutes les navettes étant disposées à tension rétrograde, elles recueillent, à chacune de leurs courses, l'excédant de trame qui pourrait se développer. Néanmoins, il est urgent que le ressort de rappel n'agisse pas avec trop d'énergie parcequ'alors les lisières de chaque ruban seraient contraintes de rentrer, ce qui gênerait beaucoup le tissage et occasionnerait la rupture d'un grand nombre de fils.

D'après les explications que nous venons de donner du battant brocheur, on comprend que sa fonction est spécialement applicable aux brochés à une seule couleur par boîte, et que pour exécuter un broché à plusieurs lats, il faut nécessairement déplacer les espoulins et les remplacer par d'autres pour toutes les duites dont la trame du broché exigerait des variations de couleurs.

Navette à déroulement rétrograde.

Ce genre de navettes est de très-grande utilité pour le tissage mécanique; pour les unes, le mécanisme qui produit la rotation rétrograde de la cannette consiste uniquement dans le mode de construction de la *pointicelle* que nous avons expliqué page 71. Pour les autres, le mécanisme rétroactif est renfermé dans la navette même, et dans ce cas, la pointicelle peut être considérée comme étant l'axe du mécanisme.

Gaze pour Bluteries.

Les toiles pour *bluteries* dont on fait usage dans les opérations de meunerie sont généralement confectionnées avec de la soie, dite soie de Bordeaux, sorte de *Marabou* très-fin.

On sait qu'une bluterie est un crible circulaire au moyen duquel on sépare toutes les parties contenues dans le grain du blé, c'est-à-dire, le son et la farine, et qui, de plus, divise encore cette dernière en plusieurs qualités, telles que : première, seconde, semoule, gruau, etc.

On conçoit que le *blutage* étant exécuté avec des toiles gazes, tant fines soient-elles, mais dont le croisement est fait en taffetas, les ouvertures ne peuvent être mathématiquement régulières, puisque, en effet, elles ne présentent que des carrés ou des parallélogrammes, et que la condition essentielle pour parvenir à un blutage parfait, ne peut s'obtenir qu'au moyen d'ouvertures égales sur tous les sens. La véritable gaze (voy. page 342) peut seule atteindre ce but, puisque ce genre de croisement est l'unique qui présente des ouvertures circulaires.

M. Hennecart, fabricant à St-Quentin, est parvenu à confectionner ces sortes de gazes spéciales à la bluterie, de manière à produire trois mille ouvertures dans l'espace d'un centimètre carré (60 dans le sens de la chaîne et 50 dans le sens de la trame). On comprendra facilement la difficulté qu'il a dû rencontrer et tous les obstacles qu'il a dû surmonter pour atteindre un pareil degré de finesse et de réduction dans le tissu, quand on saura qu'il s'agit de faire mouvoir, à chaque duite, 7,120 fils sur une largeur de 1^m,02 seulement, qui est la largeur exigée pour l'emploi de ce genre de tissu.

Tissus imperméables.

L'imperméabilité d'un tissu consiste, non pas dans sa confection, ni dans la nature des matières dont il est composé, mais bien dans un apprêt tout particulier qu'on lui donne après le tissage. Cet apprêt consiste dans l'application d'un enduit de caoutchouc dissous à froid, mêlé avec de l'essence de térébenthine, et pour éviter le poissement que forme cette composition, on y ajoute une dissolution de sulfure de potassium.

Pour étendre cette substance très-uniformément et de manière qu'elle ne traverse pas le tissu, on l'emploie à l'état pâteux. A cet effet, la pièce est préalablement enroulée sur un cylindre pour de là s'enrouler sur un autre, l'envers de l'étoffe est en dessus. Deux mâchoires ou pinces compriment le tissu sur toute sa largeur et ne laissent régulièrement sur sa surface que la substance nécessaire. Si la première couche n'est pas suffisante, on en passe une deuxième.

Ces tissus sont spécialement employés pour former des coussins et des matelas à air comprimé, des tubes, des courroies, etc., car, en fait de vêtements, ils ne peuvent guère, par rapport à la mauvaise odeur et surtout à l'imperméabilité qui s'opposent au dégagement de la transpiration, servir que pour manteaux de voyage.

Tissus incombustibles.

La difficulté principale qui existe dans la confection de ces tissus, c'est que l'amiante, qui est la seule matière filamenteuse incombustible, ne réunissant pas une assez grande flexibilité, on est obligé de mélanger ce corps avec une matière textile quelconque, soit du coton, par exemple, pour en faciliter le travail. Le tissu étant terminé, on le met au feu, le coton disparaît et l'amiante reste intact.

Fouleuse à pression élastique.

Cette machine, inventée par M. DESPLAS, mécanicien à Elbeuf, est un perfectionnement très-avantageux pour le foulage des draps; elle diffère de la pile anglaise que nous avons décrite page 484, en ce qu'elle remplace avantageusement les charges et les leviers par l'application de ressorts dits à pincettes dont l'énergie plus ou moins forte dépend de la tension primitive qui leur est préalablement donnée au commencement de l'opération.

Ces ressorts sont superposés directement au-dessus des cylindres dont les tourillons sont tenus en suspension aux extrémités des branches verticales d'une bride dite *étrier* ; les tiges qui soutiennent ces brides communiquent aux ressorts et sont filetées sur toute leur longueur, pour recevoir des écrous qui servent à régler la pression selon le point convenable à la nature et à la qualité du drap.

Le principal avantage de ces ressorts est qu'ils produisent une action régulatrice et graduelle, qui augmente d'intensité à mesure que l'étoffe augmente d'épaisseur, et par conséquent, de résistance ; ils suppléent ainsi notablement à l'intelligence, à l'attention et aux soins de l'ouvrier chargé de conduire la machine ; et, de même que tous les autres systèmes, le foulage s'opère indistinctement ou sur la longueur ou sur la largeur de l'étoffe.

Ces ressorts s'appuyant par leur milieu sur les tourillons de l'axe du cylindre supérieur, ne conservent pas, il s'en faut de beaucoup, pendant toute la durée de l'opération, la tension primitive ; car, lorsque l'opération commence, les ressorts agissent peu, leur pression est comparativement bien moindre que celle des contre-poids, le foulage est alors moins actif, moins précipité, ce qui est bien préférable et bien plus sûr, parce que l'étoffe n'est pas fatiguée ; mais à mesure que l'opération avance et que le drap se raccourcit ou se rétrécit, l'épaisseur de l'étoffe augmente, et il en est de même de la tension des ressorts. Alors la pression devient bien supérieure à celle des poids, et si, pendant les premières heures du travail, le foulage est resté quelque peu en arrière comparativement aux autres machines, il ne tarde pas à atteindre le même degré et même à le dépasser sensiblement, de telle sorte qu'il est définitivement terminé plusieurs heures avant l'autre et sans que l'ouvrier s'en occupe en aucune manière.

Cet effet ne peut être obtenu avec la même précision dans les autres machines à fouler, où la pression est déterminée par des contre-poids. Sans doute, l'ouvrier intelligent qui connaît bien le travail et qui est habitué à suivre les opérations du foulage, a soin d'augmenter l'action des poids, en les poussant vers les extrémités des leviers auxquels ils sont suspendus ; néanmoins il est de toute impossibilité qu'il puisse parvenir à procurer à la machine une tension constante et insensiblement graduée.

Cette machine a le double avantage d'accélérer le travail et de procurer une économie notable sur la force motrice.

Tondeuse tangentielle.

Après de nombreuses recherches et une longue persévérance dans son travail, M. PAUILHAC, père, de Montauban, est parvenu à construire une *tondeuse* qui, au moyen d'une tablette (espèce de règle transversale placée en dessous du drap pendant l'opération du tondage) tond tangentiellement, ou sur la table, ou dans le vide.

Avec ce système on peut indistinctement tondre tous les genres de draps, quels qu'ils soient, forts ou faibles, lisses ou nouveautés, qualités fines ou communes.

Dans l'essai que nous avons vu faire de cette machine, nous avons remarqué qu'elle était moins sujette à produire des déchirures, des brûlures et autres avaries que celles à table rigide.

Rame mécanique.

D'après ce que nous avons dit, page 488, on a vu que les *rames* ordinaires, dont on fait usage pour étendre les draps et les mettre en laize, sont établies sur une seule ligne droite, et par conséquent exigent beaucoup d'emplacement; c'est en effet pour ce motif qu'elles sont construits en plein air.

Cette manière d'établir les rames est excellente pendant la belle saison; mais dans les temps froids, pluvieux ou humides, le ramage, indispensable à toutes les draperies, se trouve souvent interrompu, et cette interruption occasionne quelquefois un grave préjudice aux fabricants, surtout lorsque la température s'oppose par trop longtemps à cette opération.

Il est vrai que pour obvier à cet inconvénient, on a recours à des *rames publiques* établies dans de longues sécheries, mais ces sortes d'établissements ne peuvent pas toujours suffire aux besoins de la production.

C'est sans doute pour ce motif que M. BLERZY a eu l'heureuse idée d'établir une *rame mécanique* circulaire, sur laquelle une pièce d'étoffe, enroulée en spirale, ne dépasse pas un diamètre de douze pieds. Le séchage est activé au moyen de calorifères disposés en conséquence.

Par son mouvement de rotation, la machine produit une ventilation naturelle qui accélère considérablement l'opération; et pour économiser l'établissement du mécanisme ainsi que la force motrice qui le commande, plusieurs rames semblables peuvent être placées les unes au-dessus des autres dans chaque étage de l'édifice; et dans ce cas, toutes les rames sont mues par un seul arbre vertical qui traverse tous les planchers. Cet arbre, qui est naturellement de grande et forte dimension, est supporté sur un pivot en acier appuyé sur une forte crapaudine solidement fixée sur le sol.

Si ce genre de rame n'a pas eu toute l'extension que l'auteur était en droit d'attendre, c'est évidemment, parceque les frais qu'ils exigent pour leur construction sont par trop élevés; cependant nous croyons pouvoir dire qu'en pareil cas, il y a presque toujours moyen de diminuer le chiffre des dépenses qui ont été nécessitées dans une première épreuve.

Quelques manufacturiers ont aussi eu l'idée de restreindre de moitié la longueur des rames d'hiver, c'est-à-dire de celles placées dans les sécheries. Ces rames, par leurs dispositions toutes particulières, peuvent également être nommées rames mécaniques, puisque l'accrochage étant achevé, l'étirage ou la mise en laize a lieu graduellement et sur toute la longueur du drap à la fois.

Ce qui diminue de moitié la longueur de cette rame, c'est que, le mécanisme étant disposé sur deux faces, le drap, une fois arrivé au bout de la rame, forme retour en passant sur un cylindre vertical; par ce moyen, l'étirage en longueur s'obtient avec autant de facilité que sur les rames établies sur une seule ligne droite.

De toutes les inventions et de tous les perfectionnements que nous avons cités dans ce chapitre, il en est qui ne sont pas encore généralement connus ou adoptés; il est cependant à désirer que l'expérience constatant de plus en plus le mérite, l'utilité et surtout l'avantage qui résulte le plus souvent de l'application des inventions, on puisse voir se dissiper les craintes chimériques et les préjugés d'habitude qui entretiennent la résistance qu'une aveugle routine oppose presque toujours à l'admission franche et sincère des inventions et des perfectionnements.

FIN.

AVIS.

Pour éviter quelques erreurs d'impression (inévitables dans un ouvrage aussi compliqué), nous croyons devoir engager nos lecteurs à prendre préalablement connaissance de l'ERRATA : et si le nombre des rectifications qu'il contient est un peu étendu, nous les prions de vouloir bien prendre en considération que l'impression de ce TRAITÉ a été faite entièrement par voie de correspondance, et surtout à une très-grande distance entre l'auteur et l'imprimeur.

Par amour pour le progrès et dans l'intérêt général, nous prions également les personnes compétentes qui auront notre ouvrage entre les mains, de vouloir bien nous faire part des remarques, observations ou rectifications relatives à cette publication, ainsi que des découvertes utiles dont elles auraient connaissance; elles pourront être assurées que lors de la réimpression de cet ouvrage (3ᵉ édition), leurs intentions seront religieusement suivies, soit qu'elles tiennent à signer leurs articles, soit qu'elles préfèrent rester inconnues, en se bornant généreusement à la satisfaction secrète d'être utiles à leurs concitoyens, sans prétendre à la reconnaissance publique qui pourrait leur être justement acquise.

Nota. Lorsque les articles que l'on aura à nous faire parvenir seront accompagnés de dessins ou de plans, il nous suffira, pour ces derniers, que les pièces d'ensemble ou de détail soient mentionnées et cotées numériquement avec désignation de leurs dimensions réelles.

DICTIONNAIRE TECHNOLOGIQUE

de tous les principaux noms et termes usités pour la fabrication des tissus.

A.

ABOUTEMENT, *s. m.*, partie de chaîne faisant suite à une chaîne déjà tissée; —, synonyme de jarretier pour les articles en draperie.

ACCÉLÉRÉ, *s. m.*, grand lisage sur lequel est placée une mécanique Jacquard, servant à produire le repiquage des cartons.

ACCOCATS, *s. m. pl.*, entailles régulières, en fer ou en bois, en ligne droite et par paire, fixées à l'intérieur des estazes pour servir d'arrêt et de support au battant.

ACCORES, *s. m. pl.*, étaies ou ponteaux, servant à consolider les métiers.

ACCROCHAGE, *s. m.*, bâti garni d'un semple mobile, sur lequel la lecture des dessins peut être préalablement exécutée; accessoire du lisage accéléré.

AGE *(des vers-à-soie)*, *s. m.*, phases diverses de leur existence.

AGNEAU, *s. m.*, nom que l'on donne à la laine provenant de la première toison de cet animal.

AGRÉMENTS, *s. m. pl.*, ornements exécutés par le tissage; se dit spécialement des articles de passementerie, en paille.

AGUILLES, *s. m. pl.*, toiles de coton d'Alep.

AIGUILLE, *s. f.*, accessoire des mécaniques Jacquard et armures; —, petite broche en fil de fer, recourbée à l'une de ses extrémités, et formant anneau en un point déterminé; —, broche ou tige de plomb ou de verre servant à la charge des corps.

AILERON, *s. m.*, levier en bois, plat et mince, servant à faire mouvoir les lisses.

AIS, *s. m.*, fort plateau de bois à l'usage des presses.

ALÉPINE, *s. m.*, étoffe formée de soie et de laine peignée.

ALIBANIES, *s. m. pl.*, toile de coton des Indes.

ALONGE, *s. f.*, matière supplémentaire servant à réparer les fils qui se rompent, ainsi qu'à remplacer ceux dont il est besoin; —, prolongement d'oreillons ou supports ayant pour but de donner aux métiers une étente supplémentaire à celle produite par la longueur des estazes; —, morceau, pièce, bout pour alonger.

I.   82

ALPAGA, *s. m.*, quadrupède du Pérou; grosse étoffe fabriquée avec la laine de cet animal. —, étoffe de laine très-épaisse et à longs poils.

AMALGAME, *s. m.*, mélange des matières. —, interruption d'ordre dans le remettage.

AMALGAMER, *v. a.*, intercaller des fils. —, qualification des remettages ainsi formés.

AME, *s. f.*, gros fil de matière très-inférieure, placé dans le centre de certains articles de passementerie.

ANCETTE, *s. f.*, bout de corde terminé par une boucle ou un œil.

ANNELET, *s. m.*, petit anneau de fer ou de métal fixé sur le devant de la navette, et dans lequel passe le fil de trame.

APPAREILLAGE, *s. m.*, placement de tous les maillons à une hauteur égale. —, ustensiles servant à cette opération.

APPAREILLER, *v. a.*, ajuster tous les maillons en les fixant sur une même ligne horizontale.

APPOND, *s. m.*, brin; longueur partielle de fil destinée à servir d'allonge.

APPONDRE, *v. a.*, réunir l'appond au brin, par un nœud ou par torsion.

APPRÊTS, *s. m. pl.*, opérations diverses auxquelles on soumet la généralité des étoffes, conformément à leur nature et à leur qualité. On donne également le nom d'apprêts aux opérations du moulinage des soies relativement aux différents genres et degrés de torsion.

ARBALÈTE, *s. f.*, défaut de confection occasionné, lors du tissage, par des tenues ou groupures qui se forment entre le tissu et le peigne. —, ressort en forme d'arc, servant à alléger ou à faciliter le mouvement d'un ustensile. —, cordes placées en dessous des lisses pour en faire exécuter le rabat.

ARBRE DE COUCHE, *s. m.*, tringle carrée, en fer, garnie d'une poulie fixe ainsi que d'un ou de deux manchons servant à produire le mouvement ascendant et descendant des mécaniques armures et Jacquard.

ARCADAGE, *s. m.*, ensemble des cordes de l'empoutage.

ARCADE, *s. f.*, fil de chanvre ou de lin, retors de quatre à six brins. —, assemblage de deux de ces fils réunis à leur sommet par un nœud formant boucle.

ARDASSES, *s, f. pl.*, soies grossières de Perse.

ARDASSINES, *s. f. pl.*, belles soies de Perse, de première qualité.

ARGAGIS , *s. m.*, taffetas des Indes.

ARGIAU, s. *m.*, morceau de bois percé de trois trous dans lesquels passe la corde de la marche, et servant à ajuster la hauteur de la foule.

ARGOUDAN, *s. m.*, coton de la Chine.

ARMER, *v. a.*, opérations diverses relatives au montage du métier.

ARMURE , *s. f.*, ordre déterminé du croisement de la chaîne avec la trame pour la formation d'un tissu. —, synonyme de bref et de billure. —, mise en carte d'un petit dessin. —, nom générique de toutes les étoffes à petits effets dont le croisement n'est pas celui d'une des armures fondamentales. —, petite mécanique Jacquard dont le maximum est de 104 crochets.

ARQUETS , *s. m. pl.*, ressorts en fil de fer ou de laiton, adaptés à la pointicelle.

ARRACHURE , *s. f.*, défaut de confection provenant de l'épincetage.

ARRÊTER , *v. a.*, déterminer la délimitation des effets dans le pointage d'une mise en carte. — à la corde, limiter les formes et les contours au moyen du décochement.

ASPLE , *s. m.*, dévidoir servant à mettre les matières textiles en écheveaux.

ASSORTIMENT, *s. m.*, réunion de trois machines (cardes) servant au cardage complet de la laine.

ATLAS , *s. m.*, satin des Indes orientales.

B.

BAISSE, *s. f.*, action descendante des lisses.

BAISSE-ET-LÈVE , *s. f. c.*, action simultanée ascendante et descendante des lisses.

BALASSÉE, *s. f.*, toile de coton de Surate.

BALASSOR, *s. m.*, belle étoffe des Indes faite d'écorces d'arbres.

BALLE , *s. f.*, forte partie de laine extrêmement tassée et recouverte d'une enveloppe.

BALLOT , *s. m.*, synonyme de balle, mais plus petit. (Soierie.)

BANDAGE, *s. m.*, tension des fils de chaîne ou des cordages d'un métier. —, ressort formé avec des cordes tendues et retordues par le milieu en sens contraire au moyen d'une petite broche ou tringle de bois.

BANDER, *v. a.*, resserrer le bandage.

BANDE , *s. f.*, rayure simple, unie, composée ou façonnée, large filet.

BANQUE, *s. f.*, tablette fixée à chacun des piliers du devant du métier et servant de support à l'ensouple.

BANQUETTE, *s.f.*, planche transversale servant de siège à l'ouvrier.

BARBIN, *s.m.*, guide ou conducteur pour l'enroulement des fils.

BARÈGE, *s. m.*, léger tissu de laine, armure taffetas. —, étoffes pour robes, mouchoirs, écharpes, etc.

BARIGA, *s.m.*, soie commune des Indes.

BARLIN, *s.m.*, nœud provisoire formé à l'extrémité d'un grand nombre de fils réunis. —, tous les fils qui se trouvent réunis par la formation de ce nœud.

BARRE, *s.f.*, défaut de confection provenant du battage, ou bien de l'irrégularité dans la grosseur des matières textiles. —, mauvaise disposition d'une armure ou des effets d'un dessin.

BARRE (métier à la), *adj.*, nom que l'on donne aux métiers à tisser, dont le mouvement général a lieu au moyen d'une barre transversale faisant fonction de manivelle. (Rubans.)

BASCULE, *s.f.*, dispositions et combinaisons diverses relatives à la tension des chaînes. —, levier faisant fonction d'arbre de couche. — à besace. — fixe. — à rouleau. — rétrograde.

BASIN, *s.m.*, étoffe de coton ou de soie, mélangés ou non, formant un croisement uni ou piqué.

BASINÉ, *s.m.*, tissu imitant le basin.

BASSES-LISSES, *s.f.pl.*, lisses à mouvement vertical, employées pour les chaînes disposées horizontalement.

BASSER, *v.a.*, voy. encolier.

BATARD, *adj.*, qualification des empoutages suivis, sans retour ni répétition, et dont le nombre de cordes est égal au compte de la mécanique.

BATAVIA, *s.m.*, la deuxième des armures fondamentales. —, étoffe croisée dite casimir, sans envers, abstraction faite du sens du tors.

BATI, *s. m.*, assemblage de plusieurs pièces de bois ou de fer, formant les parties principales d'un métier ou d'une machine.

BATISTE, *s.f.*, toile de lin très-fine.

BATTAGE, *s. m.*, action de battre la laine, le coton; frappement du battant pour la réduction de la trame.

BATTANT, *s.m.*, ustensile maintenant le peigne au ros. —, synonyme de chasse. —, pièce mobile supportant le cylindre des mécaniques armures et Jacquard.

BATTERIE, *s. f.*, réunion de plusieurs bricotteaux, ailerons ou lamettes formant leviers. —, machine à tambour rotatif armé de longues dents de fer pour battre la laine ou le coton.

BAVE, *s. f.*, soie effilée et folle que l'on ne peut employer que très-difficilement. —, défectuosité qui provient ordinairement d'un manque de torsion.

BAVURE, *s. f.*, rebords mal coupés des trous constituant le perçage des cartons.

BAZAC, *s. m.*, sorte de toile de coton, très-fine, de la Syrie.

BAZAT, *s. m.*, coton de Leyde.

BEBY, *s. m.*, toile de coton d'Alep.

BEC DE CANNE, *s. m.*, pointe à deux branches formant ressort, fixées à une des extrémités de la châsse de la navette, et servant à maintenir dans une position fixe les trames ou canettes dites à défiler.

BEIGE ou BÉGE, *s. f.*, laine sans préparation, étoffe de cette laine.

BELEDINES, *s. f. pl.*, espèces de soies du Levant.

BÉLELACS, *s. m. pl.*, étoffes de soie du Bengale.

BÉLI, *s. m.*, machine servant à transformer les loquettes en boudins continus.

BÉLIAGE, *s. m.*, travail produit par le béli.

BENGEMER, *s. m.*, camelot façonné.

BESACE, *s. f.*, genre de bascule à retour, employée pour les tensions rétrogrades.

BIFFURQUÉE (corde), *adj.*, corde doublée dont les extrémités s'écartent en formant un angle plus ou moins aigu.

BILLAGE, *s. m.*, opération relative au montage du métier. —, formation des nœuds dans l'encordage pour servir à la transmission des mouvements.

BILLER, *v. a.*, nouer les cordes d'un métier conformément à la disposition qui en est donnée.

BILLOT, *s. m.*, petit ensouple à l'usage des rubans. —, bâton tourné et renflé vers le milieu, sur lequel on relève les chaînes de dessus l'ourdissoir. —, synonyme de cheville.

BILLURE, *s. f.*, synonyme d'armure en ce qui concerne le croisement.

BIRLOIR, *s. m.*, tourniquet qui sert à maintenir élevée et en repos une pièce qui fonctionne à coulisse.

BLOUSES, *s. f. pl.*, laines très-inférieures.

BOBINAGE, *s. m.*, opération qui consiste à enrouler les matières textiles sur des bobines.

BOBINE, *s. f.*, gros roquet ou roquetin terminé à larges ogives ou têtes.

BOBINER, *v. a.*, travailler au bobinage.

BOISEMENT, *s. m.*, placement des arbrisseaux ou bruyères pour la montée des vers-à-soie.

BOÎTE, *s. f.*, case étroite et allongée, formée de plusieurs pièces combinées ensemble, placée dans l'intérieur du rouleau de devant et servant à l'entâquage des velours coupés. —, espolins.

BOÎTES, *s. f. pl.*, encaissements mobiles adaptés à droite et à gauche du battant, dans lesquels viennent se placer les navettes à roulettes.

BOÎTES D'ACCROCHAGE, *s. c.*, garniture de crochets auxquels on accroche les semples mobiles dont on fait usage pour la lecture des dessins.

BORDS, *s. m. pl.*, combinaisons diverses produites par le tissage et formant un ornement qui excède le corps des rubans.

BORDURE, *s. f.*, dessin, ornement, entourage d'un fond, d'une écharpe, d'un châle, etc. — montante, quand elle est prise dans le sens de la chaîne; — transversale, quand elle est formée sur le sens de la trame. — tenantes, celles qui, bien que réunies lors du tissage, sont destinées à être coupées séparément.

BOSSELÉ, *s. m.*, étoffe brochée or ou argent, fin ou faux, dont les effets produisent une convexité très-prononcée.

BOSSE, *s. f.*, espèce de bourrelet, défaut provenant de l'inégalité du mouvement de va-et-vient dans la confection des canettes, ainsi que dans le bobinage et le dévidage.

BOUCHON, *s. m.*, inégalité grumeleuse dans les matières textiles.

BOUCLE, *s. f.*, corde doublée formant anneau au moyen d'un nœud. —, synonyme d'arcades, réunion de deux cordes d'arcade formant une seule boucle à l'extrémité supérieure.

BOUDINS, *s. m. pl.*, loquettes de laine. —, ressorts, spirales élastiques renfermées dans l'étui de la mécanique armure ou Jacquard.

BOUGRAN ou BOUQUERAN, *s. m.*, grosse toile gommée pour soutenir les étoffes.

BOUILLON, *s. m.*, fil d'or ou d'argent roulé sur un fil de coton, de chanvre ou de soie, et qui le recouvre entièrement (Passementerie). —, défaut de confection provenant de ce qu'un certain nombre de fils de chaîne ou de duites ne sont pas de tension égale. —, synonyme de GODER.

BOURA, *s. f.*, étoffe de laine et de soie.

BOURACAN, *s. m.*, sorte de gros camelot.

BOURDON, *s. m.*, petite bande façonnée, formant la partie extérieure de la bordure des châles.

BOURILLON, *s. m.*, petit bourrelet courant formé par le velu folle et autres petits ingrédients contenus dans certaines matières textiles.

BOURRE, *s. f.*, déchets et rebuts des matières textiles. —, poils provenant de la tonte des draps.

BORRELET ou BOURLET, *s. m.*, défaut dans la formation des canettes, du dévidage et du bobinage, provenant de la superposition trop prononcée du brin sur un même emplacement.

BOUT, *s. m.*, extrémité ou partie d'un fil, quel qu'en soit la matière. —, synonyme de brin.

BOUTANES, *s. f. pl.*, toile de coton de Chypre.

BOUTON, *s. m.*, partie d'écheveau ou de branche non liée, destinée à recevoir la teinture pour les articles chinés.

BOUTON (battant à), *adj.*, qualification des battants qui permettent l'exécution du passage de la navette par le seul tirage d'une ficelle terminée par un bouton.

BOUTS, *s. m. pl.*, déchets des fils et des jarretiers de laine.

BRANCARD, *s. m.*, bâti placé sur les estazes du métier, et servant à supporter la mécanique armure ou Jacquard. — synonyme de Chatelet.

BRANCHE, *s. f.*, assemblage d'un certain nombre de fils réunis par un seul et même lien (articles chinés). —, synonyme de portée ou de musette.

BREF, *s. m.*, synonyme d'armure relativement à la mise en carte.

BRELUCHE, *s. f.*, droguet, de fil et de laine.

BRICOLLE, *s. f.*, genre de passage des fils dans les lisses pour les étoffes à jour (art. gazes).

BRICOTEAUX, *s. m. pl.*, leviers servant à faire manœuvrer les lisses ainsi que les boîtes du battant.

BRIDE, *s. f.*, défaut de confection provenant d'un manque de croisement. —, partie de trame ou de chaîne non liée, conformément à la disposition d'un dessin, et sans que pour cela il y ait défaut de confection.

BRILLANTINE, *s. f.*, étoffe façonnée en soie, peu réduite et très-légère, employée généralement pour robes.

BRIN, *s. m.*, synonyme de BOUT.

Brique, *s.f.*, valeur de deux petits carreaux dans la mise en carte, équivalant à deux fils ou cordes.

Briqueté, *s.m.*, genre de papier dont le tracé est en forme de briques, spécialement employé pour la mise en carte des châles.

Brisé, *adj.*, qualification des battants spéciaux à la fabrication des velours coupés.

Brisée (planche), *adj.*, planche d'arcade formée de la réunion d'un certain nombre de petites planchettes découpées, séparées ou contiguës.

Brisées, *adj.*, qualification des mécaniques Jacquard disposées en deux parties indépendantes l'une de l'autre, et fonctionnant chacune séparément.

Brocard, *s.m.*, étoffe de soie pour meubles et ornements, brochés en fil d'or et d'argent.

Broche, *s.f.*, synonyme de dents par application aux peignes et aux rateaux ; — , entre-deux ou vide existant d'une broche à l'autre. —, goupille allongée, tige, verge, baguette, etc., en fer ou en bois.

Broché, *s. m.*, genre de travail spécial aux étoffes riches, et dont aucune bride ne reste apparente, bien que ce genre de tissus ne subisse pas l'opération du découpage.

Brocher, *v.a.*, tisser partiellement au moyen de très-petites navettes dites espoulins. — Espouliner.

Brocheur, *adj.*, qualification d'un genre de battant qui fait exécuter mécaniquement en temps et lieu la manœuvre des espoulins.

Brosserie, *s. f.*, machine rotative pour exécuter le brossage des draps.

Broye, *s. f.*, machine pour séparer le chanvre de la chenevotte.

Bruir, *v. a.*, pénétrer une étoffe ou une chaîne de vapeur pour l'amortir, ou bien, lancer par dessus une brouée d'eau ou d'huile ; c'est ce que l'on fait communément pour les chaînes en draperie, afin de les rendre plus glissantes au tissage.

Bure, *s.f.*, grosse étoffe de laine très-inférieure.

Burnous, *s.m.*, tissu uni, en laine cardée, genre tartan.

Bysse, *s. m.*, tissu précieux formé d'une espèce de soie venant de coquillages ; —, filaments d'une espèce de soie brune, par lesquels la pinne-marine s'attache aux rochers.

C.

CABLE, *s. m.*, sorte de cordon employé pour la passementerie.

CABRES, *s. f. pl.*, partie du métier ou pliage à l'usage de la soierie, et sur lesquels repose l'ensouple pour le montage des chaînes.

CACHEMIRE, *s. m.*, grand fichu de laine des Indes.—Tissu qui l'imite. Cachemire français. — Laine de première qualité.

CADRES, *s. m. pl.*, chaîne spéciale aux bordures. —, petits ensouples sur lesquels ces chaînes sont enroulées.

CAGE, *s. f.*, synonyme de bâti.

CAILLOUTÉ, *s. m.*, genre de croisement; armure ou dessin imitant les cailloux.

CAISSE, *s. f.*, assemblage des parties qui supportent les lames de la griffe (mécanique Jacquard).—, réservoir recevant le velours coupé lors de sa confection.

CAISSETINS, *s. m. pl.*, petites boîtes adhérentes à l'arrière des banques du métier à tisser, et servant à renfermer, l'une les cannettes et l'autre les tuyaux.

CALANDRAGE, *s. m.*, action de calandrer les étoffes; préparation qu'elles subissent chez l'apprêteur.

CALANDRE, *s. f.*, machine pour le lustrage et le moirage des étoffes.

CALANDRER, *v. a.*, apprêter au moyen de la calandre.

CALIBARI, (battant à), *s. c.*, genre de battant à boîtes et à bouton.

CALICOT, *s. m.*, toile de coton inférieure à celle dite percale.

CALQUE, *s. m.*, trait léger d'un dessin calqué. —, copie au trait sur du papier transparent, verni ou végétal.

CALQUERONS, *s. m. pl.*, leviers placés en dessous des lisses et dans le même sens.—, accessoires des métiers à marches.

CAMBAYES, *s. f. pl.*, toiles de coton du Bengale.

CAMBOULAS, *s. m.*, étoffe de Provence en fil et laine.

CAMBRASINES, *s. f.*, toiles fines du Caire.

CAMÉLÉON, *s. m.*, nom que l'on donne aux étoffes tissées en taffetas, et dont la chaîne et la trame sont de couleur différente.

CAMELOT, *s. m.*, grosse étoffe formée de poil de chèvre ou de laine, et dont le poil forme des ondulations.

CAMES, *s. f. pl.*, touchettes. —, poulies excentriques ou régulières.

I. 83

CAMOÏARD, *s. m.*, étoffe en poil de chèvre.

CAMPANE, *s. f.*, sorte de tournette verticale propre au dévidage des grosses matières.

CAMPERCHE, *s. f.*, perche de bois soutenant les sautriaux ; accessoire du métier pour tapis.

CANARD, *s. m.*, demi-cintre allongé en bois, placé sur le rouleau de devant afin d'éviter l'écrasement du poil dans la confection des velours coupés.

CANCANIAS, *s. m.*, étoffe de soie des Indes.

CANÉ, *s. f.*, ancienne mesure d'environ deux mètres de longueur, dont on faisait anciennement usage pour mesurer les étoffes.

CANEFAS, *s. m.*, grosse toile de Hollande pour la marine.

CANEQUIN, *s. m.*, toile de coton blanche des Indes.

CANETIÈRE, *s. f.*, mécanique formant plusieurs canettes à la fois.

—, ouvrière qui fait des canettes.

CANETTE, *s. f.*, petit tuyau ou tube de jonc, de bois ou de carton recouvert de trame.

CANEVAS, *s. m.*, tissu taffetas, peu réduit et très-régulier, à l'usage de la broderie.

CANGETTE, *s. f.*, petite serge de Caen.

CANNELÉ, *s. m.*, genre de croisement produisant des cannelures transversales ou longitudinales continues ou interrompues.

CANNETILE, *s. f.*, petite lame de clinquant d'or ou d'argent, tortillé sur un fil quelconque (article de passementerie).

CANON, *s. m.*, roquet à une seule tête, chargé de trame.

CANQUE, *s. f.*, toile de coton de la Chine.

CANTRE, *s. f.*, accessoire de l'ourdissoir ; bâti muni de petites broches supportant les roquets ou bobines pour l'ourdissage des chaînes.

CANUT, *s. m.*, ancienne dénomination des ouvriers tisseurs en soieries, à Lyon ; ce nom est actuellement remplacé par celui de ferrandiniers.

CAPIER, *v. a.*, arrêter l'extrémité du bout des matières, soit sur les tuyaux, les roquets ou à l'écheveau ; dans ce dernier cas, la capiure prend le nom de centaine.

CAPIURE, *s. f.*, arrêt du brin ou bout des matières enroulées ou mises en écheveaux.

CAPUK, *s. m.*, coton très-doux et très-court.

CARCASSE, *s.f.*, synonyme de bâti ; pièces principales d'un métier ou d'une machine quelconque.

CARDAGE, *s.m.*, opération préparatoire pour disposer la laine à être mise en fil. La bourre de soie subit également cette opération.)

CARDE, *s.f.*, machine pour carder la laine. — , petits ustensiles par paires, pour carder à la main.

CARDER, *v.a.*, peigner avec la carde.

CARDERIE, *s.f.*, atelier où l'on carde.

CARÈTE ou CARETTE, *s.f.*, chassis en bois servant à supporter les leviers ou les poulies qui font mouvoir les lisses.

CARISET, *s.m.*, étoffe de laine croisée d'Ecosse.

CARMELINE, *s.f.*, seconde laine de la vigogne.

CARREAU, *s.m.*, synonyme de dizaines pour les papiers de mise en carte. — Tous les petits carrés ou parallélogrammes contenus dans chacun des grands carreaux formés par les lignes dites de compte ou de démarcation.

CARREAUTAGE, *s. m.*, division de l'esquisse en carrés réguliers.

CARTE, *s.f.*, dessin peint à une ou plusieurs couleurs sur du papier réglé à l'usage de la fabrication. — Mesure d'environ cinq centimètres; largeur d'une carte de jeu dont on se sert ordinairement pour compter le nombre de courses qui déterminent la réduction des tissus unis en soierie. —, qualité soutenue d'un tissu.

CARTEUX, *adj.*, tissu qui a de la consistance; de la main.

CARTON, *s. m.*, bande de coton coupée de la dimension d'une des faces du cylindre, et percée selon l'exigence de l'armure ou du dessin. —, représentation d'une duite ou coup de trame. —, équivalent d'une marche.

CARTON-BLANC, *s.m.*, carton qui n'a d'autres trous que ceux de repères, et au moyen duquel on peut faire lever la griffe à nu.

CARTON-MATRICE, *s. m.*, carton entièrement percé conformément au perçage du cylindre ou au garnissage de la mécanique.

CASSAGE, *s. m.*, étirage des étoffes exécuté en sens oblique. — synonyme de tirage d'oreille.

CASIMIR, *s.m.*, drap très-fin, soyeux et de belle qualité, tissé en armure batavia.

CASSIN, *s. m.*, chassis supportant un grand nombre de poulies, très-minces, placées graduellement par rangées ; accessoire des métiers à la tire et des grands lisages.

CASTOR, *s. m.*, drap très-solide et très-fort, tissé en sergé de trois.

CASTORINE, *s.f.*, étoffe de drap à long poil.

CATI, *s. m.*, apprêt des étoffes pour les lustrer et les raffermir.

CATISSAGE, *s. m.*, lustrage des étoffes, lieu et machines, qui servent à ces sortes d'opérations.

CATOLLE, *s.f.*, petit tourniquet.

CENDALE, *s. f.*, étoffe pour bannières et autres ornements d'église.

CENTAINE, *s.f.*, ligament qui termine et arrête le fil de l'écheveau.

CERCEAU, *s. m.*, tringles droites ou cintrées, en fer ou en bois, servant à supporter les cartons, et disposées de manière à faciliter leur ployée lors du tissage.

CHA, *s. m.*, étoffe de soie légère et moëlleuse de la Chine.

CHACARD, *s. m.*, toile de coton des Indes.

CHAÎNE, *s. f.*, réunion des fils par l'ourdissage; tous les fils pris dans le sens longitudinal d'un tissu.

CHAÎNETTE, *s.f.*, manière toute particulière de ployer les chaînes sans cheville, en les relevant de dessus l'ourdissoir en forme d'anneaux entrelacés.

CHAÎNON, *s. m.*, fraction d'une chaîne.

CHALE ou SCHALL, *s.m.*, grand mouchoir long ou carré, à l'imitation des orientaux.

CHANGEANT, *s.m.*, tissu de soie en taffetas dont la chaîne et la trame sont de couleur différente. —, Caméléon.

CHANGER LE PAS, *s.c.*, fouler de nouveau, exécuter la levée suivante.

CHAPE, *s.f.*, petite pièce de bois ou de fer évidée et dont la mortaise contient une ou plusieurs poulies.

CHAPEAU, *s.m.*, partie supérieure des métiers, des machines, des mécaniques, etc.

CHARDON, *s.m.*, plante dont les têtes hérissées de pointes recourbées servent à lainer les draps.

CHARGE, *s. f*, poids ou contrepoids dont on fait usage pour la tension des chaînes.

CHARGÉES (lisses), *adj.*, dénomination des lisses qui ont un certain nombre de mailles de plus que les autres.

CHARGEMENT, *s.m.*, réunion de toutes les chaînes qui concourent au montage d'un métier pour rubans.

CHASSE, *s.f.*, synonyme de battant (voy. ce mot).

CHASSE, *s. f.*, vide pratiqué dans la navette, et dans lequel on place la canette ou trame.

CHASSOIR, *s. m.*, ustensile servant à refouler les poinçons ou emporte-pièces dans l'étui; accessoire des grands lisages et du repiquage.

CHATELET, *s. m.*, support des hautes-lisses. —, carète.

CHATTIÈRE, *s. f.*, mailles ou maillons laissés vides et considérés nuls.

CHEF, *s. m.*, bande spéciale formée au commencement de chaque coupe pour y inscrire le nom du fabricant et le numéro d'ordre du drap et à la fin d'une pièce ou d'une coupe. —, jarretier. —, tirelle.

CHELLES, *s. f. pl.*, toiles de coton de Surate.

CHEMIN, *s. m.*, réunion d'un nombre de cordes, maillons ou fils de chaîne, égal au nombre que comporte le compte, travaillant, des crochets de la mécanique. —, répétitions suivies, à pointe, ou à pointes et retour.

CHENILLE, *s. f.*, réunion de quelques fils de tours dont la trame qui les recouvre forme un velouté; article de passementerie.

CHEVAL, *s. m.*, tringle avec ou sans crochet, munie d'une corde pour servir à continuer la tension de la fin d'une chaîne. — Mettre à cheval, synonyme de mise en corde.

CHEVALET, *s. m.*, support en bois ou en corde placé en dessous de l'étente pour recevoir des feuilles de papier blanc afin de faciliter le remondage des couleurs foncées (articles soieries).

CHEVAUCHEMENT, *s. m.*, fausse direction des fils de trame ou de chaîne ainsi que des cordes de l'empoutage.

CHEVILLE, *s. f.*, bâton tourné et renflé vers le milieu, servant à relever les chaînes de dessus l'ourdissoir. —, morceau de bois ou de fer, dont on se sert pour enrouler l'étoffe lors du tissage.

CHEVRON, *s. m.*, sillon oblique avec retour par effet de chaîne ou de trame.

CHIEN, *s. m.*, synonyme de cliquet (voy. ce mot).

CHINAGE, *s. m.*, opérations relatives au chiné.

CHINÉ, *s. m.*, matière, chaîne trame ou étoffe portant l'empreinte du chinage.

CHOQUETTE, *s. f.*, cocons de qualité très-inférieure.

CISELÉ (velours), *adj.*, qualification des velours dont certaines parties sont frisées et d'autres coupées.

CLAIRCIÈRE, *s. f.*, défaut de confection provenant d'un écartement trop prononcé des duites ou coups de trame. —, entrebat continu ou partiel. —, défaut de confection.

CLAIRE-VOIE, *s. f.*, écartement sensible des fils de chaîne ou de trame.

CLANCHES, *s.f.pl.*, crochets articulés commandant la rotation du cylindre des mécaniques armures et Jacquard. —, synonyme de loquets.

CLAQUETTE, (battant à), *adj.*, qualification des battants légers dont le derrière de la poignée fait ressort au moyen de deux lamettes en bois très-minces.

CLEF, *s.f.*, espèce de fourchette ou pince avec ou sans vis, dont on se sert pour monter, démonter et resserrer les écrous. —, traverse d'un métier ou d'une machine. —, jambes de force supprimant les ponteaux ou étaies.

CLINQUANT, *s. m.*, petite lame d'or ou d'argent, fin ou faux, employée pour certains articles de passementerie ainsi que dans divers tissus brochés, pour meubles et ornements.

CLIQUET, *s. m.*, pièce d'arrêt servant à empêcher le retour d'une roue dentée à dents obliques.

COAILLE, *s.f.*, laine inférieure, provenant de la queue des moutons.— QUAILLE ou ÉQUAILLES.

COCALONS, *s.m.pl.*, cocons de deuxième qualité.

COCON, *s. m.*, coque ou enveloppe du ver-à-soie qui se change ou s'est changé en chrysalide.

COLLAGE, *s. m.*, apprêt préalablement donné aux matières pour chaîne, avant ou après l'ourdissage pour en faciliter le tissage.

COLLE, *s.f.*, mixtion dont on fait usage pour donner de la consistance et de la douceur aux matières textiles.

COLLER, *v. a.*, enduire le fil avec de la colle. — encoller.

COLLERIE, *s.f.*, lieu où l'on encolle les chaînes.

COLLET, *s.m.*, ficelle doublée, munie d'un petit crochet formant ressort et servant à supporter les arcades. —, réunion d'arcades appartenant à un même collet.

COLLETAGE, *s. m.*, action de colleter; tout ce qui est relatif aux collets ou à leur ordre.

COLLETER, *v. a.*, accrocher la boucle des arcades aux crochets des collets.

COLLETS, *s. m. pl.*, larges rondelles mobiles, en bois, placées au rouleau de derrière, afin de retenir les bords de la chaîne et éviter de former un talus lors du pliage ou montage (articles draperie et autres grosses étoffes.)

COMMANDE, *s. f.*, épingle recourbée ou très-petite broche quelconque servant à arrêter provisoirement les fils de chaîne qui se rompent sur le derrière de l'étente, ainsi que ceux que l'on est obligé de remplacer provisoirement.

COMPOSTEUR, *s. m.*, baguette ronde, plate, ou carrée, servant à la conservation de l'enverjure ainsi qu'à l'entaquage.

COMPTE, *s. m.*, synonyme de réduction; terme qui s'applique indistinctement à la chaîne, à la trame, aux lisses, au corps, aux peignes, aux empoutages, aux mécaniques, etc.

COMPTE (livre de compte), *s. c.*, longueur de 3,600 mètres de fil mis en écheveaux. Cette livre se divise en quatre quarts et chaque quart en dix sons. (Laine cardée pour draperie, usage de Normandie).

COMPTEUR, *s. m.*, mécanisme indiquant la régularité ou la réduction de diverses opérations et manipulations.

COMPTOIR, *s. m.*, entrepôt des fils de laine, lieu où l'on fait la distribution des chaînes et des trames aux ouvriers.

CONDITION, *s. f.*, établissement public, à Lyon, pour le séchage des soies en mateaux. —, conditionnement.

CONTEXTURE, *s. f.*, tissu, enchaînement de parties formant un corps.

CONTRE-BAS, *s. m.*, plus bas que la position naturelle.

CONTRE-BASCULE, *s. f.*, bascule ou levier supplémentaire.

CONTRE-BATTERIE, *s. f.*, batterie supplémentaire.

CONTRE-BIAIS, *s. m.*, synonyme de contre-sens.

CONTRE-CALQUER, *v. a.*, calquer une seconde fois.

CONTRE-HAUT, *s. m.*, plus élevé que la position naturelle.

CONTRE-MAÎTRE, *s. m.*, premier ouvrier; celui qui dirige l'atelier en remplacement du maître.

CONTRE-MARCHES, *s. f. pl.*, leviers placés entre le remisse et les marches, et dans le sens opposé à cette dernière.

CONTRE-MARCHER, *v. a.*, marcher à retour.

CONTRE-POIDS, *s. m.*, poids qui en contre-balancent d'autres. —, charge, pesée.

CONTRE-SEMPLAGE, *s. m.*, effets ou dessins disposés en quinconce.

CONTRE-SENS, *s. m.*, croisement en sens contraire, opposé au sens du tors.

CONTRE-TORS, *s. m.*, contraire au tors, sens qui applatit le grain du tissu.

CONTRE-VERGE, *s.f.*, baguette qui sert à ouvrir la chaîne, en la séparant par moitié, pour faciliter le remondage.

CORDE, *s.f.*, demi-arcade. —, représentation d'un fil de chaîne sur le papier de mise en carte. Copier la —, reproduire exactement une mise en carte, soit dans le sens direct, soit à retour, soit renversée.

CORDES DE RAMES, *s.f.pl.*, ficelles formant le rame, cordages des métiers à la tire.

CORDELINE, *s.f.*, petite ficelle simple ou double placée à droite et à gauche, en dehors et à une petite distance des bords de la chaîne, soit pour la formation des franges, soit pour éviter la rentrée de la trame sur les coups de lancé.

CORDONS, *s.m.pl.*, fils doubles ou triples supplémentaires à la chaîne, et servant de lisières aux articles de soieries. — synonyme de sillon relativement au croisement.

CORDONNET, *s.m.*, fil de soie très-fort, monté à plusieurs brins et excessivement retors. —, genre de retordage en passementerie.

CORONEL, *s.m.*, grosse et large dent ou bandelette placée comme renfort aux extrémités du peigne.

CORPS, *s.m.*, réunion de maillons garnis, pendus et appareillés.

CORPS-PLEIN, *s.m.*, montage sur un seul corps en un ou plusieurs chemins complets.

CORROMPU, *adj.*, se dit des défauts et irrégularités qui existent dans le montage du métier, principalement dans le colletage, le remettage et le passage des fils au peigne.

COSTE, *s.m.*, partie trop grosse et inégale dans les matières textiles.

CÔTE, *s.f.*, convexité produite par effet de croisement. — rayure convexe.

COTELÉ, *s.m.*, article à côtes rapprochées ; étoffe à petites côtes.

COTON, *s.m.*, duvet provenant des semences du cotonnier ; fil formé de cette matière.

COTONNADE, *s.f.*, nom générique des étoffes de coton.

COTRETS, *s.m.pl.*, pilliers ou montants des grands métiers pour tapis (manufacture des Gobelins).

COULETTE, *s.f.*, broche fixe ou portative, garnie d'une espèce de bobine, servant au retordage pour la passementerie.

COULEUR PASSANTE, *s.f.*, lat interrompu et passé seulement de temps à autre.

COULEUR SUIVIE, *s.f.*, lat continu.

COULISSE, *s.f.*, espace libre en forme d'ovale allongée, ménagé dans la formation des mailles pour le passage des fils de chaîne. —, rainure disposée pour recevoir une languette ou un coulisseau.

COUP, *s.m.*, jet de la navette; —, coup de trame; —, ligne de points pris transversalement sur le papier de mise en carte. —, duite —, carton.

COUP DE FOND, *s.m.*, lat régulier formant le fond des tissus façonnés. (Articles lancés).

COUP DE LIAGE, *s.m.*, duite qui exécute un croisement régulier intercallé entre les coups de lancé et les coups de fond.

COUPE, *s.f.*, fraction d'une pièce. —, effet produit par le rabot sur le poil du velours coudé ou de la peluche.

COUPON, *s.m.*, reste d'étoffe; fraction très-minime d'une pièce ou d'une coupe. —, réunion de plusieurs boucles de franges tortillées ensemble après le tissage et avant le guipage des passementeries.

COUPURE, *s.f.*, espèce de barrage ou défaut de confection provenant ou de l'inégalité dans la grosseur des matières ou d'un changement de nuance.

COURANT, *s.m.*, étoffe façonnée, en soie, pour robes.

COURIR LA CARTE (faire), *v.a.*, transporter la carte sur l'escalette pour la lire plusieurs fois. —, répétition totale ou partielle de la lecture de la carte.

COURSE, *s.f.*, révolution complète du croisement produit par une armure quelconque. —, répétition, retour au point de départ. —, s'applique aussi bien à la chaîne qu'à la trame. —, du remettage. — des lisses. — course des marches. — des cartons.

COUTIL, *s.m.*, tissu uni ou rayé pour tenture, ameublement, pantalons, etc., ordinairement confectionné en armure batavia.

COUVERTURE, *adj.*, qualification d'une étoffe bien fournie et dont les dents du peigne ne laissent aucune trace.

COUVERTURE, *s.f.*, étoffe très-large et très-épaisse, laine ou coton, unie ou façonnée pour ameublement.

COUVEUSE, *s.f.*, petite boîte en fer-blanc, munie d'un appareil chauffé par la vapeur, et dont on fait usage pour activer l'éclosion des vers-à-soie.

CRAPAUD, *s.m.*, défaut de confection; manque de croisement occasionné par des tenues ou des groupures.

I.   84

CRÈPE, *s.m.*, tissu très-léger, en soie grège, armure taffetas, dont la chaîne est passée au peigne à un fil par dent.

CRÊPÉ, *adj.*, défaut de confection, ondulations dans le tissu.

CRÈPE CRÊPÉ, *s.m.*, crèpe ondulé par les préparations d'apprêts.

CRÈPE DE CHINE, *s.m.*, étoffe pour grands mouchoirs ou châles d'été, unis ou façonnés, très-élastique, en soie grège retorse, tissée à deux lats dont un est tors droit et l'autre tors gauche, puis soumise à la cuisson.

CRÈPE LISSE, *s.m.*, crèpe ordinaire, sans apprêts. —, gaze unie.

CRÈPE-ZÉPHIR, *s.m.*, léger mouchoir en crèpe lisse et mélangé de couleurs diverses.

CRÉPINE, *s.f.*, franges à tête façonnée.

CRÈTE, *s.f.*, ornements; articles de passementerie.

CRETONNE, *s.f.*, toile blanche de Normandie.

CREVELLE, *adj.*, genre de velours-soie, dont le croisement est formé par deux sortes de trames, l'une en coton et l'autre en soie.

CRISTELLE, *s.f.*, ficelle ou molier servant à fixer les mailles des lisses et à maintenir la régularité de leur écartement sur le lisseron ou liais.

CROCHET, *s.m.*, fil de fer recourbé à ses deux extrémités (mécanique Jacquard et armure). — à encorder, réunion de plusieurs crochets fixés à un linteau et dont on fait usage pour la mise en corde. mailles à —, mailles simples.

CROISÉ, *s.m.*, nom générique de tous les tissus unis dont l'armure ou le croisement produit un sillon oblique provenant d'un décochement régulier.

CROISÉE, *s.f.*, chassi étroit et allongé, en fer, dans lequel sont encastrés les chardons dont on se sert pour le lainage des draps.

CROISURE, *s.f.*, entrelacement des fils, armure, croisement.

CROIX, *s.f.*, fausse direction ou intervertissement dans l'ordre du placement des fils de chaîne, des cordes d'arcades, du colletage, du remettage, de l'encantrage etc.

CROQUER, *v.a.*, ébaucher un dessin en indiquant seulement les formes principales et sans avoir égard aux menus détails.

CROQUIS, *s.m.*, ébauchée; délimitation grossière servant de guide à l'esquisse ou à la mise en carte d'un dessin.

CRUE (soie), *adj.*, qualité de la soie à l'état de grège.

CUIR-LAINE, *s.m*, drap très-fort, ordinairement confectionné par l'armure ou croisement sergé de trois.

CUISETTE, *s.f.*, synonyme de demi-portée ou branche.

CUISSON, *s.f.*, opération qui consiste à faire bouillir la soie grège pour la rendre douce et brillante, mais qui lui fait éprouver une perte du quart de son poids primitif.

CUITE, *adj.*, qualification de la soie qui a subi la cuisson.

CULOTTE, *s.m.*, demi-lisse à mailles simples (articles gazes).

CYLINDRE, *s.m.*, ensouple, rouleau. —, parallélipipède de bois percé d'un certain nombre de trous, semblablement sur les quatre faces. (mécanique armure ou Jacquard).

D.

DAMAS, *s.m.*, étoffe riche, façonnée, en soie.

DAMASSÉ, *s.m.*, étoffe à fleur à une seule navette, chaîne et trame de couleur semblable quelles qu'en soient les matières.

DAMIER, *s.m.*, écossais ou étoffe à carreaux réguliers.

DANSEUSE, *s.f.*, fil qui reste en fond par suite de la rupture de son arcade ou de sa maille supérieure.

DÉBANQUAGE, *s.m.*, roquets peu garnis de matières; petite partie dévidée; restants d'une ou de plusieurs chaînes.

DÉBANQUER, *v.a.*, retirer les roquets de la cantre. —, synonyme de décantrer.

DÉBOISEMENT, *s.m.*, enlever les bruyères des tablettes ou étagères sur lesquelles les vers-à-soie ont formé leur cocon.

DÉCALQUER, *v.a.*, reproduire un dessin au moyen du calque.

DÉCATIR, *v.a.*, ôter le cati du drap, le délustrer.

DÉCHARGEOIR, *s. m.*, rouleau ou ensouple placé en contre-bas et servant à recevoir l'étoffe au fur et à mesure de sa confection.

DÉCHET, *s.m.*, pertes qu'éprouvent les matières premières dans les diverses opérations et manipulations qu'elles subissent pour être fabriquées. —, indemnité accordée sur le poids pour le tissage des soieries. —, bouts de laine, pennes, jarretiers etc.

DÉCOCHEMENT, *s.m.*, gradation d'une ou de plusieurs cordes, coups ou points dans la mise en carte.

DÉCOCHER, *v. a.*, pointer obliquement, soit en montant, soit en descendant, de droite à gauche ou réciproquement (mise en carte).

DÉCOMPOSER, *v.a.*, défaire ou détisser un tissu pour l'analyser; reproduire, par la mise en carte, le croisement dont il est formé.

Découpage, *s.m.*, enlèvement des brides de trame, opération nécessaire aux articles lancés et surtout aux châles.

Découpure, *s.f.*, gradation du décochement.

Décreusage, *s.m.*, opération qui a pour but de dégommer la soie grège et de la blanchir en même temps.

Dédoublement, *s.m.*, opération qui consiste à donner aux vers un espace double, ce qui a lieu en doublant les claies.

Défilée, *adj.*, se dit de la soie quand elle manque de consistance, défaut qui provient ordinairement de ce qu'elle n'est pas suffisamment montée ou torse.

Défiler (navette à), *adj.*, genre de navettes disposées pour recevoir des canettes confectionnées sur des tuyaux coniques.

Déglutronner, *v.a.*, trier la laine, en enlever le glutron.

Dégraissage, *s.m.*, opération que l'on fait subir à la laine et aux draps.

Dégraisseuse, *s.f.*, machine rotative au moyen de laquelle on exécute le dégraissage.

Degrés, *s.m.pl.*, dénomination de certains titres de filature.

Délitement, *s.m.*, enlèvement de la litière de dessous les vers-à-soie.

Démarchement, *s.m.*, marchure rétrograde usitée pour les métiers à marches.

Démarcher, *v.a.*, marcher à retour ou par intervertissement.

Demi-boucle, *s.f.*, corde simple dans l'empoutage. —, synonyme de demi-arcade.

Demi-chaîne, *s.f.*, moitié d'une chaîne. —, fil de laine dont le degré de torsion étant en terme moyen, peut au besoin servir pour trame.

Demi-dent, *s.f.*, dent de peigne ne contenant que la moitié du nombre des fils contenus dans les autres dents. —, synonyme de demi-broche.

Demi-doublure, *s.f.*, croisement dont l'effet de trame qui forme bride n'a lieu qu'une fois sur trois duites.

Demi-portée, *s.f.*, quarante fils de chaîne. — de peigne, quarante dents.

Dent, *s.f.*, petite broche plate très-mince et polie, en roseau, fer, cuivre ou acier, employée pour la confection des peignes. On donne également le nom de dent à la réunion des fils contenus entre les dents ou broches.

Dent corrompue, *s.c.*, se dit des dents dans lesquelles sont passés des fils qui ne leur appartiennent pas, bien que le nombre de ces fils ne produise ni augmentation ni diminution dans chaque dent.

DENT DE RAT, *s.c.*, petites boucles simples et régulières, exécutées sur les bords des rubans.

DENT DE SCIE, *s.c.*, genre de dents de rats, mais à boucles triples. (art. rubans).

DENT FORTE, *s.f.*, dent contenant plus de fils qu'elle n'en doit avoir.

DENT FAIBLE, *s.f.*, dent incomplète.

DENTELÉ, *s.m.*, combinaison d'ornements formés par le rebouclage de la trame en dehors des lisières. (art. rubans).

DENTELLE (fond), *s.f.*, genre de croisement imitant une dentelle établie sur un fond quelconque.

DENTELURE, *s.f.*, combinaison spéciale relative aux rubans.

DÉPENDAGE, *s.m.*, opération qui consiste à séparer les maillons garnis des arcades auxquelles ils sont suspendus, soit en défaisant le nœud, soit en coupant le bout de l'arcade.

DÉRAMER, *v.a.*, enlever le drap de dessus la rame. —, enlever les bruyères lorsque les vers-à-soie ont formé leur cocon.

DÉROULAGE, *s.m.*, mécanisme adapté au battant de la mécanique Jacquard, et servant à obtenir deux passées sur les mêmes cartons.

DÉROULEMENT, *s.m.*, qui est opposé à l'enroulement.

DESSIN, *s.m.*, représentation d'objets naturels ou idéals, produit de l'art., effets, sujets, figures, paysages, esquisses, mises en carte, etc. On donne également le nom de dessin à la réunion de tous les cartons qui contribuent à la formation d'un dessin.

DÉSUINTAGE, *s.m.*, enlèvement du suint de dessus la laine.

DÉTAQUER, *v.a.*, détendre l'étoffe. —, dérouler.

DÉTISSER, *v.a.*, défaire un tissu, soit pour rectifier une erreur ou un défaut lors du tissage, soit pour décomposer un échantillon.

DEUX-LATS, *s.m.*, tissu formé à deux couleurs de trame ou, autrement dire, à deux navettes.

DEUX-PAS, *s.m.*, armure taffetas. —, tissage à deux marches.

DEUX-POILS, *s.m.*, dénomination des velours-soie, dont le poil est ourdi à fils doubles.

DÉVERGER, *v.a.*, défaire l'enverjure ou encroix.

DÉVIDAGE, *s.m.*, action de dévider, bobinage.

DÉVIDER, *v.a.*, enrouler les matières sur des roquets ou bobines.

DÉVIDOIR, *s.m.*, machine ou ustensile servant à dévider.

DIAGONALE, *s.f.*, nom que l'on donne généralement aux tissus-nouveautés en draperie unie, dont le sillon est oblique et fortement prononcé.

DIAGRAPHE, *s.m.*, instrument au moyen duquel on peut, sans être dessinateur, copier des dessins, soit exactement, soit avec diverses réductions, augmentations ou diminutions.

DISPOSITION, *s.f.*, indication écrite avec ou sans plan, relative à l'ourdissage, le remettage, l'empoutage, le montage, etc.

DIX-EN-DIX, *s.m.*, papier de mise en carte, dont la réduction entre chaque ligne de démarcation renferme, dans les deux sens, dix petits carreaux exactement carrés.

DIZAINE, *s.f.*, nom que l'on donne aux nombres quelconques de petits carreaux contenus entre les lignes de démarcation (mise en carte).

DOUBLAGE, *s.m.*, réunion de deux bouts ou brins en un seul, et sans les retordre. —, défaut de confection; fil double, trame double.

DOUBLE BROCHE, *s.m.*, drap uni et très-fort.

DOUBLE CORPS, *s.m.*, réunion de deux corps empoutés l'un devant l'autre sur une même planche d'arcade. —, tissu confectionné d'après ce genre de montage.

DOUBLETÉ, *s.m.*, bandes ou parties de chaîne passées à deux fils pour un.

DOUBLOIR, *s.m.*, ustensile servant à supporter les roquets lors du canetage. —, espèce de cantre verticale. —, tournant qui a plusieurs faces.

DOUBLURE, *s.f.*, duite de trame formant, tout exprès, des brides à l'envers du tissu, afin de produire une convexité dans la partie qui lui est opposée.

DRAP, *s.m.*, étoffe de laine cardée, dont la toile est plus ou moins recouverte par le duvet ou poil produit par le foulage et le lainage.

DRAP DE SOIE, *s.m.*, étoffe de soie très-fournie en chaîne (double ou triple), tramée à plusieurs bouts et tissée à tension rétrograde.

DRAPER, *v.a.*, ramener le poil à la surface du drap, par le lainage, et le ménager lors du tondage.

DRESSE, *s.f.*, position que l'on donne aux fers pour la confection des velours coupés, en soie, par le seul effet de l'obliquité produite par l'articulation de la partie inférieure du battant brisé.

DROGUET, *s.m.*, étoffe de laine et de fil ou bien de laine et de soie, montée sur plusieurs corps, conjointement avec des lisses.

DUITE, *s.f.*, jet de trame; passage d'un seul coup de navette.

E.

ÉBOULAGE, *s.m.*, affaissement d'un ou des deux bords des canettes ou des roquets.

ÉCHANTILLON. *s.m.*, petites parties d'un tissu. —, fragment. —, tissu préalablement formé pour servir de base.

ÉCHANTILLONNAGE, *s.m.*, opération qui a pour but de faire connaître le poids de trame employée pour un mètre d'étoffe. —, essais.

ÉCHAPPEMENT, *s.m.*, mécanisme qui suspend momentanément un mouvement quelconque.

ÉCHARPE, *s.f.*, tissu de laine ou de soie unie ou façonnée d'environ trois mètres de longueur, et souvent orné d'un scapulaire ou d'une bordure à chacune de ses extrémités.

ÉCHÉE, *s.f.*, réunion de 22 écheveaux ou macques produisant ensemble une longueur de 1493^m,60^c (titrage des fils de laine, à Sédan et aux environs).

ÉCHEVEAU, *s.m.*, fil de matière quelconque ployé en un certain nombre de tours et disposé de manière à ne pouvoir s'entre-mêler.

ÉCHELETTE, *s.f.*, sorte d'escalette pour la fabrication des tapis.

ÉCHEVETTE, *s.f.*, longueur de 720 mètres adoptée pour unité de mesure dans le titrage des fils de laine peignée. (L'échevette anglaise n'est que de 300 yards = 264^m 20^c).

ÉCORCHURE, *s.f.*, manquement d'un ou de plusieurs des brins ou filaments réunis pour la formation d'un seul fil de chaîne ou de trame.

ÉCOSSAIS, *s.m.*, étoffe à carreaux, ordinairement formée de couleurs diverses.

ÉCOUAILLES, *s.f.*, laine provenant du dessous des cuisses du mouton.

ÉCRU, *s.m.*, qualité des draps qui n'ont subi d'autre opération que celle du dégraissage.

ÉCRUE, *adj.*, qualification de la soie qui n'a pas subi l'effet de la cuisson.

ÉDUCATEUR, *s.m.*, éleveur de vers-à-soie.

EFFILÉ, *s.m.*, franges dont la tête est très-étroite et tissée au métier. (Article de passementerie.)

EFFILÉE, *adj.*, se dit des soies écorchées, folles ou volantes.

EFFILOQUER, *v.a.*, défaire un certain nombre de duites pour former des franges sur l'emplacement qui était tissé.

EFFILURES, *s.f.pl.*, fils de chaîne ou de trame provenant du détissage.

ÉGALISAGE, *s.m.*, action d'égalir, accessoires nécessaires pour cette opération. —, appareillage.

EGALISER, *v.a.*, nouer les mailles d'un corps pour fixer tous les maillons à une même hauteur. —, synonyme d'appareiller.

EGANCETTES, *s.f.pl.*, voyez GANCETTES.

ELASTIQUE, *s. m.*, ressort en spirale. —, boudins renfermés dans l'étui des mécaniques armures ou Jacquard.

EMBARBES, *s.f.pl.*, ficelles servant à maintenir les cordes du semple, qui ont été prises lors de la lecture de la carte.

EMBREUVAGE, *s.m.*, synonyme d'armure ou de billure pour le montage du métier des velours coton.

EMBREVER, *v.a.*, disposer les cordes relativement au croisement.

EMBUVAGE, *s.m.*, raccourcissement de la chaîne par l'effet du tissage.

EMPANISSURE, *s.f.*, salissure de plusieurs fils de chaîne contigus, en soie; défaut souvent occasionné par la transpiration des mains·, surtout pour les couleurs claires.

EMPOUTAGE, *s.m.*, passage des cordes d'arcades dans la planche de ce nom ; tout ce qui est relatif à cette opération.

EMPOUTER, *v.a.*, passer les cordes dans la planche d'arcades.

ENCOLLAGE, *s.m.*, (voyez collage ou parage).

ENCORDAGE, *s.m.*, se dit de l'ensemble des cordes et ficelles employées au montage d'un métier ou d'un grand lisage.

ENCORDER, *v.a.*, placer et nouer les cordes nécessaires au montage.

ENCOULOIRE, *s.f.*, (voyez POITRINIÈRE).

ENCROIX, *s.m.*, croisure; synonyme d'enverjure (voy. ce mot).

ENDROIT, *s.m.*, le plus beau côté de l'étoffe.

ENFOURCHEMENT, *s.m.*, (voy. ARCADAGE).

ENLACER, *v.a.* (voy. LACER).

ENOUAGE, *s.m.*, nettoyement des nœuds ainsi que de certaines défectuosités ou ingrédients apparents dans les draps.

ENSOUPLE, *s.m.*, rouleau du métier, soit devant, soit de derrière.

ENSOUPLET, *s.m.*, rouleau dit déchargeoir à l'usage de la confection des étoffes en grosses matières.

ENTAQUAGE, *s.m.*, placement d'une ou de deux baguettes dans la rainure du rouleau à l'effet de maintenir la première tension de la chaîne ou de l'étoffe; boîte d'—, espèce d'encaissement placé dans l'intérieur du rouleau de devant pour arrêter l'étoffe dans la confection des velours coupés, en soie.

ENTAQUER, *v.a.*, arrêter la chaîne ou le tissu au moyen de l'entâquage.

ENTORSE ou ENTORSURE, *s.f.*, défectuosité. —, torsion formée par plusieurs fils groupés derrière l'enverjure.

ENTOURAGES, *s.m.pl.*, accessoires et ornements supplémentaires au dessin principal.

ENTRE-BANDES, *s.m.pl.*, bandes pratiquées aux extrémités d'une étoffe.

ENTRE-BAT, *s.m.*, claircière ou écartement entre deux duites ou coups de trame.

ENTRE-CÔTE, *s.m.*, croisement compris entre deux côtes; coupure qui les sépare. —, entre-deux.

ENVERGER, *v.a.*, disposer les fils de chaîne de manière qu'ils ne puissent se mêler, ni même passer l'un devant l'autre.

ENVERJURE, *s.f.*, croisement régulier des fils de chaîne; ficelle ou cordon qui maintient l'encroix. — des corps, opération préalable et préparatoire au remettage.

ENVERS, *s.m.*, côté le moins beau de l'étoffe.

EPÉES, *s.f.pl.*, lames ou montants du battant.

EPINÇAGE ou EPINCETAGE, *s.m.*, nettoiement des tissus en ce qui concerne les défectuosités de la chaîne ou de la trame; corrections des légères irrégularités qui s'y trouvent. En soierie, on donne à cette opération le nom de pincetage.

EPINCEUSE, *s.f.*, ouvrière qui épince les draps.

EPINGLETTE, *s.f.*, petite broche de fer passant dans le talon des aiguilles et fixée sur le derrière de la mécanique Jacquard.

EPISSURE, *s.f.*, aboutement ou jonction de deux bouts de cordes ou ficelles au moyen de l'entrelacement de leurs brins et formant une sorte de nœud composé mais très-allongé et qui ne tient que très-peu d'épaisseur.

EQUIPAGE, *s.m.*, assemblage général de tous les accessoires du métier à tisser.

ERAILLÉ, *adj.*, se dit d'un tissu peu réduit, dont les fils s'écartent de leur direction au moindre frottement.

ESCALADOU, *s.m.*, petit ustensile propre au dévidage des grosses matières.

ESCALETTE, *s.f.*, parallélipipède de bois à entailles régulières et à recouvrement, servant à la lecture des dessins.

ESCOT, *s.m.*, toile de coton. —, tissu de laine de qualité inférieure, tissé en armure sergé de trois.

I.   85

ESPOLIN, *s.m.*, petite navette sans ferrure ni roulettes, dont on se sert pour le tissage des articles brochés.

ESPOLINER, *v.a.*, passer les espolins; brocher.

ESQUISSE, *s.f.*, représentation d'un dessin, noir ou colorié, sur du papier non réglé et établi d'après la dimension qu'il devra avoir sur l'étoffe.

ESQUISSER, *v.a.*, former les traits d'une esquisse.

ESSAI, *s.m.*, épreuve qui détermine le titre ou la grosseur des matières. —, écheveaux qui ont produit cette opération. —, rouet ou machine à cet usage.

ESTANCE, *s.f.*, distance qui existe à partir du rouleau de devant à celui de derrière. —, étendue, longueur. —, bride.

ESTAZE, *s.f.*, partie supérieure longitudinale du bâti du métier. —, chapeau.

ESTISSEUSE ou ETISSURE, *s.f.*, broche mince en fil de fer servant à supporter les roquets ou bobines pour le déroulement des matières.

ESTRIVIÈRES, *s.f.pl.*, cordes attachées aux contremarches, aux arbalètes ou aux calquerons.

ETAIM, *s.m.*, partie la plus fine de la laine cardée.

ETAMINE, *s.f.*, étoffe dont la chaîne et la trame sont en laine peignée.

ETENTE, *s.f.*, étendue de chaîne à partir du remisse ou du corps jusqu'au rouleau de derrière. —, longueur.

ETOFFE, *s.f.*, synonyme de tissu; néanmoins le mot étoffe s'applique de préférence aux tissus qui sont d'une consistance et d'une largeur suffisantes.

ETOFFES A JOUR, *s.c.*, gazes unies ou façonnées.

ETUI, *s.m.*, sorte de boîte percée et à rainures, renfermant les élastiques des mécaniques armures et Jacquard.

F.

FAÇONNÉ, *s. m.*, nom générique de tous les tissus dont le croisement produit des dessins quelconques.

FAÇONNÉ (petit), *s.m.*, croisement qui tient le milieu entre l'uni et le façonné. —, armures ou croisements compliqués produisant seulement des effets sensibles, suivis ou interrompus.

FAÇURE ou FASSURE, *s.f.*, partie de l'étoffe comprenant depuis le rouleau de devant jusqu'à la dernière duite tissée.

FAMIS, *s. f.*, étoffe de Smyrne, dans laquelle il entre des fils dorés.

FANTAISIE, *s. f.*, grosse soie de qualité très-inférieure.

FAUDER, *v. a.*, plier les étoffes (draperie).

FAUDET, *s. m.*, gril de bois servant à supporter les draps pour les diverses opérations qu'ils subissent lors des apprêts.

FAUSSE DUITE, *s. f.*, duite passée dans une fausse levée. —, synonyme de faux-coup.

FAUSSE FOULE, *s. f.*, foule ou marchure irrégulière ou incomplète. —, fausse levée. —, fausse marchure.

FAUSSE LISSE, *s. f.*, fils tendus à deux tringles ou lamettes servant à séparer les fils qui appartiennent à une même dent ou broche, ainsi qu'à dégager les tenues ou groupures qui peuvent survenir dans la médée.

FAUX-CORPS, *s. m.*, maillons garnis ou non, dont les mailles sont fixées à une tringle immobile, placée à environ 20 centimètres du corps et sur le derrière, dans le but de dégager les tenues.

FAUX-COUP, *s. m.*, frappement irrégulier du cylindre contre la planchette d'aiguille.

FAUSSE-COUPE, *s. f.*, fraction d'une coupe entière.

FAUX-FOND, *s. m.*, fond supplémentaire, formé d'une chaîne inférieure et non apparente à l'endroit du tissu.

FAUX-PAS, *s. m.*, défaut de confection; manquement d'une duite sur toute la largeur du tissu. —, marche ou carton sauté lors du tissage.

FAVEURS, *s. f. pl.*, rubans très-étroits en fil, soie ou coton. (Passementerie.)

FER, *s. m.*, nom que l'on donne aux fils de laiton, plats ou ronds, servant à former le poil des velours coupés ou frisés. Bien que les fers peluches soient en bois, ils portent également le nom de fers.— Couper le fer, signifie couper le poil qui le recouvre.

FERRANDINE, *s. f.*, étoffe de soie et laine ou de fleuret et coton.

FERRANDINIERS, *s. m. pl.*, nom de compagnonnage des ouvriers tisseurs en soie, à Lyon.

FEUTRAGE, *s. m.*, préparation du feutre. —, action de feutrer.— résultat de cette opération.

FEUTRE, *s. m.*, étoffe ou échantillon non tissé, exécuté au moyen du feutrage seulement. —, drap feutre.

FIGURE, *s. f.*, effet complet produit par la disposition totale d'un croisement ou dessin, soit sur l'étoffe, soit sur la carte. —, synonyme de répétition.

Fil, *s.m.*, nom générique donné aux brins de toutes les matières textiles, quelles que soient leur nature et leur qualité.

Filature, *s.f.*, établissement où l'on exécute le filage des matières.

Fil de tour, *s. m.*, fil de chaîne qui, par une combinaison toute particulière, exécute un croisement alternatif de droite à gauche et réciproquement, en passant en dessous d'un fil fixe, également nommé fil droit. (Articles Gazes.)

Fil droit ou fil fixe, *s.m.*, fil qui n'exécute aucun mouvement et est toujours en dessous de la trame. (Articles Gazes.)

Filé, *s.m.*, or ou argent tiré à la filière et pouvant être tissé. (Articles de passementerie et d'ornements.)

Filet, *s.m.*, réunion de plusieurs fils de chaîne ou de plusieurs duites formant une bande très-étroite dans le tissu, soit par effet de couleur, soit par effet de croisement.

Filière, *s.f.*, accessoire du tour pour le tirage de la soie.

Filoche, *s.f.*, étoffe dont le piqué ou façonné, réparti sur un fond quelconque, imite le filet à mailles.

Filoselle, *s.f.*, bourre de soie filée.

Finette, *s.f.*, étoffe de coton peu réduite et très-moëlleuse, armure batavia.

Finisseuse, *s.f.*, troisième carde faisant partie d'un assortiment.

Flammer, *v. a.*, brûler les filaments qui dépassent les lisières d'une étoffe.

Flammage, *s. m.*, défaut dans les apprêts affectant la forme de flammes et provenant ordinairement de ce que certaines parties ont été exposées à l'air ou au soleil, tandis que d'autres ont subi une influence contraire. —, nuances diffuses dans les matières en écheveaux.

Flanelle, *s. f.*, étoffe creuse, souple et moëlleuse de laine unie ou façonnée (article draperie).

Fleuret, *s.m.*, grosse soie très-inférieure et peu torse, provenant de la bourre de soie filée.

Florence, *s. f.*, étoffe de soie, très-légère, armure taffetas, à deux fils simples par dent et tramée à un seul bout.

Florentine, *s. f.*, satin façonné de Florence.

Flotte, *s. f.*, écheveau de soie ou de toute autre matière.

Flute, *s. f.*, sorte de fuseau servant tout à la fois de canette et de navette pour la confection des tapis.

Fogue , *s. f.* , ouverture ou écartement de la chaîne pour le passage de la navette (synonyme de foule).

Fond , *s.m.*, parties unies d'une étoffe façonnée. —, coup de —, jet de trame spécial au croisement du fond.

Fondre , *v. a.*, mélanger les couleurs, soit par la mise en carte, soit par l'ordre dans les dispositions.

Fondu , *s. m.*, genre de croisement disposé pour produire des gradations ou ombres de toutes nuances.

Forces , *s. f. pl.* , gros et grands ciseaux à ressorts dont on se sert encore , mais dans quelques localités seulement , pour le tondage des draps. —, petits ciseaux du même genre pour la soierie.

Fottalonge , *s.f.*, étoffe rayée des Indes , faite de soie et d'écorces.

Fouet (battant) , *s.c.*, genre de battant au moyen duquel on exécute le jet de la navette par un mouvement qui imite l'action du fouet.

Foulage , *s.m.*, action de fouler les étoffes de laine ; ce qui est relatif à cette opération.

Foulard, *s. m.*, mouchoir de soie tissé en taffetas et dont les dessins qui forment le façonné, sont imprimés en diverses couleurs. .

Foule , *s. f.*, ouverture que forme la chaîne pour le passage de la navette.

Fouler , *v. a.*, enfoncer la marche ou une des marches en appuyant le pied dessus ; marcher. — un drap, lui faire subir l'opération du foulage.

Foulon , *s. m.*, machine dont on se sert pour le foulage des draps. Établissement où l'on exécute ce travail.

Fourche , *s.f.*, synonyme d'arcade. (Voy. ce mot.)

Fourchette , *s. f.*, outil en forme de fourchette à deux branches, servant à redresser les crochets qui viennent à se courber dans l'intérieur de la mécanique Jacquard.

Fourré , *adj.*, qualification des étoffes doubles, partielles, dont l'intérieur ou entre-deux est ouaté, lors du tissage, au moyen d'une grosse trame très-moëlleuse et non apparente.

Frange , *s. f.*, limbe d'un tissu d'où pendent des filets qui lui servent d'ornement (art. de passementerie).

Freluquet , *s. m.*, léger contre-poids que l'on suspend à un ou à plusieurs fils de chaîne pour les maintenir tendus.

Frise, *s.f.*, grosse étoffe de laine, à poil frisé.

Frisé , *adj.*, qualité du velours dont le poil, au lieu d'être coupé, forme de petites boucles.

Frisure, *s.f.*, fil recouvert d'or ou d'argent (art. de passementerie).

Froc, *s. m.*, grosse étoffe de laine très-inférieure.

Fuseau, *s. m.*, petite flûte terminée en pointe et servant de navette pour les articles tapis.

Fusée, *s. f.*, fil de laine ou de coton enroulé sur un tube conique en carton.

Futaine , *s.f.*, étoffe de coton et de fil, ou de coton seulement, dont un côté a subi un léger lainage. —, tissu épais et moëlleux.

G.

Galerie , *s. f.*, dessin placé entre la bordure et le fond d'un châle.

Galet , *s. m.*, poulie sans rainure. —, petite roulette placée dans la fourchette ou embranchement de la vis de presse.

Galette , *s. f.*, bourre de soie provenant des cocons.

Gancettes, *s.f.pl.*, ficelles d'aboutement disposées de manière à pouvoir commencer le tissage sans engager la chaîne dans l'entaquage.

Ganse , *s.f.*, cordonnet de fil, de soie, d'argent ou d'or, fin ou faux (art. de passementerie).

Garde, *s.f.*, grosse et large dent placée à chaque extrémité du peigne. — synonyme de Coronel.

Garnissage , *s.m.*, placement régulier des crochets, aiguilles et épinglettes pour les mécaniques Jacquard et armures.

Garat , *s. m.*, toile de coton, blanche et commune, que l'on fabrique dans les Indes.

Gauffré, *adj.*, étoffe ou ruban à dessin convexe, formé sur le tissu au moyen d'une pression faite à chaud.

Gavassine , *s. f.*, ficelle donnant un lat; —, cordes de correspondance des marches aux contre-marches.

Gaze, *s.f.*, tissu de soie, très-clair et peu réduit. —, étoffe à jour unie ou façonnée.

Gazier, *s.m.*, ouvrier qui fait de la gaze.

Gentille , *s.f.*, défaut de confection; fil qui, levant constamment, produit l'effet d'un fil manquant ; l'opposé de paresseuse. (Voy. ce mot.)

Gingiras , *s. m.*, étoffe de soie des Indes.

Giselle , *s.f.*, étoffe rayée, armure taffetas, dont la chaîne est passée au peigne par une dent pleine et une dent vide.

GLACÉ, *s. m.*, tissu du genre dit caméléon. (Voy. ce mot.)

GLUTEN, *s.m.*, matière glutineuse qui donne aux fils de soie la propriété de se coller entre eux.

GLUTRON, *s.m.*, parcelles de laine agglomérée; laine inférieure.

GOBELINS, *s. m. pl.*, manufacture de tapis et de tapisseries, à Paris; la plus renommée en ce genre sur toute la surface du globe.

GODAGE, *s.m.*, défaut de confection; ondulations dans le tissu.

GOURGOURAUD, *s. m.*, étoffe de soie unie et à bandes formées d'armures diverses.

GRADIN, *s. m.*, genre de placement en superposition oblique des rouleaux ou poulies sur le cassin.

GRAIN, *s. m.*, effet peu prononcé et interrompu résultant de la composition de l'armure ou du croisement.

GRAPPE, *s. f.*, défaut de confection provenant des tenues ou groupures qui se forment dans la médée.

GRATTOIR, *s.m.*, petit ustensile pour resserrer la trame (articles tapis et tapisserie).

GRÈGE (soie-), *adj. s. f.*, état de la soie sortant de dessus le cocon; soie qui a subi l'étirage mais non le moulinage.

GRENADE ou GRENADINE, *s. f.*, soie cuite, très-retorse et formée de plusieurs brins d'une soie déjà montée.

GRIFFE, *s.f.*, ensemble des lames qui servent à élever les crochets; encaissement mobile qui les supporte (méc. Jacquard).

GRILLAGE, *s. m.*, opération que l'on fait subir aux velours-coton pour en égaliser le poil.

GRILLE, *s. f.*, assemblage de tringles servant à empêcher les crochets de tourner. — de l'étui, petites tringles fixées à l'intérieur des jumelles et entre lesquelles les talons des aiguilles sont espacés et maintenus. — d'arcadage, barreaux ronds en bois et de préférence en verre, placés au bas et entre chaque rang longitudinal des collets, afin de régulariser la foule et produire aux maillons de droite et de gauche une levée égale à ceux du centre.

GROS DE NAPLES, *s. m.*, taffetas très-fort tout en soie cuite, chaîne et trame double.

GROS DES INDES, *s.m.*, espèce de velours simulé en soie, tissé à deux navettes, dont l'une est garnie d'une trame très-fine et l'autre d'une trame très-grosse ou à plusieurs bouts.

GROS DE TOURS, *s. m.*, croisement partiel ou continu, formé de deux duites dans le même pas. —, étoffe de soie confectionnée par cette armure.

GROS-GRAIN , *s. m.*, espèce de gros des Indes , avec la différence que la grosse duite trame soie est remplacée par une grosse trame en coton retors.

GROUPURE , *s.f.*, défaut de confection provenant de fils qui se trouvent liés entre eux par des tenues qui se forment dans la médée.

GUIDANNE , *s. f.*, réunion de quelques fils enroulés à part et servant de complément à la chaîne.

GUINDRE , *s. m.*, tournette horizontale ou verticale servant au dévidage des matières.

GUIPÉ , *s. m.*, article de passementerie.

GUIPOIR, *s. m.*, ustensile pour retordre les franges (art. passementerie).

H.

HARNAIS, *s. m. pl.*, nom générique que l'on donne aux ustensiles nécessaires pour établir le montage du métier et surtout au remisse.

HAMANS , *s. m.*, toile de coton des Indes.

HAMBOURGEOISE , *s.f.*, étoffe de soie, à bandes, sans envers.

HUMÈDES , *s.f.pl.*, toile de coton blanche du Bengale.

HAUSSE , *s.f.*, sorte de câle servant à élever un ustensile quelconque.

HAUTEUR , *s.f.*, se dit de l'empoutage relativement à l'emplacement qu'occupe le nombre de cordes placées les unes devant les autres sur un même rang. —, nombre de trous pris sur le travers de la planche d'arcade.

HAUTE-LISSE , *s.f.*, genre de fabrication et de montage spécial aux tapis dont la chaîne est tendue verticalement.

HERGANCE , *s.f.*, toile faite avec des fils d'une espèce d'araignée d'Irlande.

HUIT-EN-HUIT , *s. m.*, dénomination du papier de mise en carte, contenant huit petits carreaux sur les deux sens et compris entre chaque ligne de démarcation ou de compte.

I.

IMPANISSURE , *s. f.*, réunion de plusieurs fils de chaîne dont la couleur est ternie ou altérée ; ce défaut est généralement occasionné par la transpiration des mains (soierie.)

INDOUX, *adj.*, qualification des châles en chaîne-fantaisie dont la trame est peu réduite.

INSURGINS, *s.m.pl.*, nom que l'on donne aux cordons ou lisières des satins en soie dont le croisement produit un double filet formant des chevrons par la seule combinaison du remettage.

INTERROMPU, *adj.*, qualification des remettages et empoutages dont l'ordre est interverti.

J.

JACONAT, *s.m.*, toile de coton plus fine que celle dite percale.

JACQUARD, *s.f.*, mécanique généralement adoptée pour la fabrication des étoffes façonnées. —, nom propre de son inventeur.

JAMAVAS, *s.m.*, taffetas des Indes, à fleurs d'or.

JARRE, *s.f.*, mauvaise laine. —, poil de vigogne.

JARRET, *s.m.*, défaut dans les contours des lignes d'un dessin.

JARRETIER, *s.m.*, bande spéciale d'environ 10 centimètres de largeur renfermée entre deux filets de trame, tissée au commencement et à la fin de chaque chaîne ou coupe (art. draperie).

JASPÉ, *s.m.*, mélange de couleurs en chaîne ou en trame. —, irrégularité dans les couleurs ou nuances.

JET, *s.m.*, action de lancer la navette; jet de trame.

JEU DE CARTONS, *s.m.* (Voy. MANCHON).

JOGUENEY, *s.m.*, petit ustensile en bois servant à élever la cristelle pour la confection des lisses.

JOINTE, *s.f.*, matière semblable à celle de la chaîne, servant pour remplacer au besoin les fils défectueux manquants ou rompus.

JUMELLES, *s.f.pl.*, parties montantes formant le corps principal de la mécanique Jacquard ainsi que de celles armures.

K.

KABYLE, *s.m.*, grand châle commun à petites fleurs détachées sur un fond tissé en armure sergé de quatre.

KALEÏDOSCOPE, *s.m.*, tube de carton ou de métal garni à l'intérieur d'un prisme creux formé par des miroirs, fermé à ses deux extrémités par des verres et contenant divers objets qui, réfléchis par le prisme, et vus par le point de mire disposé à l'une de ses extrémités, représentent des dessins qui changent de forme chaque fois que l'on fait tourner le tube sur lui-même.

KATKI, *s.f.*, toile de coton de Surate.

I.   86

L.

LABYRINTHE, *s. m.*, nom que l'on donne aux genres de dessins dont les lignes forment des contours et des détours continus et irréguliers.

LAÇAGE, *s. m.*, action de réunir les cartons des mécaniques Jacquard ou d'armures, les uns aux autres au moyen de plusieurs lacets.

LAINAGE, *s. m.*, opération que l'on fait subir aux draps pour en faire ressortir le poil.

LAINÉ, *s. f.*, poil d'agneau, de mouton, de mérinos, etc.; duvet quelconque. — , nom que l'on donne au coton avant qu'il soit réduit à l'état de fil.

LAINE CARDÉE, *s. f.*, laine qui a passé par le travail des cardes, la seule employée dans la confection des draps susceptibles de recevoir l'action du foulage.

LAINE PEIGNÉE, *s. f.*, laine dont les filaments sont maintenus directs par l'opération du peignage.

LAINER, *v. n.*, donner le lainage. — , passer le drap à la lainerie,

LAINERIE, *s. f.*, machine rotative pour lainer les draps. — , établissement où fonctionnent ces machines.

LAME, *s. f.*, fil plat d'or, d'argent ou de tout autre métal. — , clinquant. —, nom que les tisseurs en draperie donnent au remisse.

LAMÉ, *s. m.*, étoffes pour meubles et ornements dans lesquelles on emploie des lames d'or, d'argent, etc.

LAMES, *s. f. pl.*, montants du battant, synonymes d'épées.

LAMETTE, *s. f.*, lisseron plat, très-mince et sans bec.

LAMIER, *s. m.*, ouvrier qui fait des lames.

LAMINAGE, *s. m.*, opération que l'on fait subir à certaines étoffes pour leur donner du brillant.

LAMPAS, *s. m.*, étoffe façonnée en soie, très-réduite, pour meubles.

LANCÉ, *s. m.*, tissu formé à plusieurs lats, dont le croisement est partiel, suivi ou interrompu.

LANCEUR, *s. m.*, aide pour le tissage des articles lancés établis sur une grande largeur.

LANTERNE, *s. f.*, pièce carrée en fer, dont chaque angle est muni d'un tourillon et servant à faire exécuter au cylindre des mécaniques Jacquard ou armures un quart de tour à chaque foule ou marchure. —, sorte d'engrenage; pignon. —, parallélipipède de bois, plein, creux ou à claire-voie, servant à régulariser la marche des cartons.

LARDER, *v. a.*, passer des fils de chaîne au remisse ou au corps, en les intercallant entre d'autres fils déjà passés. —, défaut de confection provenant d'une fausse direction imprimée à la navette.

LARDURE, *s.f.*, bride de trame, défaut de confection.

LASTING, *s.m.*, étoffe légère, chaîne et trame en laine peignée.

LAT, *s.m.*, coup de navette pour les articles lancés. —, synonyme de couleur relativement au nombre de navettes qu'elles exigent.

LAURENTINE, *s.f.*, étoffe façonnée chaîne soie et trame coton.

LAVAGE, *s.m.*, opération que l'on fait subir aux laines pour les dégager du suint dont elles sont imprégnées.

LAVÉE, *s. f.*, tas de laine lavée en une seule fois.

LAVETON, *s.m.*, grosse bourre provenant des draps foulés.

LECTURE, *s.f.*, opération ou analyse de la carte pour procéder au perçage des cartons.

LEVANTINE, *s.f.*, étoffe de soie, armure sergé de quatre.

LÈVE, *s. f.*, dénomination du genre de tissage dont le travail a lieu par le mouvement ascendant des lisses.

LEVÉE, *s.f.*, élévation d'une partie de la chaîne pour exécuter le tissage. —, opposé au rabat.

LÈVE-ET-BAISSE, *s.f.c.*, genre de tissage dont les fils de chaîne exécutent simultanément les mouvements ascendants et descendants.

LIAGE, *s.m.*, combinaisons diverses du croisement servant à raccourcir les brides de chaîne ou de trame. —, coups, lisses ou cartons qui y ont rapport.

LIAIS, *s. m. pl.*, tringles des lisses ou lames; lisserons sans becs; lamettes.

LIEN, *s.m.*, petite ligature placée à chaque pantine pour en conserver l'ouverture.

LIGATURE, *s.f.*, remisse composé d'un grand nombre de lisses, peu fournies en mailles. — métier pour étoffes dites petits façonnés, et montés à lisses seulement.

LIGNES DE COMPTE, *s.f.pl.*, lignes saillantes formant la délimitation des dizaines ou grands carreaux du papier de mise en carte quelle qu'en soit la réduction.

LIN, *s.m.*, fil formé de l'écorce du lin.

LIRE, *v.a.*, reproduire sur le semple un dessin mis en carte. — percer les cartons en même temps qu'on lit la carte.

LISAGE, *s.m.*, métier mécanique sur lequel on lit les dessins. —

action de lire. —, tout ce qui est relatif à cette opération. —, perçage des cartons.

LISER, *v. a.*, vérifier les draps en les passant à la perche.

LISERÉ, *s. m.*, petit filet de couleur saillante; filets très-déliés bordant les contours d'un dessin.

LISEUR, *s. m.*, ouvrier qui lit les dessins; au féminin, liseuse.

LISIÈRE, *s. f.*, bande très-étroite formée à chaque bord des étoffes. —, laine très-inférieure.

LISSAGE, *s. m.*, dénomination des dispositions relativement aux lisses en ce qui concerne le montage du métier.

LISSE, *s. m.*, dénomination générique des draps unis armure taffetas, dont la chaîne et la trame sont en laine cardée.

LISSE, *s. f.*, assemblage de mailles maintenues par deux tringles de bois, dites lisserons, liais ou lamettes, et servant à faire élever ou rabattre les fils de chaîne. — à crochet, mailles simples. — à coulisse, mailles doubles. — à étage, qui a un côté des mailles plus long que l'autre. — à culotte, qui n'est formée que des mailles inférieures, et par conséquent n'a qu'un seul lisseron. — de levée, qui ne peut exécuter que des mouvements ascendants. — de rabat, qui ne peut exécuter que des mouvements descendants. — à lève-et-baisse ou à grande coulisse, qui peut exécuter indistinctement les deux mouvements. — à jour ou figurée, celle dont les mailles sont inégalement réparties conformément à une disposition quelconque.

LISSERONS, *s. m. pl.*, tringles de bois plates et minces, munies de deux becs emboîtés à tenons près des extrémités; servant à maintenir les lisses et à donner aux mailles la tension qui leur est nécessaire.

LISSETTE, *s. f.*, lisse dont les mailles sont subdivisées.

LISSEUSE, *s. f.*, ouvrière qui fait des lisses.

LIURE, *s. f.*, ligament des écheveaux pour les étoffes chinées.

LIVRE, *s. f.*, écheveau de laine cardée pour chaîne et pour trame, dont la longueur totale est de 3,600 mètres. — de compte.

LONGUEUR, *s. f.*, partie tendue de la chaîne à partir du rouleau de devant à celui de derrière.

LOQUETS, *s. m. pl.*, crochets servant à faire exécuter la rotation du cylindre (mécaniques Jacquard ou armures). —, clanches. —, bouts ou déchets des matières de laine.

LOQUETTES, *s. f. pl.*, fragments ou petite nappe de laine roulée d'une longueur égale à la largeur du tambour de la carde.

Loup, *s. m.*, machine rotative, ou tambour hérissé de pointes dont on se sert pour ouvrir la laine et la disposer au cardage.

Loupe, *s. f.*, verre optique servant à la décomposition des tissus.

Louvetage, *s. m.*, action de passer la laine au loup.

Luisant, *s. m.*, réunion de brides de chaîne formant cannelé. (Passementerie.)

Lustrage, *s. m.*, opération que l'on fait subir à certaines étoffes pour leur donner du brillant.

Lustré, *s. m.*, étoffe de soie, chaîne et trame cuite, armure taffetas.

M.

Macque, *s. f.*, écheveau de fil de laine, composé d'environ 67^m,90.

Madapolam, *s. m.*, espèce de percale.

Madras, *s. m.*, fichu de soie et coton des Indes.

Magnanerie, *s. f.*, établissement où l'on élève des vers-à-soie.

Magredines, *s. f. pl.*, toile de lin d'Egypte.

Maille, *s. f.*, fil de lin, de chanvre, de coton ou de soie, disposé pour servir à la levée ou au rabat des fils de chaîne, soit pour lisses, soit pour les corps. — à crochet, maille simple. — à coulisse, maille double. — à grande coulisse, maille simple disposée de manière à pouvoir agir indistinctement pour la levée ou pour le rabat. — à culotte, demi-maille.

Maillon, *s. m.*, petit ovale plat de verre ou de métal ayant au moins trois trous. — garni, qui est muni de deux mailles dont une supporte une aiguille ou charge de plomb ou de verre.

Main, *s. f.*, réunion de quatre pantines.

Manchon, *s. m.*, petit nombre de cartons percés, lacés ensemble, et dont les deux extrémités sont réunies par des nœuds formés aux lacets. —, espèce de large rondelle, en bois, fixée à l'arbre de couche et sur laquelle s'enroule la courroie qui opère la levée de la griffe. (Mécaniques Jacquard et armures.)

Mandarine, *s. f.*, étoffe dont la chaîne est en coton et la trame en soie.

Manivelle, *s. f.* pièce repliée à angles droits, ou courbée deux fois, pour faire tourner un axe ou une roue. —, manette.

Mante, *s. f.*, étoffe pour mantelet.

Marabou, *s. m.*, organsin très-fin, fortement monté; tissu formé de cette matière en chaîne comme en trame; espèce de gaze passée au peigne à un seul fil par dent et tramé à un seul bout.

MARCELINE, *s.f.*, étoffe de soie chaîne simple, armure taffetas, ordinairement tramée à deux bouts. — double, chaîne double tramée à deux ou trois bouts.

MARCHE, *s.f.*, espèce de pédale sur laquelle l'ouvrier appuie le pied pour exécuter la foule ou marchure.

MARCHER, *v.n.*, enfoncer la marche ou les marches, soit avec les deux pieds, soit avec un seul; foule.

MARCHETTE, *s.f.*, petit levier ou petite marche.

MARCHURE, *s.f.*, élévation ou abaissement des fils de chaîne formant l'ouverture nécessaire au passage de la navette; foule.

MARIAGE, *s.m.*, fausse direction d'un fil.

MARQUE, *s.f.*, longueur de quatre mètres; un tour d'ourdissoir pour les chaînes de laine. —, lettres, chiffres ou désignation quelconque formés à l'aiguille sur le chef ou jarretier.

MARQUEUSE, *s.f.*, ouvrière qui marque les draps.

MASSE, *s.f.*, traverse formant la partie inférieure du battant.

MASULIPATAN, *s.m.*, toile de coton très-fine; mouchoir des Indes.

MATE, *adj.*, se dit des couleurs et des étoffes qui n'ont pas d'éclat.

MATELASSÉ, *s.m.*, étoffe double, partiellement liée, très-épaisse et ouattée par effet de trame.

MATRICE, *s.f.*, double plaque de fer exactement superposée et percée d'un certain nombre de trous servant au perçage des cartons pour mécaniques Jacquard et armures.

MATTEAU, *s.m.*, écheveaux de soie, réunis et tortillés ensemble.

MEDÉE, *s.f.*, espace compris depuis la partie tissée jusqu'au corps ou au remisse.

MÉLANGÉ, *s.m.*, étoffe fabriquée avec un mélange de couleurs ou de nuances. —, feutre (art. draperies).

MENÉE DES VERGES, *s.c.*, reculement des baguettes d'encroix ou d'enverjure.

MÉRINOS, *s.m.*, étoffe de laine en armure batavia. —, laine de mouton d'Espagne ou de race espagnole.

METTAGE EN MAIN, *s.m.*, triage pour le choix des diverses grosseurs de soie contenues dans un même ballot; classement des écheveaux par mains et pantines. —, pilastre à chevilles dont on se sert pour cette opération.

MIGNONETTE, *s.f.*, petite bande unie que l'on fait au commencement et à la fin des châles.

Milanèse, *s.f.*, matière retorse employée pour la passementerie.

Mille-raies, *s.f.pl.*, étoffe formant de petites raies régulières et très-rapprochées les unes des autres.

Mise a cheval, *s.f.c.*, synonyme de mise en corde (voy. ce mot).

Mise en carte, *s.f.*, armure ou dessin peint sur du papier réglé, dit de mise en carte.

Mise en corde, *s. f.*, disposition particulière organisée tout exprès pour servir de prolongement à une chaîne lorsqu'elle arrive à la dernière étente ou longueur; crochet et corde servant à cette opération.

Mise en train, *s.f.c.* Sous ce terme on comprend toutes les opérations préalables au tissage.

Mite, *s.f.*, petit insecte qui ronge les draps et surtout les fils de laine.

Mohabut, *s.m.*, toile de coton des Indes.

Moirage, *s.m.*, opération qui consiste à produire la moire aux étoffes; ce qui est relatif à ce genre de travail.

Moire, *s.f.*, ondulations formées mécaniquement sur les étoffes de soie ou de coton. —, défaut de confection produisant une sorte de moire sur le tissu.

Moiré, *s. m.*, étoffe qui a subi l'opération du moirage.

Montichicours, *s.m.*, étoffe de soie et de coton des Indes.

Molet, *s. m.*, petite planchette ou moule, dont on se sert pour la confection des franges. (Passementerie.)

Molier, *s. m.*, fil poissé servant de cristelle pour la confection des lisses, et également employé en remplacement du fil de métal pour la fabrication des peignes ou ros destinés à la confection des grosses étoffes.

Molleton, *s. m.*, étoffe creuse, mais très-épaisse et moelleuse, de laine ou de coton.

Montage, *s. m.*, opérations relatives à l'organisation d'un métier, soit à la marche, à l'armure ou à la Jacquard.

Monteur, *s. m.*, ouvrier qui monte les métiers ou qui en dirige les opérations; contre-maître pour les grands ateliers de tissage.

Montée, *adj.*, se dit de la soie relativement à la torsion.

Montoir, *s. m.*, poteaux et traverses disposés tout exprès pour le montage des chaînes en grosses matières.

Moquette, *s.f.*, grosse étoffe de laine, veloutée, pour tapis.

MOUCHETER, *v.a.*, faire à l'aiguille, sur du drap dit écru, de petits effets, tels que points ronds, ovales, lozanges, etc.

MOUILLAGE, *s.m.*, opération qui consiste à humecter les mauvaises chaînes de soie, avec de la vieille bière ou toute autre mixtion qui en facilite le tissage.

MOUILLER, *v.a.*, synonyme de parer, ne se dit qu'à l'égard des chaînes de soie.

MOULIN, *s.m.*, machine pour organsiner les soies.

MOULINAGE, *s.m.*, opérations diverses, telles que dévidage, doublages, tordages et retordages que l'on fait subir à la soie grège pour la transformer en trame ou en organsin, conformément à la qualité qu'on veut lui donner.

MOUSSELINE, *s.f.*, toile très-fine de coton.

MOUTON, *s.m.* (Voyez griffe.)

MUDE, *s.f.*, étoffe d'écorce d'arbres de la Chine.

MULL-JENNY, *s.f.*, métier mécanique pour la filature de la laine et du coton.

MUSETTE, *s.f.*, demi-portée ou quarante fils de chaîne. —, synonyme de branche.

N.

NANKIN, *s.m.*, cotonnade jaune-chamois de Chine.

NANKINETTE, *s.f.*, légère étoffe de coton, tissée comme le Nankin, et de la même couleur.

NAPOLITAINE, *s.f.*, tissu de laine peignée, armure taffetas.

NAVETTE, *s.f.*, ustensile servant à introduire la trame dans l'ouverture de la chaîne. — à défiler, celles qui reçoivent des tuyaux coniques. — à dérouler, celles dont la trame est enroulée sur de petits tubes. — plate, qui n'a pas de roulettes. — à main, qui a les extrémités cintrées en devant et est lancée à la main. — volante, qui est construite droite, à roulettes, et est lancée mécaniquement.

NOIX, *s.f.*, douille de bois placée aux tourillons ménagés aux extrémités du porte-battant.

NOUAGE, *s.m.*, opération qui consiste à nouer, un à un, tous les fils d'une chaîne terminée, à ceux de la chaîne qui lui succède.

NOUVEAUTÉ, *s.f.*, On comprend sous ce nom la généralité des étoffes façonnées, ainsi que certains articles rayés ou écossais, quoique unis.

NUANCE, *s.f.*, degré ou ton différent plus clair ou plus foncé et portant le nom d'une même couleur.

NUNNA, *s.m.*, toile blanche de la Chine.

O.

OGIVES, *s.f.pl.*, rebords minces et saillants des bobines ou des roquets. — , têtes.

OMBRÉ, *s.m.*, tissu uni ou façonné, à rayures, disposé de manière à produire une diminution ou une augmentation graduée, plus ou moins sensible de la couleur ou nuance principale, soit en chaîne, soit en trame.

OREILLONS, *s.m.pl.*, supports des rouleaux ou ensouples.

ORGANDI, *s.m.*, mousseline claire et d'un apprêt spécial.

ORGANSIN, *s.m.*, fil de soie composé de plusieurs brins de soie grège, préalablement apprêtés puis retors ensemble.

OURDIR, *v.a.*, rassembler des fils pour en former une chaîne.

OURDISSAGE, *s.m.*, action d'ourdir; tout ce qui concerne cette opération.

OURDISSOIR, *s.m.*, moulin ou tambour vertical ou horizontal, à quatre, six ou huit bras, dont on se sert pour ourdir les chaînes.

OVALE, *adj.*, qualification des soies destinées pour la broderie; machine servant à cette opération.

OVALISTE, *s.m.*, ouvrier qui confectionne les soies ovales.

P.

PAILLETTES, *s.f.p.l*, petites rondelles enlevées des cartons lors du perçage.

PANÈRE, *s.m.*, basane que l'on place sur le tissu et contre le rouleau de devant, afin de garantir l'étoffe du frottement et la préserver des taches. (Soierie.)

PANTINE, *s.f.*, réunion de plusieurs flottes ou écheveaux de soie; le quart d'une main.

PANTIMURE, *s. f.*, petit lien placé à chaque pantime.

PAPIER RÉGLÉ, *s. m.*, genre de papier quadrillé, spécial à la mise en carte.

PARAGE, *s. m.*, colle pour encoller les chaînes; cette opération.

PARER, *v. a.*, synonyme d'encoller. (Voy. ce mot.)

PARESSEUSE, *s. f.*, défaut de confection, fil qui reste constamment en fond et produit l'effet d'un fil manquant; maillon inactif dans les articles façonnés, à corps.

I.   88

PAS, *s. m.*, ouverture de la chaîne pour le passage de la navette. Chercher le —, marcher ou fouler en avant ou en arrière pour retrouver la dernière duite. —, en nombre, est également synonyme de marches, de lisses ou lames et de cartons.

PAS CLOS, *s. c.*, tissage exécuté de manière que le battant ne frappe contre la trame qu'au moment où le pas est fermé ou rabattu.

PAS DOUX, *s. c.*, levée dont la demi-maille de la lisse anglaise lève seule et en même temps que la maille à coulisse. (Art. Gazes.)

PAS DUR, *s. c.*, levée où la lisse anglaise lève entièrement. (Id.)

PAS FAILLI, *s. c.*, défaut de confection, manquement de trame sur toute la largeur du tissu, par suite d'une lisse, lame, pas, marche, duite ou carton sauté.

PAS OUVERT. *s. c.*, tissage exécuté de manière que le battant frappe avant que la levée de la chaîne soit entièrement rabattue.

PASSAGE, *s. m.*, synonyme de remettage. (Voy. ce mot.)

PASSE-COLLET, *s. m.*, petit crochet servant à passer les collets dans leur planche.

PASSÉE, *s. f.*, passage de toutes les navettes ou de tous les lats formant un seul coup sur la carte.

PASSEMENTERIE, *s. f.*, tissus très-étroits pour enjolivures et ornements.

PASSER, *v. a.*, synonyme de remettre ou de rentrer.

PASSERELLE, *s. f.*, baguette à enfourchement servant de navette pour les tissus métalliques.

PASSETTE, *s. f.*, crochet plat ou rond, servant à passer les fils de chaîne dans les lisses, les mailles, les maillons et le peigne.

PATÈRES, *s. m. pl.*, petites rondelles enfilées aux ficelles qui soutiennent les lisses et disposées de manière à régler leur hauteur.

PATINS, *s. m. pl.*, partie inférieure d'un bâti; socle, semelles.

PATRON, *s. m.*, dessin mis en carte et portant un numéro d'ordre. —, pièce de rapport servant à la reproduction des esquisses ou des dessins.

PÉDALES, *s. f. pl.*, leviers, marches, petites marches ou marchettes, que l'on fait mouvoir avec le pied pour former l'ouverture de la chaîne lors du tissage.

PÉDONNES, *s. f. pl.*, petites chevilles coniques, adhérentes aux faces du cylindre et servant à maintenir les cartons dans leur emplacement respectif.

Peigne ou **Ros**, *s.m.*, ustensile formé d'un certain nombre de petites broches plates et réunies, de roseau ou de métal, entre lesquelles sont passés tous les fils de chaîne.

Peigneuse, *s.f.*, machine qui exécute le peignage des matières textiles.

Pékin, *s.m.*, étoffe de soie à bandes diverses, unies ou façonnées.

Peluche, *s.f.*, sorte de velours-soie à longs poils, généralement employé pour chapeaux.

Pelures, *s.f.pl.*, laine très-inférieure.

Pendage, *s.m.*, suspension provisoire des maillons garnis, aux arcades, au moyen d'un nœud à boucle.

Pendant, *s.m.*, synonyme de support.

Pène ou **Penne**, *s.m.*, restant d'une chaîne montée sur le métier, partie qui la termine et qui ne peut être tissée.

Perçage, *s.m.*, machine pour percer les cartons; tout ce qui est relatif à cette opération.

Percale, *s.f.*, toile de coton très-fine.

Percaline, *s.f.*, percale inférieure et très-légère.

Perche, *s.f.*, traverse placée à environ deux mètres d'élévation et en face du jour, sur laquelle on fait passer les draps pour les visiter.

Perforés, *adj.*, cocons de qualité inférieure.

Perrot, *s.m.*, réunion de plusieurs écheveaux en fil de laine cardée; tête de fil.

Pesée, *s.f.*, ce que l'on pèse en une seule fois. —, charge.

Picot, *s.m.*, effets de trame formant un petit rebordé excédant les lisières sur les bords des rubans.

Pièce, *s.f.*, chaîne entièrement tissée.

Pied, *s.m.*, pilastre; support; montant.

Pienne, *s.f.*, espèce de portée; réunion de 8 fils (tapis).

Pinasses, *s.f.pl.*, étoffe faite d'écorce d'arbre des Indes orientales.

Pinces, *s.f.*, lame tranchante adaptée au rabot dont on se sert pour couper le poil du velours.

Pince ou **Pincettes**, *s.f.*, petit ustensile à deux branches et à ressort, dont on se sert pour pinceter les étoffes.

Pincetage, *s.m.*, action de pinceter les étoffes; tout ce qui est relatif à cette opération.

Pinceter, *v.a.*, exécuter le pincetage (soierie); en draperie on dit épincer.

PIQUAGE, *s.m.*, synonyme de perçage. (Voy. ce mot.)

PIQUAGE EN PEIGNE, *s.c.*, passage des fils au peigne ou ros.

PIQUÉ, *s.m.*, étoffe de coton dont le croisement imite le piqué à l'aiguille.

PIQUÉ (rouleau) *s.m.*, rouleau garni de pointes fines dont on fait usage pour les étoffes à longs poils, tels que velours communs et peluches.

PIQUER, *v.a.*, synonyme de percer, relativement aux cartons.

PIQÛRES, *s.f.pl.*, défauts provenant de la transparence de la trame avec la chaîne; ou bien encore par suite des caractères hygrométriques de la matière.

PLANCHE A COLLET, *s.c.*, planche percée supportant les crochets de la mécanique armure ou Jacquard, et dont les trous servent au passage des collets.

PLANCHE D'AIGUILLE, *s.c.*, planche percée dans laquelle passent les aiguilles de la mécanique.

PLANCHE D'ARCADES, *s.c.*, planche percée de trous disposés en quinconce, et dans lesquels passent toutes les cordes dites d'arcades.

PLANCHETTE, *s.f.*, fraction ou petite partie d'une planche d'arcade. Qualification d'un genre d'empoutage spécial au montage des métiers pour châles. —, défaut d'encroix, deux fils sur le même pas.

PLAQUE, *s.f.*, synonyme de matrice. (voy. ce mot.)

PLAQUÉ, *adj.*, dessin dont le fond ou liage étant formé par des armures régulières, ne nécessite pas de pointage sur la carte.

PLIAGE, *s.m.*, accessoires et ustensiles dont on se sert pour enrouler les chaînes sur l'ensouple. —, montoir.

PLOC ou PLOQUE, *s.m.*, duvet provenant des diverses opérations que les draps subissent, soit au tissage, soit aux apprêts; poussière ou déchet de la laine.

PLOMB, *s.m.*, aiguille de plomb ou de verre servant de poids ou de charge aux maillons garnis.

PLOT, *s.m.*, conducteur de l'enroulement de la chaîne sur l'ourdissoir.

PLOYÉE, *s.f.*, partie d'étoffe que l'on enroule en une seule fois, soit sur le rouleau de devant, soit sur l'ensouple ou sur l'ensouplet dit déchargeoir.

PLUMETIS, *s.m.*, étoffe façonnée en coton, à deux trames dont une fine et une grosse, cette dernière formant le dessin par effets lancés, les brides sont ensuite mécaniquement découpées.

Poignée, *s. f.*, partie du battant, traverse qui recouvre le peigne et le maintient verticalement, conjointement avec la masse.

Poil, *s. m.*, fil de soie qui n'a reçu qu'une torsion imprimée séparément à chaque fil des bobines. —, chaîne secondaire continue ou partielle, spécialement destinée à la formation d'effets réguliers ou irréguliers apparents dans le tissu. —, chaîne principale pour les velours et peluches.

Poil trainant, *s. m. c.*, chaîne supplémentaire, partielle ou totale, spécialement destinée à la formation de certains effets façonnés, et disposée de manière à économiser la trame.

Poinçon, *s. m.*, synonyme d'emporte-pièce. (Voy. ce mot.)

Pointage, *s. m.*, pose des points de la mise en carte.

Pointe (empoutage à), *s. c.*, empoutage à retour sans autre répétition; retour.

Pointe et retour (empoutage à), *s. c.*, empoutage à pointe, mais avec répétitions, quel qu'en soit le nombre.

Pointe sèche, *s. f. c.*, pointe fine emmanchée, au moyen de laquelle on trace des dessins sur le papier verni.

Pointicelle, *s. f.*, petite broche flexible, ordinairement en baleine, munie d'un ou de plusieurs ressorts, placée dans la navette et servant à supporter la canette pour les trames dites à dérouler.

Poitrinière, *s. f.*, barre transversale, placée sur le devant du métier et sur laquelle passe l'étoffe pour, de là, aller s'enrouler sur l'ensouple dit déchargeoir (Draperie et autres grosses étoffes).

Polissage, *s. m.*, action du polissoir sur les étoffes de soie, et spécialement sur les satins.

Polissoir, *s. m.*, ustensile de fer-blanc ou de corne, en forme de racloir, dont on se sert pour polir les étoffes, par fassure. (Soierie.)

Poncif ou Poncis, *s. m.*, papier percé de trous très-petits et rapprochés, reproduisant, au moyen d'un petit tampon poudreux, les lignes principales qui servent de base à la reproduction d'un dessin.

Ponteaux, *s. m. pl.*, étampes ou étaies servant à fixer le métier et à le maintenir d'aplomb et d'équerre.

Popeline, *s. f.*, étoffe façonnée, pour robes, dont la chaîne est en soie et la trame en coton.

Porger, *v. a.*, donner les fils pour exécuter le remettage; purger.

Porte-battant, *s. m.*, traverse qui supporte le battant.

PORTE-BRAS, *s. m.*, courroie que l'on place provisoirement lors du remettage, pour supporter l'avant-bras gauche de la personne qui donne les fils.

PORTÉE, *s.f.*, réunion de 80 fils de chaîne, pour la soierie. —, synonyme de branche, pour la draperie.

PORTIÈRE, *s.f.*, ouverture, espace dans les lisses; synonyme de chattière.

POULT-DE-SOIE, *s.c.*, gros de Naples très-fort, chaîne double ou triple, et tramée à plusieurs bouts.

PRESSE, *s.f.*, accessoire du grand lisage; machine à percer les cartons. —, machine pour presser les étoffes. — hydraulique. —, atelier où l'on presse.

PRIS, *adj.*, dénomination des points qu'on lit sur la carte.

PUNAISES, *s.f. pl.*, sorte d'épingles très-courtes à tête large et plate, dont on se sert pour maintenir le papier sur lequel on calque un dessin.

Q.

QUADRILLÉ, *s.m.*, régulateur linéaire, ou échelle de proportion disposée tout exprès pour faciliter et abréger le travail de la mise en carte, conformément à l'esquisse.

QUART (châle au), *s.m.*, genre de châle dont la totalité du dessin est formée par le pointage d'un seul quart relativement à la mise en carte.

QUART, *s.m.*, quatrième partie dans la subdivision de la livre de compte des fils de laine cardée; longueur de 900 mètres.

QUINCONCE, *s. m.*, contre-semplage des effets ou dessins.

QUEUE DE COCHON, *s.f. c.*, vis conique placée à une des extrémités de la châsse de la navette, et servant à y fixer les tuyaux des trames dites à défiler.

R.

RABAT, *s.m.*, contre-poids. —, dénomination des lisses qui exécutent leur marchure par un mouvement descendant. —, retombée de tout ustensile qui exécute un mouvement d'élévation.

RABOT, *s. m.*, petit outil au moyen duquel on coupe le poil des velours-soie, ainsi que celui des peluches, lors du tissage.

RACCORD, *s.m.*, concordance de la droite avec la gauche, ainsi que du haut avec le bas des dessins ou mises en carte quelconques.

— s'applique également aux opérations d'empoutage, de colletage, de piquage en peigne, etc., ainsi qu'aux croisements quels qu'ils soient.

RAINURE, *s.f.*, gorge plate angulaire ou cintrée. Pour les poulies, les premières reçoivent des cuirs ou des courroies; les deux autres genres reçoivent des courroies tortillées ou des cordes; néanmoins les rainures angulaires, dites à grain d'orge, sont, par leur disposition toute particulière, contraintes à opérer une rotation forcée, tandis que les poulies à rainure cintrée laissent à la corde la liberté de glisser dans la rainure dès que la poulie éprouve la moindre résistance.

RAMER, *v.a.*, tendre les draps sur les rames.

RAMES, *s.f.pl.*, chassis verticaux servant à sécher les draps et à déterminer leur laize.

RAMES (cordes de), *s.c.*, petites ficelles placées horizontalement, servant à élever les maillons des métiers à la tire.

RANG SUPPLÉMENTAIRE, *s.c.*, dénomination du vingt-sixième rang des mécaniques Jacquard.

RANG VIDE, *s.c.*, rang non garni ou qui ne fait pas partie de l'empoutage principal (méc. Jacquard).

RAPATELLE, *s.f.*, toile de crin pour les tamis.

RAPPEL, *s.m.*, organisation toute particulière servant à faire exécuter au cylindre une rotation rétrograde.

RAPPELER, *v.a.*, marcher à retour pour retrouver la dernière duite.

RASAGE, *s.m.*, opération qui consiste à rectifier la coupe du poil des velours-soie.

RATEAU ou RASTEAU, *s.m.*, sorte de gros peigne à chapeau ou recouvrement mobile, garni de broches fortes et rondes, en bois ou en métal, dont on se sert pour le montage ou pliage des chaînes.

RATIÈRE, *s.f.*, petite mécanique, genre armure, dont on fait usage pour les tissus dits armures ou petits façonnés.

RATINAGE, *s.m.*, frottement circulaire opéré mécaniquement sur les draps; opération qui réunit et lie le poil en petites mèches qui se terminent par un petit bourrelet.

RATINE, *s.f.*, drap ratiné.

REBOUCLAGE, *s.m.*, défaut de confection dans la tension des fils de chaîne ou de trame.

RECEVEUSE, *s.f.*, plaque de fer régulièrement percée d'un certain nombre de trous, servant à transporter, du grand lisage sous la presse, les poinçons qui doivent exécuter le perçage des cartons.

Réchaud, *s.m.*, verre optique; synonyme de loupe.

Réduction, *s.f.*, dénomination, relative au rapprochement des fils de chaîne ou de trame; s'applique également aux lisses, aux corps, aux empoutages, etc.

Réduire, *v.a.*, resserrer les fils en chaîne comme en trame; rapprocher les distances; frapper fortement avec le battant ou chasse.

Réenrouler, *v.a.*, enrouler de nouveau.

Regard, (empoutage à), *s.c.*, empoutage dont le retour est séparé par un fond quelconque, tels sont la plupart des articles à bordures.

Réglage, *s.m.*, mécanisme servant à obtenir la précision dans diverses opérations d'enroulement ou de déroulement.

Régulateur, *s.m.*, mécanisme composé de plusieurs roues d'engrenage, et disposé de manière à pouvoir régler à volonté la réduction de la trame. —, enroulement continu.

Relais, *s.m.*, vide aux emplacements où l'on exécute un changement de couleur (art. tapis).

Remettage, *s.m.*, passage des fils de chaîne dans les mailles des lisses ou dans les maillons. —, rentrage.

Remettre, *v.a.*, passer les fils; synonyme de rentrer.

Remisse, *s.m.*, réunion de plusieurs lisses ou lames.

Remondage, *s.m.*, nettoiement des bourres, costes, écorchures, bouchons, bourillons, queues de nœuds, gros fils et autres irrégularités des fils de chaîne (art. soieries).

Remonder, *v.a.*, exécuter le remondage.

Remontage, *s.m.*, refaire toutes les opérations relatives au montage d'un métier.

Reneuil, *s.m.*, synonyme de jointe. (Voy. ce mot.)

Rentrage, *s. m.*, synonyme de remettage. (Voy. ce mot.)

Rentrayage, *s.m.*, opération qui consiste à faire disparaître les faux-pas et autres défauts de confection dont la réparation est susceptible des travaux à l'aiguille. (Draperie.)

Rentrer, *v. a.*, synonyme de remettre. (Voy. ce mot.)

Repasseuse, *s.f.*, carde supplémentaire (Laine).

Repères, *s.m.pl.*, dénomination des grands trous pratiqués près des extrémités de chaque carton, afin de les maintenir dans une position fixe lors de leur passage sur le cylindre.

Repiquage, *s.m.*, machine disposée pour reproduire semblablement le perçage de cartons lus, autrement dire, déjà percés.

Reps, *s.m.*, étoffe de soie formant de petites côtes droites, par suite de la disposition de l'armure ou du remettage.

Retordeuse, *s.f.*, machine qui exécute le retordage des matières.

Retors, *s. m.*, dénomination des fils qui ont subi l'opération du retordage.

Retour, *s. m.*, opération faite en sens inverse de la méthode dite ordinaire, suivie ou à la course. —, levier servant à tendre les cordes de rames (art. Passementerie).

Retourner, *v. a.*, rectifier, par coupe entière, le pincetage des étoffes de soie. — un remisse, hausser ou abaisser la cristelle de chaque lisse afin de varier l'emplacement qui éprouve le frottement des fils.

Revêche, *s.f.*, étoffe de laine frisée.

Ribaud, *s. m.*, barrage, défaut de confection provenant ou de l'inégalité des matières, ou d'une réduction inégale.

Rochet, *s.m.*, roue dentée, à crans.

Roines ou Romes, *s.m.pl.*, grosses pièces de bois supportant les ensouples (mét. pour tapis).

Rondelles, *s.f. pl.*, larges rebords mobiles, servant à retenir les bords des chaînes en grosses matières que l'on enroule sur l'ensouple sans former de talus.

Roquet, *s. m.*, bobine mince, allongée et à deux têtes.

Roquetin, *s.m.*, petit ensouple ou bobine pour enrouler les bordures, cadres, cordons ou lisières. —, rostin ou restin.

Ros ou Rot, synonyme de peigne. (Voy. ce mot).

Rouennerie, *s.f.*, production spéciale des manufactures de Rouen. —, cotonnades de tous genres.

Rouet, *s.m.*, petit métier pour dévider ou pour faire les cannettes.

Rouleau, *s.m.*, cylindre de bois servant à l'enroulement des chaînes et des étoffes. —, ensouple.

S.

Sablé, *s. m.*, nom que l'on donne aux genres de dessins ou armures formant un fond pointillé. Rouleau —, qui a reçu une couche de colle et de sable; usité pour quelques velours.

Sample ou Semple, *s.m.*, réunion des cordes, dites de rames, à l'usage des métiers à la tire, des lisages et des accrochages.

Satin, *s.m.*, croisement uni produisant une étoffe douce et écla-

I.   89

tante par l'effet dominant de la chaîne sur la trame; la quatrième et dernière des armures fondamentales.

°SATIN ANGLAIS, *s. m.*, genre de croisement connu sous le nom de satin de quatre.

SATINÉ, *s. m.*, croisements ou étoffes qui appartiennent aux satins.

SAUTÉ, *s. m.*, terme de lisage; le blanc du papier de mise en carte, ainsi que les points peints qui, pour certains coups, sont considérés nuls; synonyme de laissé.

SAUTEUSE (remettage à la), *adj.*, genre de remettage interrompu.

SAUTRIAUX, *s. m. pl.*, leviers en forme de balance, servant à faire mouvoir les lisses.

SAVOYARD, *s. m.*, contrepoids du rouleau sur lequel est le poil des velours frisés ou coupés.

SCAPULAIRE, *s. m.*, partie façonnée, formée au commencement et à la fin des châles longs et des écharpes.

SEGOVIE, *s. f.*, laine d'Espagne, de très-belle qualité.

SEMELLES, *s. f. pl.*, synonyme de patins. (Voy. ce mot.)

SERGE, *s. f.*, tissu léger tissé en armure sergé.

SERGÉ, *s. m.*, croisement uni formant des sillons obliques, et décochant régulièrement par un fil La 3ᵉ des armures fondamentales.

SEULÈRE ou SOLÈRE, *s. m.*, fil simple lorsqu'il doit être double; défaut dans l'entretien du métier, et par suite, apparent dans l'étoffe.

SEUIL ou SEUILLET, *s. m.*, tablette rapportée sur la masse du battant et sur laquelle roule la navette. Synonyme de verguette.

SILLONS, *s. m. pl.*, traits obliques que certains croisements forment sur l'étoffe. —, diagonales.

SOIE, *s. f.*, fils provenant de la coque formée par les vers-à-soie. Le plus fin de tous les fils employés comme matières textiles. — cuite, qui a subi l'opération de la cuisson. — écrue ou crue, qui n'a pas passé à la cuisson. — floche, qui est cuite, mais peu torse ou montée. — grège, état de la soie immédiatement après le moulinage. — montée, celle qui est très torse. — souple, celle qui est à demi cuite.

SOIERIE, *s. f.*, dénomination générique de tous les tissus de soie.

SON, *s. m.*, longueur de 90 mètres; dixième partie de la livre de compte pour les fils de laine. (Usage de Normandie.)

SOUFFLONS, *s. m. pl.*, troisième qualité des cocons.

SUINT, *s. m.*, laine en gras.

Suivi, *adj.*, qualification de toutes les opérations régulières relatives aux différents montages, et dont l'ordre ne subit aucune modification.

T.

Taffetas, *s.m.*, la première des armures fondamentales; croisement par moitié, dont les fils lèvent ou lèvent et baissent alternativement, une fois les fils pairs et une fois les fils impairs; également connu sous les noms de deux pas, pas coupé, pas de toile.

Talon, *s.m.*, extrémité de la chaîne encroisée par portées, musettes ou branches.

Talus, *s.m.*, élévation formant un angle rentrant, par suite de la superposition de la chaîne lors de son enroulement sur les rouleaux ou ensouples privés de rebords ou collets.

Tambour, *s. m.*, grande asple servant au pliage des chaînes de soie, de coton et autres matières fines.

Tambour (lisage à), *s.m.*, grand lisage dit lisage roulant.

Taque, *s.m.*, cale de bois en forme de coin, servant à maintenir le rouleau de devant.

Taquets, *s.m.pl.*, coulisseaux placés dans les bottes du battant et servant à imprimer le jet des navettes droites et à roulettes.

Tartan, *s.m.*, étoffe souple et moëlleuse, en laine cardée, pour robes ou manteaux de dames. —, grand mouchoir de laine, très-commun, écossais ou façonné.

Té, *s.m.*, support vertical de l'arbre de couche des mécaniques Jacquard ou armures.

Teint, *s.m.*, partie de laine, ou de toute autre matière destinée à recevoir une même couleur et nuance.

Tempia, *s.m.* (également nommé tempe, temple ou templet), espèce de règle à articulation, dont les extrémités sont munies d'un rang de pointes très-aiguës afin de maintenir l'étoffe en largeur au fur et à mesure du tissage.

Tendeur, *s.m.*, aide qui donne à l'ouvrier les crins dans toute leur longueur, ainsi que les fils de verre que ce dernier passe dans la chaîne au moyen d'un crochet.

Tension fixe, *s.c.*, résistance du rouleau de derrière qui, au moyen d'un arrêt quelconque, maintient l'ensouple de derrière dans une position fixe et s'oppose au déroulement de la chaîne pendant le tissage.

TENSION MOBILE , *s.c.*, résistance vacillante cédant à l'ouverture du pas.

TENSION RÉTROGRADE , *s.c.*, genre de tension mobile, disposé de manière à pouvoir exécuter le réenroulement de la chaîne d'une longueur d'environ cinquante centimètres.

TENTOIR , *s. m.*, fortes pièces cylindriques servant d'ensouple aux grands métiers pour tapis.

TENUE , *s.f.*, fils qui se groupent ensemble, soit par le duvet de la matière, soit par suite du parage ou de l'encollage des chaînes.

THIBET , *s.m.*, étoffe légère de laine, disposée de manière à pouvoir y former des dessins par impression.

TIRAGE DES SOIES , *s.m.*, opération qui consiste à remettre en écheveaux, fil à fil, les chaînes dévergées.

TIRAGE D'OREILLE , *s.m.*, fouettement que l'on fait subir aux satins légers, en soie, afin de leur donner de la couverture.

TIRE, *s.f.*, dénomination des anciens métiers servant à la confection des étoffes façonnées. Métier à la —, synonyme de métier à semple.

TIRÉE , *s.f.*, partie d'étoffe que l'on enroule en une seule fois lors du tissage. —, synonyme de ployée.

TIRE-LATS , *s.m.*, machine spéciale au tirage des lats.

TIRE-LISSES , *s. m.*, leviers qui servent à faire mouvoir les lisses.

TIRELLE , *s.f.*, premières duites tissées en grosse trame au commencement d'une chaîne.

TIRE-POUSSE , *s. m.*, crochet disposé de manière à pouvoir redresser les aiguilles ainsi que les crochets courbés, sans que pour cela il soit nécessaire d'opérer leur déplacement. (Méc. Jacquard).

TIREUR , *s.m.*, ouvrier qui tire les cordes, dites de semple, pour exécuter la foule ou marchure.

TIRETAINE , *s.f.*, grosse étoffe moitié laine et moitié fil de lin ou de chanvre.

TISSAGE , *s. m.*, confection des tissus; tout ce qui peut y avoir rapport; atelier où l'on tisse.

TISSER , *v. a.*, introduire la trame ou tissure dans la chaîne. —, passer la navette.

TISSERAND ou TISSEUR , *s.m.*, ouvrier qui tisse.

TISSURE , *s.f.*, synonyme de trame, réduction qui lui est relative.

TITRAGE , *s.m.*, opérations relatives aux titres des matières.

TITRE , *s.m.*, dénomination conventionnelle et numérative dont on se sert pour désigner et exprimer la grosseur ou la longueur des fils.

TOILE, *s.f.*, chaîne formant le tissu de fond des velours coupés ou frisés. —, toile en fil de lin ou de chanvre.

TOISON, *s.f.*, laine provenant de la tonte d'un seul mouton.

TONDAGE, *s.m.*, opération relative à la coupe du poil des draps.

TONDEUR, *s.m.*, ouvrier qui tond les draps.

TONDEUSE, *s.f.*, machine servant à tondre les draps.

TORDAGE, *s.m.*, opération qui consiste à faire suivre bout à bout, et en les tordant un à un, tous les fils d'une nouvelle chaîne à ceux de la chaîne terminée.

TORSADE, *s.m.*, articles de passementerie. —, filets étroits formés par des croisements appartenant à la catégorie des sillons obliques, réguliers ou irréguliers.

TORS DROIT, *s.m.*, torsion du fil exécutée à droite.

TORS GAUCHE, *s.m.*, torsion exécutée à gauche.

TOUCHETTES, *s.f.pl.*, avant-corps ou épaulements excentriques servant à produire divers mouvements de correspondance.

TOUR, *s.m.*, asple muni de ses accessoires pour le tirage de la soie en cocons.

TOUR ANGLAIS, *s.m.*, croisement spécial aux gazes façonnées; demi-tour du fil mobile en dessous du fil fixe.

TOUR DE PERLE, *s.m.*, tour entier du fil fixe autour du fil mobile.

TOURNE-A-GAUCHE, *s.m.*, espèce de fourchette servant au redressement des crochets ou des aiguilles (méc. Jacquard).

TOURNER LA MAIN, *s.m.*, se dit du renversement de l'encroix pour le retour de l'enverjure des corps.

TOURNETTE, *s.f.*, petite campane ou guindre dont on se sert pour le dévidage des matières.

TOURNIQUET, *s.m.*, petite virole plate et tournante, servant à maintenir l'action du templet ou tempia, ainsi que l'élévation des valets des mécaniques Jacquard et armures.

TRAFUSAGE, *s.m.*, disposition préparatoire des écheveaux pour le dévidage. (Soierie.)

TRAFUSOIR, *s.m.*, ustensile pour trafuser; pilastre muni d'une longue et forte cheville ou bras.

TRAMAGE, *s.m.*, action de tramer; confection des cannettes ou bobines; tout ce qui est relatif à cette opération.

TRAME MANQUANTE, *s.c.*, défaut de confection provenant ou d'une lardure ou d'une rupture de la trame. —, partie d'un pas failli.

TRAME, *s.f.*, fil de matière quelconque ordinairement moins tors que celui de la chaîne et employé dans le sens opposé à cette dernière. —, canette. —, tissure.

TRAMER, *v.a.*, faire des trames ou canettes.

TRANCANNER, *v.a.*, remettre en écheveaux des matières dévidées. —, second enroulement des matières sur les roquets. (Soierie.)

TRANCANNOIR, *s.m.*, petit asple servant au trancannage des matières.

.TRANSLATAGE, *s.m.*, seconde mise en carte reproduisant, couleur par couleur et ligne par ligne, tous les lats désignés mais confondus dans une première mise en carte.

TRANSLATER, *v. a.*, établir une mise en carte conformément aux principes du translatage.

TRANSPOSER, *v.a.*, reproduire exactement, soit en totalité soit en partie, mais points pour points, les effets d'une mise en carte, n'importe que ces effets soient suivis, renversés ou à retour.

TRANSPOSITION, *s.f.*, opération relative aux transports.

TRIAGE, *s.m.*, choix des matières en laine.

TRIPLETÉ, *s.m.*, parties de chaîne envergées par trois fils pour un.

TURLUPINS, *s.m.pl.*, petits chardons très-flexibles dont on se sert pour lainer les nouveautés en draperie.

TUYAUX, *s.m.pl.*, petits tubes de bois, de roseaux ou de carton, sur lesquels on enroule la trame pour la mettre en cannettes.

U.

UN-ET-UN, *s.c.*, genre d'ourdissage dont les fils pairs diffèrent de ceux impairs, soit par la couleur, soit par la grosseur, soit enfin par le genre du tors. Il en est de même à l'égard de la trame.

UNI, *adj.*, dénomination des étoffes dont le croisement ne forme aucun dessin, ni même aucune armure dont les effets seraient par trop sensibles.

V.

VALET, *s.m.*, arrêt d'appui à ressort, servant à fixer la position du cylindre dès qu'il a exécuté un quart de tour.

VALET A FROTTEMENT, *s.c.*, genre de bascule produisant la tension de la chaîne au moyen d'un levier dont l'extrémité forme une entaille demi-circulaire qui exerce une pression sur l'ensouple.

VAUTOIR, *s.m.*, rateau servant à la confection des tapis.

VÉLOURS, *s.m.*, étoffe de soie, de coton ou de laine, à poil court, frisé ou coupé, et très-fourni du côté de l'endroit.

VELOURS A CANTRE , *s.c.*, velours façonnés dont la chaîne formant le poil est enroulée fil à fil sur de petites bobines placées à une cantre.

VELOURS CISELÉ , *s. c.*, velours dont certaines parties sont frisées , tandis que d'autres sont coupées.

VELOURS COUPÉ , *s.c.*, velours uni dont le poil est coupé.

VELOURS CREVELLE , *s.c.*, velours de soie, très-léger.

VELOURS D'UTRECHT , *s.c.*, velours frisé façonné, en laine très-commune dont on fait usage pour les ameublements.

VELOURS FRISÉ , *s.c.*, velours dont le poil, au lieu d'être coupé , forme une infinité de petites boucles qui en garnissent la surface.

VELOURS MOQUETTE , *s.c.*, genre de velours d'Utrecht, mais coupé et à longs poils, spécialement employé pour tapis.

VELOURS SIMULÉ , *s.c.*, étoffe en armure taffetas, par un fil double et un fil simple et tissée à deux navettes dont une est garnie en trame fine et l'autre en grosse trame; cette dernière peut également être composée de gros coton retors.

VERGES , *s. f. pl.*, baguettes d'encroix ou d'enverjure.

VERGUETTE , *s.f.*, partie supérieure de la masse du battant formant avant-corps et servant de support à la navette pendant sa traversée.

VERGUILLON ou VERDILLON , *s.m.*, baguette servant à l'entâquage de devant ou de derrière.

VIGOGNE , *s.f.*, animal qui tient du mouton et de la chèvre; son poil, laine de vigogne.

VIRGINIE , *s.f.*, étoffe de soie; croisement en sergé de huit.

VIROLE , *s.f.* , rondelle de bois ou de métal. — , tourniquet.

VRILLAGE , *s.m.*, défaut provenant d'un excédant de torsion dans les matières.

W.

WICH , *s.m.*, forte perche qui tient lieu de verguillon. (Métiers pour tapis).

X.

XAMPLE , *s.m.*, ancienne dénomination du sample ou semple.

Y.

YARD , *s.m.*, mesure anglaise, écheveau de coton contenant $0^m,914$ millimètres de longueur.

TABLE DES MATIÈRES

CONTENUES DANS CET OUVRAGE.

CHAPITRE II.

Opérations préparatoires.

CHAPITRE III.

Métier ordinaire. — Ustensiles et accessoires.

CHAPITRE IV.
Du Remettage ou Rentrage.

CHAPITRE V.
Des croisements simples dits unis.

CHAPITRE VI.
Des Tors et de leurs effets.

CHAPITRE VII.
Etoffes à bandes unies,

CHAPITRE VIII.
Etoffes à double face — Etoffes doubles.

CHAPITRE XIII.

Etoffes façonnées. — Mécanique Jacquard. — Opérations préparatoires.

CHAPITRE XIV.

Mise en carte des dessins.

CHAPITRE XV.

Du grand lisage et de ses accessoires.

CHAPITRE XXIII.
Des Velours.

CHAPITRE XXIV.
Des Tapis.

CHAPITRE XXIX.

Observations générales.

CHAPITRE XXX.

Problèmes intéressants. — Portraits. — Paysages. — Tableaux.

TABLE DES PLANCHES,

CONTENUES DANS CET OUVRAGE.

I.   92

(1) Cette planche étant destinée à être coupée par bandes rapportées bout à bout et collées sur une tringle de bois pour donner la longueur du mètre et de ses subdivisions, ainsi que sa comparaison à l'ancienne mesure, nous avons remplacé son numéro (225) par une planche contenant la manière d'obtenir une étoffe triple, à trois couleurs, pour écossais.

Nomenclature et Table des planches d'armures.

Nos d'ordre.	NOMBRE DE lisses.	duites.	Lettres indicatives.
1	satins div. de 4 à 40.		A
2	4 sur 4		pl. A
	4 — 6		id.
	4 — 8		id.
	4 —12		id.
	4 —16		id.
	4 —20		id.
3	5 — 5		A
	5 —10		id.
	5 —15		id.
	5 —20		id.
	5 —25		id.
4	6 — 6		A
	6 — 8		id.
	6 —10		id.
	6 —12		id.
	6 —18		id.
5	7 — 7		A
	7 —14		id.
	7 —21		id.
	7 —28		id.
6	8 — 8		A
7	8 —12		A
	8 —16		id.
	8 —24		id.
8	9 — 9		A
	9 —18		id.
	9 —27		id.
9	10 —10		A

Nos d'ordre.	NOMBRE DE lisses.	duites.	Lettres indicatives.
10	10 sur 20		A
11	10 — 20		B
12	10 — 30		A
13	10 — 40		A
14	10 — 50		A
15	11 — 11		A
	11 — 22		id.
16	11 — 11		B
	11 — 22		id.
17	12 — 12		A
18	12 — 24		A
19	12 — 24		B
20	12 — 36		A
21	13 — 13		A
22	13 — 26		A
23	14 — 14		A
	14 — 28		id.
24	15 — 15		A
25	15 — 30		A
26	16 — 16		A
27	16 — 32		A
28	17 — 17		A
29	17 — 17		B
	17 — 34		id.
30	18 — 18		A
31	18 — 18		B
32	19 — 19		A
33	20 — 20		A
34	20 — 20		B

Nos d'ordre.	NOMBRE DE lisses.	duites.	Lettres indicatives.
35	20 sur 20		C
36	20 — 30		A
37	20 — 40		A
38	20 — 40		B
39	20 — 40		C
40	21 — 21		A
41	21 — 21		B
42	22 — 22		A
43	23 — 23		A
44	24 — 24		A
45	24 — 24		B
46	25 — 25		A
47	26 — 26		A
48	27 — 27		A
49	28 — 28		A
50	29 — 29		A
51	30 — 30		A
52	30 — 30		B
53	31 — 31		A
54	32 — 32		A
55	32 — 32		B
56	33 — 33		A
57	34 — 34		A
58	35 — 35		A
59	36 — 36		A
60	37 — 37		A
61	38 — 38		A
62	39 — 39		A
63	40 — 40		A
64	40 — 40		B

Suite des planches précédentes.

Dispositions diverses.

Coupures, filets, bandes et fonds. — Documents.

pl. A.B.C.D.E.F.G.H.I.J.K.L.M.N.O.P.Q.R.S.T.U.V.X.Y.Z.

ERRATA.

ERRATA.

PAGE	LIGNE				
289	4 en descendant,	*après*	représentons.	*ajoutez*	pl. 60.
296	11 en remontant,	*au lieu de*	fig. **2**.	*lisez*	fig. 1re.
320	11	»	»	fig. 1re, pl. 124 . . .	»	fig. 6, pl. 79.
322	15	»	»	fig. 1re, pl. 124 . . .	»	fig. 5, pl. 79.
322	8	»	»	diamère	»	diamètre.
335	9	»	»	317.	»	316.
378	6	»	»	B, D, M.	»	B, O, M.
379	10 en descendant	»	rectangulaires	»	angulaires.
380	16 en remontant	»	du premier	»	du milieu.
386	10	»	*supprimez*	tel serait la partie A, pl. 167.		
389	61 en descendant,	»	fig. 1re pl. 169 et fi. 2, même planche.		
391	2	»	*au lieu de*	fig. 2, pl. 169	»	pl. 157.
395	9	»	»	A, fig. 10	»	fig. 8.
402	9	»	*supprimez*	voyez fig. 7 et 8, pl. 171.		
412	1	»	*au lieu de*	maintenirer	*lisez*	maintenir.
416	10 en remontant	»	les	»	ces.
421	7 en descendant	»	peut	»	pouvait.
435	8 en remontant	»	par	»	de.
436	6	»	*après*	plusieurs	*ajoutez*	fils.
447	6	»	*au lieu de*	pl. 14	*lisez*	pl. 11.
456	6	»	»	lèze.	»	laize.
482	14	»	»	pl. 193	»	pl. 194.
509	2 en descendant	»	tondage	»	tordage.
524	33 en remontant	»	pl. 221	»	131.
541	1 en descendant	»	dixaine	»	dizaine.
545	18	»	»	pl. 206	»	222.
555	13 en remontant	»	20 sons	»	20 centièmes.
556	16 en descendant	»	1200 fils	»	4200 fils.
578	8 en remontant	»	K.	»	D.
603	8 en descendant	»	son	»	leur.

NOTA. Une erreur typographique a fait passer de la page 466 à la page 469. Nous ferons remarquer que cette faute n'existant que dans la pagination, elle ne nuit en rien à l'intelligence du texte.

Bien que nous ayons apporté le plus grand soin dans le pointage des planches d'*armures* et des *Dispositions diverses* formant l'Atlas, nous n'avons pu éviter que dans la reproduction d'une composition aussi étendue et aussi compliquée, il ne se soit glissé quelques petites erreurs, qui, du reste, seront très-faciles à rectifier, même par les personnes qui ne possèderaient que de faibles connaissances dans la mise en carte ; c'est pour cette raison que nous n'avons pas cru devoir indiquer ces légères rectifications par un *errata* particulier.

www.ingramcontent.com/pod-product-compliance
Lightning Source LLC
Chambersburg PA
CBHW031533210326
41599CB00015B/1885